UG NX10 基础教程 机械实例版

高长银 主编

化学工业出版社

·北京·

本书以UG NX10中文版为基础，详细讲解了利用NX进行产品设计的方法和过程。全书按照基础应用（功能模块）+高级应用（思路分析）的内容结构编写，基础应用中通过一个简单而典型的案例对NX的草图、实体特征、创成曲线和曲面、装配和工程图功能进行介绍；高级应用运用典型的综合案例，从设计思路分析出发到整个设计过程，详细讲解如何应用NX软件进行完整的机械产品设计的设计方法和过程。

本书结构合理，图文并茂，在每项操作讲解的同时提供了大量丰富的应用实例，以便读者进一步对该知识点进行巩固。本书既可作为工程技术人员的自学参考书，也可作为高等院校、高职高专等工科院校的教材。

图书在版编目（CIP）数据

UG NX10基础教程：机械实例版/高长银主编. —北京：化学工业出版社，2018.7（2022.3重印）
ISBN 978-7-122-32126-8

Ⅰ. ①U… Ⅱ. ①高… Ⅲ. ①机械设计-计算机辅助设计-应用软件-教材 Ⅳ. ①TH122

中国版本图书馆CIP数据核字（2018）第096814号

责任编辑：王 烨　　加工编辑：陈 喆
责任校对：宋 夏　　装帧设计：刘丽华

出版发行：化学工业出版社（北京市东城区青年湖南街13号 邮政编码100011）
印 装：天津盛通数码科技有限公司
787mm×1092mm 1/16 印张32 字数728千字 2022年3月北京第1版第6次印刷

购书咨询：010-64518888 售后服务：010-64518899
网 址：http://www.cip.com.cn
凡购买本书，如有缺损质量问题，本社销售中心负责调换。

定 价：79.80元

前言

FOREWORD

随着计算机技术的高速发展，数字化设计也越来越普及。手工绘图、计算的时代已经过去，尤其是在机械、电气、建筑、土木等需要大量绘图、造型、校核的工程项目中，采用计算机辅助工程设计软件进行造型设计、分析校核、动态仿真已成为先进制造业的主要手段和鲜明标志。采用计算机辅助设计软件可以大大提高设计效率，缩短研发周期，降低研发成本，因此无论是科研单位还是中小型企业都越来越重视软件的使用，而熟练掌握各种CAD/CAE/CAM软件也成为现代工程师的必备技能。随着“工业4.0”“中国制造2025”的相继提出，以及传统制造业的转型升级，数字化制造将成为未来制造业的主流。因此，我们策划了计算机辅助设计软件应用系列图书。

NX是SIEMENS公司［前身美国Unigraphics Solutions公司（简称UGS）］推出的集CAD/CAM/CAE于一体的三维参数化设计软件。在汽车与交通、航空航天、日用消费品、通用机械以及电子工业等工程设计领域得到了大规模的应用，功能涵盖概念设计、功能工程、工程分析、加工制造到产品发布等产品生产的整个过程。

本书以UG NX10中文版为基础，详细地讲述了利用NX进行产品设计的方法和过程。具体内容包括：第1章介绍了NX基础知识，包括NX应用和概貌、用户操作界面、常用工具和帮助等。第2章穿插实例介绍了NX草图绘制功能，包括草图首选项、草图生成器、草图绘制、草图编辑、草图约束等。第3章穿插实例介绍了NX实体特征设计功能，包括实体特征造型方法和思路、实体设计界面、基本体素特征、扫描设计特征、基础成形特征、实体特征操作等。第4章以实例介绍了NX曲线和曲面功能，包括曲线和曲面设计用户界面、创建曲线、曲线编辑与操作、创建曲面、曲面编辑与操作、曲面创建实体特征等。第5章穿插实例介绍了NX装配设计技术，包括装配设计界面、组件管理（添加组件）、移动组件、装配约束、爆炸图等。第6章穿插实例介绍了NX工程图技术，包括工程制图界面、创建图纸页、创建基本视图、工程图草绘、创建注释等。第7章运用典型案例讲解NX实体特征建模的设计思路和设计过程，包括斜滑动轴承、莲花、电脑风扇等。第8章运用典型案例讲解NX曲面特征造型的设计思路和设计过程，包括离心叶轮、勺子、吹风机等。第9章运用典型案例讲解NX装配体的设计思路和设计过程，包括定滑轮装配、机械手装配、滑动轴承座装配等。第10章运用典型案例讲解NX工程图的设计思路和设计过程，包括传动轴零件工程图和阀体零件工程图。

本书具有以下几方面特色：

1．易学实用的高级入门教程，展现数字化设计与制造全流程。

2．按照“基础应用（功能模块）+高级应用（思路分析）”的模式组织内容。

3．全书以实例贯穿，典型工程案例精析，直击难点、痛点。

4．分享设计思路与技巧，举一反三不再难。

5．书中配置大量二维码，教学视频同步精讲，手机扫一扫，技能全掌握。

6．超值资源赠送。可扫描封面二维码下载资源。

本书特别适合在UG培训班上使用，同时也是高等院校、高职高专等工科院校机械类相关专业学生的理想教材，还可作为工程技术人员自学机械设计的实用教程。

本书由高长银主编，刘丽、刘仕平副主编，其中，高长银编写第1章～第6章，刘丽编写第7章、第8章，刘仕平编写第9章、第10章。马龙梅、熊加栋、周天骥、高誉瑄、石书宇、范艺桥、马春梅、石铁锋、刘建军、马玉梅、赵程、李菲、高银花、王亚杰、马子龙、朱冬萍等为本书的资料收集和整理做了大量工作。

由于时间有限，书中难免会有一些不足之处，欢迎广大的读者及业内人士予以批评指正。

编者

目录

CONTENTS

01 第1章 NX基础知识概述

02 第2章 NX草图设计

03 第3章 NX实体特征设计

04 第4章 NX曲线和曲面设计

05 第5章 NX装配设计

06 第6章 工程图设计

07 第7章 NX 实体设计典型实例

08 第8章 曲面造型设计实例

09 第9章 NX装配体设计实例

10 第10章 NX工程图设计实例

参考文献

UG NX10

——本章内容——

01

第1章

NX基础知识概述

UG NX是SIEMENS公司［前身美国Unigraphics Solutions公司（简称UGS）］推出的集CAD/CAM/CAE于一体的三维参数化设计软件。在汽车与交通、航空航天、日用消费品、通用机械以及电子工业等工程设计领域得到了大规模的应用，功能涵盖概念设计、功能工程、工程分析、加工制造到产品发布等产品生产的整个过程，当前SIEMENS NX的发布推动SIEMENS成为PLM行业中CAD/CAM/CAE市场领导者。

本章介绍NX软件的基本情况，包括NX应用、用户操作界面、常用工具和帮助系统等。

本章内容

- NX概述
- NX10用户操作界面
- NX常用工具
- NX帮助

1.1 NX10.0概述

UG NX是交互式计算机辅助设计、计算机辅助制造和计算机辅助工程（CAD/CAM/CAE）软件系统，下面简单介绍NX基本概况。

1.1.1 NX在制造业和设计界的应用

NX源于航空航天业，广泛应用于航空航天、汽车制造、造船、机械制造、电子/电器、消费品行业。NX10.0的软件在制造业和设计界的应用主要体现以下几个方面。

（1）航空航天

UG NX源于航空航天工业，是业界无可争辩的领袖。以其精确、安全和可靠性满足了商业、防御和航空航天领域各种应用的需要。在航空航天工业的多个项目中，UG NX被应用于开发虚拟的原型机，其中包括Boeing777和Boeing737，Dassault飞机公司（法国）的阵风、GlobalExpress公务机，以及Darkstar无人驾驶侦察机。图1-1为UG NX在飞机设计中的应用。

（2）汽车工业

UG NX是汽车工业的事实标准，是欧洲、北美和亚洲顶尖汽车制造商所用的核心系统。UG NX在造型风格、车身及引擎设计等方面具有独特的长处，为各种车辆的设计和制造提供了端对端的解决方案。一级方程式赛车、跑车、轿车、卡车、商用车、有轨电车、地铁列车、高速列车，各种车辆在UG NX上都可以作为数字化产品，如图1-2所示。

（3）造船工业

UG NX为造船工业提供了优秀的解决方案，包括专门的船体产品和船载设备、机械解决方案。船体设计解决方案已被应用于众多船舶制造企业，涉及所有类型船舶的零件设计、制造、装配。参数化管理零件之间的相关性，相关零件的更改，可以影响船体的外形，如图1-3所示。

（4）机械设计

UG NX机械设计工具提供超强的能力和全面的功能，更加灵活，更具效率，更具

图1-1　UG NX航空航天

图1-2　UG NX汽车工业

协同开发能力。如图1-4所示为利用UG NX建模模块来设计的机械产品。

图1-3　UG NX造船工业

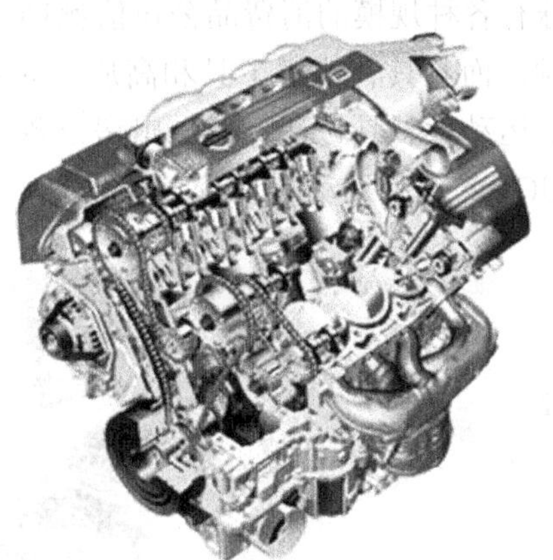

图1-4　UG NX机械产品

（5）工业设计和造型

UG NX提供了一整套灵活的造型、编辑及分析工具，构成数字化产品开发解决方案中的重要一环。如图1-5所示为利用UG NX创成式外形设计模块来设计的工业产品。

（6）机械仿真

UG NX提供了业内最广泛的多学科领域仿真解决方案，通过全面高效的前后处理和解算器，充分发挥在模型准备、解析及后处理方面的强大功能。如图1-6所示为利用运动仿真模块对产品进行运动仿真范例。

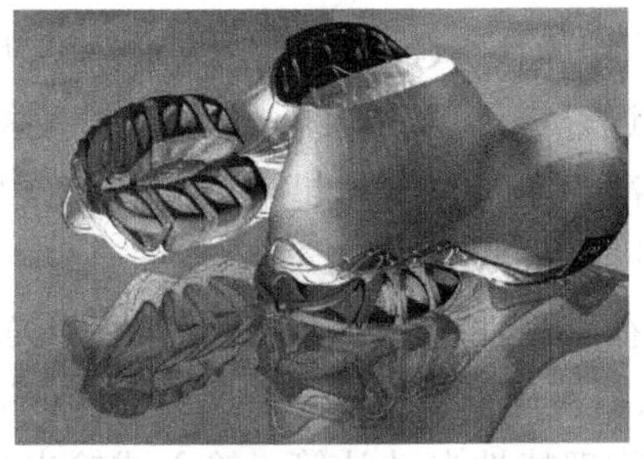

图1-5　UG NX产品创成式外形设计

图1-6　UG NX运动仿真

（7）工装模具和夹具设计

UG NX工装模具应用程序使设计效率延伸到制造，与产品模型建立动态关联，以准确地制造工装模具、注塑模、冲模及工件夹具等。如图1-7所示为利用注塑模向导模块设计模具的范例。

（8）机械加工

UG NX为机床编程提供了完整的解决方案，能够让最先进的机床实现最高产量。通过实现常规任务的自动化，可节省多达90%的编程时间；通过捕获和重复使用经过验证的加工流程，实现更快的可重复NC编程。如图1-8所示为利用UG NX加工模块来加工零件的范例。

（9）消费品

全球有各种规模的消费品公司信赖UG NX，其中部分原因是UG NX设计的产品的风格新颖，而且具有建模工具和高质量的渲染工具。UG NX已用于设计和制造如下多种产品：运动、餐具、计算机、厨房设备、电视和收音机以及庭院设备。如图1-9所示为利用UG NX进行运动鞋设计。

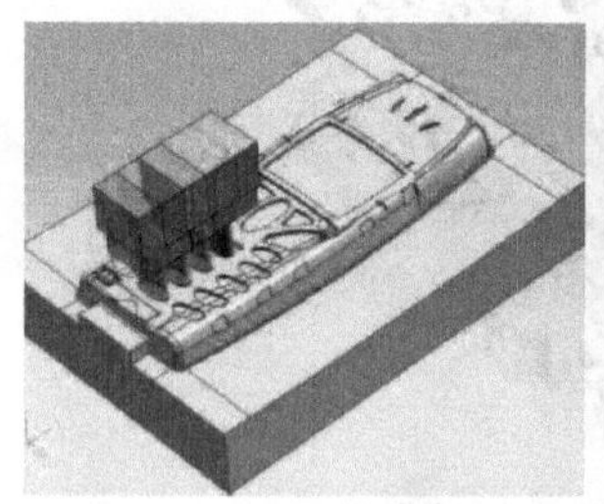

图1-7 UG NX模具设计

图1-8 UG NX零件加工

图1-9 UG NX消费品

1.1.2 NX主要模块

NX软件的强大功能是由它所提供的各种功能模块组成，可分为CAD、CAM、CAE、注塑模、钣金件、逆向工程等应用模块，其中每个功能模块都以Gateway环境为基础，它们之间既相互联系，有相对独立。

1.1.2.1 UG/Gateway

UG/Gateway是用户打开NX 进入的第一个应用模块，Gateway是执行其他交互应用模块的先决条件，该模块为UG NX的其他模块运行提供了底层统一的数据库支持和一个图形交互环境。在UG NX中，通过单击“标准”工具栏中“起始”按钮下的“基本环境”命令，便可在任何时候从其他应用模块回到Gateway。

UG/Gateway模块功能包括打开、创建、保存等文件操作；着色、消隐、缩放等视图操作；视图布局；图层管理；绘图及绘图机队列管理；模型信息查询、坐标查询、距离测量；曲线曲率分析、曲面光顺分析、实体物理特性自动计算；输入或输出CGM、UG/Parasolid等几何数据；Macro宏命令自动记录和回放功能等。

1.1.2.2 CAD模块

（1）UG实体建模（UG/Solid modeling）

UG实体建模提供了草图设计、各种曲线生成和编辑、布尔运算、扫掠实体、旋转实体、沿引导线扫掠、尺寸驱动、定义和编辑变量及其表达式等功能。实体建模是“特征建模”和“自由形式建模”的先决条件。

（2）UG特征建模（UG/Feature modeling）

UG特征建模模块提供了各种标准设计特征的生成和编辑、孔、键槽、腔体、圆台、倒圆、倒角、抽壳、螺纹、拔模、实例特征、特征编辑等工具。

（3）UG自由形式建模（UG/Freeform modeling）

UG自由形式建模用于设计高级的自由形状外形，支持复杂曲面和实体模型的创建。它包括直纹面、扫掠面、通过一组曲线的自由曲面、通过两组正交曲线的自由曲面、曲线广义扫掠、等半径和变半径倒圆、广义二次曲线倒圆、两张及多张曲面间的光顺桥接、动态拉动调整曲面、等距或不等距偏置、曲面裁剪、编辑、点云生成、曲面编辑。

（4）UG工程制图（UG/Drafting）

UG工程制图模块可由三维实体模型生成完全双向相关的二维工程图，确保在模型改变时，工程图将被更新，减少设计所需的时间。工程制图模块提供了自动视图布置、正交视图投影、剖视图、辅助视图、局部放大图、局部剖视图、自动和手工尺寸标注、形位公差、粗糙度符号标注、支持GB标准汉字输入、视图手工编辑、装配图剖视、爆炸图、明细表自动生成等工具。

（5）UG装配建模（UG/Assembly modeling）

UG装配建模具有并行的自顶而下和自底而上的产品开发方法，装配模型中零件数据是对零件本身的链接映像，保证装配模型和零件设计完全双向相关，并改进了软件操作性能，减少了存储空间的需求，零件设计修改后装配模型中的零件会自动更新，同时可在装配环境下直接修改零件设计。

1.1.2.3 MoldWizard模块

Moldwizard是SIEMENS公司提供的运行在Unigraphics NX软件基础上的一个智能化、参数化的注塑模具设计模块。Moldwizard为产品的分型、型腔、型芯、滑块、嵌件、推杆、镶块，为复杂型芯或型腔轮廓创建电火花加工的电极以及模具的模架、浇注系统和冷却系统等提供了方便、快捷的设计途径，最终可以生成与产品参数相关的、可用于数控加工的三维模具模型。

1.1.2.4 CAM模块

UG CAM模块是UG NX的计算机辅助制造模块，它可以为数控铣、数控车、数控电火花线切割编程。UG NX CAM提供了全面的、易于使用的功能，以解决数控刀轨的生成、加工仿真和加工验证等问题。

（1）UG/CAM基础（UG/CAM Base）

UG/CAM基础模块是所有UG NX加工模块的基础，它为所有数控加工模块提供了一个相同、面向用户的图形化窗口环境。用户可以在图形方式下观察刀具沿轨迹运动的情况并可进行图形化修改，如对刀具轨迹进行延伸、缩短或修改等。

（2）车加工（UG/Lathe）

UG/Lathe提供为高质量生产车削零件所需的能力，模块以在零件几何体和刀轨间全相关为特征，可实现粗车、多刀路精车、车沟槽、螺旋切削和中心钻等功能，输出是可以直接进行后置处理产生机床可读的输出源文件。

（3）铣加工（UG/Mill）

UG CAM铣加工模块可实现各种类型的铣削加工，包括平面铣、型腔铣、固定轴曲面轮廓铣、可变轴曲面轮廓铣、顺序铣、点位加工和螺纹铣等。

（4）后置处理（UG/Postprocessing）

后置处理包括一个通用的后置处理器（GPM），使用户能够方便地建立用户定制的后置处理，该模块适用于目前世界上主流的各种钻床、多轴铣床、车床、电火花线切割机床。

1.1.2.5 钣金模块

UG钣金是基于实体特征的方法来创建钣金件，它可实现如下功能：复杂钣金零件生成；参数化编辑；定义和仿真钣金零件的制造过程；展开和折叠的模拟操作；生成精确的二维展开图样数据；展开功能可考虑可展和不可展曲面情况，并根据材料中性层特性进行补偿。

1.1.2.6 运动仿真模块

UG NX运动仿真模块提供机构设计、分析、仿真和文档生成功能，可在UG实体模型或装配环境中定义机构，包括铰链、连杆、弹簧、阻尼、初始运动条件等机构定义要素，定义好的机构可直接在UG中进行分析，可进行各种研究，包括最小距离、干涉检查和轨迹包络线等选项，同时可实际仿真机构运动。另外，用户还可以分析反作用力，图解合成位移、速度、加速度曲线。

1.2 NX用户界面

应用NX10.0软件首先进入用户操作界面，可根据习惯选择用户界面的语言，下面分别加以介绍。

1.2.1 NX用户界面

启动NX10.0后首先出现欢迎界面，然后进入NX10.0操作界面如图1-10所示。

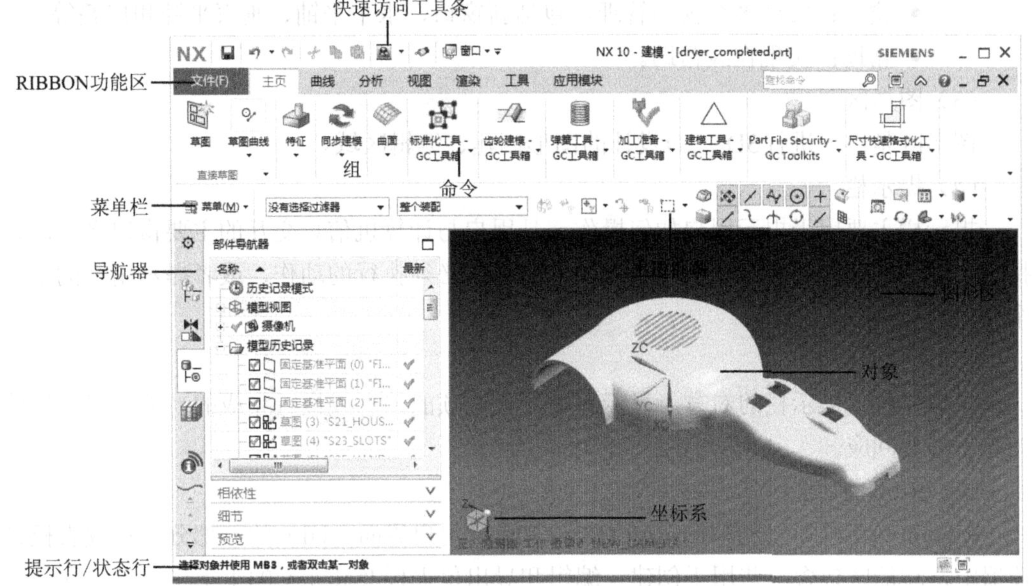

图1-10　NX10.0用户操作界面

NX10.0操作界面友好，符合Windows风格。

UG NX10.0基本界面主要由标题栏、菜单栏、工具栏、绘图区、坐标系图标、命令提示窗口、状态栏和资源导航器等部分组成。

（1）标题栏

标题栏位于UG NX10用户界面的最上方，它显示软件的名称和当前部件文件的名称。如果对部件文件进行了修改，但没有保存，在后面还会显示"（修改的）"提示信息。

（2）菜单栏

菜单栏位于标题栏的下方，包括了该软件的主要功能，系统所有的命令和设置选项都归属于不同的菜单下，他们分别为文件、编辑、视图、插入、格式、工具、装配、信息、分析、首选项、窗口和帮助的菜单。

- 文件：实现文件管理，包括新建、打开、关闭、保存、另存为、保存管理、打印和打印机设置等功能。
- 编辑：实现编辑操作，包括撤销、重复、更新、剪切、复制、粘贴、特殊粘贴、删除、搜索、选择集、选择集修订版、链接和属性等功能。
- 视图：实现显示操作，包括工具栏、命令列表、几何图形、规格、子树、指南针、重置指南针、规格概述和几何概观等功能。
- 插入：实现图形绘制设计等功能，包括对象、几何体、几何图形集、草图编辑器、轴系统、线框、法则曲线、曲面、体积、操作、约束、高级曲面和展开的外形等功能。
- 工具：实现自定义工具栏，包括公式、图像、宏、实用程序、显示、隐藏、参数化分析等。

- 窗口：实现多个窗口管理，包括新窗口、水平平铺、垂直平铺和层叠等。
- 帮助：实现在线帮助。

（3）图形区

图形区是用户进行3D、2D设计的图形创建、编辑区域。

（4）提示栏

提示栏主要用于提示用户如何操作，是用户与计算机信息交互的主要窗口之一。在执行每个命令时，系统都会在提示栏中显示用户必须执行的动作，或者提示用户的下一个动作。

（5）状态栏

状态栏位于提示栏的右方，显示有关当前选项的消息或最近完成的功能信息，这些信息不需要回应。

（6）Ribbon功能区

Ribbon功能区是新的Microsoft Office Fluent用户界面（UI）的一部分。在仪表板设计器中，功能区包含一些用于创建、编辑和导出仪表板及其元素的上下文工具。它是一个收藏了命令按钮和图示的面板。它把命令组织成一组"标签"，每一组包含了相关的命令。每一个应用程序都有一个不同的标签组，展示了程序所提供的功能。在每个标签里，各种相关的选项被组在一起。Windows Ribbon是一个Windows Vista或Windows 7自带的GUI构架，外形更加华丽，但也存在一部分使用者不适应，抱怨无法找到想要的功能的情形。

（7）坐标系图标

在UG NX10的窗口左下角新增了绝对坐标系图标。在绘图区中央有一个坐标系图标，该坐标系称为工作坐标系WCS，它反映了当前所使用的坐标系形式和坐标方向。

（8）资源导航器

资源导航器用于浏览编辑创建的草图、基准平面、特征和历史纪录等。在默认的情况下，资源导航器位于窗口的左侧。通过选择资源导航器上的图标可以调用装配导航器、部件导航器、操作导航器、Internet、帮助和历史记录等。

1.2.2 Ribbon功能区

UG NX10.0功能区拥有了一个汇集基本要素并直观呈现这些要素的控制中心，如图1-11所示。

Ribbon功能区由3个基本部分组成：

- 选项卡：在功能区的顶部，每一个选项卡都代表着在特定程序中执行的一组核心任务。
- 组：显示在选项卡上，是相关命令的集合。组将用户所需要执行某种类型任务的一组命令直观地汇集在一起，更加易于用户使用。
- 命令：按组来排列，命令可以是按钮。

Ribbon功能区常规操作简单介绍如下。

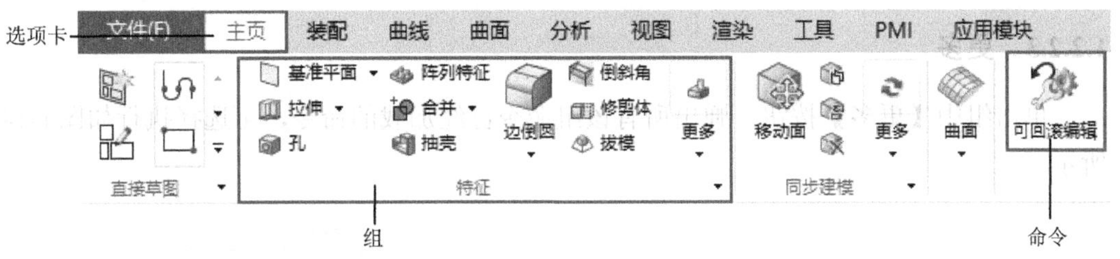

图1-11 Ribbon功能区

1.2.2.1 添加和移除选项卡

将鼠标移动到功能区上部，单击鼠标右键在弹出的菜单中选中【装配】，此时装配自动增加到选项卡中，如图1-12所示。

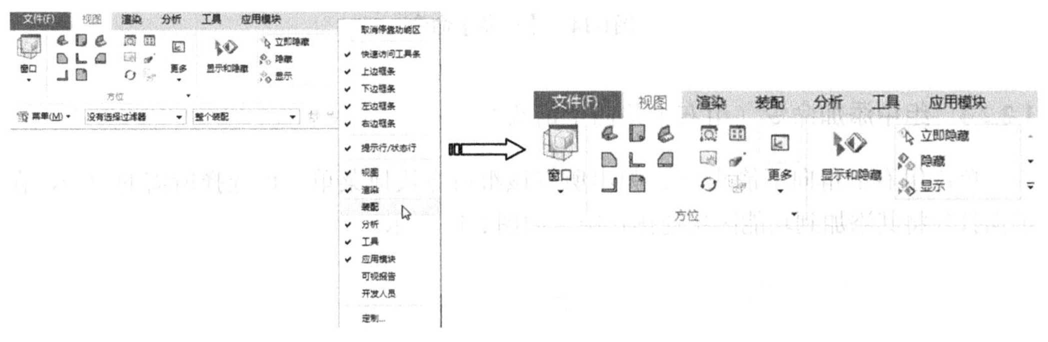

图1-12 增加选项卡

1.2.2.2 添加和移除组

单击选项卡右下角向下箭头 ▾，弹出所有该选项卡快捷菜单，可选择所需的组，在前面打勾将其添加到功能区中，如图1-13所示。

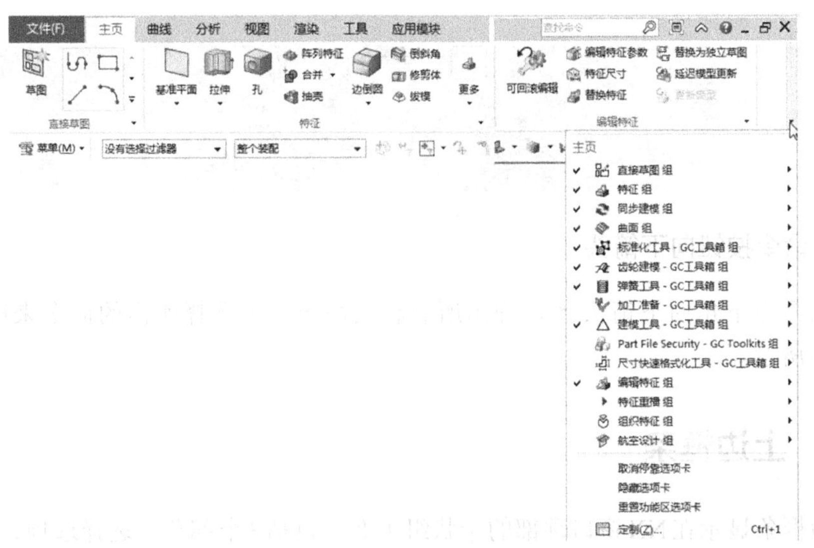

图1-13 添加组

1.2.2.3 更多

单击组中【更多】按钮，弹出所有该组命令已经加载的命令，可选择执行如图1-14所示。

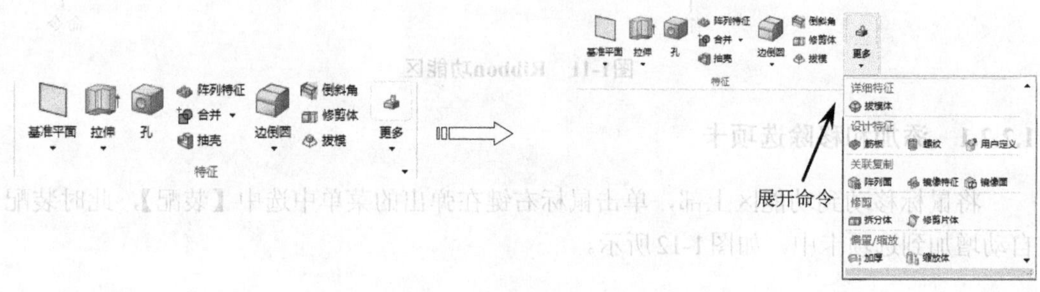

图1-14 【更多】命令

1.2.2.4 组中添加命令（组右下角向下箭头）

单击组右下角向下箭头 ▾，弹出所有该组命令快捷菜单，可选择所需的命令，在前面打勾将其添加到功能区快捷操作中，如图1-15所示。

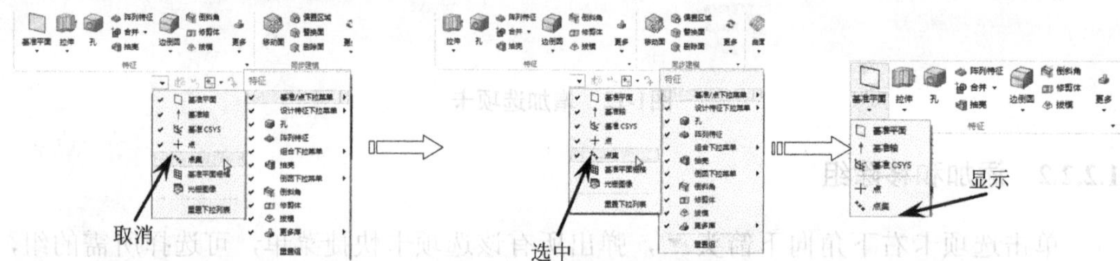

图1-15 组中添加命令

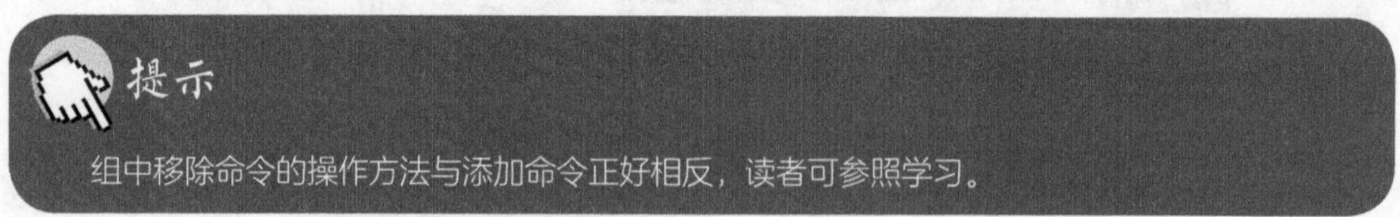

提示

组中移除命令的操作方法与添加命令正好相反，读者可参照学习。

1.2.2.5 命令按钮向下箭头

单击命令下角向下箭头 ▾，弹出所有相关命令，可选择所需的命令来进行操作，如图1-16所示。

1.2.3 上边框条

上边框条显示在NX窗口顶部的带状组下面，包括3个部分：选择选项、选择意图和捕捉点，如图1-17所示。

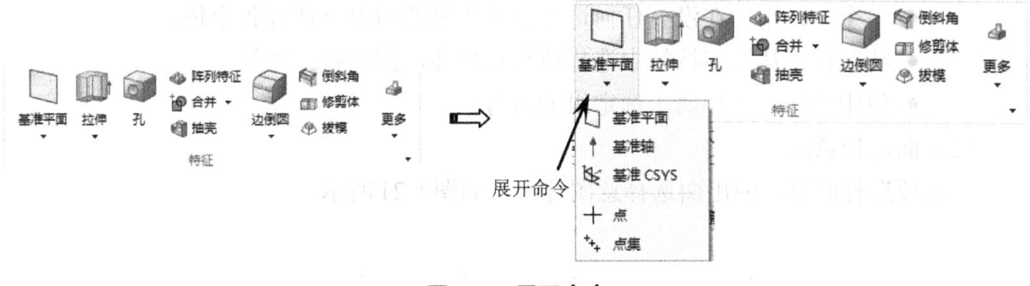

图1-16　展开命令

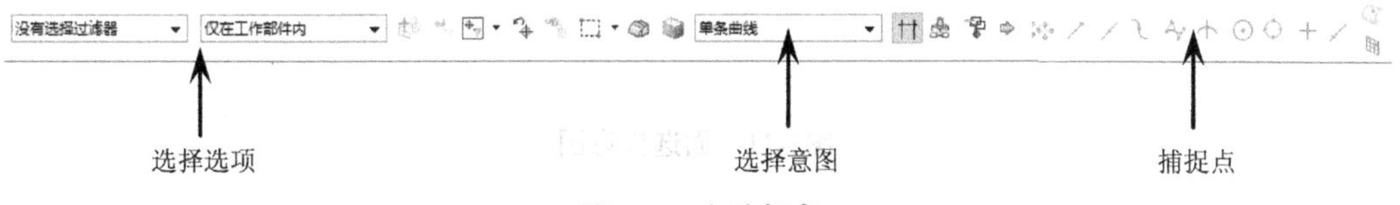

图1-17　上边框条

上边框条相关选项参数含义如下。

1.2.3.1　选择选项

（1）类型过滤器

过滤特定对象类型的选择内容，如图1-18所示。列表中显示的类型取决于当前操作中的可选择对象。

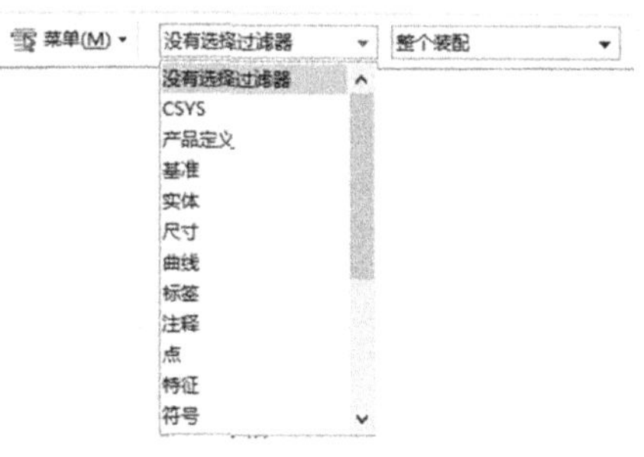

图1-18　类型过滤器

（2）选择范围

按选择范围来选择在范围内的对象，如图1-19所示。

图1-19　选择范围

- 整个装配：选择整个装配体中所有组件。
- 仅在工作部件内：仅能在工作部件内进行选择。
- 在工作部件和组件内：仅能在工作部件和组件中进行选择。

1.2.3.2　选择意图

（1）体选择意图

当需要选择体时，弹出体选择意图选项，如图1-20所示。

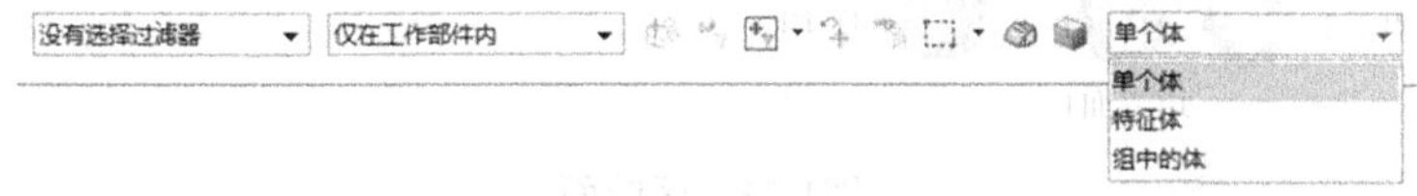

图1-20　体选择意图

- 单个体：用于在没有任何选择意图规则的情况下选择各个体。
- 特征体：从选定特征中选择所有输出体，例如拉伸特征。
- 组中的体：选择属于选定组的所有体。

（2）面选择意图

当需要选择面时，弹出面选择意图选项，如图1-21所示。

图1-21 面选择意图

- 单个面：用于在简单列表中逐个选择面，可多选，无需任何选择意图列表，如图1-22所示。

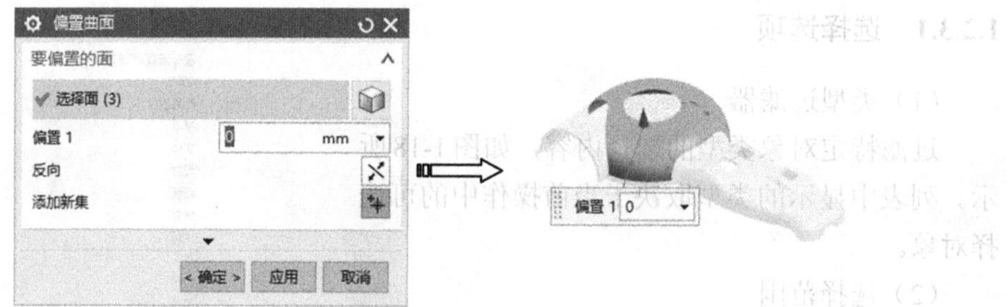

图1-22 单个面

- 区域边界面：用于选择一个面的区域，而不进行分割，这些区域由面上的现有边和曲线决定。
- 区域面：用于选择与某个种子面相关并受边界面限制的面的集合（区域）。必须先选择一个种子面，然后选择边界面，选择边界面后按MB2键确认，如图1-23所示。

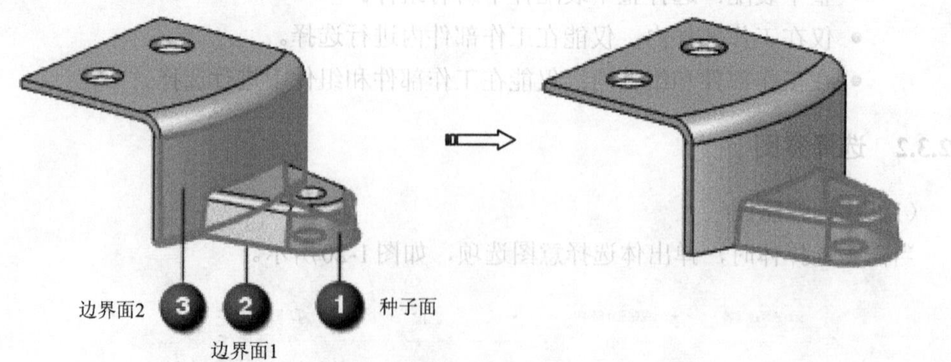

图1-23 区域面

- 相切面：用于选择单个种子面，也可从它选择所有光顺连接的面。
- 相切区域面：用于选择与某个种子面相关并受边界面限制的相切面的集合（区域），如图1-24所示。

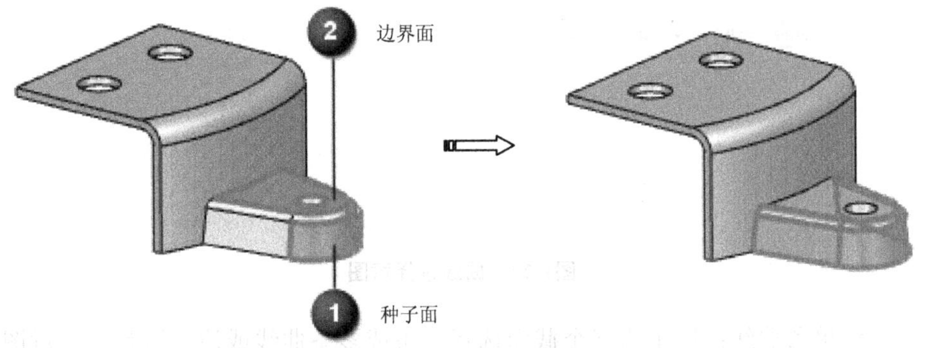

图1-24　选定的相切区域面

- 体的面：选择属于所选的单个面的体的所有面，如图1-25所示。

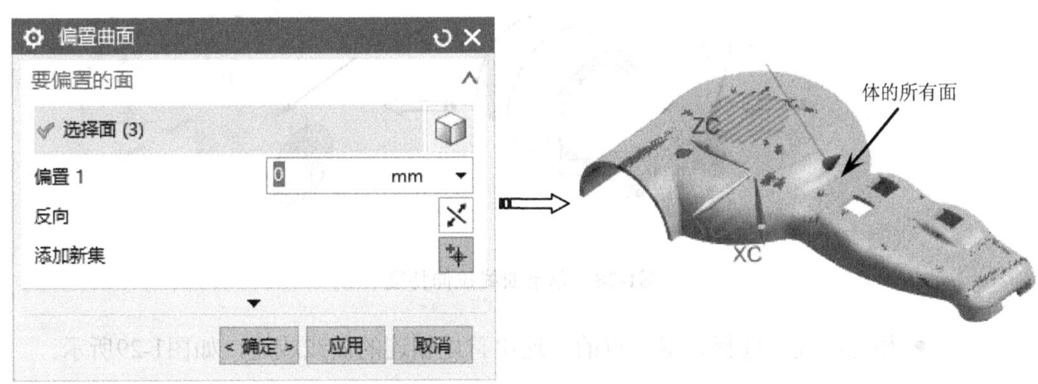

图1-25　体的面

- 相邻面：选择紧挨着所选的单个面的其他所有面，如图1-26所示。

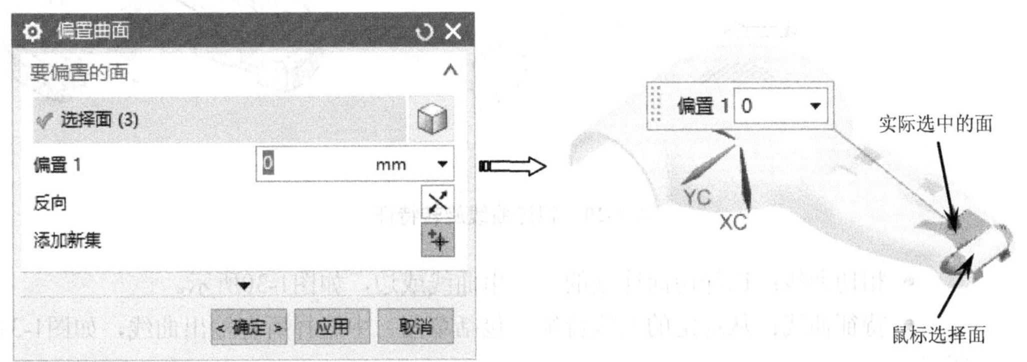

图1-26　相邻面

- 特征面：选择属于所选面的特征的所有面。如果选择的面为多个特征所拥有，快速拾取对话框将打开并显示一个特征列表，可从其中进行选择。

(3) 曲线选择意图

当需要选择线时，弹出曲线选择意图选项，如图1-27所示。

图1-27　曲线选择意图

- 单条曲线：用于为某个截面选择一条或多条曲线或边。这是不带意图（无规则）的简单对象列表，如图1-28所示。

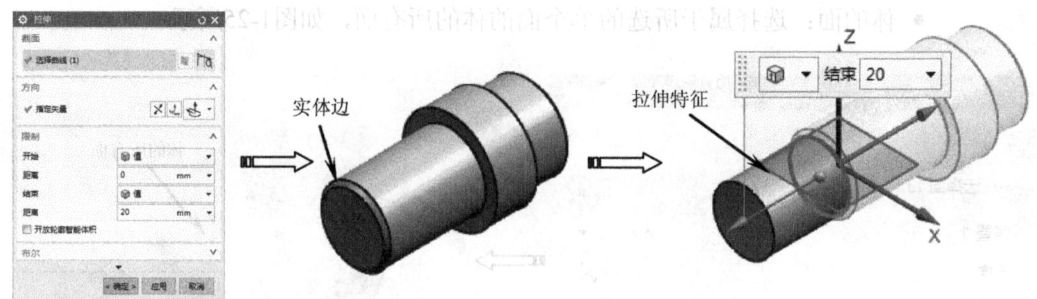

图1-28　单条曲线拉伸特征

- 相连曲线：选择共享端点的一连串首尾相连的曲线或边，如图1-29所示。

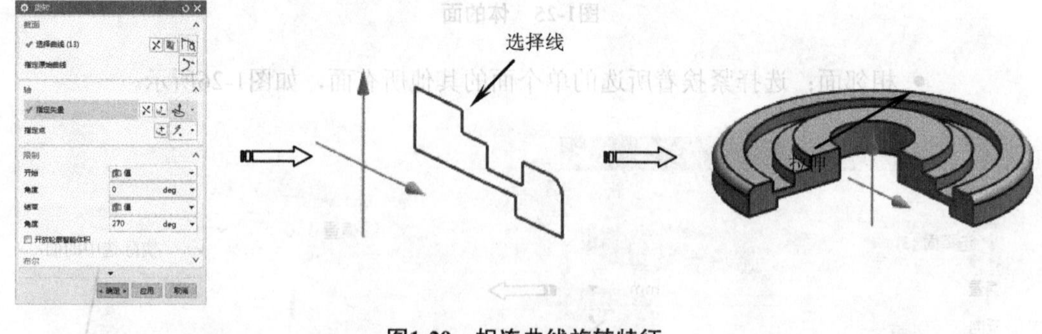

图1-29　相连曲线旋转特征

- 相切曲线：选择切向连续的一连串曲线或边，如图1-30所示。
- 特征曲线：从选定的曲线特征（包括草图）中选择所有输出曲线，如图1-31所示。
- 面的边：从面上选择边界而不必先抽取曲线，如图1-32所示。
- 片体的边：选择所选片体的所有层边，如图1-33所示。

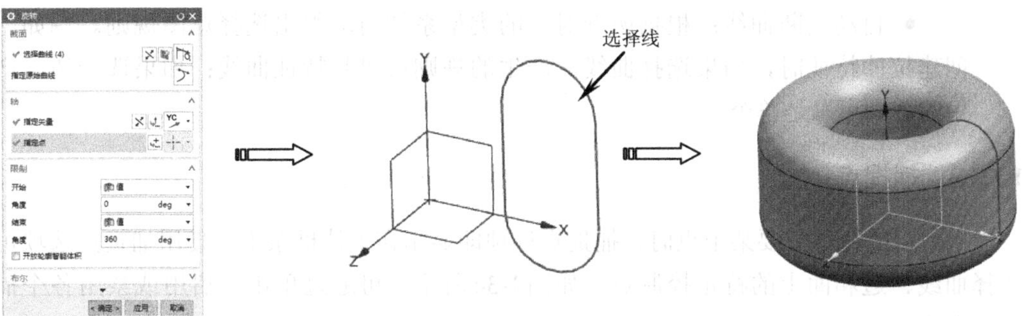

图1-30　相切曲线旋转特征

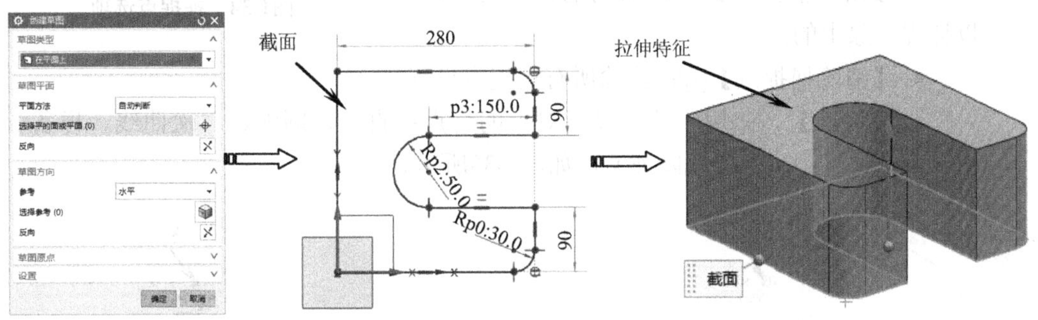

图1-31　特征曲线绘制拉伸

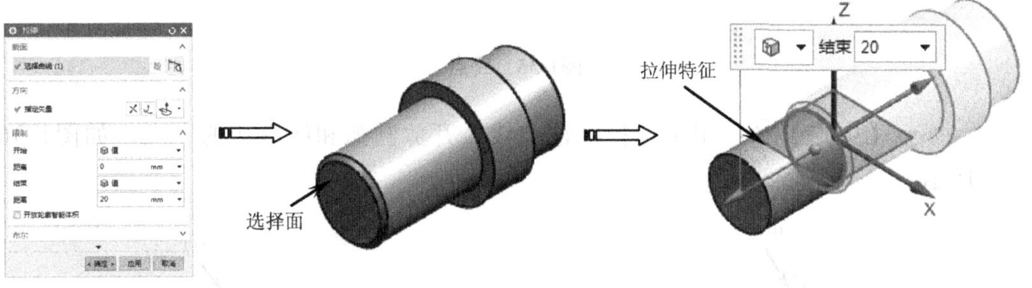

图1-32　面的边

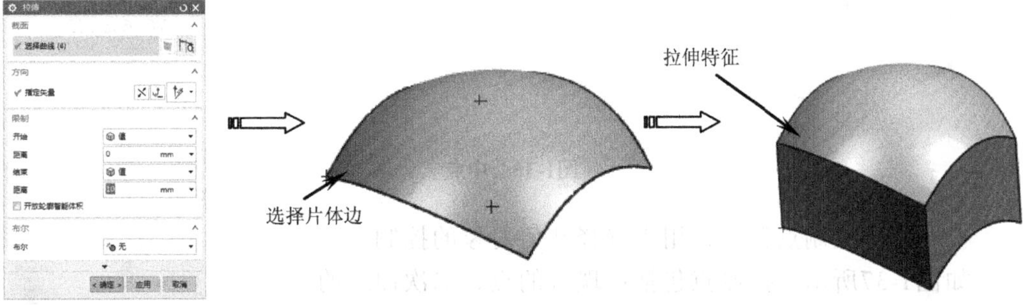

图1-33　片体的边

● 自动判断曲线：根据所选对象的类型系统自动得出选择意图规则。例如，创建拉伸特征时，如果选择曲线，产生的规则可以是特征曲线；如果选择边，产生的规则可以是单个。

1.2.3.3 捕捉点

当使用的命令需要某个点时，捕捉点选项即显示在上边框条上。使用捕捉点选项可选择曲线、边和面上的特定控制点，如图1-34所示。可通过单击来启用或禁用各个捕捉点方法。

图1-34 捕捉点选项

捕捉点选项如下：

● 【启用捕捉点】：启用捕捉点选项，以捕捉对象上的点。

● 【清除捕捉点】：清除所有捕捉点设置。

● 【终点】：用于选择以下对象的终点：直线、圆弧、二次曲线、样条、边、中心线（圆形中心线除外），如图1-35所示。

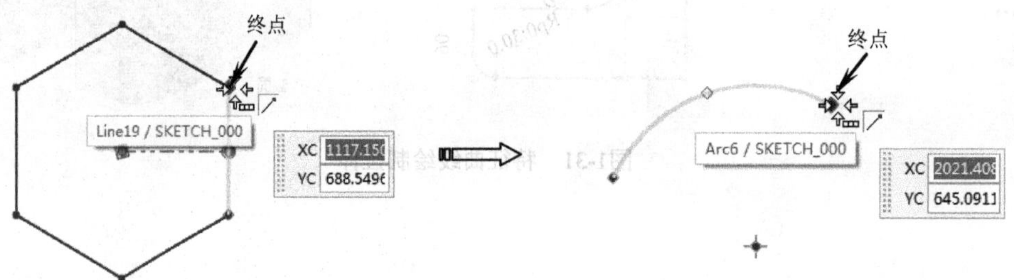

图1-35 终点

● 【中点】：用于选择线性曲线、开放圆弧和线性边的中点，如图1-36所示。

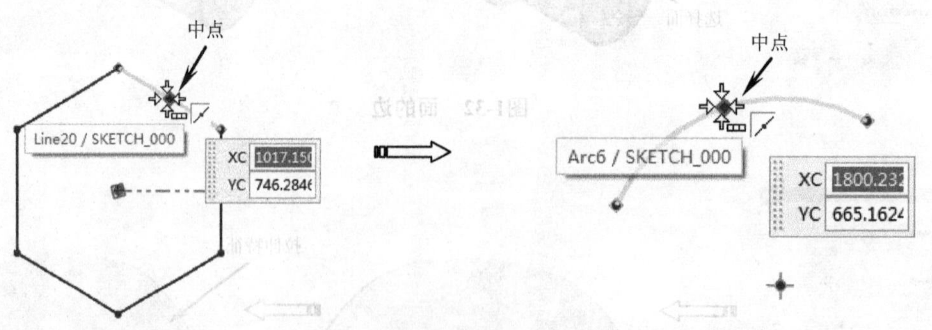

图1-36 中点

● 【控制点】：用于选择几何对象的控制点，如图1-37所示。控制点包括：现有的点、二次曲线的端点、样条的端点和结点、直线和开放圆弧的端点和中点。

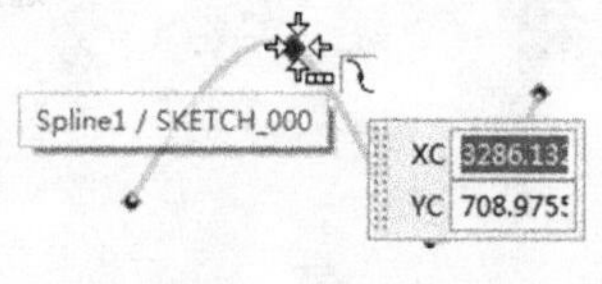

图1-37 控制点

- 【交点】：用于在两条曲线的相交处选择一点。该点必须与两条曲线均吻合，且处于选择球范围内，如图1-38所示。
- 【圆弧中心】：用于选择圆弧中心点、圆形中心线和螺栓圆中心线，如图1-39所示。
- 【象限点】：用于选择圆的象限点，如图1-40所示。

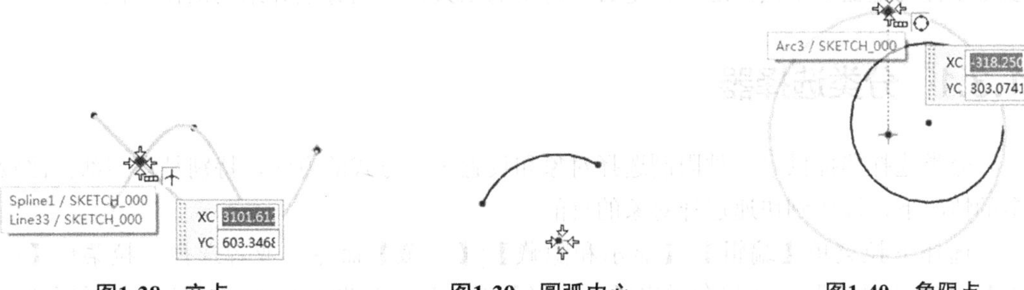

图1-38　交点　　图1-39　圆弧中心　　图1-40　象限点

- 【现有点】：用于选择现有的点。系统支持以下制图对象类型：偏置中心点、交点、目标点、公差特征、实例、直的中心线，如图1-41所示。
- 【相切点】：用于在以下对象上选择相切点：圆、二次曲线、实体边、截面边、实体轮廓线、完整和不完整螺栓圆、完整和不完整螺栓中心线，如图1-42所示。

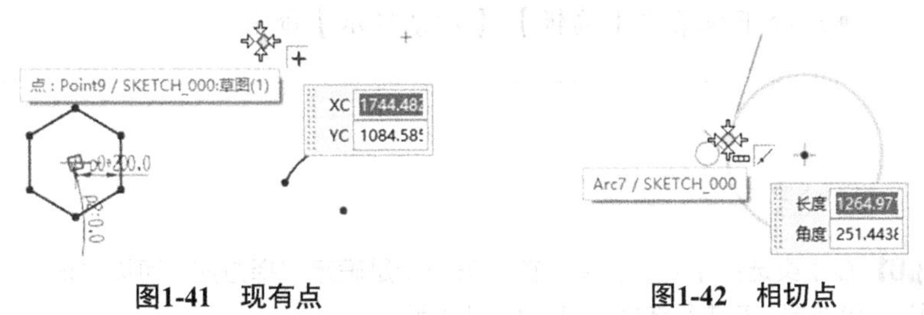

图1-41　现有点　　图1-42　相切点

- 【两曲线交点】：用于选择不在选择半径范围内的两个对象的交点，方法是进行两次独立拾取。系统支持以下对象：直线、圆形、二次曲线、样条、实线、边、截面边、实体轮廓线、截面段、直的中心线、直径中心线、长方体中心线。
- 【点在曲线上】：用于在曲线上选择点，如图1-43所示。

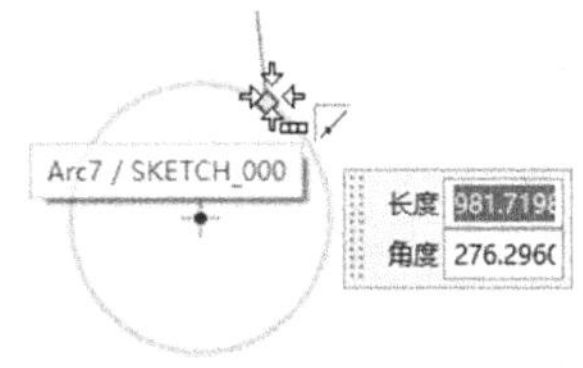

图1-43　点在曲线上

- 【点在面上】：用于在曲面上选择点。
- 【有界栅格上的点】：将光标选择捕捉到基准平面节点和视图截面节点上定义的点。
- 【点构造器】：单击，打开【点构造器】对话框。

1.3 常用工具

在NX操作过程中，经常会用到分类选择器、点构造器、矢量构造器、平面构造器以及坐标构造器等工具，这些都是必不可少的工具，下面分别介绍其操作过程。

1.3.1 分类选择器

分类选择器提供了一种限制选择对象和设置过滤方式的方法，特别是在零部件比较多的情况下，以达到快速选择对象的目的。

选择下拉菜单【编辑】|【显示和隐藏】|【隐藏】命令，或者选择下拉菜单【编辑】|【对象显示】命令都会弹出【类选择】对话框，如图1-44所示，这个对话框就是分类选择器。在UG建模过程中，经常需要选择某一对象，尤其当模型复杂时，直接在图中用鼠标选取对象非常困难时，可以通过分类选择器中“过滤器”的作用进行快速选择。

NX命令	●选择下拉菜单【编辑】|【显示和隐藏】|【隐藏】命令 ●选择下拉菜单【编辑】|【对象显示】命令

Step01 在【类选择】对话框中，首先第一步是确定选择方法。可以“根据名称选择”也可以通过“过滤器”来进行选择，如图1-44所示。

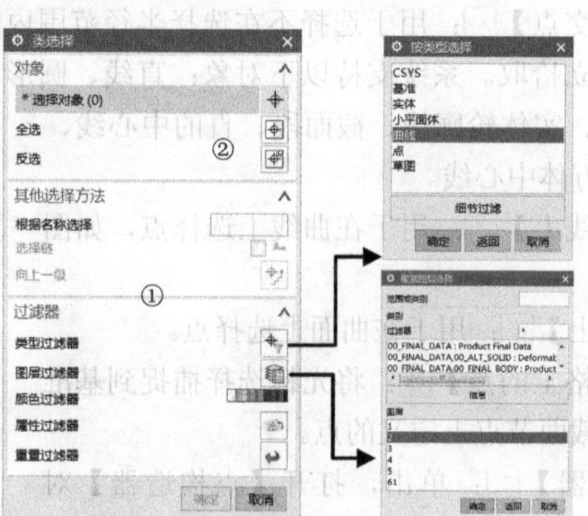

图1-44 【类选择】操作步骤

Step02 第二步是在“对象”选择时采用“全选”或是全选之后再“反选”以选中该类型以外的其他所有对象。

1.3.2 点构造器

用户在设计过程中需要在图形区确定一个点时，例如查询一个点的信息或者构造直线的端点等，NX都会弹出【点构造器】对话框辅助用户确定点。

点构造器是指选择或者绘制一个点的工具，实际上它是一个对话框，通常根据建模需要自动出现。另外，在建模功能区中单击【主页】选项卡中【特征】组中的【点】命令＋，或选择菜单【插入】|【基准/点】|【点】命令，弹出【点】对话框，如图1-45所示。

图1-45　【点】对话框

点的创建有很多方法，可以直接选取现有的点、曲线或曲面上的点，也可以直接给定坐标值定位点。【类型】下拉列表中各选项的含义如下：

（1）自动判断的点

根据鼠标所指的位置自动推测各种离光标最近的点。可用于选取光标位置、存在点、端点、控制点、圆弧/椭圆弧中心等，它涵盖了所有点的选择方式。

（2）光标位置

通过定位十字光标，在屏幕上任意位置创建一个点。该方式所创建的点位于工作平面上。

（3）现有点＋

在某个存在点上创建一个新点，或通过选择某个存在点指定一个新点的位置。该方式可将一个图层的点复制到另一个图层最快捷的方式。

（4）端点

根据鼠标选择位置，在存在的直线、圆弧、二次曲线及其他曲线的端点上指定新点的位置。如果选择的对象是完整的圆，那么端点为零象限点。

（5）控制点

在几何对象的控制点上创建一个点。控制点与几何对象类型有关，它可以是：存在点、直线的中点和端点、开口圆弧的端点和中点、圆的中心点、二次曲线的端点或其他曲线的端点。

（6）交点

在两段曲线的交点上或一曲线和一曲面或一平面的交点上创建一个点。若两者的交点多于一个，则系统在最靠近第二对象处创建一个点或规定新点的位置；若两段平行曲线并未实际相交，则系统会选取两者延长线上的相交点；若选取的两段空间曲线并未实际相交，则系统在最靠近第一对象处创建一个点或规定新点的位置。

（7）圆弧中心/椭圆中心/球心

在选取圆弧、椭圆、球的中心创建一个点。

（8）圆弧/椭圆上的角度

在与坐标轴XC正向成一定角度（沿逆时针方向测量）的圆弧、椭圆弧上创建一个点。

（9）象限点

在圆弧或椭圆弧的四分点处指定一个新点的位置。需要注意的是，所选取的四分点是离光标选择球最近的四分点。

（10）点在曲线/边上

通过设置“U参数”值在曲线或者边上指定新点的位置。

（11）点在曲面上

通过设置“U参数”和“V参数”值在曲面上指定新点的位置。

（12）两点之间

通过选择两点，在两点的中点创建新点。

1.3.3 矢量构造器

在NX应用过程中，经常需要确定一个矢量方向，例如圆柱体或圆锥体轴线方向、拉伸特征的拉伸方向、曲线投影的投影方向等，矢量的创建都离不开“矢量构造器”。

不同的功能，矢量构造器的形式也不同，但基本操作是一样的。

在NX中，矢量构造器中仅定义矢量的方向。常用矢量构造器对话框，如图1-46所示。【类型】下拉列表中共提供了10种方法，各方法的具体含义如下。

（1）自动判断的矢量

根据选择对象的不同，自动推断创建一个矢量，如图1-47所示。

（2）两点

在绘图区任意选择两点，新矢量将从第一点指向第二点，如图1-48所示。

（3）与XC成一角度

在XC-YC平面上，定义一个与XC轴成指定角度的矢量。

（4）曲线/轴矢量

选择边/曲线建立一个矢量，如图1-49所示。当选择直线时，创建的矢量由选择点指向与其距离最近的端点；当选择圆或圆弧时，创建的矢量为圆或圆弧所在的平面方

图1-46 【矢量】对话框

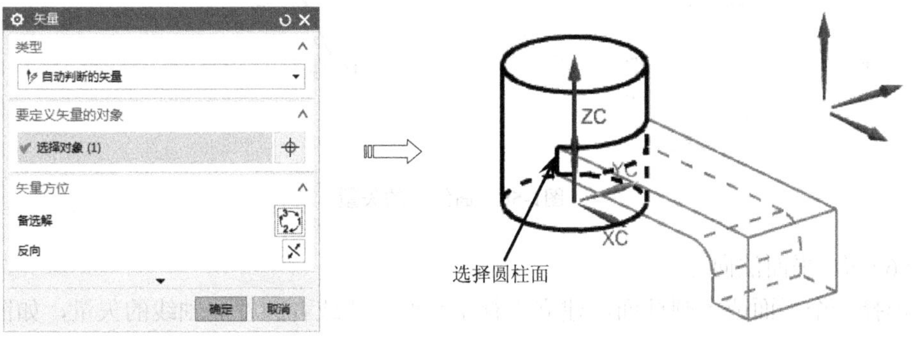

图1-47 自动判断

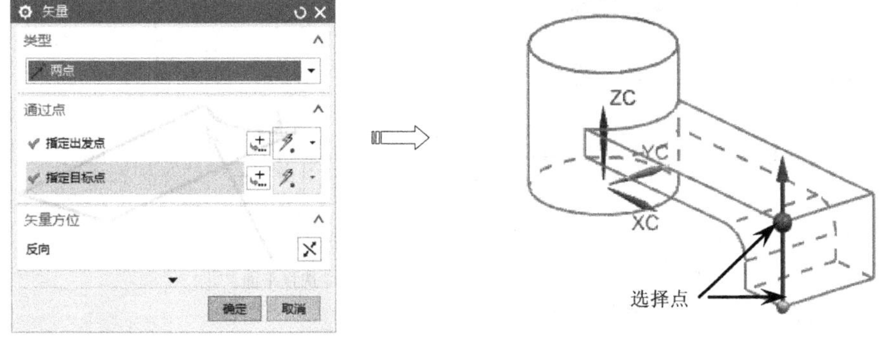

图1-48 两点

向，并且通过圆心；当选择样条曲线或二次曲线时，创建的矢量为离选择点较远的点指向离选择点较近的点。

（5）曲线上矢量

选择一条曲线，系统创建所选曲线的切向矢量，如图1-50所示。

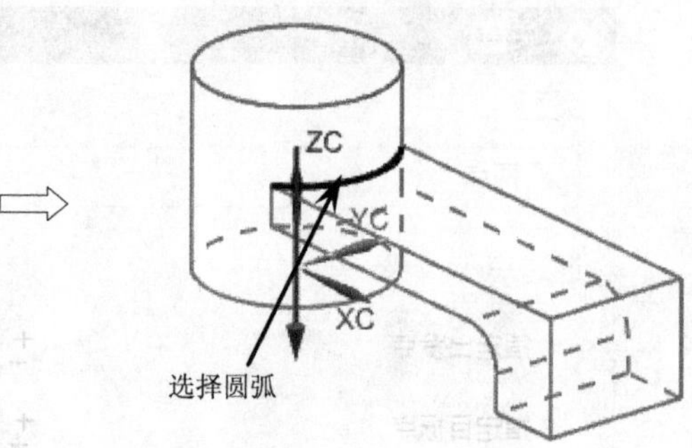

图1-49 曲线/轴矢量

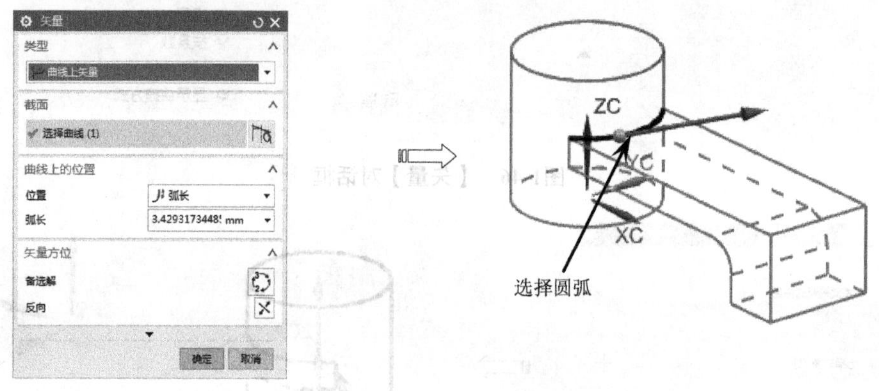

图1-50 曲线上的矢量

（6）面/平面法向

选择一个平面或者圆柱面，建立平行于平面法线或者圆柱面轴线的矢量，如图1-51所示。

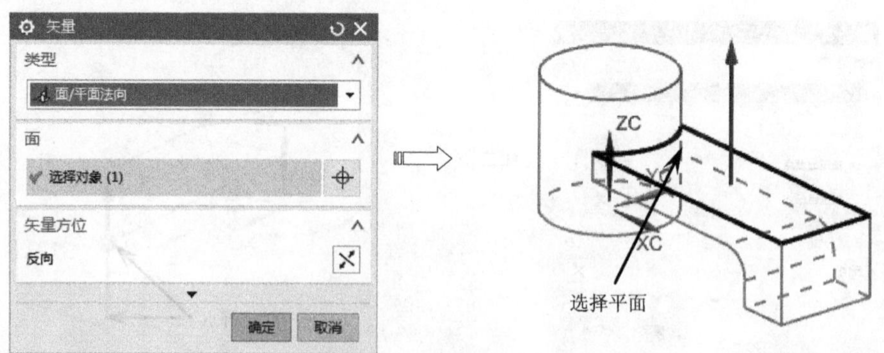

图1-51 面/平面法向

（7）基准轴

建立与基准轴平行的矢量。

（8）平行于坐标轴

建立与各个坐标轴方向平行的矢量，如图1-52所示。

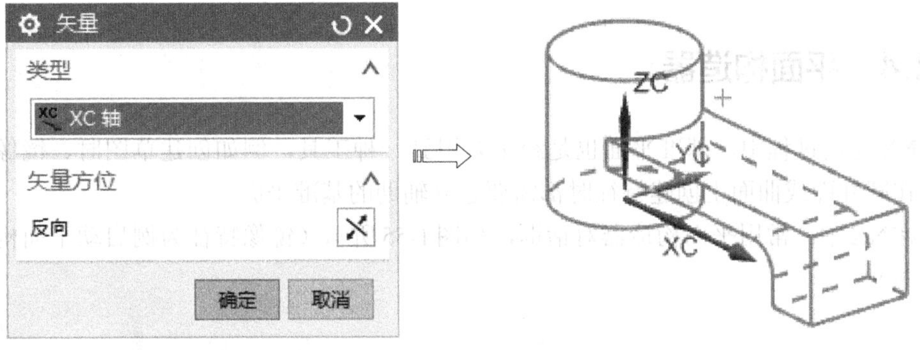

图1-52　平行于坐标轴

（9）视图方向

指定与当前工作视图平行的矢量，如图1-53所示。

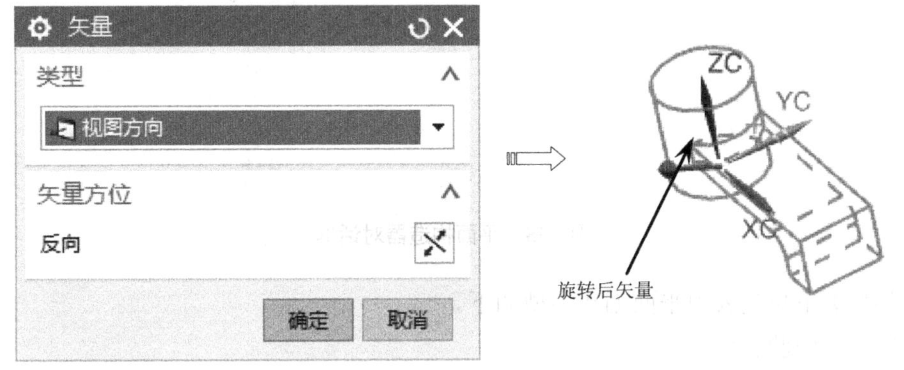

图1-53　视图方向

（10）按系数

在UG NX中，可以选择直角坐标系和球形坐标系，输入坐标分量来建立矢量。当选择【笛卡尔】单选按钮时，可输入I，J，K坐标分量确定矢量，当选择【球坐标系】单选按钮，可输入Phi为矢量与XC轴的夹角，Theta为矢量在XC-YC平面上的投影与XC轴的夹角，如图1-54所示。

图1-54　按系数

1.3.4 平面构造器

NX建模过程中，基准平面也是经常要用到一种工具，例如创建草图时、镜像特征时、在圆柱面或曲面上创建特征时都需要建立辅助的基准平面。

在NX中，常用平面构造器对话框，如图1-55所示（镜像特征为例启动平面构造器对话框）。

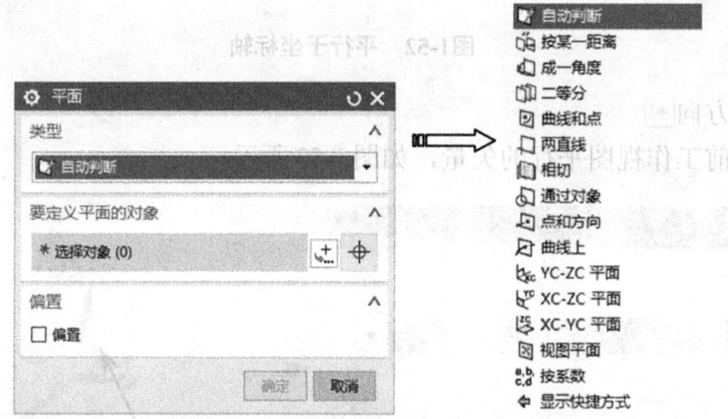

图1-55 平面构造器对话框

【类型】下拉列表中平面创建类型如下。

（1）自动判断

根据选择对象不同，自动判断建立新平面。选择如图1-56所示的两个面创建基准平面。

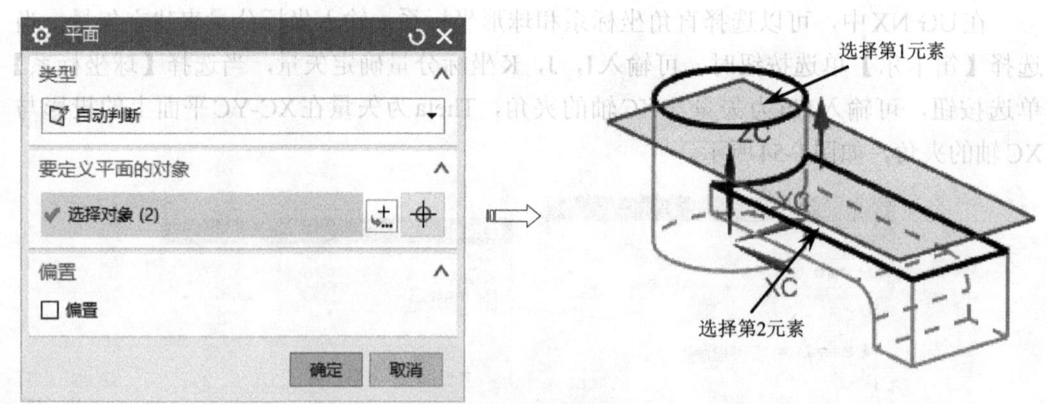

图1-56 自动判断

（2）成一角度

通过一条边线、轴线或草图线，并与一个面或基准面成一定角度，如图1-57所示。

（3）平分（Bisector）

通过选择两个平面，在两平面的中间创建一个新平面，如图1-58所示。

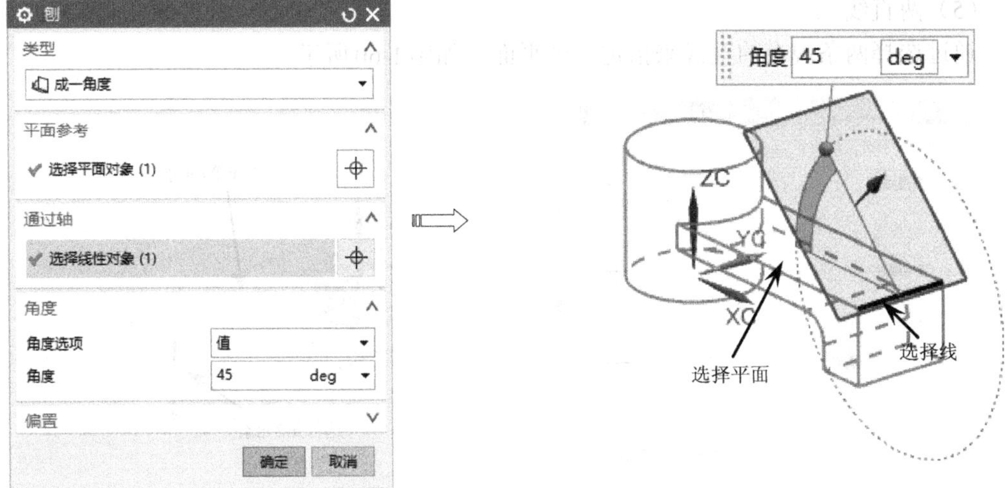

图1-57　成一角度

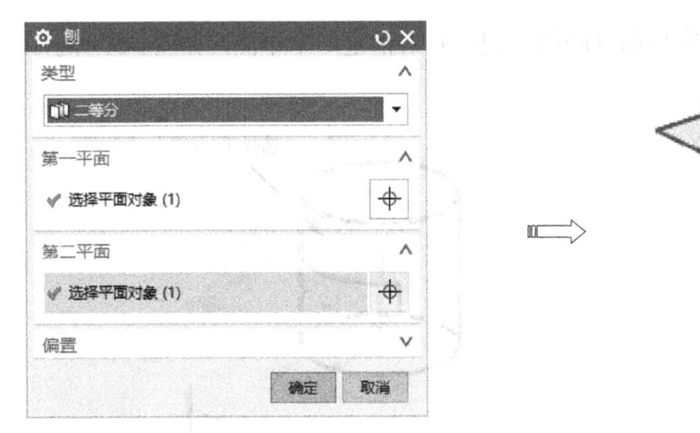

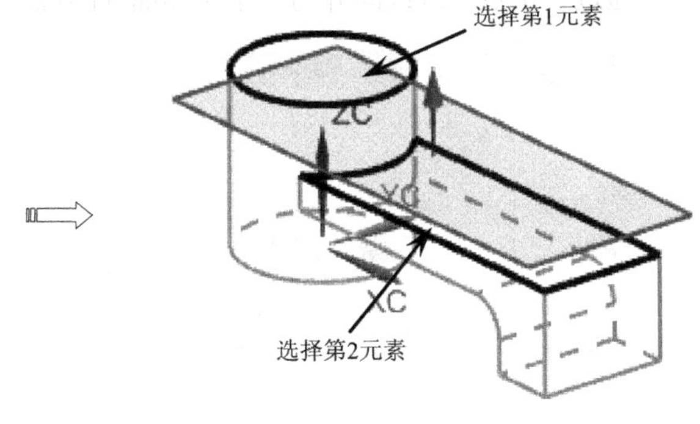

图1-58　平分

（4）曲线和点

通过曲线和一个点创建一个新平面，如图1-59所示。

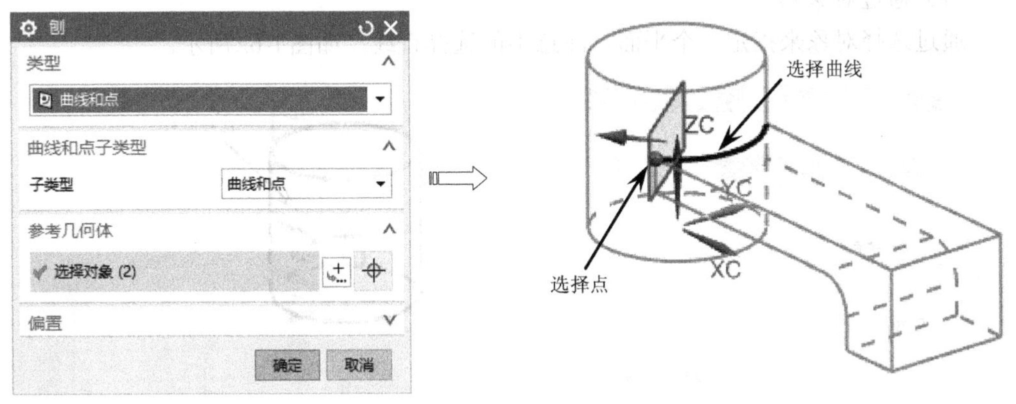

图1-59　曲线和点

（5）两直线

通过选择两条现有的直线来指定一个平面，如图1-60所示。

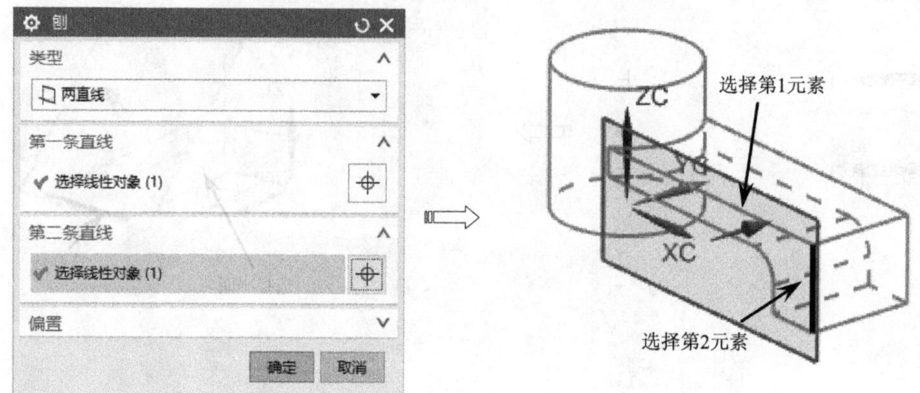

图1-60　两直线

（6）相切

通过一个点或线或面并与一个实体面（圆锥或圆柱）来指定一个平面，如图1-61所示。

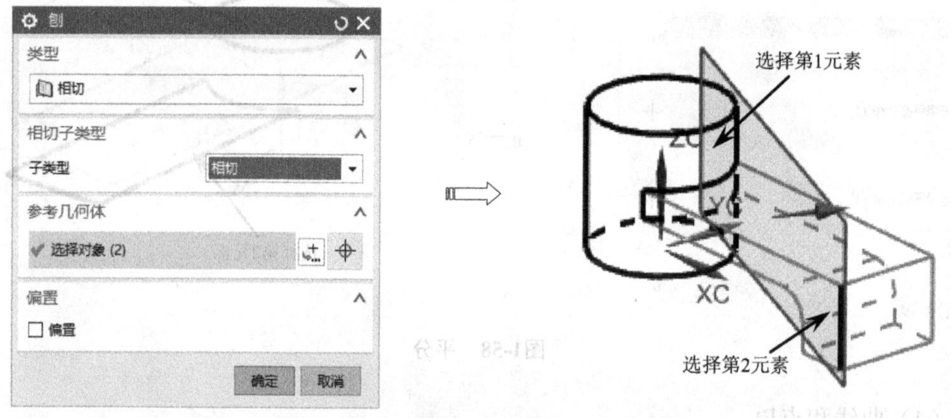

图1-61　相切

（7）通过对象

通过选择对象来指定一个平面，注意不能选择直线，如图1-62所示。

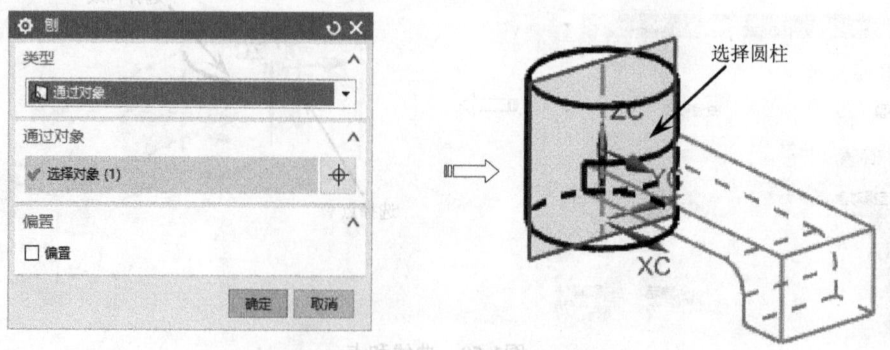

图1-62　通过对象

（8）点和方向

通过一点并沿指定方向来创建一个平面，如图1-63所示。

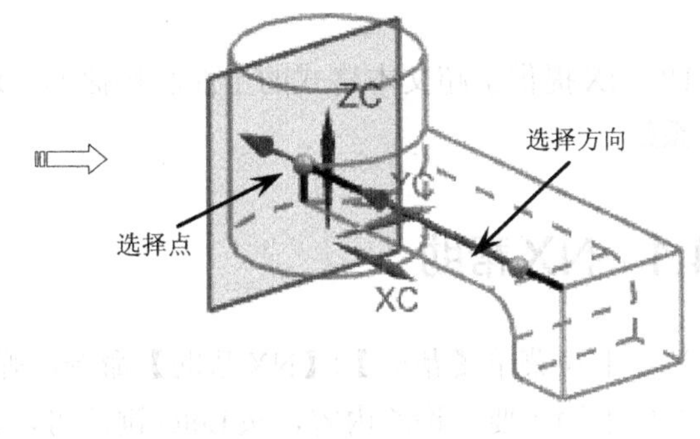

图1-63　点和方向

（9）曲线上

通过选择一条曲线，并在设定的曲线位置处来创建一个平面，如图1-64所示。

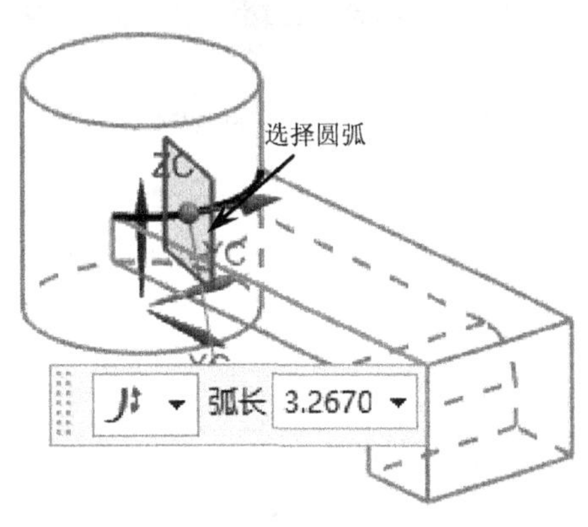

图1-64　曲线上

（10）系数

通过指定系数A、B、C和D来定义一个平面，平面方程为AX+BY+CZ=D来确定，如图1-65所示。

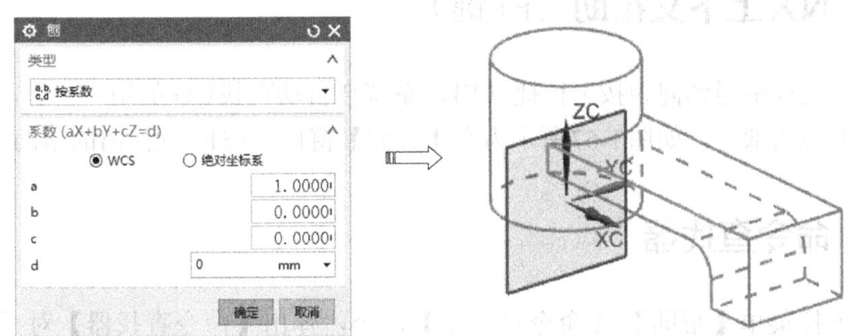

图1-65　系数

1.4 NX的帮助系统

UG NX提供了超文本格式的全面和快捷的帮助系统，可通过以下三种方式利用NX帮助系统。

1.4.1 NX帮助

选择下拉菜单【帮助】|【NX帮助】命令，弹出帮助页面，如图1-66所示。在【搜索】窗口中输入要查询的内容，按Enter键即可，如图1-66所示。

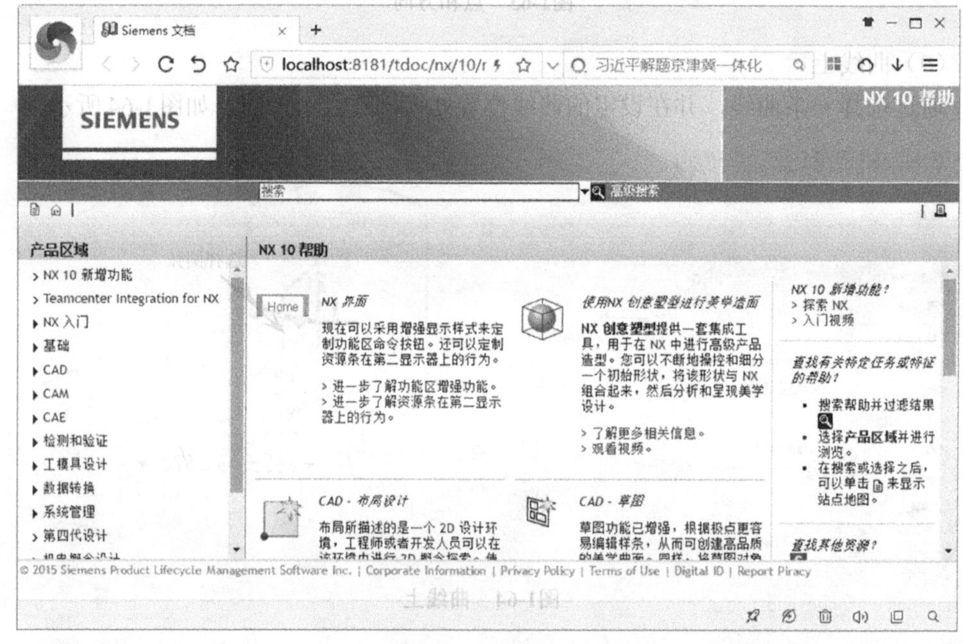

图1-66 帮助界面

1.4.2 NX上下文帮助（F1键）

在使用过程中遇到问题按下快捷键F1，系统会自动查找UG的用户手册，并定位在当前功能的说明部分，如图1-67所示为在【拉伸】窗口中按F1键弹出的帮助界面。

1.4.3 命令查找器

选择下拉菜单【帮助】|【命令查找器】命令，弹出【命令查找器】对话框，如图1-68所示。

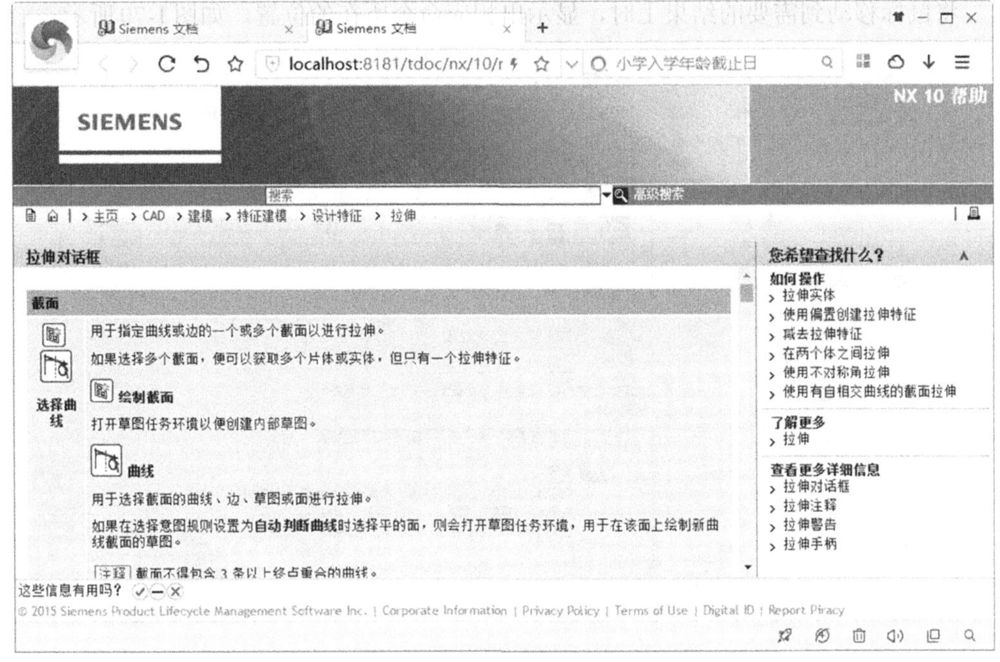

图1-67　F1帮助

图1-68　【命令查找器】对话框

例如，在【搜索】框中输入“拉伸”，按Enter键，显示找到的拉伸结果，如图1-69所示。

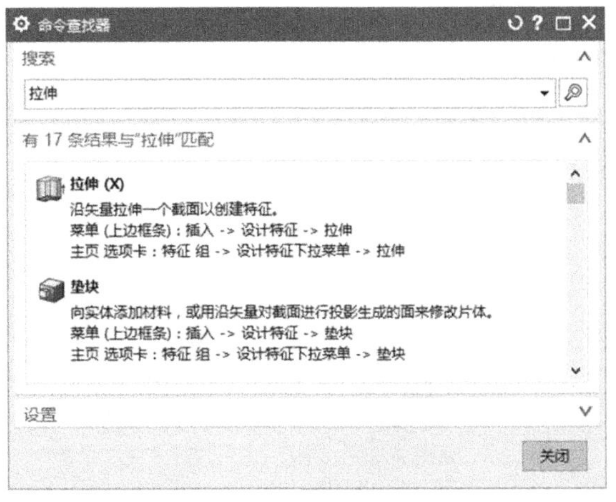

图1-69　显示查找结果

将鼠标移动到需要的结果上时，显示出相应命令所在的位置，如图1-70所示。

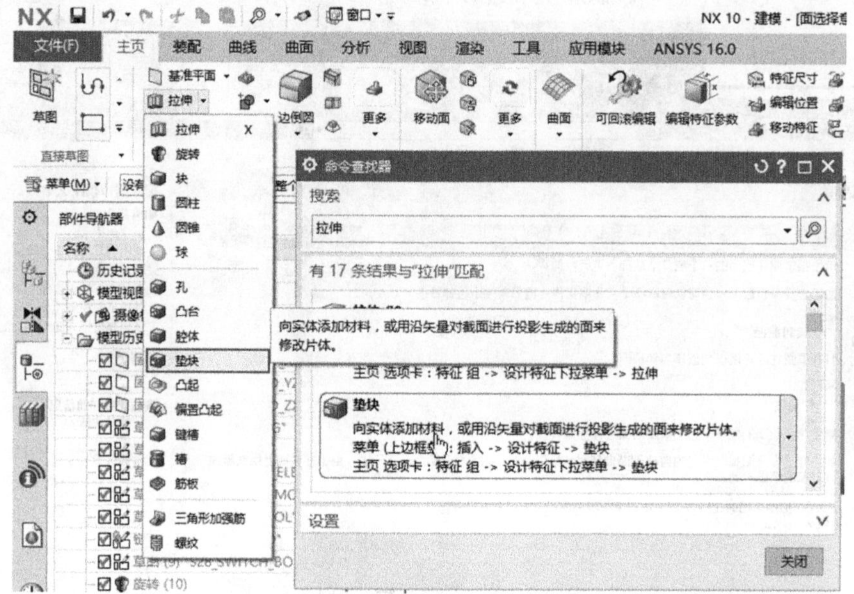

图1-70　查找命令位置

本章小结

本章简要介绍了NX软件的主要功能模块、用户界面和帮助系统等内容。通过本章学习，读者对该软件有一个初步的了解，为下一阶段的学习打下良好的基础。

02

第2章

NX草图设计

草图是NX中创建在规定的平面上的命了名的二维曲线集合。创建的草图实现多种设计需求：通过扫略、拉伸或旋转草图来创建实体或片体、创建2D概念布局、创建构造几何体，如运动轨迹或间隙弧。NX通过尺寸和几何约束可以用于建立设计意图并且提供通过参数驱动改变模型的能力。

第2章

本章内容

- 草图简介
- 草图首选项
- 启动草图生成器
- 草图绘制
- 草图编辑
- 草图约束
- 退出草图生成器

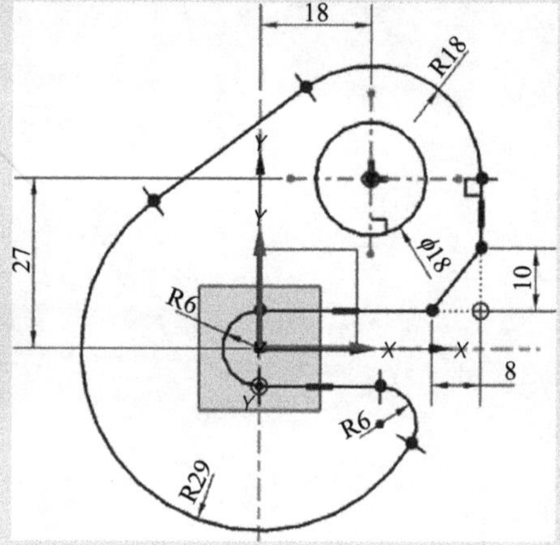

2.1 NX草图简介

草图是NX中创建在规定的平面上的命了名的二维曲线集合。创建的草图实现多种设计需求：通过拉伸、旋转或扫掠草图来创建实体或片体，创建2D概念布局，创建构造几何体，如运动轨迹或间隙弧。NX通过尺寸和几何约束可以用于建立设计意图并且提供通过参数驱动改变模型的能力。

二维草图是NX三维建模的基础，草图就是创建在规定的平面上的命了名的二维曲线集合，常用于将草图通过拉伸、旋转、扫掠等特征创建方法来创建实体或片体。

2.1.1 草图元素

NX草图生成器中常用的草图元素，如图2-1所示。

（1）草图对象

在草图生成器中创建的截面几何元素。草图对象是指草图中的曲线和点。建立草图工作平面后，就可在草图工作平面上建立草图对象了，建立草图对象的方法有多种，既可以在草图工作平面中直接绘制曲线和点，也可以通过草图操作功能中的一些方法，添加绘图工作区中存在的曲线或点到当前草图中，还可以从实体或片体上抽取对象到草图中。

（2）尺寸约束

定义零件截面形状和尺寸，例如矩形的尺寸可以用长、宽参数约束。

（3）几何约束

定义几何之间的关系，例如两条直线平行、共线、垂直直线与圆弧相切、圆弧与圆弧相切等。

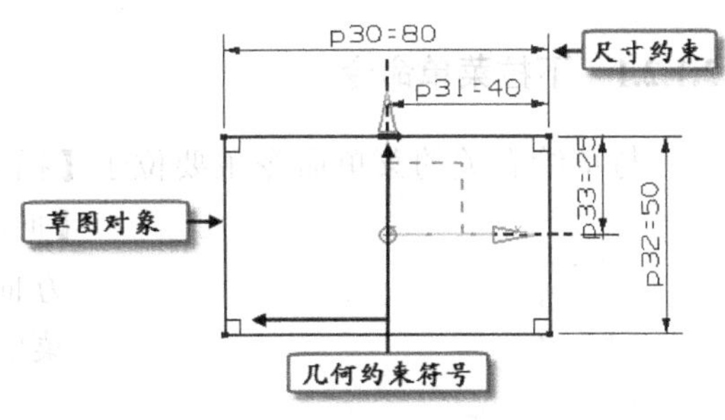

图2-1　草图生成器元素

技术要点

绘制草图曲线时，不必在意尺寸是否准确，只需绘制出近似形状即可。此后，通过尺寸和几何约束来精确定位草图。

2.1.2　NX草图用户界面

2.1.2　视频精讲

在草图功能区中单击【主页】选项卡中【直接草图】组中的【草图】命令，或选择下列菜单【插入】|【草图】命令，或选择下列菜单【插入】|【在任务环境中绘制草图】命令，弹出【创建草图】对话框，在【草图类型】下拉菜单中选择“在平面上”，单击【确定】按钮，进入草图生成器。草图生成器用户界面主要包括菜单、导航器、选项卡、图形区、状态行等，如图2-2所示。

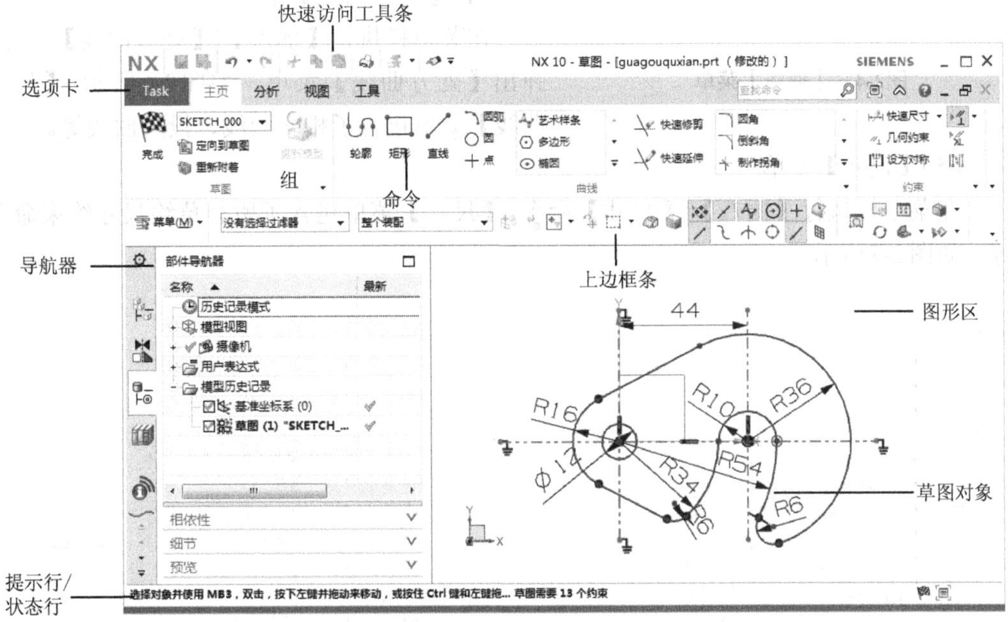

图2-2　草图生成器界面

2.1.2.1 下拉菜单命令

与草绘有关的菜单命令主要位于【插入】菜单中的相关选项：【基准/点】菜单、【曲线】菜单、【来自曲线集的曲线】菜单、【处方曲线】菜单、【尺寸】菜单和【几何约束】菜单。

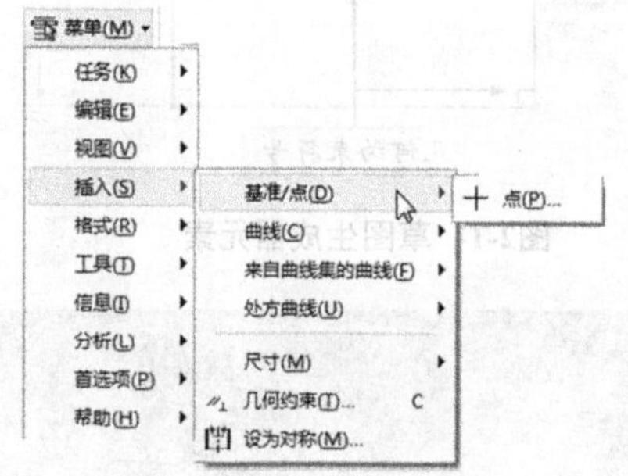

图2-3 【基准/点】菜单

（1）【基准/点】菜单

在菜单栏执行【插入】|【基准/点】命令，弹出【基准/点】菜单，如图2-3所示。【轮廓】菜单包含了所有点等。

（2）【曲线】菜单

在菜单栏执行【插入】|【曲线】命令，弹出【曲线】菜单，如图2-4所示。【曲线】菜单包含了所有草绘轮廓命令，如轮廓、圆、二次曲线、样条线、直线等。

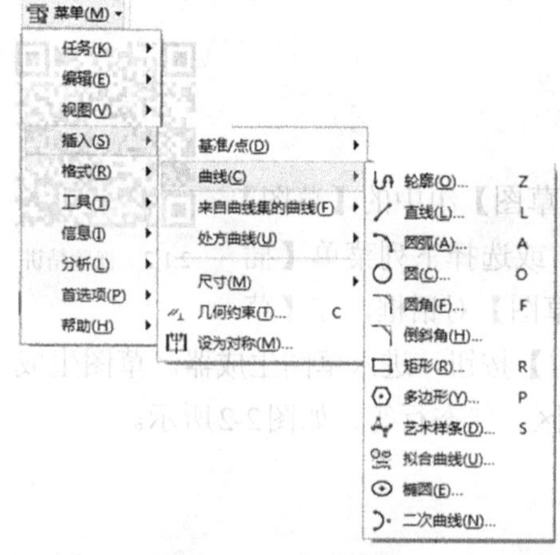

图2-4 【曲线】菜单

（3）【来自曲线集的曲线】菜单

选择下拉菜单【插入】|【来自曲线集的曲线】命令，弹出【来自曲线集的曲线】菜单，如图2-5所示。【操作】菜单包含了草绘操作命令，如偏置曲线、阵列曲线、镜像曲线、现有曲线等。

（4）【处方曲线】菜单

在菜单栏执行【插入】|【处方曲线】命令，弹出【处方曲线】菜单，如图2-6所示。【处方曲线】菜单包含了相交曲线、投影曲线等。

（5）【尺寸】菜单

在菜单栏执行【插入】|【尺寸】命令，【尺寸】菜单包含了所有草绘尺寸约束命令等，如图2-7所示。

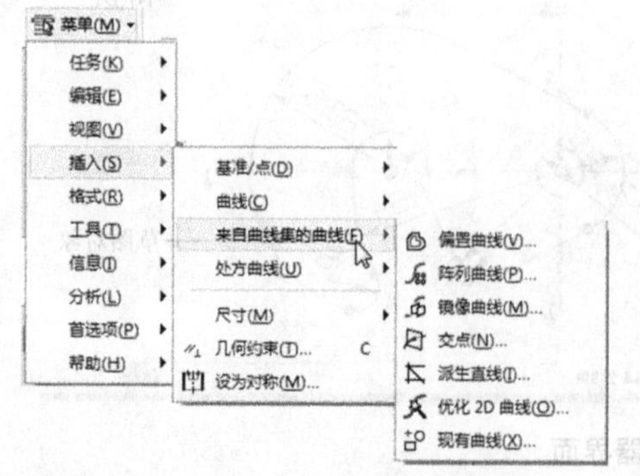

图2-5 【来自曲线集的曲线】菜单

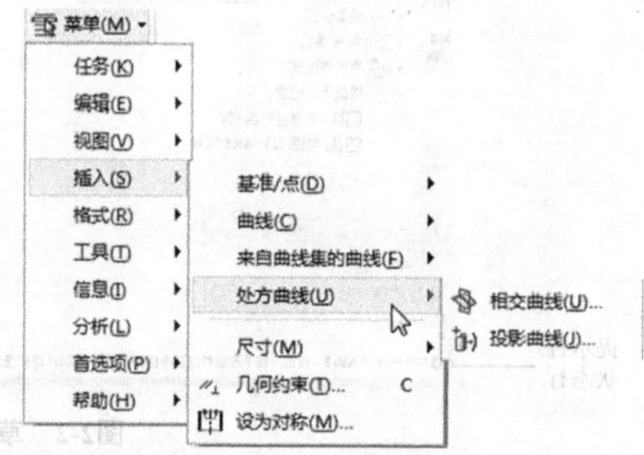

图2-6 【处方曲线】菜单

（6）【几何约束】菜单

在菜单栏执行【插入】|【几何约束】或【设为对称】命令，【几何约束】菜单包含了所有草绘约束命令等，如图2-8所示。

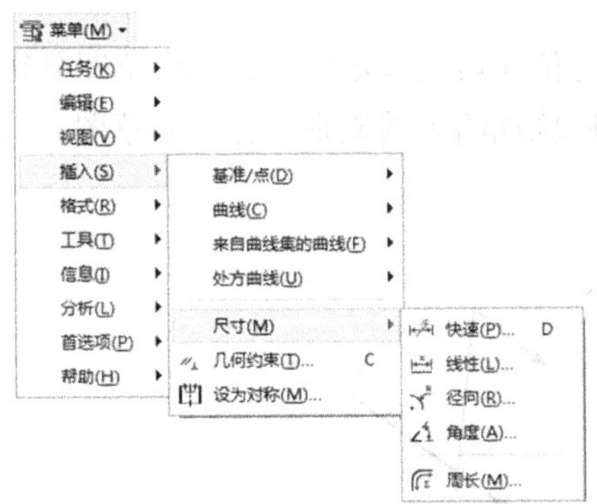

图2-7　【尺寸】菜单

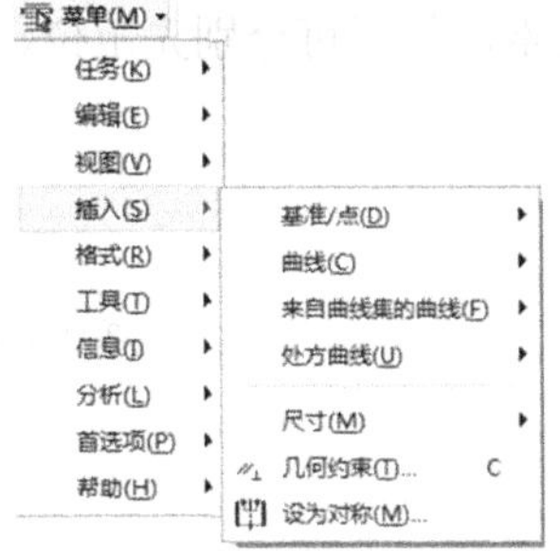

图2-8　【几何约束】菜单

2.1.2.2　功能区命令组

（1）【草图】组

【草图】组上的命令用于重新附着、定向到草图、完成草图等功能，如图2-9所示。

图2-9　【草图】组

（2）【曲线】组

【曲线】组上的命令用于创建草图元素和编辑草图元素，如图2-10所示。它提供了轮廓、矩形、直线、圆弧、圆角、倒角、快速修剪、快速延伸等命令。

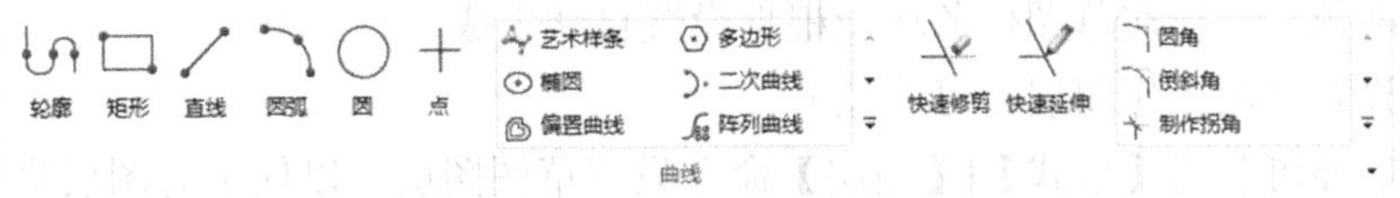

图2-10　【曲线】组

（3）【约束】组

【约束】组上的命令用于施加几何约束和尺寸约束，如图2-11所示。它提供了快速尺寸、几何约束、设为对称、显示草图约束、转换至/自参考对象等命令。

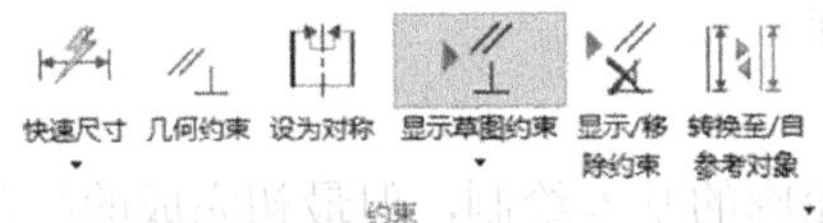

图2-11　【约束】组

2.1.3 NX草图处理流程

2.1.3 视频精讲

以图2-12为例来说明NX草图处理的基本流程过程。

（1）草图分析，拟定总体绘制思路

首先对草图进行整体分析，找到草图的定位元素或者定位位置，将草图分解成草图绘制元素，然后可分别先定位，再轮廓，最后施加约束的原则进行绘制草图，如图2-12所示。

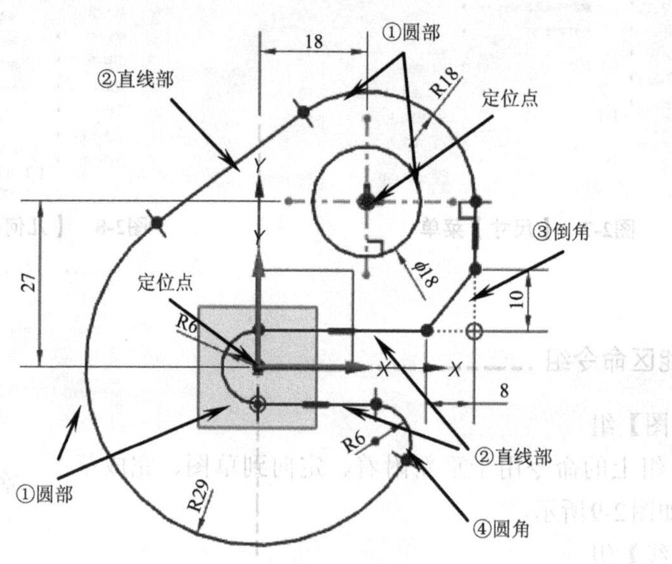

图2-12 草图整体分析

（2）设置草图首选项

选择下拉菜单【首选项】|【草图】命令，设置草图表达式格式、设置自动约束和草图对象颜色，这样在草图任务环境根据设置自动生成一些约束。

（3）设置草图工作图层（可选项）

如果需要可利用【格式】|【图层】命令设置草图图层，以便于对图层进行管理。

（4）选择草图平面并设置草图方位

根据模型结构等轴测视图结构，选择草绘平面和草图的方位，建议采用任务环境下草图选择草图平面，设置草图方向和原点位置。

（5）绘制草图轮廓

利用草图工具提供的创建二维几何元素（直线、圆、圆弧、样条、点、二次曲线等）功能，绘制草图大致轮廓。

（6）编辑草图元素

草图绘制指令可以完成轮廓的基本绘制，但最初完成的绘制是未经过相应编辑的，需要进行倒圆角、倒角、修剪、镜像等操作，才能获得更加精确的轮廓。

（7）约束草图元素

草图设计强调的是形状设计与尺寸几何约束分开，形状设计仅是一个粗略的草图轮廓，要精确地定义草图，还需要对草图元素进行约束。草图约束包括几何约束和尺寸约束两种。

（8）离开草图任务环境

绘制完草图后，在功能区中单击【草图】组上的【完成】按钮🏁，完成草图绘制，退出草图编辑器环境，如图2-13所示。

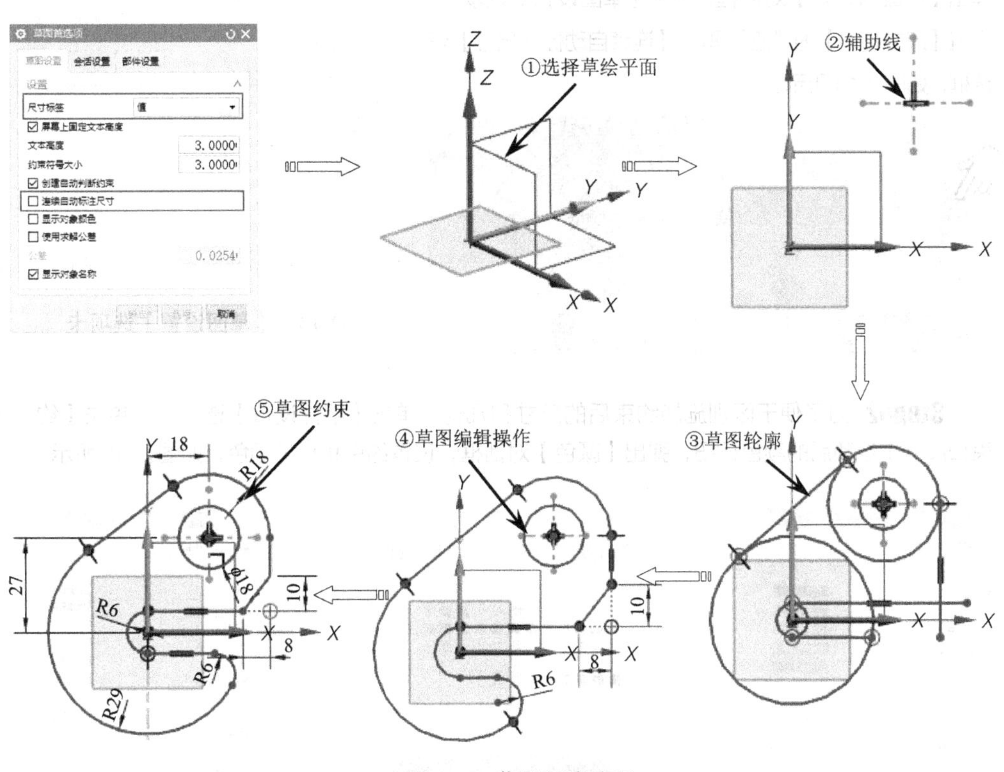

图2-13 草图创建流程

2.2 设置草图首选项

2.2 视频精讲

在绘制草图之前，用户可以事先对创建的草图对象进行初始设置。下面介绍最常用的草图设置等。

NX命令	● 选择下拉菜单【首选项】|【草图】命令

操作步骤

本例演示NX绘制草图最经典的草图首选项设置，首先启动首选项命令。

Step01 选择下拉菜单【首选项】|【草图】命令，弹出【草图首选项】对话框，单击【草图设置】选项卡，设置【尺寸标签】为“值”，取消【连续自动标注尺寸】复选框，如图2-14所示。

提示

取消【连续自动标注尺寸】复选框，可在创建草图对象时不创建自动尺寸，简洁草图平面状态，便于观察和绘制。

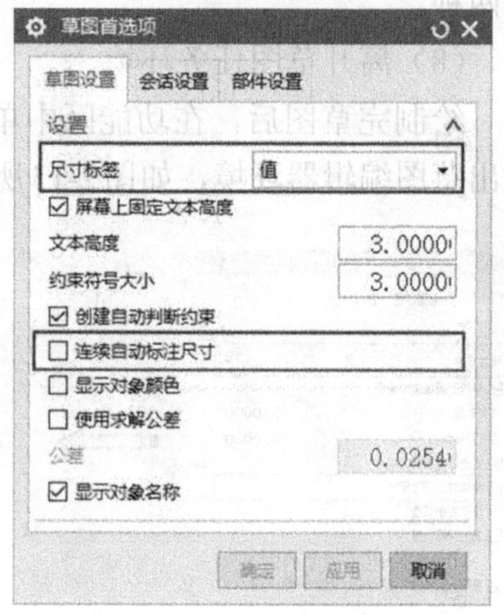

图2-14　【草图设置】选项卡

Step02 为了便于区别施加约束后的尺寸和几何，单击【部件设置】选项卡，单击【约束和尺寸】选项后的颜色按钮，弹出【颜色】对话框，设置约束和尺寸颜色，如图2-15所示。

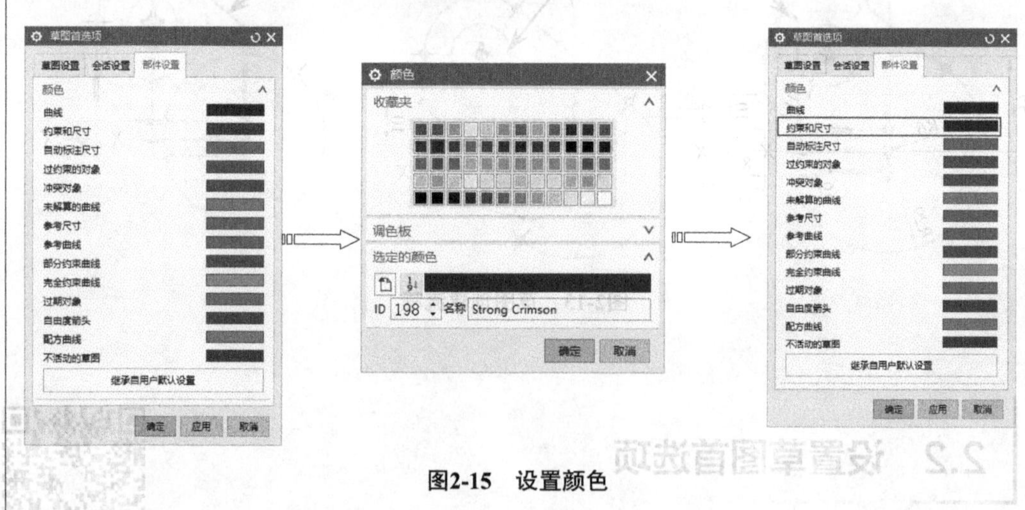

图2-15　设置颜色

Step03 单击【确定】按钮，关闭首选项对话框，完成草图设置。

2.3　启动草图生成器

2.3　视频精讲

要创建草图首先要进入草图生成器，草图生成器是NX进行草图绘制的专业模块，常与其他模块相配合进行3D模型的绘制。

2.3.1 选择草绘平面

在绘制草图之前，用户必须选择一个草图平面，可选择指定的面、工作坐标系平面、基准平面、实体表面或片体表面等建立新的草图。

NX命令	• 单击【主页】选项卡中【直接草图】组中的【草图】按钮 • 选择下列菜单【插入】|【草图】命令 • 选择下列菜单【插入】|【在任务环境中绘制草图】命令

Step04 在草图功能区中单击【主页】选项卡中【直接草图】组中的【草图】命令，或选择下列菜单【插入】|【草图】命令，或选择下列菜单【插入】|【在任务环境中绘制草图】命令，弹出【创建草图】对话框，在【草图类型】下拉菜单中选择“在平面上”，如图2-16所示。

图2-16 【创建草图】对话框

Step05 在图形区选择【Datum Coordinate System】的【X-Y平面】图标，显示出草图基准平面和草图坐标系X轴（红色）和Y轴（绿色），然后单击【确定】按钮，选中的草图平面会自动旋转到与屏幕平行的位置，进入草图绘制状态，如图2-17所示。

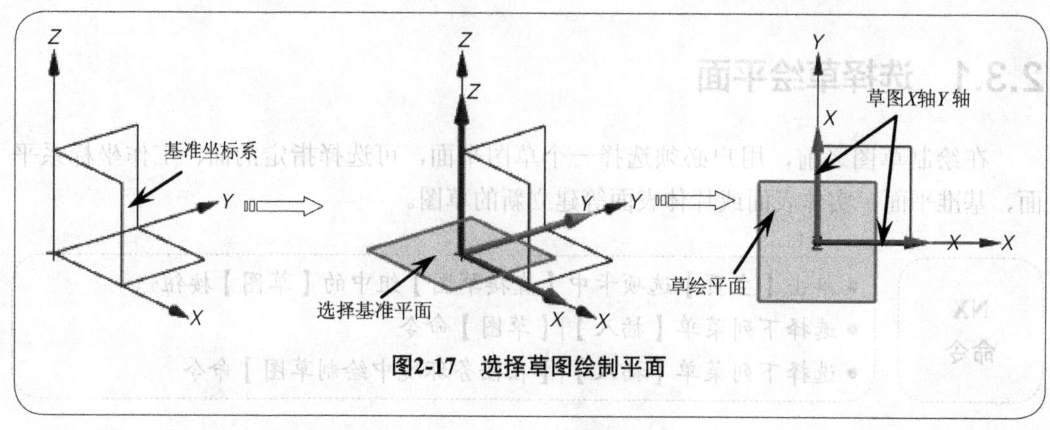

图2-17 选择草图绘制平面

2.3.2 直接草图和任务草图

在草图功能区中单击【主页】选项卡中【直接草图】组中的【草图】命令，或选择下列菜单【插入】|【草图】命令，创建直接草图；选择下列菜单【插入】|【在任务环境中绘制草图】命令，创建任务草图。

2.3.2.1 直接草图和任务草图关系

直接草图仍然留在建模模块，就是在建模环境下面提供了一部分任务草图的功能，但又不能完全实现草图里的功能，如图2-18所示。

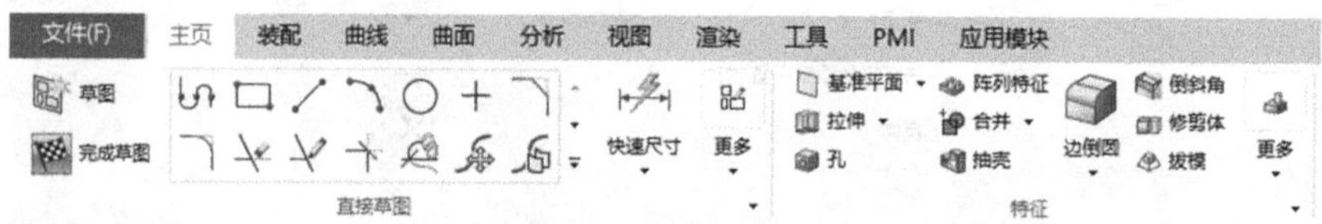

图2-18 直接草图

任务中的草图就是专门进入草图模块，是一个独立的模块，任务环境可以理解为打开了一个新的草图窗口，里面专门画草图，不能建模的，如图2-19所示。

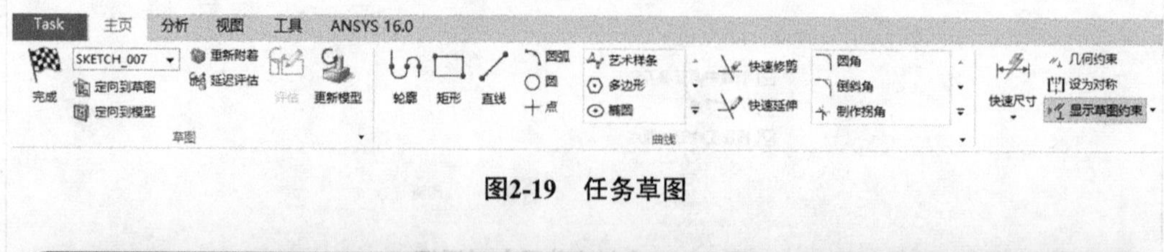

图2-19 任务草图

技术要点

创建任务草图能够在完成草图后将视角调回到草图进入时的视角，直接草图有时候不能返回前面的视角。

2.3.2.2 进入任务草图方法

（1）直接草图环境下进入任务草图

在直接草图环境下，选择【直接草图】组中的【更多】中的【在草图任务环境中打开】按钮，即可进入任务草图，如图2-20所示。

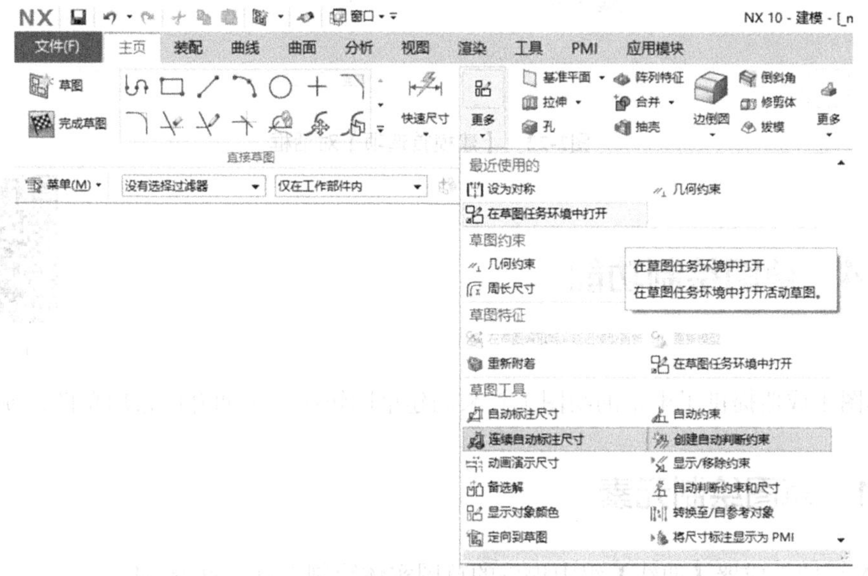

图2-20 【在草图任务环境中打开】按钮

（2）直接进入任务草图

选择下拉菜单【插入】|【在任务环境中绘制草图】命令，或者单击【直接草图】组中的【在任务环境中绘制草图】按钮可直接进入任务草图，如图2-21所示。

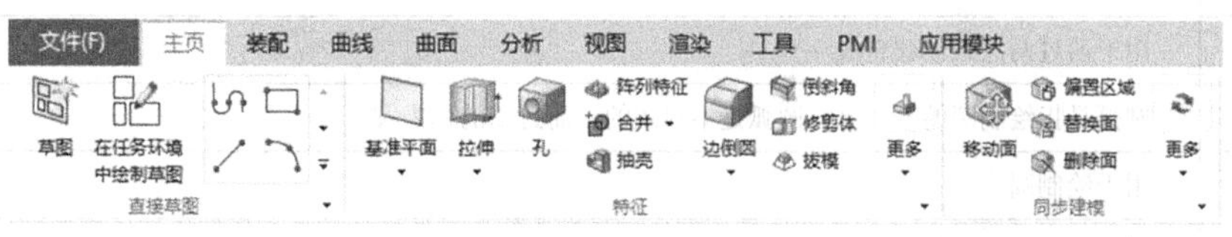

图2-21 在任务环境中绘制草图

（3）编辑草图时进入任务草图

选择下拉菜单【首选项】|【建模】命令，弹出【建模首选项】对话框，在【编辑】选项卡中的【编辑草图操作】中选择“任务环境”，如图2-22所示。

提示

在【建模首选项】对话框只能用于一次建模使用，如果更改系统设置，可选择【文件】|【实用工具】|【用户默认设置】命令，弹出【用户默认设置】对话框进行任务环境设置。

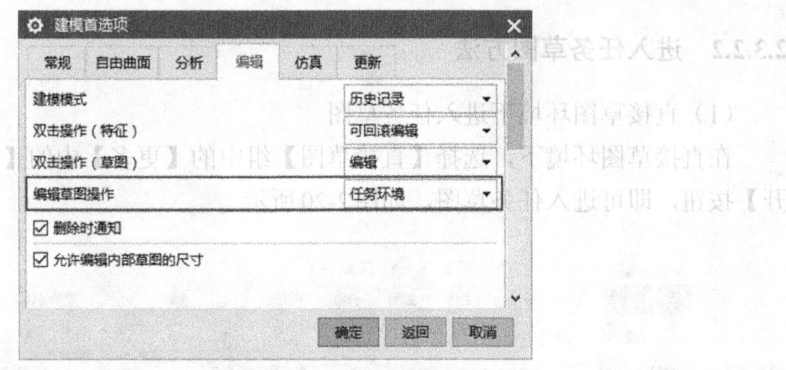

图2-22 【建模首选项】对话框

2.4 视频精讲

2.4 草图绘制功能

草图生成器提供了丰富的绘图工具来创建草图轮廓，下面介绍常用草图绘制功能。

2.4.1 草图绘制元素

NX草图生成器【曲线】组中提供的草图实体绘制工具，见表2-1。

表2-1 草图曲线绘制功能

类型	说明
点	用于在草图上建立一个点
轮廓线	用于在草图平面上连续绘制直线和圆弧，前一段直线或者圆弧的终点是下一段直线或者圆弧的起点
直线	用于通过两点来创建直线
圆弧	圆弧是指绘制圆的一部分，圆弧是不封闭的，而封闭的称为圆
圆	用于绘制圆
矩形	用于绘制两点、中心点矩形
多边形	用于通过定义中心创建正多边形
样条线	样条线用于通过一系列控制点来创建样条曲线
二次曲线	二次曲线绘制功能有：椭圆、抛物线、双曲线和圆锥曲线

2.4.2 草图对象绘制模式

（1）坐标模式 XY

【坐标模式】可用绝对坐标来定位草图平面中点的位置。如需要定位点（−10，−5）的位置，只需要在XC、YC对话框中分别输入（−10,−5）后回车即可，如图2-23所示。

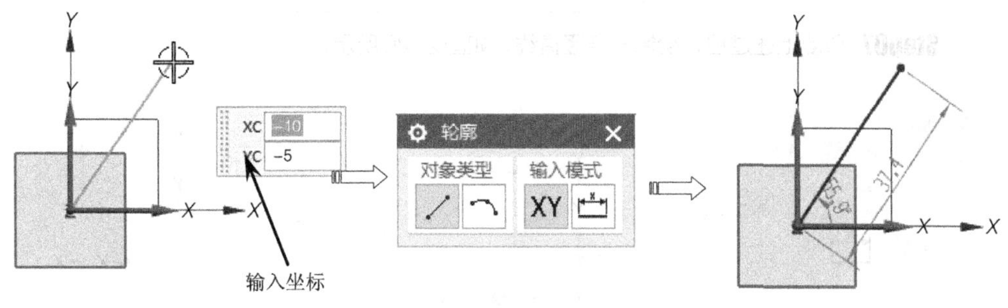

图2-23　坐标模式

利用该点坐标可用绘制直线、圆弧等曲线。

（2）参数模式

【参数模式】是使用曲线对象的参数来创建曲线。直线使用【长度】和【角度】参数，圆弧使用【半径】和【扫掠角度】参数。如需要画长度为50mm，与X轴方向成30°角的直线，则只需在文本框中分别输入（50,30）后回车即可，如图2-24所示。

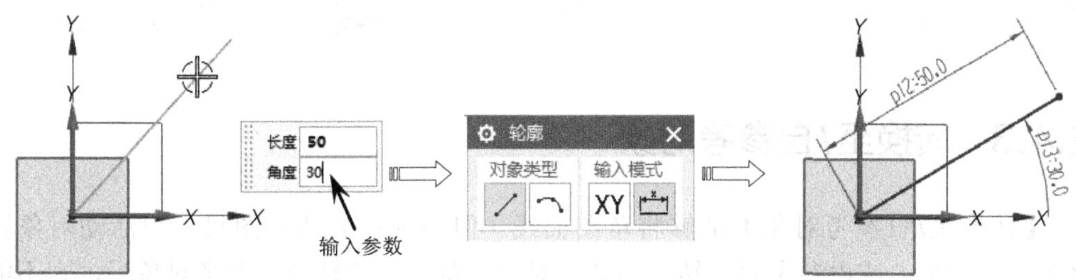

图2-24　参数模式

NX命令	●单击【主页】选项卡中【曲线】组中的【直线】命令 ●选择菜单【插入】|【曲线】|【直线】命令

Step06 在草图功能区中单击【主页】选项卡中【曲线】组中的【直线】命令，或选择菜单【插入】|【曲线】|【直线】命令，弹出【轮廓】工具栏，绘制一条水平直线，直线上出现“ ”符号，表示系统自动将绘制直线添加水平几何关系，如图2-25所示。

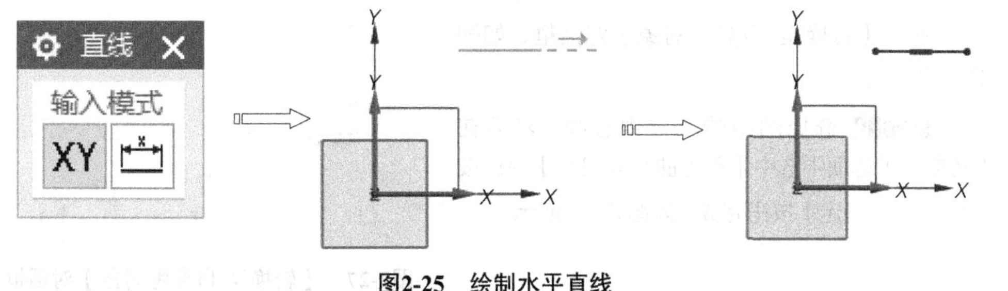

图2-25　绘制水平直线

Step07 重复上述过程，绘制一条竖直线，如图2-26所示。

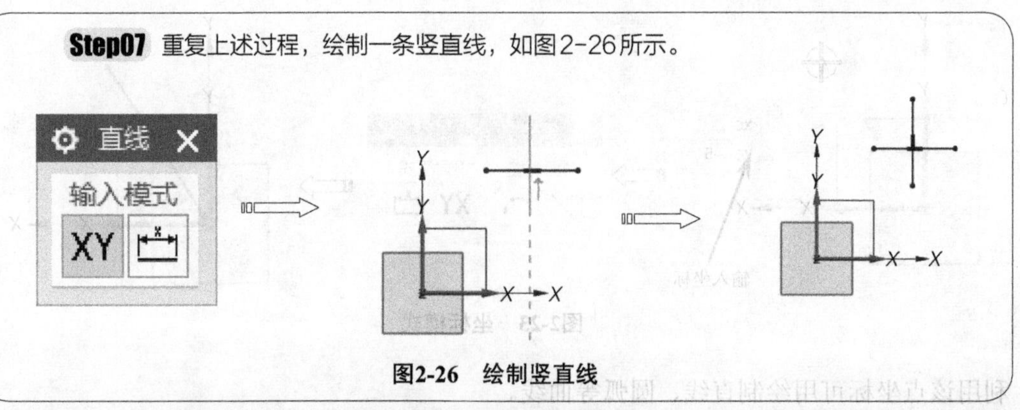

图2-26 绘制竖直线

不要太注重所绘制直线的精确长度，NX是一个尺寸驱动软件，几何体的大小是通过标注的尺寸来控制的，因此，绘制草图中只需绘制近似形状，然后再通过尺寸标注来使其精确。

2.4.3 转换至/自参考对象

【转换至/自参考对象】能够将草图曲线（但不是点）或草图尺寸由活动对象转换为参考对象，或由参考对象转换回活动对象。草图对象转换为参考对象后，它不能表达草图轮廓，也不参与建立实体特征。默认情况下，NX用双点画线字体显示参考曲线。

NX命令	• 单击【主页】选项卡中【约束】组中的【转换至/自参考对象】按钮

Step08 在草图功能区中单击【主页】选项卡中【约束】组中的【转换至/自参考对象】按钮，弹出【转换至/自参考对象】对话框，如图2-27所示。

Step09 选择图中的水平中心线，然后在【转换为】选项中选中【参考曲线或尺寸】单选按钮，单击【确定】按钮完成，如图2-28所示。

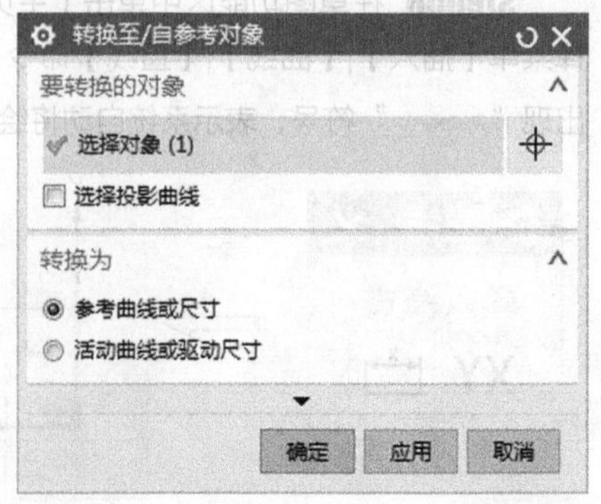

图2-27 【转换至/自参考对象】对话框

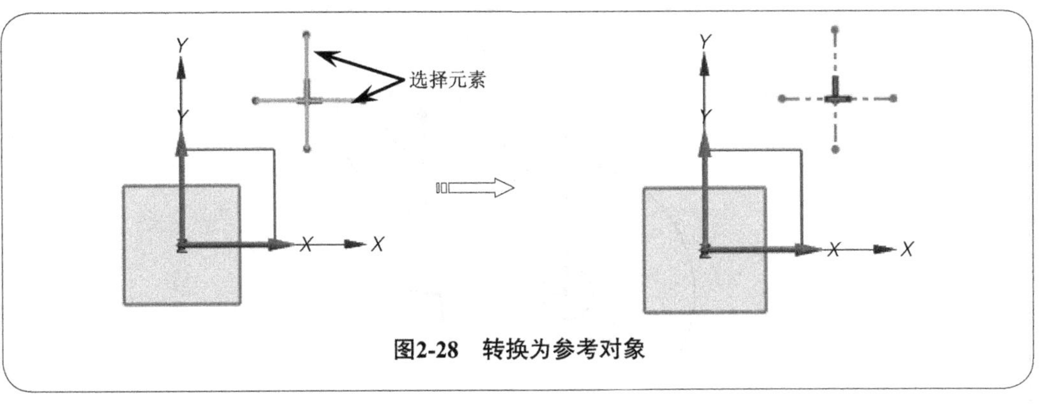

图2-28　转换为参考对象

2.4.4　使用捕捉点工具

当使用的命令需要某个点时，捕捉点选项即显示在上边框条上。使用捕捉点选项可选择曲线、边和面上的特定控制点，如图2-29所示。可通过单击来启用或禁用某个捕捉点功能。

图2-29　捕捉点选项

NX命令	● 单击【主页】选项卡中【曲线】组中的【圆】命令○ ● 选择菜单【插入】|【曲线】|【圆】命令

操作步骤

Step10　在捕捉点选项中选中【交点】图标，然后在草图功能区中单击【主页】选项卡中【曲线】组中的【圆】命令○，或选择菜单【插入】|【曲线】|【圆】命令，弹出【圆】工具栏，捕捉角点，绘制圆，如图2-30所示。

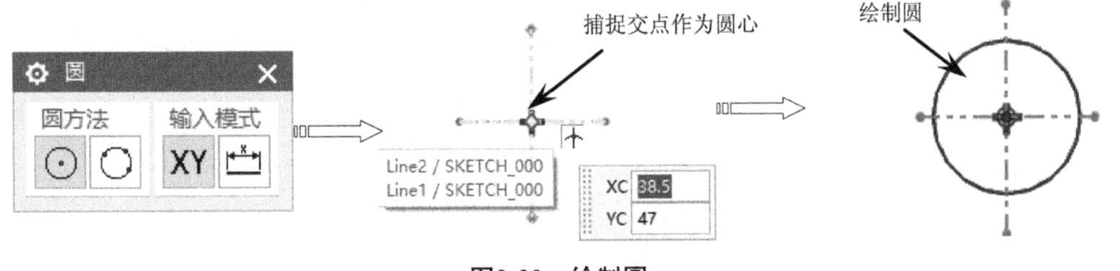

图2-30　绘制圆

Step11　重复上述圆绘制过程绘制其他3个圆，如图2-31所示。

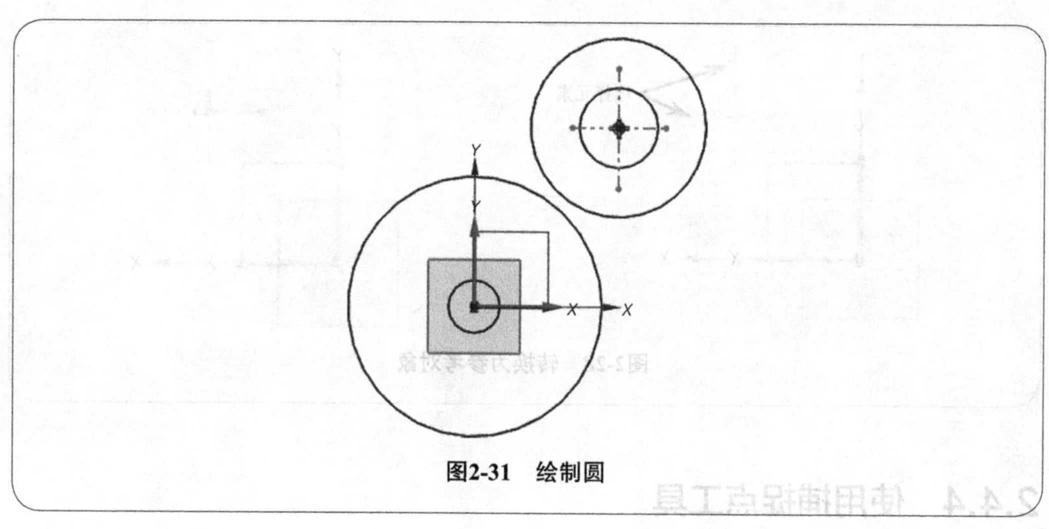

图2-31 绘制圆

2.4.5 自动判断约束和推理线

2.4.5.1 自动判断约束

自动判断约束是指当用户激活了某些约束功能，绘制图形过程中会自动产生几何约束，起到辅助定位作用。

在草图功能区中单击【主页】选项卡的【约束】组中的【自动判断约束和尺寸】命令，弹出【自动判断约束和尺寸】对话框，如图2-32所示。用户可设置相关约束类型，此时在绘制草图时，系统可自动判断所绘制对象的位置，施加合适的约束，该方式可显著提高绘图效率。

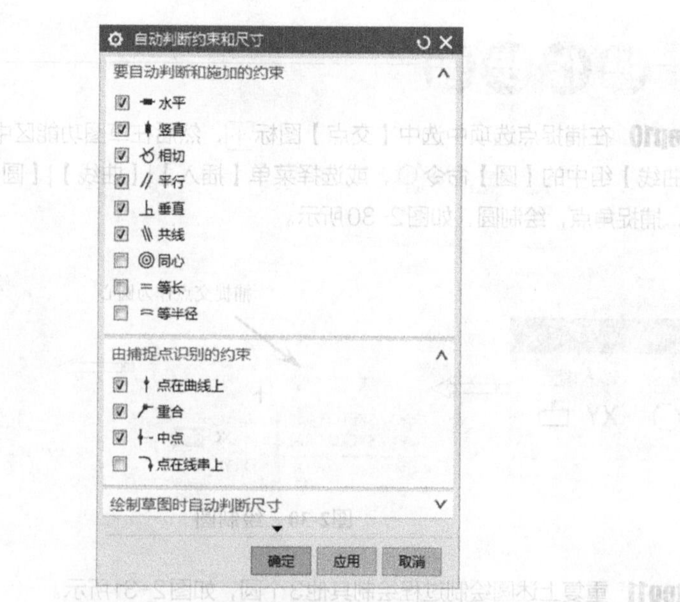

图2-32 【自动判断约束和尺寸】对话框

技术要点

要想自动判断约束对话框中的相关选项有效，必须在【草图首选项】中选中【创建自动判断约束】复选框。

NX 命令	● 单击【主页】选项卡中【约束】组中的【自动判断约束和尺寸】命令

操作步骤

Step12 单击【主页】选项卡中【曲线】组中的【直线】命令，单击圆上一点作为起点，然后移动光标到另外一个圆上，当显示出相切约束符号时，单击一点作为终点，如图2-33所示。

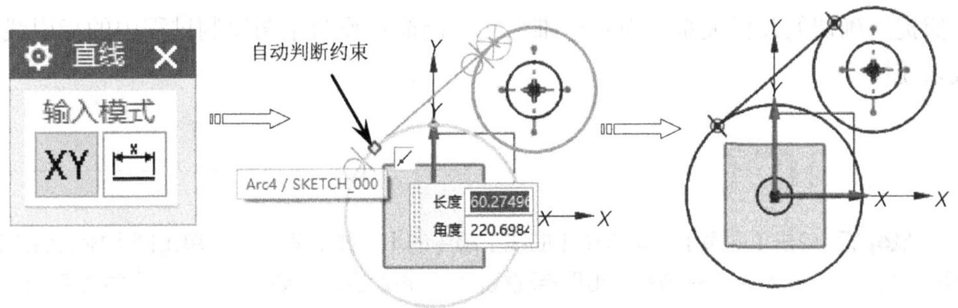

图2-33　绘制相切线

Step13 单击【主页】选项卡中【曲线】组中的【直线】命令，单击圆上象限点作为起点，然后移动光标到另外一个圆上，当显示出重合约束符号时，单击一点作为终点，如图2-34所示。

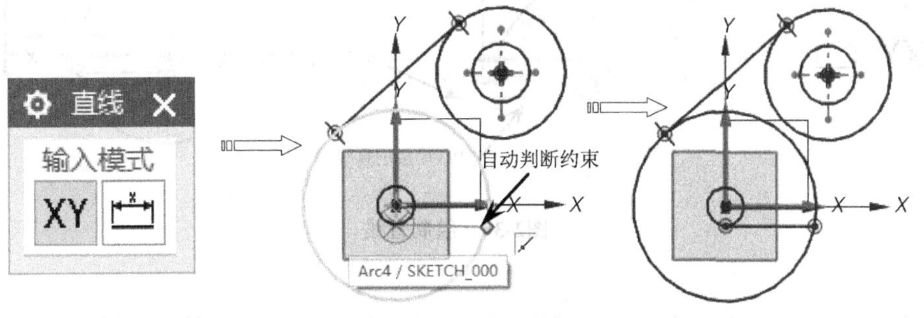

图2-34　绘制直线

Step14 重复上述过程，绘制一条水平线，如图2-35所示。

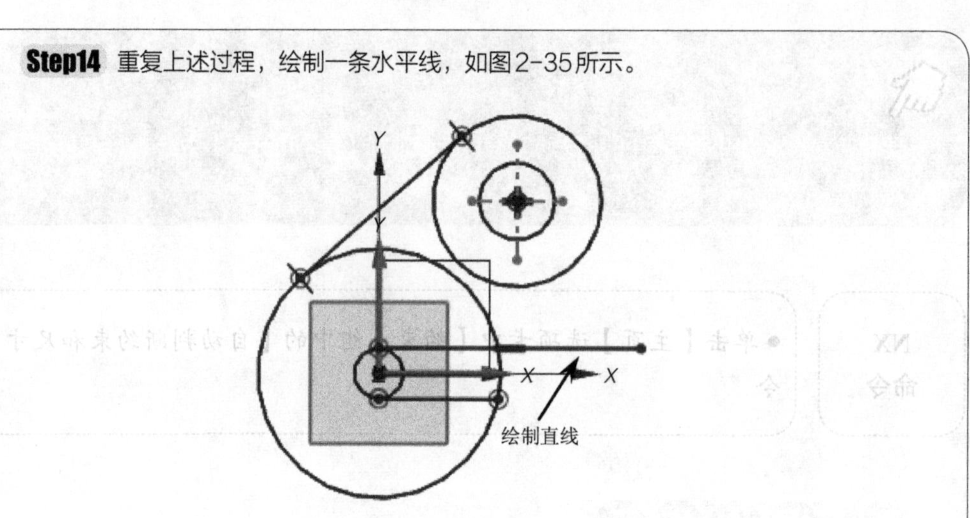

图2-35 绘制直线

2.4.5.2 推理线

使用虚线表示的推理线可以帮助用户排列现有的几何体。需要注意的是，一些推理线会捕捉到确切的几何关系，而有些推理线只能简单作为草图绘制过程中的指引线或参考线来使用。

Step15 单击【主页】选项卡中【曲线】组中的【直线】命令，单击圆上象限点作为起点，然后移动光标到水平直线，出现推理线，然后再沿竖直移动，单击一点作为终点，如图2-36所示。

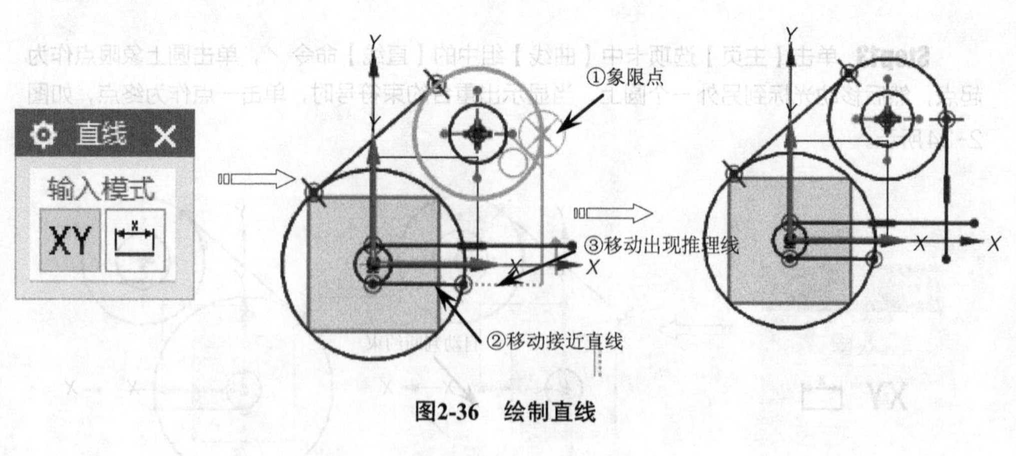

图2-36 绘制直线

2.5 草图编辑功能

2.5 视频精讲

草图绘制指令可以完成轮廓的基本绘制，但最初完成的绘制是未经过相应编辑的，需要进行倒圆角、倒角、修剪、镜像等操作，才能获得更加精确的轮廓。

NX草图生成器【曲线】组中提供的草图实体编辑工具见表2-2。

表2-2　草图曲线编辑功能

类型	说明
圆角	用于将图形中棱角位置进行圆弧过渡处理，或对未闭合的边通过圆角进行圆弧闭合处理。UG NX10.0中草图圆角功能可用于在两条或三条曲线之间创建一个圆角
倒角	用于将创建与两个直线或曲线图形对象相交的直线，形成一个倒角
制作拐角	用于将两条输入曲线延伸和/或修剪到一个公共交点来创建拐角
快速修剪	用于将一条曲线修剪至任一方向上最近的交点。如果曲线没有交点，则将其删除
快速延伸	用于延伸草图对象中的直线、圆弧、曲线等

NX命令

- 单击【主页】选项卡中【曲线】组中的【倒斜角】命令
- 单击【主页】选项卡中【曲线】组中的【圆角】命令

操作步骤

Step16 在草图功能区中单击【主页】选项卡中【曲线】组中的【倒斜角】命令，或选择菜单【插入】|【曲线】|【倒斜角】命令，弹出【倒斜角】对话框，选择【倒斜角】为“非对称”，设置【距离1】为“8mm”，【距离2】为“10mm”，在图形区依次单击选择倒角的两条边，系统自动创建倒角，如图2-37所示。

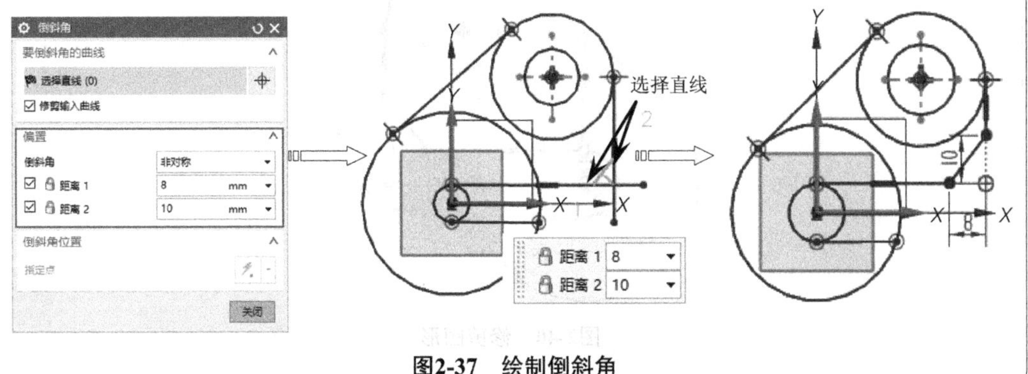

图2-37　绘制倒斜角

Step17 在草图功能区中单击【主页】选项卡中【曲线】组中的【圆角】命令，或选择菜单【插入】|【曲线】|【圆角】命令，输入【半径】为“6”，弹出【圆角】工具栏，分别选择要倒圆角的两条边线，单击鼠标完成，如图2-38所示。

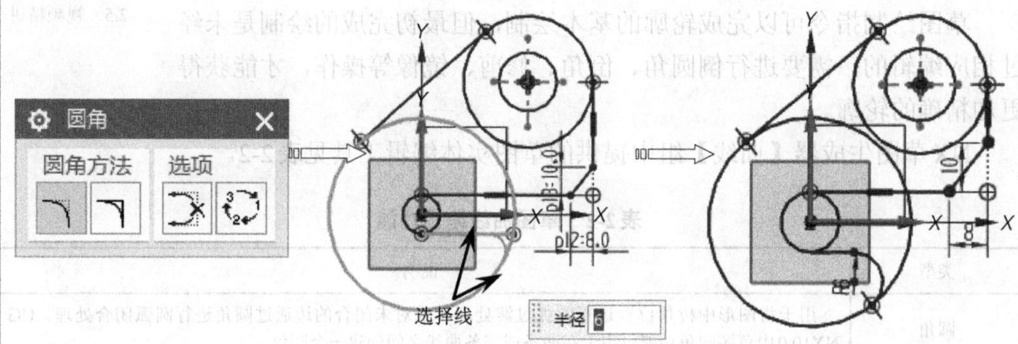

图2-38 绘制圆角

Step18 在草图功能区中单击【主页】选项卡中【曲线】组中的【快速修剪】命令，或选择菜单【编辑】|【曲线】|【快速修剪】命令，弹出【快速修剪】对话框，选择如图2-39所示曲线，自动完成修剪。

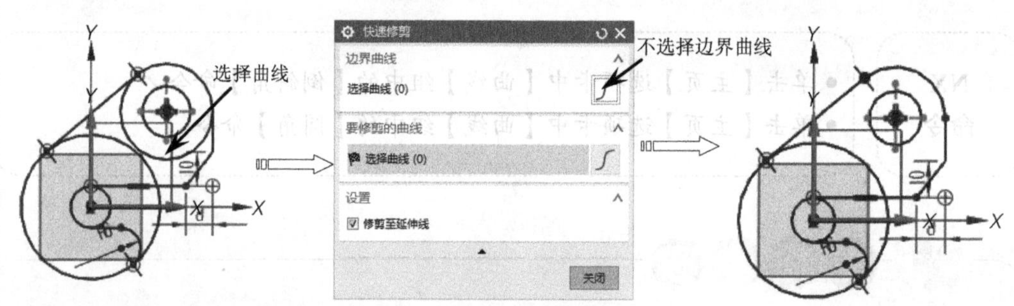

图2-39 快速修剪

Step19 重复上述过程，修剪图形如图2-40所示。

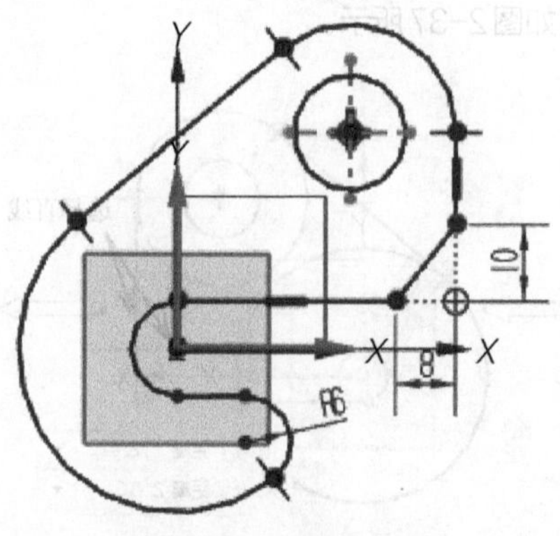

图2-40 修剪图形

2.6 草图约束功能

2.6 视频精讲

草图设计强调的是形状设计与尺寸几何约束分开，形状设计仅是一个粗略的草图轮廓，要精确地定义草图，还需要对草图元素进行约束。草图约束包括几何约束和尺寸约束两种。

2.6.1 草图几何约束

几何约束用于建立草图对象几何特性（例如直线的水平和竖直）以及两个或两个以上对象间的相互关系（如两直线垂直、平行，直线与圆弧相切等）。图素之间一旦使用几何约束，无论如何修改几何图形，其关系始终存在。

NX 命令

- 单击【主页】选项卡中【约束】组中的【几何约束】命令
- 单击【主页】选项卡中【约束】组中的【显示所有约束】按钮

NX几何约束的种类与图形元素的种类和数量有关，如表2-3所示。

表2-3 几何约束的种类与图形元素的种类和数量的关系

种类	符号	图形元素的种类和数量
固定		将草图对象固定在某个位置。不同几何对象有不同的固定方法，点一般固定其所在位置；线一般固定其角度或端点；圆和椭圆一般固定其圆心；圆弧一般固定其圆心或端点
完全固定		一次性完全固定草图对象的位置和角度
重合		定义两个或多个点相互重合
同心		定义两个或多个圆弧或椭圆弧的圆心相互重合
共线		定义两条或多条直线共线
点在曲线上		定义所选取的点在某曲线上
中点		定义点在直线的中点或圆弧的中点法线上
水平		定义直线为水平直线（平行于工作坐标的*XC*轴）
垂直		定义直线为垂直直线（平行于工作坐标的*YC*轴）
平行		定义两条曲线相互平行
垂直		定义两条曲线彼此垂直
相切		定义选取的两个对象相互相切
等长		定义选取的两条或多条曲线等长

续表

种类	符号	图形元素的种类和数量
等半径		定义选取的两个或多个圆弧等半径
固定长度	↔	该约束定义选取的曲线为固定的长度
固定角度	∠	该约束定义选取的直线为固定的角度

NX草图中提供了多种创建几何约束方法：自动判断几何约束、快捷工具条几何约束、手动几何约束。

2.6.1.1 快捷工具条几何约束

NX中可通过快捷工具条来快速施加几何约束，该方式也是NX所重点推荐的方式之一。首先在图形区选中约束对象，然后系统自动弹出快捷工具条，从中选择所需的相切约束，如图2-41所示。

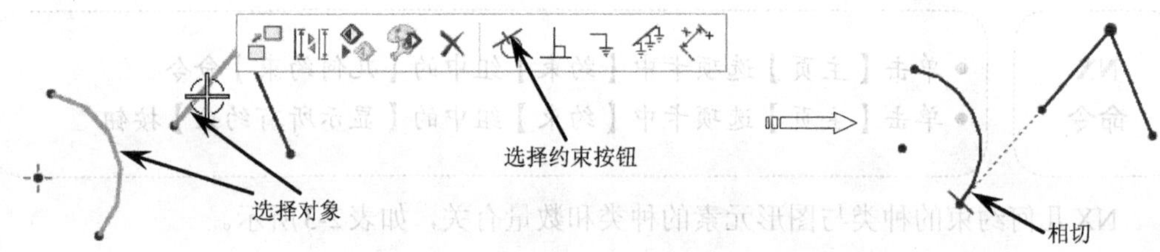

图2-41 快捷工具栏施加约束

2.6.1.2 手动几何约束

手动几何约束的作用是约束图形元素本身的位置或图形元素之间的相对位置。

在草图功能区中单击【主页】选项卡中【约束】组中的【几何约束】命令，或选择下拉菜单【插入】|【约束】命令，弹出【几何约束】对话框，如图2-42所示。

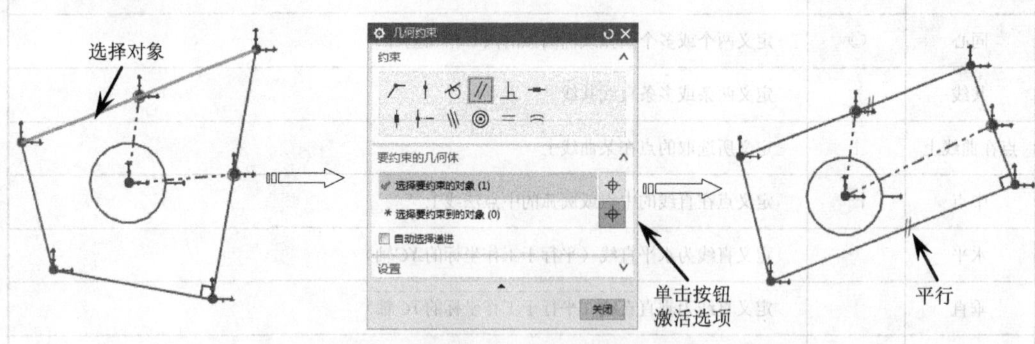

图2-42 手动几何约束

NX命令	• 单击【主页】选项卡中【约束】组中的【几何约束】命令 • 选择下拉菜单【插入】|【约束】命令

Step20 在图形区选中上面直线，然后系统自动弹出快捷工具条，单击其中的水平约束按钮，完成约束，如图2-43所示。

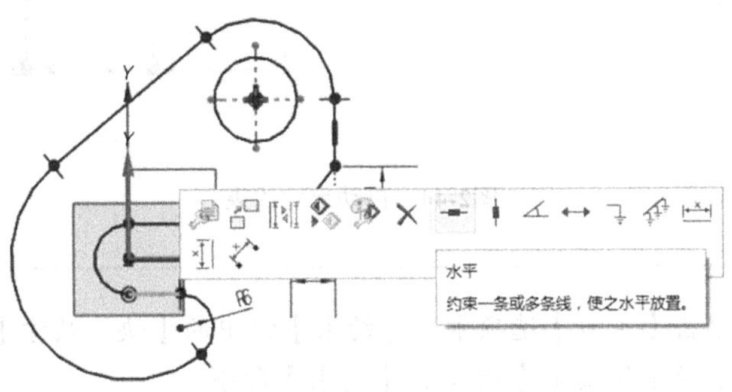

图2-43 施加水平约束

2.6.2 草图尺寸约束

尺寸约束就是用数值约束图形对象的大小。尺寸约束以尺寸标注的形式标注在相应的图形对象上。被尺寸约束的图形对象只能通过改变尺寸数值来改变它的大小，也就是尺寸驱动。进入零件设计模式后，将不再显示标注的尺寸或几何约束符号。下面介绍手动尺寸约束。

NX命令	• 单击【主页】选项卡中【约束】组中的【快速尺寸】命令 • 单击【主页】选项卡中【约束】组中的【自动标注尺寸】命令 自动标注尺寸

2.6.2.1 自动尺寸约束

自动标注尺寸命令可在所选曲线和点上根据一组规则创建尺寸。自动约束用于检测选定元素之间可能约束，并在检测之后施加相应的约束。该命令可以只约束一个元素，也可以同时对多个元素进行约束。

在草图功能区中单击【主页】选项卡中【约束】组中的【自动标注尺寸】命令 自动标注尺寸，打开【自动约束】对话框，选择标注的曲线和点，单击【确定】按钮完成自动尺寸标注，如图2-44所示。

2.6.2.2 手动尺寸约束

手动尺寸约束是通过在【约束】工具条上单击【约束】按钮，然后逐一地选择图元进行尺寸标注的一种方式。

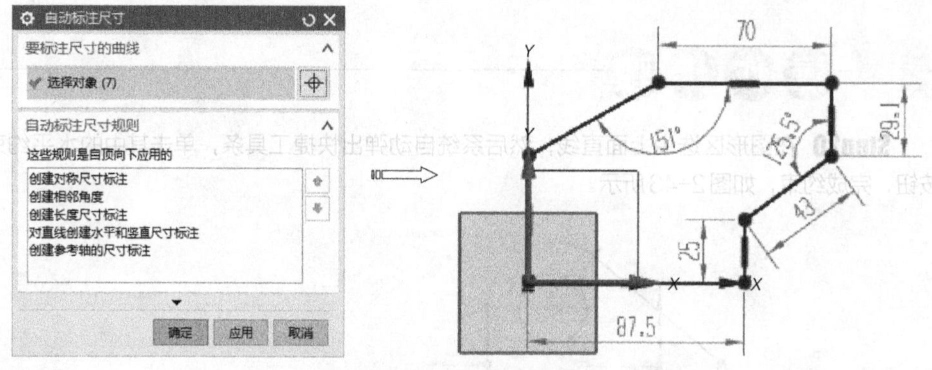

图2-44 自动尺寸约束

NX命令	●单击【主页】选项卡中【约束】组中的【快速尺寸】命令 ●选择下拉菜单【插入】|【约束】命令

操作步骤

Step21 在草图功能区中单击【主页】选项卡中【约束】组中的【快速尺寸】命令，打开【自动约束】对话框，选择Y轴和圆心，拖动尺寸确定尺寸位置，单击一点定位尺寸放置位置，弹出尺寸表达式对话框，修改为“18”，完成尺寸标注，如图2-45所示。

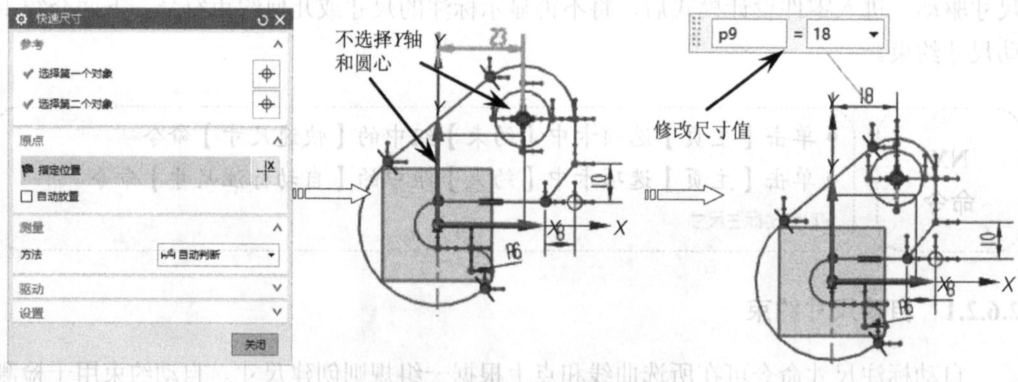

图2-45 施加尺寸标注

Step22 重复上述尺寸标注过程，标注尺寸如图2-46所示。

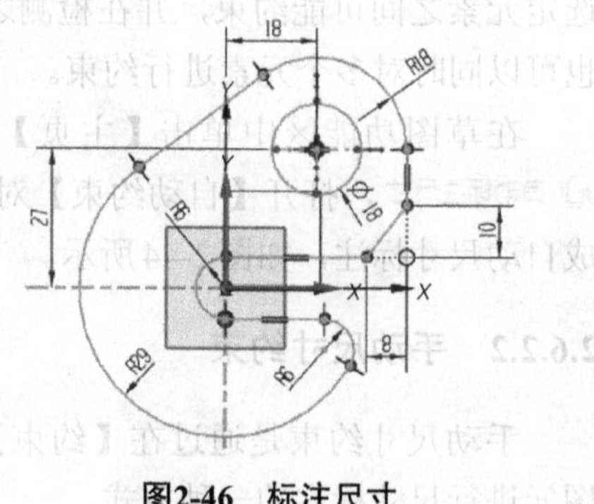

图2-46 标注尺寸

2.7 退出草图生成器

2.7 视频精讲

完成草图后要首先检查草图约束，然后退出草图生成器。

2.7.1 草图约束状态

草图一般处于以下3种状态：欠约束、过约束、完全约束。草图状态由草图几何体与定义的尺寸之间的几何关系来决定。

2.7.1.1 欠约束

这种状态下草图的定义是不充分的，但是仍可以用这个草图来创建特征。这是很有用的，因为在零件早期设计阶段的大部分时间里，并没有足够的信息来完全定义草图。随着设计的深入，会逐步得到更多的信息，可随时修改草图添加约束。

2.7.1.2 过约束

草图中有重复的尺寸或相互冲突的几何关系，直到修改后才能使用。过约束的草图不允许。

2.7.1.3 完全约束

草图具有完整的信息，一般情况下，当零件完成最终设计要进行下一步的加工时，零件的每一个草图都应该是完全定义的。

2.7.2 退出草图生成器

绘制完草图后，在功能区中单击【草图】组上的【完成】按钮，完成草图绘制，退出草图编辑器环境。

操作步骤

Step23 单击【主页】选项卡中【约束】组中的【快速尺寸】命令，显示草图曲线颜色如图2-47所示。

提示

在【快速尺寸】对话框下，标注后的图形颜色转变成绿色，该颜色与【草图首选项】对话框中的完全约束曲线 颜色一致，表示草图曲面完全约束。

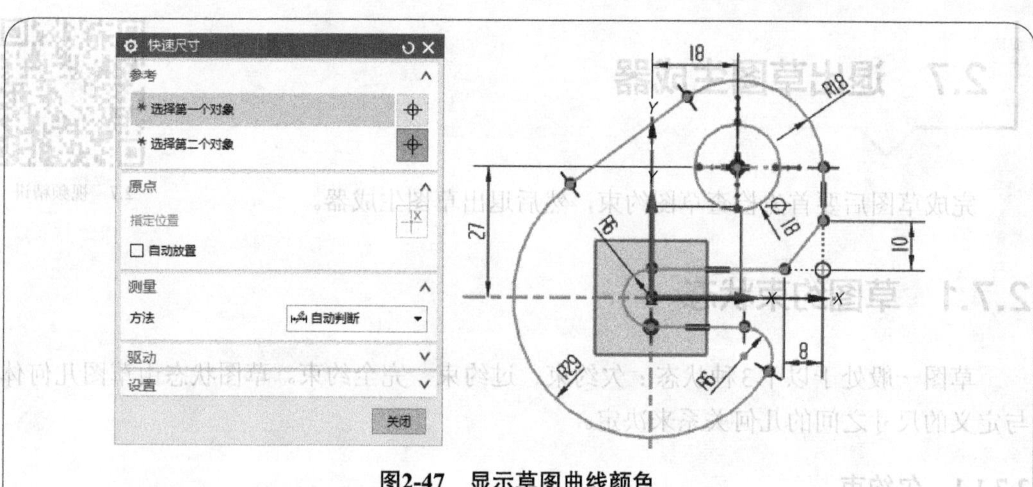

图2-47 显示草图曲线颜色

Step24 在功能区中单击【草图】组上的【完成】按钮，退出草图生成，进入建模模块，如图2-48所示。

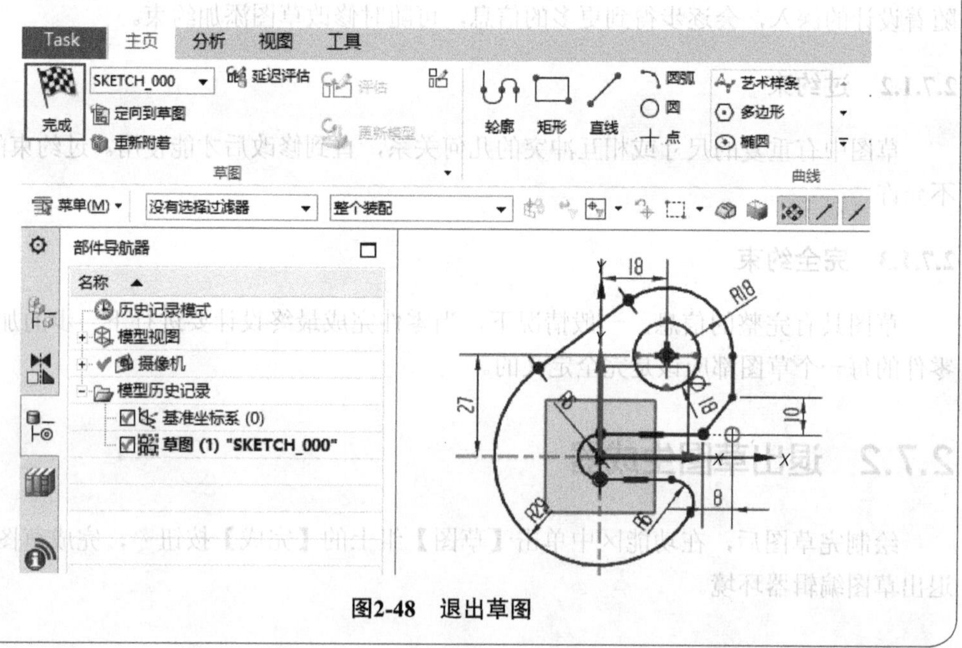

图2-48 退出草图

本章小结

本章介绍了NX草图基本知识，主要内容有草图绘制方法、草图编辑方法以及草图约束，这样大家能熟悉NX草图绘制的基本命令。本章的重点和难点为草图约束应用，希望大家按照讲解方法再进一步进行实例练习。

03 第3章 NX实体特征设计

实体特征建模用于建立基本体素和简单的实体模型，包括块体、柱体、锥体、球体、管体，还有孔、圆形凸台、型腔、凸垫、键槽、环形槽等。实际的实体造型都可以分解为这些简单的特征建模，因此特征建模部分是实体造型的基础。

希望通过本章的学习，使读者轻松掌握NX实体特征建模的基本知识。

本章内容

- 实体设计界面
- 实体建模方法
- 基本体素特征
- 扫描设计特征
- 基础成形特征
- 实体特征操作

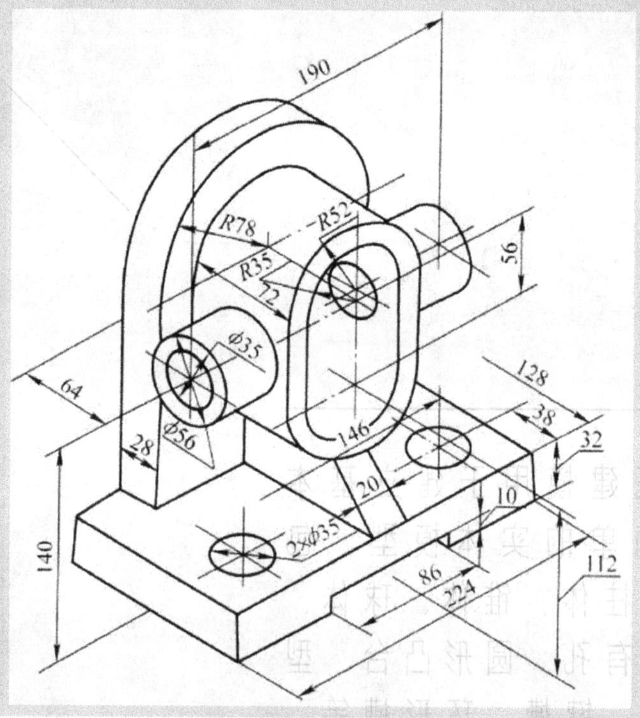

3.1 NX实体特征设计简介

实体特征造型是NX三维建模的组成部分，也是用户进行零件设计最常用的建模方法。本节介绍NX实体特征设计基本知识和造型方法。

3.1.1 实体特征造型方法

3.1.1 视频精讲

特征是一种用参数驱动的模型，实际上它代表了一个实体或零件的一个组成部分。可将特征组合在一起形成各种零件，还可以将它们添加到装配体中，特征之间可以相互堆砌，也可以相互剪切。在三维特征造型中，基本实体特征是最基本的实体造型特征。基本实体特征是具有工程含义的实体单元，它包括拉伸、旋转、扫描、混合、扫描混合等命令。这些特征在工程设计应用中都有一一对应的对象，因而采用特征设计具有直观、工程性强等特点，同时特征的设计也是三维实体造型的基础。下面简单概述四种特征造型方法。

（1）拉伸实体特征

拉伸实体特征是指沿着与草绘截面垂直的方向添加或去除材料而创建的实体特征。如图3-1所示，将草绘截面沿着箭头方向拉伸后即可获得实体模型。

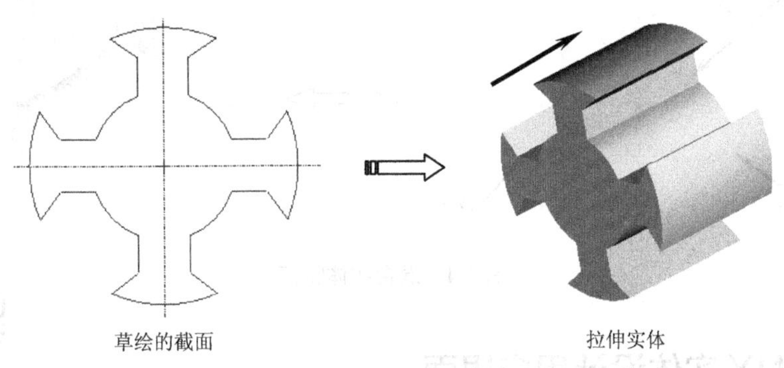

图3-1　拉伸实体特征

（2）旋转实体特征

选择实体特征是指将草绘截面绕指定的旋转轴转一定的角度后所创建的实体特征。将截面绕轴线转任意角度即可生成三维实体图形，如图3-2所示。

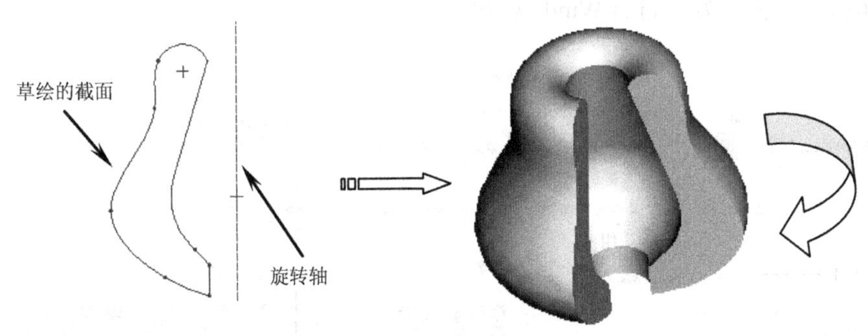

图3-2　旋转实体特征

（3）扫描实体特征

扫描实体特征的创建原理比拉伸和旋转实体特征更具有一般性，它是通过将草绘截面沿着一定的轨迹（导引线）作扫描处理后，由其轨迹包络线所创建的自由实体特征。如图3-3所示，将草图绘制的轮廓沿着扫描轨迹创建出三维实体特征。

（4）混合实体特征

混合实体特征就是将一组草绘截面的顶点顺次相连，进而创建的三维实体特征。如图3-4所示，依次连接截面1、截面2、截面3的相应顶点即可获得实体模型。

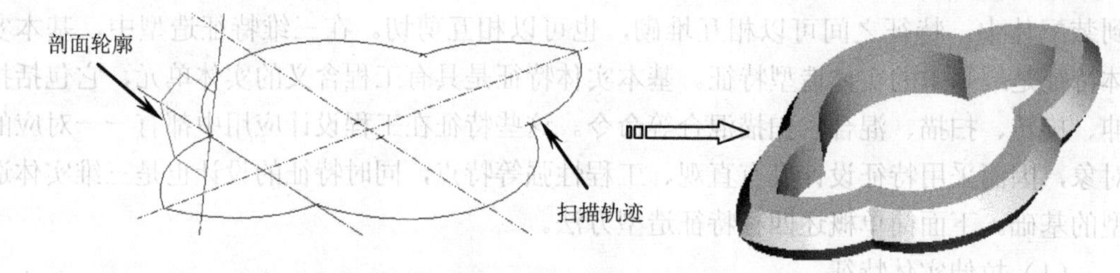

图3-3 扫描实体特征

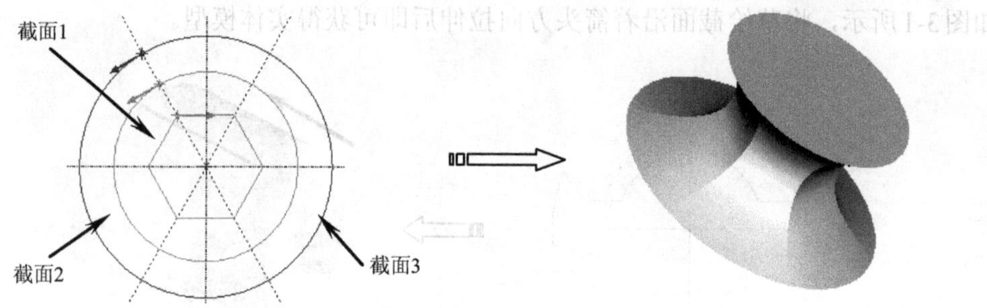

图3-4 混合实体特征

3.1.2 NX实体设计用户界面

3.1.2 视频精讲

3.1.2.1 实体特征用户界面

启动NX10.0后首先出现欢迎界面，然后进入NX10.0操作界面，如图3-5所示。NX10.0操作界面友好，符合Windows风格。

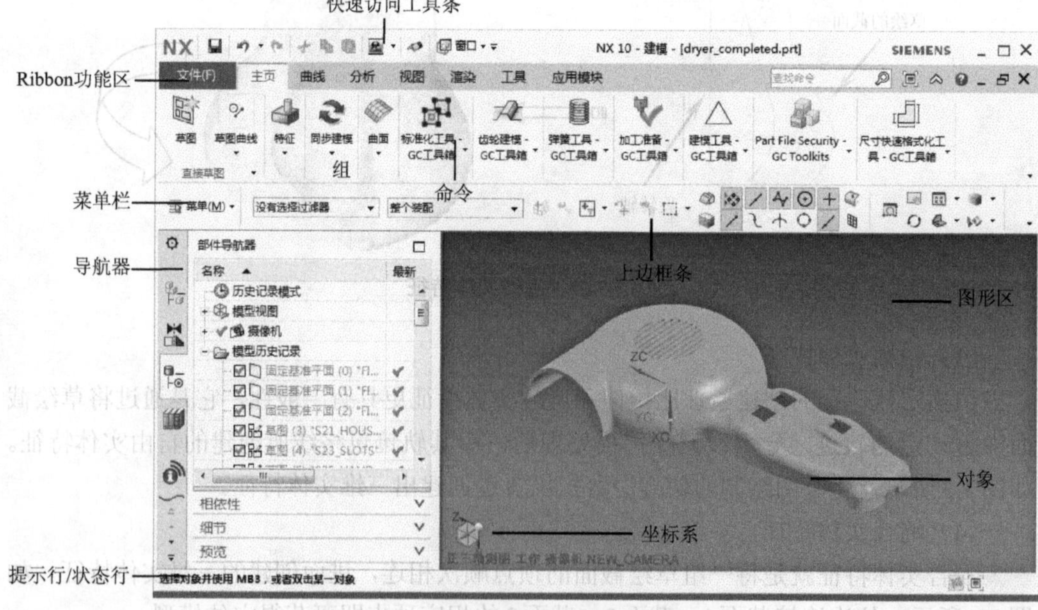

图3-5 NX10.0用户操作界面

UG NX基本界面主要由标题栏、菜单栏、工具栏、图形区、坐标系图标、命令提示窗口、状态栏和资源导航器等部分组成。

（1）标题栏

标题栏位于UG NX用户界面的最上方，它显示软件的名称和当前部件文件的名称。如果对部件文件进行了修改，但没有保存，在后面还会显示“（修改的）”提示信息。

（2）菜单栏

菜单栏位于标题栏的下方，包括了该软件的主要功能，系统所有的命令和设置选项都归属于不同的菜单下，他们分别为文件、编辑、视图、插入、格式、工具、装配、信息、分析、首选项、窗口和帮助的菜单。

- 文件：实现文件管理，包括新建、打开、关闭、保存、另存为、保存管理、打印和打印机设置等功能。
- 编辑：实现编辑操作，包括撤销、重复、更新、剪切、复制、粘贴、特殊粘贴、删除、搜索、选择集、选择集修订版、链接和属性等功能。
- 视图：实现显示操作，包括工具栏、命令列表、几何图形、规格、子树、指南针、重置指南针、规格概述和几何概观等功能。
- 插入：实现图形绘制设计等功能，包括对象、几何体、几何图形集、草图编辑器、轴系统、线框、法则曲线、曲面、体积、操作、约束、高级曲面和展开的外形等功能。
- 工具：实现自定义工具栏，包括公式、图像、宏、实用程序、显示、隐藏、参数化分析等。
- 窗口：实现多个窗口管理，包括新窗口、水平平铺、垂直平铺和层叠等。
- 帮助：实现在线帮助。

（3）图形区

图形区是用户进行3D、2D设计的图形创建、编辑区域。

（4）提示栏

提示栏主要用于提示用户如何操作，是用户与计算机信息交互的主要窗口之一。在执行每个命令时，系统都会在提示栏中显示用户必须执行的动作，或者提示用户的下一个动作。

（5）状态栏

状态栏位于提示栏的右方，显示有关当前选项的消息或最近完成的功能信息，这些信息不需要回应。

（6）Ribbon功能区

在仪表板设计器中，功能区包含一些用于创建、编辑和导出仪表板及其元素的上下文工具。它是一个收藏了命令按钮和图示的面板。它把命令组织成一组“标签”，每一组包含了相关的命令。每一个应用程序都有一个不同的标签组，展示了程序所提供的功能。在每个标签里，各种的相关的选项被组在一起。Windows Ribbon是一个Windows Vista或Windows 7自带的GUI构架，外形更加华丽，但也存在一部分使用者不适应，抱怨无法找到想要的功能的情形。

（7）坐标系图标

在UG NX的窗口左下角新增了绝对坐标系图标。在绘图区中央有一个坐标系图标，该坐标系称为工作坐标系WCS，它反映了当前所使用的坐标系形式和坐标方向。

（8）资源导航器

资源导航器用于浏览编辑创建的草图、基准平面、特征和历史记录等。在默认的情况下，资源导航器位于窗口的左侧。通过选择资源导航器上的图标可以调用装配导航器、部件导航器、操作导航器、Internet、帮助和历史记录等。

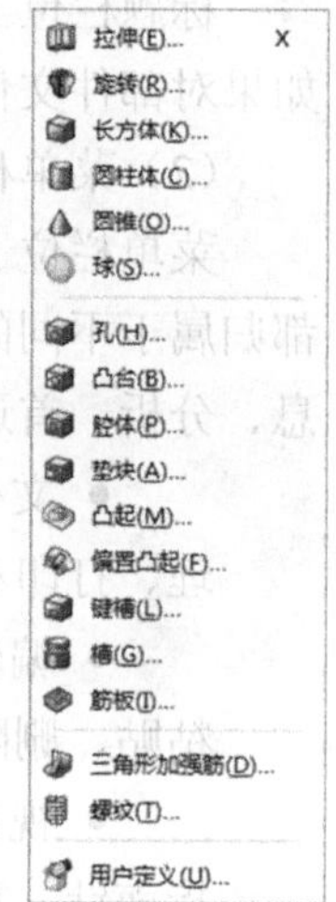

图3-6 【设计特征】菜单

3.1.2.2 NX实体特征命令

（1）菜单命令

特征建模用于建立基本体素和简单的实体模型，包括块体、柱体、锥体、球体、管体，还有孔、圆形凸台、型腔、凸垫、键槽、环形槽等，相关命令集中在【插入】|【设计特征】菜单，如图3-6所示。

（2）功能区命令

特征建模在功能区中单击【主页】选项卡中【特征】组中的相关命令，如图3-7所示。

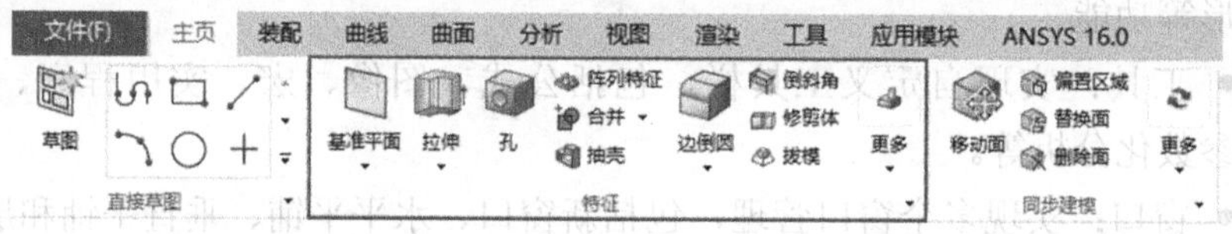

图3-7 【特征】组

3.1.3 实体特征建模方法

3.1.3 视频精讲

3.1.3.1 轮廓生成实体特征

在机械加工中，为了保证加工结果的准确性，首先需要画出精确的加工轮廓线。与之相对应，在创建三维实体特征时，需要绘制二维草绘剖面，通过该剖面来确定特征的形状和位置，如图3-8所示。

在NX中，在草绘平面内绘制的二维图形被称作草绘截面或草绘轮廓。在完成剖（截）面图的创建工作之后，使用拉伸、旋转、扫描、混合以及其他高级方法创建基础实体特征，然后在基础实体特征之上创建孔、圆角、拔模以及壳等放置实体特征。

3.1.3.2 实体特征堆叠创建零件

使用NX创建三维实体模型时，实际上是以【搭积木】的方式依次将各种特征添加（实体布尔运算）到已有模型之上，从而构成具有清晰结构的设计结果。图3-9表达了一个【十字接头】零件的创建过程。

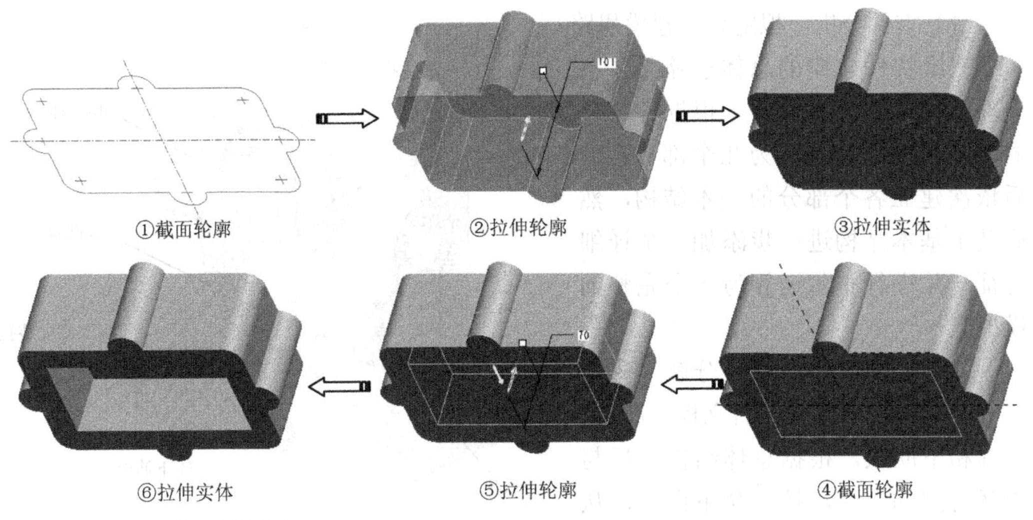

图3-8　草图绘制实体过程

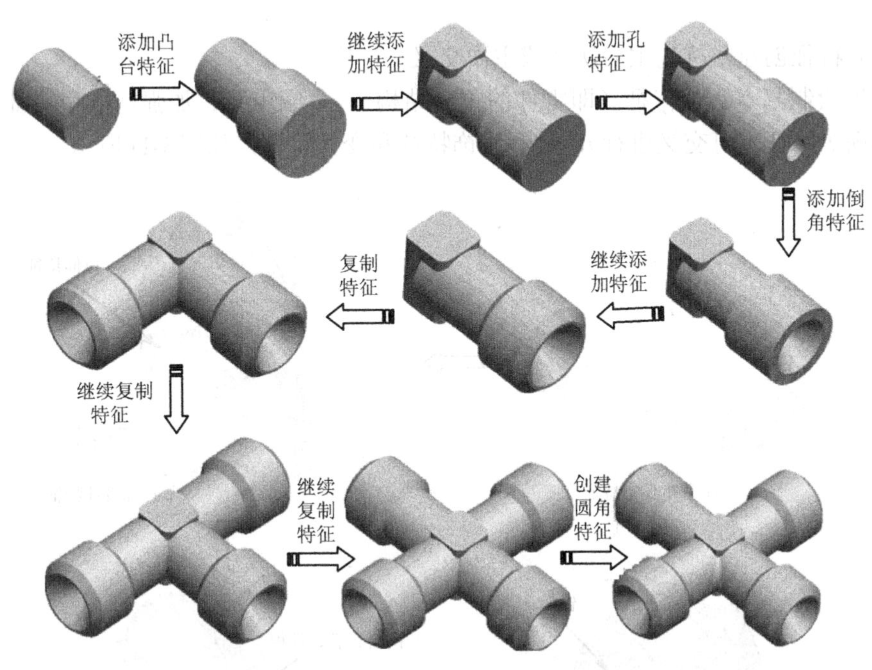

图3-9　三维实体建模的一般过程

使用NX创建零件的过程中实际上也是一个反复修改设计结果的过程。NX是一个人性化的大型设计软件，其参数化的设计方法为设计者轻松修改设计意图打开了方便之门，使用软件丰富的特征修改工具可以轻松更新设计结果。此外，使用特征复制、特征阵列等工具可以毫不费力地完成特征的【批量加工】。

3.1.4　NX实体建模基本流程

3.1.4　视频精讲

以图3-10示例为例来说明NX建模的基本流程。

（1）零件分析，拟定总体建模思路

三维实体建模的总体思路是：首先对模型结构进行分析，根据各部分的相互依存关系分解为几个部分，然后依次建立各个部分的基本结构，然后基于基本结构进一步添加各个详细特征，并进行布尔运算为一个完整的模型。

首先对模型结构进行分解，分为以下几个部分：底座、后立板、凸台、凸耳和下肋板。根据总体结构布局与相互之间的关系，按照从下向上，从后向前依次创建各个部分，如图3-10所示。

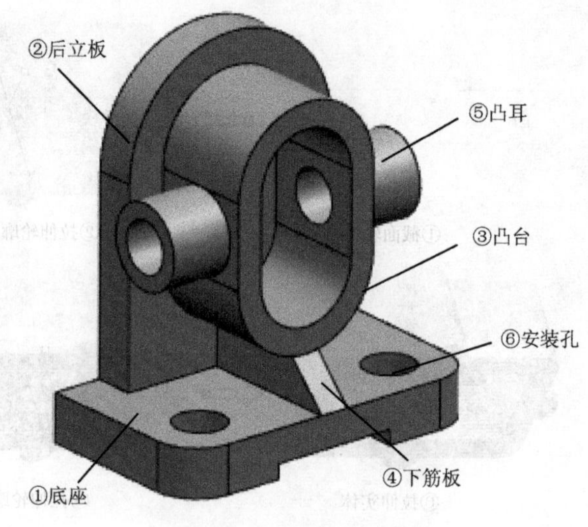

图3-10 模型分解实例

（2）特征创建坚持先主后次（或主次交叉）原则

首先绘制基本实体特征（即零件的主要结构），再应用孔、加强筋成型特征（即孔和加强筋等特征也可交叉进行），最后修饰特征和变换特征，如图3-11所示。

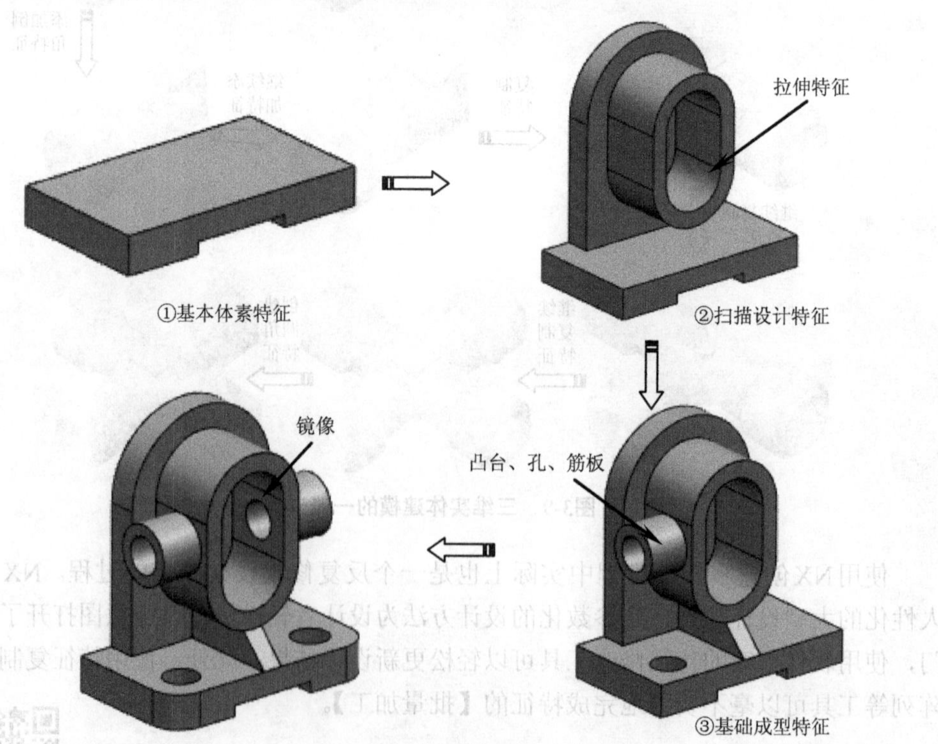

图3-11 特征创建过程

（3）拟定各部分特征创建具体方案

各部分建模方法见表3-1。

表 3-1　各部分实体特征创建方法

类型	说明
底板	用长方体创建底板
后立板	绘制草图截面，然后拉伸到指定高度，注意拉伸方向
凸台	绘制草图截面，然后拉伸到指定高度，注意拉伸方向
凸耳	用凸台特征创建实体，用孔特征打孔，最后镜像特征完成对称部分
筋板	绘制草图截面，然后筋板特征创建筋板

3.2　基本体素特征

3.2　视频精讲

基本体素特征（表3-2）是三维建模的基础，主要包括长方体、圆柱、圆锥和球体等。下面分别加以介绍。

表 3-2　基本体素特征

类型	说明
长方体	用于创建长方体
圆柱	用于创建圆柱体
圆锥	用于构造圆锥或圆台实体
球体	用于构造球形实体

3.2.1　长方体特征

在建模功能区中单击【主页】选项卡中【特征】组中的【块】命令，或选择菜单【插入】|【设计特征】|【块】命令，弹出【块】对话框，如图3-12所示。

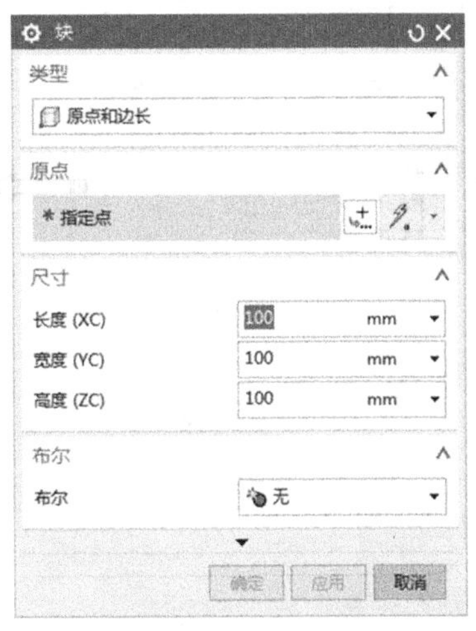

图3-12　【块】对话框

在【类型】提供了3种创建长方体的方法："原点和边长""两点和高度"和"两个对角点"，如图3-13所示：

- 原点和边长：该选项通过设置长方体的原点和三条边长建立长方体。所谓原点是长方体的左下角点。
- 两点和高度：该选项通过定义两个点作为长方体底面对角线顶点，并指定高度来建立长方体。
- 两个对角点：该选项通过定义两个点作

为长方体对角线的顶点来创建长方体。

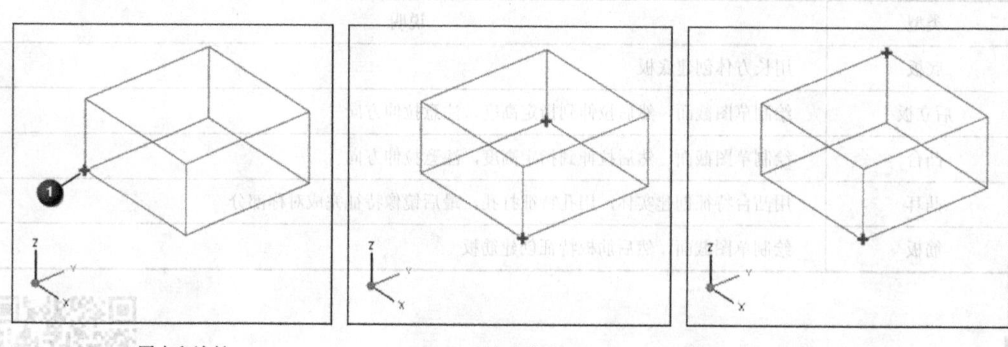

图3-13 块定义方式

NX 命令	• 选择菜单【插入】|【设计特征】|【块】命令 • 单击【主页】选项卡中【特征】组中的【块】命令

Step01 在建模功能区中单击【主页】选项卡中【特征】组中的【块】命令，或选择菜单【插入】|【设计特征】|【块】命令，弹出【块】对话框。

Step02 选择【原点和长度】方式，设置长宽高为“128mm,224mm,32mm”，单击【指定点】后的按钮，弹出【点】对话框，输入原点为（0,-112,0），单击【确定】按钮完成，如图3-14所示。

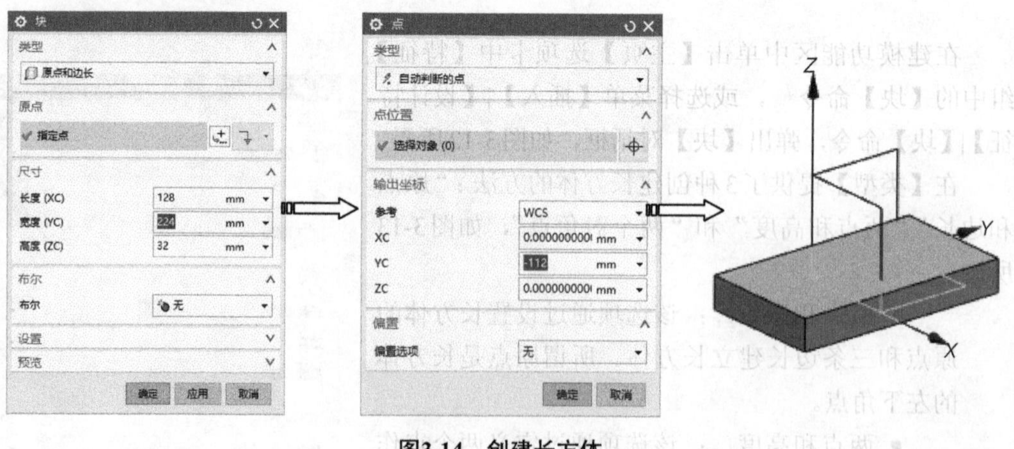

图3-14 创建长方体

3.2.2 布尔运算

布尔操作是将一个文件中的两个零件体组合到一起，实现添加、移除、相交等运算，在NX实体特征创建中通常有以下几种情况（以拉伸特征为例进行介绍）。

（1）无

用于直接创建独立的实体或片体。

（2）求和

两个特征进行相交时，将拉伸体与目标体合并为单个体，如图3-15所示。

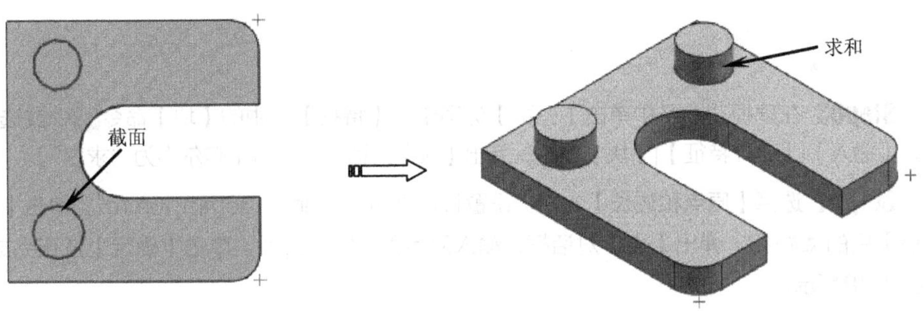

图3-15　求和

（3）求差

两个特征进行相减时，保留相减后的部分，即从目标体移除拉伸体，如图3-16所示。

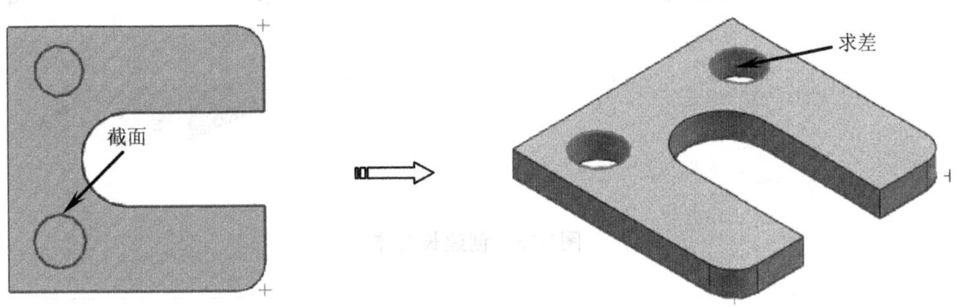

图3-16　求差

（4）求交

两个特征进行相交时，保留相交的部分，即包含由拉伸特征和与它相交的现有体共享的体积，如图3-17所示。

NX命令	● 选择菜单【插入】|【设计特征】|【块】命令 ● 单击【主页】选项卡中【特征】组中的【块】命令

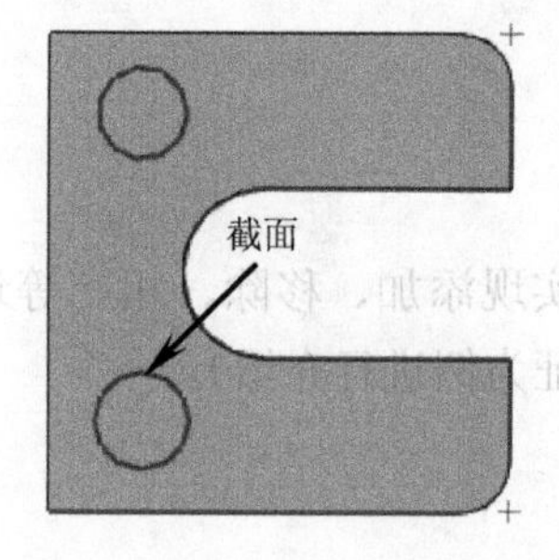

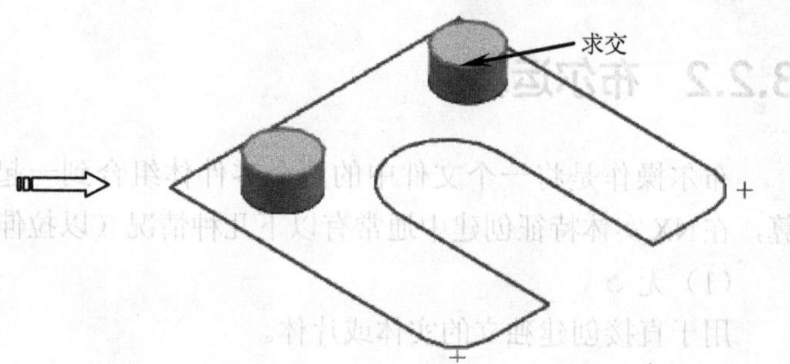

图3-17 求交

操作步骤

Step03 在建模功能区中单击【主页】选项卡中【特征】组中的【块】命令，或选择菜单【插入】|【设计特征】|【块】命令，弹出【块】对话框，设置【布尔】为“求差”。

Step04 选择【原点和边长】方式，设置长宽高为“128mm,86mm,10mm”，单击【指定点】后的按钮，弹出【点】对话框，输入原点为（0,-43,0），单击【确定】按钮完成，如图3-18所示。

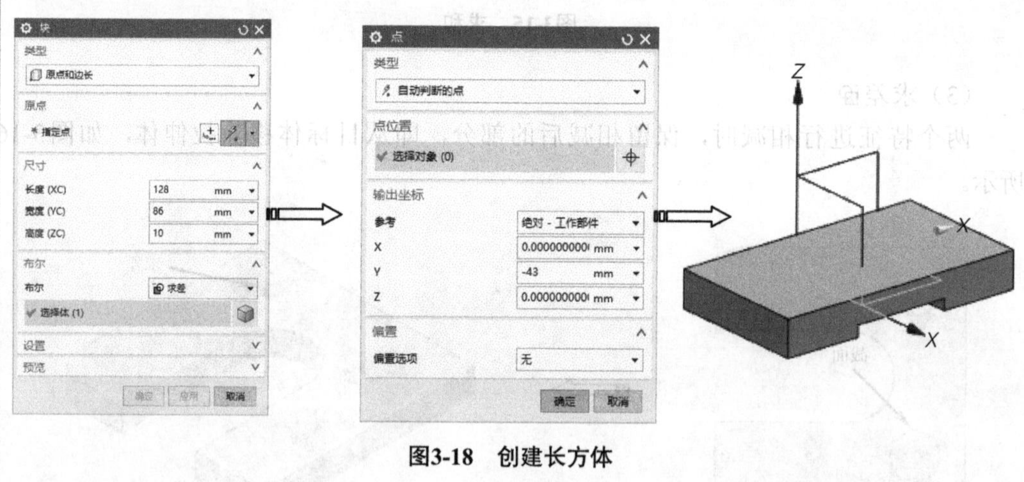

图3-18 创建长方体

3.3 扫描设计特征

3.3 视频精讲

扫描设计特征是指将截面几何体沿导引线或一定的方向扫描生成特征的方法，是利用二维轮廓生成三维实体最为有效的方法，包括拉伸、回转、扫掠、沿导引线扫掠和管道等。如表3-3所示。

表3-3　扫描设计特征

类型	说明
拉伸	拉伸是将截面曲线沿指定方向拉伸，指定距离建立片体或实体特征
旋转	旋转是将截面曲线（实体表面、实体边缘、曲线、链接曲线或者片体）通过绕设定轴线旋转生成实体或者片体
沿引导线扫掠	沿引导线扫掠是将截面（实体表面、实体边缘、曲线或者链接曲线）沿引导线串（直线、圆弧或者样条曲线）扫掠创建实体或片体
管道	管道特征主要根据给定的曲线和内外直径创建各种管状实体，可用于创建线捆、电气线路、管、电缆或管路应用

3.3.1　线串选择方式

选择截面对象时，即可直接在图形区选择要拉伸的对象，也可以在【上边框条】中的【选择条】工具栏对话框（如图3-19所示）中的【选择意图】下拉列表中指定选择拉伸截面曲线的方式，然后再选择拉伸的对象。

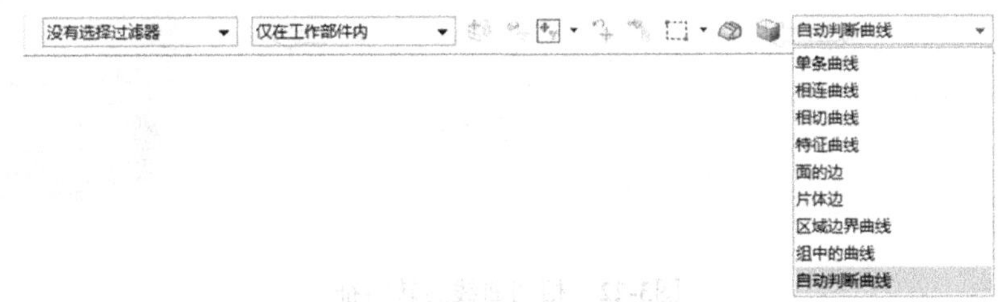

图3-19　【选择意图】下拉列表

【选择意图】下拉列表相关选项的含义：

（1）单条曲线

选择一条非草图曲线、单独的草图曲线、实体边来创建扫掠特征操作，如图3-20所示。

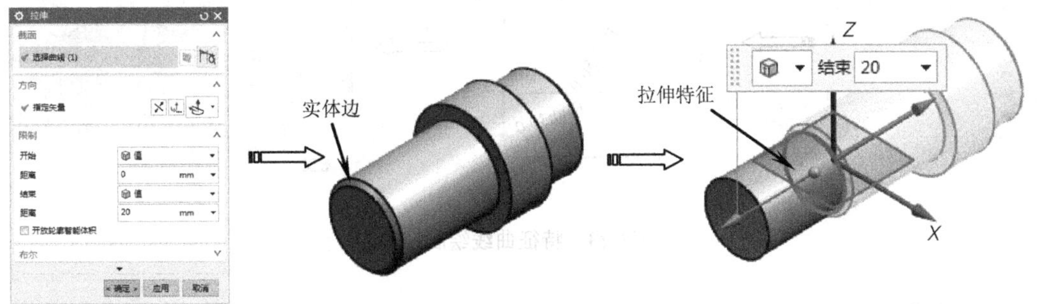

图3-20　单条曲线拉伸特征

（2）相连曲线

选择共享端点的一连串首尾相连的曲线或边，如图3-21所示。

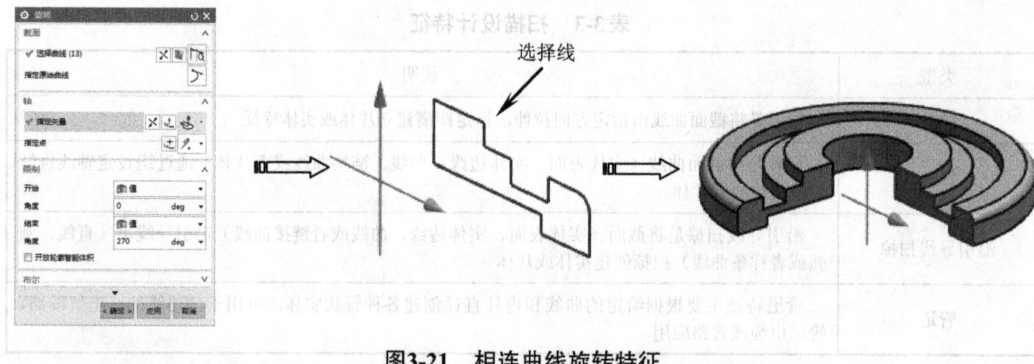

图3-21 相连曲线旋转特征

（3）相切曲线

选择切向连续的一连串曲线或边，如图3-22所示。

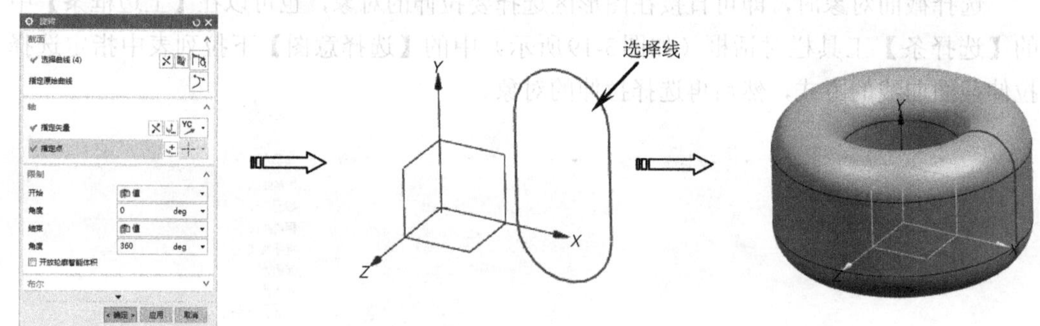

图3-22 相切曲线旋转特征

（4）特征曲线

从选定的曲线特征（包括草图）中选择所有输出曲线，如图3-23所示。

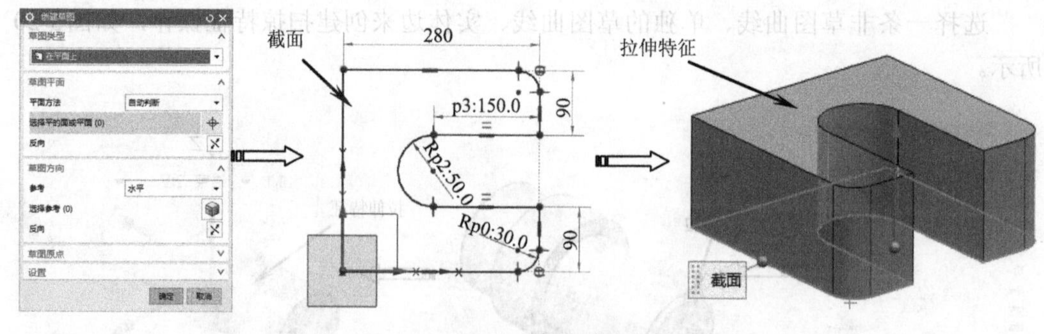

图3-23 特征曲线绘制拉伸

（5）面的边

从面上选择边界而不必先抽取曲线，如图3-24所示。

（6）片体的边

选择所选片体的所有边界线，如图3-25所示。

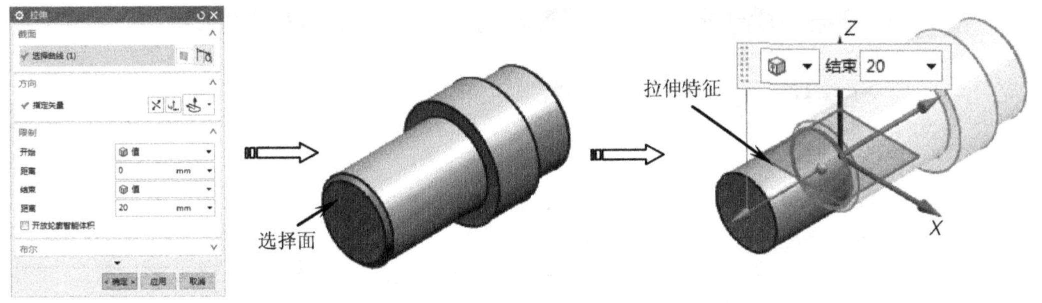

图3-24　面的边

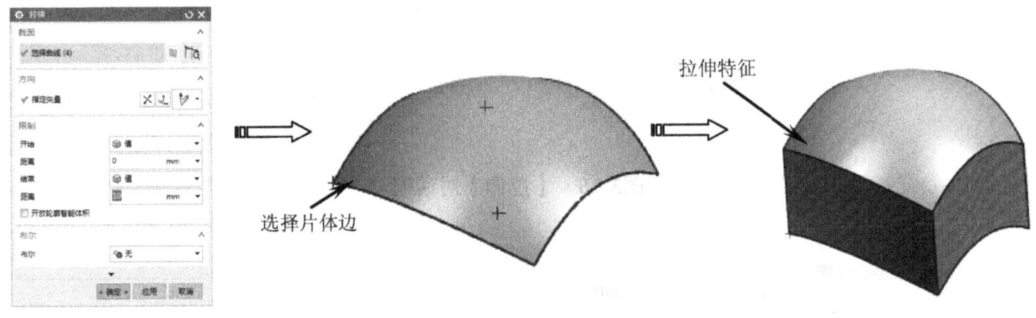

图3-25　片体的边

（7）自动判断曲线

根据所选对象的类型系统自动得出选择意图规则。例如，创建拉伸特征时，如果选择曲线，产生的规则可以是特征曲线；如果选择边，产生的规则可以是单个。

3.3.2　拉伸特征

拉伸是将截面曲线沿指定方向拉伸，指定距离建立片体或实体特征。用于创建截面形状不规则、在拉伸方向上各截面形状保持一致的实体特征。

在建模功能区中单击【主页】选项卡中【特征】组中的【拉伸】命令，或选择菜单【插入】|【设计特征】|【拉伸】命令，弹出【拉伸】对话框，如图3-26所示。

【拉伸】对话框相关选项参数含义如下：

（1）截面

用于选择拉伸截面对象，可作为拉伸对象的有实体表面、实体棱边、曲线、链接曲线、片体和草图。定义拉伸特征截面的方法有两种：第一是选择已有对象作为特征的截面草图，第二是创建新的草图作为特征截面草图。

① 绘制截面　单击该按钮，弹出【创建草图】对话框，可选择草绘平面，绘制拉伸截面内部草图，如图3-27所示。

② 曲线　选择定义拉伸的截面曲线，包括曲线、边、草图或面。

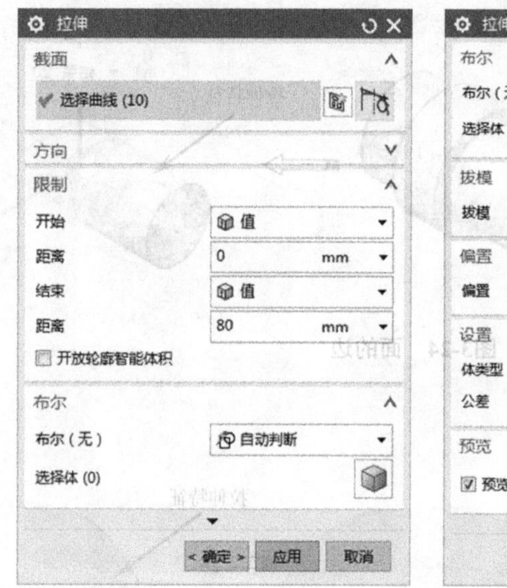

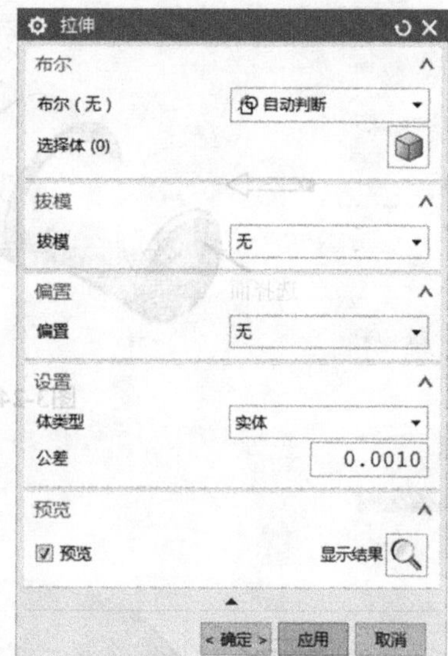

图3-26 【拉伸】对话框

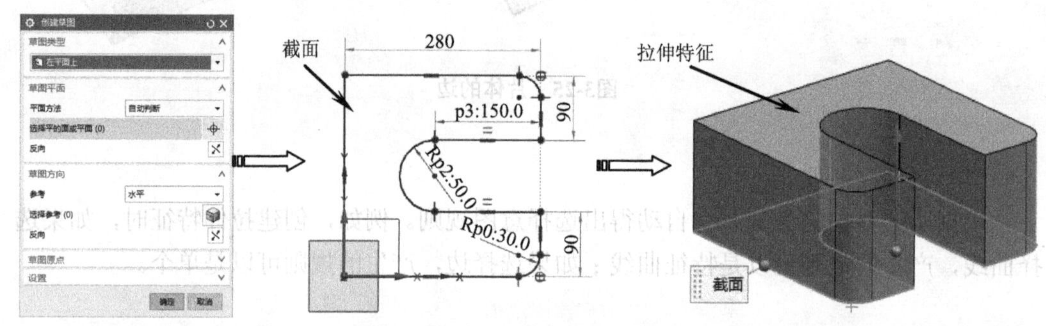

图3-27 绘制拉伸截面

（2）方向

选择截面曲线的拉伸方向，如果不选择拉伸参考方向，则系统默认为选定截面的法向。如果选择了面或片体，缺省方向是沿着选中面端点的面法向。

① 反向 选择拉伸方向的反方向作为拉伸方向，如图3-28所示。另外，用户可在图形区双击拉伸矢量锥形箭头来更改拉伸体的方向。

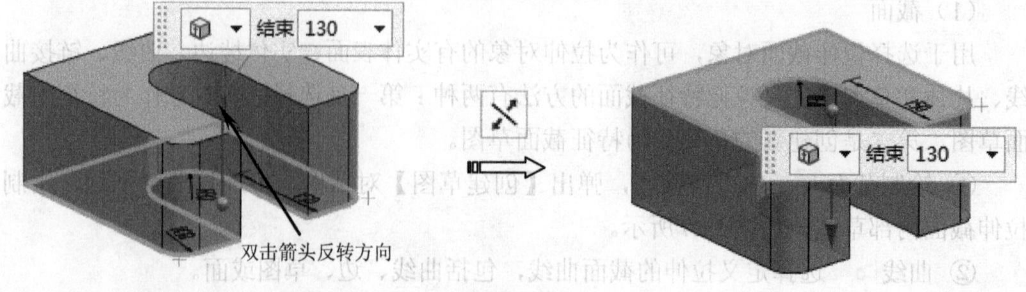

图3-28 反向

② 矢量构造器 用于定义拉伸截面的方向，方法是从【指定矢量】选项列表 或【量构造器】 中选择矢量方法，然后选择该类型支持的面、曲线或边，如图3-29所示。

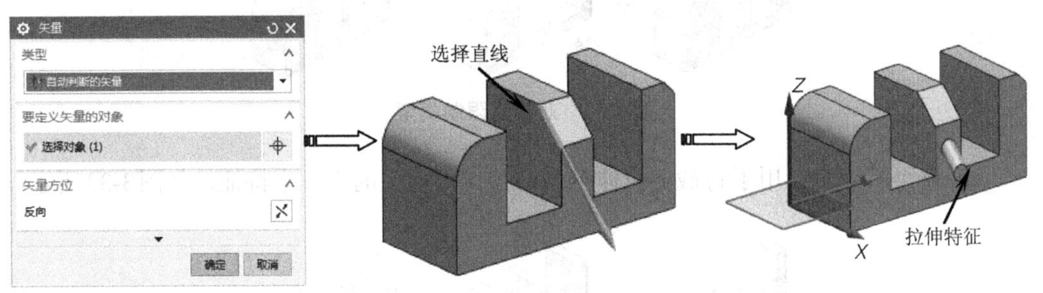

图3-29　用户定义拉伸方向

（3）限制

限制拉伸特征的拉伸方式和距离，包括“值”“对称值”“直至下一个”“直至选定”“直到延伸部分”和“贯通”6种，如图3-30所示。

图3-30　限制拉伸方式

① 值　按指定方向和距离拉伸选择的对象。选择该选项，用户需要输入起始值和结束值，起始值和结束值都是相对于拉伸对象所在平面而言，单位为毫米，拉伸轮廓之上的值为正；轮廓之下的值为负，如图3-31所示。

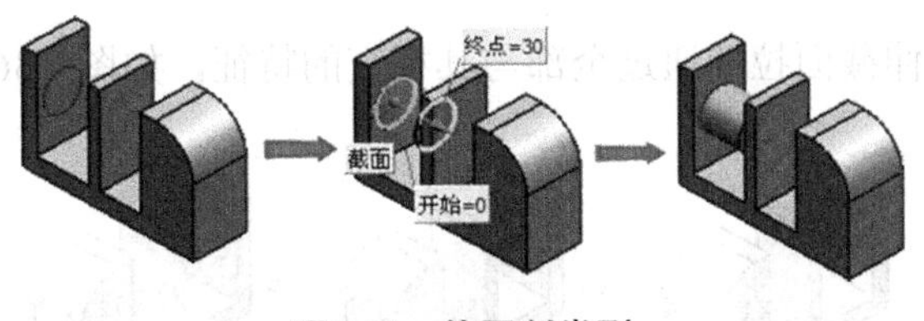

图3-31　值限制类型

② 对称值　将拉伸截面面向两个方向对称拉伸。选择该选项，只需给出一个起始

值或结束值，如图3-32所示。

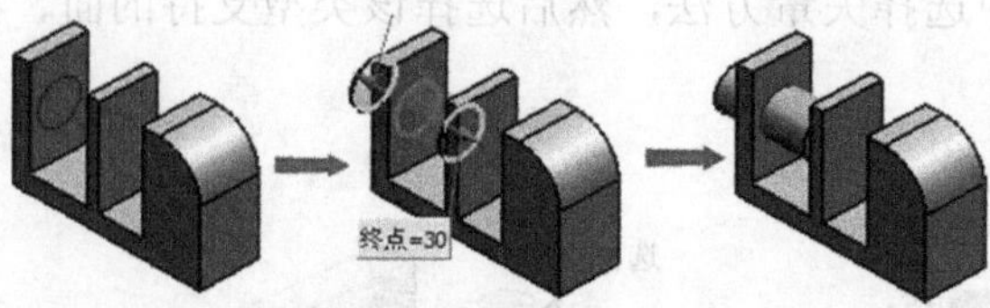

图3-32　对称值限制类型

③ 直至下一个　用于将截面拉伸至当前拉伸方向上的下一个特征，如图3-33所示。

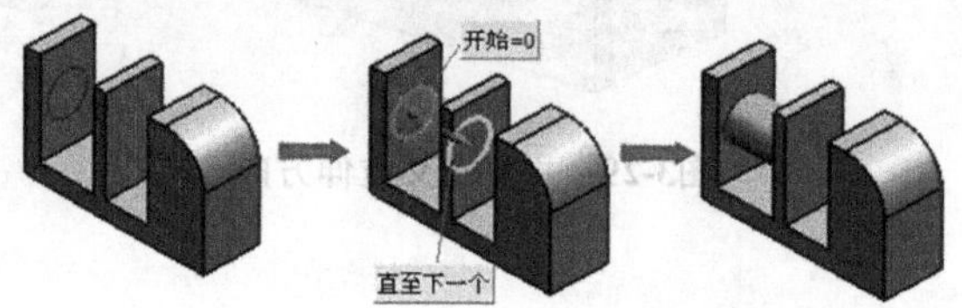

图3-33　直至下一个限制类型

④ 直至选定对象　将拉伸截面拉伸到选择的面、基准平面或体，如图3-34所示。

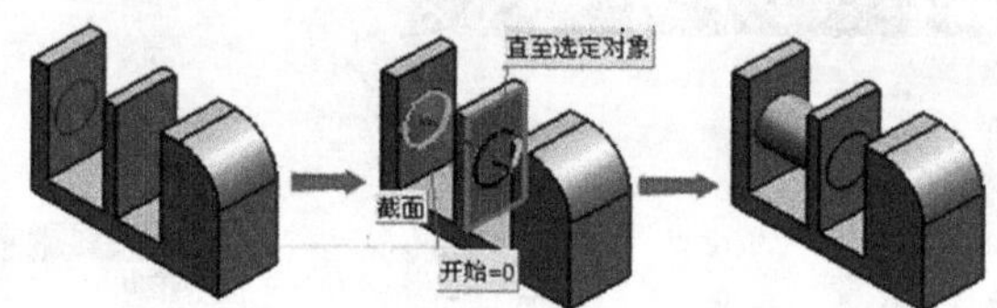

图3-34　拉伸直至选定对象限制类型

⑤ 直至延伸部分　将拉伸截面从某个特征拉伸到另一个实体（曲面、平面），即将拉伸特征（如果是实体）修剪至该面，如图3-35所示。

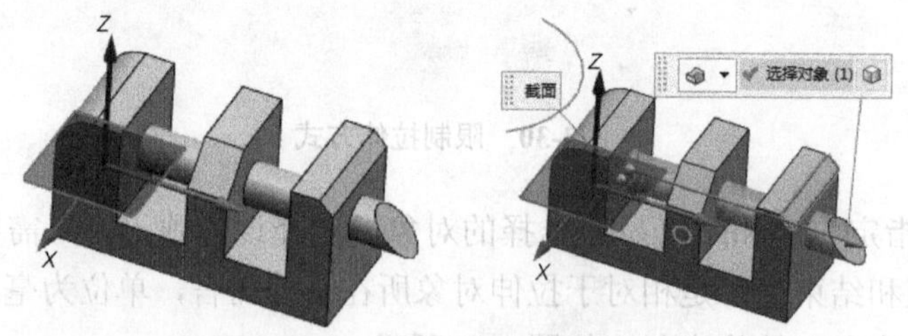

图3-35　拉伸直至延伸限制类型

⑥ 贯通　将拉伸截面拉伸通过全部与其相交的特征，如图3-36所示。

图3-36　拉伸贯通限制类型

NX命令	●选择菜单【插入】|【设计特征】|【拉伸】命令 ●单击【主页】选项卡中【特征】组中的【拉伸】命令

Step05 在【主页】选项卡中单击【直接草图】组中的【在任务环境中绘制草图】按钮，弹出【创建草图】对话框，在【草图类型】中选择“在平面上”，选择如图3-37所示的实体表面作为草绘平面，利用草图工具绘制如图3-37所示的草图，单击【草图】组上的【完成】按钮完成草图。

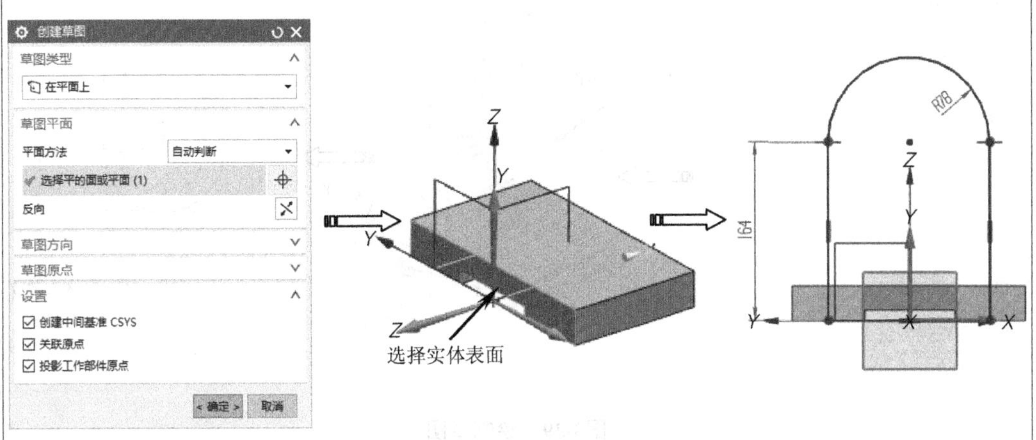

图3-37 绘制草图

Step06 在建模功能区中单击【主页】选项卡中【特征】组中的【拉伸】命令，弹出【拉伸】对话框，上一步创建的草图为截面曲线，在【限制】选项中设置【开始】的【距离】为0，【结束】的【距离】为“28”，【布尔】为“求和”，单击【确定】按钮完成拉伸，如图3-38所示。

图3-38 创建拉伸特征

提示

如果模型中拉伸方向不正确，可单击【反转】按钮，反转拉伸方向；也可双击图形中的蓝色箭头快速反转拉伸方向。

Step07 在【主页】选项卡中单击【直接草图】组中的【在任务环境中绘制草图】按钮，弹出【创建草图】对话框，在【草图类型】中选择“在平面上”，选择如图3-38所示的实体表面作为草绘平面，利用草图工具绘制如图3-39所示的草图，单击【草图】组上的【完成】按钮完成草图。

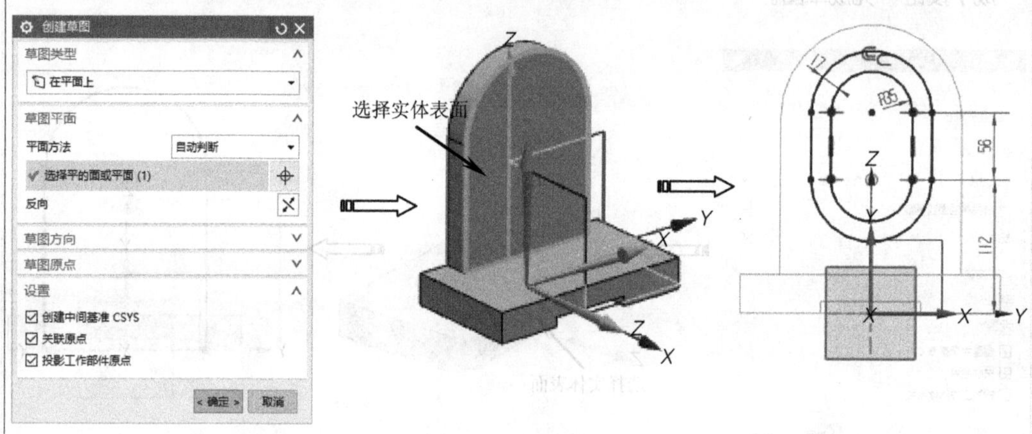

图3-39　绘制草图

Step08 在建模功能区中单击【主页】选项卡中【特征】组中的【拉伸】命令，弹出【拉伸】对话框，上一步创建的草图为截面曲线，在【限制】选项中设置【开始】的【距离】为0，【结束】的【距离】为“72”，【布尔】为“求和”，单击【确定】按钮完成拉伸，如图3-40所示。

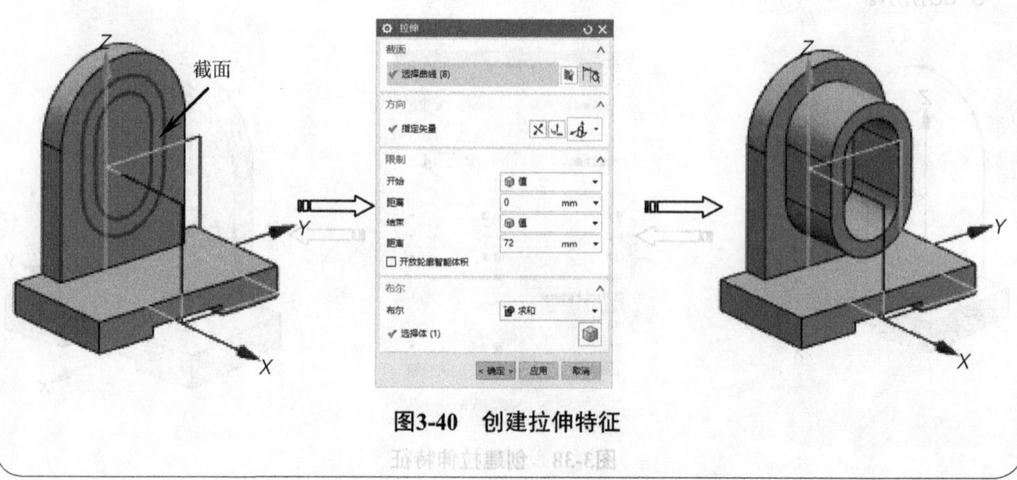

图3-40　创建拉伸特征

3.4 基础成形特征

当生成一些简单的实体造型后，通过成形特征的操作，可以建立孔、圆台、腔体、凸垫、凸起、键槽和沟槽等。成形特征必须依赖于已经存在的实体特征，例如，一个孔必须在一个实体上而不能脱离实体存在。成形特征的创建方法与上述的扫描特征相似，不同之处在于创建特征时必须对其进行定位操作。如表3-4所示。

表3-4　基础成形特征

类型	说明
孔	在实体上创建一个简单的孔、沉头孔或埋头孔
凸台	创建在平面上的圆柱形或圆锥形特征
腔体	腔体是在实体中按照一定的形状去除材料，建立圆柱形或方形腔
凸垫	在特征面上增加一个指定方向或其他自定义形状的凸起特征
凸起	通过控制截面沿矢量方向凸起实体的表面来修改体
键槽	键槽是从实体特征中去除槽形材料而形成的特征操作，是各类机械零件的典型特征
沟槽	沟槽是在各类机械零件中常见特征，是指在圆柱或圆锥表面生成的环形槽
加强肋	加强肋是指在草图轮廓和现有零件之间添加指定方向和厚度的材料，在工程上一般用于加强零件的强度
螺纹	在工程设计中，经常用到螺栓、螺柱、螺孔等具有螺纹表面的零件，都需要在表面上创建出螺纹特征，而UG NX为螺纹创建提供了非常方便的手段，可以在孔、圆柱或圆台上创建螺纹

3.4.1 成形特征简介

3.4.1　视频精讲

3.4.1.1　放置平面

所有成形特征需要一个放置平面，对于大多数成形特征来说，放置平面必须是平面的（除了常规腔体和常规垫块）；对于沟槽来说，放置平面必须是柱面或锥面。如果将基准平面选择作为平的放置面，将出现方向矢量，显示将在基准平面的哪一侧生成特征。用户可选择是接受这一缺省侧，还是对矢量进行反向，以使用另一侧，如图3-41所示。

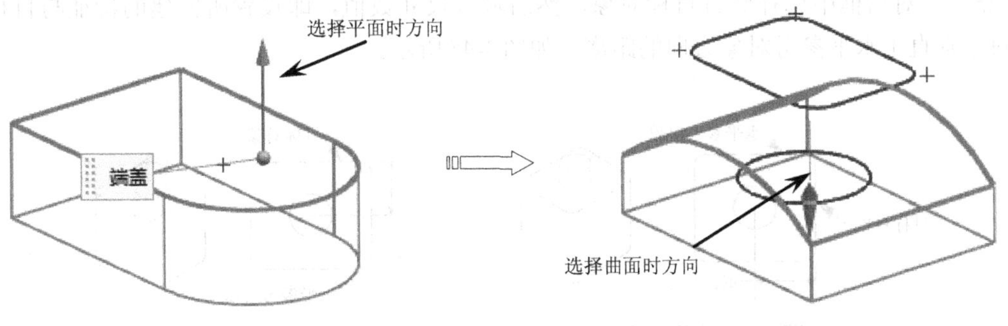

图3-41　放置平面

3.4.1.2 水平参考

有些基础成形特征要求水平参考，它定义特征坐标系的XC方向，可选择边、面、基准轴或基准平面作为水平参考，如图3-42所示。

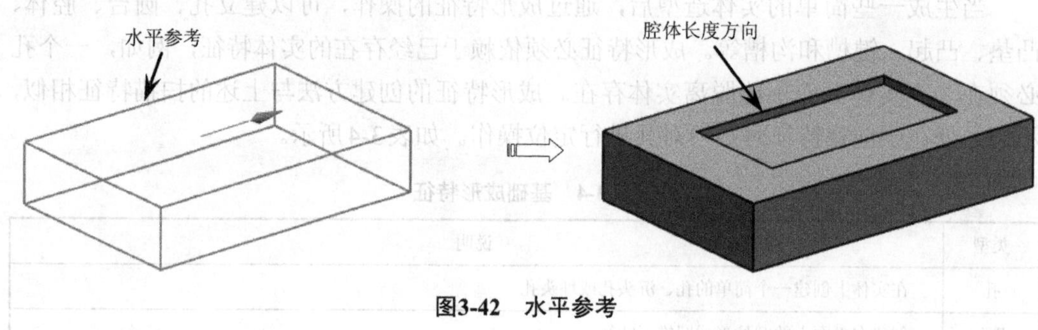

图3-42 水平参考

3.4.1.3 定位方式

在创建成形特征的过程中，要利用【定位】对话框来定位所创建的特征。【定位】对话框提供了9种定位方式，如图3-43所示。

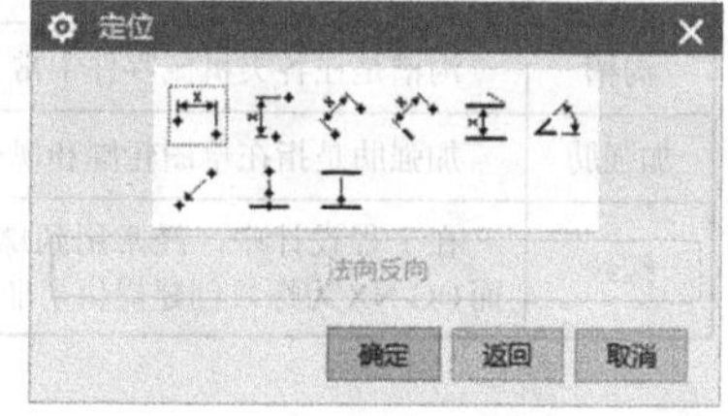

图3-43 【定位】对话框

下面分别介绍各种定位方式的含义：

（1）水平（不常用，与水平参考相关）——两点沿水平参考生成尺寸

【水平】在两点之间确定创建定位尺寸，水平尺寸与水平参考相对齐，或者与竖直参考成90°角。

单击该选项，利用弹出的“水平参考”对话框选择水平参考对象，接着在弹出的“水平”对话框中选择水平目标对象，然后输入尺寸数值，即设置所创建的特征与目标对象沿水平参考对象方向的距离，如图3-44所示。

（2）竖直（不常用，与竖直参考相关）——垂直于水平参考生成尺寸

【竖直】通过两点之间确定创建特征的位置，竖直尺寸与竖直参考相对齐，或是与水平参考成90°。

单击该选项，利用弹出的“水平参考”对话框选择水平参考对象，接着在弹出的“竖直”对话框中选择竖直目标对象，然后输入尺寸数值，即设置所创建的特征与目标对象垂直于水平参考对象方向的距离，如图3-45所示。

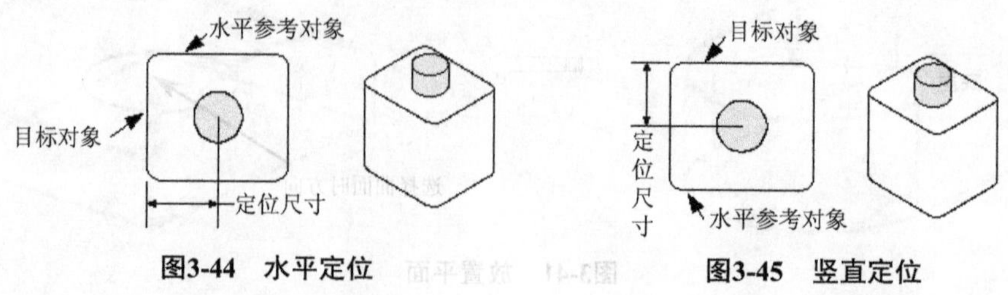

图3-44 水平定位　　图3-45 竖直定位

（3）平行（不常用，与平行参考相关）——两点创建尺寸

【平行】方式生成一个约束两点（例如，已有的点、实体端点、圆心点或弧切点）之间距离的定位尺寸，此距离沿平行于工作平面方向测量。

单击该选项，选择平行参考对象，然后输入尺寸数值，使所创建定位尺寸平行于所选参考对象上两点的连线，如图3-46所示。

（4）垂直——线点创建垂直尺寸

【垂直】方式生成一个定位尺寸来约束目标实体上一条边与特征或草图上一个点之间的垂直距离。

单击该选项，选择垂直参考对象，然后输入尺寸数值，使所创建定位尺寸垂直于目标边，即以特征上的点或边到所选目标边的距离作为定位尺寸，如图3-47所示。

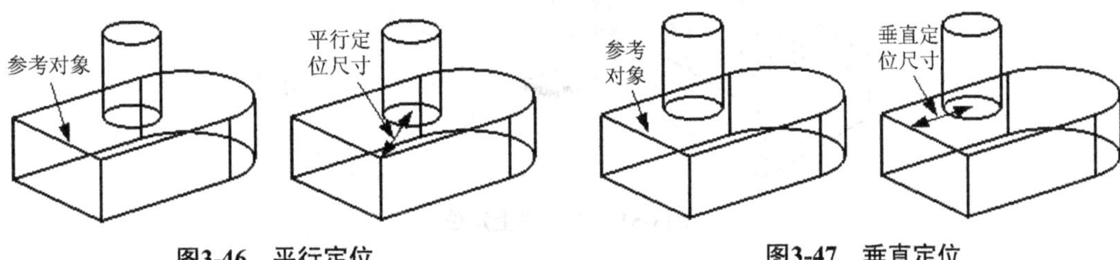

图3-46　平行定位　　图3-47　垂直定位

（5）平行距离——线与线创建尺寸

【平行距离】约束特征或草图上的一条线性边与目标实体上的一条线性边（或任何已有曲线，在或不在目标实体上），使它们互相平行并保持一个固定的距离。

单击该选项，选择目标实体上的边，然后输入尺寸数值，使特征上的边与目标实体的边平行且相距一定距离，如图3-48所示。

（6）角度

【角度】以特征上的线性边和目标实体上的线性参考边/曲线所成的角度来确定创建特征的位置。

单击该选项，选择目标实体上的边后，选择特征实体的边，然后输入角度数值，使特征上的边与目标实体的边之间成特定的角度，如图3-49所示。

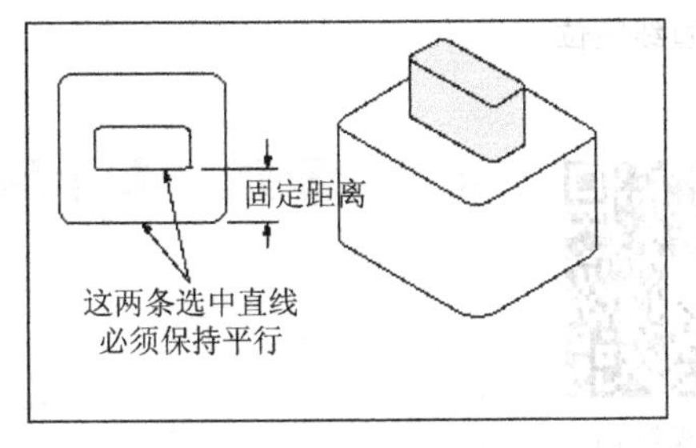

图3-48　平行距离定位

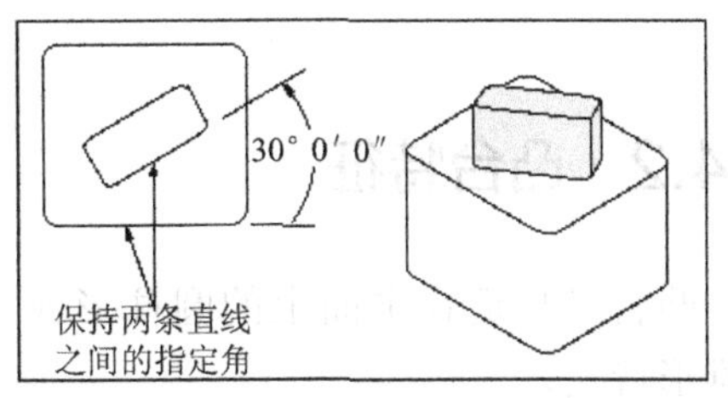

图3-49　角度定位

（7）点落在点上

【点落在点上】创建两点之间的固定距离设置为零，选中点移动到目标实体的选中点上。

单击该选项，选择参考对象，然后通过参考对象确定参考点，使特征上的点与实体上的点重合（两点之间的固定距离设置为零）来定位，如图3-50所示。

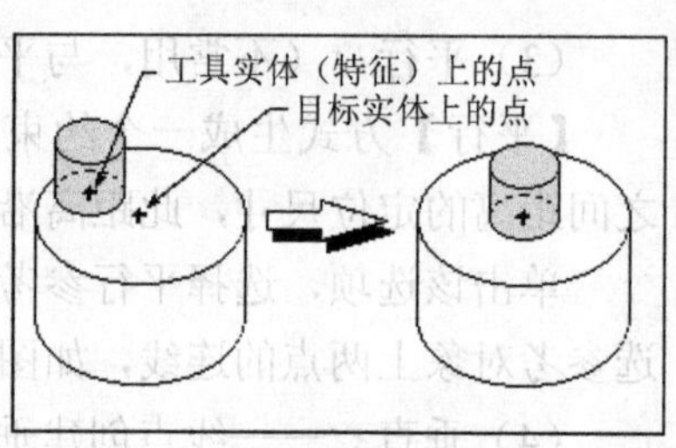

图3-50 点到点定位

（8）点落在线上

通过将特征上的点与目标实体上的边重合来定位。

单击该选项，选择目标实体上的边，使特征上的点与目标实体的边重合，如图3-51所示。

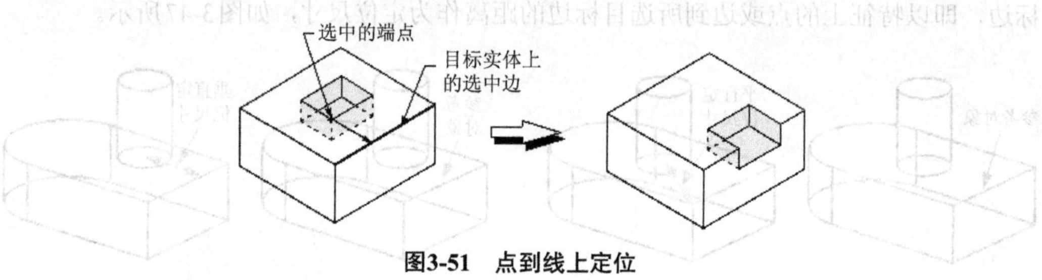

图3-51 点到线上定位

（9）线落在线上

通过将特征实体上的边/曲线与目标实体上特征/草图的边之间的距离设置为零来确定创建特征的位置。

单击该选项，选择目标实体上的边，然后选择特征实体的边，使特征上的边与目标实体的边重合，如图3-52所示。

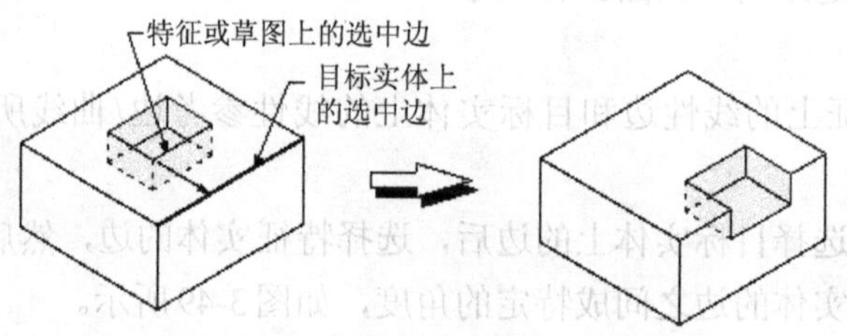

图3-52 直线到直线定位

3.4.2 凸台特征

3.4.2 视频精讲

凸台是构造在平面上的圆柱形或圆锥形特征。

在建模功能区中单击【主页】选项卡中【特征】组中的【凸台】按钮，或选择下拉菜单【插入】|【设计特征】|【凸台】命令，弹出【凸台】对话框，如图3-53所示。

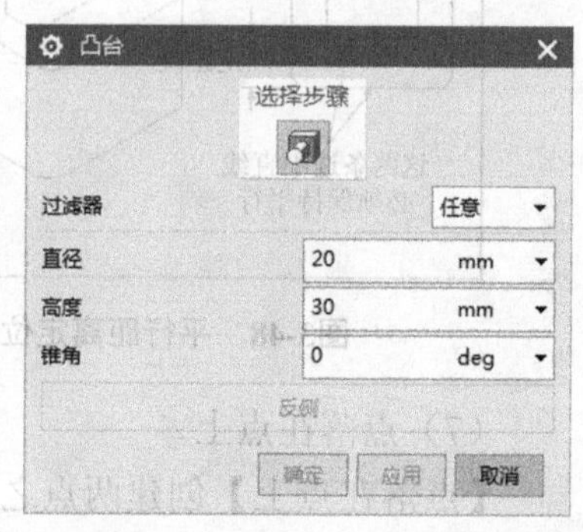

图3-53 【凸台】对话框

【凸台】的主要参数有直径、高度和锥角，其中：

- 直径和高度：用于输入凸台直径、高度，如图3-54所示。
- 锥角：正拔模角为向上收缩，负值为向上扩大，如图3-54所示。

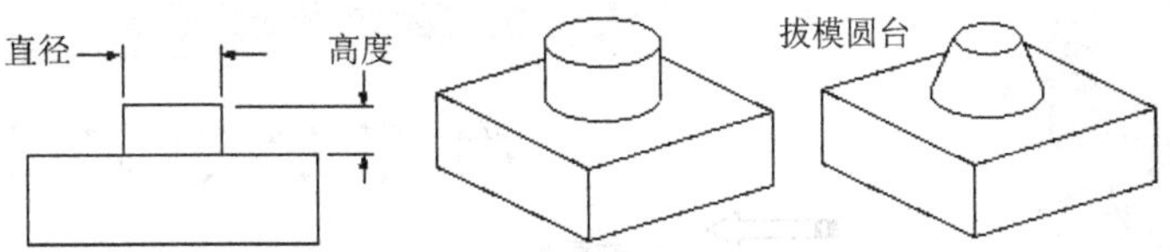

图3-54　凸台参数示意图

NX 命令	● 选择菜单【插入】|【设计特征】|【凸台】命令 ● 单击【主页】选项卡中【特征】组中的【凸台】按钮

Step09 在建模功能区中单击【主页】选项卡中【特征】组中的【凸台】按钮，或选择下拉菜单【插入】|【设计特征】|【凸台】命令，弹出【凸台】对话框，设置【直径】为“56mm”，【高度】为“43mm”，如图3-55所示。

Step10 在图形区选择要放置凸台的放置平面或基准平面，系统用设置参数在图形窗口中显示凸台及其尺寸，如图3-56所示。

图3-55　【凸台】对话框

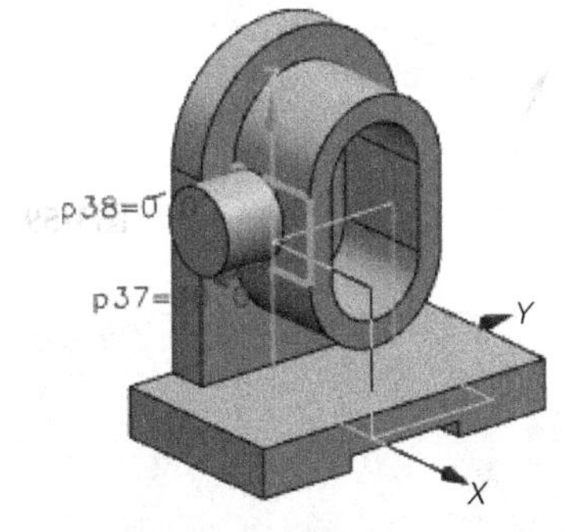

图3-56　选择凸台放置平面

Step11 单击【确定】按钮，弹出【定位】对话框，如图3-57所示。

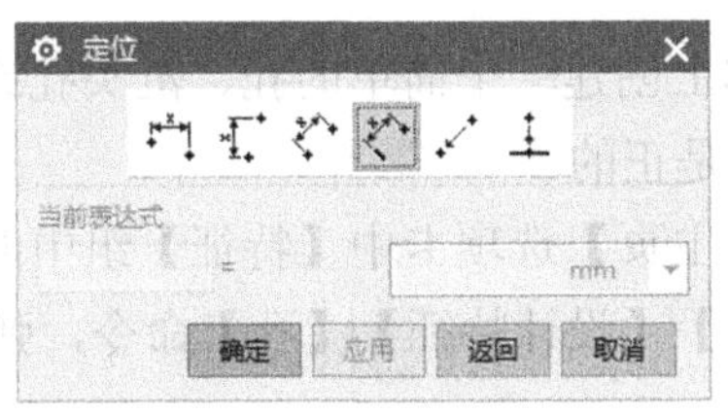

图3-57　【定位】对话框

Step12 单击【垂直】按钮，选择如图3-58所示的目标边，在【当前表达式】框中输入数值“64mm”，单击【应用】按钮完成。

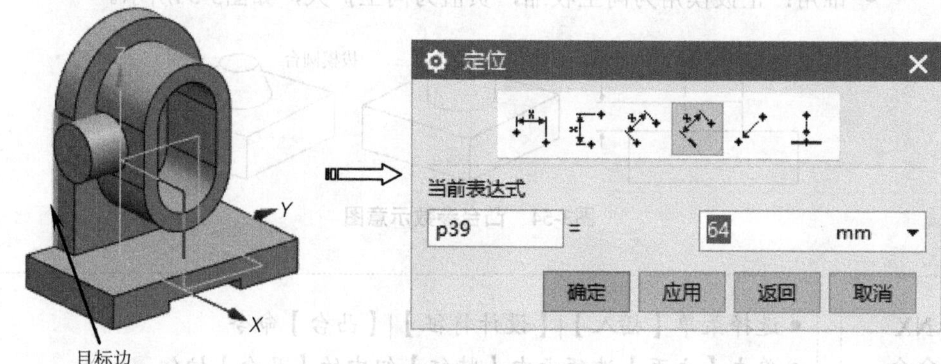

图3-58 创建垂直定位（一）

Step13 单击【垂直】按钮，选择如图3-59所示的目标边；在【当前表达式】框中输入数值“140mm”，单击【确定】按钮完成凸台创建。

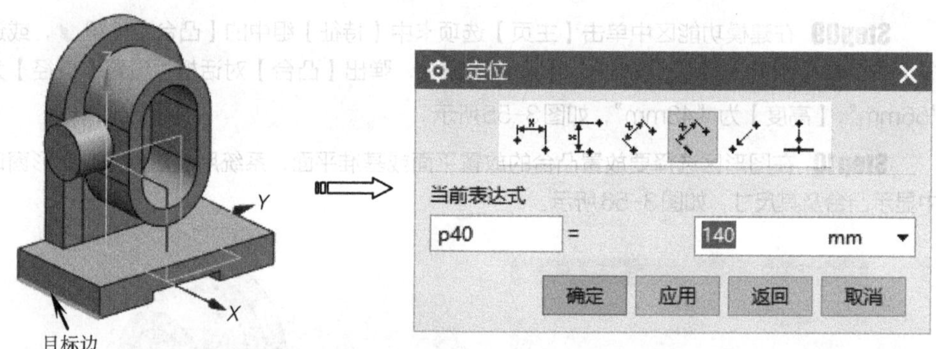

图3-59 创建垂直定位（二）

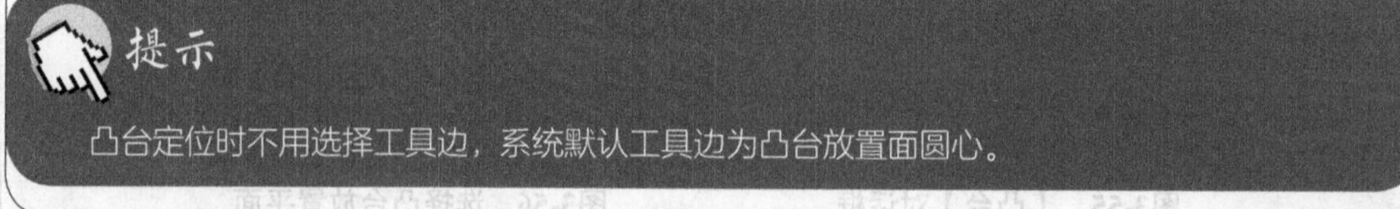

凸台定位时不用选择工具边，系统默认工具边为凸台放置面圆心。

3.4.3 孔特征

3.4.3 视频精讲

孔特征允许用户在实体上创建一个简单的孔、沉头孔或埋头孔。对于所有创建孔，深度值必须是正的。

在建模功能区中单击【主页】选项卡中【特征】组中的【孔】按钮，或选择下拉菜单【插入】|【设计特征】|【孔】命令，弹出【孔】对话框，如图3-60所示。

【孔】对话框中可创建孔特征的类型，下面仅介绍常用的常规孔和螺纹孔。

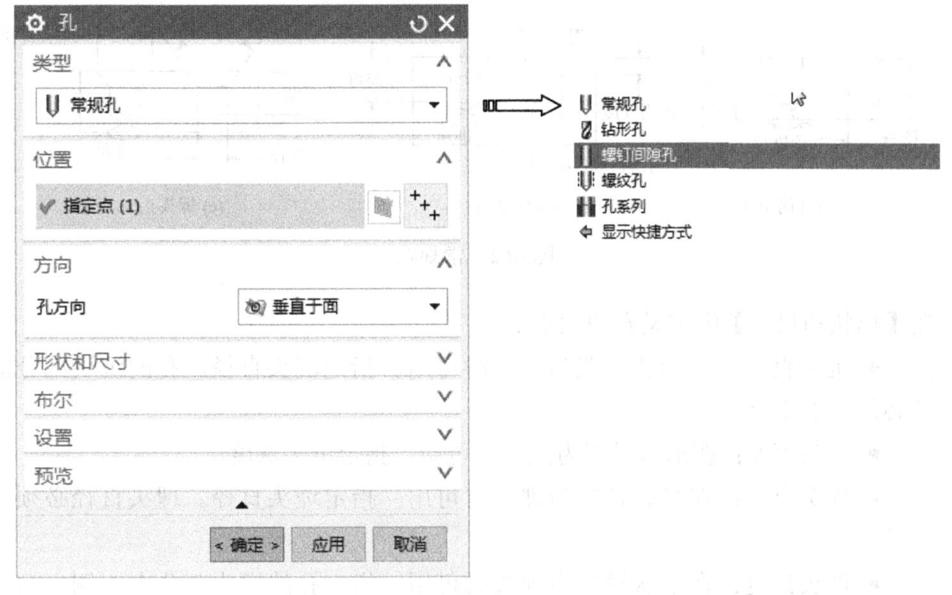

图3-60 【孔】对话框

（1）常规孔

创建指定尺寸的简单孔、沉头孔、埋头孔或锥孔特征，如图3-61和图3-62所示。常规孔的类型包括盲孔、通孔、直至选定对象或直至下一个。

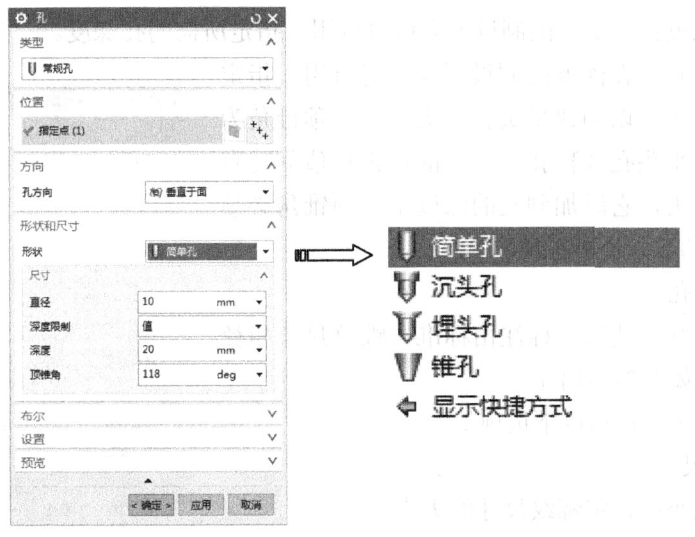

图3-61 常规孔对话框

- 简单孔：即直孔，简单孔的形状由直径、深度和顶锥角控制。
- 沉头孔：即阶梯孔，沉头孔的形状由沉孔直径、沉头深度、孔直径、孔深度、顶锥角控制。需要注意的是孔深度是指较大孔和较小孔深度之和。
- 埋头孔：埋头孔的形状由埋头直径、埋头角度、直径、深度和顶锥角控制。

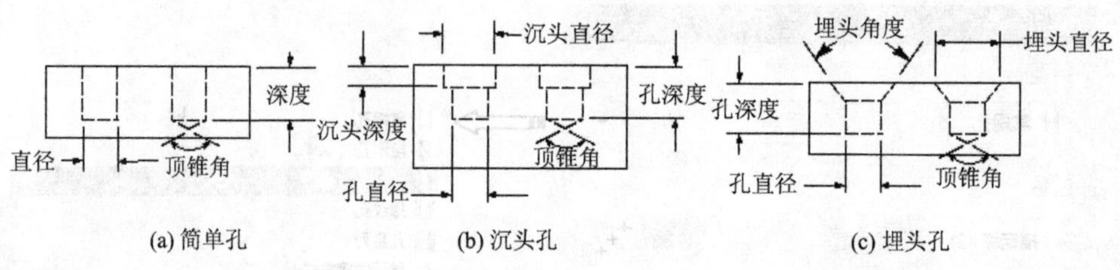

图3-62 常规孔

在【形状和尺寸】中定义孔的大小：

- 沉头直径：在形状设置为沉头时可用。指定沉头直径。孔的沉头部分的直径必须大于孔径。
- 沉头深度：在形状设置为沉头时可用。指定沉头深度。
- 埋头直径：在形状设置为埋头时可用。指定埋头直径。埋头直径必须大于孔径。
- 埋头角度：在形状设置为埋头时可用。指定孔的埋头部分中两侧之间夹角必须大于0° 且小于180° 。
- 直径：指定孔径。
- 深度限制：指定孔深度限制。可用选项有：值—创建指定深度的孔；直至选定对象—创建一个直至选定对象的孔；直至下一个—对孔进行扩展，直至孔到达下一个面。贯通体—创建一个通孔。
- 深度：在深度限制设置为值时可用。指定所需的孔深度。
- 尖角：在深度限制设置为值时可用。指定孔的顶锥角，以创建平头孔或尖头孔。顶锥角为零度产生平头孔（盲孔）。正的顶锥角值创建有角度的顶尖，它添加到孔的深度上。顶锥角必须大于等于0° 并且小于180° 。

（2）螺纹孔

创建螺纹孔，其尺寸标注由标准、螺纹尺寸和径向进刀定义，如图3-63所示。

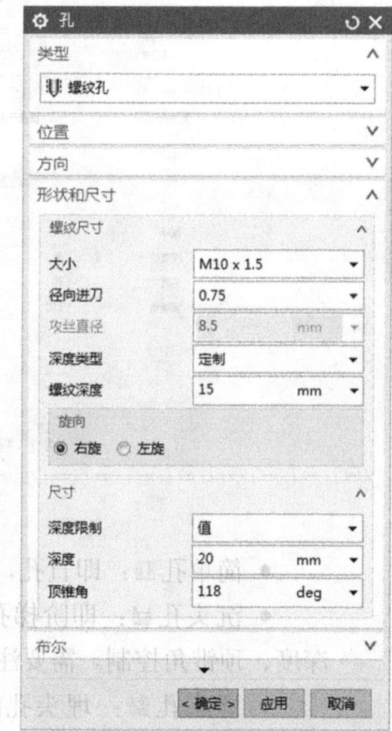

图3-63 螺纹孔

螺纹尺寸主要包括以下选项：

① 螺纹尺寸

- 大小：指定螺纹尺寸的大小。
- 丝锥直径：指定丝锥的直径。
- 深度类型：指定孔特征的螺纹长度。从可用选项的列表中选择，或选择定制来定制螺纹深度。
- 螺纹深度：在长度设置为定制时可用。设置螺纹深度。
- 旋向：用于指定螺纹应为“右手”（顺时

针方向）还是"左手"（逆时针方向）。当轴向朝螺纹的一端观察时，右手螺纹是按顺时针、后退方向缠绕的。当轴向朝螺纹的一端观察时，左手螺纹是按逆时针、后退方向缠绕的。

② 尺寸　用于设置螺纹底孔的尺寸参数。

- 深度限制：指定孔深度限制。可用选项有：值—创建指定深度的孔；直至选定对象—创建一个直至选定对象的孔；直至下一个—对孔进行扩展，直至孔到达下一个面；贯通体—创建一个通孔。
- 深度：在深度限制设置为值时可用。指定所需的孔深度。
- 尖角：在深度限制设置为值时可用。指定孔的顶锥角，以创建平头孔或尖头孔。顶锥角为零度产生平头孔（盲孔）。正的顶锥角值创建有角度的顶尖，它添加到孔的深度上。顶锥角必须大于等于0°并且小于180°。

NX命令	● 选择菜单【插入】|【设计特征】|【孔】命令 ● 单击【主页】选项卡中【特征】组中的【孔】按钮

Step14 在建模功能区中单击【主页】选项卡中【特征】组中的【孔】按钮，或选择下拉菜单【插入】|【设计特征】|【孔】命令，弹出【孔】对话框，设置【直径】为"35mm"，【深度限制】为"贯通体"，如图3-64所示。

Step15 单击【绘制截面】按钮，弹出【创建草图】对话框，进入草图编辑器，绘制钻孔定位点，如图3-65所示。

Step16 单击【草图】组上的【完成】按钮完成草图。单击【确定】按钮创建孔，如图3-66所示。

Step17 在建模功能区中单击【主页】选项卡中【特征】组中的【孔】按钮，或选择下拉菜单【插入】|【设计特征】|【孔】命令，弹出【孔】对话框，设置【直径】为"35mm"，【深度】为"70mm"，单击【点】按钮，在图形区选择凸台的中心，单击【确定】按钮创建孔，如图3-67所示。

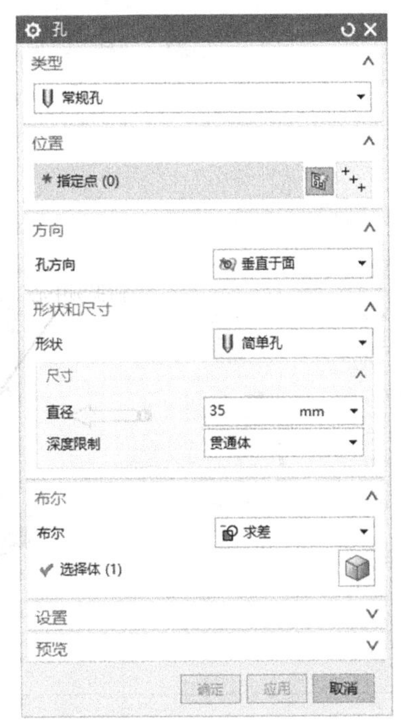

图3-64　【孔】对话框

图3-65 绘制钻孔定位点

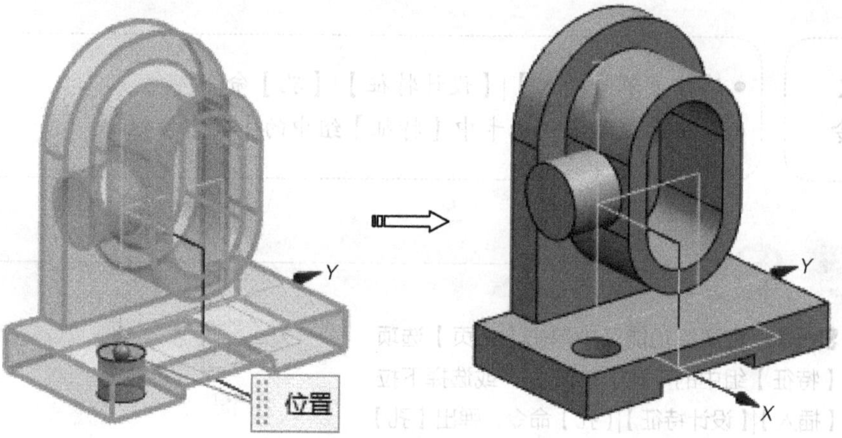

图3-66 创建孔特征

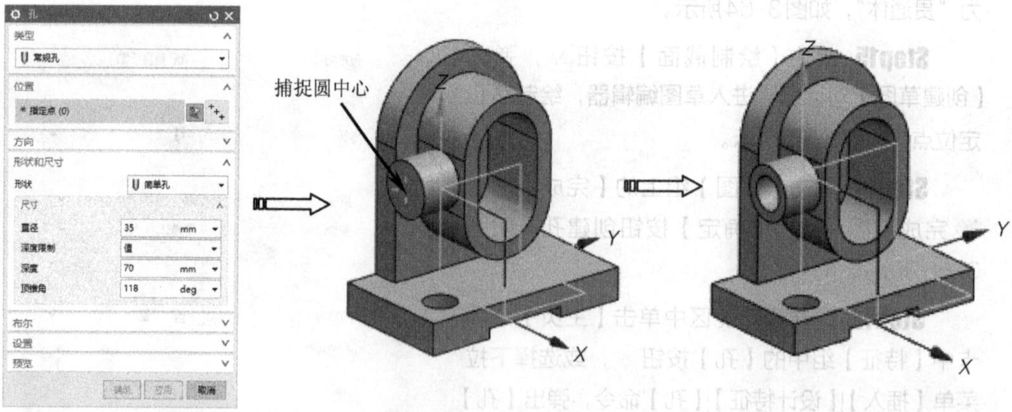

图3-67 创建孔特征

3.4.4 筋板特征

加强肋是指在草图轮廓和现有零件之间添加指定方向和厚度的材

3.4.4 视频精讲

料，在工程上一般用于加强零件的强度。

在建模功能区中单击【主页】选项卡中【特征】组中的【筋板】按钮，或选择下拉菜单【插入】|【设计特征】|【筋板】命令，弹出【筋板】对话框，如图3-68所示。

图3-68 【筋板】对话框

【筋板】对话框选项参数含义：

（1）目标

【选择体】为筋板操作选择目标体。

（2）截面

【选择曲线】通过选择将形成串或Y接合点的曲线指定筋板截面，也可以绘制截面草图曲线，但截面所有曲线必须共面。

（3）帽形体

仅在筋板壁方向与剖切平面垂直时可用。用于定义筋板顶盖的几何体：

- 从截面：使用与剖切平面平行的平面盖住筋板。仅在筋板壁方向与剖切平面垂直时可用。
- 从选中的：使用选定面链或基准平面盖住筋板。

NX命令

- 选择菜单【插入】|【设计特征】|【筋板】命令
- 单击【主页】选项卡中【特征】组中的【筋板】按钮

Step18 在【主页】选项卡中单击【直接草图】组中的【在任务环境中绘制草图】按钮，弹出【创建草图】对话框，在【草图类型】中选择“在平面上”，选择*ZX*平面作为草绘平面，利用草图工具绘制如图3-69所示的草图，单击【草图】组上的【完成】按钮完成草图。

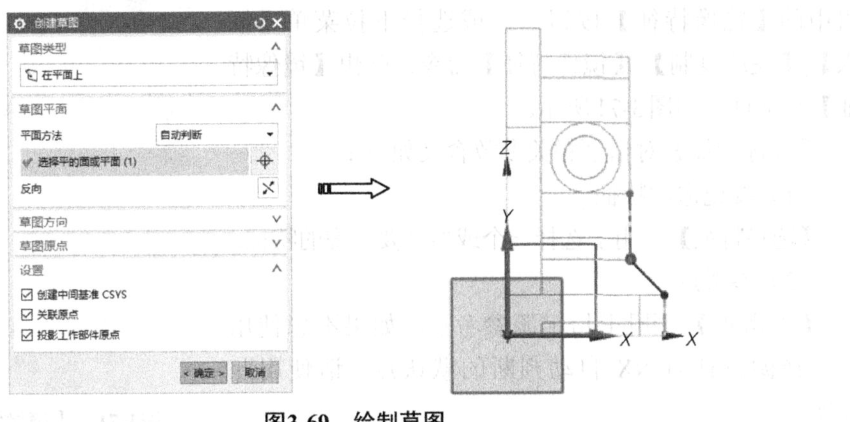

图3-69 绘制草图

Step19 在建模功能区中单击【主页】选项卡中【特征】组中的【筋板】按钮，或选择下拉菜单【插入】|【设计特征】|【筋板】命令，弹出【筋板】对话框，选择如图3-70所示的草图，设置【平行于剖切平面】，【厚度】为“20mm”，单击【确定】按钮创建筋板。

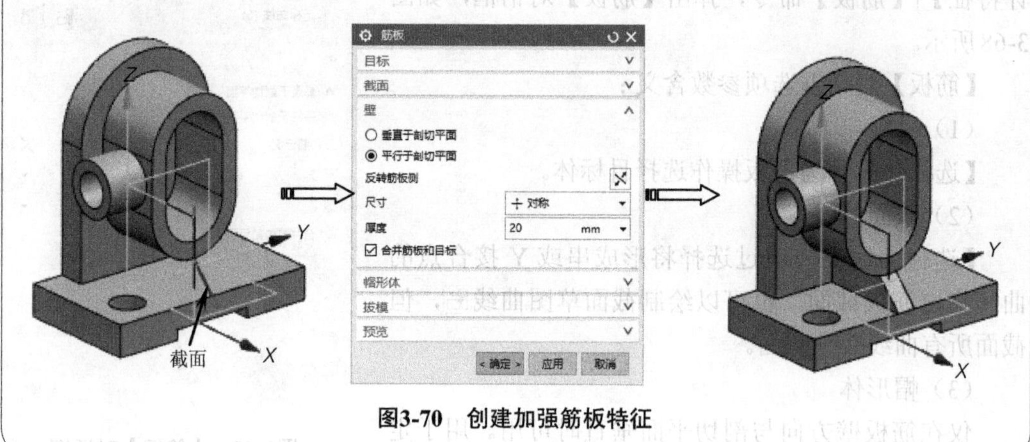

图3-70 创建加强筋板特征

3.5 实体特征操作

3.5 视频精讲

特征操作是对已存在实体或特征进行修改，以满足设计要求。通过特征操作可用简单的特征建立复杂特征。

3.5.1 镜像特征

镜像特征是指通过基准平面或平面镜像选定特征的方法来创建对称的实体模型。

在建模功能区中单击【主页】选项卡中【特征】组中的【镜像特征】按钮，或选择下拉菜单【插入】|【关联复制】|【镜像特征】命令，弹出【镜像特征】对话框，如图3-71所示。

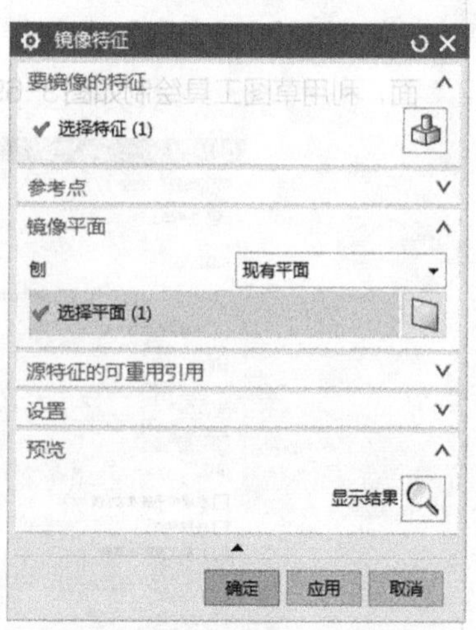

图3-71 【镜像特征】对话框

【镜像特征】对话框相关参数含义如下：

（1）要镜像的特征

【选择特征】用于选择一个或多个要镜像的特征。

（2）参考点

【参考点】用于指定源参考点。如果不想使用在选择源特征时 NX 自动判断的默认点，请使用此选项。

（3）镜像平面

- 【选择平面】：用于选择镜像平面，该平面可以是基准平面，也可以是平的面。
- 【指定平面】：用于创建镜像平面。

NX 命令	●选择菜单菜单【插入】|【关联复制】|【镜像特征】命令 ●单击【主页】选项卡中【特征】组中的【镜像特征】按钮

Step20 在建模功能区中单击【主页】选项卡中【特征】组中的【镜像特征】按钮，或选择下拉菜单【插入】|【关联复制】|【镜像特征】命令，弹出【镜像特征】对话框。

Step21 选择如图3-72所示的拉伸特征为镜像特征，选择镜像基准面，单击【确定】按钮完成，如图3-72所示。

图3-72　镜像特征

3.5.2　边倒圆特征

倒圆是工程中常用圆角方式，是指按指定的尺寸光滑实体的棱边。边倒圆是按指定的半径对所选实体或者片体边缘进行倒圆，使模型上的尖锐边缘变成圆滑表面。

在建模功能区中单击【主页】选项卡中【特征】组中的【倒斜角】按钮，或选择下拉菜单【插入】|【细节特征】|【边倒圆】命令，弹出【边倒圆】对话框，如图3-73所示。

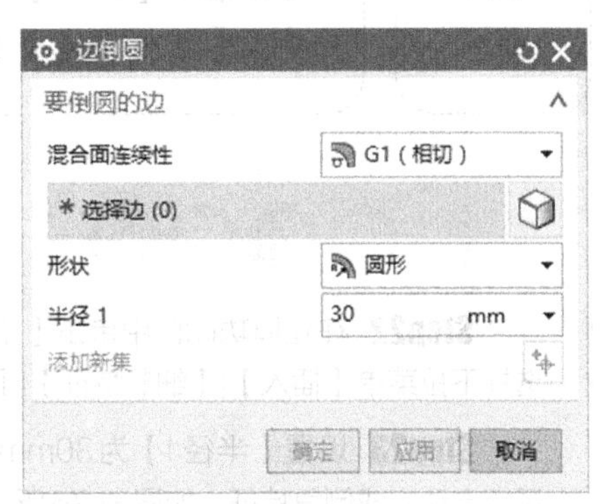

图3-73　【边倒圆】对话框

【边倒圆】对话框【要倒圆的边】相关选项

参数含义如下：

（1）选择边

用于为边倒圆集选择边，如图3-74所示。

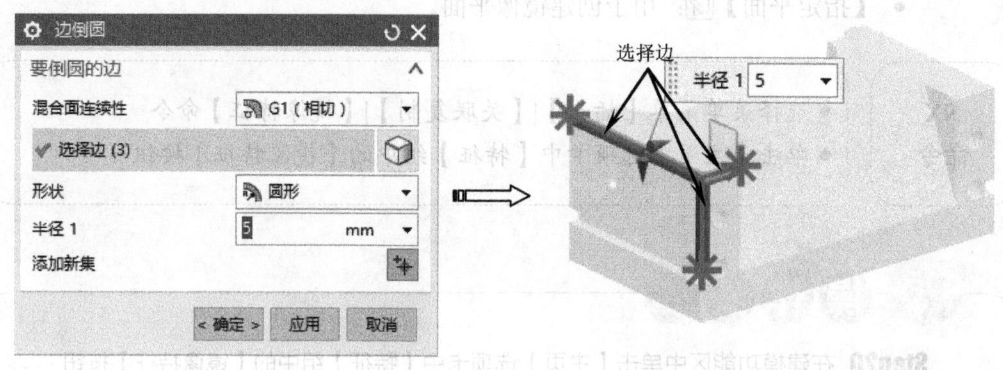

图3-74　选择边

（2）半径1

用于为边集中的所有边设置半径值。适用条件：圆角面连续性=G1（相切）且形状=圆形，如图3-75所示；圆角面连续性=G2（曲率），如图3-75所示。

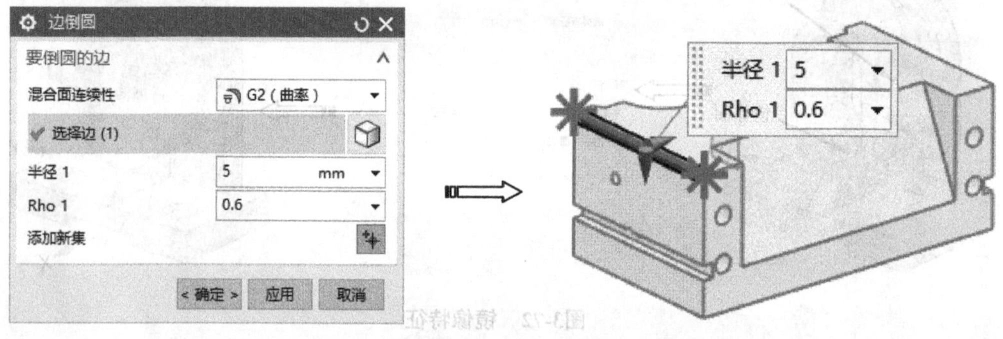

图3-75　半径1

NX命令	• 选择菜单【插入】|【细节特征】|【边倒圆】命令 • 单击【主页】选项卡中【特征】组中的【边倒圆】按钮

Step22 在建模功能区中单击【主页】选项卡中【特征】组中的【边倒圆】按钮，或选择下拉菜单【插入】|【细节特征】|【边倒圆】命令，弹出【边倒圆】对话框。

Step23 设置【半径1】为30mm，选择如图3-76所示的2条边，单击【确定】按钮，系统自动完成倒角特征，如图3-76所示。

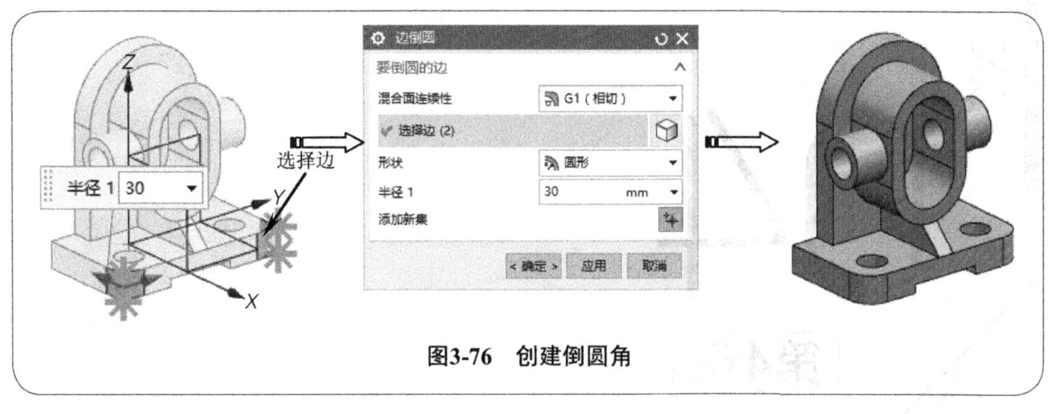

图3-76　创建倒圆角

本章小结

本章介绍了NX实体特征设计知识，主要内容有实体设计界面、实体建模方法、基本体素特征、扫描设计特征、基础成形特征和实体特征操作，这样大家能熟悉NX实体特征绘制命令，希望大家按照讲解方法再进一步进行实例练习。

04

第4章

NX曲线和曲面设计

流畅的外形设计离不开曲线和曲面，为了建立好曲面，必须适当建好曲线，曲线线框是曲面的基础，进而由曲线创建曲面，通过曲面生成实体来创建特定零件。NX为用户提供了强大的自由曲面造型功能，基于曲线的曲面（除点建曲面外）与曲线是紧紧关联的，如构建曲面的曲线被编辑或修改后，曲面会自动更新，便于曲面的调整和修改。

希望通过本章曲线和曲面的学习，使读者轻松掌握NX曲面和曲线创建的基本功能和应用。

本章内容

- 曲线和曲面基本术语
- 曲线和曲面设计用户界面
- 创建曲线
- 曲线编辑与操作
- 创建曲面
- 曲面编辑与操作
- 曲面创建实体特征

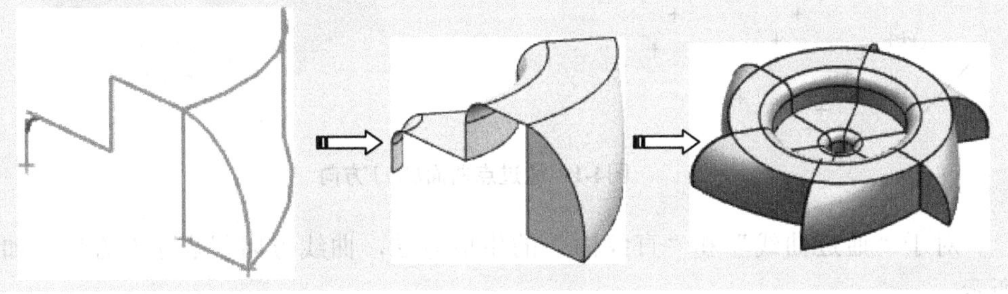

4.1 NX曲线和曲面设计概述

使用NX软件产品设计时，对于形状比较规则的零件，利用实体特征造型快捷方便，基本能满足造型的需要。但对于形状复杂的零件，实体特征的造型方法显得力不从心，难于胜任，就需要实体和曲面混合设计才能完成。NX曲面造型方法繁多、功能强大、使用方便，提供了强大的弹性化设计方式，称为三维造型技术的重要组成。

4.1.1 曲线和曲面基本术语

4.1.1 视频精讲

在NX中曲线和曲面术语了解可以更好地创建所需曲面，本节简单介绍相关曲线和曲面术语。

（1）实体、片体和曲面

在NX构造的物体类型有2种：实体与片体。实体是具有一定体积和质量的实体性几何特征。片体是相对于实体而言，它只有表面，没有体积，并且一个片体是一个独立的几何体，可以包含一个特征，也可以包含多个特征。

- 实体：具有厚度、由封闭曲面包围的具有体积的物体。
- 片体：厚度为0的实体，它只有表面，没有体积。
- 曲面：曲面是一种泛称，片体、片体组合、实体的所有表面都可以成为曲面。

（2）曲面的U、V方向

在数学上，曲面是用两个方向的参数定义的：行方向由U参数、列方向由V参数定义。

对于“通过点”的曲面，大致具有同方向的一组点构成了行，与行大约垂直的一组点构成列方向，如图4-1所示。

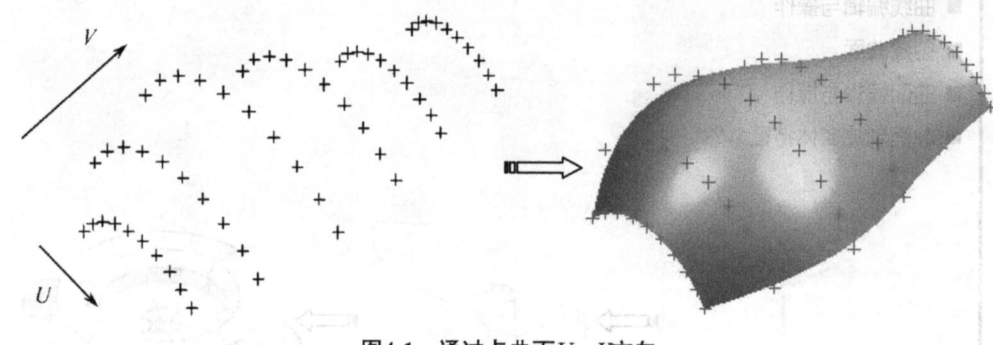

图4-1　通过点曲面U、V方向

对于“通过曲线”和“直纹面”的生成方法，曲线方向代表了U方向，如图4-2所示。

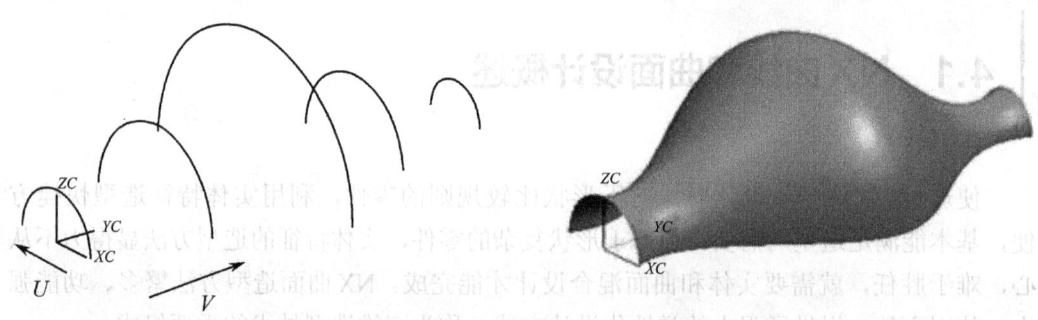

图4-2　曲线曲面的U、V方向

（3）曲面的阶次

曲面的阶次类似于曲线的阶次，是一个数学概念，用来描述片体的多项式的最高次数，由于片体具有U、V两个方向的参数，因此，需分别指定次数。在NX中，片体在U、V方向的次数必须介于2～24，但最好采用3次，称为双三次曲面。曲面的阶次过高会导致系统运算速度变慢，甚至在数据转换时，容易发生数据丢失等情况。

（4）补片类型

片体是由补片构成的，根据补片的类型可分为单补片和多补片。

单补片是指所建立的片体只包含一个单一的补片，而多补片则是由一系列的单补片组成，如图4-3所示。用户在相应的对话框中可以控制生成单张或多张曲面片。补片越多，越能在更小的范围内控制片体的曲率半径，一般情况下，减少补片的数量，可以使所创建的曲面更光滑，因此，从加工的观点出发，创建曲面时应尽可能使用较少的补片。

（5）曲面公差

在数学上，曲面是采用逼近和插值方法进行计算的，因此需要指定造型误差，具体包括两种类型，其公差值在曲面造型预设置中设定。

① 距离公差：指构造曲面与数学表达的理论曲面在对应点所允许的最大距离误差。

② 角度公差：指构造曲面与数学表达的理论曲面在对应点所允许的最大角度误差。

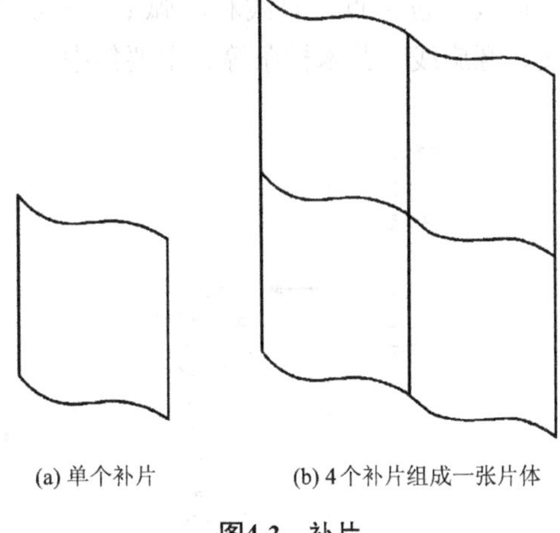

(a) 单个补片　　(b) 4个补片组成一张片体

图4-3　补片

4.1.2　曲线和曲面设计用户界面

曲线和曲面建模是辅助实体建模的，因此在建模和外观造型设计上都可使用各种与曲面相关的命令。

4.1.2.1　曲线设计用户界面

在建模模块中单击【曲线】选项卡，进入曲线创建用户界面，如图4-4所示。

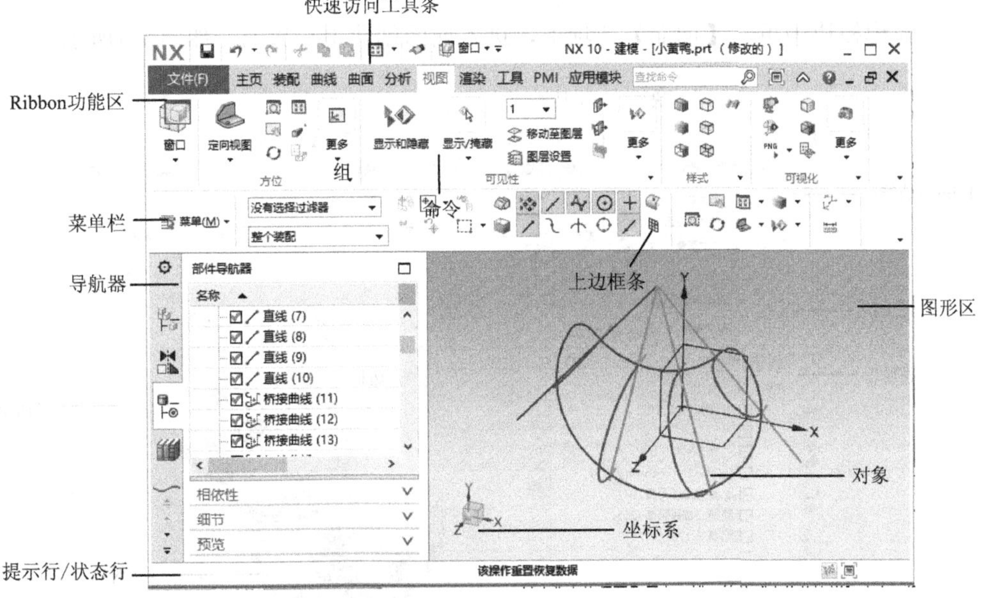

图4-4　曲线设计用户界面

利用【曲线】选项卡或相关菜单命令，NX可创建的曲线可以分为两类：一类是基

本曲线，包括点、直线和圆弧；另一类是复杂曲线，包括矩形、多边形、椭圆、抛物线、螺旋线、艺术样条等。主要集中在菜单【插入】|【曲线】命令下，如图4-5所示。

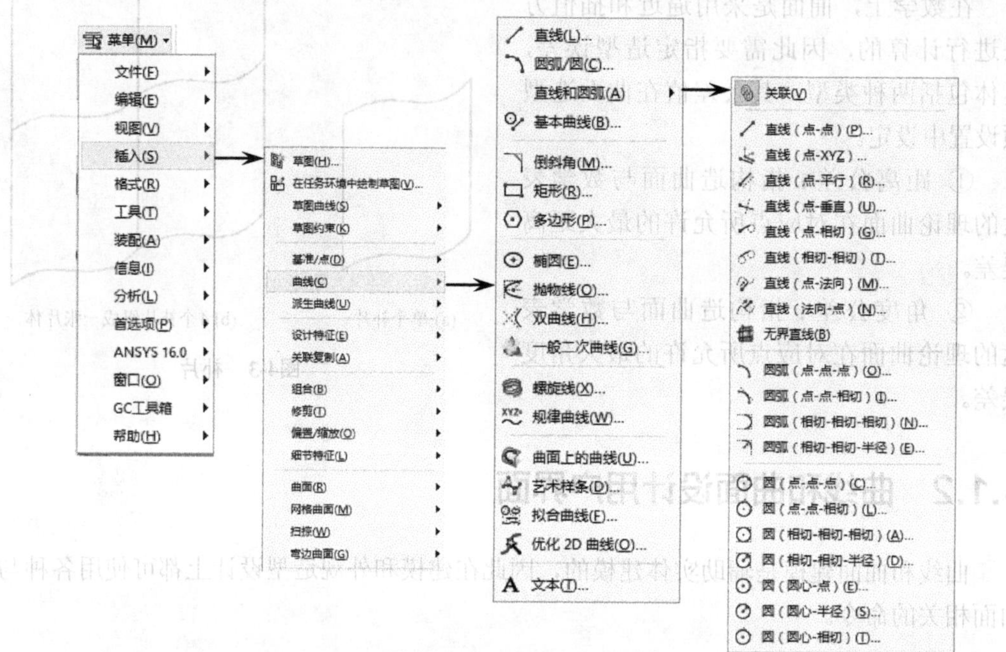

图4-5 曲线设计命令

4.1.2.2 曲面设计用户界面

在建模模块中单击【曲面】选项卡，进入曲面创建用户界面，如图4-6所示。

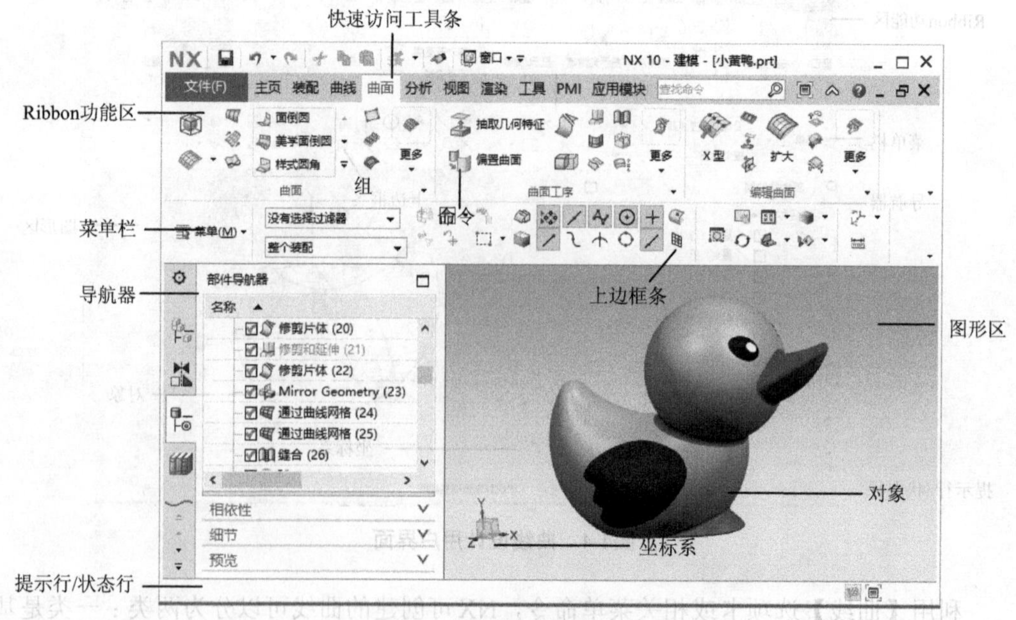

图4-6 曲面用户操作界面

创建曲面特征可采用点、线、片体或实体的边界和表面。根据其创建方法的不同，曲面可以分成以下几种类型：

（1）点建曲面

点创建各种曲面的方法主要包括“四点曲面”“整体突变”“通过点”“从极点”和“从点云”等。相关命令集中在【插入】|【曲面】下菜单中，如图4-7所示。

（2）基本曲面（拉伸和旋转曲面）

【拉伸曲面】是指将草图、曲线、直线或者曲面拉伸成曲面。

（3）曲线曲面

曲线建立曲面是指通过网格线框创建曲面，包括直纹曲面、通过曲线组曲面、通过曲线网格、艺术曲面和N边曲面。相关命令集中于选择下拉菜单【插入】|【网格曲面】下，如图4-8所示。

（4）扫掠曲面

“扫掠曲面”是指选择几组曲线作为截面线沿着导引线（路径）扫掠生成曲面，包括直纹曲面、通过曲线组曲面、通过曲线网格、艺术曲面和N边曲面。相关命令集中于选择下拉菜单【插入】|【扫掠】下，如图4-9所示。

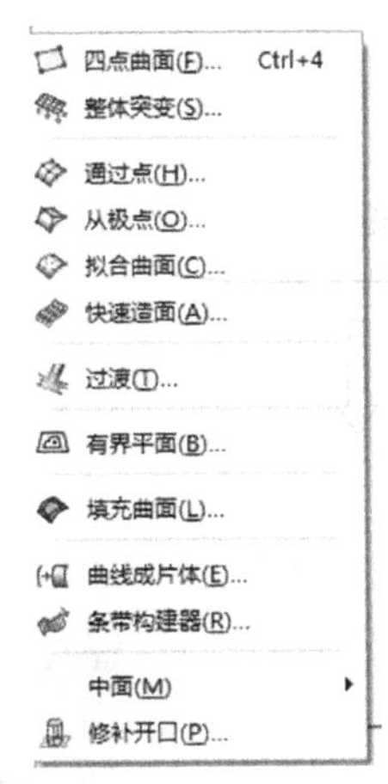

图4-7　点建曲面

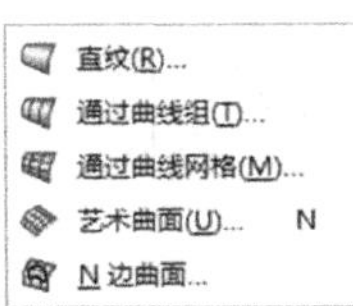

图4-8　曲线曲面

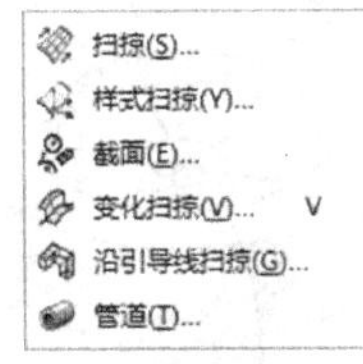

图4-9　扫掠曲面

（5）其他曲面

有界平面、填充曲面、条带曲面、曲线成片体、修补开口等。

4.1.3　曲线和曲面设计基本流程

4.1.3　视频精讲

以图4-10为例来说明NX曲面造型的基本流程。

（1）零件分析，拟定总体建模思路

按按钮的曲面结构特点对曲面进行分解，可分解为顶面、侧面、端面曲面。如图4-10所示。

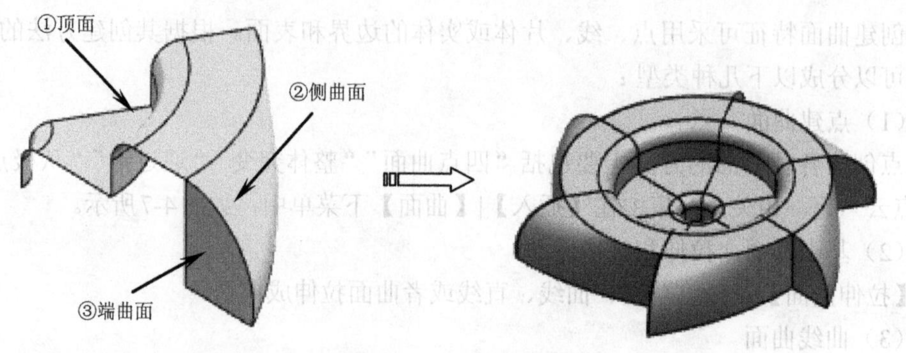

图4-10　曲面分解

根据曲面实体建模顺序，一般是先曲线，再曲面，最后由曲面生成实体，如图4-11所示。

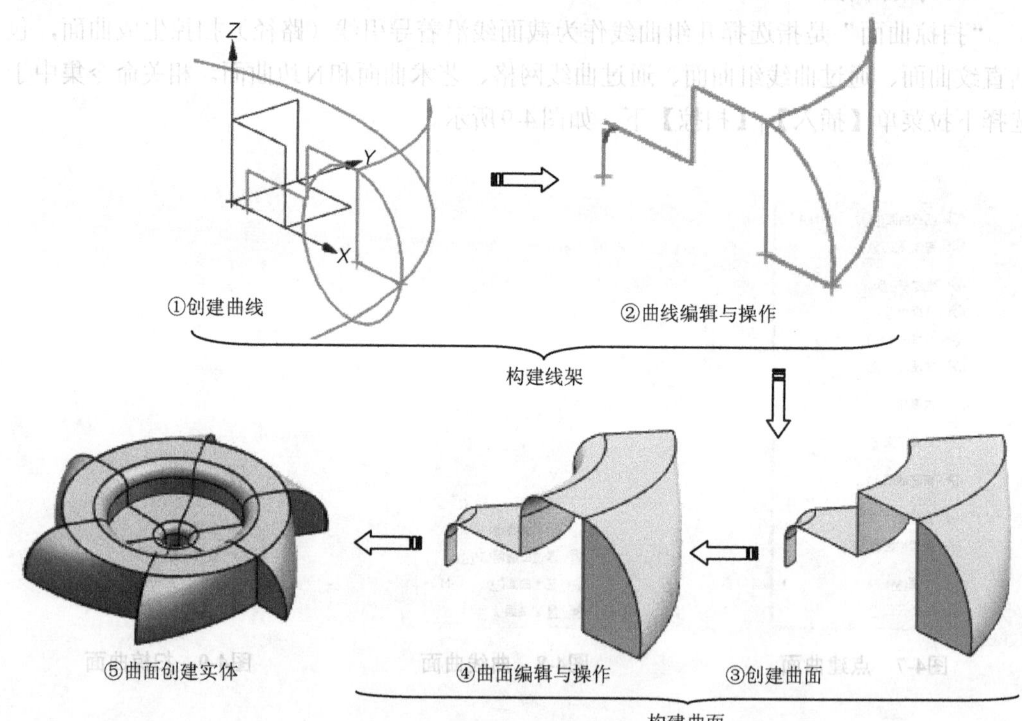

图4-11　按钮创建基本过程

（2）曲线的构建和操作1

在曲面构建中，要正确的设计曲面，必须建好基本曲线。因此曲线的质量直接影响到曲面创建的质量。曲线创建按照点、线顺序，然后通过曲线修剪和圆形圆角等编辑与操作功能修改曲线形状来满足设计要求，如图4-12所示。

（3）曲面的构建和操作2

建立曲面时可充分考虑各种可能的情况和边界条件，采用先创建曲面，然后再通过圆角、修剪、缝合等操作完善曲面造型，如图4-13所示。

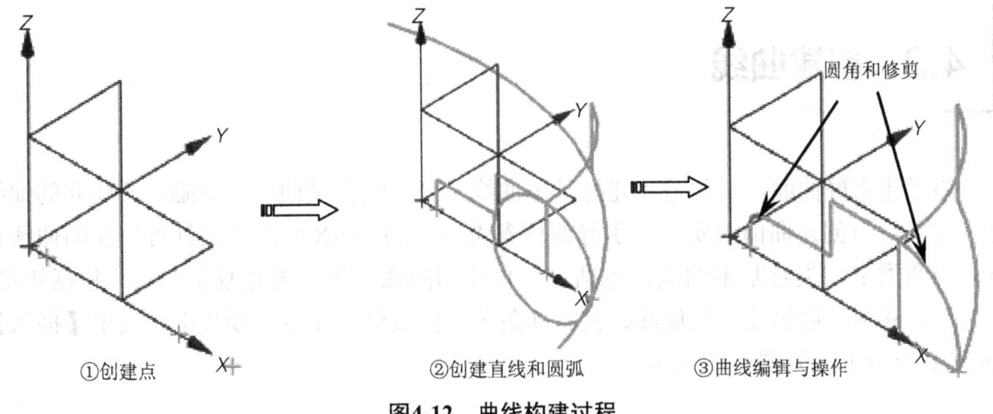

图4-12　曲线构建过程

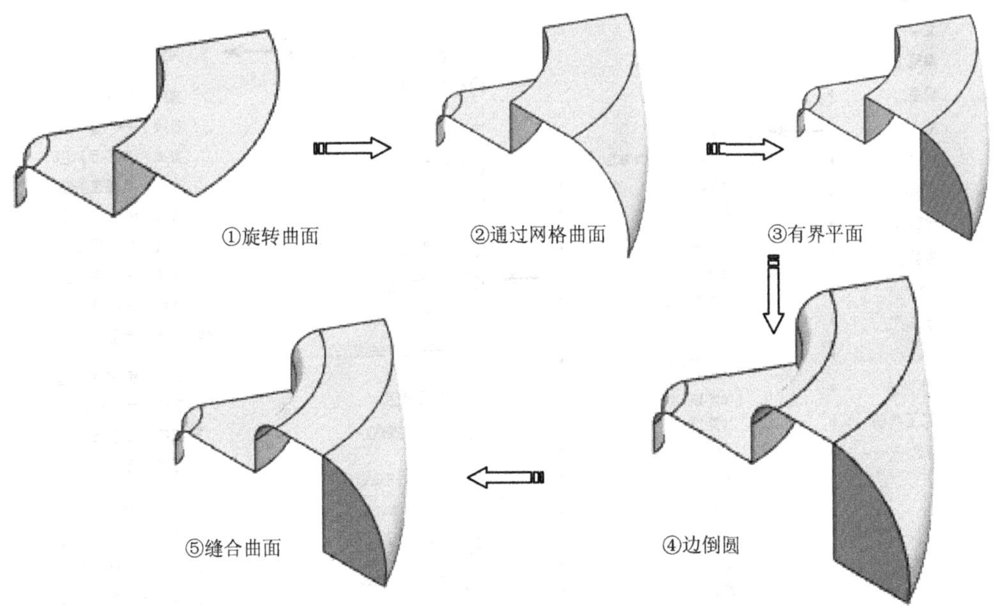

图4-13　曲面构建过程

（4）曲面创建实体

使用实体特征建模创建的零件形状都是规则的，而实际工程中，许多零件的表面往往都不是平面或规则曲面，这就需要通过曲面生成实体来创建特定表面的零件，主要包括加厚、修剪体等，如图4-14所示。

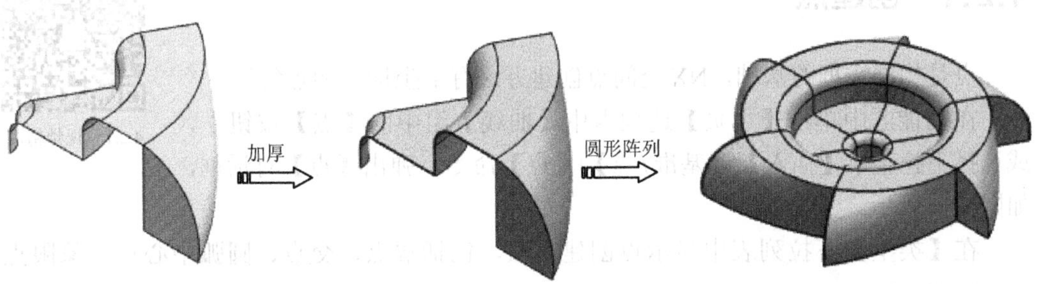

图4-14　曲面创建实体特征

4.2 创建曲线

为了建立好曲面，必须适当建好基本曲线模型。线框是曲面的基础，所建立的曲线可以用来作为创建曲面或实体的引导线或参考线。利用NX的曲线工具可创建的曲线可以分为两类：一类是基本曲线，包括点、直线和圆弧；另一类是复杂曲线，包括矩形、多边形、椭圆、抛物线、螺旋线、艺术样条等。曲线创建命令主要集中在菜单【插入】|【曲线】命令下，如图4-15所示。

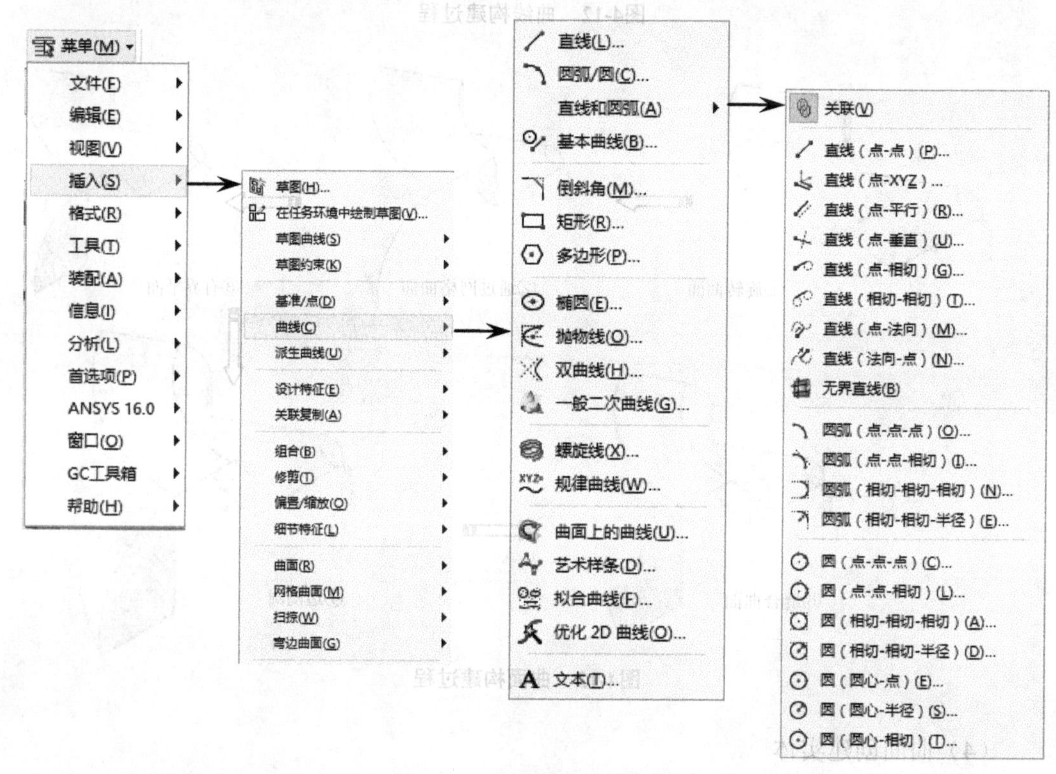

图4-15 曲线创建菜单命令

4.2.1 创建点

4.2.1 视频精讲

点是构成线框的基础，NX空间点创建方法有：坐标点和点集等。

在功能区中单击【主页】选项卡中【曲线】组中的【点】按钮，或选择下拉菜单【插入】|【基准/点】|【点】命令，弹出【点】对话框，如图4-16所示。

在【类型】下拉列表中显示点创建方法，包括端点、交点、圆弧中心点、象限点等，见表4-1。

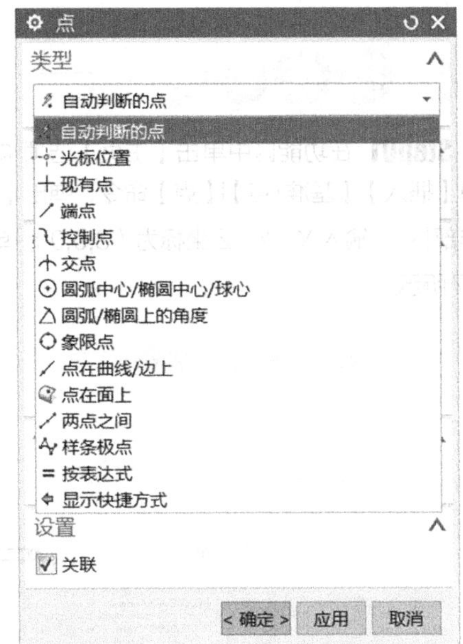

图4-16 【点】对话框

表4-1 点类型

类型	说明
自动判断的点	根据鼠标所指的位置自动推测各种离光标最近的点。可用于选取光标位置、存在点、端点、控制点、圆弧/椭圆弧中心等，包括所有点的选择方式
光标位置	通过定位十字光标，在屏幕上任意位置创建一个点
现有点	在某个存在点上创建一个新点，或通过选择某个存在点指定一个新点的位置
端点	在存在的直线、圆弧、二次曲线及其他曲线的端点上指定新点的位置
控制点	在几何对象的控制点上创建一个点
交点	在两段曲线的交点上或一曲线和一曲面或一平面的交点上创建一个点
圆弧中心/椭圆中心/球心	在选取圆弧、椭圆、球的中心创建一个点
圆弧/椭圆上的角度	在与坐标轴*XC*正向成一定角度（沿逆时针方向测量）的圆弧、椭圆弧上创建一个点
象限点	在圆弧或椭圆弧的四分点处指定一个新点的位置
点在曲线/边上	通过设置“U参数”值在曲线或者边上指定新点的位置
点在曲面上	通过设置“U参数”和“V参数”值在曲面上指定新点的位置
两点之间	通过选择两点，在两点的中点创建新点

NX 命令

- 选择下拉菜单【插入】|【基准/点】|【点】命令
- 单击【主页】选项卡中【曲线】组中的【点】按钮

Step01 在功能区中单击【主页】选项卡中【曲线】组中的【点】按钮，或选择下拉菜单【插入】|【基准/点】|【点】命令，弹出【点构造器】对话框，在【参考】中选择“绝对-工作部件”，输入*X*、*Y*、*Z*坐标为（3,0,0），单击【确定】按钮，系统自动完成点创建，如图4-17所示。

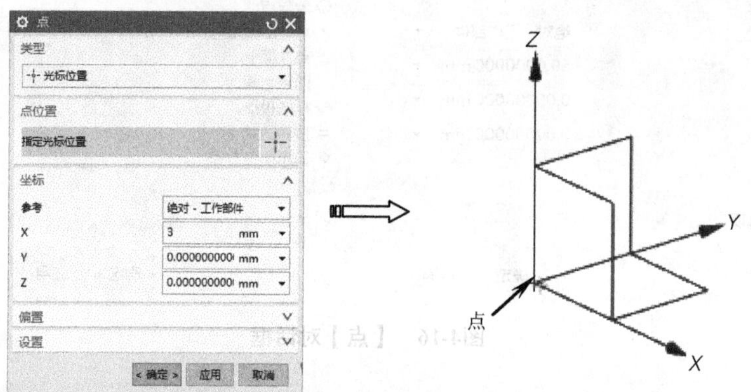

图4-17 创建点

提示

在【输出坐标】中选择“绝对”时，输入的坐标值*X*、*Y*和*Z*是相对绝对坐标系原点而言的；当选择“WCS”时，*X*、*Y*和*Z*变成*XC*、*YC*和*ZC*，输入的坐标值是相对当前工作坐标系原点。

Step02 在功能区中单击【主页】选项卡中【曲线】组中的【点】按钮，弹出【点】对话框，在【参考】中选择“绝对-工作部件”，输入*X*、*Y*、*Z*坐标为（25,0,0），单击【确定】按钮，系统自动完成点创建，如图4-18所示。

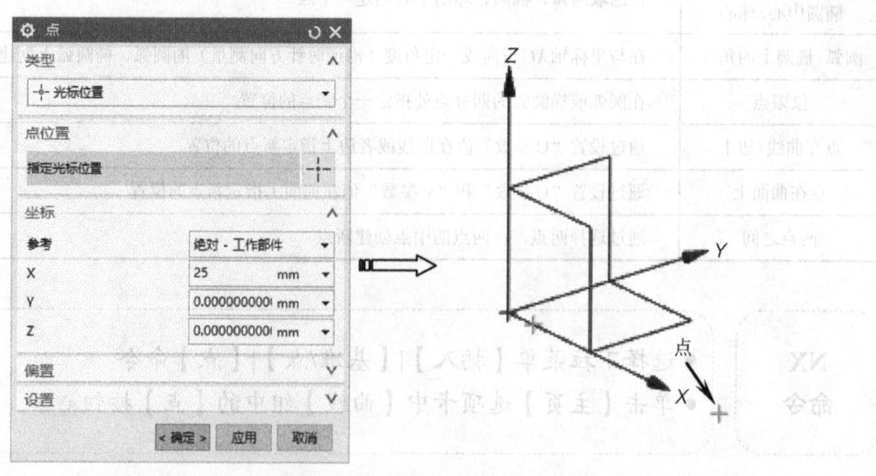

图4-18 创建点

Step03 在功能区中单击【主页】选项卡中【曲线】组中的【点】按钮，弹出【点构造器】对话框，选择上一步创建的点，在【偏置选项】中选择“矩形”，在【X增量】中输入“9mm”，单击【确定】按钮，系统自动完成点创建，如图4-19所示。

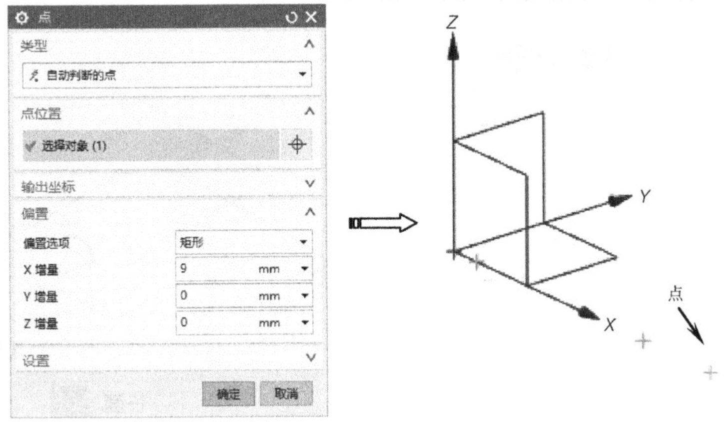

图4-19　创建点

提示

偏置就是指相对于某个已知点或选择点移动一定的角度或坐标值，从而确定新点。这在绘图时非常有用，因为我们往往需要选择某个空间点作为参考点来确定其他点，这样可以减少查找该点绝对坐标值的麻烦。

4.2.2　创建直线

4.2.2　视频精讲

直线是构成线框的基本单元之一，可作为创建平面、曲线、曲面的参考，也可作为方向参考和轴线。

NX中创建的直线取决于用户选择设置的约束类型，在功能区中单击【主页】选项卡中【曲线】组中的【直线】命令，或选择菜单【插入】|【曲线】|【直线】命令，弹出【直线】对话框，如图4-20所示。

图4-20　【直线】对话框

4.2.2.1　【起点和终点】组框

【起点和终点】组框用于设置直线的起点，常用包括以下方式：

(1)【自动判断】

根据用户选择的对象，自动判断将要使用的最好约束类型。单击【点对话框】按钮，弹出点构造器创建和选择点作为直线的起点。

(2)【点】＋

使用【捕捉点】选项选择起点或者终点，如果鼠标单击的地方没有现存点，系统将使用光标所在的位置作为直线的起点，如图4-21所示。

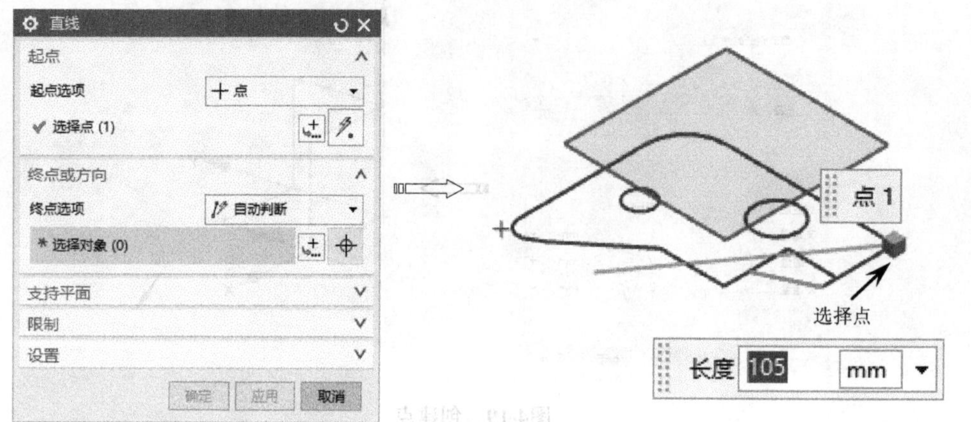

图4-21　点

(3)【相切】

通过选择圆、圆弧或曲线确定直线与其相切位置作为直线的起点，如图4-22所示。

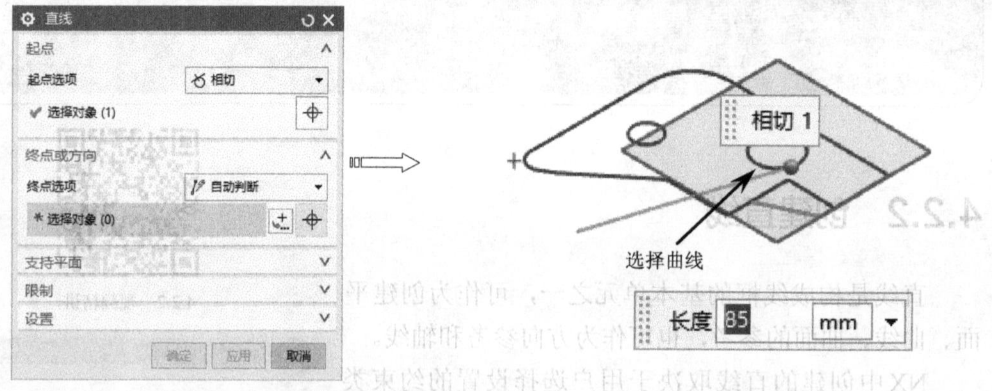

图4-22　相切

4.2.2.2　【支持平面】组框

用于定义创建直线所在的平面，包括以下3个选项：

(1) 自动平面

根据起点和终点自动判断一个临时平面，自动平面显示为浅绿色，如图4-23所示。

(2) 锁定平面

使用【锁定平面】可使自动平面位置不动，锁定的自动平面以当前指定给基准平面对象的颜色显示。此时，用户可以更改起点或终点约束，但支持平面将不会改变，如图4-24所示。

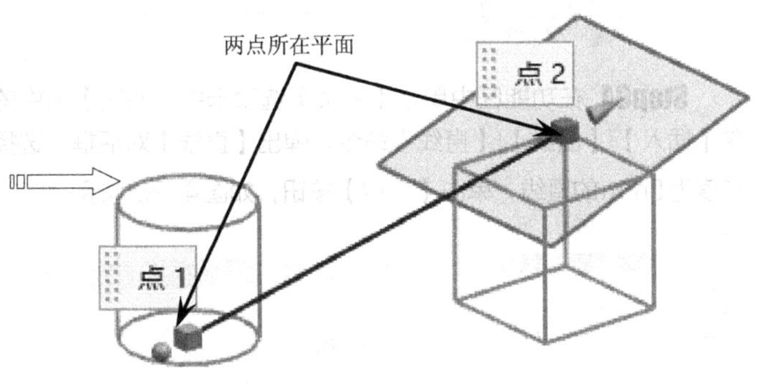

图4-23　自动平面示意图

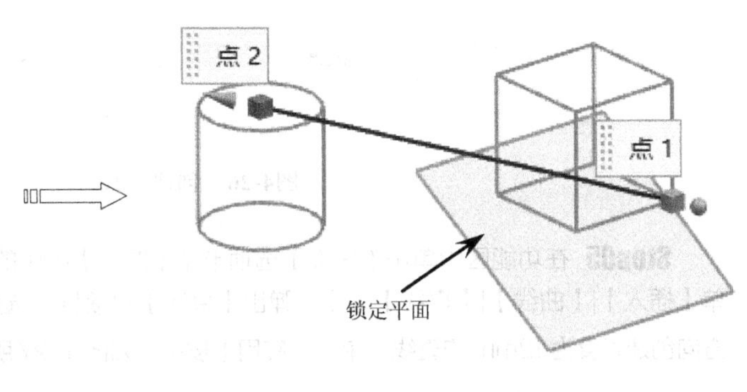

图4-24　锁定平面示意图

（3）选择平面

用于定义直线的支持平面，可选择已存在的平面或利用【平面构造器】创建平面，如图4-25所示。

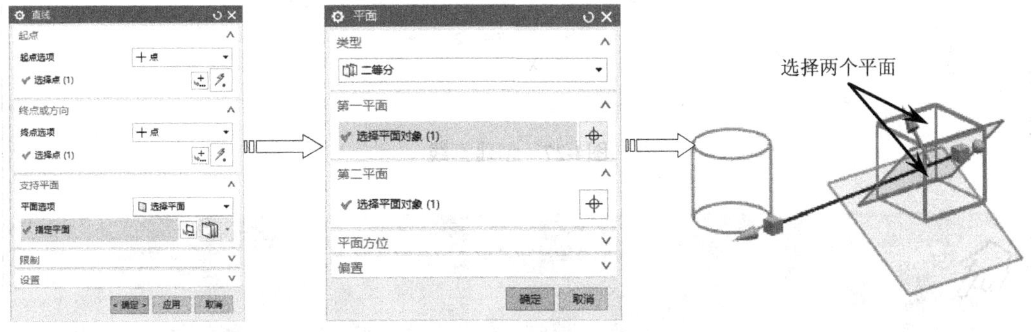

图4-25　选择平面示意图

NX命令	• 选择菜单【插入】|【曲线】|【直线】命令 • 在功能区中单击【主页】选项卡中【曲线】组【直线】命令

Step04 在功能区中单击【主页】选项卡中【曲线】组中的【直线】命令 ，或选择菜单【插入】|【曲线】|【直线】命令，弹出【直线】对话框，选择点1为起点，沿*ZC*方向创建长度为5mm的直线，单击【应用】按钮，如图4-26所示。

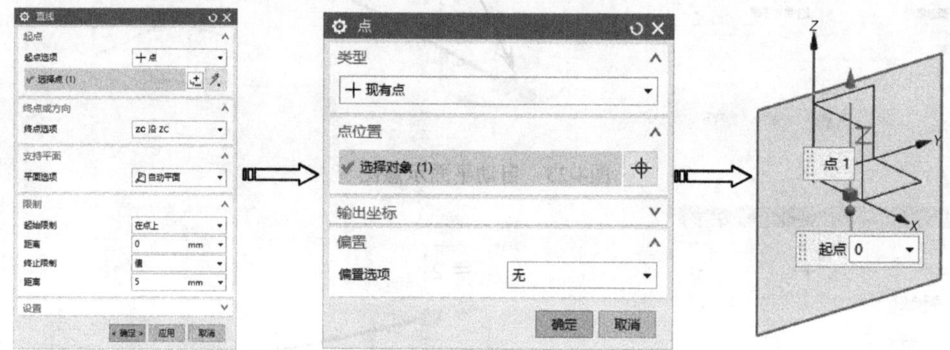

图4-26　创建直线

Step05 在功能区中单击【主页】选项卡中【曲线】组中的【直线】命令 ，或选择菜单【插入】|【曲线】|【直线】命令，弹出【直线】对话框，选择直线的端点为起点，沿*XC*方向创建长度为12mm的直线，单击【应用】按钮，如图4-27所示。

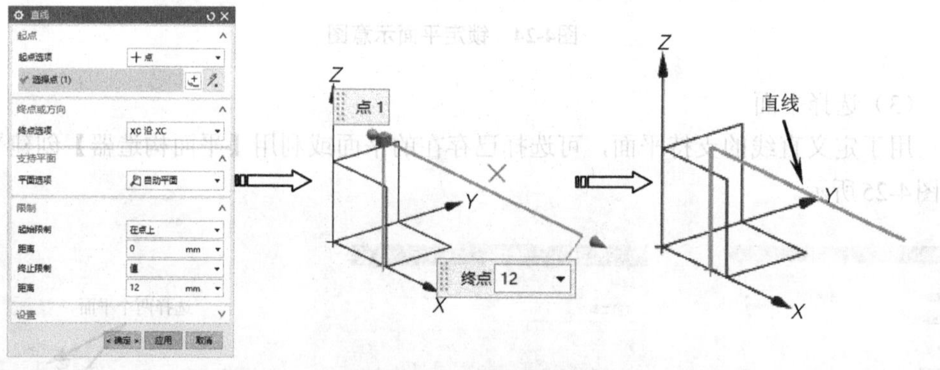

图4-27　创建直线

提示

在捕捉直线端点时，一定要仔细确认捕捉成功，建议用户采用点构造器对话框进行操作，以减少失误。

Step06 在功能区中单击【主页】选项卡中【曲线】组中的【直线】命令 ，或选择菜单【插入】|【曲线】|【直线】命令，弹出【直线】对话框，选择直线的端点为起点，沿*ZC*方向创建长度为7mm的直线，单击【应用】按钮，如图4-28所示。

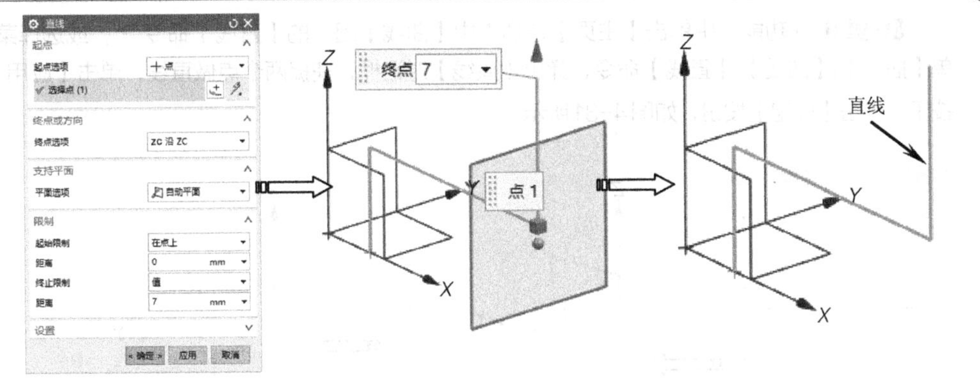

图4-28　创建直线

Step07 在功能区中单击【主页】选项卡中【曲线】组中的【直线】命令，或选择菜单【插入】|【曲线】|【直线】命令，弹出【直线】对话框，选择直线的端点为起点，沿*XC*方向创建长度为10mm的直线，单击【应用】按钮，如图4-29所示。

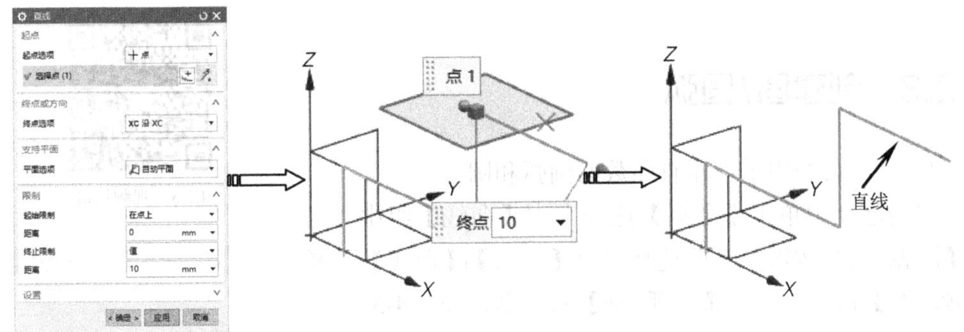

图4-29　创建直线

Step08 在功能区中单击【主页】选项卡中【曲线】组中的【直线】命令，或选择菜单【插入】|【曲线】|【直线】命令，弹出【直线】对话框，捕捉两个点做直线，单击【应用】按钮，如图4-30所示。

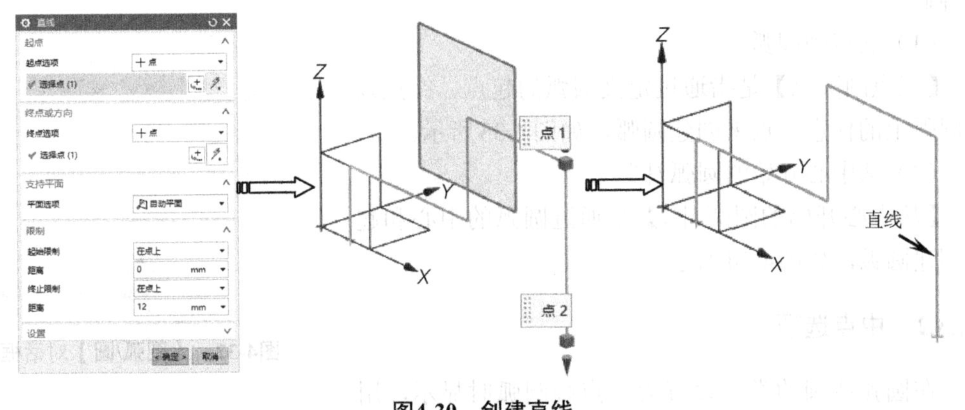

图4-30　创建直线

Step09 在功能区中单击【主页】选项卡中【曲线】组中的【直线】命令，或选择菜单【插入】|【曲线】|【直线】命令，弹出【直线】对话框，捕捉两个点做直线，单击【应用】按钮，单击【确定】按钮，如图4-31所示。

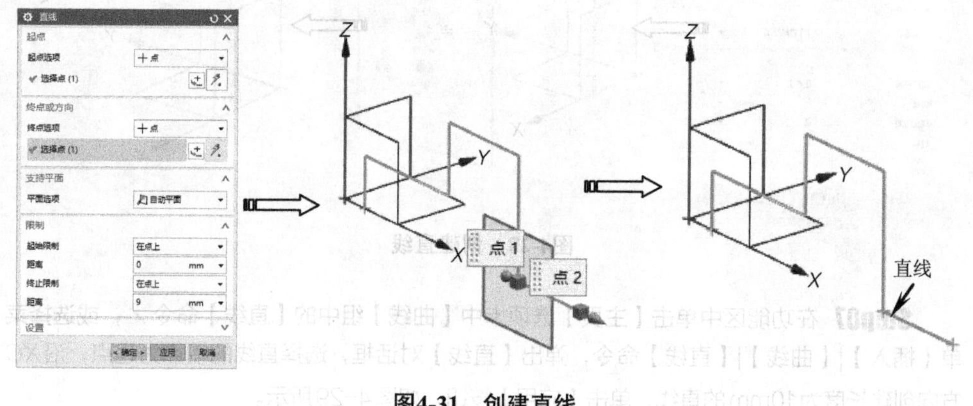

图4-31　创建直线

4.2.3 创建圆/圆弧

4.2.3　视频精讲

圆弧/圆命令用于创建有参数的圆弧和圆。

在功能区中单击【主页】选项卡中【曲线】组中的【圆弧/圆】按钮，或选择菜单【插入】|【曲线】|【圆弧/圆】命令，弹出【圆弧/圆】对话框，如图4-32所示。

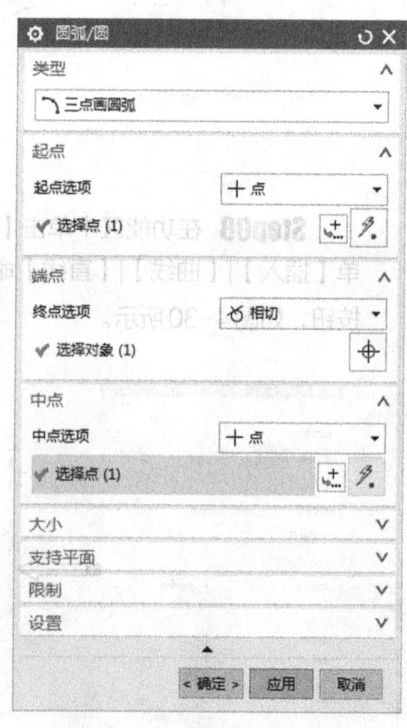

图4-32　【圆弧/圆】对话框

4.2.3.1 类型

【圆弧/圆】对话框中【类型】选项中提供了2种创建方法："三点画圆弧"和"从中心开始的圆弧/圆"。

（1）三点画圆弧

【三点画圆弧】是指通过定义圆弧的起点、终点以及圆弧上的任意一点来创建圆弧，如图4-33所示。

（2）从中心开始的圆弧/圆

【从中心开始的圆弧/圆】是通过圆弧的中心和起点创建圆弧，如图4-34所示。

4.2.3.2 中点选项

在圆弧或圆的类型设置为三点画圆弧时显示，用于指定中点的约束。【中点】选项包括以下类型，如图4-35所示。

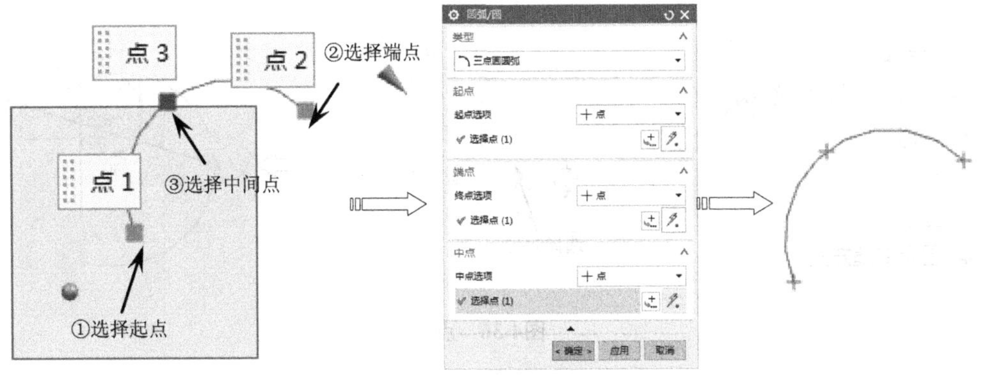

图4-33　三点画圆弧

图4-34　从中心开始的圆弧/圆

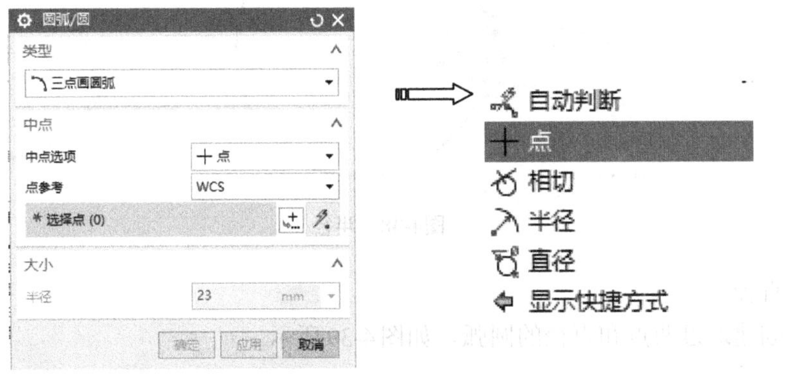

图4-35　中点选项

（1）点

选择一点作为圆弧上的点，如图4-36所示。

（2）相切

选择与一条曲线相切作为约束创建圆弧，如图4-37所示。

（3）半径

用于创建通过两点和半径的圆弧。可在【大小】组框中的【半径】文本框中为圆弧终点或中点的半径约束输入一个值，也可以在半径屏显输入框中输入半径值，如图4-38所示。

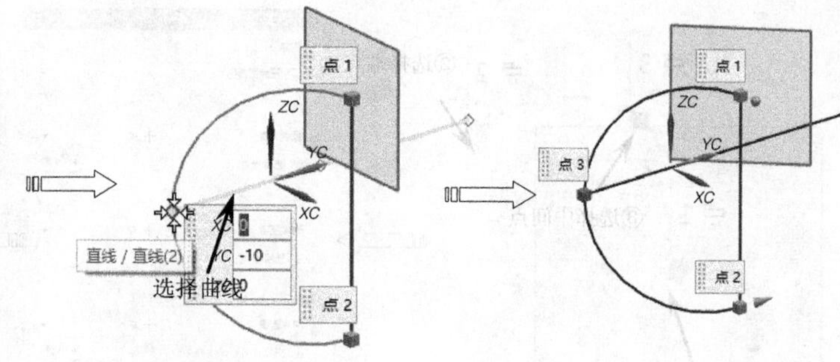

图4-36 点

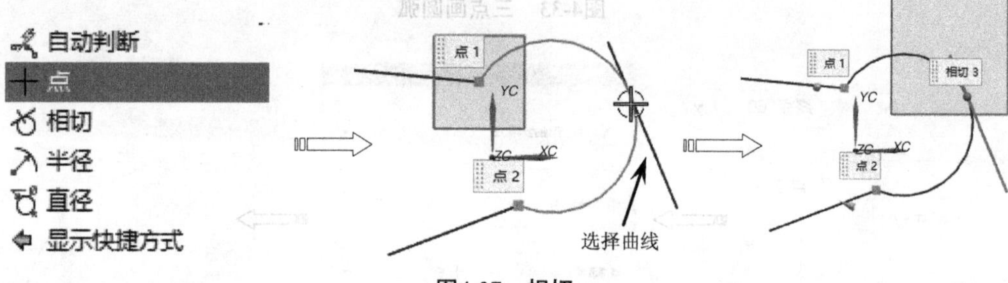

图4-37 相切

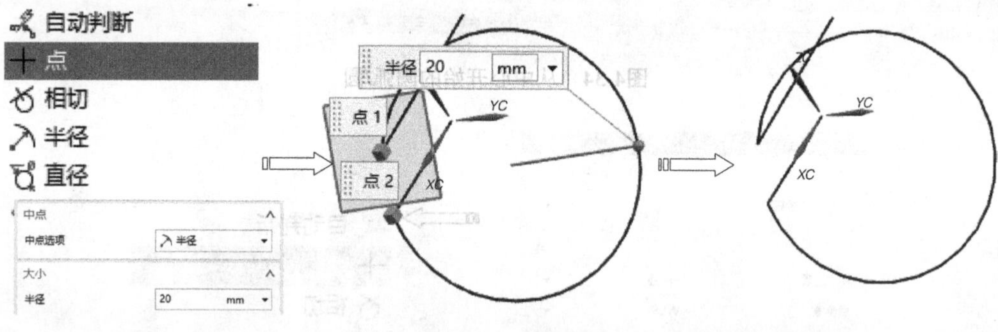

图4-38 半径

（4）直径

用于创建通过两点和直径的圆弧，如图4-39所示。

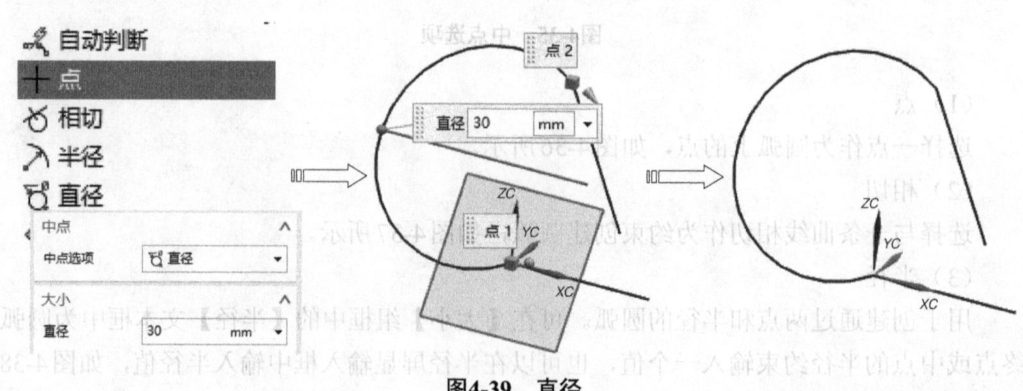

图4-39 直径

NX命令	●选择菜单【插入】|【曲线】|【圆弧/圆】命令 ●单击【主页】选项卡中【曲线】组中的【圆弧/圆】按钮

操作步骤

Step10 在功能区中单击【主页】选项卡中【曲线】组中的【圆弧/圆】按钮，或选择菜单【插入】|【曲线】|【圆弧/圆】命令，弹出【圆弧/圆】对话框，在【类型】中选择“从中心开始的圆弧/圆”，【中心点】为（0,0,12），选如图4-40所示的点为通过点，设置【限制】选项中的【起始限制】的【角度】为“0deg”，【终止限制】的【角度】为“60deg”，单击【确定】按钮创建圆弧，如图4-40所示。

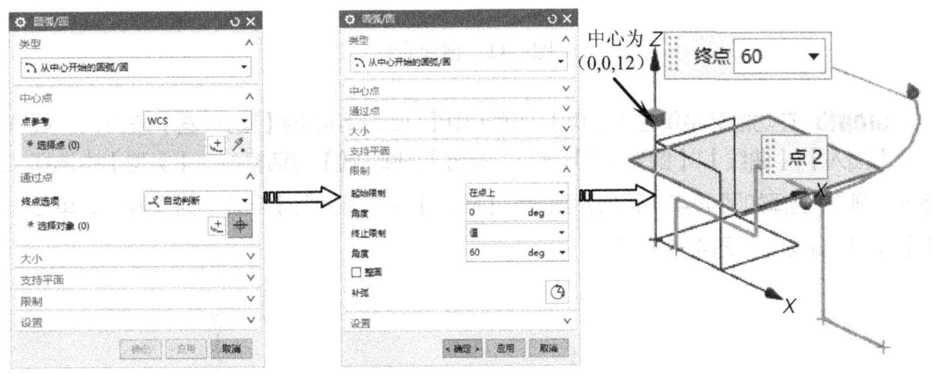

图4-40　创建圆弧

Step11 在功能区中单击【主页】选项卡中【曲线】组中的【圆弧/圆】按钮，或选择菜单【插入】|【曲线】|【圆弧/圆】命令，弹出【圆弧/圆】对话框，在【类型】中选择“三点画圆弧”，选择如图4-41所示的两个点，【限制】为“整圆”，【半径】为“10mm”，单击【确定】按钮创建圆，如图4-41所示。

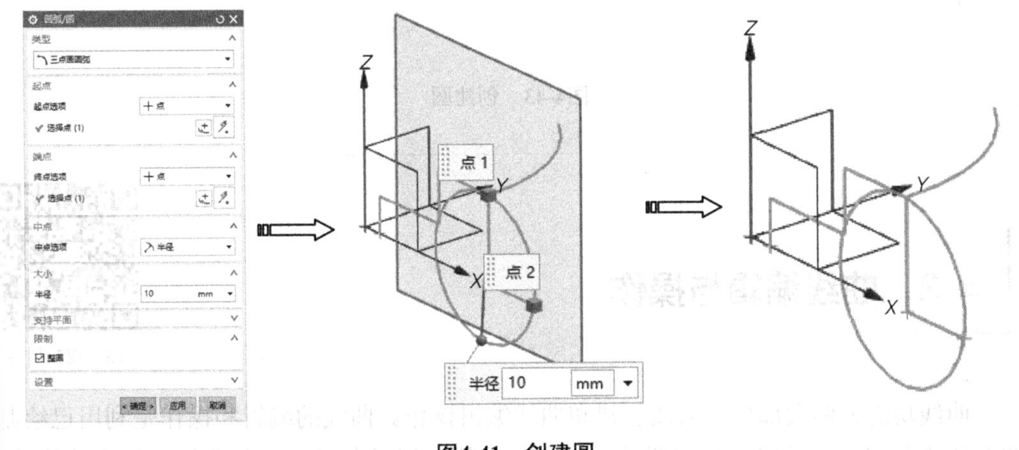

图4-41　创建圆

Step12 在功能区中单击【主页】选项卡中【曲线】组中的【直线】命令，或选择菜单【插入】|【曲线】|【直线】命令，弹出【直线】对话框，选择圆弧的端点为起点，沿ZC方向创建长度为-12mm的直线，单击【应用】按钮，如图4-42所示。

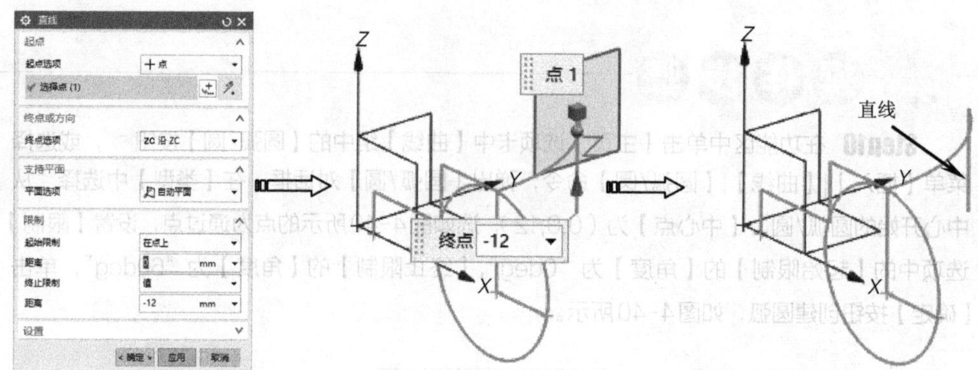

图4-42 创建直线

Step13 在功能区中单击【主页】选项卡中【曲线】组中的【圆弧/圆】按钮，或选择菜单【插入】|【曲线】|【圆弧/圆】命令，弹出【圆弧/圆】对话框，在【类型】中选择“三点画圆弧”，选择如图4-43所示的两个点，【限制】为“整圆”，【半径】为58mm，单击【确定】按钮创建圆，如图4-43所示。

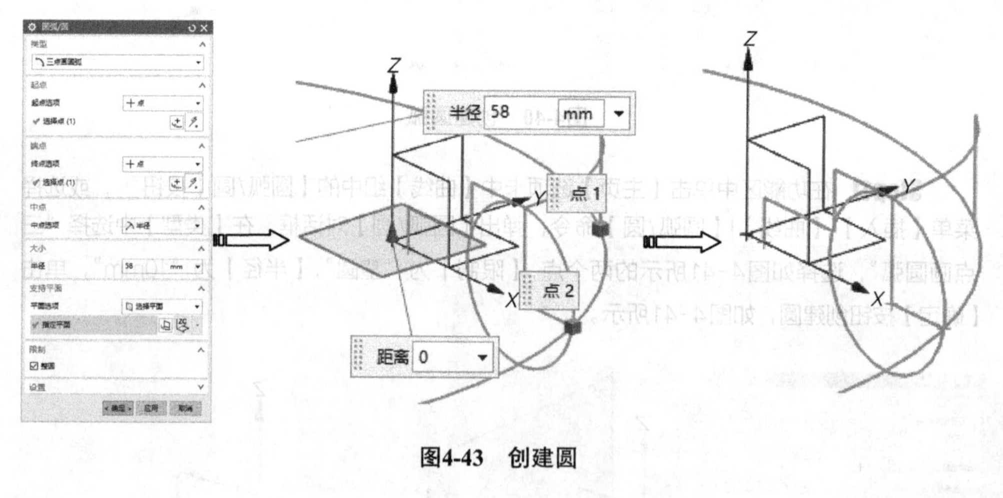

图4-43 创建圆

4.3 曲线编辑与操作

4.3 视频精讲

曲线功能分两大部分：曲线创建和曲线编辑操作。曲线的编辑和操作是利用已绘制的曲线来创建新的曲线，如偏置曲线、投影曲线、镜像曲线、圆角曲线、相交曲线等，

主要集中在下拉菜单【编辑】|【曲线】菜单和【插入】|【派生曲线】命令下，如图4-44和图4-45所示。

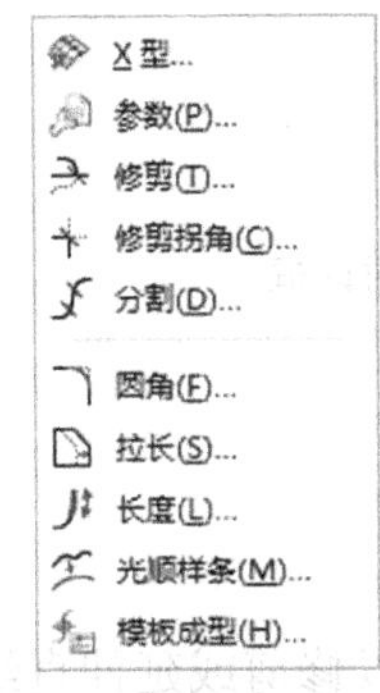

图4-44　编辑菜单

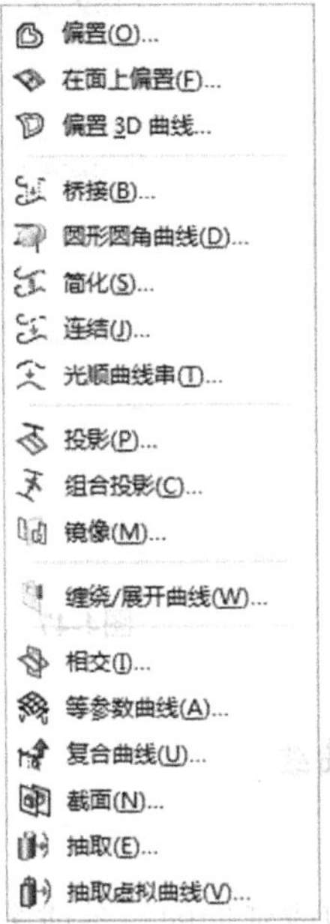

图4-45　曲线操作命令

4.3.1　修剪曲线

修剪曲线可通过边界对象（点、曲线、平面、面、体、基准平面和基准轴、屏幕位置）等延长或修剪直线、圆弧、二次曲线或样条曲线等，但是它不能修剪体、片体或实体，如图4-46所示。

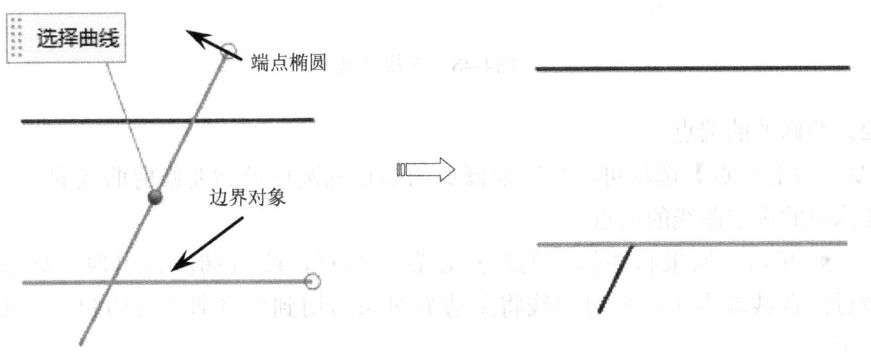

图4-46　修剪曲线

在功能区中单击【主页】选项卡中【编辑曲线】组中的【修剪曲线】按钮，或选择菜单【编辑】|【曲线】|【修剪】命令，弹出【修剪曲线】对话框，如图4-47所示。

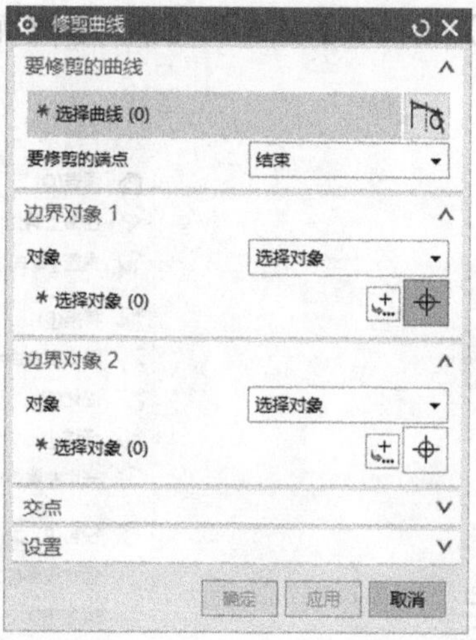

图4-47 【修剪曲线】对话框

4.3.1.1 要修剪的曲线

（1）选择曲线

用于选择要修剪或延伸的一条或多条曲线，可以修剪或延伸直线、圆弧、二次曲线或样条，如图4-48所示。

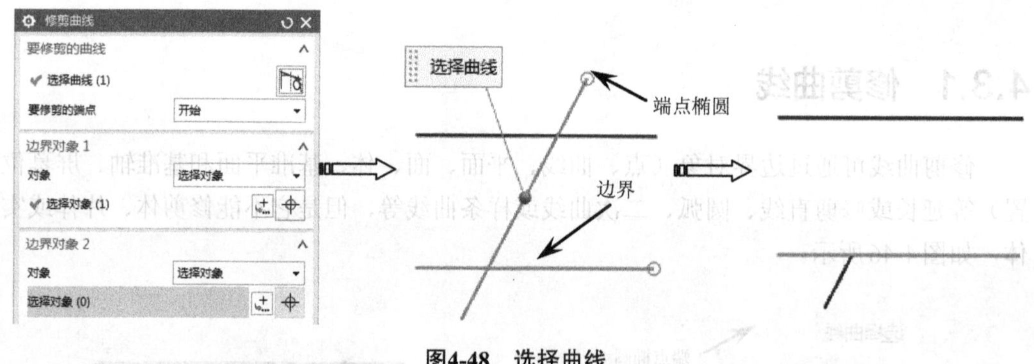

图4-48 选择曲线

（2）要修剪的端点

【要修剪的端点】选项可将临时要修剪的端点椭圆切换到要修剪曲线的另一侧，反转将要修剪的选定曲线的端点。

- 开始：如果将要修剪的端点设置为起点，临时椭圆将出现在离选定端点最近的曲线端点上，此时曲线将从边界对象剪切到要修剪曲线的起点，如图4-49所示。
- 结束：如果将要修剪的端点设置为终点，临时椭圆将出现在离选定端点最远的曲线端点上。例如，如果将要修剪的端点设置为结束，曲线将从边界对象剪切到要修剪曲线的结束点，如图4-50所示。

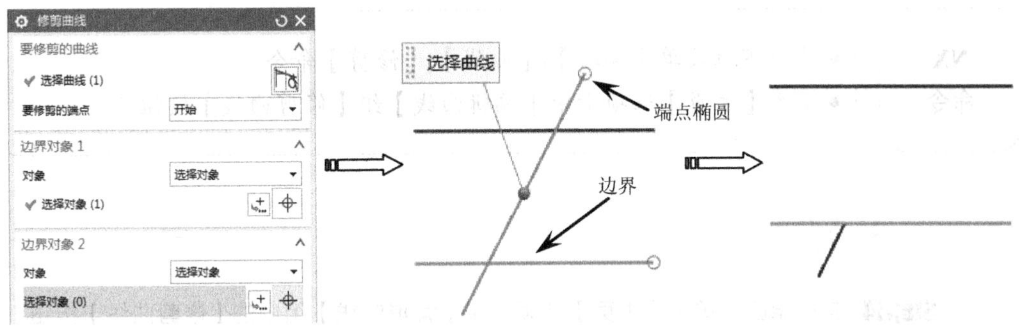

图4-49　开始（将开始到边界删除）

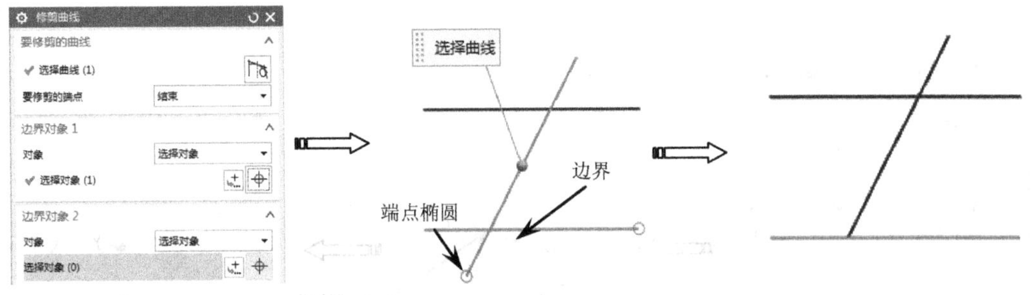

图4-50　结束（将结束到边界删除）

提示

在接近要修剪的一端，选择要修剪（或延伸）的曲线，曲线的选定部分是要修剪（或延伸）的部分。

4.3.1.2　边界对象

- 【边界对象1】用于从图形窗口中选择对象作为第一个边界，相对于该对象修剪或延伸曲线；
- 【边界对象2】用于从图形窗口中选择对象作为第二个边界，相对于该对象修剪或延伸曲线。

修剪曲线时，选择该特征时所在的点将决定要修剪或延伸的曲线部分。对象上最靠近用户选中位置的部分，朝向与边界对象的交点方向，总是会被修剪掉，如图4-51所示。

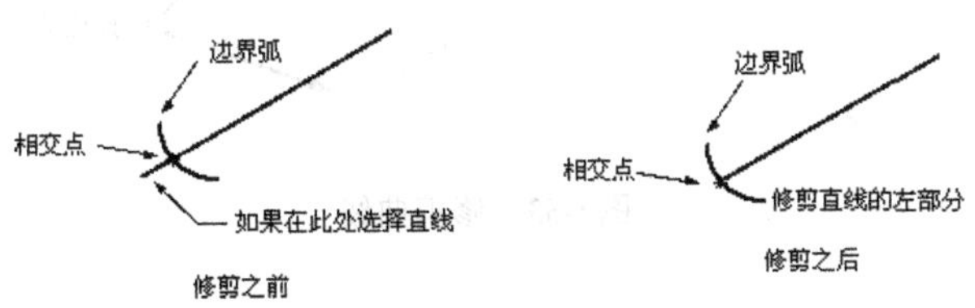

图4-51　修剪曲线的位置

NX 命令	● 选择下拉菜单【编辑】|【曲线】|【修剪】命令 ● 单击【主页】选项卡中【编辑曲线】组【修剪曲线】按钮

操作步骤

Step14 在功能区中单击【主页】选项卡中【编辑曲线】组中的【修剪曲线】按钮，或选择菜单【编辑】|【曲线】|【修剪】命令，弹出【修剪曲线】对话框，在【要修剪的端点】选择“开始”，选择如图4-52所示的修剪曲线和边界对象，单击【确定】按钮完成曲线修剪。

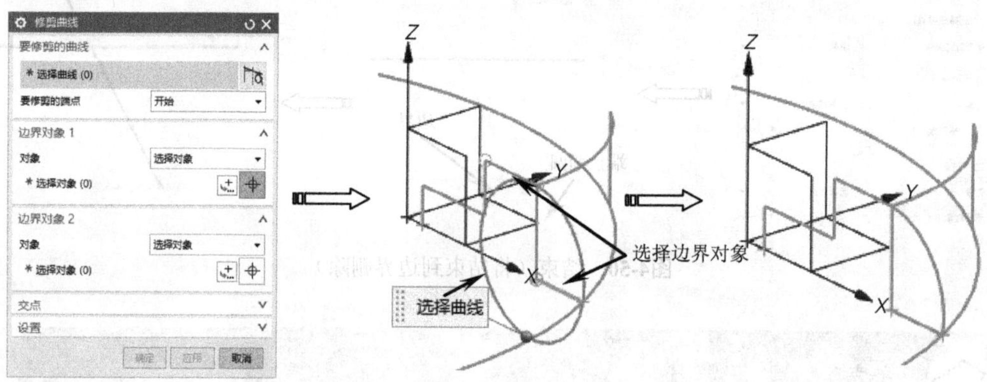

图4-52 修剪圆弧

Step15 在功能区中单击【主页】选项卡中【编辑曲线】组中的【修剪曲线】按钮，或选择菜单【编辑】|【曲线】|【修剪】命令，弹出【修剪曲线】对话框，在【要修剪的端点】选择“开始”，选择如图4-53所示的修剪曲线和边界对象，单击【确定】按钮完成曲线修剪。

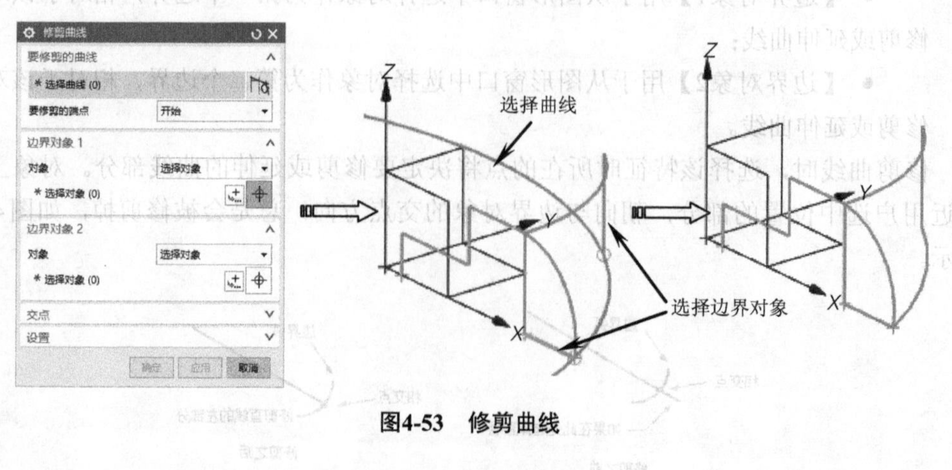

图4-53 修剪曲线

4.3.2 圆形圆角曲线

在功能区中单击【主页】选项卡中【更多】组中【圆形圆角曲线】按钮，或选择下拉菜单【插入】|【派生曲线】|【圆形圆角曲线】命令时，弹出【圆形圆角曲线】对话框，用于在两条3D曲线或边链之间创建光滑的圆角曲线，如图4-54所示。

图4-54 圆形圆角曲线

NX命令	● 选择下拉菜单【插入】|【派生曲线】|【圆形圆角曲线】命令 ● 单击【主页】选项卡中【更多】组中【圆形圆角曲线】按钮

Step16 在功能区中单击【主页】选项卡中【更多】组中【圆形圆角曲线】按钮，或选择下拉菜单【插入】|【派生曲线】|【圆形圆角曲线】命令时，弹出【圆形圆角曲线】对话框，选择如图4-55所示的曲线，设置【半径】为“2mm”，如图4-55所示。

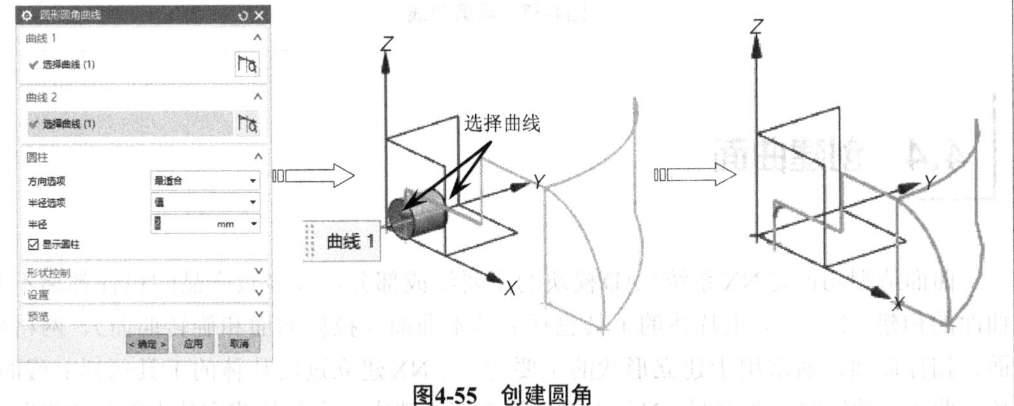

图4-55 创建圆角

Step17 在功能区中单击【主页】选项卡中【编辑曲线】组中的【修剪曲线】按钮，或选择菜单【编辑】|【曲线】|【修剪】命令，弹出【修剪曲线】对话框，在【要修剪的端点】选择“开始”，选择如图4-56所示的修剪曲线和边界对象，单击【确定】按钮完成曲线修剪。

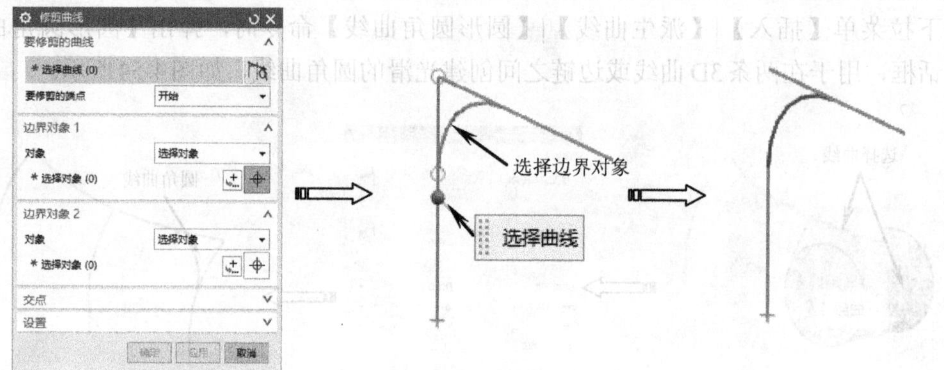

图4-56 修剪曲线

Step18 在功能区中单击【主页】选项卡中【编辑曲线】组中的【修剪曲线】按钮，或选择菜单【编辑】|【曲线】|【修剪】命令，弹出【修剪曲线】对话框，在【要修剪的端点】选择“开始”，选择如图4-57所示的修剪曲线和边界对象，单击【确定】按钮完成曲线修剪。

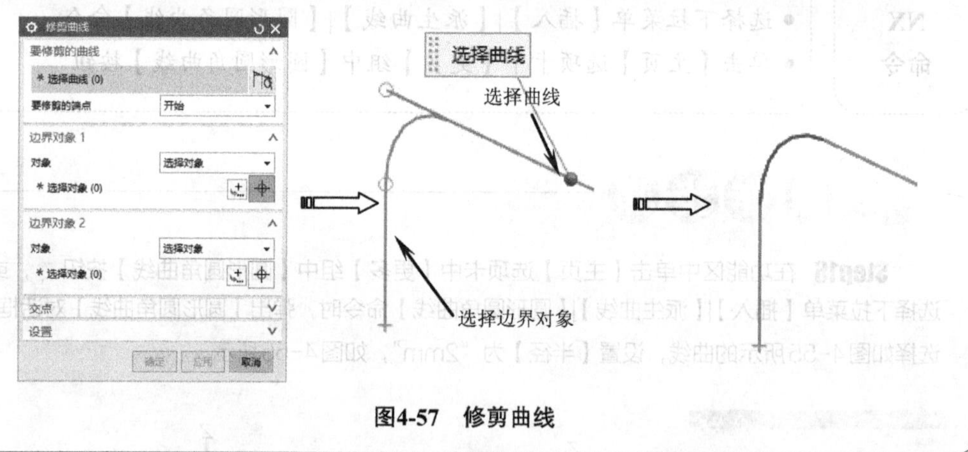

图4-57 修剪曲线

4.4 创建曲面

曲面造型功能是NX系统CAD模块的重要组成部分，大多数产品的设计都离不开曲面的构建。NX建立主片体的工具包括：基本曲面（拉伸曲面和旋转曲面）、网格曲面、扫掠曲面，通常用于建立形状的主要特征；NX建立过渡片体的工具包括：截面、桥接曲面、软倒圆、面倒圆、N边曲面，通常用于建立在主片体或实体表面间的光顺过渡，也称为曲面编辑和操作。

4.4.1 创建基本曲面

4.4.1 视频精讲

在曲面设计中可以创建拉伸、旋转等基本曲面。

4.4.1.1 拉伸曲面

【拉伸曲面】是指将草图、曲线、直线或者曲面拉伸成曲面。

在建模功能区中单击【主页】选项卡中【特征】组中的【拉伸】命令，或选择菜单【插入】|【设计特征】|【拉伸】命令，弹出【拉伸】对话框，在【体类型】中选择“片体”，如图4-58所示。

图4-58 拉伸曲面

4.4.1.2 旋转曲面

【旋转】将草图、曲线等绕旋转轴旋转形成一个旋转曲面。

在建模功能区中单击【主页】选项卡中【特征】组中的【旋转】命令，或选择菜单【插入】|【设计特征】|【旋转】命令，弹出【旋转】对话框，在【体类型】中选择“片体”，选择旋转截面和旋转轴，设置旋转角度后单击【确定】按钮，系统自动完成旋转曲面创建，如图4-59所示。

图4-59 旋转曲面

NX命令	●选择下拉菜单【插入】|【设计特征】|【旋转】命令 ●单击【主页】选项卡中【特征】组中的【旋转】命令

Step19 在建模功能区中单击【主页】选项卡中【特征】组中的【旋转】命令，或选择菜单【插入】|【设计特征】|【旋转】命令，弹出【旋转】对话框，在【体类型】中选择"片体"。

Step20 设置旋转轴为*ZC*轴，【原点】为(0,0,0)，开始【角度】为"0deg"，结束【角度】为"60deg"，单击【确定】按钮，系统自动完成旋转曲面创建，如图4-60所示。

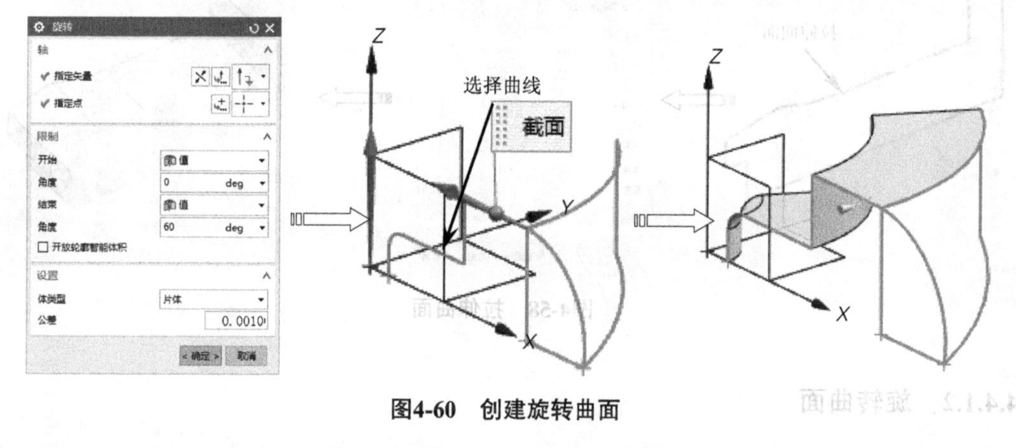

图4-60 创建旋转曲面

4.4.2 网格曲面

4.4.2 视频精讲

网格曲面是指通过网格线框创建曲面，包括直纹曲面、通过曲线组曲面、通过曲线网格、艺术曲面和N边曲面。相关命令集中于选择下拉菜单【插入】|【网格曲面】下，如表4-2所示。

表4-2 网格曲面

类型	说明
直纹曲面	直纹曲面是指通过两条截面线串生成片体或实体。每条截面线串可由多条连续的曲线、体的边界或多个体表面组成，第一根截面线可以是直线、光滑的曲线，也可以是曲线的点或端点
通过曲线组	通过曲线组是指通过一系列的同一方向上的一组曲线生成一个曲面
通过曲线网格	通过曲线网格是指从沿着两个方向的一组现有的曲线轮廓上生成实体或片体，所产生的曲线网格体是双三多项式的，即U向和V向的次数都为三次的
N边曲面	N边曲面是指选择一组封闭的曲线或者曲面边界，并且选择一组曲面作为控制曲面，来构建一个过渡曲面

【通过曲线网格】是指从沿着两个不同方向的一组现有的曲线轮廓上生成实体或片体，所产生的曲线网格体是双三多项式的，即*U*向和*V*向的次数都为三次的，如图4-61所示。

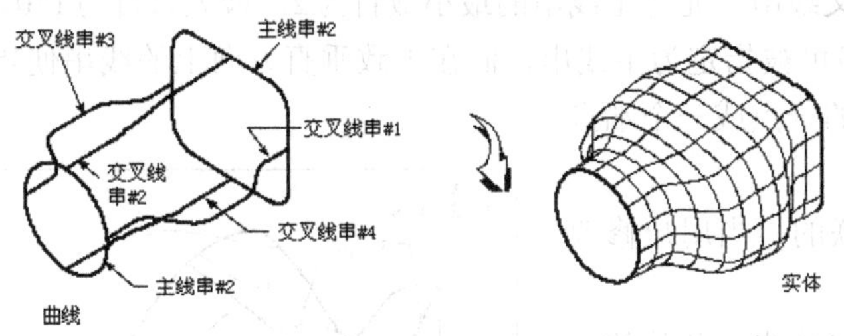

图4-61　通过曲线网格曲面

图4-62　【通过曲线网格】对话框

在功能区中单击【主页】选项卡中【曲面】组中【通过曲线网格】按钮，或选择菜单【插入】|【网格曲面】|【通过曲线网格】命令，弹出【通过曲线网格】对话框，如图4-62所示。

4.4.2.1　主曲线

创建网格曲面时，主曲线可以选择点、曲线、实体和片体的边缘线。选择每条曲线后单击鼠标MB2键确认。需要注意的是，选择主线串的时候要保持主线串的箭头方向保持一致，如图4-63所示。

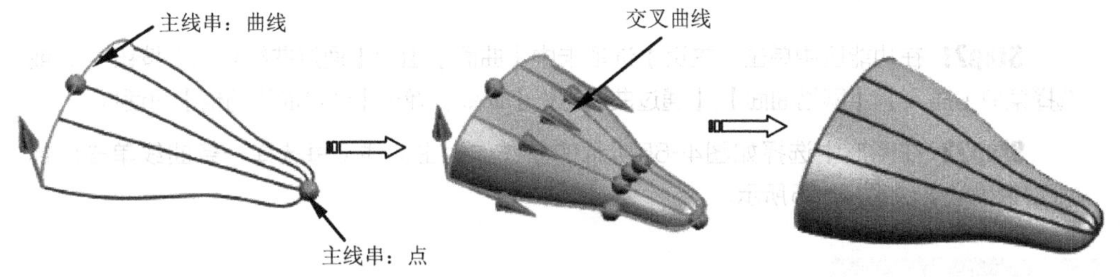

图4-63　主线串为点

提示

主曲线必须选择，交叉曲线不一定选择，主曲线能选择点，交叉曲线不能。

4.4.2.2　交叉曲线

创建网格曲面时，选择的第二组线串。选择一条之后单击鼠标MB2键确认。交叉曲线可选择线、实体或片体的边缘线。

4.4.2.3 线串数量和选择顺序

首先选择所有的主线串，然后再选择所有的交叉线串，选择时遵循以下原则：

① 通常选择哪些线串作为主线串以及选择哪些线串作为交叉线串是没有区别的，但是主线串应该大致地垂直于交叉线串。允许主线串的最小数目为2，最大数目为150。

② 在一个方向上的一组线串可被指定为主线串，而在大致垂直方向上的线串便指定为交叉线串。可以选择曲线上的一点或一个端点作为第一个和/或最后一个主线串。

③ 生成线串和新体是相关联的，当用户修改生成线串时，会更新体。

必须按顺序选择主线串和交叉线串，从体的一侧到另一侧按顺序选择线串。如图4-64所示，首先按顺序选择所有的主线串（线串1 ～ 3），然后同样按顺序选择所有的交叉线串（线串4 ～ 6）。如图4-64所示。

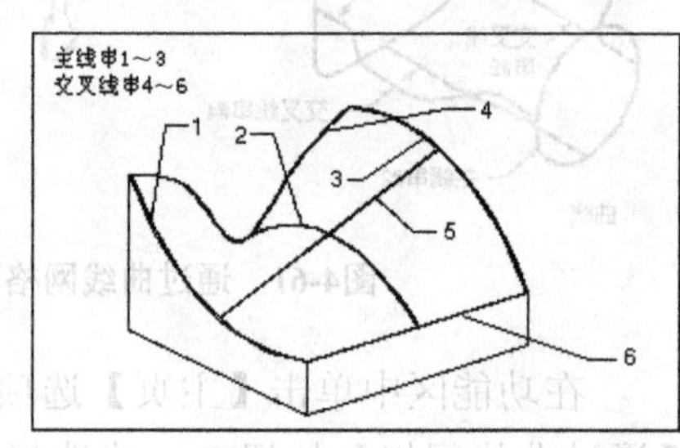

图4-64 选择线串顺序

NX命令	● 选择下拉菜单【插入】|【网格曲面】|【通过曲线网格】命令 ● 单击【主页】选项卡中【曲面】组中【通过曲线网格】按钮

Step21 在功能区中单击【主页】选项卡中【曲面】组中【通过曲线网格】按钮，或选择菜单【插入】|【网格曲面】|【通过曲线网格】命令，弹出【通过曲线网格】对话框。

Step22 在图形中选择如图4-65所示的曲线作为主曲线（每选择一条曲线单击鼠标MB2键确认），如图4-65所示。

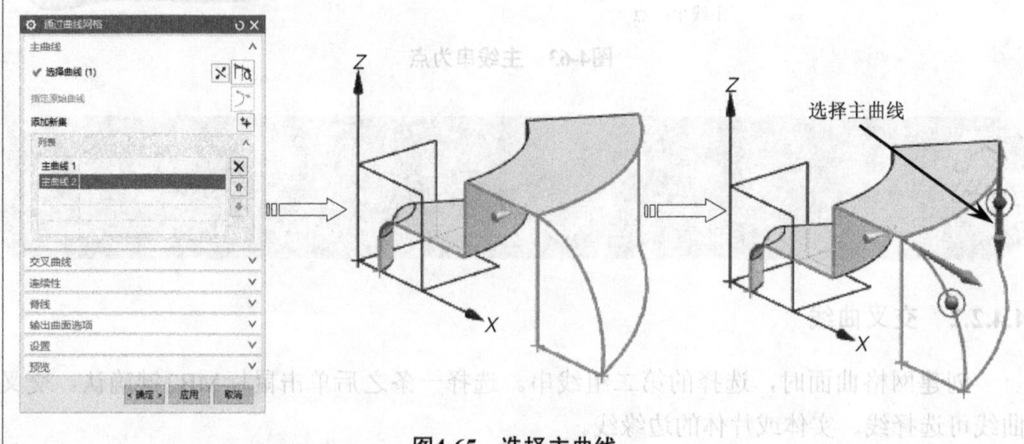

图4-65 选择主曲线

Step23 单击【交叉曲线】后的【曲线】按钮，选择交叉曲线（单击鼠标MB2键确认），单击【确定】按钮创建通过网格曲面，如图4-66所示。

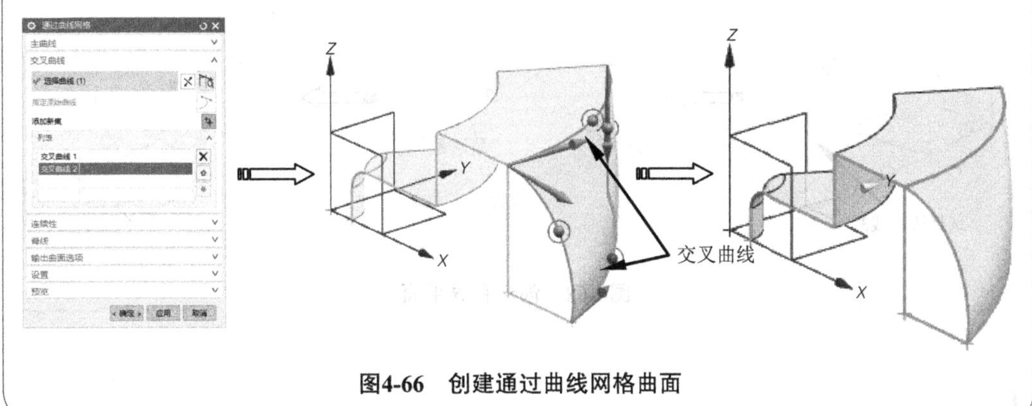

图4-66　创建通过曲线网格曲面

4.4.3　有界平面

4.4.3　视频精讲

有界平面可利用首尾相接曲线的线串作为片体边界来生成一个平面片体，如图4-67所示。边界线串可由单个或多个对象组成，每个对象可以是曲线、实边或实面。选择的线串必须共面并形成一个封闭的形状。

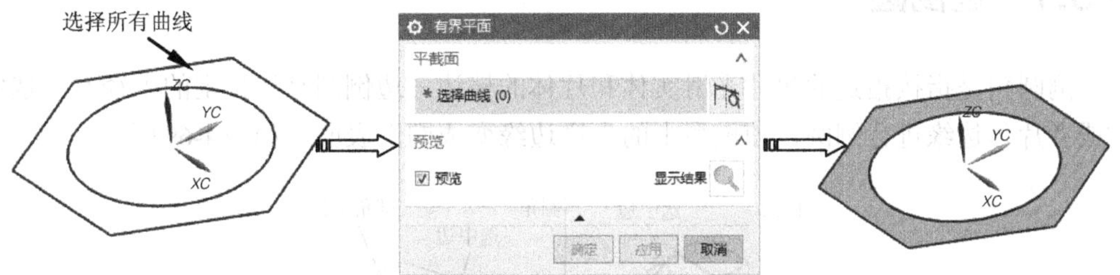

图4-67　有界平面

NX 命令	●选择下拉菜单【插入】|【曲面】|【有界平面】命令 ●单击【曲面】选项卡中【曲面】组中的【有界平面】按钮

Step24 在建模功能区中单击【曲面】选项卡中【曲面】组中的【有界平面】按钮，或选择下拉菜单【插入】|【曲面】|【有界平面】命令，弹出【有界平面】对话框。

Step25 在图形中框选所有曲线，单击【确定】按钮创建有界平面，如图4-68所示。

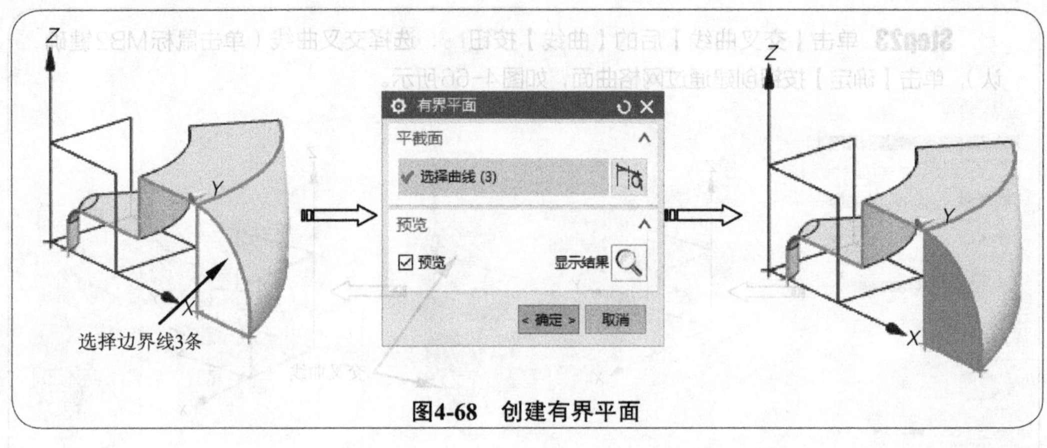

图4-68 创建有界平面

4.5 曲面编辑与操作

4.5 视频精讲

曲面编辑与操作是对已建立的曲面进行裁剪、连接、倒圆角等操作，通过编辑功能可方便迅速地修改曲面形状来满足设计要求。

4.5.1 边倒圆

倒圆角是指按指定的尺寸光滑实体和片体的棱边。边倒圆是按指定的半径对所选实体或者片体边缘进行倒圆，使模型上的尖锐边缘变成圆滑表面，如图4-69所示。

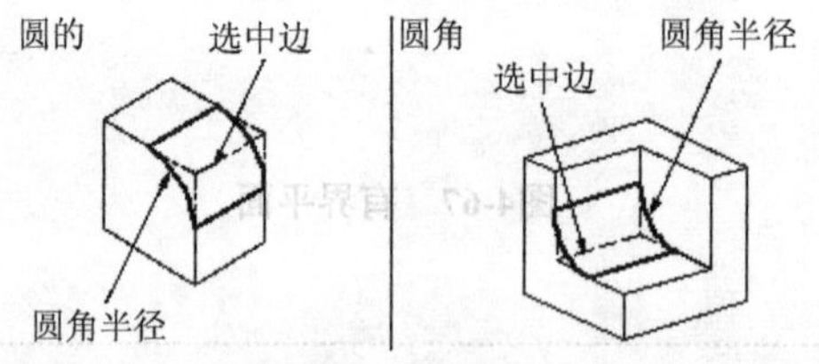

图4-69 边倒圆

提示

边倒圆片体时要求片体通过缝合合并为一个片体。

NX命令	● 选择下拉菜单【插入】|【细节特征】|【边倒圆】命令 ● 单击【主页】选项卡中【特征】组中的【边倒圆】按钮

Step26 在建模功能区中单击【主页】选项卡中【特征】组中的【边倒圆】按钮，或选择下拉菜单【插入】|【细节特征】|【边倒圆】命令，弹出【边倒圆】对话框。

Step27 设置【半径1】为“3mm”，选择如图4-70所示的边，单击【确定】按钮，系统自动完成倒角特征，如图4-70所示。

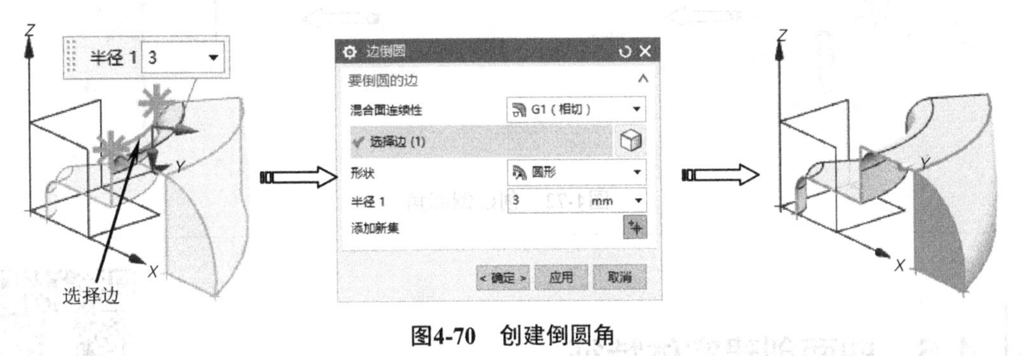

图4-70　创建倒圆角

4.5.2　缝合片体

利用缝合功能可将两个或两个以上的片体或实体，通过系统给定的方式连接成单个新片体，如图4-71所示。

图4-71　缝合

NX 命令	• 选择下拉菜单【插入】【组合】|【缝合】命令 • 单击【主页】选项卡中【曲面工序】组中【缝合】按钮 缝合

Step28 在功能区中单击【主页】选项卡中【曲面工序】组中【缝合】按钮 缝合，或

选择下拉菜单【插入】|【组合】|【缝合】命令，弹出【缝合】对话框，选择所有片体，单击【确定】按钮完成，如图4-72所示。

图4-72　创建倒圆角

4.6　曲面创建实体特征

4.6　视频精讲

使用基于草图的特征建模创建的零件形状都是规则的，而实际工程中，许多零件的表面往往都不是平面或规则曲面，这就需要通过曲面生成实体来创建特定表面的零件。NX曲面创建实体特征类型，如表4-3所示。

表4-3　曲面创建实体特征

类型	说明
片体加厚	片体加厚相关命令集中于选择下拉菜单【插入】|【偏置/缩放】菜单下
修剪实体	通过修剪实体的方式来创建新的特征，主要包括修剪体、拆分体、删除体等。相关命令集中于选择下拉菜单【插入】|【修剪】菜单下
网格曲面实体命令	网格曲面实体是指通过网格线框创建曲面实体，包括直纹曲面、通过曲线组曲面、通过曲线网格、艺术曲面和N边曲面。相关命令集中于选择下拉菜单【插入】|【网格曲面】下
扫掠曲面实体命令	扫掠曲面实体是指选择几组曲线作为截面线沿着导引线（路径）扫掠生成曲面，包括直纹曲面、通过曲线组曲面、通过曲线网格、艺术曲面和N边曲面。相关命令集中于选择下拉菜单【插入】|【扫掠】下

NX 命令

- 选择下拉菜单【插入】|【偏置/缩放】|【加厚】命令
- 单击【主页】选项卡中【特征】组中的【加厚】按钮

Step29 在建模功能区中单击【主页】选项卡中【特征】组中的【加厚】按钮，或选

择下拉菜单【插入】|【偏置/缩放】|【加厚】命令，弹出【加厚】对话框，选择所有曲面，设置【偏置1】为“0.2mm”，单击【确定】按钮完成加厚，如图4-73所示。

图4-73　创建加厚

Step30 在建模功能区中单击【主页】选项卡中【特征】组中的【阵列特征】按钮，或选择下拉菜单【插入】|【关联复制】|【阵列特征】命令，弹出【阵列特征】对话框，选择【布局】为“圆形”，选择加厚实体为阵列特征，设置相关参数如图4-74所示，单击【确定】按钮完成阵列，如图4-74所示。

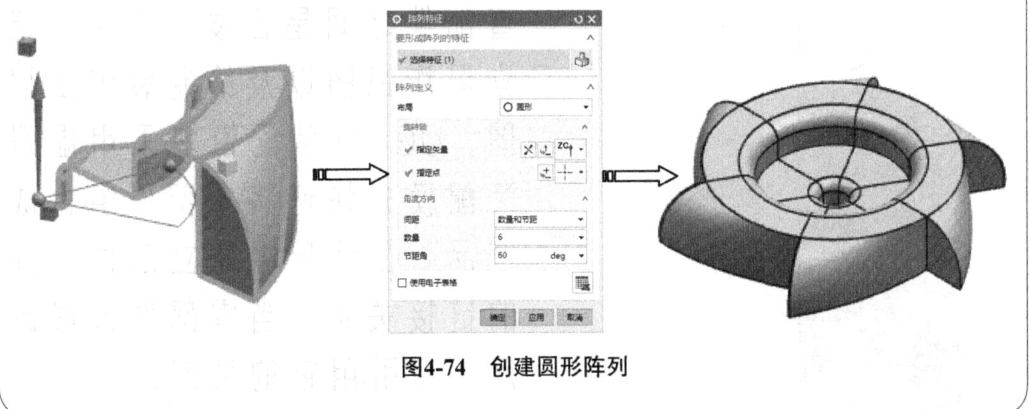

图4-74　创建圆形阵列

本章小结

本章介绍了NX曲线和曲面相关知识，主要内容有曲线创建和操作方法、曲面创建和操作方法、曲面创建实体特征方法。以按钮为例讲解曲面创建的基本流程，希望大家按照讲解方法再进一步进行实例练习。

05 第5章 NX装配设计

装配是把零部件进行组织和定位形成产品的过程，通过装配可以形成产品的总体结构、检查部件之间是否发生干涉、建立爆炸视图以及绘制装配工程图。UG NX装配模块采用虚拟装配模式快速将零部件组合成产品，在装配中建立部件之间的链接关系，当零部件被修改后，则引用它的装配部件自动更新。

本章主要介绍了NX装配技术，包括装配方法、添加组件、移动组件、装配约束、爆炸图等。建议读者在学习本章内容时配合多媒体视频教学，这样可以提高学习效率。

本章内容

- ■ 装配设计界面
- ■ 组件管理（添加组件）
- ■ 移动组件
- ■ 装配约束
- ■ 爆炸图

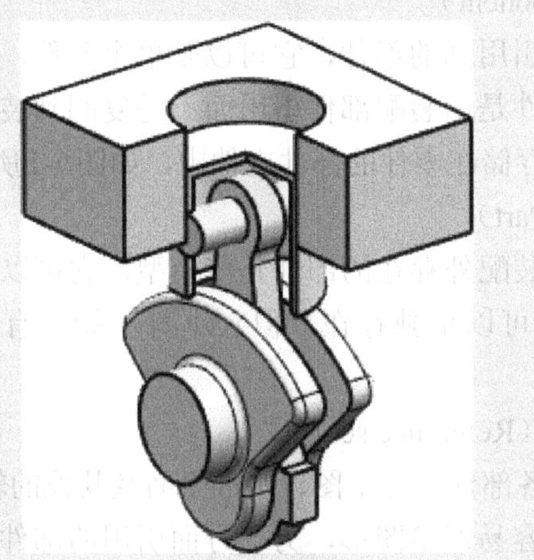

5.1 装配设计简介

装配模块是NX集成环境中的一个模块，用于实现将部件的模型装配成一个最终的产品模型，或者从装配开始产品的设计。

5.1.1 NX装配术语简介

在装配操作中，经常会用到一些装配术语，下面简单介绍这些常用基本术语的含义。

（1）装配（Assembly）

装配是把单个零部件通过约束组装成具有一定功能的产品的过程。

（2）装配部件（Assembly part）

装配部件是由零件和子装配构成的部件。在UG中，允许向任何一个Part文件中添加组件构成装配，因此，任何一个“*.prt”格式的文件都可以当做装配部件或子装配部件来使用。零件和部件不必严格区分。需要注意的是，当存储一个装配时，各部件的实际几何数据并不是存储在装配部件文件中，而是存储在相应的部件文件中。

（3）子装配（Subassembly）

子装配是指在更高一层的装配件中作为组件的一个装配，它也拥有自己的组件。子装配是一个相对的概念，任何一个装配都可以在更高级的装配中用作子装配。

（4）组件对象（Component object）

组件对象是一个从装配部件连接到部件主模型的指针实体，指在一个装配中以某个位置和方向对部件的使用。在装配中每一个组件仅仅含有一个指针指向它的主几何体（引用组件部件）。组件对象记录的信息有部件名称、层、颜色、线型、装配约束等。

（5）组件（Component）

组件是指装配中引用到的部件，它可以是单个部件，也可以是一个子装配。组件是由装配部件引用而不是复制到装配部件中，实际几何体被存储在零件的部件文件中，如图5-1所示。

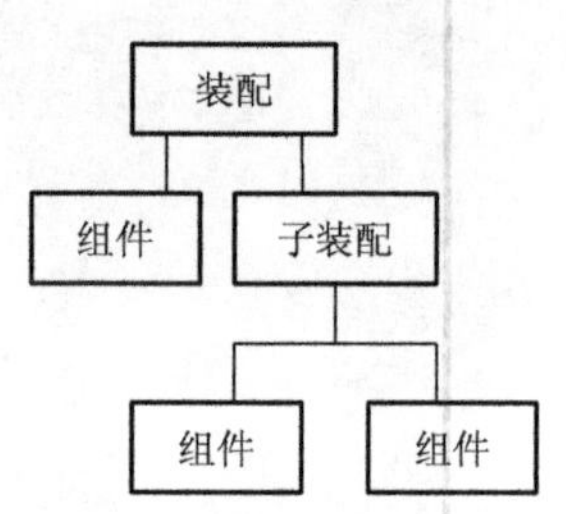

图5-1 装配、组件和子装配的关系

（6）单个部件（Part）

单个部件是指在装配外存在的部件几何模型，它可以添加到一个装配中去，也可以单独存在，但它本身不能含有下级组件。

（7）装配引用集（Reference set）

在装配中，由于各部件含有草图、基准平面及其他的辅助图形数据，若在装配中显示所有数据，一方面容易混淆图形，另一方面引用的部件所有数据需要占用大量内存，会影响运行速度。因此通过引用集可以简化组件的图形显示。

- 模型（Model）：引用部件中实体模型。
- 整个部件（Entire part）：引用部件中的所有数据。
- 空（Empty）：不包括任何模型数据。

（8）装配约束（Mating condition）

配对关系是装配中用来确定组件间的相互位置和方位的，它是通过一个或多个关联约束来实现。在两个组件之间可以建立一个或多个配对约束，用以部分或完全确定一个组件相对于其他组件的位置与方位。

（9）上下文设计（Design in context）

上下文设计是指在装配环境中对装配部件的创建设计和编辑。即在装配建模过程中，可对装配中的任一组件进行添加几何对象、特征编辑等操作，可以其他的组件对象作为参照对象，进行该组件的设计和编辑工作。

（10）自底向上装配（Bottom-up assembly）

自底向上装配是先创建部件几何模型，再组合成子装配，最后生成装配部件的装配方法。即先产生组成装配的最低层次的部件，然后组装成装配。

（11）自顶向下装配（Top-down assembly）

自顶向下装配是指在装配级中创建与其他部件相关的部件模型，是在装配部件的顶级向下产生子装配和部件（即零件）的装配方法。顾名思义，自顶向下装配是先在结构树的顶部生成一个装配，然后下移一层，生成子装配和组件。

（12）混合装配（Mixing assembly）

混合装配是将自顶向下装配和自底向上装配结合在一起的装配方法。例如，先创建几个主要部件模型，再将其装配在一起，然后在装配中设计其他部件，即为混合装配。在实际设计中，可根据需要在两种模式下切换。

（13）主模型

主模型（Master model）是供UG模块共同引用的部件模型。同一主模型，可同时被工程图、装配、加工、机构分析和有限元分析等模块引用，当主模型修改时，相关应用自动更新。如图5-2所示，当主模型修改时，有限元分析、工程图、装配和加工等应用都根据部件主模型的改变自动更新。

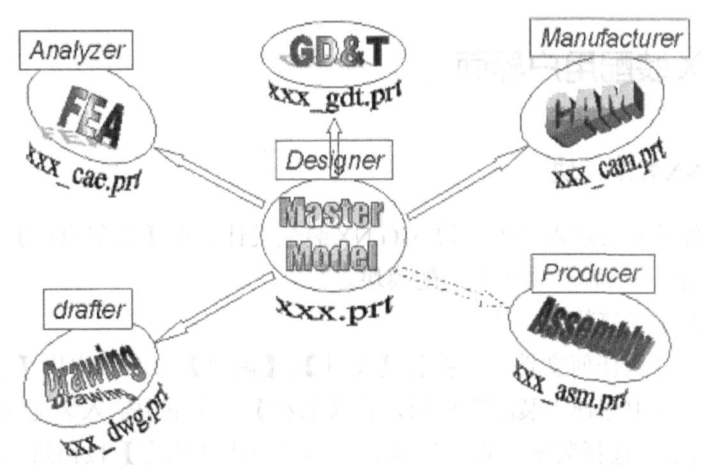

图5-2　主模型

5.1.2　NX常规装配方法

5.1.2　视频精讲

在NX中，产品的装配有三种方法，即自底向上装配、自顶向下装配、混合装配。

5.1.2.1　自底向上装配（Bottom-up assembly）

自底向上装配是真实装配过程的一种体现。在该装配方法中，需要先创建装配模块中所需的所有部件几何模型，然后再将这些部件依次通过配对条件进行约束，使其装配成所需的部件或产品。部件文件的建立和编辑只能在独立于其上层装配的情况下进行，因此，一旦组件的部件文件发生变化，那么所有使用了该组件的装配文件在打开时将会自动更新以反映部件所做的改变。

使用该装配方法时，首先通过“添加组件”操作将已设计好的部件加入当前装配模型中，再通过“装配约束”操作将添加进来的组件之间进行配对约束操作。

5.1.2.2　自顶向下装配（Top-down assembly）

自顶向下装配是由装配体向下形成子装配体和组件的装配方法。它是在装配层次上建立和编辑组件的，主要用在上下文设计中，即在装配中参照其他零部件对当前工作部件进行设计，装配层上几何对象的变化会立即反映在各自的组件文件上。

5.1.2.3 混合装配（Mixing assembly）

混合装配是将自顶向下装配和自底向上装配组合在一起的一种装配方法。

在实际装配建模过程中，不必拘泥于某一种特定的方法，可以根据实际建模需要两种方法灵活穿插使用，即混合装配。也就是说，可以先孤立地建立零件的模型，在以后再将其加入到装配中，即自底向上的装配；也可以直接在装配层建立零件的模型，边装配边建立部件模型，即自顶向下的装配；可以随时在两种方法之间进行切换。

5.1.3 NX装配用户界面

5.1.3 视频精讲

5.1.3.1 启动NX装配模块

装配零部件首先要进入装配模块，UG NX装配设计是在【装配模块】下进行的，常用以下2种形式进入装配模块。

（1）没有开启任何装配文件

当系统没有开启任何文件时，执行【文件】|【新建】命令，弹出【新建】对话框，在【模型】选项卡中选择“装配”模板，在【名称】文本框中输入装配文件名称，并在【文件夹】编辑框中选择装配文件放置位置，然后单击【确定】按钮进入装配模块，如图5-3所示。

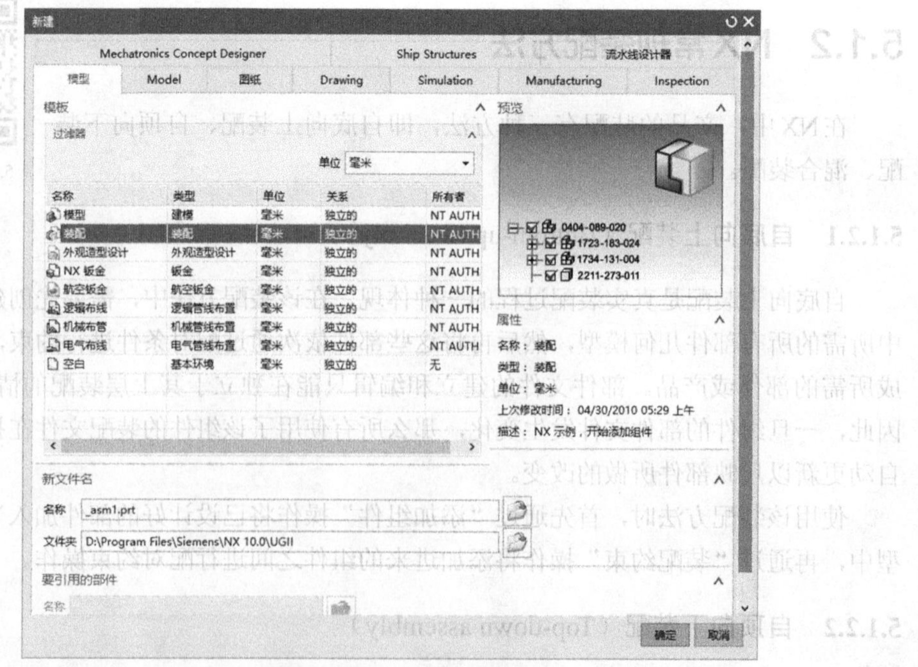

图5-3 【新建】对话框

（2）开启装配文件在其他模块

当开启装配文件在其他模块时，再执行【开始】|【装配】命令，系统可切换到装配模块，如图5-4所示。

图5-4　装配命令

5.1.3.2　装配用户界面

装配模块依托于现有模块图形界面，并增加了装配相关命令和操作，如图5-5所示。

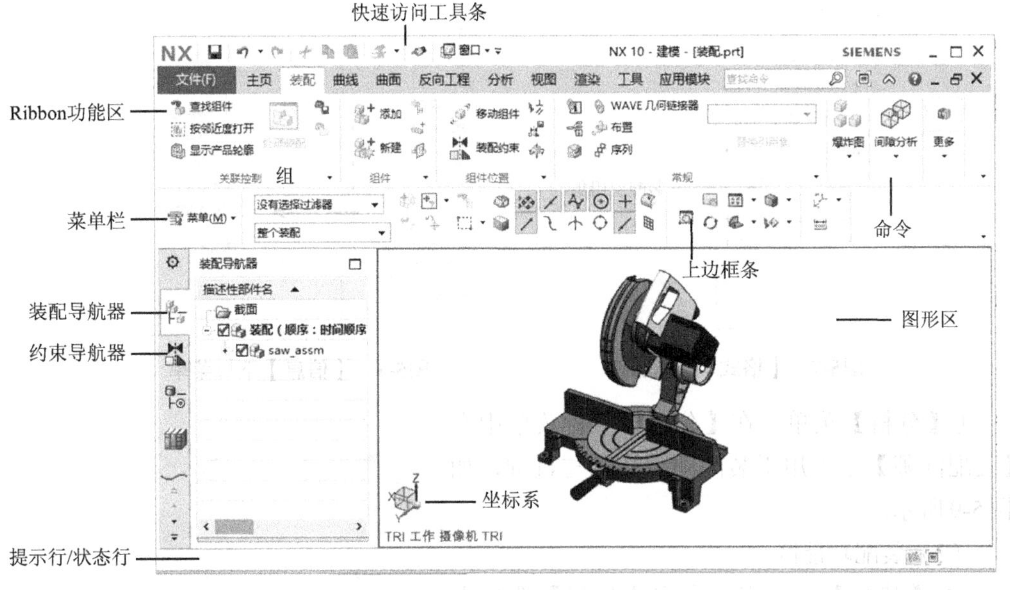

图5-5　NX装配用户界面

（1）装配菜单命令

其中与装配有关的菜单有【装配】菜单、【格式】菜单、【信息】菜单和【分析】菜单。

①【装配】菜单　进入装配设计模块后，在菜单中增加【装配】下拉菜单，该菜单集中了所有装配设计命令，如图5-6所示。当在工具栏中没有相关命令时，可选择该菜单中的命令。

②【格式】菜单　在【格式】下拉菜单中有【引用集】菜单用于装配引用集操作与控制，如图5-7所示。

③【信息】菜单　在【信息】下拉菜单中有【装配】菜单用于装配信息查询，如图5-8所示。

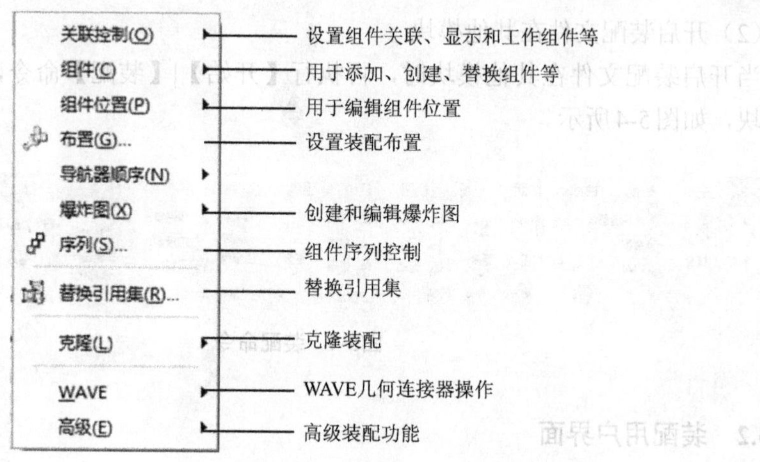

图5-6 【装配】下拉菜单

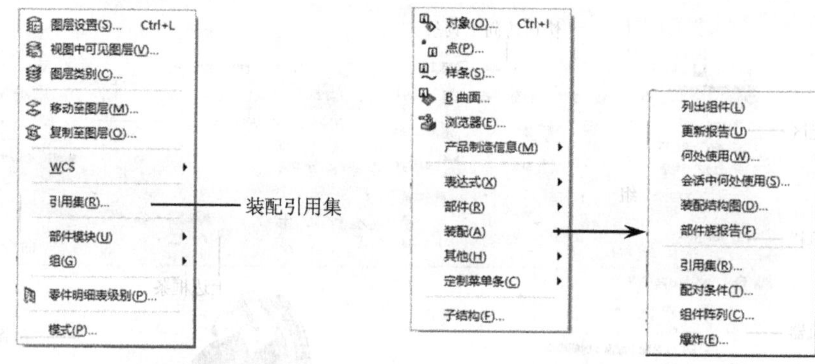

图5-7 【格式】下拉菜单　　图5-8 【信息】下拉菜单

④【分析】菜单　在【分析】下拉菜单中有【装配间隙】菜单用于装配间隙控制与查询，如图5-9所示。

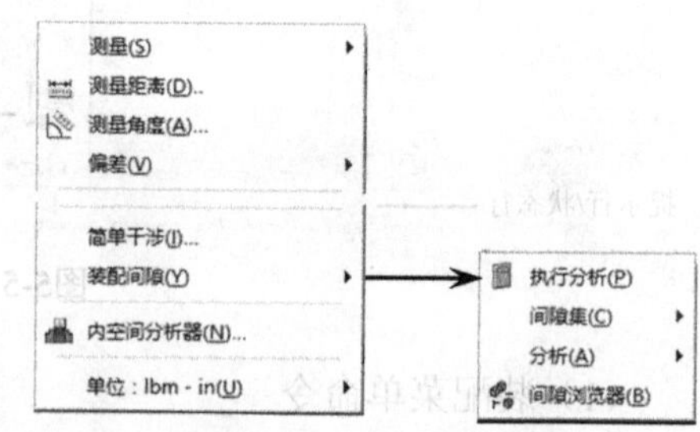

图5-9 【分析】菜单

（2）装配功能区

①【装配】选项卡　利用【装配】选项卡中按组分类装配命令，单击命令按钮是启动装配设计最方便的方法，如图5-10所示。

②【爆炸图】组　单击【装配】选项卡上的【爆炸图】下的 ▾ 按钮，展开【爆炸图】相关按钮，用于创建和编辑爆炸图，如图5-11所示。

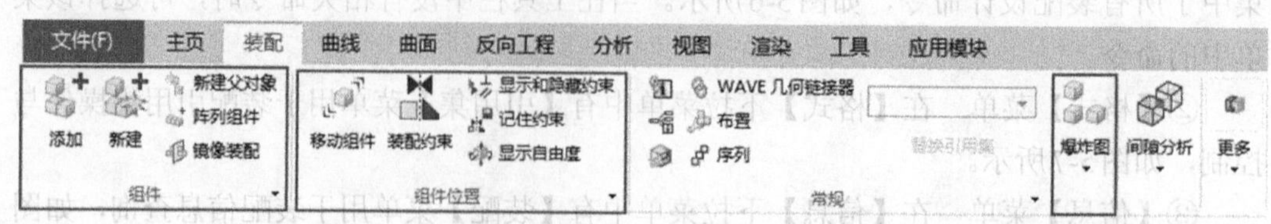

图5-10 【装配】选项卡

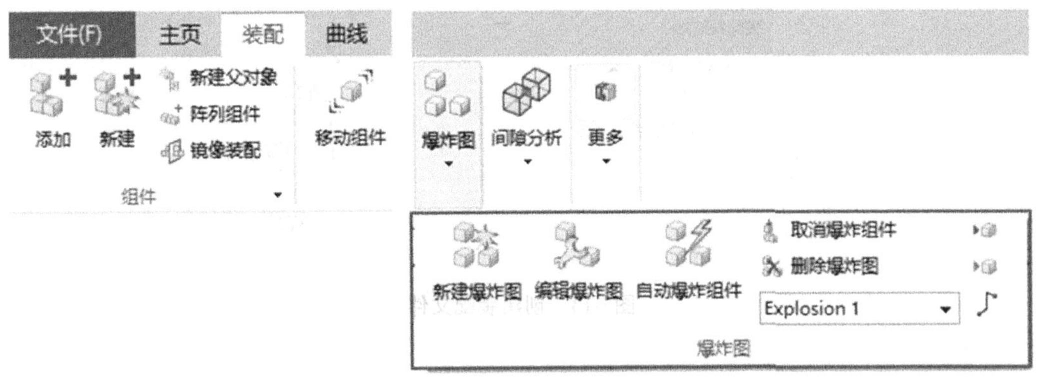

图5-11 【爆炸图】组

5.1.4 视频精讲

5.1.4 NX装配设计基本流程

NX自底向上装配的总体思路和方法是：首先根据零部件设计参数，采用实体造型、曲面造型或钣金等方法创建装配产品中各个零部件的具体几何模型；然后通过“添加组件”操作，将已经设计好的零件依次加入到当前的装配模型中，最后通过装配部件之间的约束操作，来确定这些零部件之间的位置关系完成装配。

以图5-12为例来说明NX装配的基本流程。

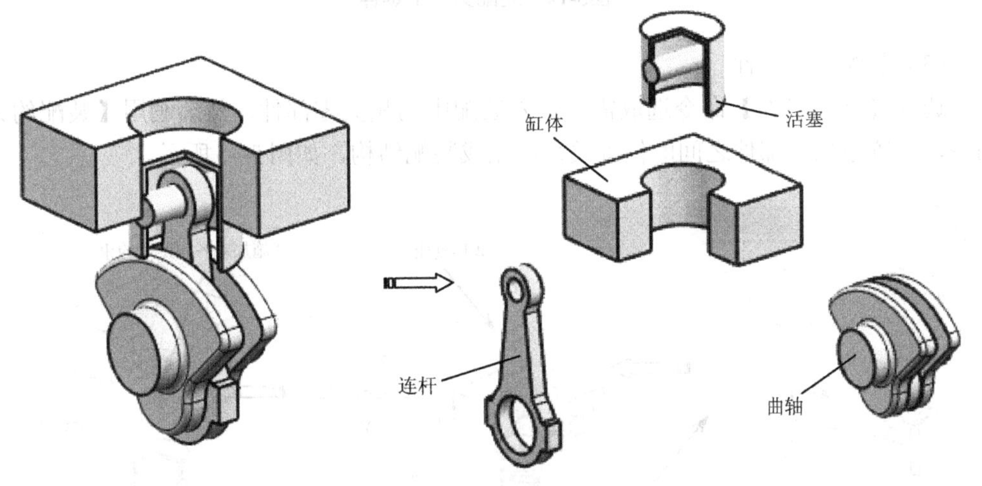

图5-12 曲轴活塞结构

（1）创建装配文件

新建一个装配文件或者打开一个已存在的装配文件，并进入【装配模块】，如图5-13所示。

（2）装配缸体零件

选择【添加组件】命令选取需要加入装配中的相关零部件，然后利用【装配约束】命令，设置添加零部件之间的位置关系，完成装配结构，如图5-14所示。

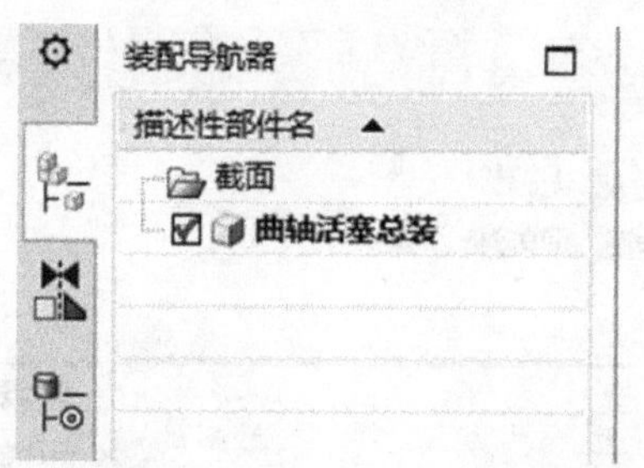

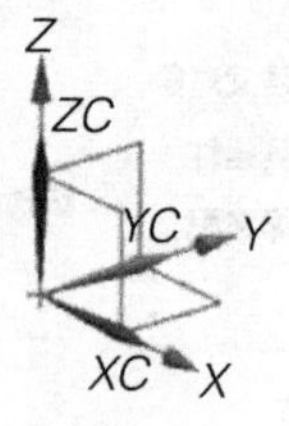

图5-13 创建装配文件

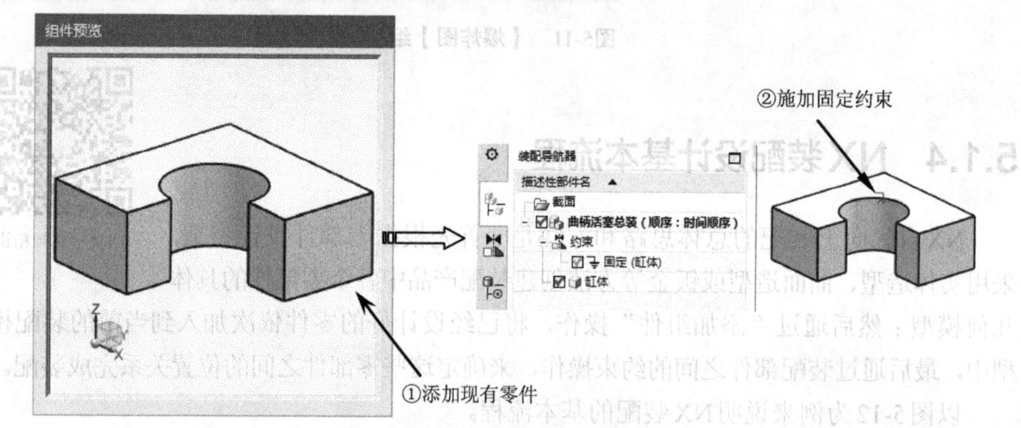

图5-14 装配第一个零件

（3）装配活塞零件

选择【添加组件】命令选取需要加入装配中的相关零部件，然后利用【装配约束】命令，设置添加零部件之间的位置关系，完成装配结构，如图5-15所示。

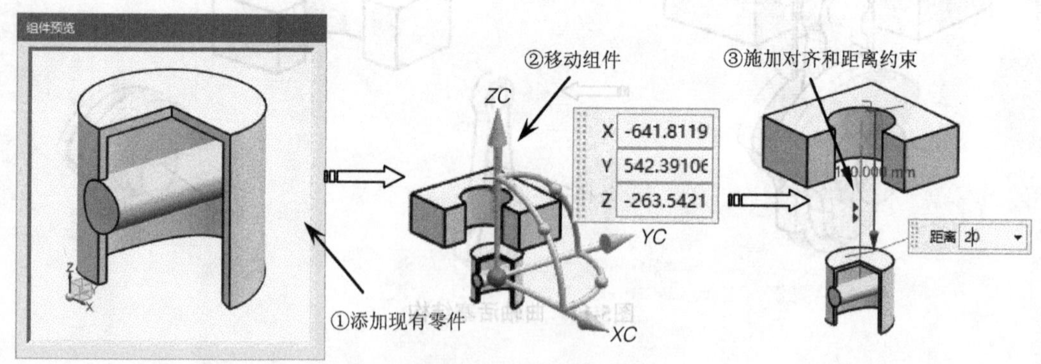

图5-15 装配活塞零件

（4）装配连杆和曲轴零件

选择【添加组件】命令选取需要加入装配中的相关零部件，然后利用【装配约束】命令，设置添加零部件之间的位置关系，完成装配结构，如图5-16所示。

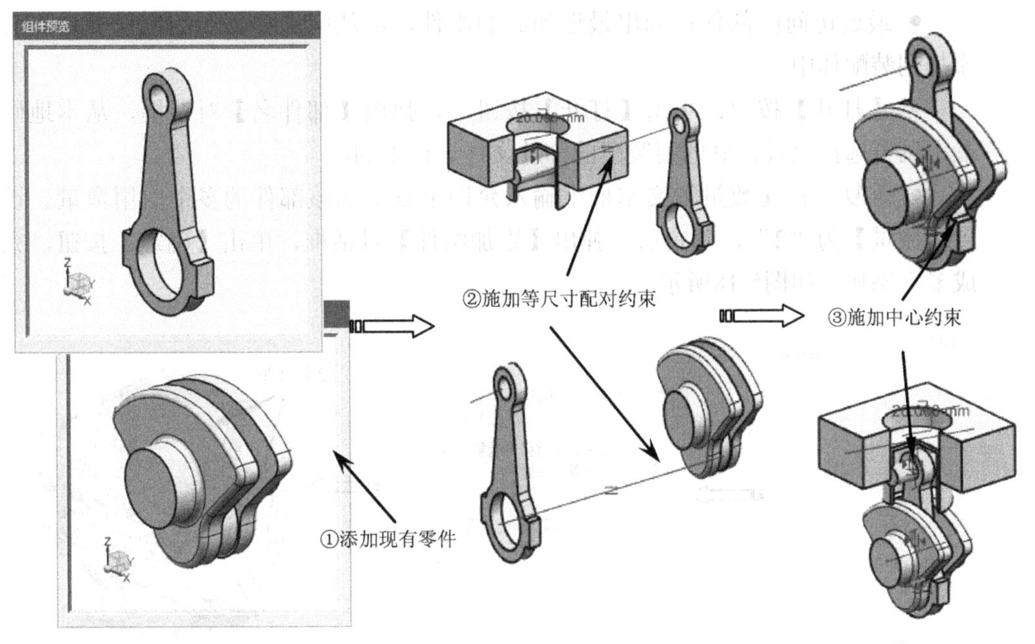

图5-16　装配连杆和曲轴零件

5.2　添加组件

5.2　视频精讲

要建立装配体必须将组件添加到装配体文件中，相关命令集中在【装配】|【组件】菜单下，下面仅介绍最常用的添加组件命令。

添加组件是建立装配体与该零件的一个引用关系，即将该零件作为一个节点连接到装配体上。当组件文件被修改时，所有引用该组件的装配体在打开时都会自动更新到相应组件文件。

在功能区中单击【装配】选项卡中【组件】组中的【添加组件】按钮，或选择下列菜单【装配】|【组件】|【添加组件】命令，系统弹出【添加组件】对话框，如图5-17所示。

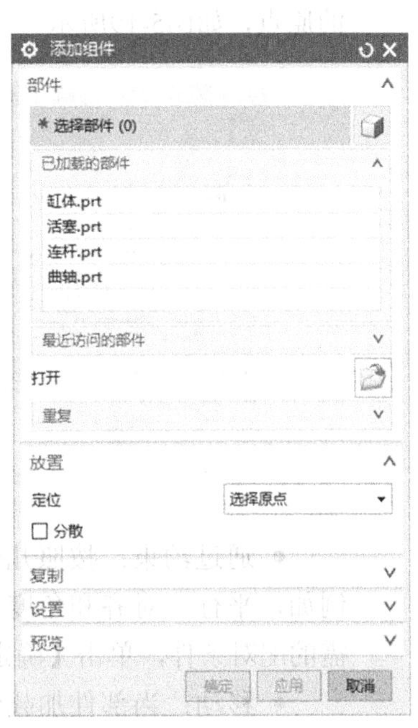

图5-17　【添加组件】对话框

【添加组件】对话框中相关选项如下：

(1)【部件】组框

用于选择要加载一个或多个部件，包括以下选项：

- 已加载部件：该列表框中列出了当前已经加载的部件，可从中选择需要装配的部件文件名称，也可以在绘图区直接选择已经加载的部件，将该部件再次添加到装配体中。

● 最近访问的部件：列出最近加载的组件，可从中选择需要的部件文件将其添加到装配体中。

● 【打开】按钮：单击【打开】按钮，弹出【部件名】对话框，从本地硬盘上浏览选择已设计好的要装配的部件文件进行添加。

● 重复：在【数量】文本框中输入允许重复添加该部件的多个引用数量。设置【数量】为“2”，确定后，弹出【添加组件】对话框，单击【确定】按钮，完成多重添加，如图5-18所示。

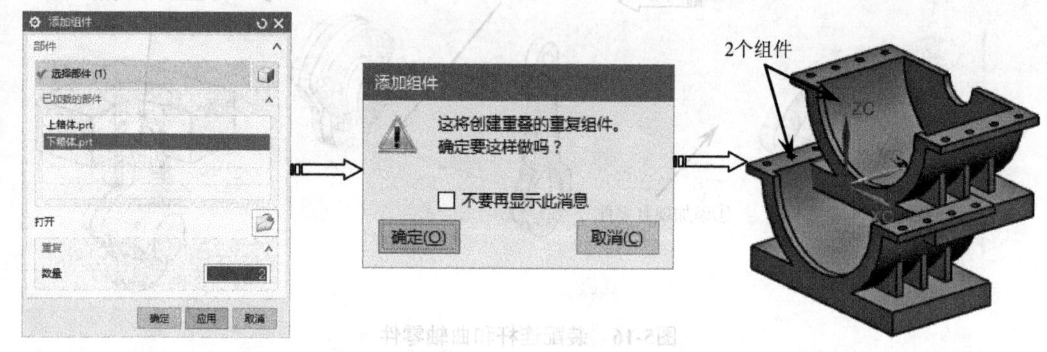

图5-18 多重添加组件

(2)【放置】组框

定位用于指定组件在装配中的定位方式，包括以下几个选项：

● 绝对原点：将组件的原点放置在绝对坐标系的原点（0,0,0）上，建议第一个放置的组件选择该方式。

● 选择原点：将组件放置在所选的点上，利用【点】对话框来指定放置组件的原点，如图5-19所示。

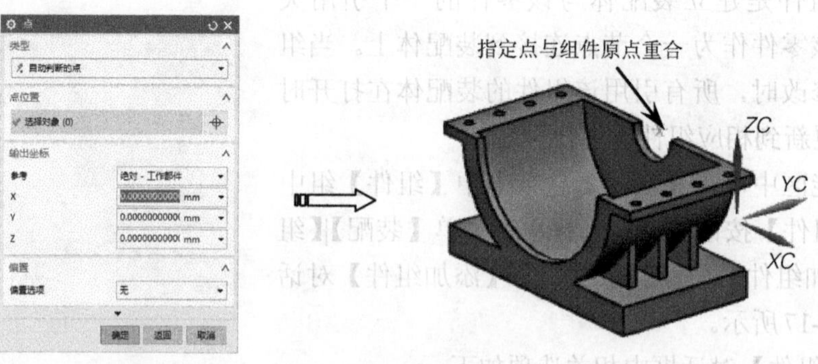

图5-19 选择原点

● 通过约束：按照几何对象之间的配对关系来指定部件在装配体中的位置，例如，平行、对齐和角度等。选择该方式后，弹出【装配约束】对话框，选择所需的配对条件，单击【确定】按钮完成装配约束，如图5-20所示。

● 移动：当部件加载到装配体后，重新对其进行定位。选择该方式后，系统

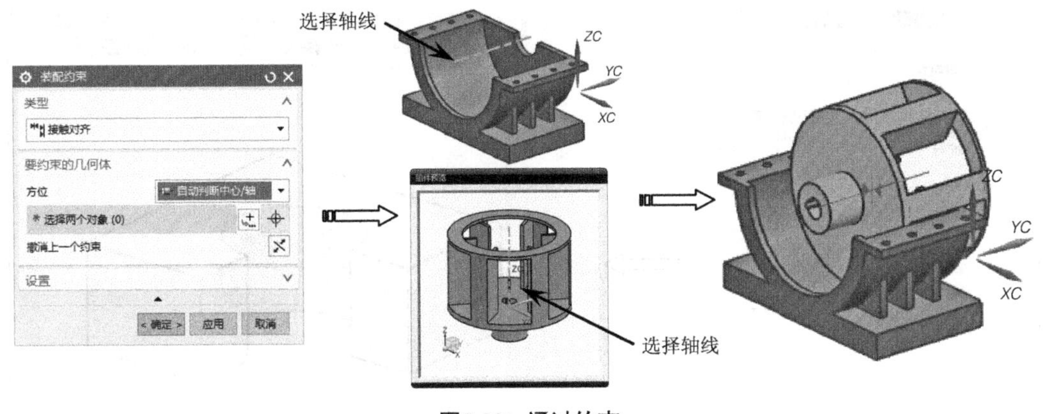

图5-20　通过约束

弹出【点】对话框，在指定了确定的位置后，单击【确定】按钮，系统弹出【移动组件】对话框，用户可以通过操纵图中的手柄或输入坐标参数指定组件的移动方位来确定组件在装配体中的位置，如图5-21所示。

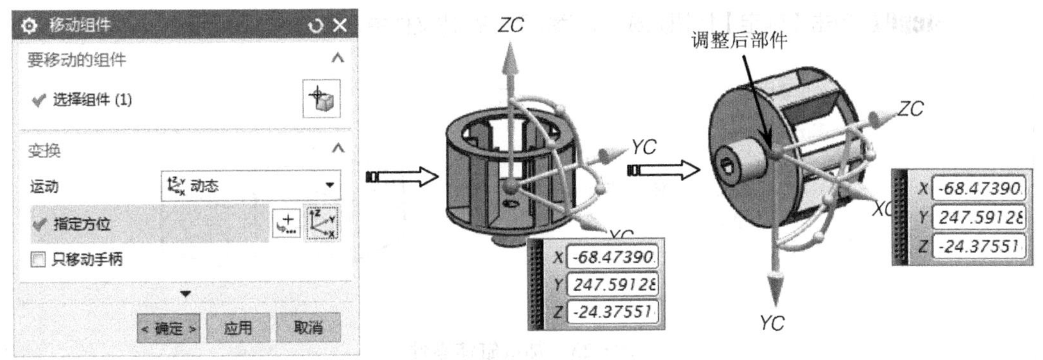

图5-21　移动

● 分散：选中该复选框后，在加载多个组件时，这些组件将以分散的方式进行定位，以防止它们出现在同一个位置上影响后续的操作。

NX命令	● 单击【装配】选项卡中【组件】组中的【添加组件】按钮 ● 选择下拉菜单【装配】|【组件】|【添加组件】命令

Step01 在功能区中单击【装配】选项卡中【组件】组中的【添加组件】按钮，或选择下拉菜单【装配】|【组件】|【添加组件】命令，系统弹出【添加组件】对话框，选择“缸体.prt”，选择【定位】为“绝对原点”，图形区显示【组件预览】对话框，如图5-22所示。

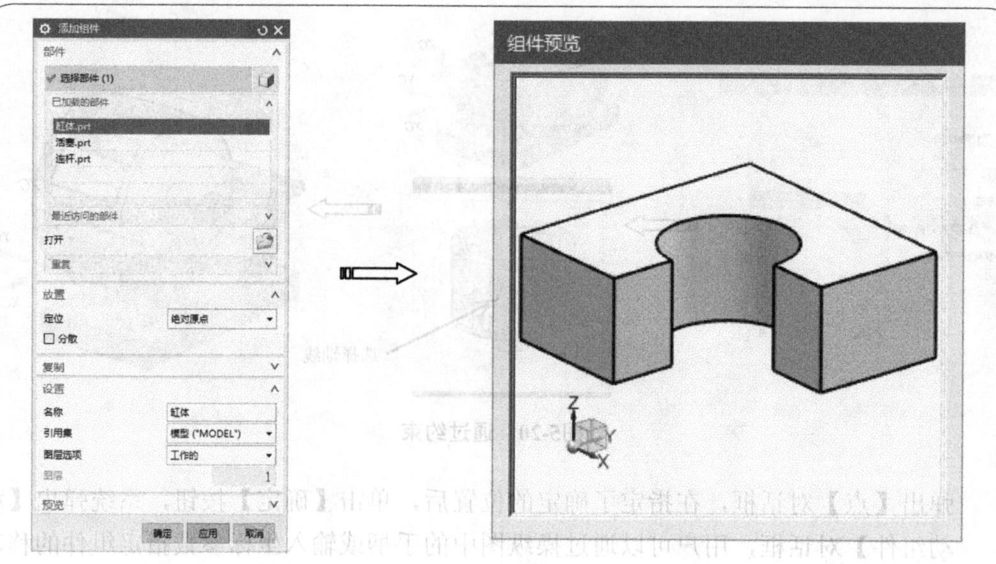

图5-22 添加组件

Step02 单击【确定】按钮完成缸体添加到装配体文件中，如图5-23所示。

图5-23 加载缸体零件

Step03 在功能区中单击【装配】选项卡中【组件位置】组中的【装配约束】命令，或选择下拉菜单【装配】|【组件位置】|【装配约束】命令，弹出【装配约束】对话框，在【类型】中选择“固定”，并选择缸体零件，单击【确定】按钮完成装配约束，如图5-24所示。

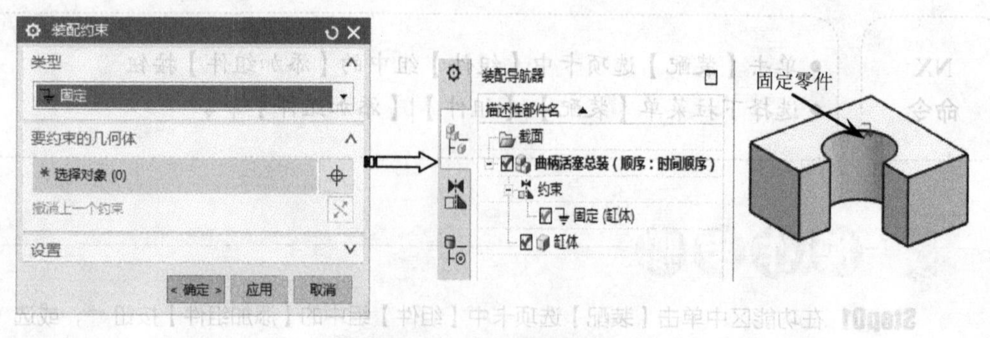

图5-24 施加固定约束

Step04 在功能区中单击【装配】选项卡中【组件】组中的【添加组件】按钮，或选择下拉菜单【装配】|【组件】|【添加组件】命令，系统弹出【添加组件】对话框，选择“活塞.prt”，选择【定位】为“选择原点”，图形区显示【组件预览】对话框，如图5-25所示。

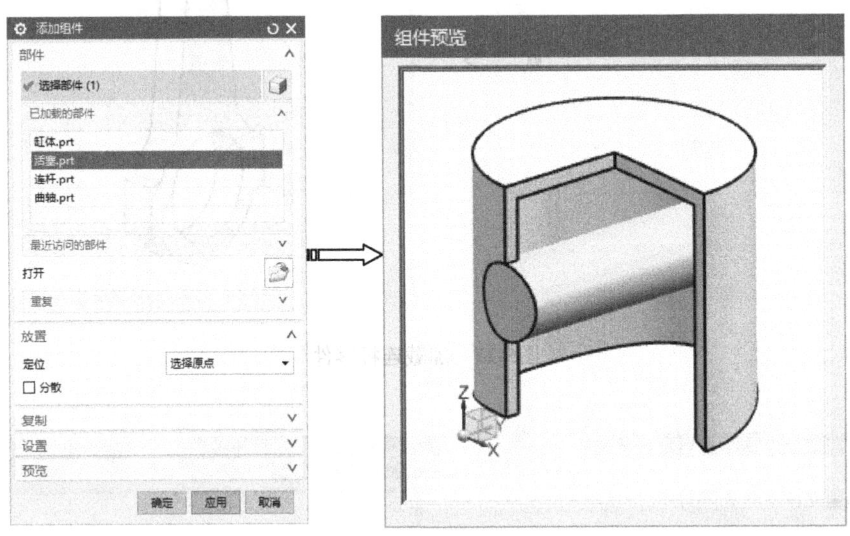

图5-25 添加组件

Step05 单击【确定】按钮，弹出【点】对话框，在图形区选择方便一点放置轴承盖，如图5-26所示。

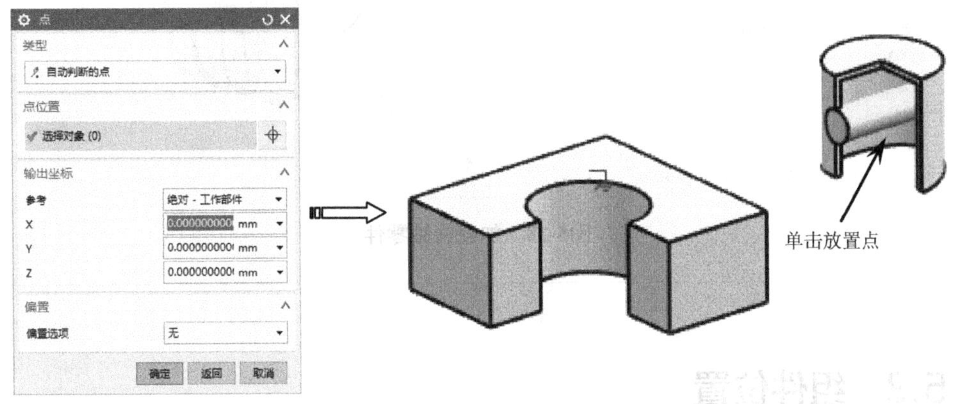

图5-26 加载活塞零件

Step06 重复活塞加载过程，加载连杆零件，如图5-27所示。

Step07 重复活塞加载过程，加载曲轴零件，如图5-28所示。

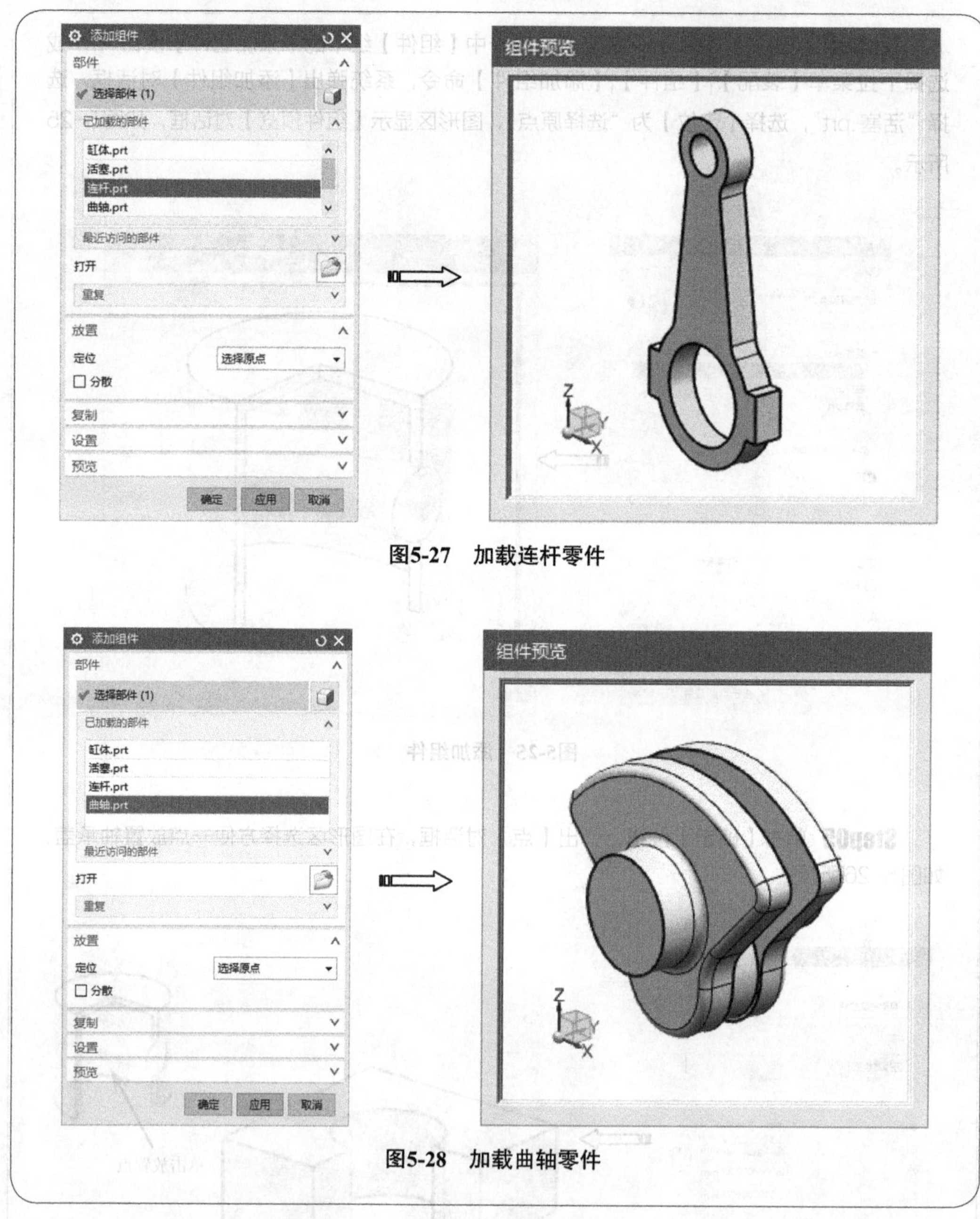

图5-27 加载连杆零件

图5-28 加载曲轴零件

5.3 组件位置

创建零部件时，坐标原点不是按装配关系确定的，导致装配中所插入零部件可能位置相互干涉，影响装配，因此需要调整零部件的位置，便于约束和装配。相关命令集中在【装配】|【组件位置】菜单或功能区【组件位置】组，如图5-29所示。

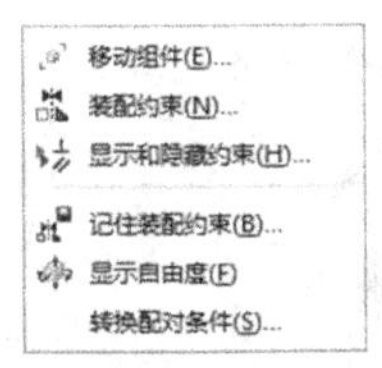

图5-29 【组件位置】菜单

5.3.1 视频精讲

5.3.1 移动组件

图5-30 【移动组件】对话框

【移动组件】用于对加入装配体的组件进行重新的定位。如果组件之间未添加约束条件，就可以对其进行自由操作，如平移、旋转；如果已经施加约束，则可在约束条件下实现组件的平移、旋转等操作。

在功能区中单击【装配】选项卡中【组件位置】组中的【移动组件】命令，或选择下列菜单【装配】|【组件位置】|【移动组件】命令，弹出【移动组件】对话框，如图5-30所示。

【移动组件】对话框中【变换】组框中的【运动】下拉列表用于选择组件移动的类型，其各图标和选项说明如下：

（1）动态

通过拖动、使用图形窗口中的屏显输入框或通过点对话框来重定位组件。例如，拖动*ZC*手柄移动组件到合适的位置，如图5-31所示。

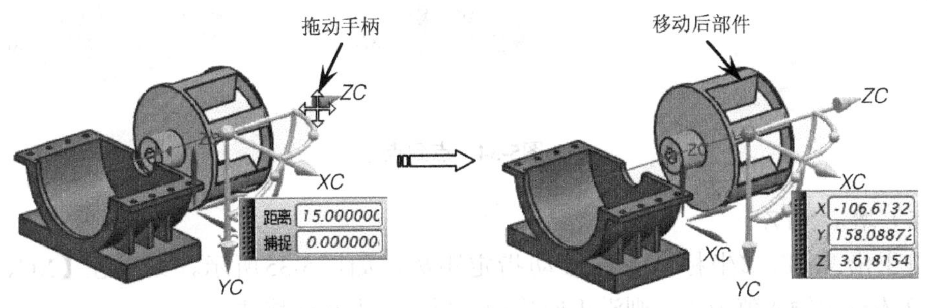

图5-31 动态

（2）通过约束

通过创建移动组件的约束条件来移动组件，如图5-32所示。

（3）距离

用于将所选定组件在指定的矢量方向移动一定的距离，矢量方向可以由矢量构造器来指定，如图5-33所示。

（4）点到点

用于将所选组件从参考点移动到另一目标点，如图5-34所示。

图5-32 通过约束

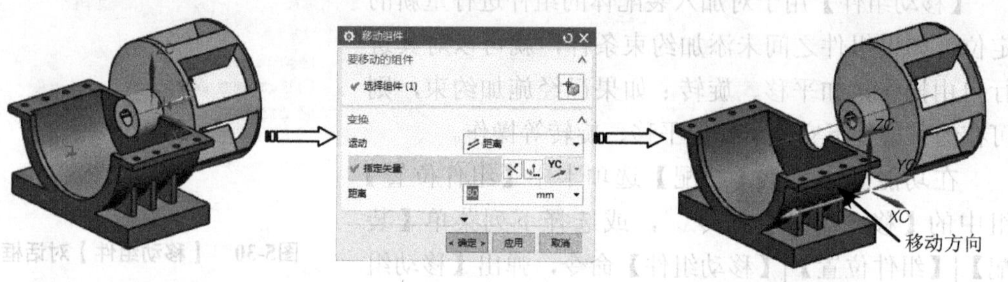

图5-33 距离

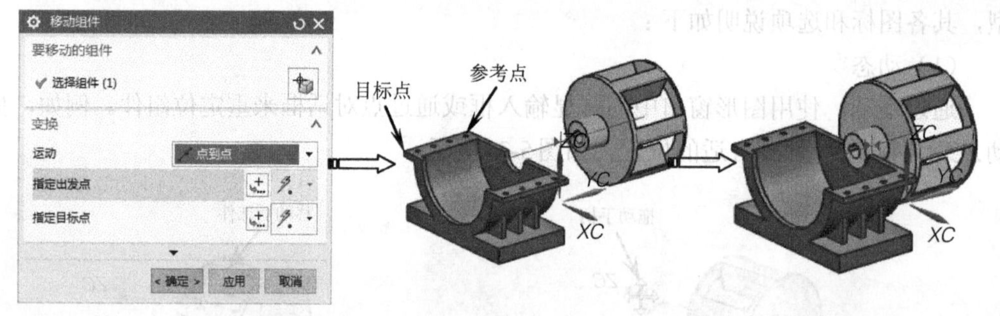

图5-34 点到点

（5）增量XYZ

用于沿*X*、*Y*、*Z*坐标轴方向移动指定距离，如图5-35所示。如果在【XC、YC、ZC】文本框中输入值为正，则沿正向移动；反之，沿负向移动。

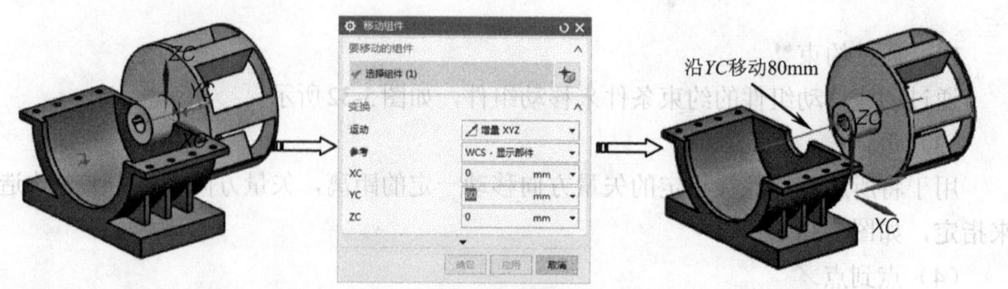

图5-35 增量XYZ

（6）角度

用于以一个参考点为基准绕一个旋转轴旋转所选组件，如图5-36所示。

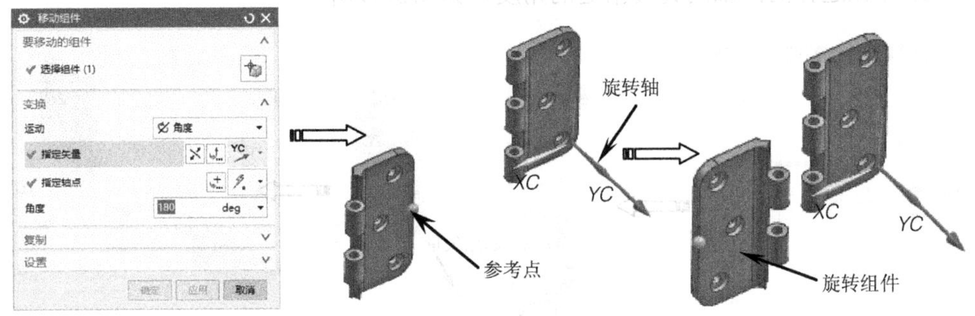

图5-36　角度

（7）根据三点旋转

用于以一个参考点为基准绕一个旋转轴旋转所选组件，旋转角度由起点、终点指定，如图5-37所示。

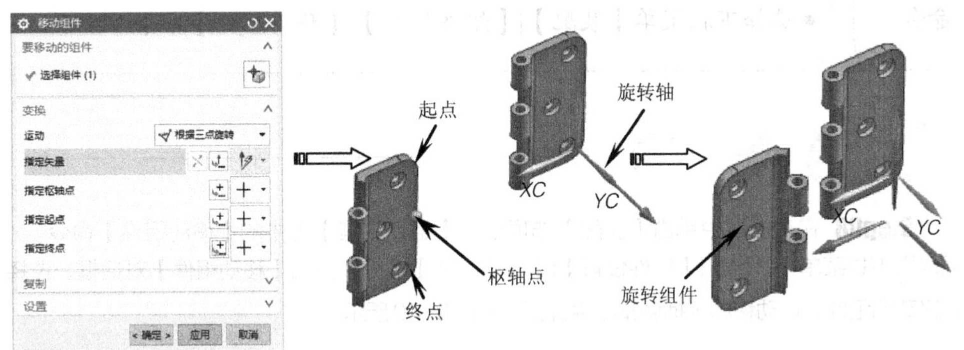

图5-37　根据三点旋转

（8）CSYS到CSYS

采用移动坐标系的方法将组件从一个参考坐标系移到目标坐标系，如图5-38所示。

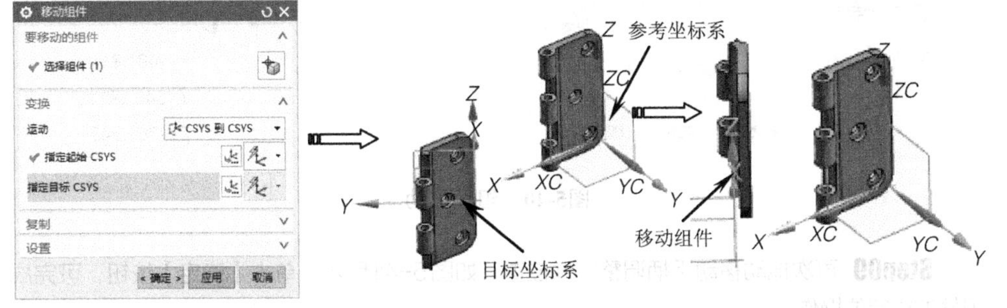

图5-38　CSYS到CSYS

（9）轴到矢量

用于在选择的两轴间旋转所选的组件，即指定一个参考点、一个参考轴和一个目标轴后，组件在选择的两轴间旋转指定的角度，如图5-39所示。

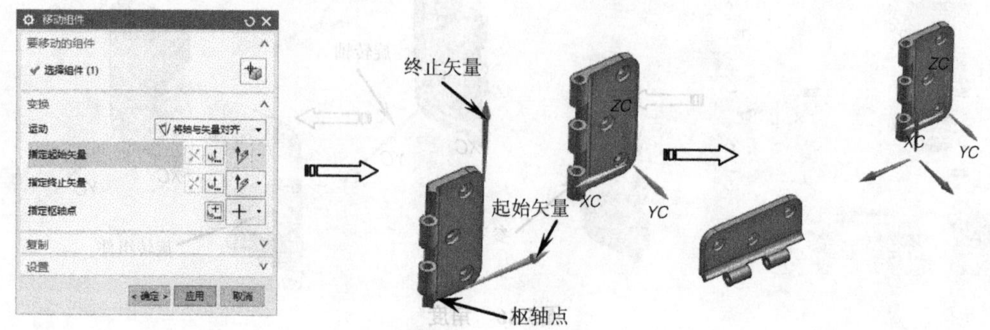

图5-39 轴到矢量

NX 命令	● 单击【装配】选项卡【组件位置】组中【移动组件】命令 ● 选择下拉菜单【装配】|【组件位置】|【移动组件】命令

操作步骤

Step08 在功能区中单击【装配】选项卡中【组件位置】组中的【移动组件】命令，或选择下拉菜单【装配】|【组件位置】|【移动组件】命令，弹出【移动组件】对话框，选择要移动的组件，拖动移动手柄调整零件位置。如图5-40所示。

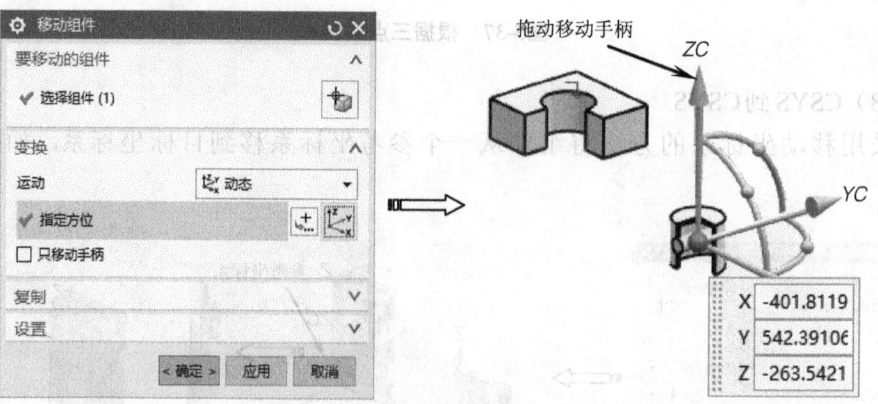

图5-40 组件移动

Step09 再次拖动移动手柄调整零件位置，如图5-41所示。单击【确定】按钮，可完成组件的重定位操作。

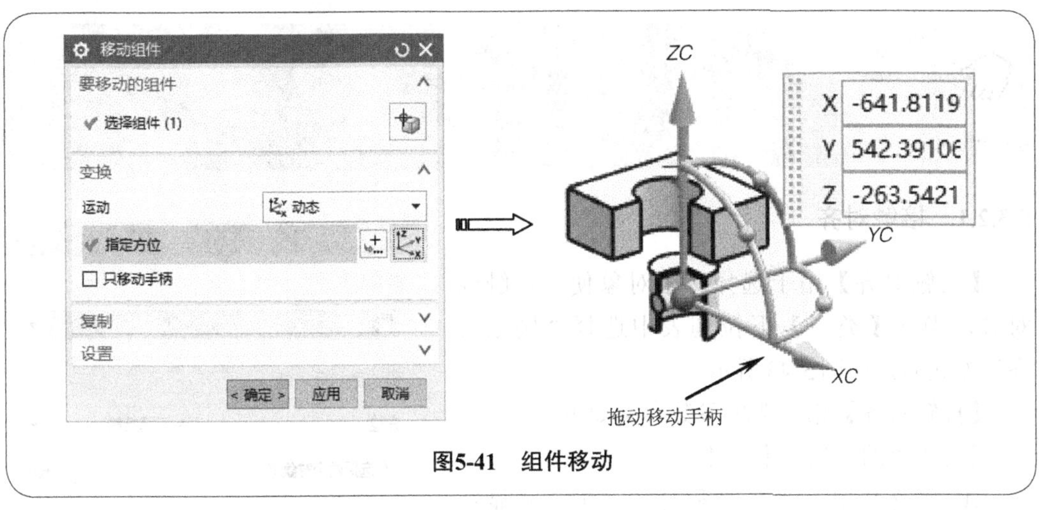

图5-41　组件移动

5.3.2　装配约束

5.3.2　视频精讲

装配约束就是在组件之间建立相互约束条件以确定组件在装配体中的相对位置，只有通过装配约束建立了装配中组件与组件之间的相互位置关系，才可以称得上是真正的装配模型。由于这种装配约束关系之间具有相关性，一旦装配组件的模型发生变化，装配部件之间可自动更新，并保持装配约束不变。

在功能区中单击【装配】选项卡中【组件位置】组中的【装配约束】命令，或选择下列菜单【装配】|【组件位置】|【装配约束】命令，弹出【装配约束】对话框，如图5-42所示。

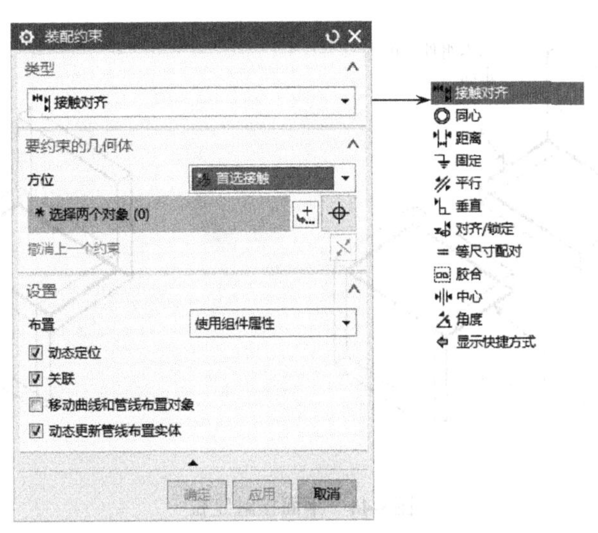

图5-42　【装配约束】对话框

【装配约束】对话框中提供了11种约束定位方式，分别为“接触对齐”“同心”“距离”“固定”“平行”“垂直”“对齐/锁定”“等尺寸配对”“胶合”“中心”“角度”等。下面仅介绍常用约束类型。

提示

选择装配约束对象时，首先选择要移动的组件，然后选择固定组件。

5.3.2.1 接触对齐

【接触对齐】用于选择两个对象使其接触或对齐，当在【类型】下拉列表中选择“接触对齐”方式后，如图5-43所示。

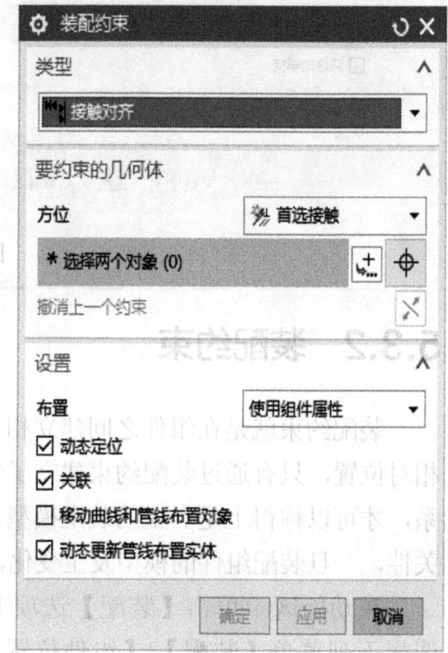

图5-43 接触对齐

【接触对齐】相关选项参数含义如下：

【要约束的几何体】组框

① 首选接触 当接触和对齐都可能时显示接触约束，系统默认选项。在大多数模型中，接触约束比对齐约束更常用，但当接触约束过度约束装配时，将显示对齐约束。

② 接触 用于设置接触约束，使所选对象曲面法向在反方向上。对于所选的不同对象，约束定位方式不同，分别介绍如下：

- 平面：对于两个平面对象，接触对齐后它们的法线方向相反，且两个平面重合，如图5-44所示。

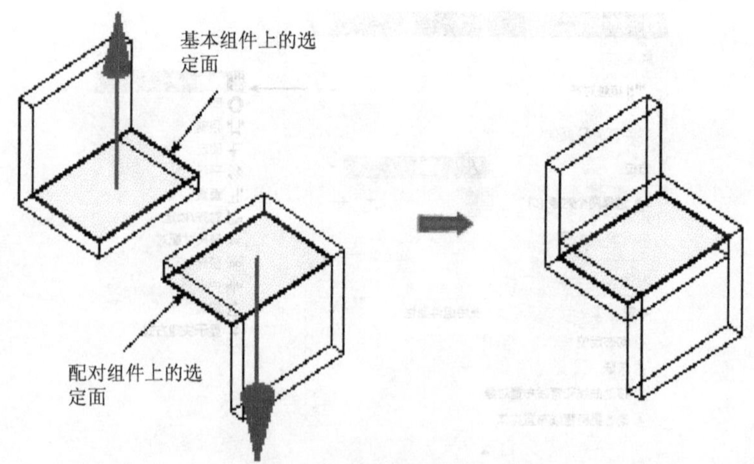

图5-44 平面接触定位

- 圆锥面：在配对圆锥面时，系统首先检查两个选定面的圆锥半角是否相等。如果相等，则对齐面的轴，并定位面，以便它们重合，如图5-45所示。
- 圆环面：在配对圆环面时，系统首先检查两个圆环面的内径和外径是否相等。如果相等，则对齐面的轴，并定位面，以便它们重合，如图5-46所示。

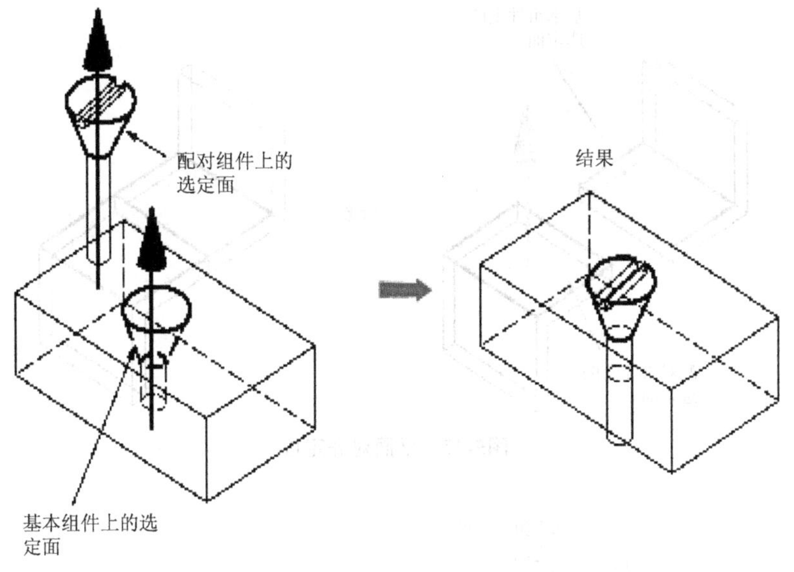

图5-45　圆锥面接触定位

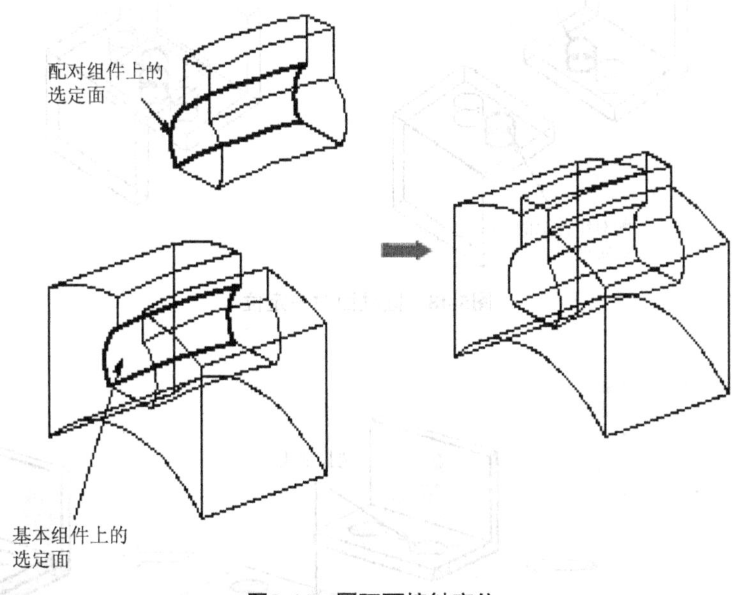

图5-46　圆环面接触定位

③ 对齐　对齐是指将两个对象保持对齐，且法向方向相同。对于所选的不同对象，对齐定位方式不同，分别介绍如下：

- 平面：通过定位面来对齐平面对象（平面和基准平面），这样两个面就是共面的，且它们的法向指向同一个方向，如图5-47所示。
- 圆柱、圆锥和圆环面：将轴对称面（圆柱、圆锥和圆环面）的轴向重合，如图5-48所示。

④ 自动判断中心/轴　自动判断中心/轴是指定在选择圆柱面或圆锥面时，NX将使用面的中心或轴而不是面本身作为约束，如图5-49所示。

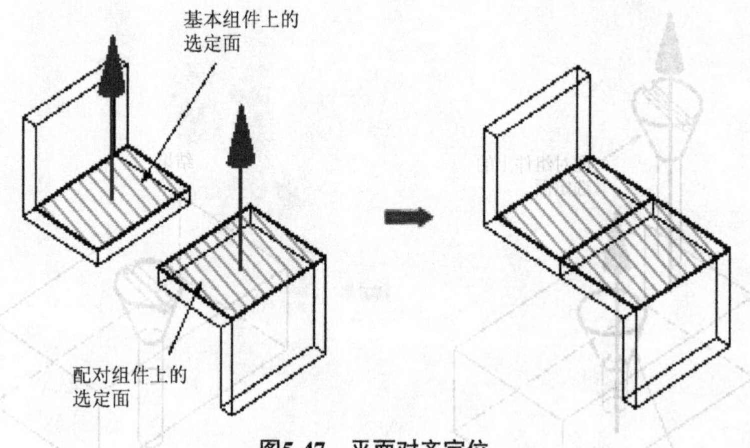

图5-47　平面对齐定位

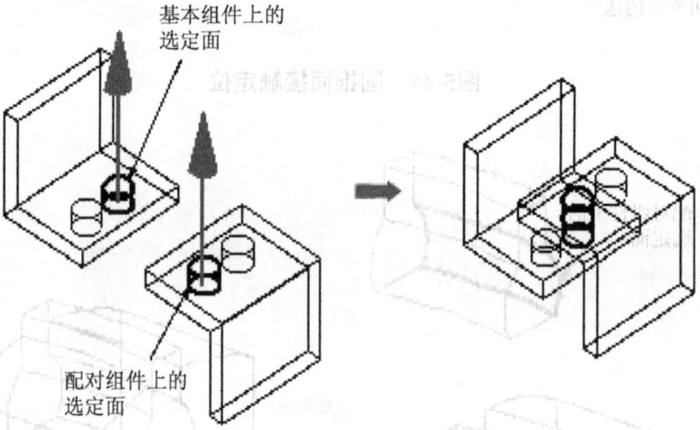

图5-48　圆柱面对齐定位

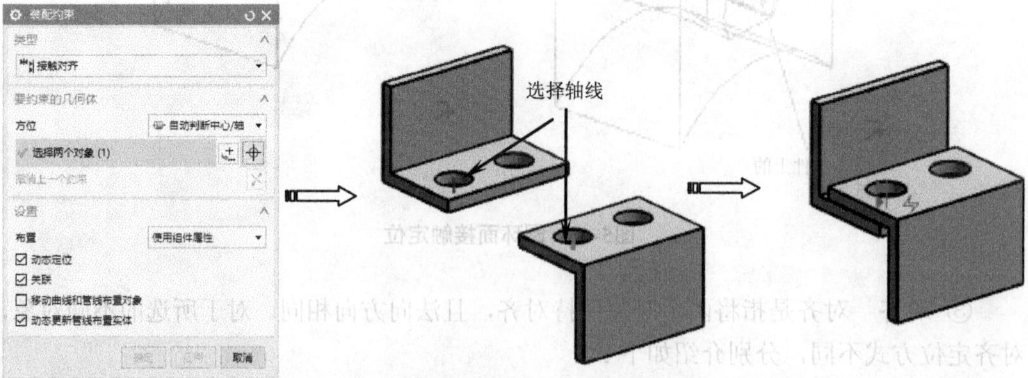

图5-49　自动判断中心轴

NX命令	● 单击【装配】选项卡中【组件位置】组中的【装配约束】命令 ● 选择下拉菜单【装配】|【组件位置】|【装配约束】命令

Step10 在功能区中单击【装配】选项卡中【组件位置】组中的【装配约束】命令，或选择下拉菜单【装配】|【组件位置】|【装配约束】命令，弹出【装配约束】对话框。

Step11 选择【接触对齐】，在【子类型】中选择“自动判断中心/轴”，选择中心线作为装配面，单击【应用】按钮，即可创建中心重合约束，如图5-50所示。

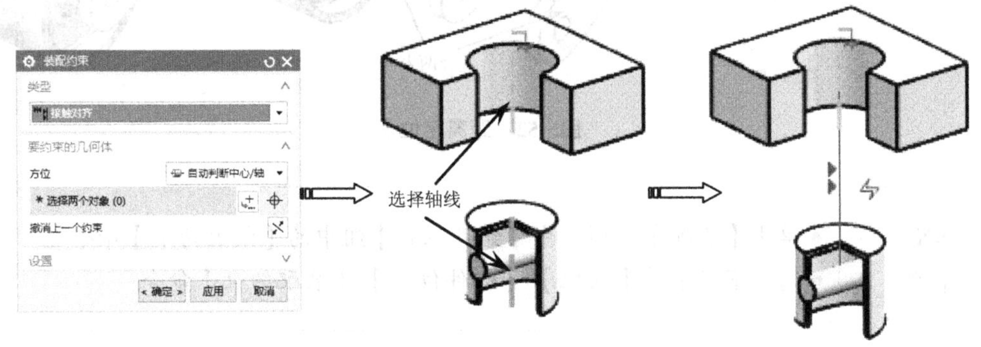

图5-50 施加中心线对齐约束

在完成两个中心线对齐时，一定要在【装配约束】的对话框里单击【应用】，否则“自动判断中心/轴”约束不生效。

5.3.2.2 同心

【同心】可约束两个组件的圆形边或椭圆边，使其中心重合，并使边的平面共面，如图5-51所示。

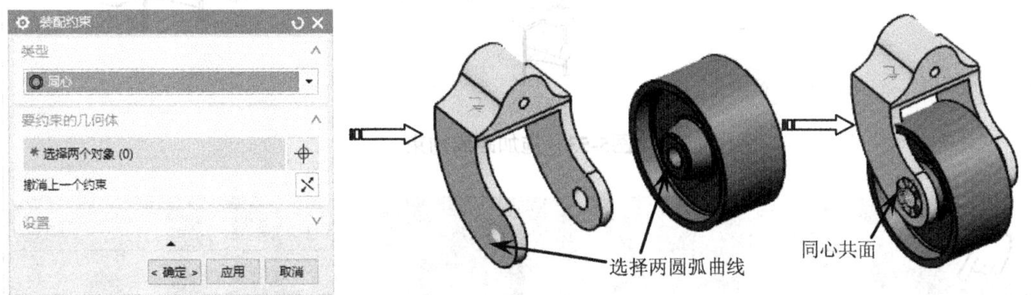

图5-51 同心约束

5.3.2.3 距离

【距离】是指定两个对象之间的最小三维距离，偏置距离可为正值或负值，正负是相对于静止组件而言，如图5-52所示。

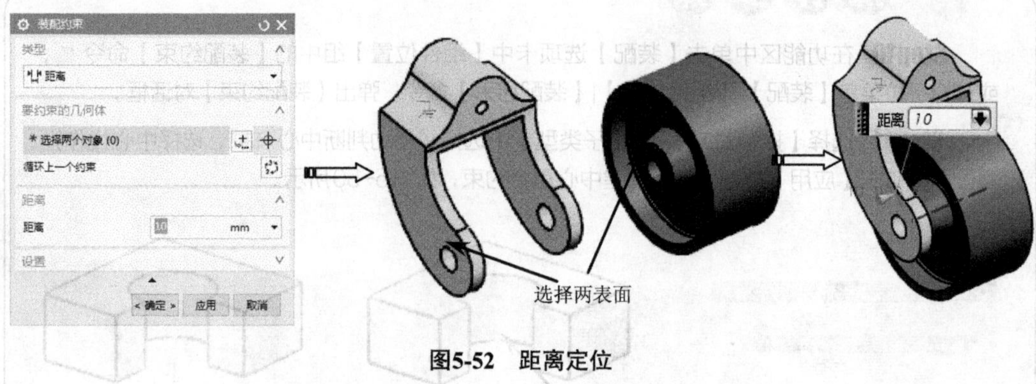

图5-52 距离定位

NX命令	● 单击【装配】选项卡中【组件位置】组中的【装配约束】命令 ● 选择下拉菜单【装配】|【组件位置】|【装配约束】命令

Step12 在功能区中单击【装配】选项卡中【组件位置】组中的【装配约束】命令，或选择下拉菜单【装配】|【组件位置】|【装配约束】命令，弹出【装配约束】对话框。

Step13 在【装配约束】对话框中选择【距离】，选择两个端面作为装配面，设置【距离】为“20mm”，单击【应用】按钮，即可创建距离约束，如图5-53所示。

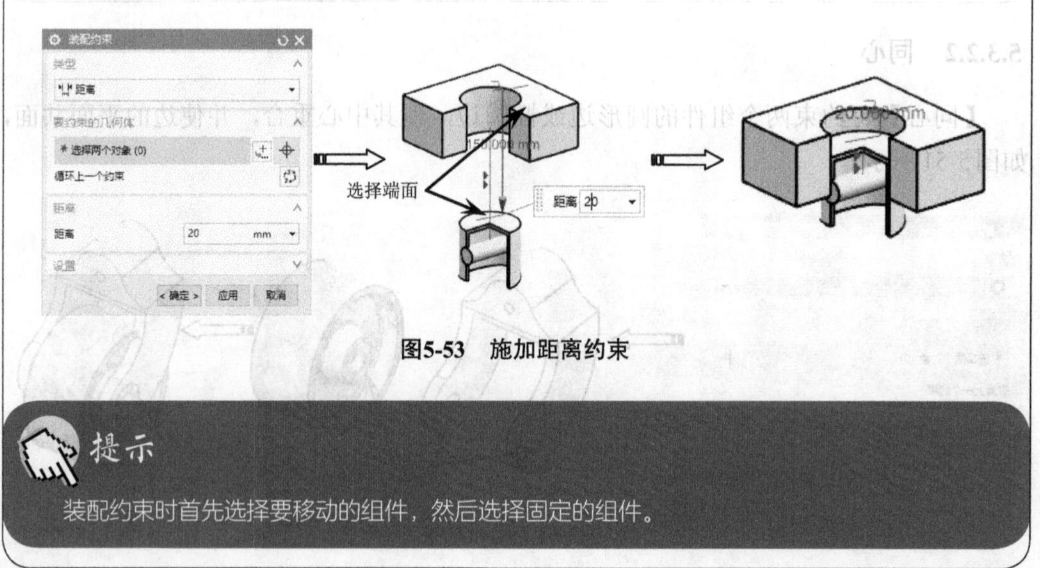

图5-53 施加距离约束

提示

装配约束时首先选择要移动的组件，然后选择固定的组件。

5.3.2.4 固定

【固定】是指将组件固定在其当前位置不动，当要确保组件停留在适当位置且根据它约束其他组件时，此约束很有用，如图5-54所示。

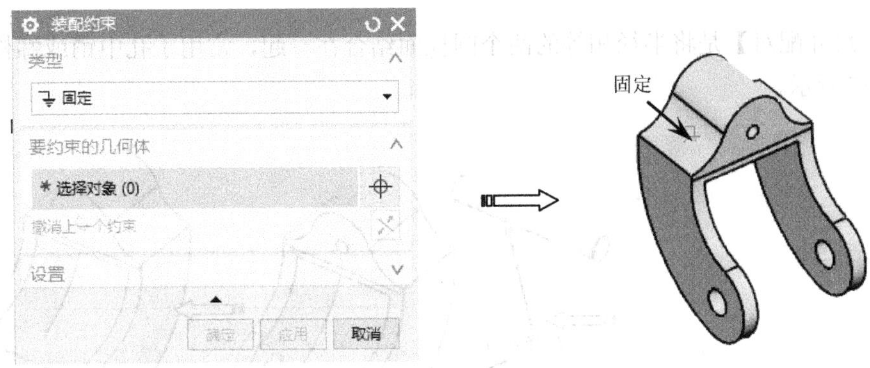

图5-54　固定

5.3.2.5　平行

【平行】是指通过将两个组件对象的方向矢量定义为平行，从而来对这些对象进行约束，如图5-55所示。

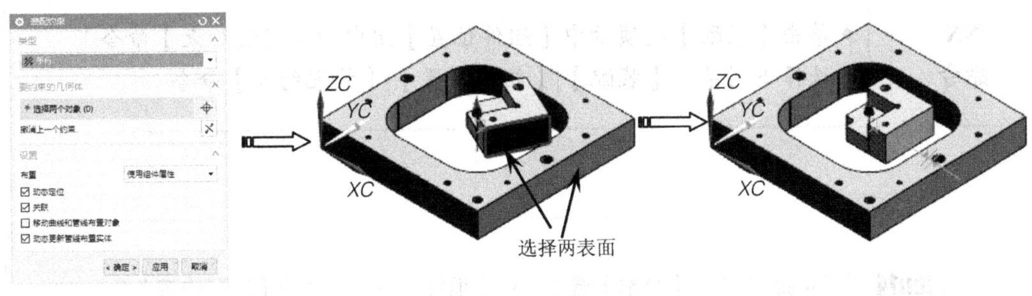

图5-55　平行

5.3.2.6　垂直

【垂直】是指通过将两个组件对象的方向矢量定义为垂直，从而来对这些对象进行约束，如图5-56所示。

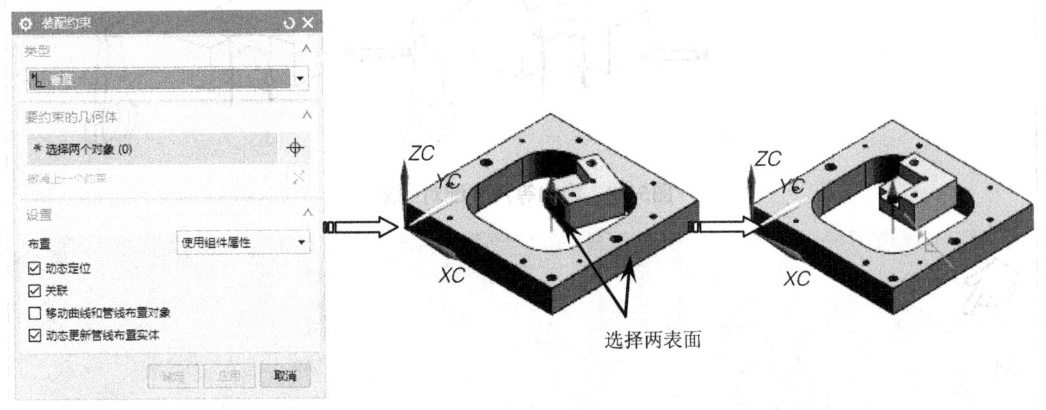

图5-56　垂直

5.3.2.7 等尺寸配对

【等尺寸配对】是将半径相等的两个圆柱面结合在一起，常用于孔中销或螺栓定位，如图5-57所示。

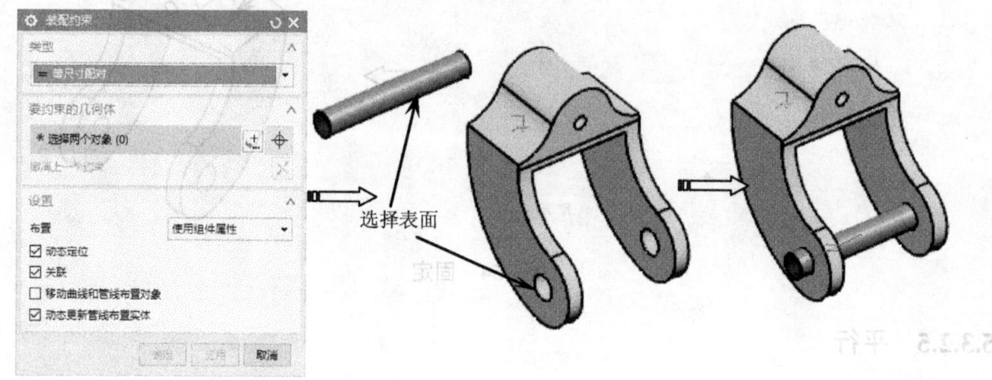

图5-57 等尺寸配对

NX命令	• 单击【装配】选项卡中【组件位置】组中的【装配约束】命令 • 选择下列菜单【装配】|【组件位置】|【装配约束】命令

Step14 在功能区中单击【装配】选项卡中【组件位置】组中的【装配约束】命令，或选择下拉菜单【装配】|【组件位置】|【装配约束】命令，弹出【装配约束】对话框

Step15 选择【等尺寸配对】，选择圆柱和孔表面作为装配面，单击【应用】按钮，即可创建等尺寸配对约束，如图5-58所示。

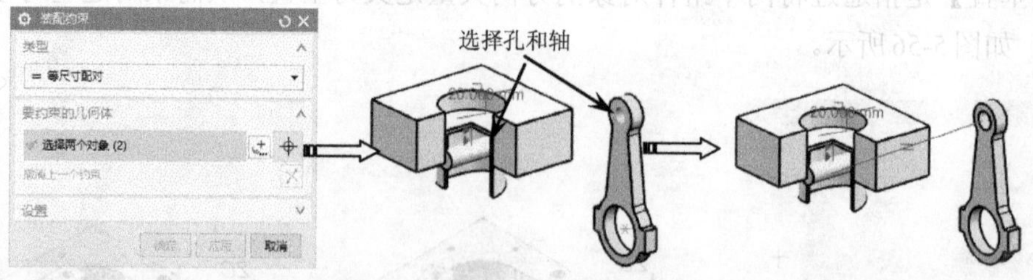

图5-58 施加等尺寸配对约束

提示

等尺寸配对要求孔与孔、孔与轴、轴与轴的直径必须相等。如果组件的半径变为不等，则该约束无效。

Step16 选择【等尺寸配对】，选择圆柱和孔表面作为装配面，单击【应用】按钮，即可创建等尺寸配对约束，如图5-59所示。

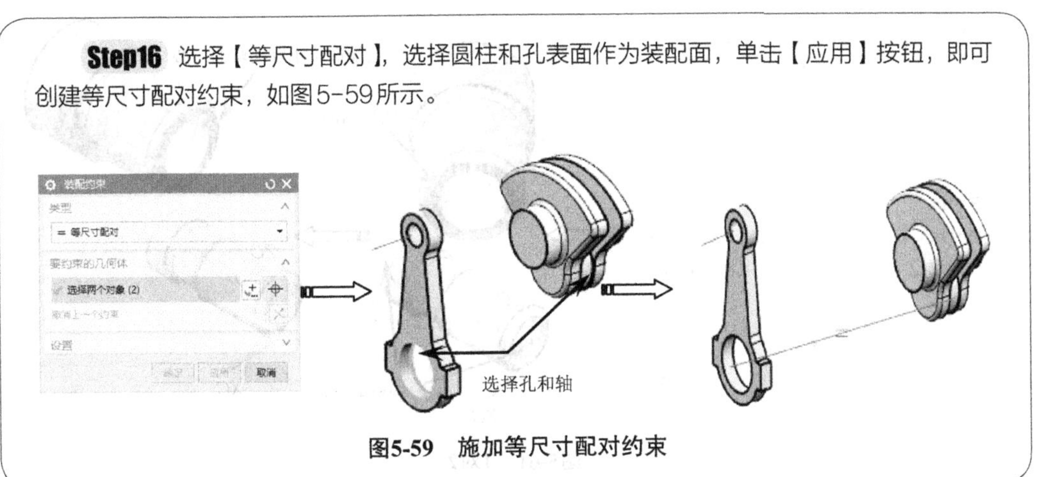

图5-59　施加等尺寸配对约束

5.3.2.8　胶合

【胶合】是将组件焊接在一起，以使其可以像刚体那样移动。选择要胶合的组件，单击【创建约束】按钮完成胶合约束，如图5-60所示。

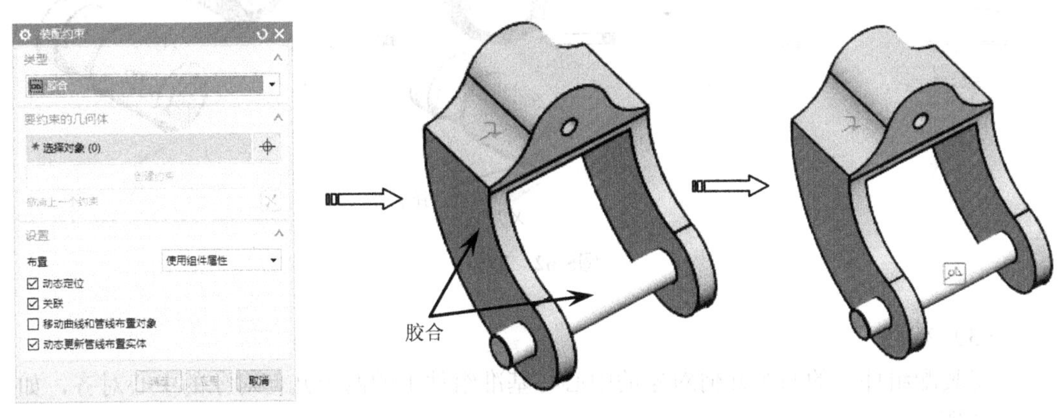

图5-60　胶合约束

5.3.2.9　中心（对称约束）

【中心】是指使一对对象之间的一个或两个对象中心点对齐，或使一对对象沿另一个对象中心点对齐。当选择“中心”约束配对条件时，将激活【子类型】下拉列表，包括以下3个选项：

（1）1对2

将装配组件上的一个几何对象的中心与基准组件上的两个几何对象的中心对齐，如图5-61所示。

（2）2对1

将装配组件上的两个几何对象的中心与基准组件上的一个几何对象的中心对齐，如图5-62所示。

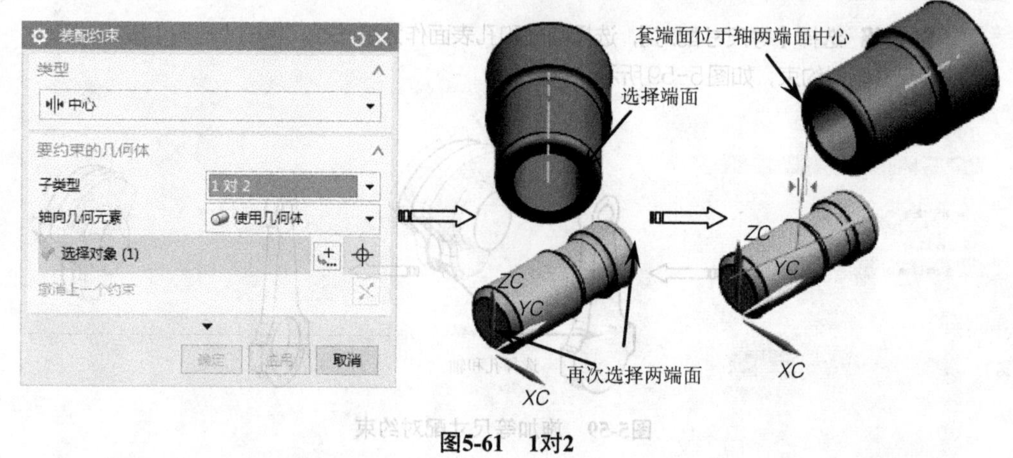

图5-61　1对2

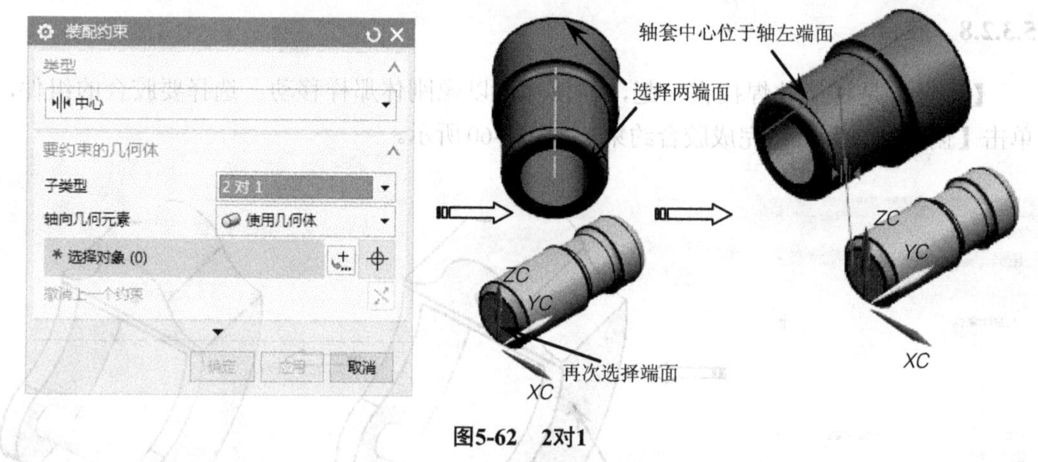

图5-62　2对1

（3）2对2

将装配组件上的两个几何对象的中心与基准组件上的两个几何对象的中心对齐，如图5-63所示。

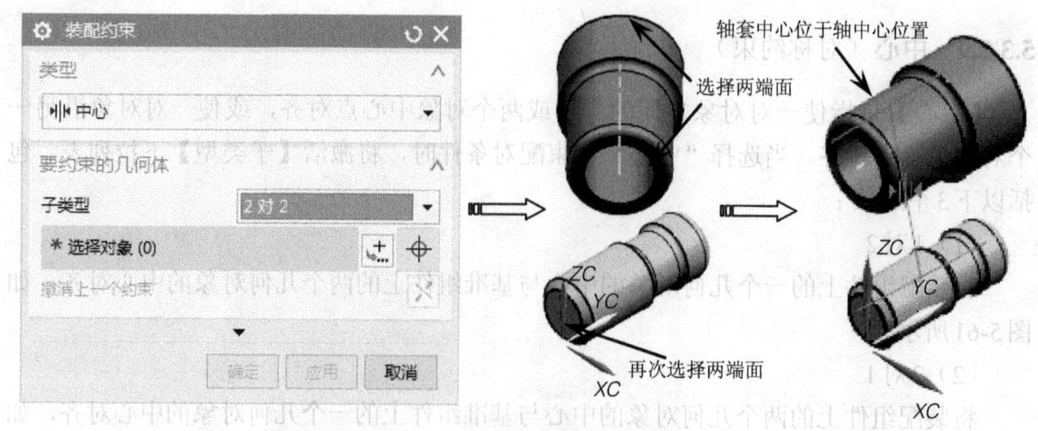

图5-63　2对2

NX命令	• 单击【装配】选项卡中【组件位置】组中的【装配约束】命令 • 选择下列菜单【装配】|【组件位置】|【装配约束】命令

Step17 在功能区中单击【装配】选项卡中【组件位置】组中的【装配约束】命令，或选择下拉菜单【装配】|【组件位置】|【装配约束】命令，弹出【装配约束】对话框。

Step18 在【类型】中选择“中心”，在【子类型】中选择“2对2”，选择如图5-64所示的2对表面作为装配面，单击【应用】按钮，即可创建约束，如图5-64所示。

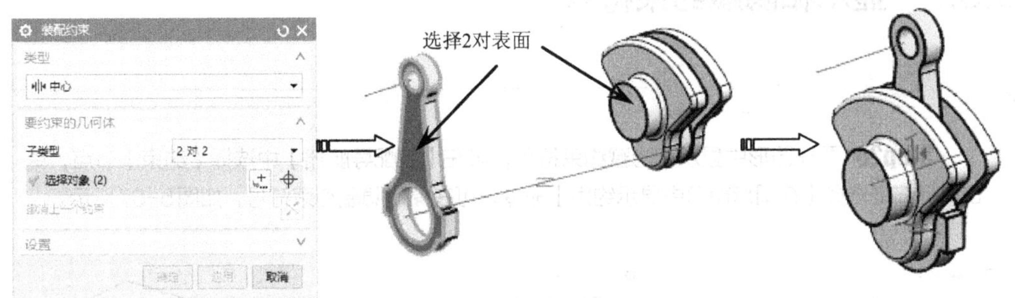

图5-64　施加中心约束

Step19 在【类型】中选择“中心”，在【子类型】中选择“2对2”，选择如图5-65所示的2对表面作为装配面，单击【应用】按钮，即可创建约束，如图5-65所示。

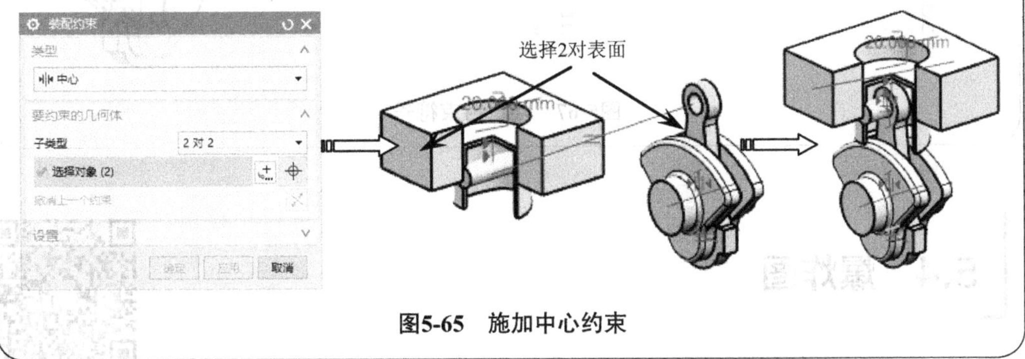

图5-65　施加中心约束

5.3.2.10　角度

【角度】是指将两个对象按照一定角度对齐，从而使配对组件旋转到正确的位置，如图5-66所示。

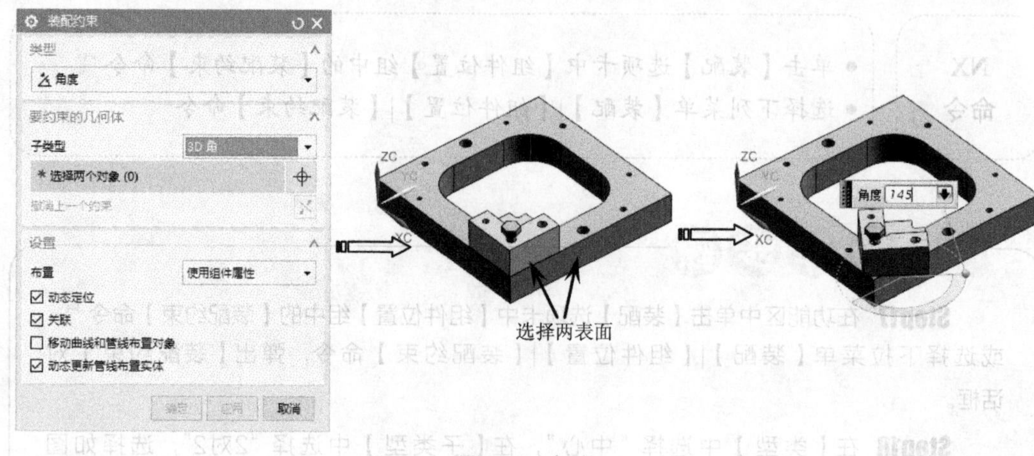

图5-66 角度

5.3.3 显示和隐藏约束符号

Step20 要在图形中显示和隐藏约束符号，可在【装配导航器】中选择【约束】节点，单击鼠标右键选择【在图形窗口中显示约束】命令，可在窗口隐藏约束符号，如图5-67所示。

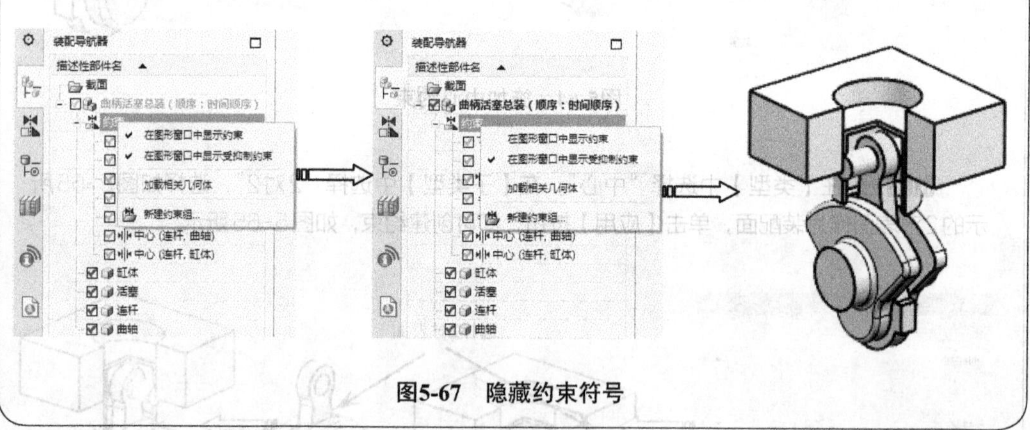

图5-67 隐藏约束符号

5.4 爆炸图

5.4 视频精讲

完成了零部件的装配后，可以通过爆炸图将装配各部件偏离装配体原位置以表达组件装配关系的视图，便于用户观察。NX中爆炸图的创建、编辑、删除等操作命令集中在【爆炸图】组中，或选择下拉菜单【装配】|【爆炸图】下命令，如图5-68所示。

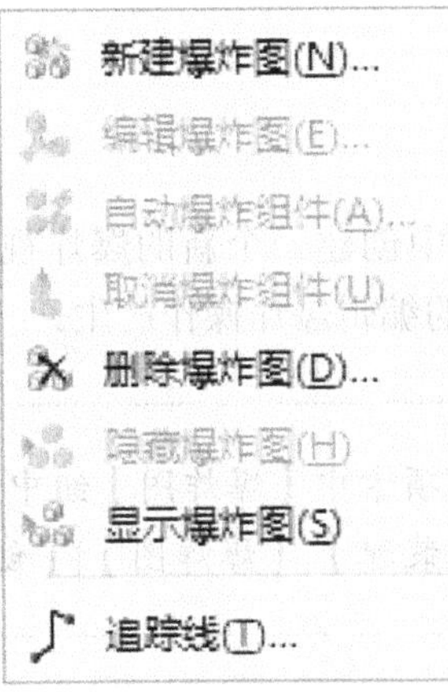

图5-68　爆炸图

5.4.1　概念

装配爆炸图是指在装配环境下将建立好装配约束关系的装配体中的各组件，沿着指定的方向拆分开来，即离开组件实际的装配位置，以清楚地显示整个装配或子装配中各组件的装配关系以及所包含的组件数，方便观察产品内部结构以及组件的装配顺序，如图5-69所示。

图5-69　爆炸视图

爆炸视图与其他用户视图一样，一旦定义和命名，可添加它到二维工程图中。爆炸视图与显示部件关联，并存储在显示部件中。一个模型可以有多个含有指定组件的爆炸视图，NX系统中的爆炸视图的默认名称为视图的名称加Explosion。如果名称重复，NX会在名称前加数字前缀，用于为爆炸图指定不同名称。

爆炸图广泛应用于设计、制造、销售和服务等产品全生命周期的各个阶段，特别是在产品说明书中，它常用于说明某一部分或某一子装配的装配结构。

5.4.2 爆炸视图的建立

创建爆炸图是指在当前视图中创建一个新的爆炸视图，并不涉及爆炸图的具体参数，具体的爆炸图参数通过其后的编辑爆炸操作产生。

NX命令	• 单击【装配】选项卡中【爆炸图】组中的【创建爆炸图】按钮 • 选择下拉菜单【装配】|【爆炸图】|【创建爆炸图】命令

Step21 在功能区中单击【装配】选项卡中【爆炸图】组中的【创建爆炸图】按钮，或选择下拉菜单【装配】|【爆炸图】|【创建爆炸图】命令，弹出【创建爆炸图】对话框。

Step22 在该对话框中输入爆炸图名称或接受缺省名称，单击【确定】按钮就建立了一个新的爆炸图，如图5-70所示。

图5-70 【新建爆炸图】对话框

创建爆炸图时，可以看到所生成的爆炸图与原来的装配图没有任何变化，它只是将当前视图创建为一个爆炸视图，装配中各组件爆炸后的实际位置还未指定，需要利用编辑爆炸图来指定各装配组件的爆炸位置。

5.4.3 爆炸视图操作

在新创建了一个爆炸图后，视图并没有发生什么变化，接下来就必须使组件炸开。

5.4.3.1 自动爆炸组件

自动爆炸组件是指基于组件关联条件，按照配对约束中的矢量方向和指定的距离自动爆炸组件。

NX 命令	● 单击【装配】选项卡中的【爆炸图】组【自动爆炸组件】按钮 ● 选择下拉菜单【装配】|【爆炸图】|【自动爆炸组件】命令

Step23 单击【装配】选项卡中的【爆炸图】组中的【自动爆炸组件】按钮，或选择下拉菜单【装配】|【爆炸图】|【自动爆炸组件】命令，弹出【类选择】对话框，单击【全选】按钮，选中所有组件就可对整个装配进行爆炸图的创建。

Step24 系统弹出【爆炸距离】对话框，设置【距离】为“50mm”，单击【确定】按钮可实现对组件的炸开，如图5-71所示。

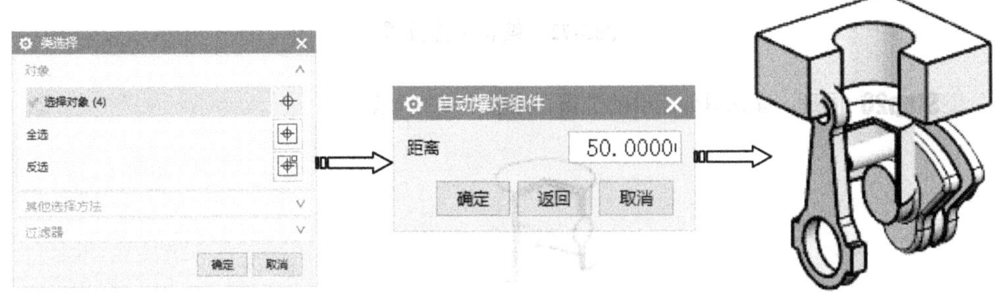

图5-71　自动爆炸组件

提示

自动爆炸只能爆炸具有关联条件的组件，对于没有关联条件的组件不能用该爆炸方式。

5.4.3.2　编辑爆炸图

采用自动爆炸一般不能得到理想的爆炸效果，通常还需要利用【编辑爆炸图】功能对爆炸图进行调整。

NX 命令	● 单击【装配】选项卡中的【爆炸图】组【编辑爆炸图】按钮 ● 选择下拉菜单【装配】|【爆炸图】|【编辑爆炸图】命令

Step25 单击【装配】选项卡中的【爆炸图】组中的【编辑爆炸图】按钮，或选择下拉菜单【装配】|【爆炸图】|【编辑爆炸图】命令，弹出【编辑爆炸图】对话框，选中【选择

对象】单选按钮选择要编辑组件，然后选中【移动对象】单选按钮，拖动手柄进行位置调整，如图5-72所示。

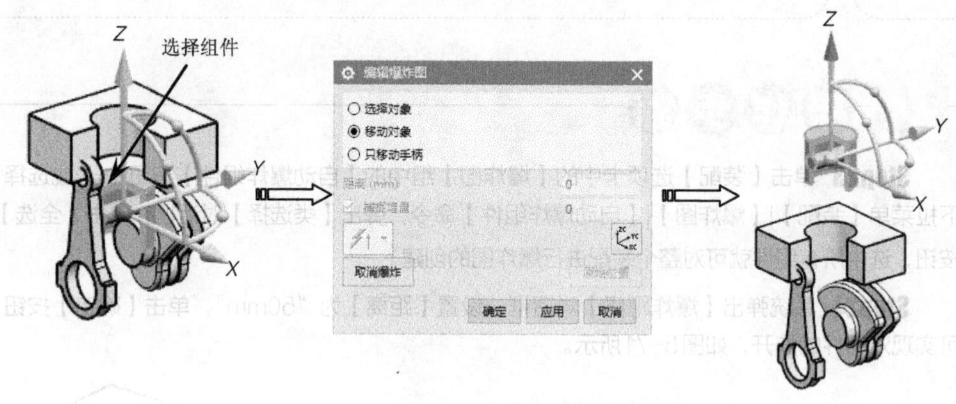

图5-72　编辑组件位置

Step26 同理，编辑其他组件的位置，如图5-73所示。

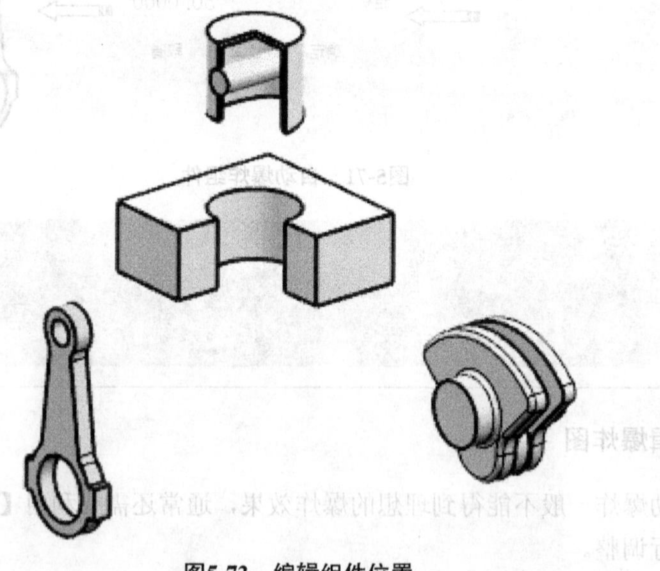

图5-73　编辑组件位置

5.4.3.3　隐藏/显示爆炸图

隐藏当前爆炸视图，使其不显示在图形窗口中。显示爆炸图可重新将爆炸图显示在图形窗口中。

NX命令	●选择下拉菜单【装配】|【爆炸图】|【隐藏爆炸图】命令 ●选择下拉菜单【装配】|【爆炸图】|【显示爆炸图】命令

Step27 选择下拉菜单【装配】|【爆炸图】|【隐藏爆炸图】命令，可将当前的爆炸图隐藏，如图5-74所示。

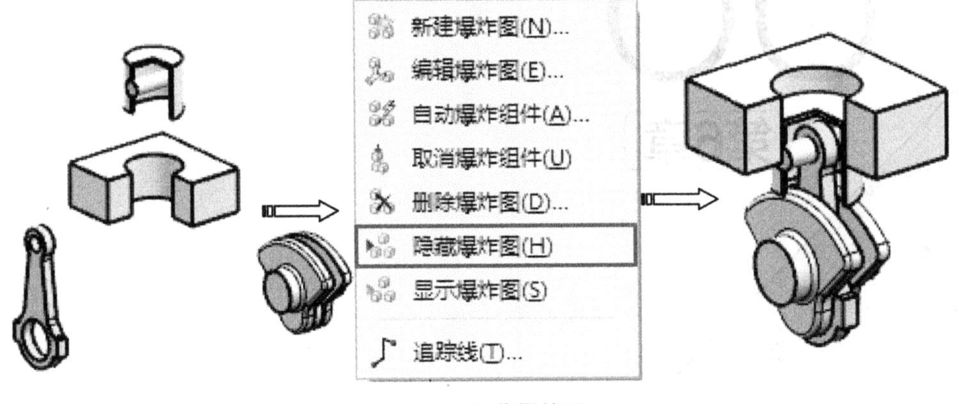

图5-74　隐藏爆炸图

Step28 选择下拉菜单【装配】|【爆炸图】|【显示爆炸图】命令，可重新显示已经隐藏的爆炸图，如图5-75所示。

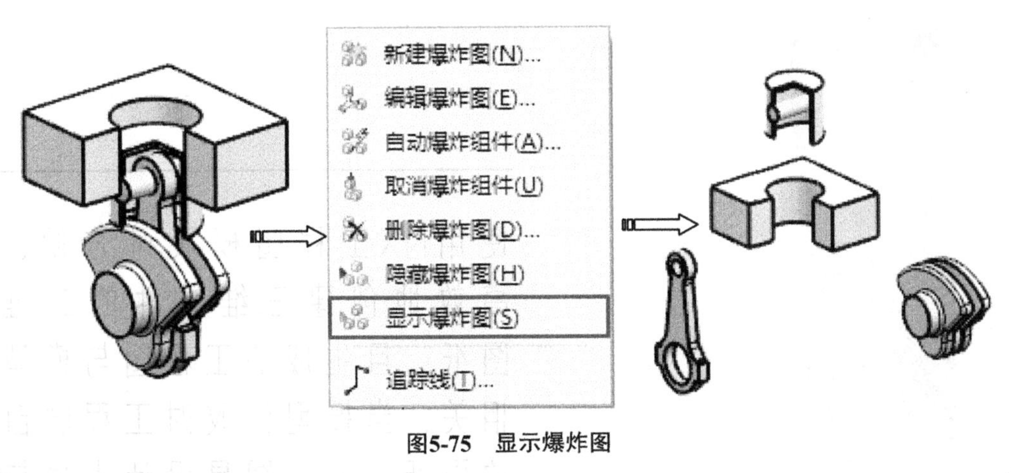

图5-75　显示爆炸图

本章小结

本章详细介绍了NX软件的装配模块的使用。通过本章的学习，读者可以了解到装配的概念和分类，学会如何实现零件的装配，如何生成爆炸视图等。读者学习后需要多加强实际的练习，只有这样才可以掌握得更加牢固。

06 第6章

工程图设计

使用NX工程图模块可方便、高效地创建三维零件的二维图纸，且生成的工程图与模型相关，当模型修改时工程图自动更新。工程图是设计人员与生产人员交流的工具，因此掌握工程图是设计的必然要求。希望通过本章的学习，使读者轻松掌握零件工程图的基本应用。

本章内容

- 工程制图界面
- 创建图纸页
- 创建基本视图
- 工程图草绘
- 创建注释

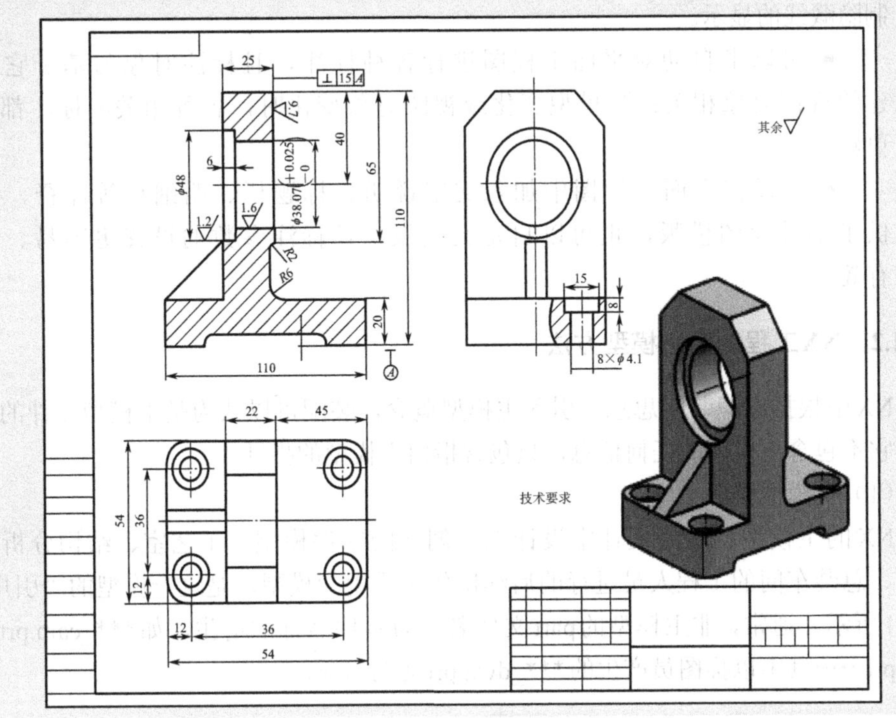

6.1 工程图概述

NX的工程制图模块可以利用NX的建模模块所创建的三维模型直接生成二维工程图，并且所生成的视图与三维模型相互关联，即三维模型修改，二维工程图也会相应更新。该制图模块生成二维视图后，可以对视图进行编辑、标注尺寸、添加注释以及表格设计，极大地提高了设计效率。

6.1.1 NX工程图简介

6.1.1.1 NX工程图特征

在NX建模模块中建立的实体模型，可以引用到工程图模块中进行投影，从而快速自动地生成平面工程图。由于建立的平面工程图是由三维实体模型投影得到的，因此，所生成的平面工程图具有以下特点：

- 平面工程图与三维实体模型完全相关，实体模型的尺寸、形状，以及位置的任何改变都会引起平面工程图的相应更新，更新过程可由用户控制。
- 对于任何一个三维模型，可以根据不同的需要，使用不同的投影方法、不同的图幅尺寸，以及不同的视图比例建立模型视图、局部放大视图、剖视图等各种视图；各种视图能够自动对齐；完全相关的各种剖视图能自动生成剖面线并控制隐藏线的显示。
- 可以半自动对平面工程图进行各种标注，且标注对象与基于它们所创建的视图对象相关；当模型变化或视图对象变化时，各种相关的标注都会自动更新。
- 可以在平面工程图中加入文字说明、标题栏、明细栏等注释，系统提供了多种绘图模版，也可以自定义模板，使标注参数的设置更容易、方便和有效。

6.1.1.2 NX工程制图主模型方法

NX中根据虚拟装配思想，引入主模型概念，装配可以认为是主模型文件的下游应用，它不包含主模型的任何信息，只包含指向主模型的指针。

（1）主模型概念

NX的主模型一般指设计室设计人员创建的零件模型。工艺室、结构分析室、描图员、总装车间的工程人员进行的后续操作所采用的模型均是这一模型的“引用”，如图6-1所示。通常，非主模型的part文件名多为零件名称的衍生，如***_cam.prt；***_dwg.prt……其中以描图员产生的***_dwg.prt尤为多见。

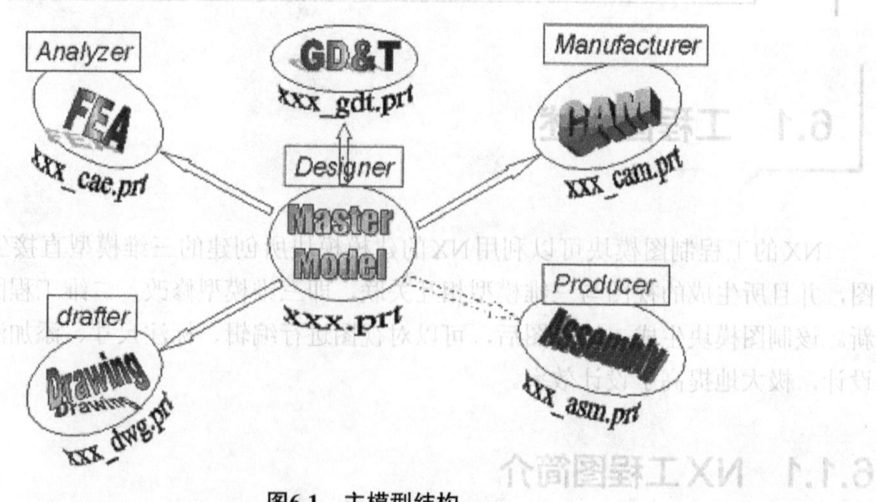

图6-1 主模型结构

NX主模型利用UG装配机制建立一个工程环境使得所有工程参与者都能共享三维设计模型，并以此为基础进行后续开发工作。使用主模型可减少每个UG文件的数据量，更方便数据的有序管理。因此，即使是所有设计、工艺等工作都由你一个人完成，也建议你使用主模型方法。

（2）主模型使用方法

当设计人员完成了其主体设计，或部分设计模型时（该模型能表达其主要设计意图时），其他工程人员可以这样开展他们的工作：

- 建立一个新的NX文件（Part file），例如 my_design.prt。
- 进入NX装配功能，将三维设计模型文件作为它的组件（Component）加入到零件中。
- 对三维设计的零件模型进行工程制图设计。
- 对文件进行存档，而不要对三维设计文件存档。

6.1.2 NX工程图界面

6.1.2 视频精讲

当启动NX10.0之后，单击【应用模块】选项卡中的【制图】选项，系统便进入NX制图操作界面，如图6-2所示。

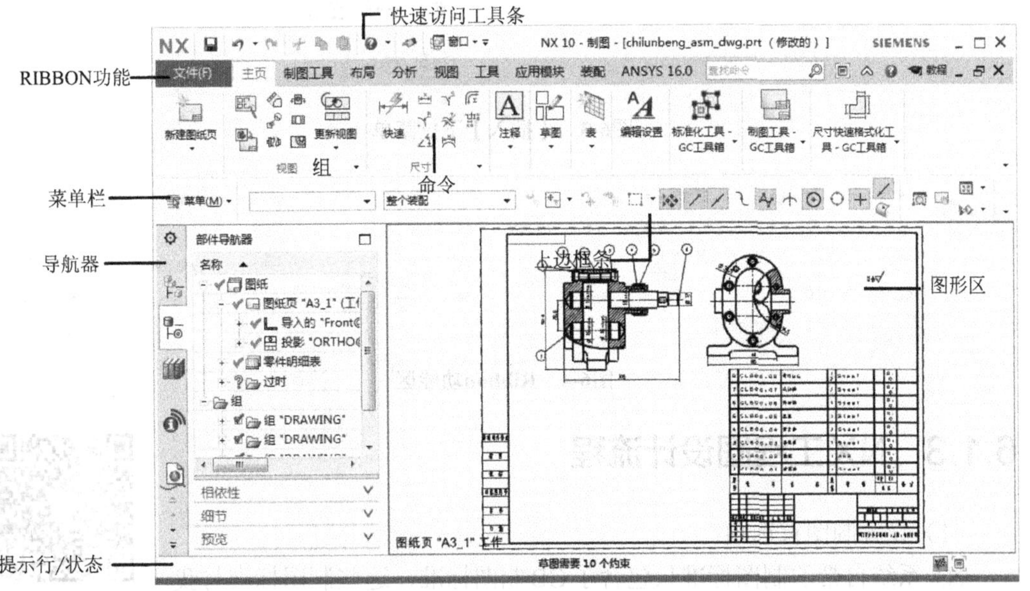

图6-2 制图用户界面

6.1.2.1 制图环境中菜单

在制图模块下，有关制图命令主要集中于下拉菜单【插入】之中，如图6-3所示。

6.1.2.2 Ribbon功能区

NX所有与制图有关功能都集中在Ribbon功能区，如图6-4所示。

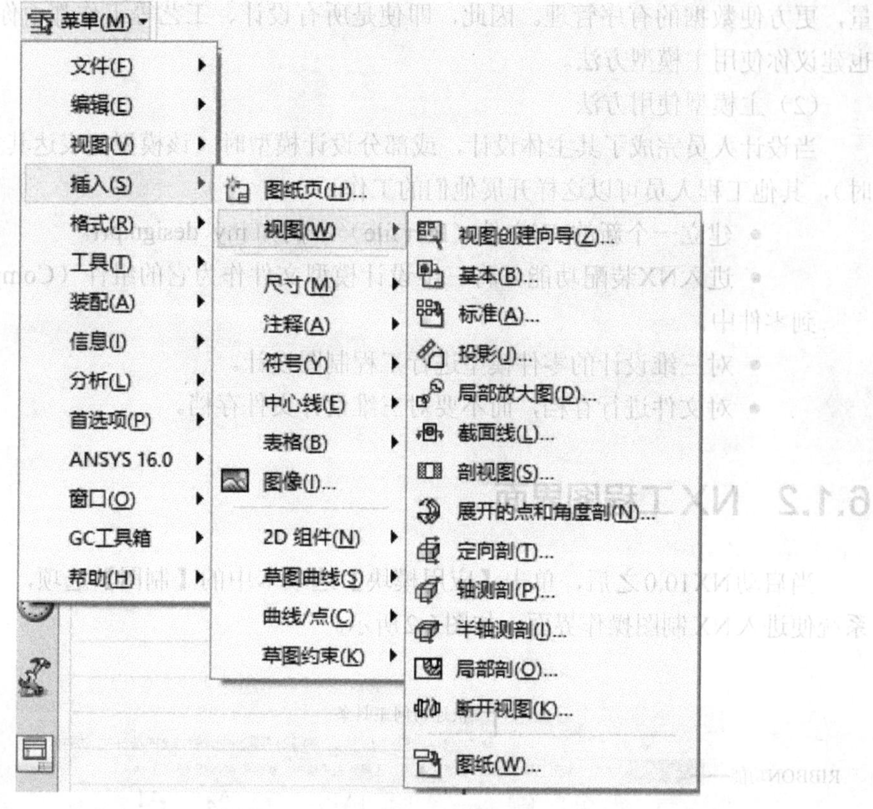

图6-3 【插入】下拉菜单

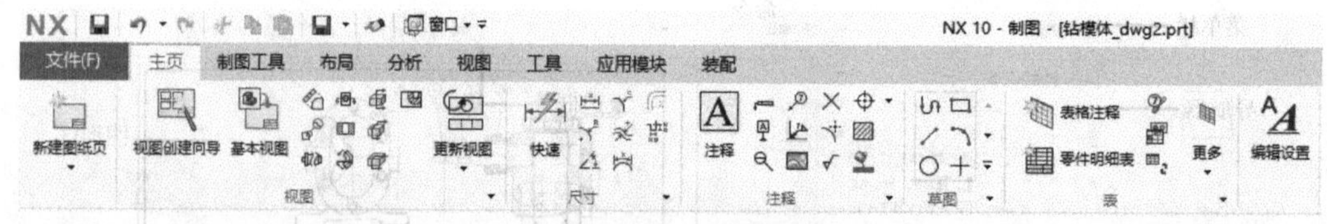

图6-4 Ribbon功能区

6.1.3 NX工程图设计流程

6.1.3 视频精讲

（1）设置制图首选项

NX系统自带的制图标准只包含了GB制图标准，这些制图标准与我国制图标准并不完全一致，因此在使用NX生成工程图前需要读者自行建立一个符合我国的制图环境。

（2）创建图纸页

进入工程图环境后，首先要创建空白的图纸页，相当于机械制图中的白图纸。创建图纸用于创建新的制图文件，并生成第一张图纸。

（3）创建工程视图

在工程图中，视图一般使用二维图形表示的零件形状信息，而且它也是尺寸标注、符号标注的载体，由不同方向投影得到的多个视图可以清晰完整地表示零件信息。

（4）标注尺寸

尺寸标注是工程图的一个重要组成部分，NX提供了方便的尺寸标注功能。

（5）标注符号

NX提供了完整的工程图标注工程，包括粗糙度标注、基准特征和形位公差标注等。

6.2 创建图纸页

6.2 视频精讲

进入工程图环境后，首先要创建图纸页，相当于机械制图中的图纸（尽可能包括图框和标题栏）。创建图纸用于创建新的制图文件，并生成第一张图纸。

6.2.1 非主模型法创建图纸页

非主模型法创建图纸页是指在当前模型文件内，按输出三维实体的要求来指定工程图的名称、图幅大小、绘图单位、视图缺省比例和投影角度等工程图参数。

三维建模完成后，要进一步绘制二维工程图时，首先要从【建模】模块转换到【制图】模块，单击【应用模块】选项卡，然后选择【制图】按钮，即可转换进入【制图】模块，如图6-5所示。

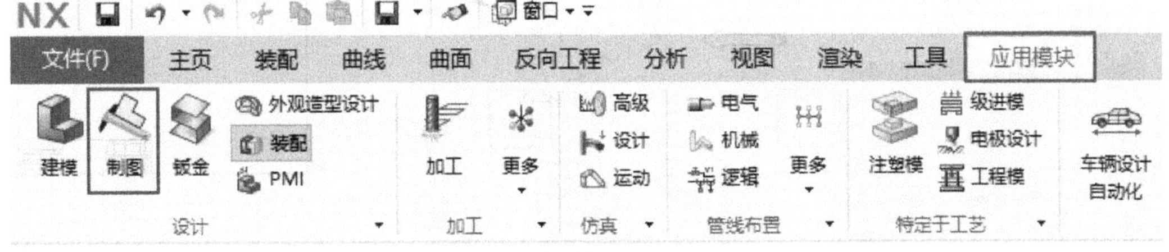

图6-5 【应用模块】选项卡

在制图模块内单击【主页】选项卡上的【新建图纸页】按钮，或选择下拉菜单【插入】|【图纸页】命令，弹出【图纸页】对话框，如图6-6所示。

【图纸页】对话框中相关选项的含义如下：

（1）【大小】组框

用于定义新建图纸规格（大小和比例），系统提供了3种模式供选择。

- 使用模板：选择该选项，可激活图纸页模板列表框，用户可以选择系统提供的图纸页模板来创建新的图纸页，如图6-7所示。
- 标准尺寸：选择该选项，可激活【大小】和【比例】下拉列表，用户可以选择标准图纸页尺寸和比例，系统默认为毫米单位，如图6-8所示。

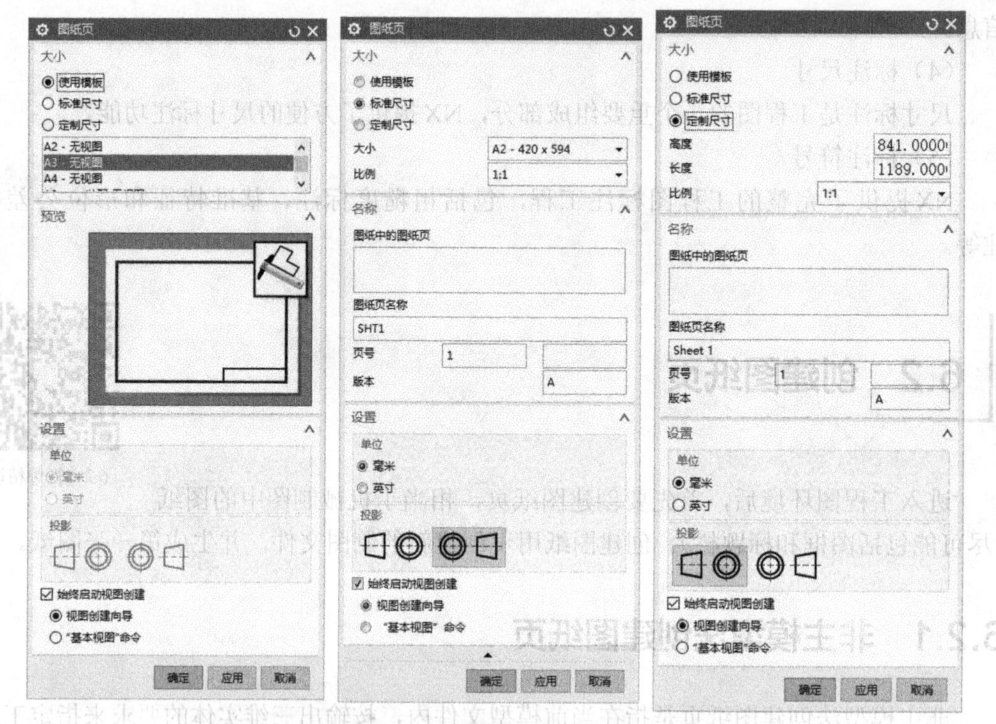

图6-6 【图纸页】对话框

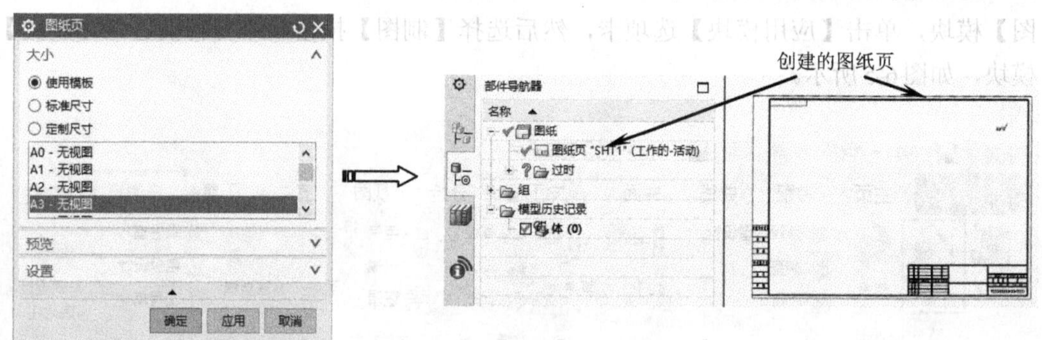

图6-7 使用模板

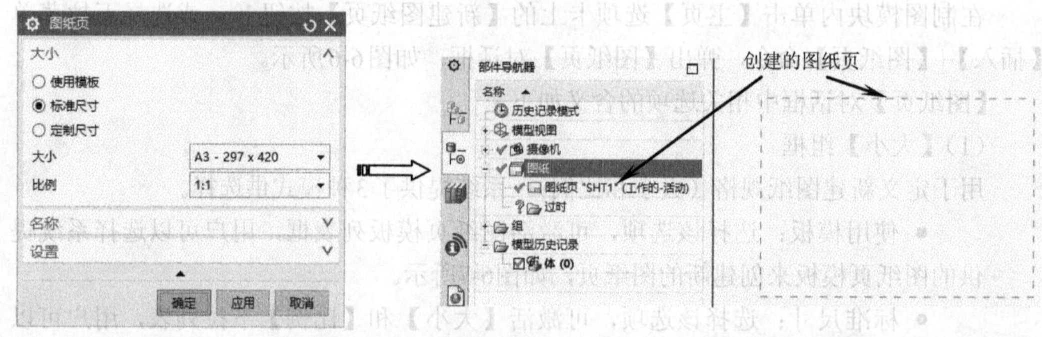

图6-8 标准尺寸

● 定制尺寸：选择该选项，可激活【高度】和【长度】文本框，用于可输入指定图纸页的高度和长度，如图6-9所示。

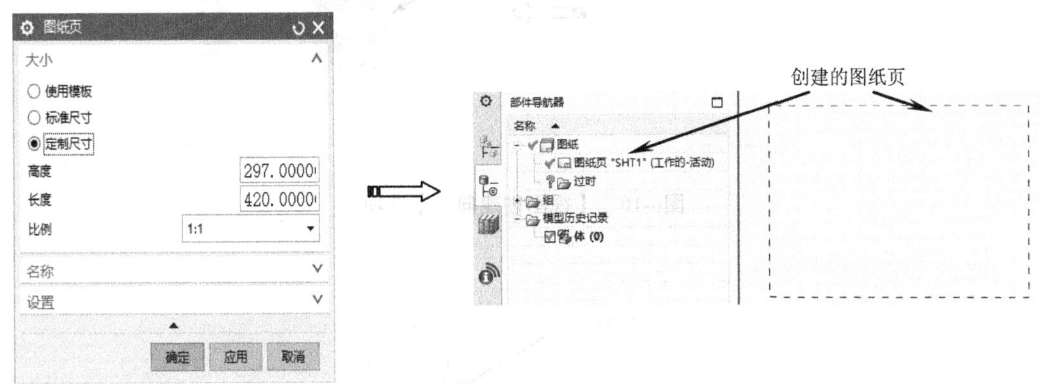

图6-9 定制尺寸

● 大小：确定制图区域的范围。当勾选【标准尺寸】单选按钮时，可直接从【大小】下拉列表中选择合适的图纸规格。

● 高度和长度：当勾选【定制尺寸】单选按钮，可在【高度】和【长度】文本框中输入图纸的高度和长度，自定义图纸尺寸。

● 比例：用于设置工程图中各类视图的比例大小。比例为图纸尺寸与模型实际尺寸之比，系统缺省的设置比例为1：1。

（2）【名称】组框

● 图纸中的图纸页：列出所有在当前部件文件中的图纸页。

● 图纸页名称：图纸是按图纸页名创建和管理的，可在【图纸页名称】文本框中输入图纸的名称，图纸页名称最多可包含30个字符。

● 页号：用于输入图纸页的页号。

● 版本：用于输入图纸页的版本号。

（3）【设置】组框

① 单位　选择图纸的度量单位，包括“毫米”和“英寸”2种单位。

② 投影　设置图纸的投影角度。设置后所有的投影视图和剖视图都遵循投影角度，包括“第三象限角投影”或“第一象限角投影”2种，我国国家标准采用“第一象限角投影”。

③ 始终启动视图创建　用于设置在创建图纸页后，是否始终启动视图创建功能，选中该复选框，将激活【视图创建向导】或【基本视图命令】单选按钮。

● 视图创建向导：选中该单选按钮，以向导的方式引导用户创建视图。仅当创建图纸时工作部件中不存在图纸页时出现，在插入一个不含任何视图的图纸页之后，打开【视图创建向导】对话框，如图6-10所示。

● 基本视图命令：选中该单选按钮，以基本视图命令的方式引导用户创建视图，如图6-11所示。

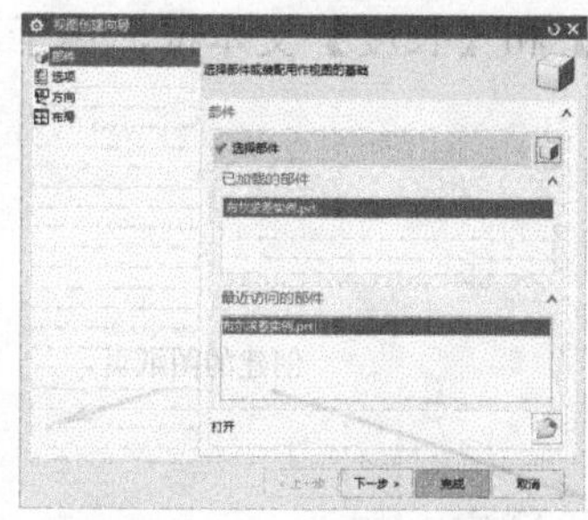

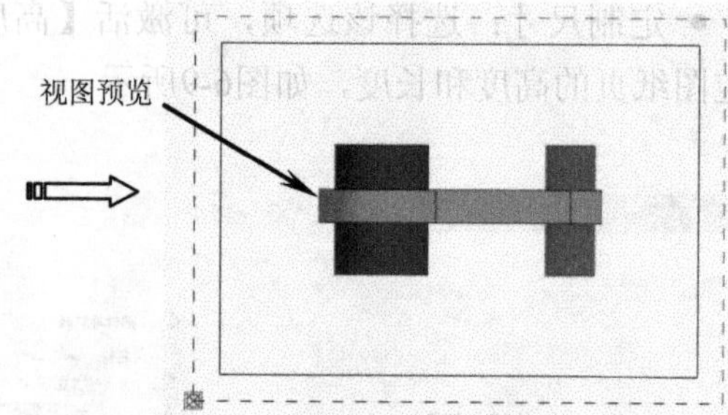

图6-10 【视图创建向导】选项

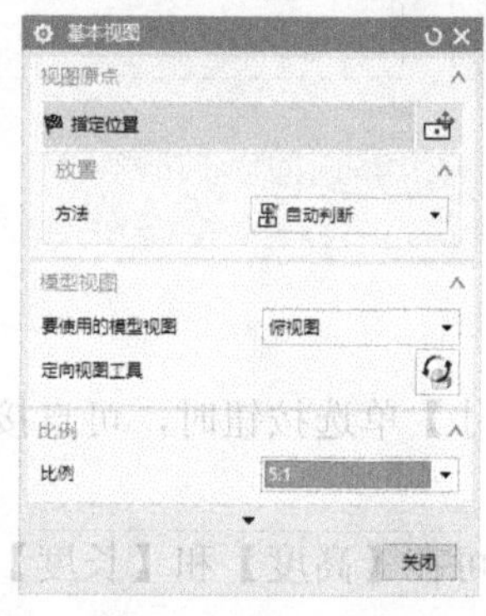

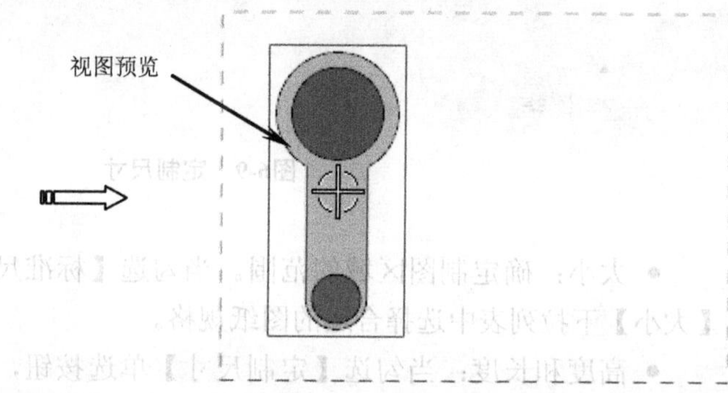

图6-11 【基本视图命令】选项

6.2.2 采用主模型法创建图纸页

上述创建图纸页方法中制图文件和模型文件放在同一文件中，但该方法不能满足实际设计需要，因为往往建模和制图不是一个人，造成制图和建模修改不能协同工作。此时采用主模型方式即可解决这个问题，将制图文件和模型文件分成两个文件。

NX命令	● 选择下拉菜单【文件】|【新建】命令

Step01 选择下拉菜单【文件】|【新建】命令，弹出【新建项】对话框，选择【图纸】模板，选择“A3-无视图”模板，在【名称】框中设置工程图名称，在【文件夹】框中设置保存目录，如图6-12所示。

Step02 单击【确定】按钮，进入制图环境，创建图纸页如图6-13所示。单击【视图创建向导】对话框中的【取消】按钮。

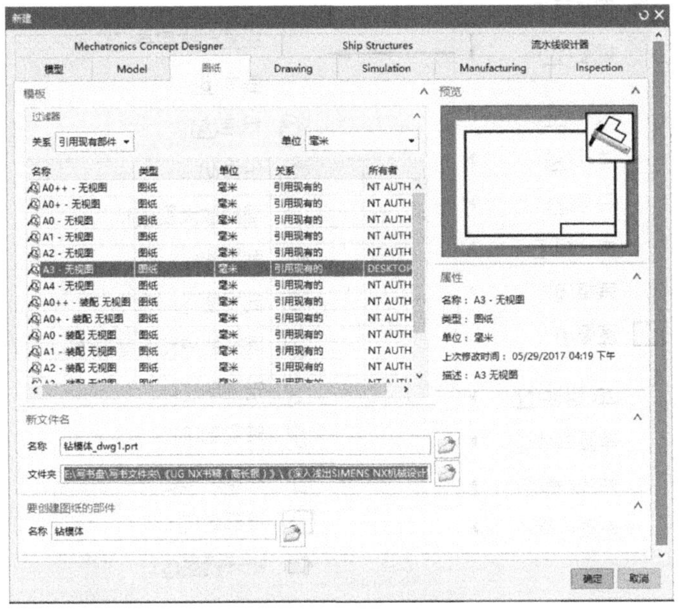

图6-12　【新建】对话框

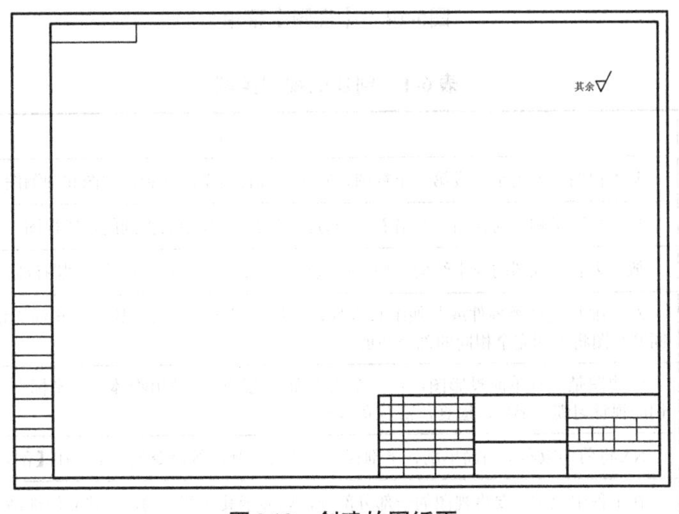

图6-13　创建的图纸页

6.3 创建工程视图

在工程图中，视图一般使用二维图形表示的零件形状信息，而且它也是尺寸标注、符号标注的载体，由不同方向投影得到的多个视图可以清晰完整地表示零件信息。

NX基本视图相关命令集中在下拉菜单【插入】|【视图】下，如图6-14所示。创建的视图类型如表6-1所示。

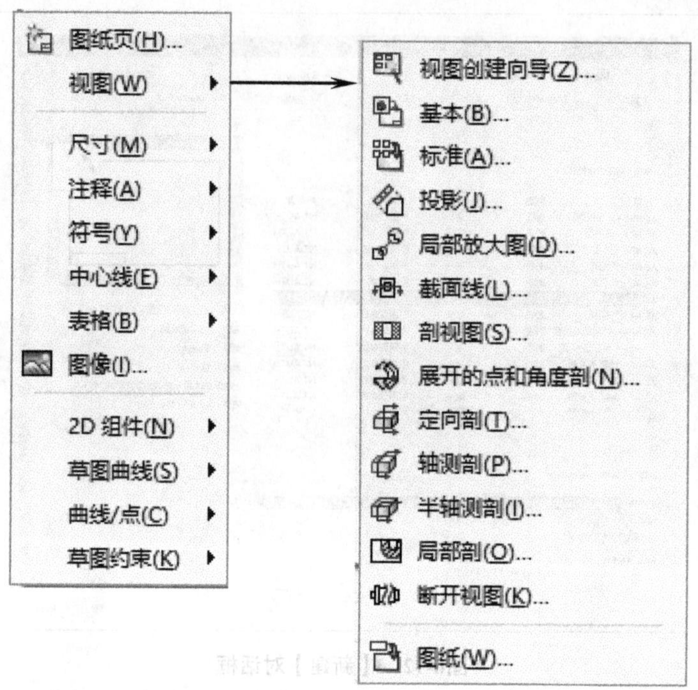

图6-14 【视图】菜单

表6-1 创建的视图类型

类　型	说　明
基本视图	基本视图一般用于生成第一个视图，它是指部件模型的各种向视图和轴测图
投影视图	投影视图又称为向视图，是沿着一个方向观察实体模型而得到的投影视图
局部放大视图	放大来表达视图的细小结构，局部放大视图应尽可能放置在被放大视图位附近
断开视图	对于细长的杆类零件或其他细长零件，按比例显示全部会因比例太小而无法表达清楚，可采用断开视图将中间完全相同的部分裁剪掉
轴测图	轴测图是一种单面投影图，在一个投影面上能同时反映出物体三个坐标面的形状，并接近于人们的视觉习惯，形象、逼真，富有立体感
剖视图	NX将前期版本中的简单剖、半剖视图、旋转剖视图等命令统一集中在【剖视图】命令中
局部剖	在工程中经常需要将视图的一部分剖开，以显示其内部结构，即建立局部剖视图

6.3.1 【视图】首选项

6.3.1 视频精讲

在创建工程视图之前，首先设置制图首选项。下面介绍一下制图首选项的最常用设置。

NX命令

- 选择下拉菜单【首选项】|【制图】命令

Step03 选择下拉菜单【首选项】|【制图】命令，在左侧列表中选择【视图】|【工作流】选项，弹出工作流相关设置参数，如图6-15所示。

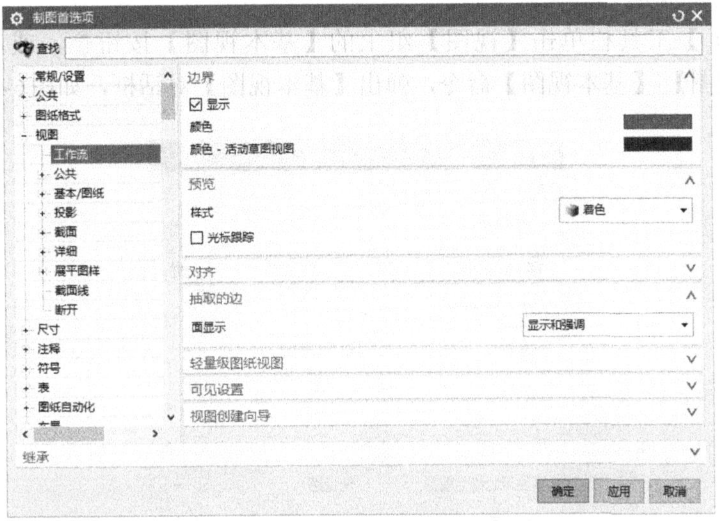

图6-15 工作流

提示

在【视图】组中的“工作流”设置时，对于“边界”设置，勾选【显示】项，这样创建的视图和投影或剖视图就有边界框，便于视图操作，绘制完成后可取消该选项，更符合工程图规范要求。

Step04 在左侧列表中选择【视图】|【公共】|【角度】选项，设置【格式】和【显示前导零】，如图6-16所示。

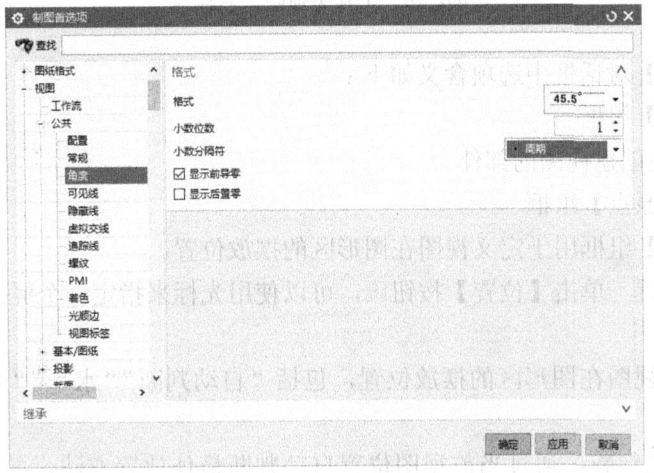

图6-16 【角度】选项

6.3.2 创建基本视图

6.3.2 视频精讲

每个图纸页都有且只有一个基本视图，其他视图都是以基本视图作为父视图进行的添加。

在【主页】工具栏单击【视图】组上的【基本视图】按钮，或选择下拉菜单【插入】|【视图】|【基本视图】命令，弹出【基本视图】对话框，如图6-17所示。

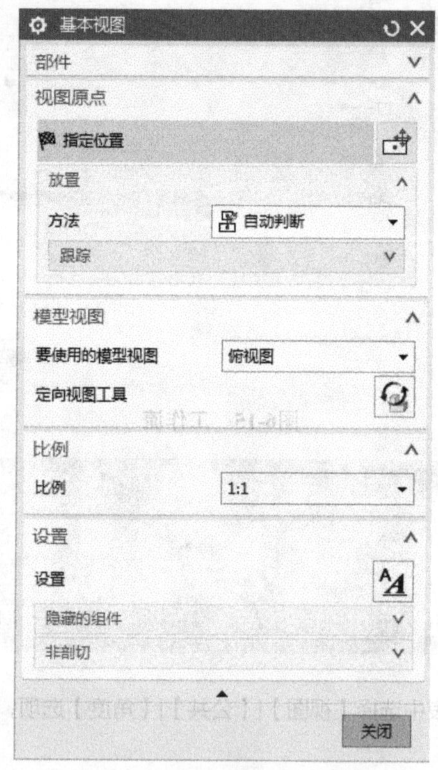

图6-17 【基本视图】对话框

【基本视图】对话框中选项含义如下：

（1）【部件】组框

用于选择要创建视图的部件。

（2）【视图原点】组框

【视图原点】组框用于定义视图在图形区的摆放位置。

① 指定位置 单击【位置】按钮，可以使用光标来指定一个屏幕位置放置视图，如图6-18所示。

② 方法 视图在图形区的摆放位置，包括“自动判断”“水平”“垂直于直线”“叠加”等方式。

- 自动判断：通过当前视图位置自动判断最佳放置方法，并使用该方法对齐视图，如图6-19所示。

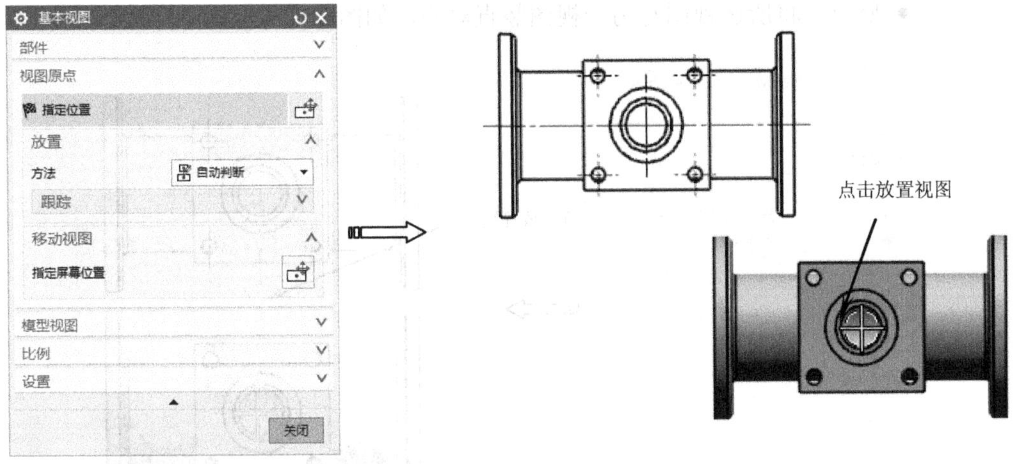

图6-18　指定位置

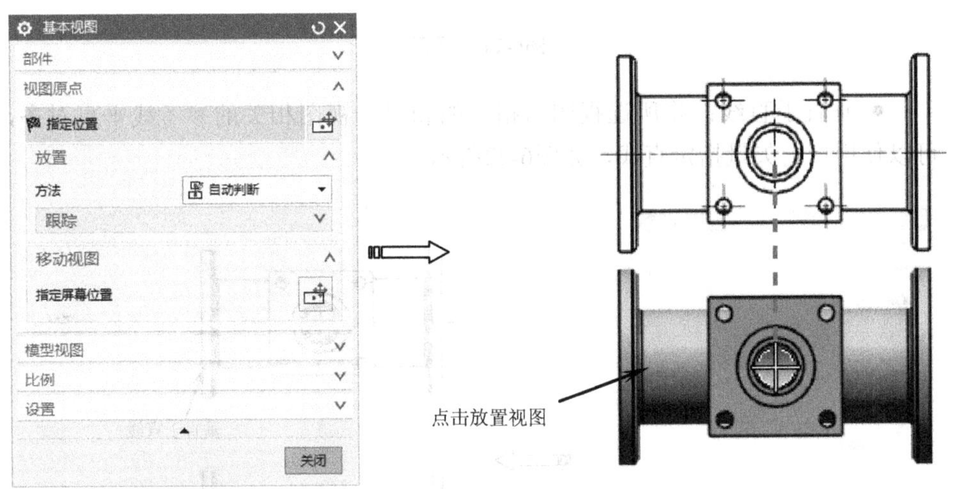

图6-19　自动判断

- 水平：将所选视图与另一视图水平对齐，如图6-20所示。

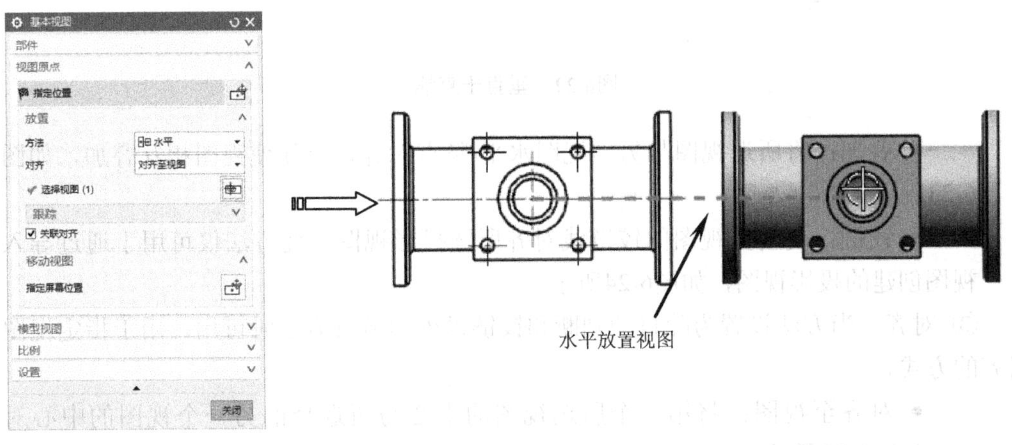

图6-20　水平

● 竖直：将所选视图与另一视图竖直对齐，如图6-21所示。

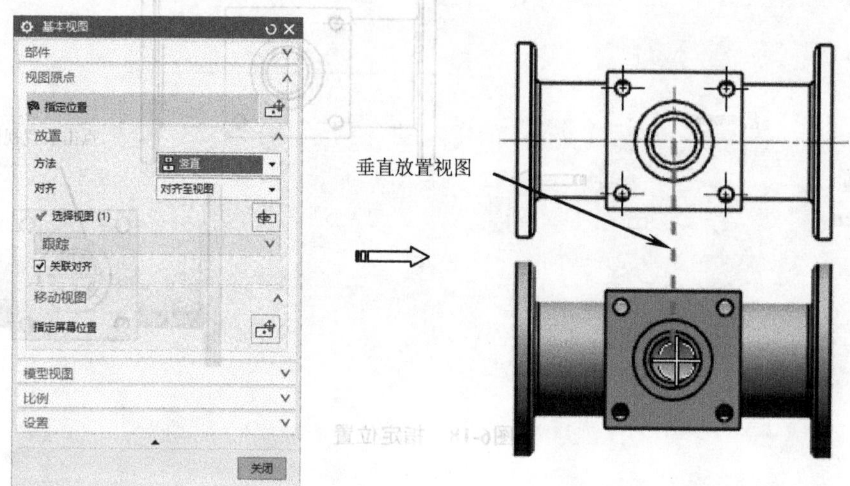

图6-21 竖直

● 垂直于直线：将所选视图与指定的和另一视图相关的参考线垂直对齐，也可以使用指定矢量指定直线，如图6-22所示。

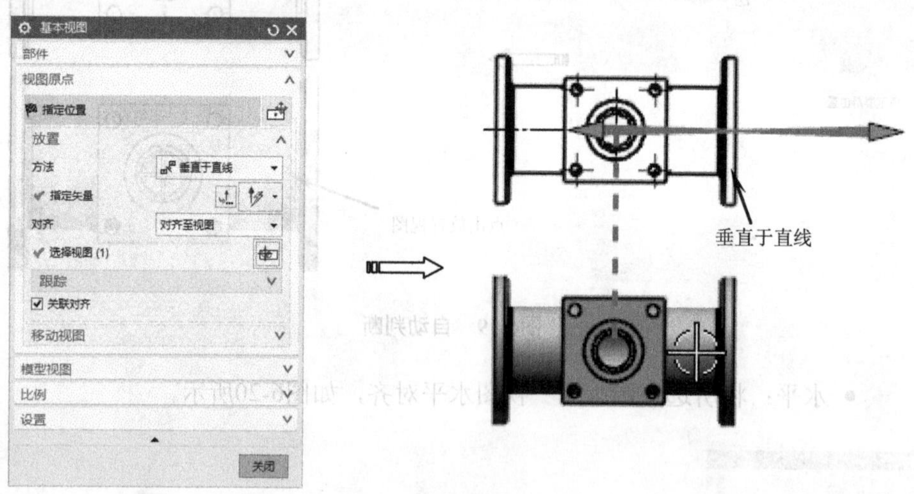

图6-22 垂直于直线

● 叠加：将所选视图与另一视图水平/竖直对齐，以便使视图相互叠加，如图6-23所示。

● 铰链：使用父视图的铰链线对齐所选投影视图。此方法仅可用于通过导入视图创建的投影视图，如图6-24所示。

③ 对齐 当方法设置为除自动判断和铰链以外的所有方法时可用，用于指定视图对齐的方式。

● 对齐至视图：将第一个所选视图的中心与所选择的另一个视图的中心对齐，如图6-25所示。

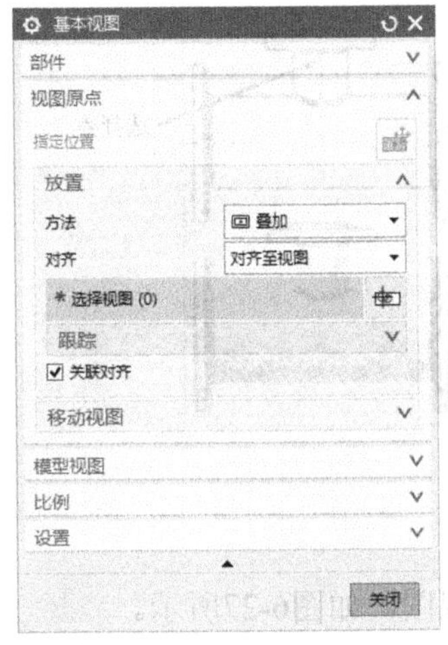

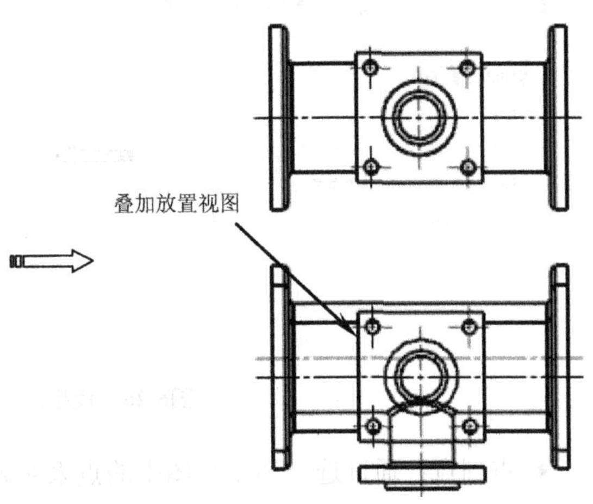

图6-23 叠加

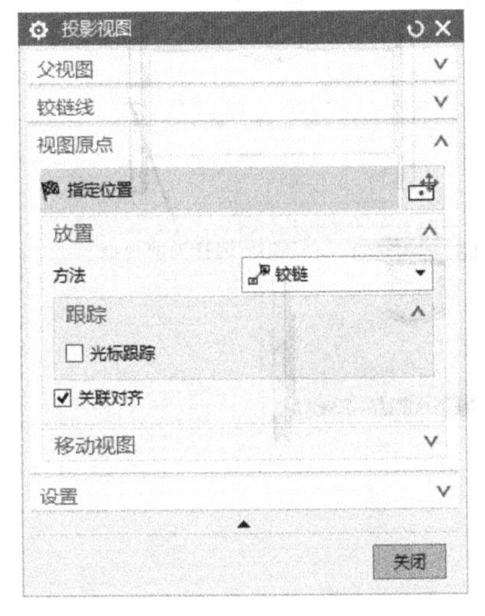

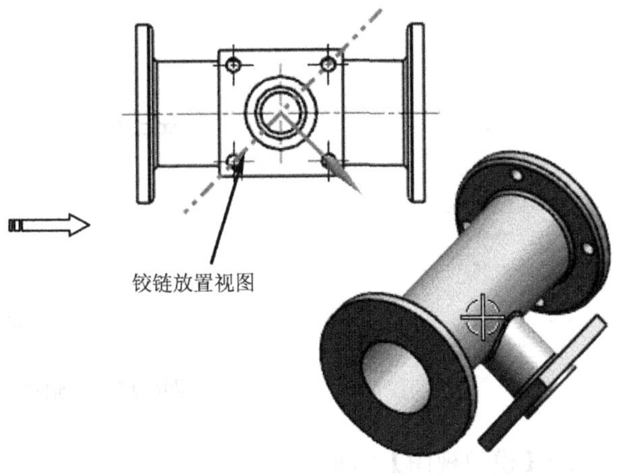

图6-24 铰链

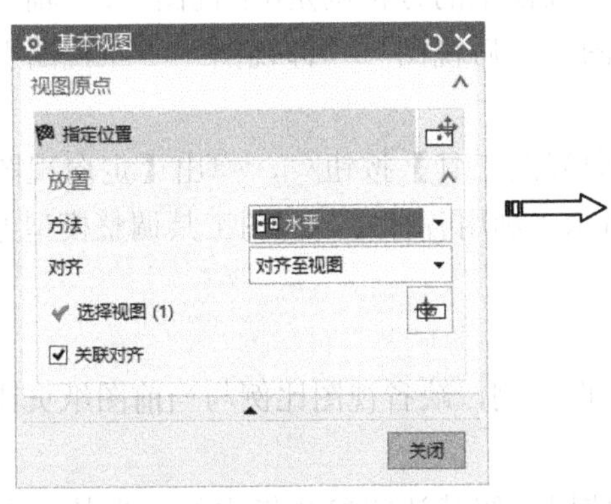

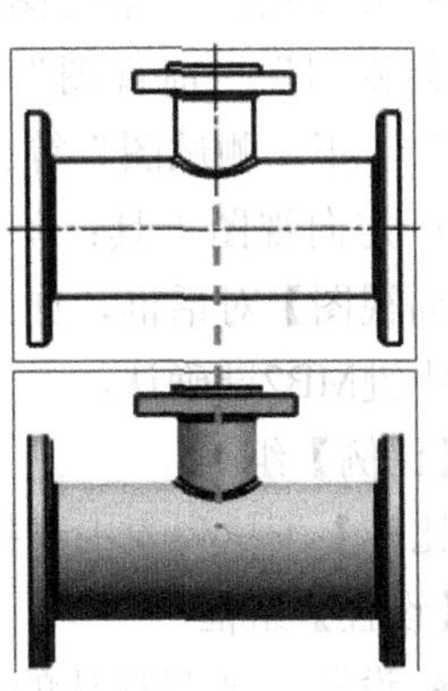

图6-25 对齐至视图

● 模型点：通过选择模型上的一点和一个需要对齐的视图来对齐视图，如图6-26所示。

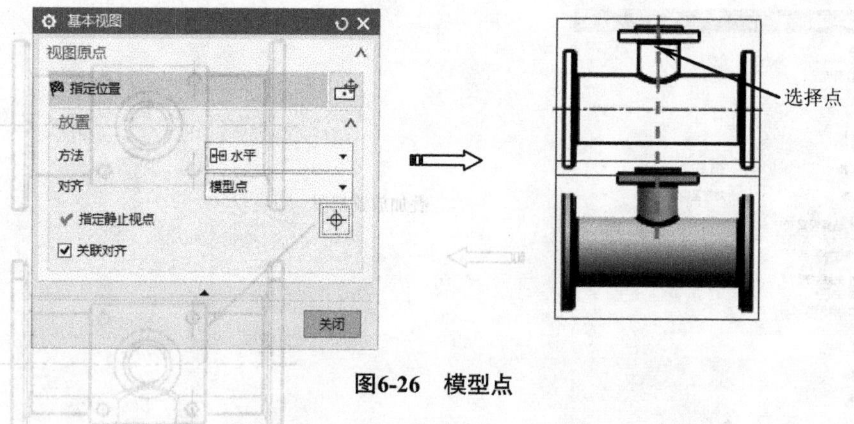

图6-26　模型点

- 点到点：通过选择两个视图中的点来对齐视图，如图6-27所示。

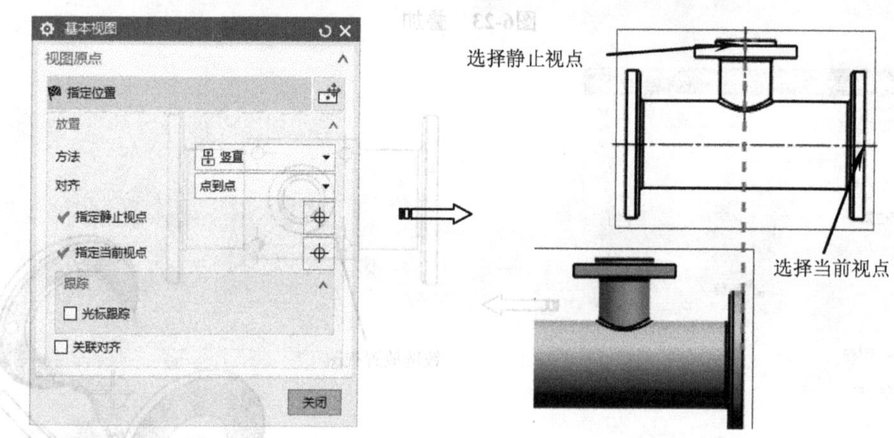

图6-27　点到点

（3）【模型视图】组框

用于选择模型的视图方向，包括以下选项：

- 要使用的模型视图：以原三维模型的方位确定6个视图和2个轴测视图，包括“俯视图”“前视图”“右视图”“后视图”“仰视图”“左视图”“正等测试图”“正二测试图”等。
- 定向视图工具：单击【定向视图工具】按钮，弹出【定向视图工具】和【定向视图】对话框，如图6-28所示。利用各种定向视图工具调整模型方向，单击鼠标中键MB2键确认。

（4）【比例】组框

在【比例】下拉列表中选择新建视图比例，缺省视图比例与当前图纸页比例一致。

（5）【设置】组框

- 设置：视图默认的样式是使用系统默认的参数指定的，当基本视图不能满足设计要求时，可单击【设置】按钮，弹出【设置】对话框更改系统设置。
- 隐藏的组件：用于装配图中隐藏某个装配组件，使之不可见。
- 非剖切：用于装配剖视图中，不剖切某个装配组件。

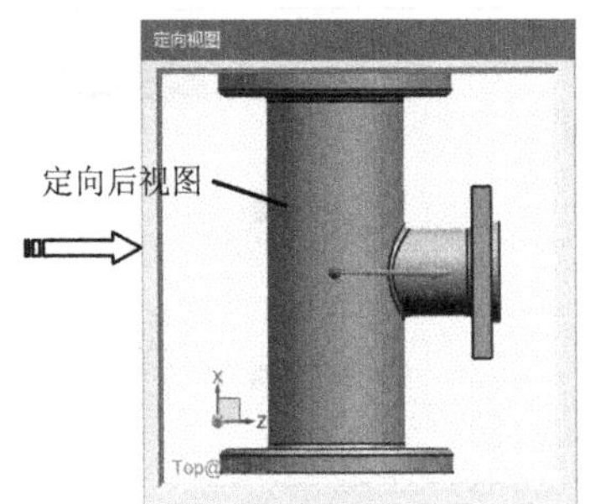

图6-28　【定向视图工具】对话框

NX命令	● 单击【视图】组上的【基本视图】按钮 ● 选择下拉菜单【插入】|【视图】|【基本视图】命令

Step05 在【主页】工具栏单击【视图】组上的【基本视图】按钮，或选择下拉菜单【插入】|【视图】|【基本视图】命令，弹出【基本视图】对话框，图形区显示模型预览效果，如图6-29所示。

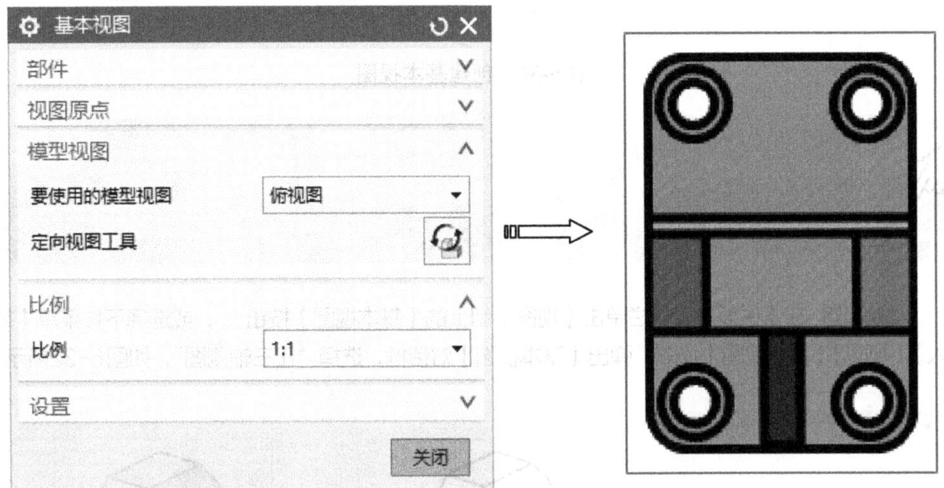

图6-29　基本视图预览

Step06 在【模型视图】选项中点击【定向视图】命令图标，弹出【定向视图工具】对话框和【定向视图】观察窗口，根据所需的投影方向，分别选择法向方向和X向方向，如图6-30所示。

Step07 移动鼠标指针在适当位置处单击放置基本视图，如图6-31所示。在弹出的【投影视图】对话框中单击【关闭】按钮。

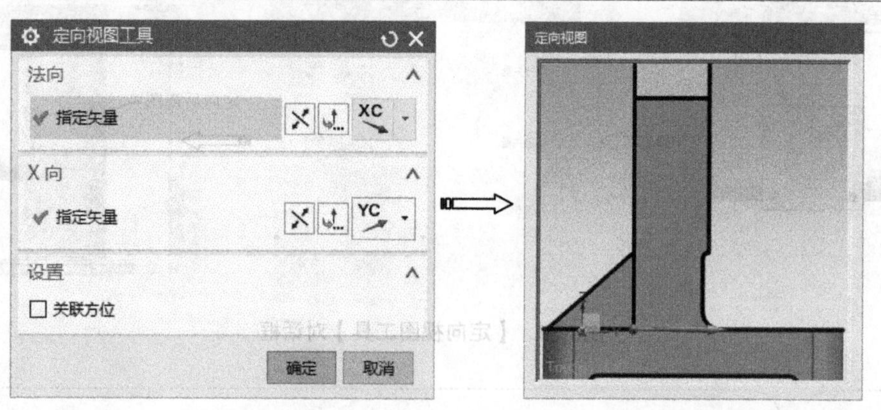

图6-30 定向视图

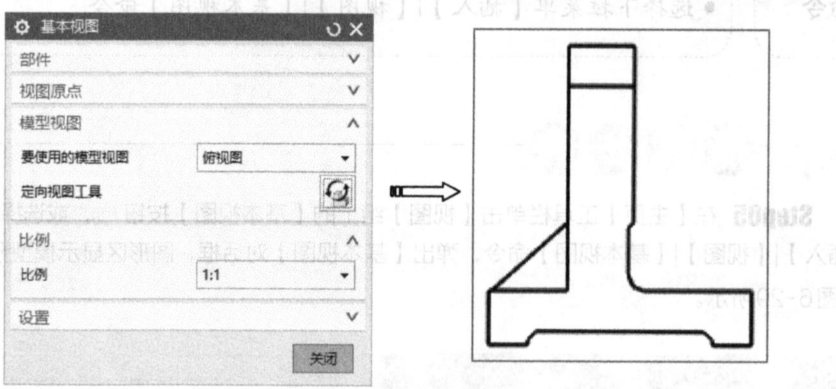

图6-31 创建基本视图

提示

创建基本视图后，根据系统默认设置，会自动弹出【投影视图】对话框，用于创建投影视图。

Step08 在【主页】工具栏单击【视图】组上的【基本视图】按钮，或选择下拉菜单【插入】|【视图】|【基本视图】命令，弹出【基本视图】对话框，选择“正三轴测图”，如图6-32所示。

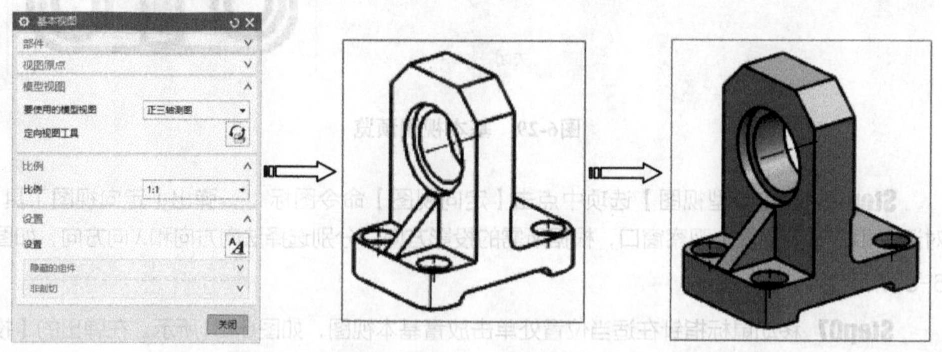

图6-32 创建正三轴测图

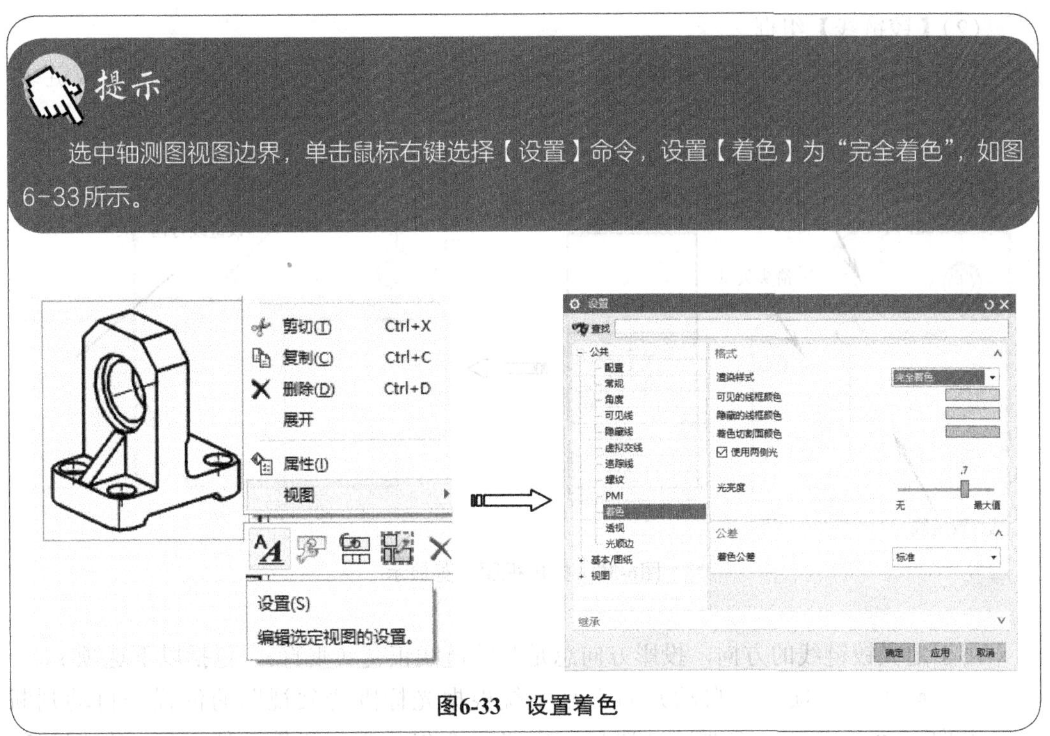

图6-33　设置着色

6.3.3　视频精讲

6.3.3　创建投影视图

【投影视图】是从一个已经存在的父视图（通常为正视图）按照投影原理得到的，而且投影视图与父视图存在相关性。投影视图与父视图自动对齐，并且与父视图具有相同的比例。在NX制图模块中，投影视图是从一个已经存在的父视图（通常为基本视图）沿着一条铰链线投影得到的，而且投影视图与父视图存在相关性。

在【主页】工具栏单击【视图】组上的【投影视图】按钮，或选择下拉菜单【插入】|【视图】|【投影】命令，弹出【投影视图】对话框，如图6-34所示。

图6-34　【投影视图】对话框

【投影视图】对话框中相关选项含义如下：

（1）【父视图】组框

用于选择要投影的父视图，系统默认自动选择最后一个基本视图作为俯视图。

（2）【铰链线】组框

在创建投影视图时，NX会显示：一条铰链线和矢量箭头。矢量方向垂直于铰链线，矢量箭头指出了父视图的投影方向，如图6-35所示。

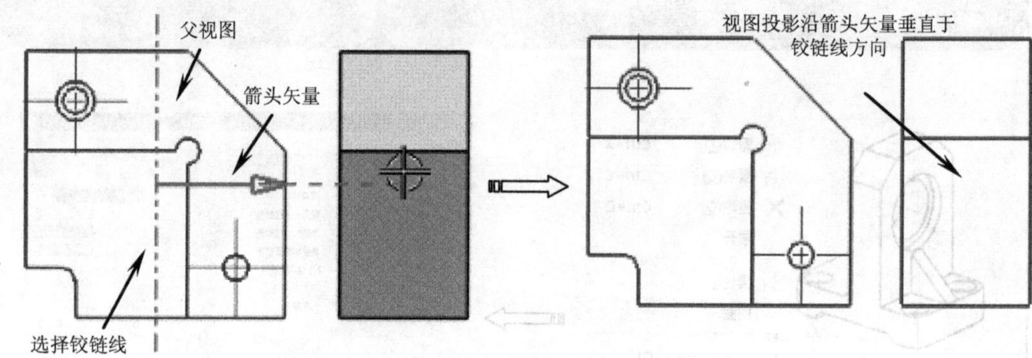

图6-35　投影视图预览显示

用于定义铰链线的方向，投影方向总是与铰链线正交（垂直），包括以下选项：

- 矢量选项：“自动判断”是系统根据光标围绕父视图的位置来自动判断方向；“已定义”需要通过选择或定义一个矢量来定义铰链线方向，如图6-36所示。

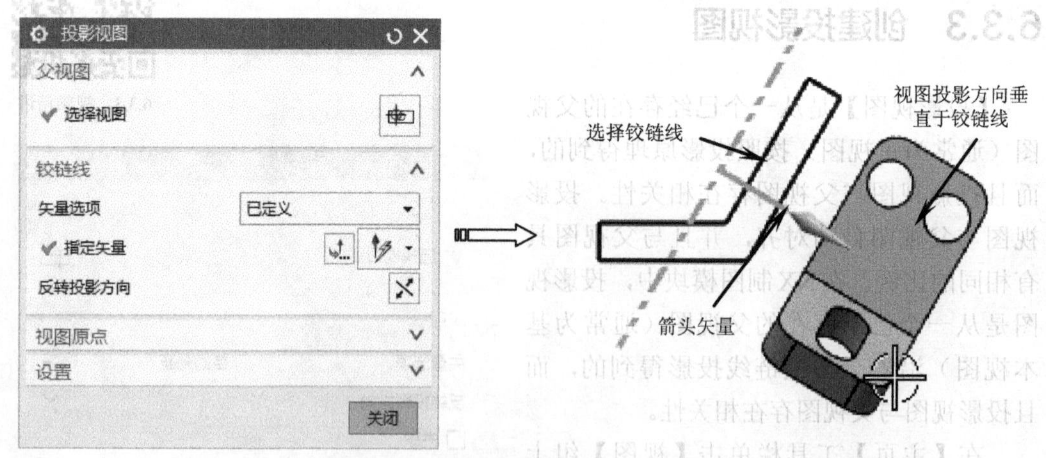

图6-36　铰链线

- 【反转投影方向】按钮：当用户对投影矢量方向不满意时，可选中【反转投影方向】按钮，则投影矢量的方向变成原来矢量的相反方向。

NX命令	• 单击【视图】组上的【投影视图】按钮 • 选择下拉菜单【插入】|【视图】|【投影】命令

Step09 在【主页】工具栏单击【视图】组上的【投影视图】按钮，或选择下拉菜单【插入】|【视图】|【投影】命令，弹出【投影视图】对话框，并自动选择图纸中唯一视图为父视图，如图6-37所示。

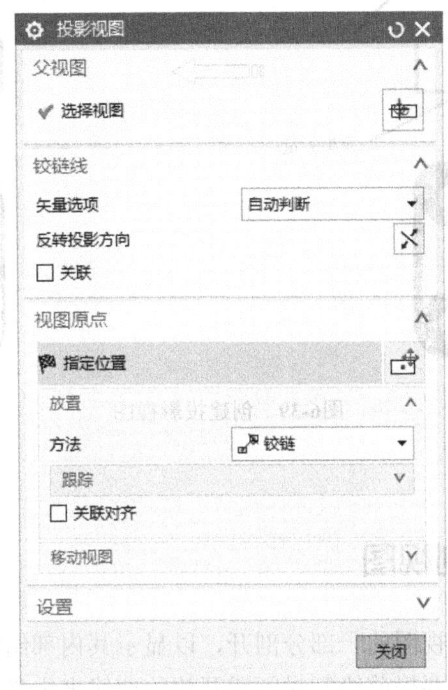

图6-37 【投影视图】对话框

Step10 在父视图中会显示铰链线和对齐箭头矢量符号，水平拖动鼠标，在合适位置单击来放置左视图，如图6-38所示。

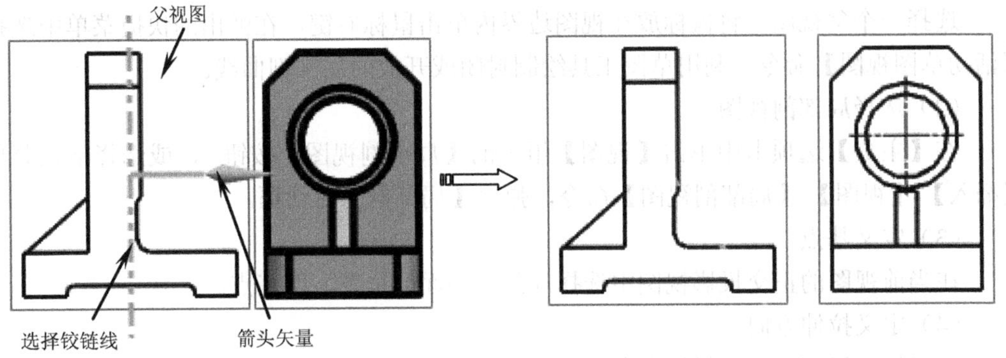

图6-38 创建投影视图

Step11 再次，竖直拖动鼠标，在父视图中会显示铰链线和对齐箭头矢量符号，在合适位置单击来放置俯视图，如图6-39所示。单击ESC键完成操作。

第06章 工程图设计

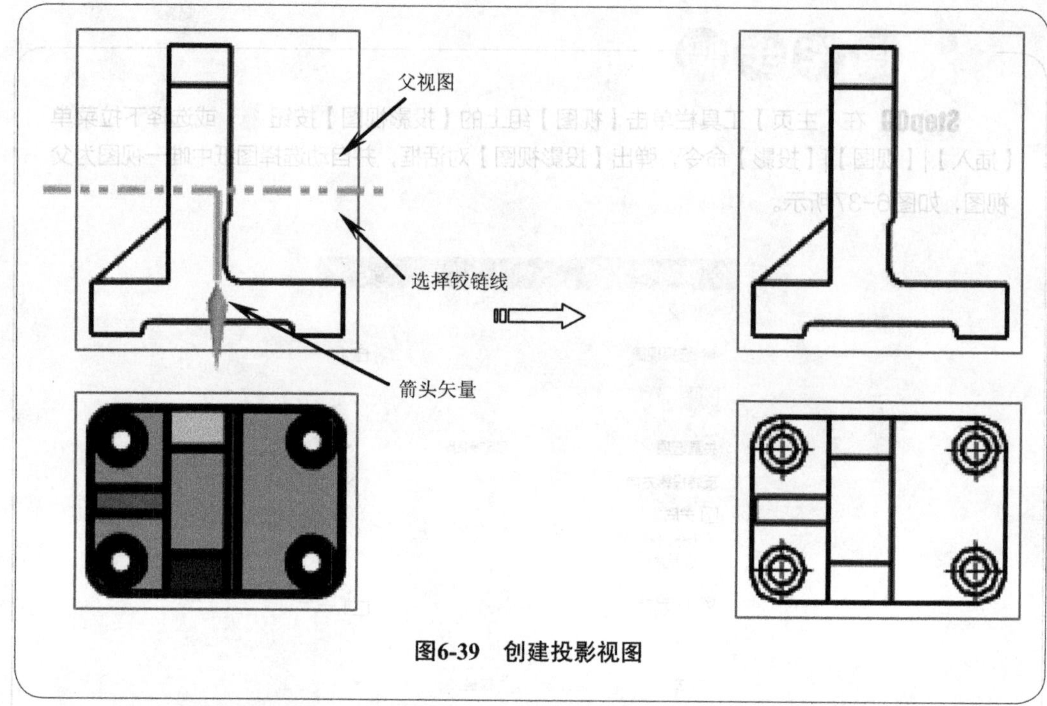

图6-39 创建投影视图

6.3.4 创建局部剖视图

6.3.4 视频精讲

在工程中经常需要将视图的一部分剖开，以显示其内部结构，即建立局部剖视图，创建时需要提前绘制封闭或开放的曲线来定义要剖开的区域。UG NX可将局部剖应用于正交视图和轴测图。

局部剖视图的创建操作步骤可分为5步：绘制局部剖曲线、选择局部剖视图、定义基点、定义拉伸方向、选择剖切曲线。如图6-40所示。

（1）绘制局部剖曲线

选择一个父视图，将鼠标放在视图边界内单击鼠标右键，在弹出的快捷菜单中选择【活动草图视图】命令，利用草图工具绘制封闭或开放的局部剖曲线。

（2）选择局部剖视图

在【主页】选项卡中单击【视图】组上的【局部剖视图】按钮，或选择下拉菜单【插入】|【视图】|【局部剖视图】命令，弹出【局部剖】对话框。

（3）定义基点

在当前视图的正交投影视图中选择局部剖切面的位置，即基点。

（4）定义拉伸方向

用于指定局部剖去除材料方向，应该指是所选视图的法线方向。

（5）选择剖切曲线

用户在图纸页中第一步所绘制的剖切曲线，单击【应用】按钮完成局部视图的绘制。

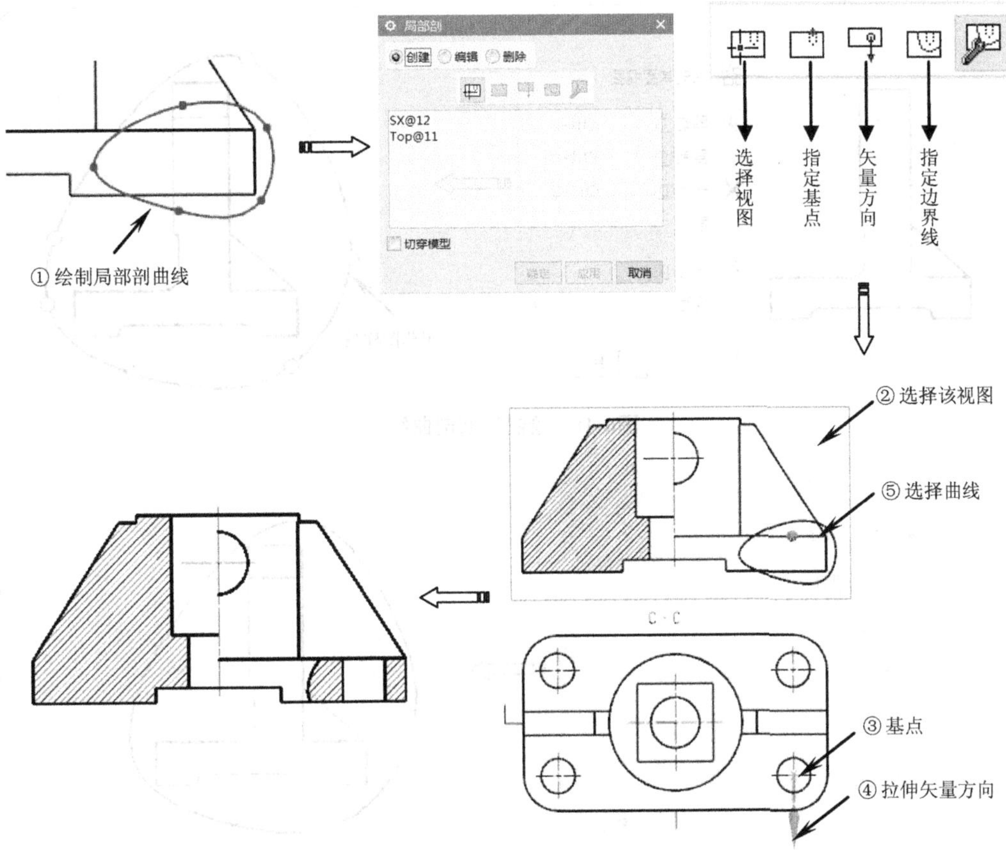

图6-40　局部剖视图创建步骤

NX命令	● 单击【主页】选项卡上的【视图】组中的【局部剖视图】按钮 ● 选择下拉菜单【插入】|【视图】|【截面】|【局部剖】命令

Step12 绘制局部剖曲线。选择要进行局部剖的视图边界，并单击鼠标右键弹出快捷菜单，选择【快捷菜单】下的【活动草图视图】命令，转换为活动草图。选择下拉菜单【插入】|【草图曲线】|【艺术样条】命令，弹出【艺术样条】对话框，选择【类型】为“通过点”，绘制如图6-41所示的封闭曲线。

Step13 选择视图。单击【主页】选项卡上的【视图】组中的【局部剖视图】按钮，或选择下拉菜单【插入】|【视图】|【截面】|【局部剖】命令，弹出【局部剖】对话框，在列表中选择Top@2视图，也可在图形区单击选择视图，如图6-42所示。

Step14 定义基点。在【局部剖】对话框中单击【指出基点】按钮，确认【捕捉方式】工具条上的按钮按下，选择如图6-43所示的圆。

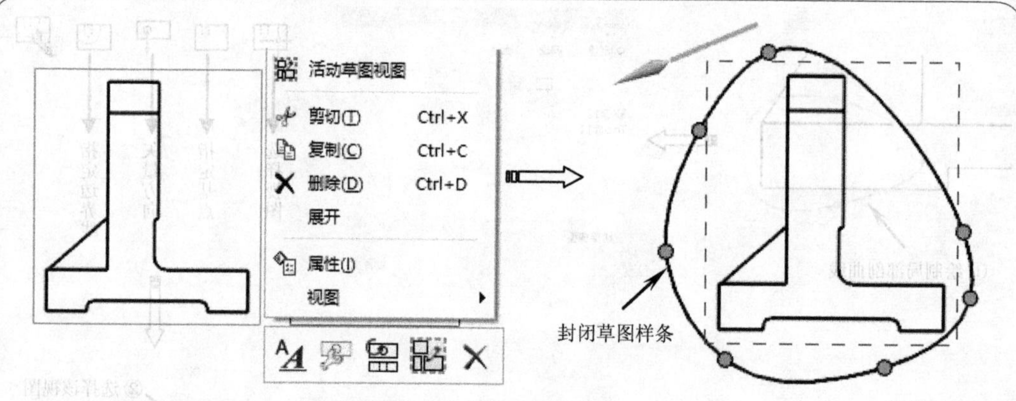

图6-41 绘制局部剖曲线

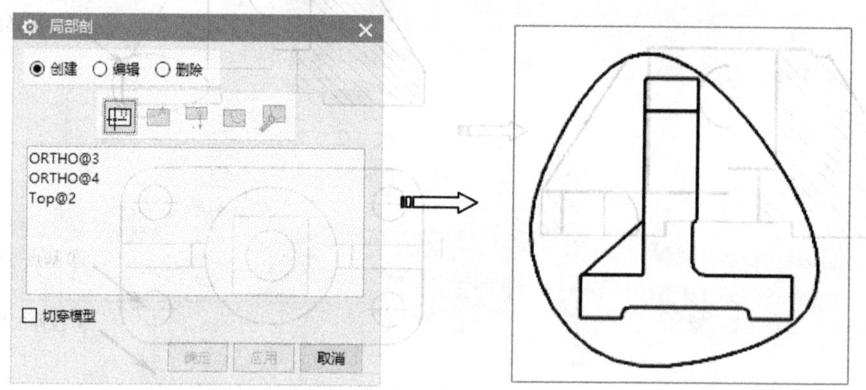

图6-42 选择视图

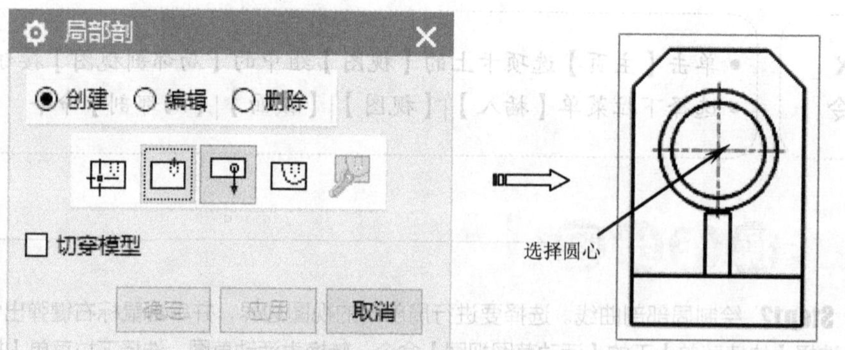

图6-43 定义基点

Step15 定义拉伸矢量方向。在【局部剖】对话框中单击【指出拉伸矢量】按钮，接收系统默认拉伸方向，如图6-44所示。

Step16 选择曲线。在【局部剖】对话框中单击【选择曲线】按钮，选择前面绘制的样条曲线作为剖切曲线，如图6-45所示。

Step17 单击【应用】按钮完成局部剖视图的创建，如图6-46所示。

Step18 重复上述创建局部剖视图的过程，创建另一个局部剖视图，如图6-47所示。

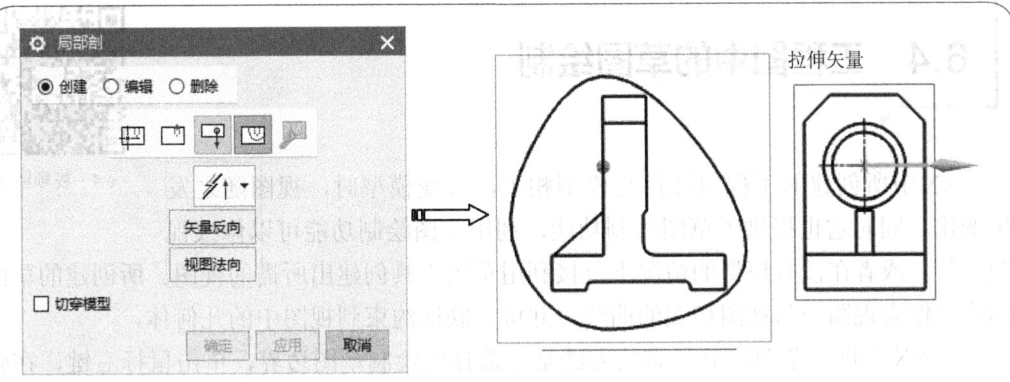

图6-44　定义拉伸矢量方向

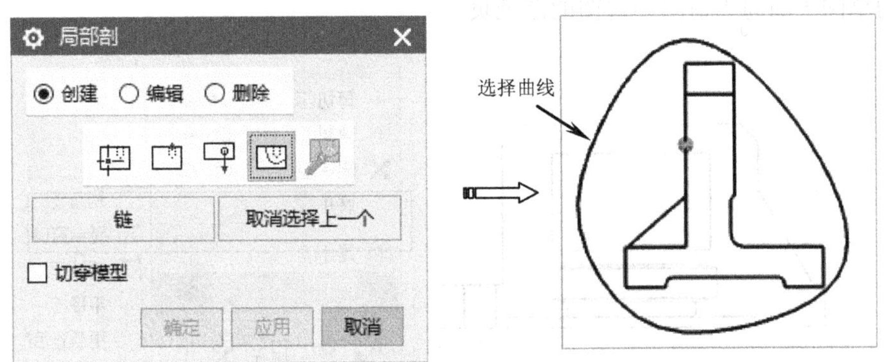

图6-45　选择曲线

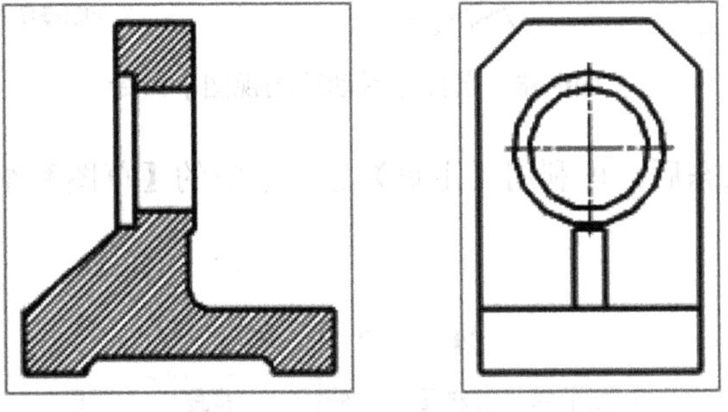

图6-46　创建局部剖视图

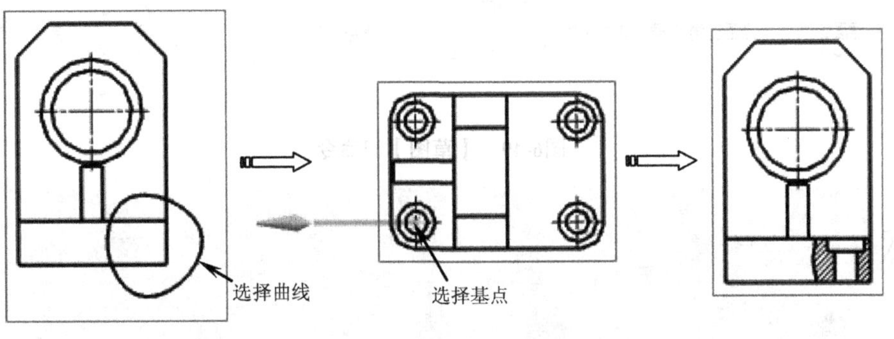

图6-47　创建局部剖视图

6.4 工程图中的草图绘制

6.4 视频精讲

NX中所创建的工程图往往与模型相关，改变模型时，视图随之发生变化。同时它也提供了草图绘制功能，利用草图绘制功能可以修改视图线条，或者在没有模型的情况下直接利用草图工具创建出所需的视图。所创建的草图曲线将作为视图中与视图相关的曲线，并可关联地约束到视图中的几何体。

在NX中进入草图绘制状态的方法是：选择要绘制草图边界，单击鼠标右键，在弹出的快捷菜单中选择【活动草图视图】命令，如图6-48所示。进入草图绘制后，系统默认的草图平面为当前活动视图的图纸页。

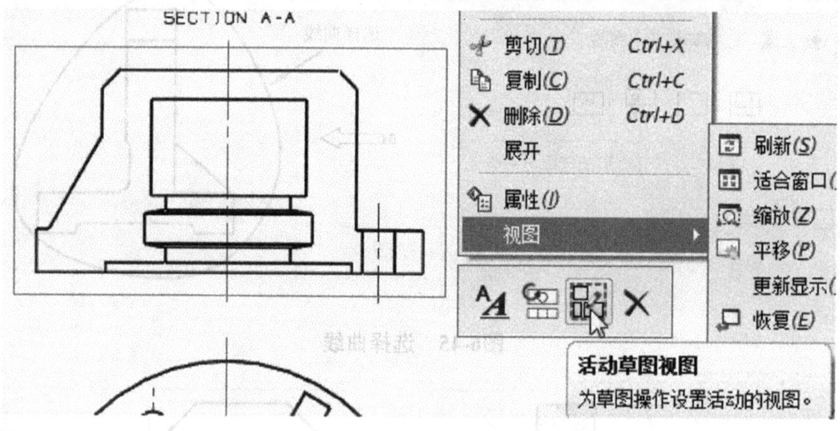

图6-48 选择【活动草图视图】命令

进入草图绘制状态后，可利用【主页】选项卡中的【草图】组相关命令绘制草图轮廓，如图6-49所示。

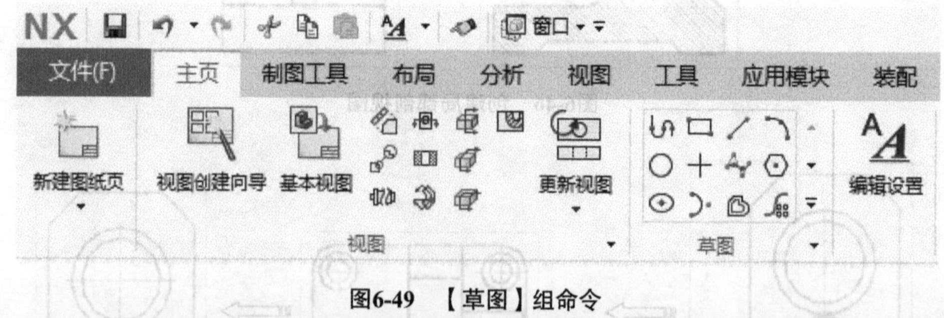

图6-49 【草图】组命令

提示

处于制图应用模块中时，草图任务环境将保持连续可用状态，不会终止。在完成创建曲线和约束时，不必关闭草图，只需激活另一个草图或执行另一个制图任务。

NX命令	●单击【主页】选项卡的【编辑设置】按钮 ●单击【注释】工具栏上的【剖面线】按钮

Step19 选中主视图，单击【主页】选项卡的【编辑设置】按钮，弹出【设置】对话框，取消【创建剖面线】复选框，单击【确定】按钮完成，如图6-50所示。

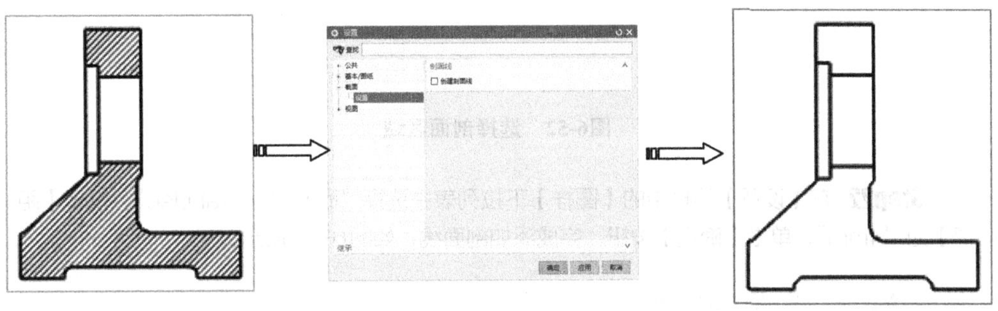

图6-50　隐藏剖面线

Step20 选择视图边界，单击鼠标右键，在弹出的快捷菜单中选择【激活草图】命令，利用草图绘制工具绘制如图6-51所示的直线。单击【完成草图】按钮退出草图绘制状态。

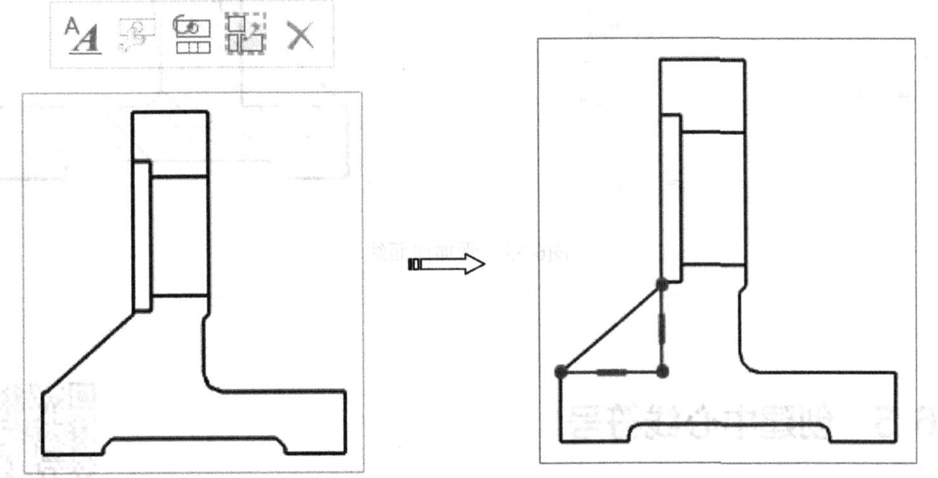

图6-51　绘制草图曲线

Step21 单击【注释】工具栏上的【剖面线】按钮，或选择下拉菜单【插入】|【注释】|【剖面线】命令，弹出【剖面线】对话框，【选择模式】为“区域中的点”，依次选择如图6-52所示的两点。

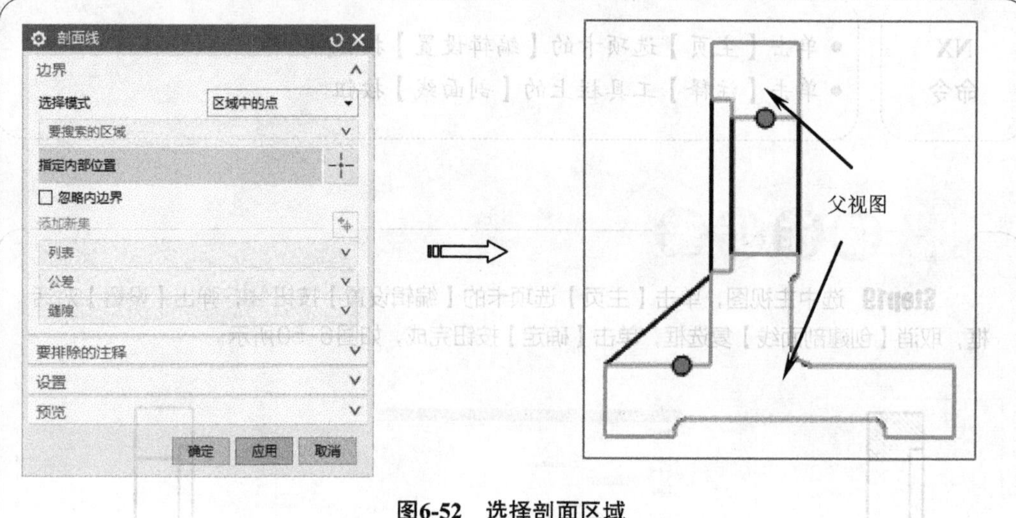

图6-52 选择剖面区域

Step22 在【设置】组框中的【图样】下拉列表中选择“Iron/General Use”，设置【距离】为“4mm”，单击【确定】按钮，完成添加剖面线，如图6-53所示。

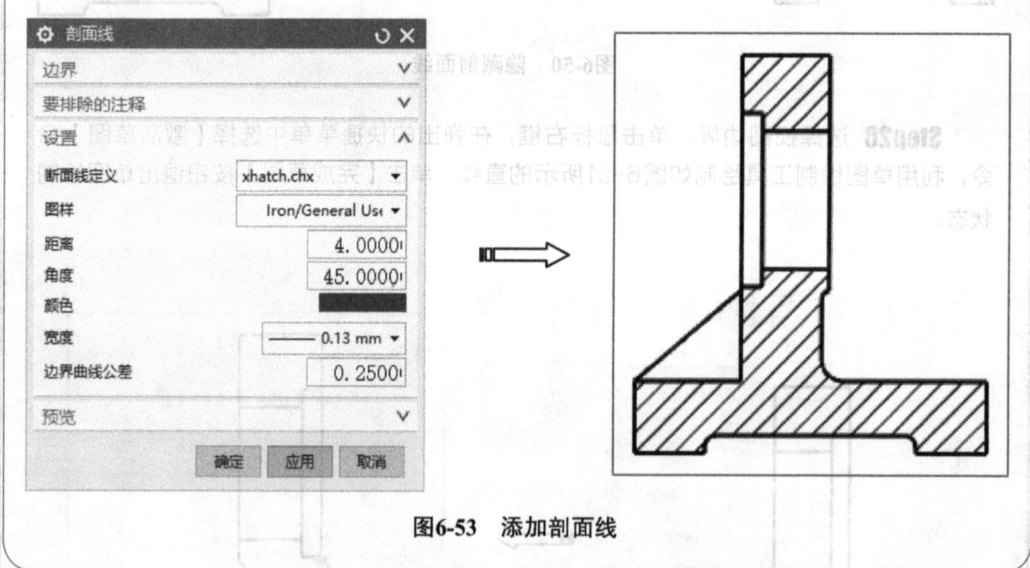

图6-53 添加剖面线

6.5 创建中心线符号

6.5 视频精讲

为了能够更加清楚地区分轴、孔、螺纹孔等部件，往往需要对其添加中心线或轴线，这些就是所谓中心线符号。添加中心线符号只能在工程绘图窗口中看见，而不会影响实体的构型。NX工程图中心线命令可选择下拉菜单【插入】|【中心线】，如图6-54所示。中心线类型如表6-2所示。

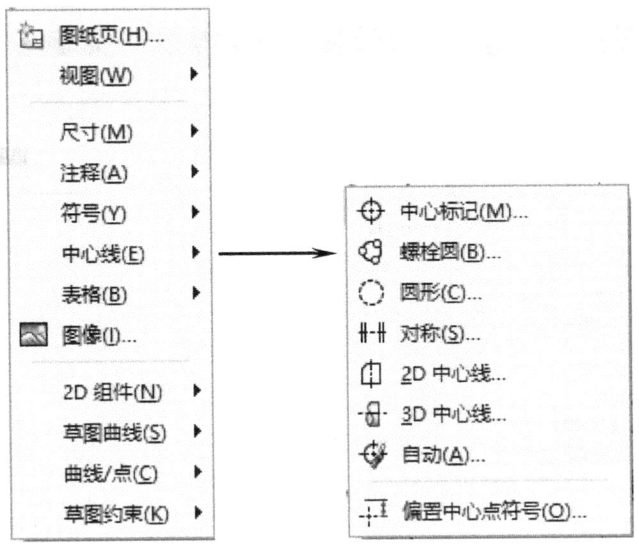

图6-54 【中心线】菜单

表 6-2 中心线类型

类 型	说 明
中心标记	中心标记可创建通过点或圆弧的中心标记
螺栓圆中心线	使用螺栓圆中心线创建通过点或圆弧的完整或不完整螺栓圆，选择时通常以逆时针方向选择圆弧，螺栓圆的半径始终等于从螺栓圆中心到选择的第一个点的距离
圆形中心线	使用圆形中心线可创建通过点或圆弧的完整或不完整圆形中心线，圆形中心线符号是通过以逆时针方向选择圆弧来定义的
对称中心线	使用对称中心线命令可以在图纸上创建对称中心线，以指明几何体中的对称位置，节省必须绘制对称几何体另一半的时间
2D 中心线	使用曲线、控制点来限制中心线的长度，从而创建 2D 中心线
3D 中心线	用于在扫掠面或分析面，例如圆柱面、锥面、直纹面、拉伸面、回转面、环面和扫掠类型面等上创建 3D 中心线
自动中心线	自动中心线命令可自动在任何现有的视图（孔或销轴与制图视图的平面垂直或平行）中创建中心线。自动中心线将在共轴孔之间绘制一条中心线

6.5.1 【中心线】首选项

NX 命令

- 选择下拉菜单【首选项】|【制图】命令

Step23 选择下拉菜单【首选项】|【制图】命令，在左侧列表中选择【注释】|【中心线】选项，弹出中心线符号相关设置参数，如图6-55所示。

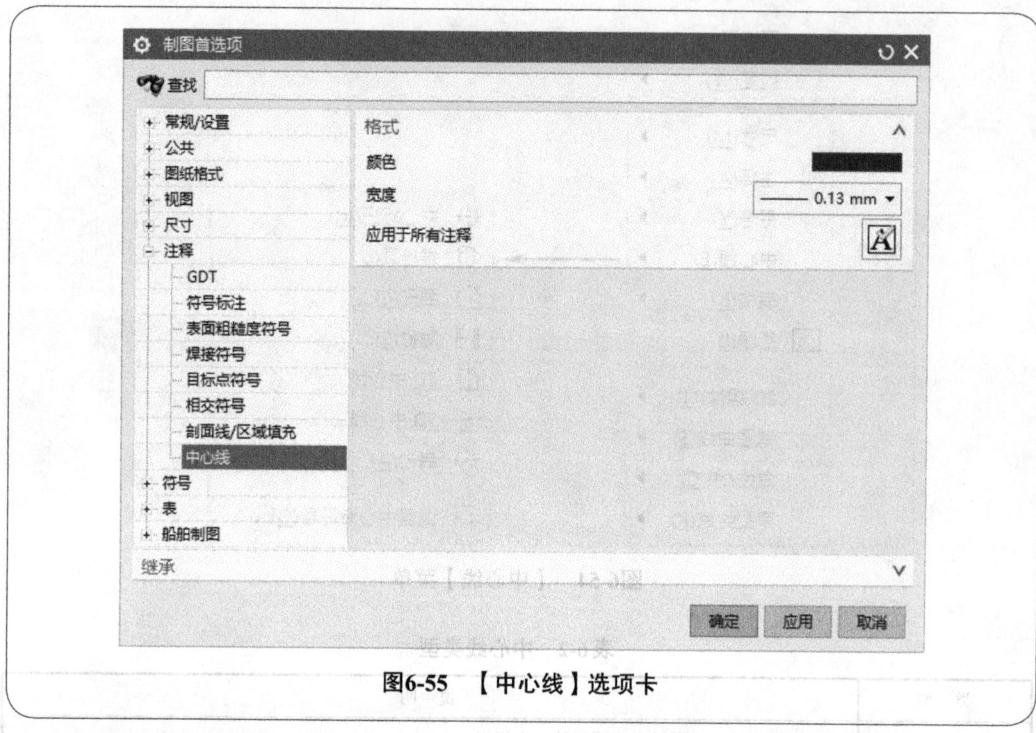

图6-55 【中心线】选项卡

6.5.2 创建中心线

6.5.2.1 2D中心线

使用曲线、控制点来限制中心线的长度，从而创建2D中心线，如图6-56所示。

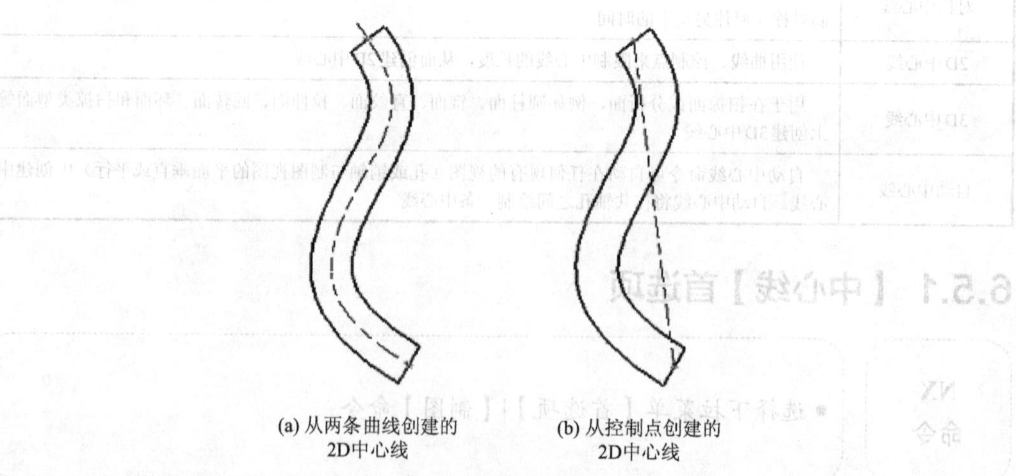

图6-56 2D中心线

6.5.2.2 自动中心线

自动中心线命令可自动在任何现有的视图（孔或销轴与制图视图的平面垂直或平行）中创建中心线，如图6-57所示。自动中心线将在共轴孔之间绘制一条中心线。

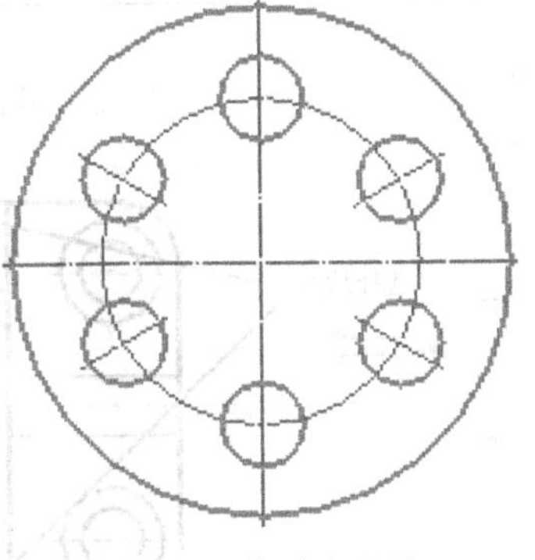

图6-57　自动中心线

NX 命令	• 选择下拉菜单【插入】|【中心线】|【自动】命令 • 选择下拉菜单【插入】|【中心线】|【2D中心线】命令

操作步骤

Step24 选择下拉菜单【插入】|【中心线】|【自动】命令，或单击【注释】工具条上的【自动】按钮，弹出【自动中心线】对话框，选择“选择视图（2）”，单击【确定】按钮完成中心线符号创建，如图6-58所示。

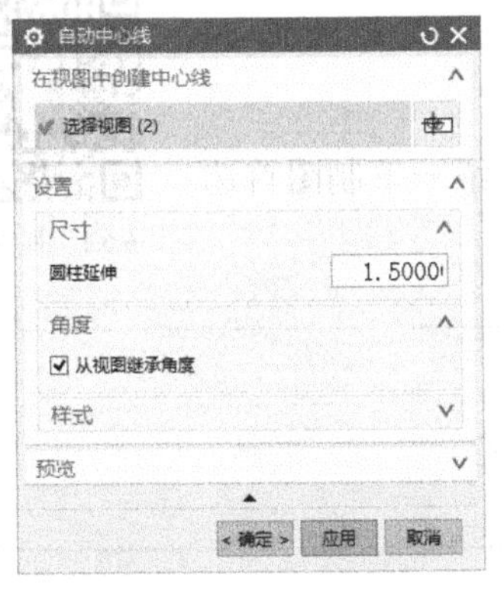

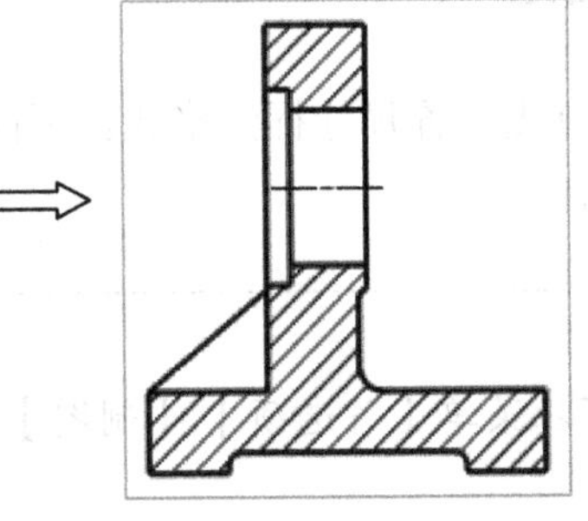

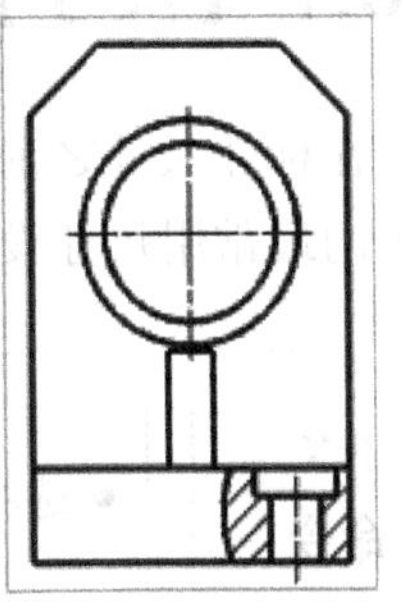

图6-58　创建中心线

提示

双击创建中心线，弹出中心线对话框，选中【单独设置延伸】复选框，可延伸中心线。

Step25 选择下拉菜单【插入】|【中心线】|【2D中心线】命令，或单击【注释】工具条上的【2D中心线】按钮，弹出【2D中心线】对话框，设置相关参数，如图6-59所示。

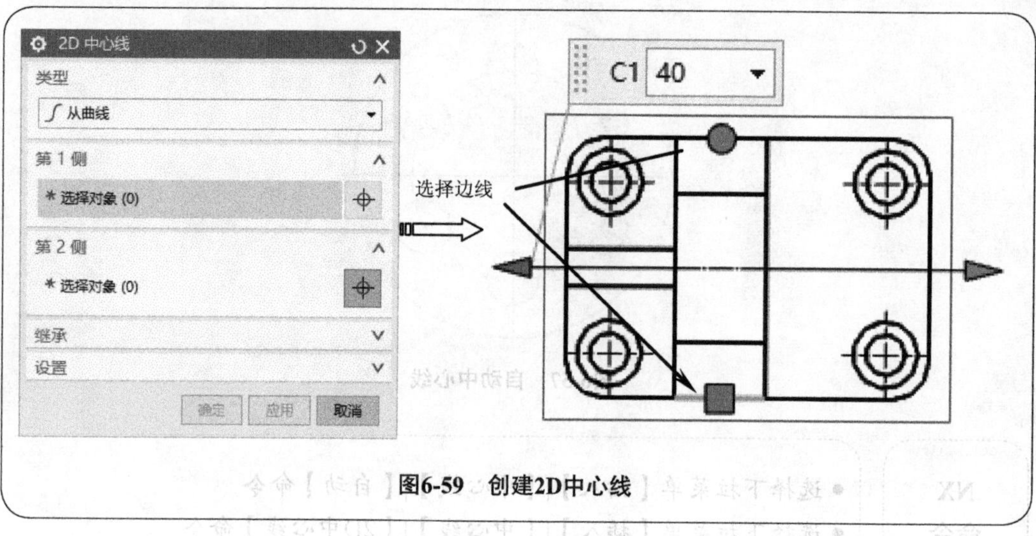

图6-59　创建2D中心线

6.6　标注尺寸

尺寸标注是工程图的一个重要组成部分，直接影响到实际的生产和加工。CATIA提供了方便的尺寸标注功能。

6.6.1 【尺寸】首选项

在标注尺寸之前，首先设置尺寸标注格式。下面介绍一下制图首选项中的最常用尺寸设置。

6.6.1　视频精讲

NX命令	• 选择下拉菜单【首选项】|【制图】命令

Step26 选择下拉菜单【首选项】|【制图】命令，在左侧列表中选择【公共】|【直线/箭头】|【箭头】选项，设置箭头形式、线宽和尺寸，如图6-60所示。

Step27 在左侧列表中选择【公共】|【直线/箭头】|【箭头线】选项，设置箭头线选项，如图6-61所示。

Step28 在左侧列表中选择【公共】|【直线/箭头】|【延伸线】选项，设置延伸线选项，如图6-62所示。

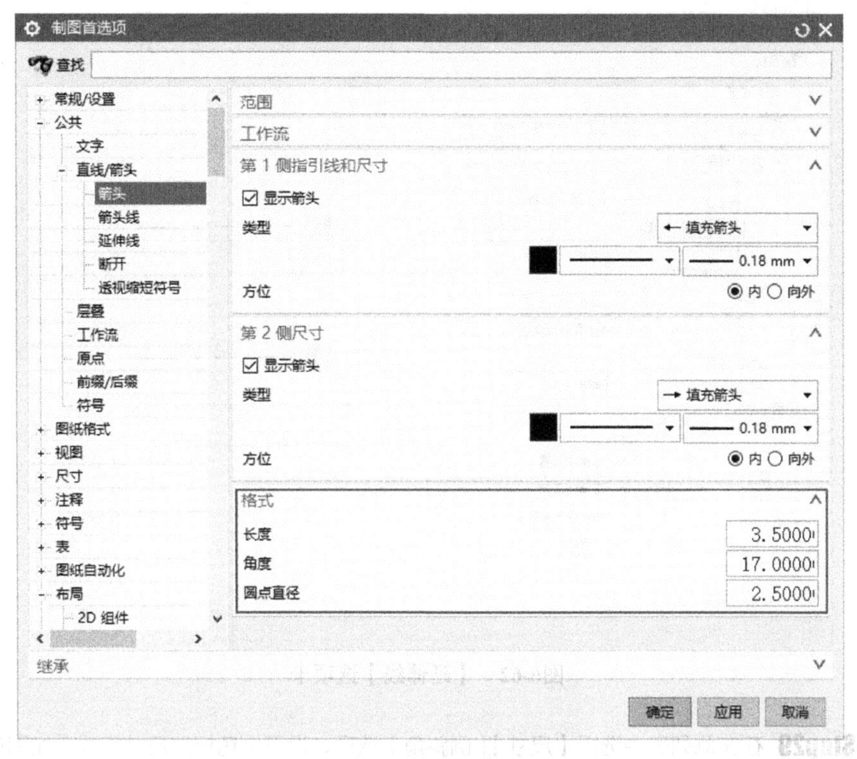

图6-60　设置箭头

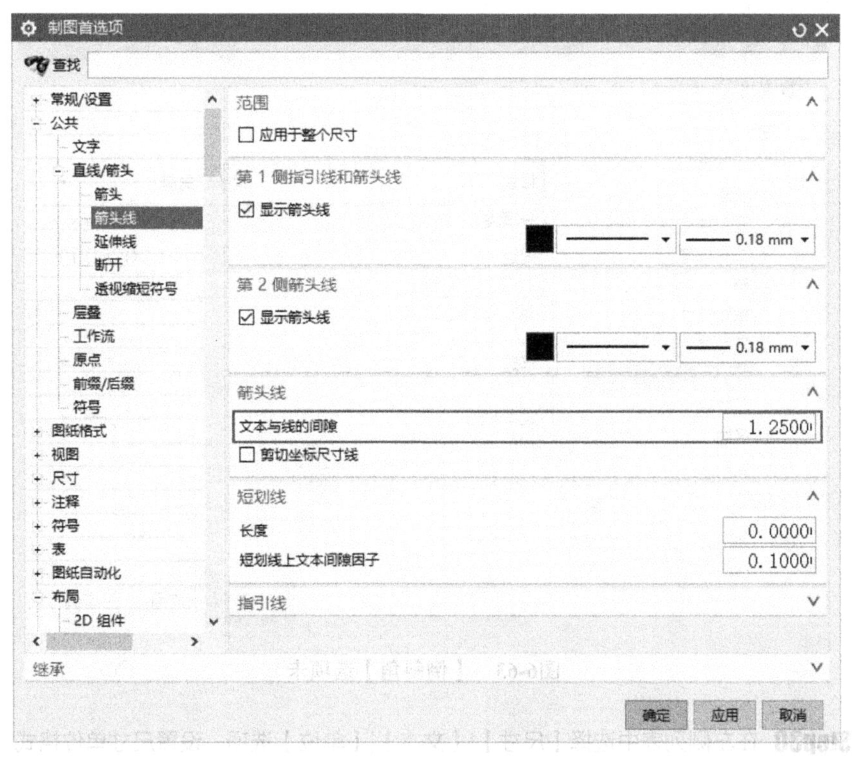

图6-61　【箭头线】选项卡

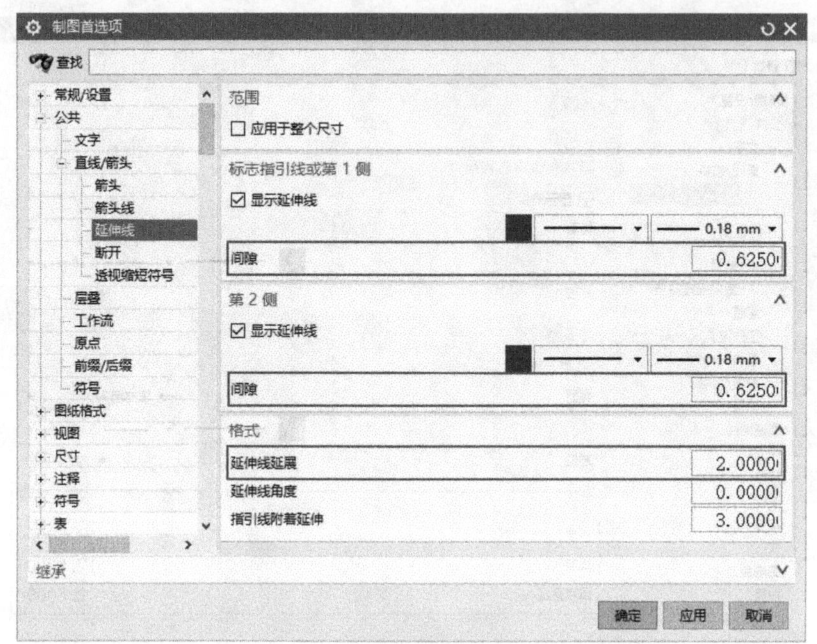

图6-62　【延伸线】选项卡

Step29 在左侧列表中选择【尺寸】|【倒斜角】选项，设置倒角标注尺寸格式，如图6-63所示。

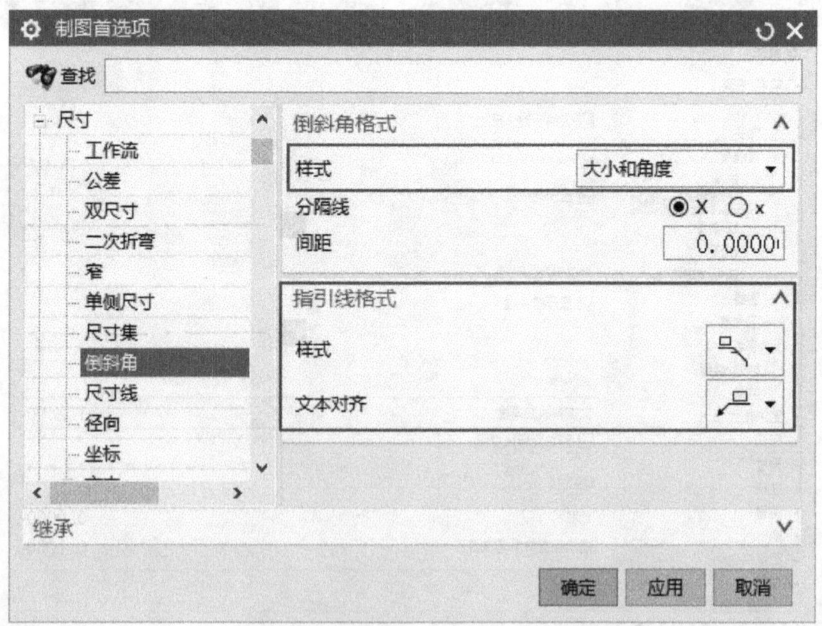

图6-63　【倒斜角】选项卡

Step30 在左侧列表中选择【尺寸】|【文本】|【单位】选项，设置尺寸单位格式，如图6-64所示。

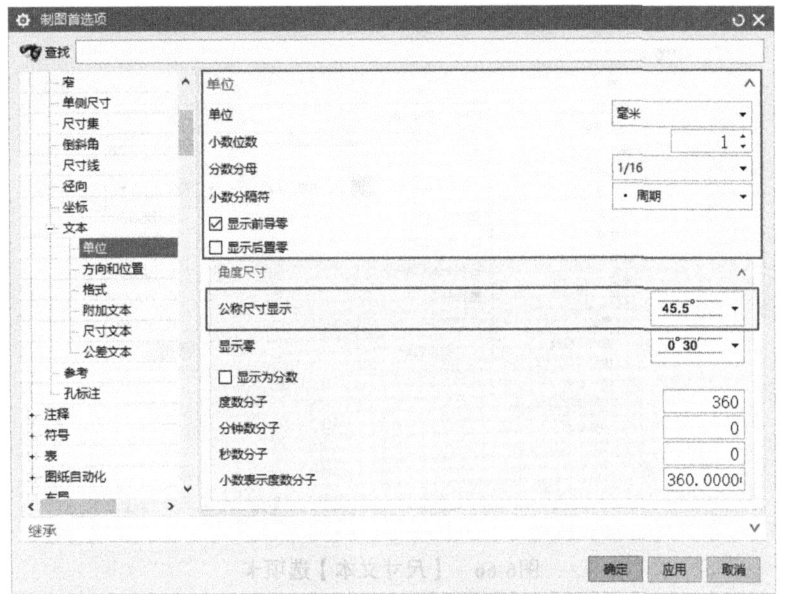

图6-64 【单位】选项卡

Step31 在左侧列表中选择【尺寸】|【文本】|【方向和位置】选项，设置尺寸方向和位置，如图6-65所示。

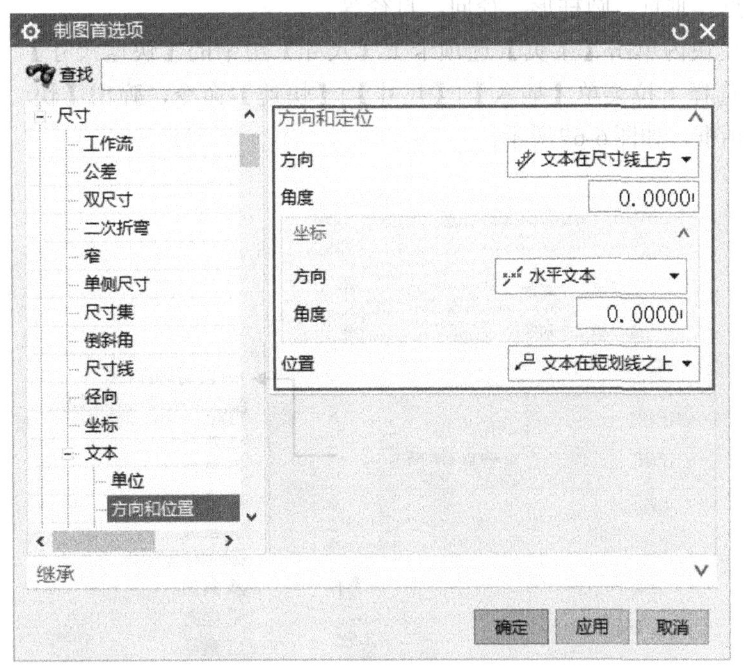

图6-65 【方向和位置】选项卡

Step32 在左侧列表中选择【尺寸】|【文本】|【尺寸文本】选项，设置尺寸文本格式为“仿宋_GB2312”，如图6-66所示。

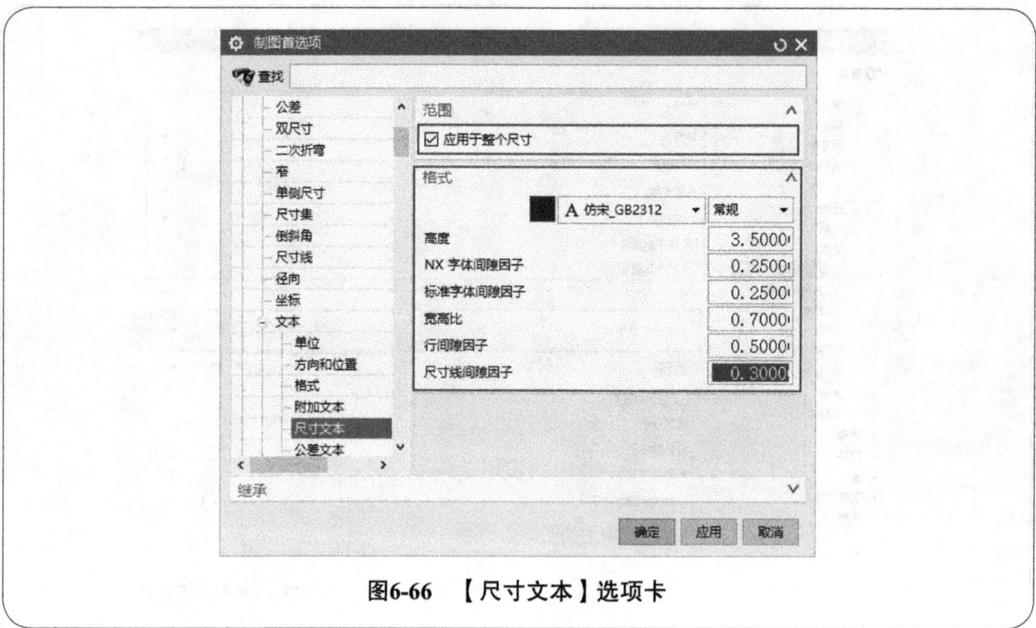

图6-66 【尺寸文本】选项卡

6.6.2 快速尺寸

6.6.2 视频精讲

【快速尺寸】可快速创建多种类型的尺寸标注：自动判断、水平、竖直、点对点、垂直、圆柱形、径向、直径等。

在制图模块内单击【主页】选项卡上【尺寸】组中的【快速尺寸】按钮，或选择下拉菜单【插入】|【尺寸】|【快速】命令，弹出【快速尺寸】对话框，如图6-67所示。

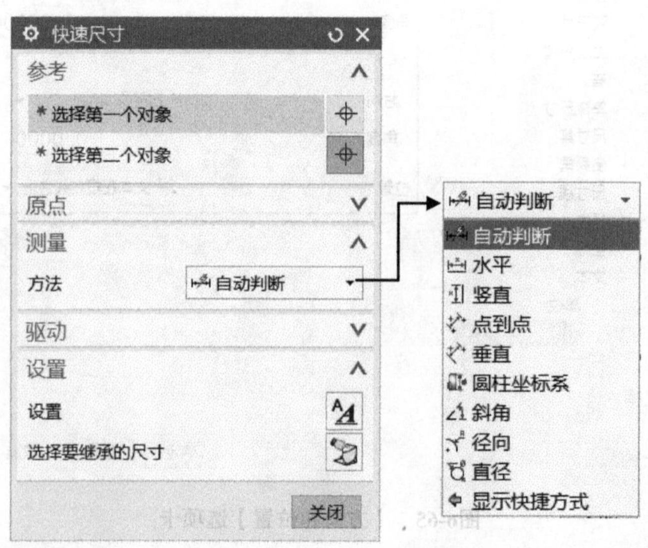

图6-67 【快速尺寸】对话框

【快速尺寸】对话框中【方法】用于设置要创建的尺寸的类型，包括以下选项：

（1）自动判断

让NX根据光标的位置和选择的对象自动判断要创建的尺寸类型，如表6-3所示。

表6-3 自动判断类型尺寸

选择对象	NX自动判断尺寸类型	图例
水平线或竖直线	一个水平或竖直尺寸	6.64
不水平或不竖直的线	水平、竖直或平行尺寸具体取决于光标的位置	4.00 2.31 4.62
圆弧	半径尺寸	R3.81
圆形	线性或径向直径尺寸	⌀10.48 ⌀10.48
将两个包含点、圆弧、圆或椭圆的对象进行组合	水平、竖直或平行尺寸基于光标的位置	4.3 6.24 4.49
线和圆弧、圆或椭圆。您必须先选择线	垂直尺寸	2.89
两条非平行线	角度尺寸	30°

（2）水平

仅用于创建水平尺寸，如图6-68所示。

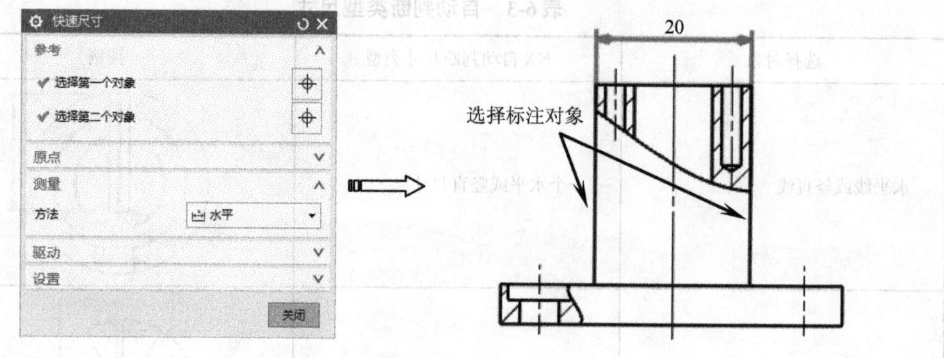

图6-68 水平

（3）竖直

仅用于创建竖直尺寸，如图6-69所示。

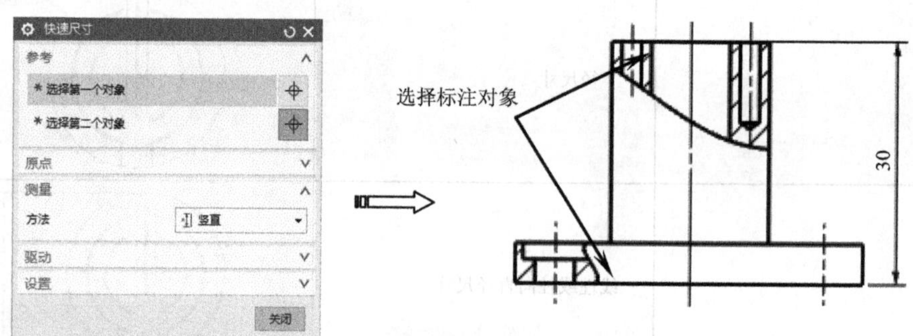

图6-69 竖直

（4）点到点

使能够在两个点之间创建尺寸，如图6-70所示。

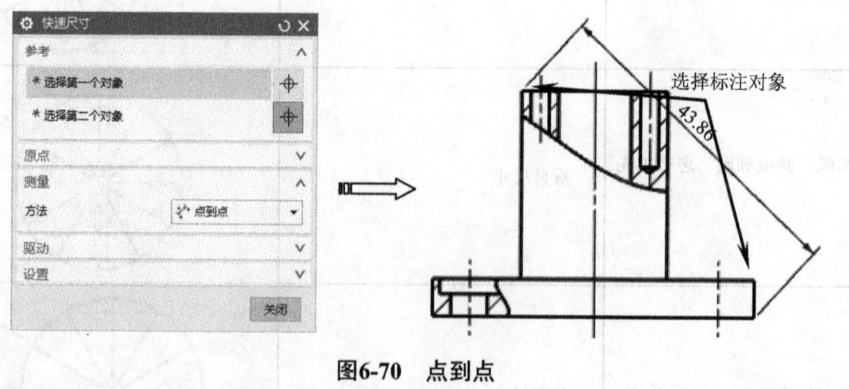

图6-70 点到点

（5）垂直

仅用于创建使用一条基线和一个点定义的垂直尺寸，如图6-71所示。基线可以是现有的直线、线性中心线、对称线或圆柱中心线。

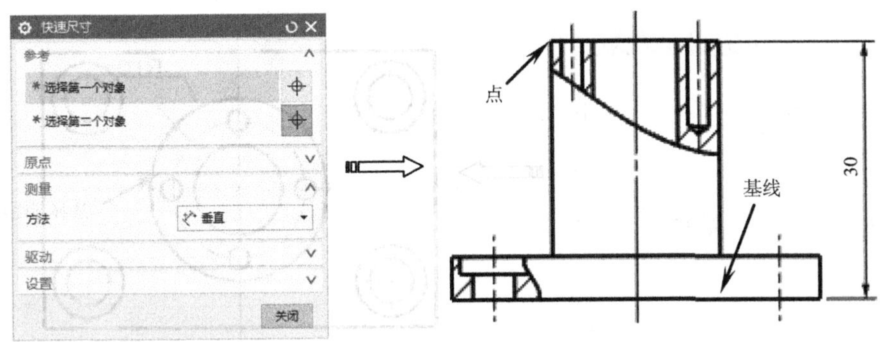

图6-71 垂直

（6）圆柱

创建一个等于两个对象或点位置之间的线性距离的圆柱尺寸，直径符号会自动附加至尺寸，如图6-72所示。

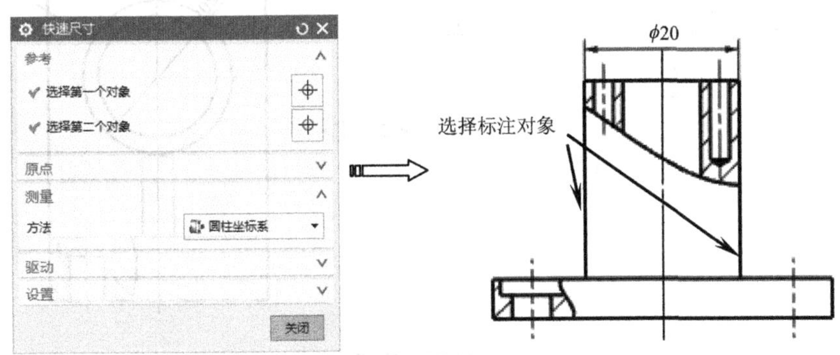

图6-72 圆柱

（7）斜角

仅在两个选定对象之间创建角度尺寸，如图6-73所示。

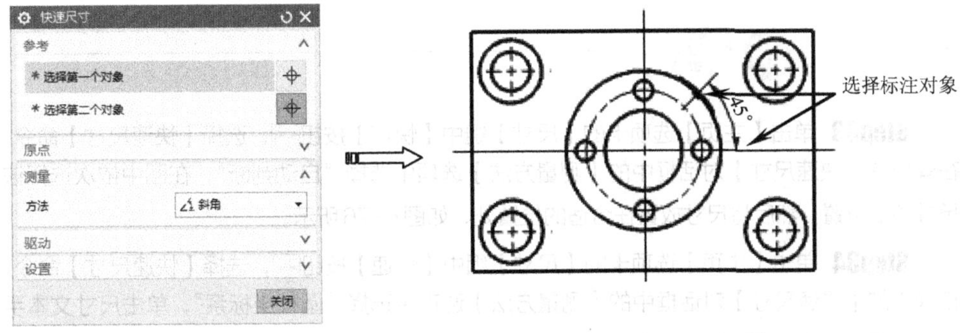

图6-73 斜角

（8）径向

仅用于创建简单的半径尺寸，如图6-74所示。

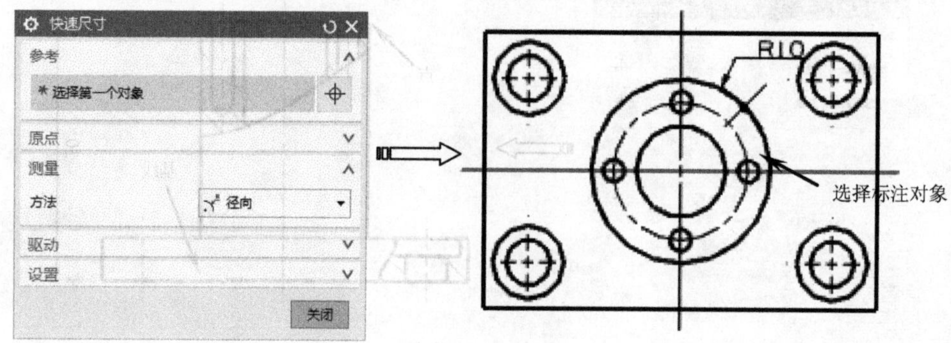

图6-74　径向

（9）直径

仅用于创建直径尺寸，如图6-75所示。

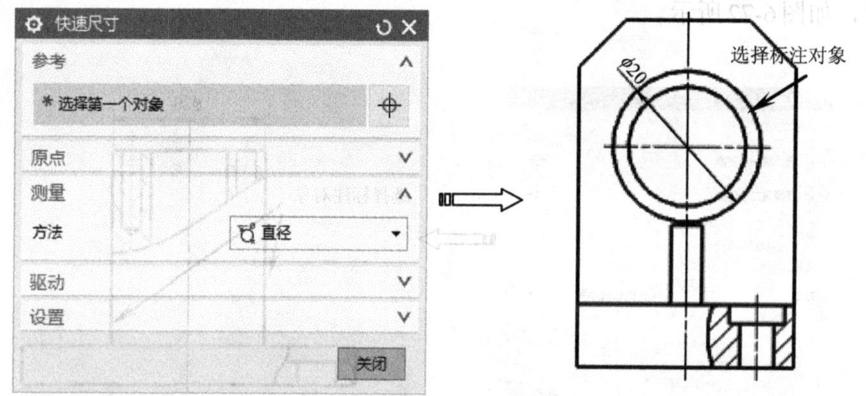

图6-75　直径

NX命令	• 单击【主页】选项卡的【尺寸】组中【快速】按钮 • 选择下拉菜单【插入】|【尺寸】|【快速】命令

操作步骤

Step33 单击【主页】选项卡的【尺寸】组中【快速】按钮，选择【快速尺寸】命令，在弹出的【快速尺寸】对话框中的【测量方法】选项中选择"自动判断"，在图中依次选择该尺寸两端位置，然后将尺寸放置在合适的位置处，如图6-76所示。

Step34 单击【主页】选项卡的【尺寸】组中【快速】按钮，选择【快速尺寸】命令，在弹出的【快速尺寸】对话框中的【测量方法】选项中选择"圆柱坐标系"，单击尺寸文本手柄弹出尺寸文本快捷窗口，如图6-77所示。

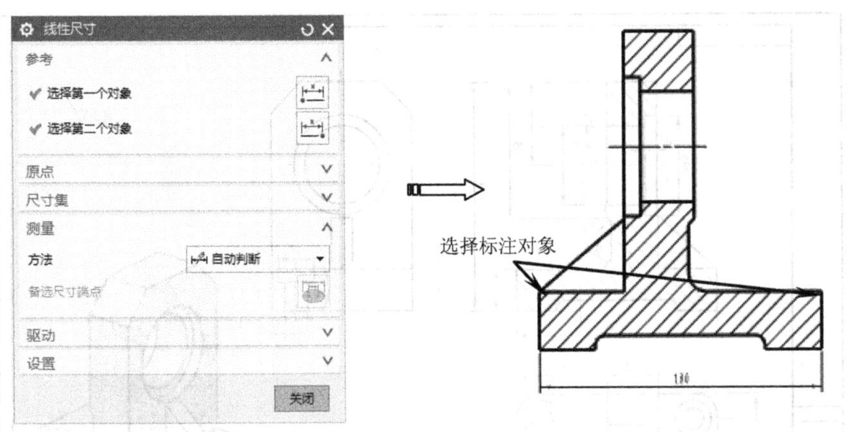

图6-76　标注长度尺寸

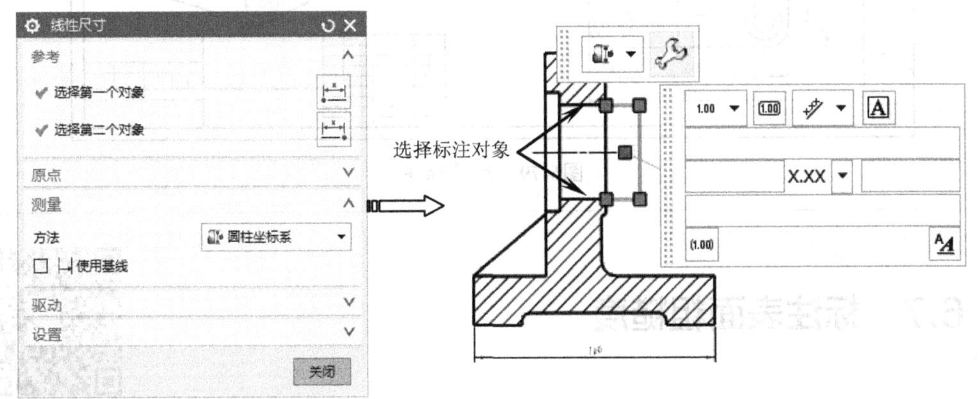

图6-77　激活快捷窗口

Step35 单击快捷窗口中的【设置】按钮，弹出【设置】对话框，设置【类型】为"限制和拟合"以及格式形式，单击【确定】按钮，然后将尺寸放置在合适的位置处，如图6-78所示。

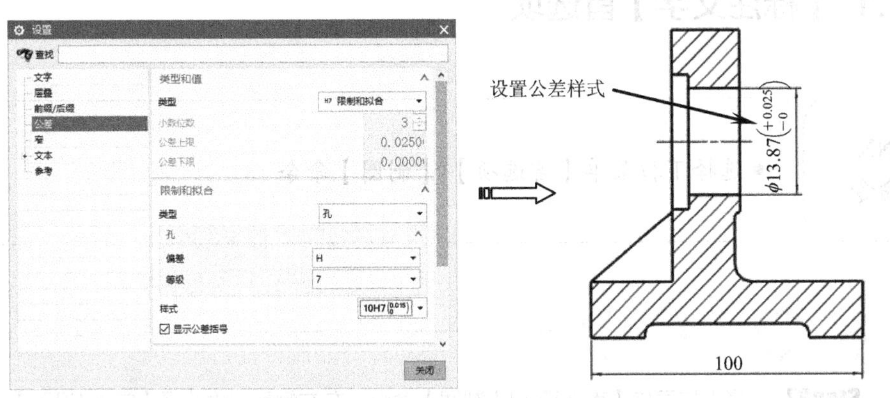

图6-78　标注尺寸公差

Step36 按上述标注方法，标注该图纸其他尺寸及公差，如图6-79所示。

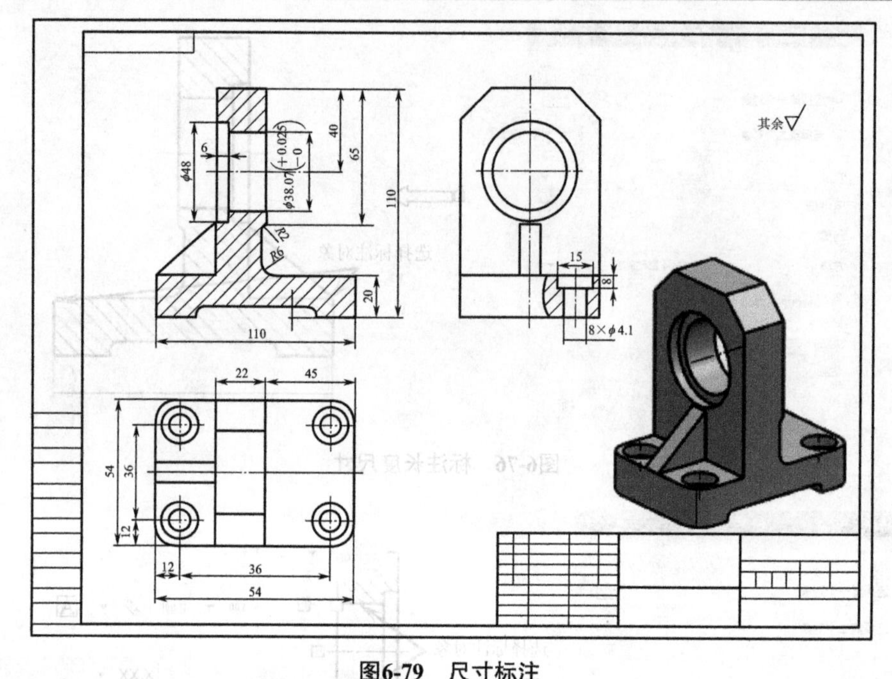

图6-79　尺寸标注

6.7　标注表面粗糙度

6.7　视频精讲

零件表面粗糙度对零件的使用性能和使用寿命影响很大。因此，在保证零件的尺寸、形状和位置精度的同时，不能忽视表面粗糙度的影响。粗糙度符号用于标注粗糙度。

6.7.1 【标注文字】首选项

NX 命令	• 选择下拉菜单【首选项】|【制图】命令

Step37 选择下拉菜单【首选项】|【制图】命令，在左侧列表中选择【常规/设置】|【常规】选项，选择GB格式，如图6-80所示。

Step38 在左侧列表中选择【视图】|【公共】|【文字】选项，设置【文字】为“仿宋_

GB2312"，如图6-81所示。

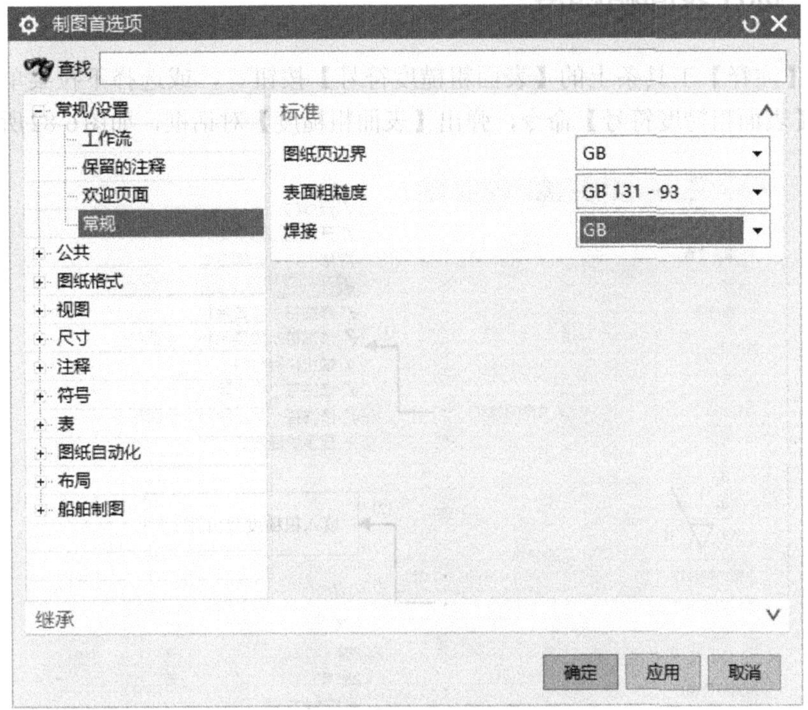

图6-80 【常规】选项卡

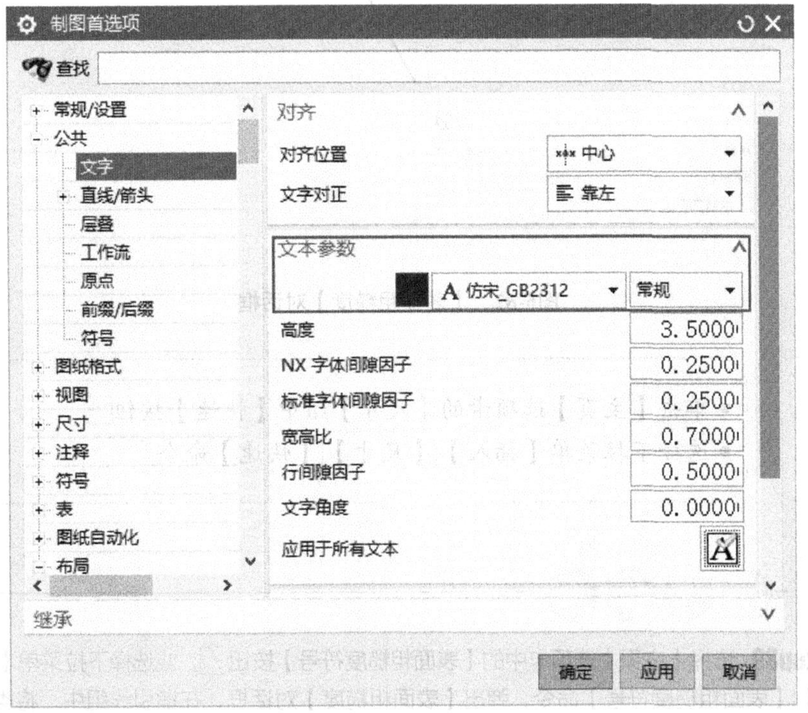

图6-81 【文字】选项卡

6.7.2 标注表面粗糙度

单击【注释】工具条上的【表面粗糙度符号】按钮√，或选择下拉菜单【插入】|【注释】|【表面粗糙度符号】命令，弹出【表面粗糙度】对话框，如图6-82所示。

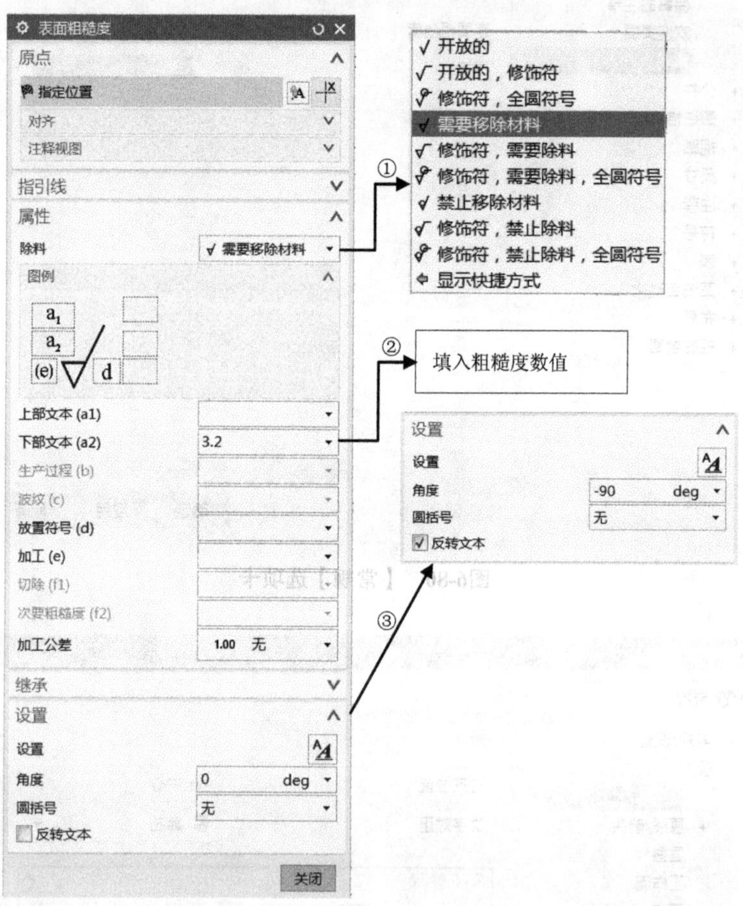

图6-82 【表面粗糙度】对话框

NX命令	• 单击【主页】选项卡的【尺寸】组中【快速】按钮 • 选择下拉菜单【插入】|【尺寸】|【快速】命令

Step39 选择【主页】选项卡中的【表面粗糙度符号】按钮√，或选择下拉菜单【插入】|【注释】|【表面粗糙度符号】命令，弹出【表面粗糙度】对话框，在指引线组中，将类型设置为标志，设置好参数后，单击表面边并拖动以放置符号，如图6-83所示。

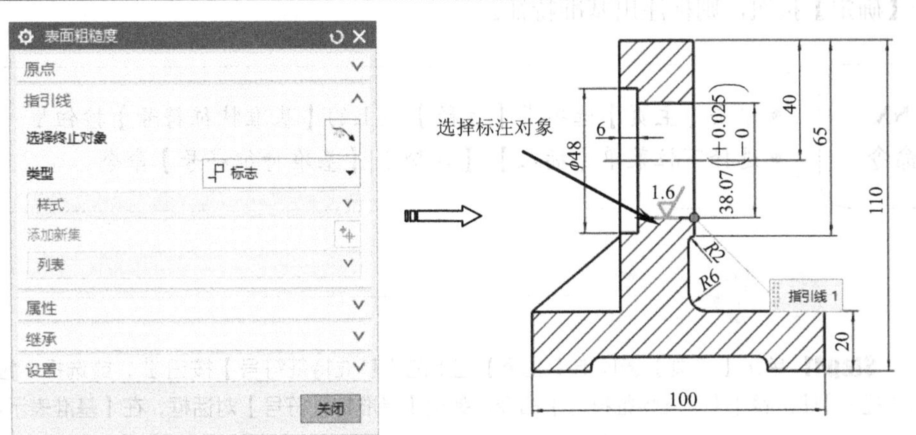

图6-83　标注表面粗糙度

Step40 选择【主页】选项卡中的【表面粗糙度符号】按钮√，或选择下拉菜单【插入】|【注释】|【表面粗糙度符号】命令，弹出【表面粗糙度】对话框，在指引线组中，将类型设置为标志，勾选【反转文本】复选框，单击表面边并拖动以放置符号，如图6-84所示。

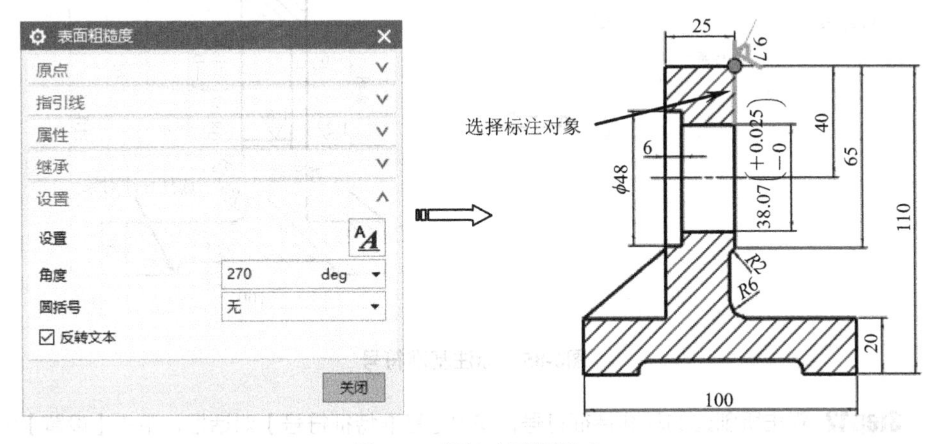

图6-84　标注表面粗糙度

6.8　基准特征和形位公差

6.8　视频精讲

零件在加工后形成的各种误差是客观存在的，除了尺寸误差外，还存在着形状误差和位置误差。工程图标注完尺寸之后，就要为其标注形状和位置公差。

6.8.1　创建基准符号

单击【注释】工具栏上的【基准特征符号】按钮，或选择下拉菜单【插入】|【注释】|【基准特征符号】命令，弹出【基准特征符号】对话框，在对话框中输入基准代号，

单击【确定】按钮，则标注出基准特征。

NX命令	●单击【主页】选项卡【注释】组上的【基准特征符号】按钮 ●选择下拉菜单【插入】|【注释】|【基准特征符号】命令

Step41 单击【主页】选项卡【注释】组上的【基准特征符号】按钮，或选择下拉菜单【插入】|【注释】|【基准特征符号】命令，弹出【基准特征符号】对话框，在【基准表示符】组框中的【字母】框中输入"A"，确定对话框中的【指定位置】选项激活，选择如图6-85所示的边，按住鼠标左键并拖动到放置位置，单击放置基准符号，单击【关闭】按钮完成基准特征放置操作。

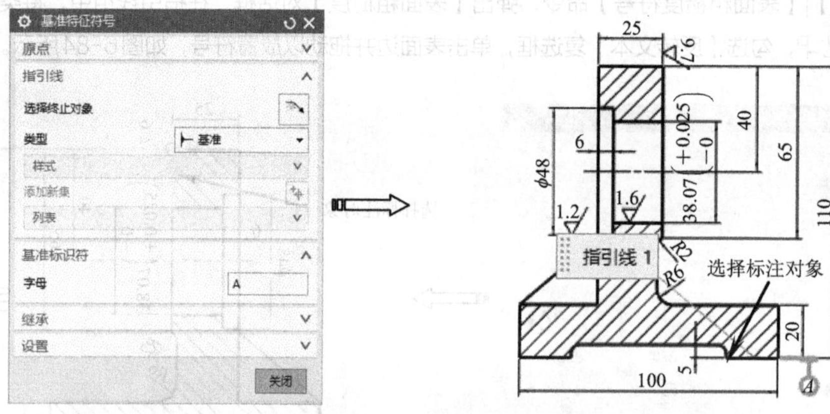

图6-85 标注基准符号

Step42 双击所创建的基准特征符号，弹出【基准特征符号】对话框，单击【设置】组框中的【样式】按钮，弹出【样式】对话框，设置【直线/箭头】选项卡中【延伸线】中的【间隙】为"2"，单击【确定】按钮完成基准特征编辑，如图6-86所示。

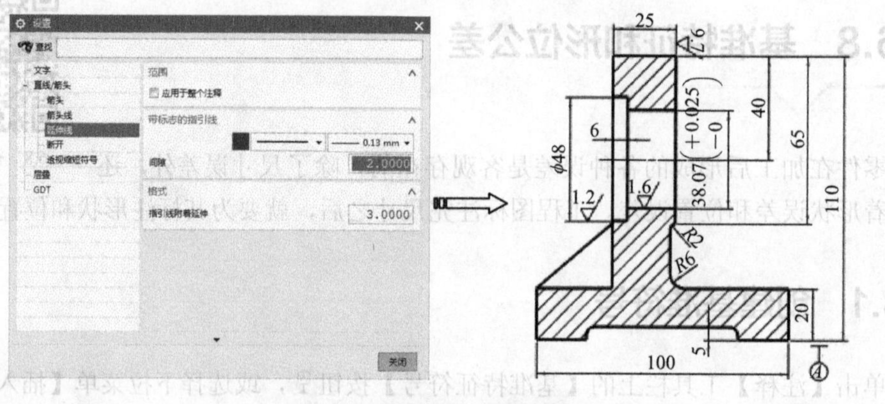

图6-86 设置基准特征符号

6.8.2 创建形位公差

单击【尺寸标注】工具栏上的【形位公差】按钮，再单击图上要标注公差的直线或尺寸线，出现【形位公差】对话框，设置形位公差参数，单击【确定】按钮，完成形位公差标注。

NX命令	• 选择下拉菜单【插入】|【注释】|【特征控制框】命令 • 单击【主页】选项卡【注释】组上的【特征控制框】按钮

Step43 选择下拉菜单【插入】|【注释】|【特征控制框】命令，或单击【主页】选项卡上的【注释】组上的【特征控制框】命令，弹出【特征控制框】对话框。

Step44 在【特性】下拉列表中选择“垂直度”，【框样式】为“单框”，【公差】设置为“0.01”，拖动形位公差到尺寸线，单击鼠标左键放置公差，如图6-87所示。

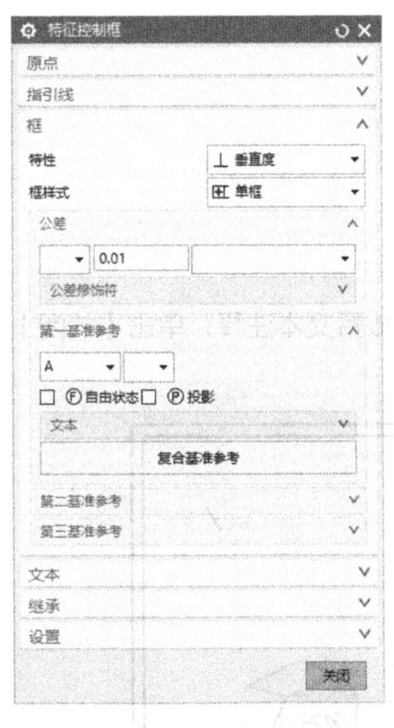

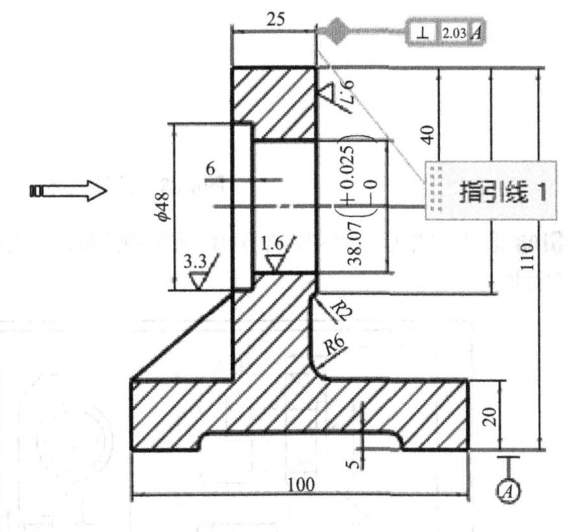

图6-87 标注形位公差

6.9 标注文本

6.9 视频精讲

文本注释用于在工程制图中标注文字信息，如尺寸文本、标题栏文本、技术要求文本等。

NX命令	● 选择下拉菜单【插入】|【注释】|【注释】命令 ● 单击【主页】选项卡上的【注释】组中的【注释】命令A

操作步骤

Step45 选择下拉菜单【插入】|【注释】命令，或单击【主页】选项卡上的【注释】组中的【注释】命令A，弹出【注释】对话框，字体选择“仿宋_GB2312”，在【类别】中选择“制图”，在文本“技术要求”前面插入适当空格，使整个文字居中，选中“技术要求”，如图6-88所示。

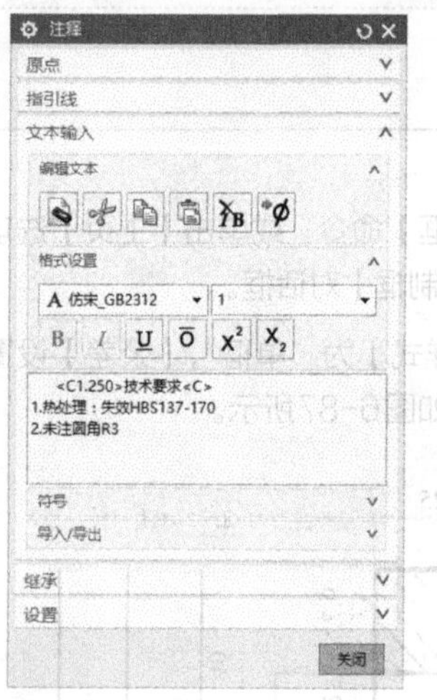

技术要求
1.热处理：时效137~170HBS。
2.未注圆角*R*3。

图6-88 注释文本

Step46 移动鼠标指针到如图6-89所示的位置，单击放置文本注释，单击【关闭】按钮关闭对话框。

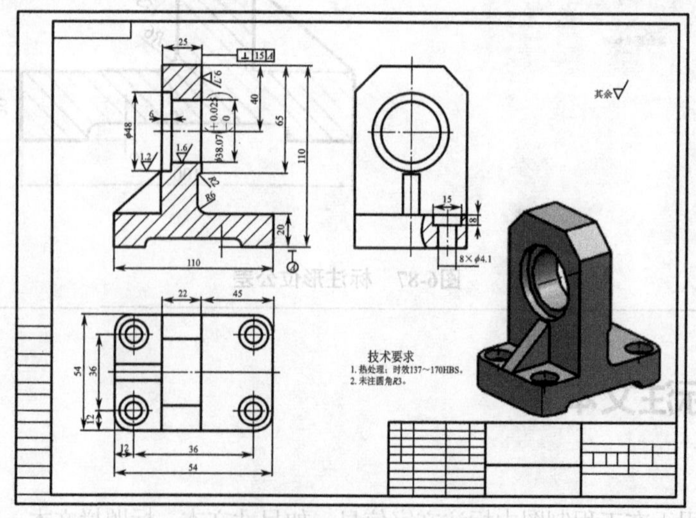

图6-89 插入技术要求

6.10 保存工程图文件

选择下拉菜单【文件】|【保存】命令，选择合适保存路径和文件名后，单击【保存】按钮即可保存文件。

本章小结

本章介绍了NX工程图绘制方法和过程，主要内容有设置工程图界面、创建图纸页、创建工程视图、工程图中的草绘、中心线、标注尺寸、标注粗糙度等。通过本章的学习，熟悉了NX工程图绘制的方法和流程，希望大家按照讲解方法再进一步进行实例练习。

07

第7章

NX实体设计典型实例

实体特征造型是NX软件典型的造型方式，本章以5个典型实例为例来介绍各类实体建模的方法和步骤。希望通过本章的学习，使读者轻松掌握NX实体特征造型功能的基本应用。

本章内容

- 斜滑动轴承
- 莲花
- 电脑风扇

7.1 综合实例1——斜滑动轴承设计

以斜滑动轴承为例来对实体特征设计相关知识进行综合性应用，斜滑动轴承结构如图7-1所示。

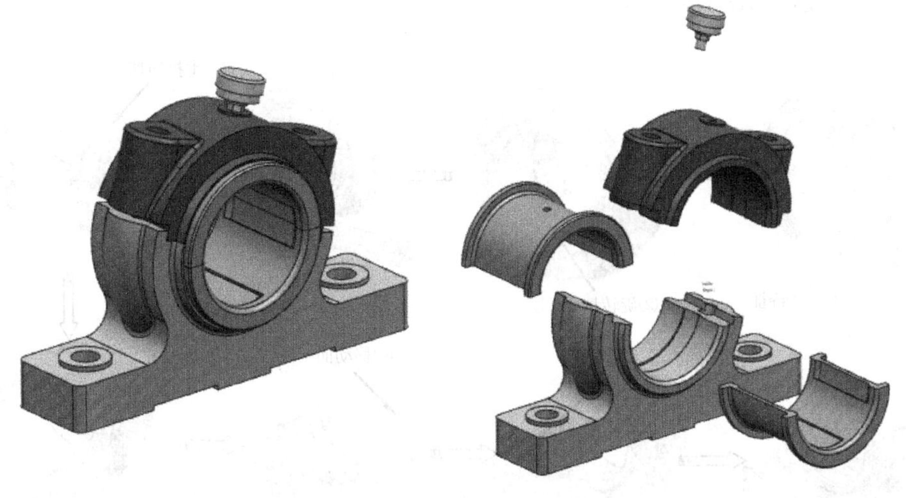

图7-1 斜滑动轴承模型

7.1.1 视频精讲

7.1.1 斜滑动轴承造型思路分析

斜滑动轴承是典型机械零部件。斜滑动轴承NX实体建模流程如下。

（1）零件分析，拟定总体建模思路

总体思路是：首先对模型结构进行分析和分解，分解为相应的部分：轴承座、轴承盖、上轴瓦、下轴瓦、顶盖等，如图7-2所示。

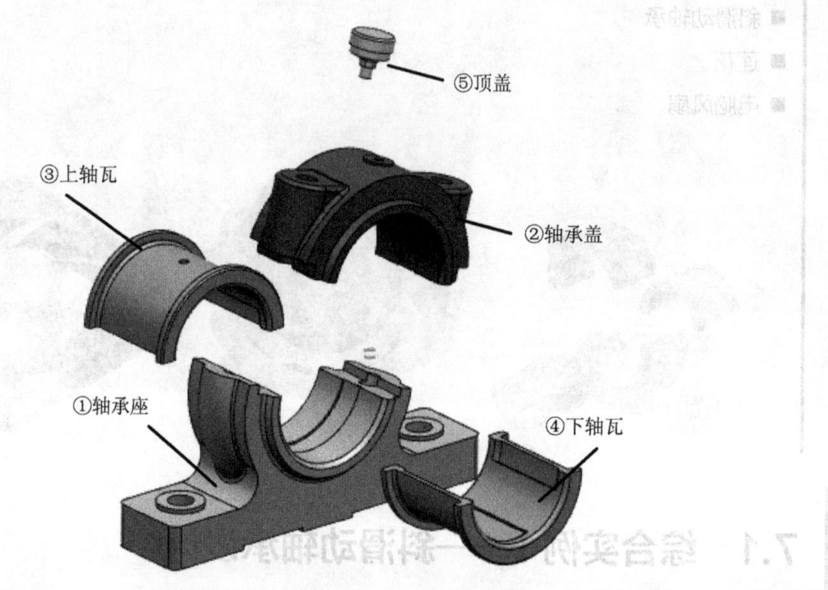

图7-2 斜滑动轴承的模型分解

（2）轴承座的特征造型

采用旋转特征建立回转体外形结构，采用拉伸特征建立底板结构，通过移动面特征旋转结构角度，如图7-3所示。

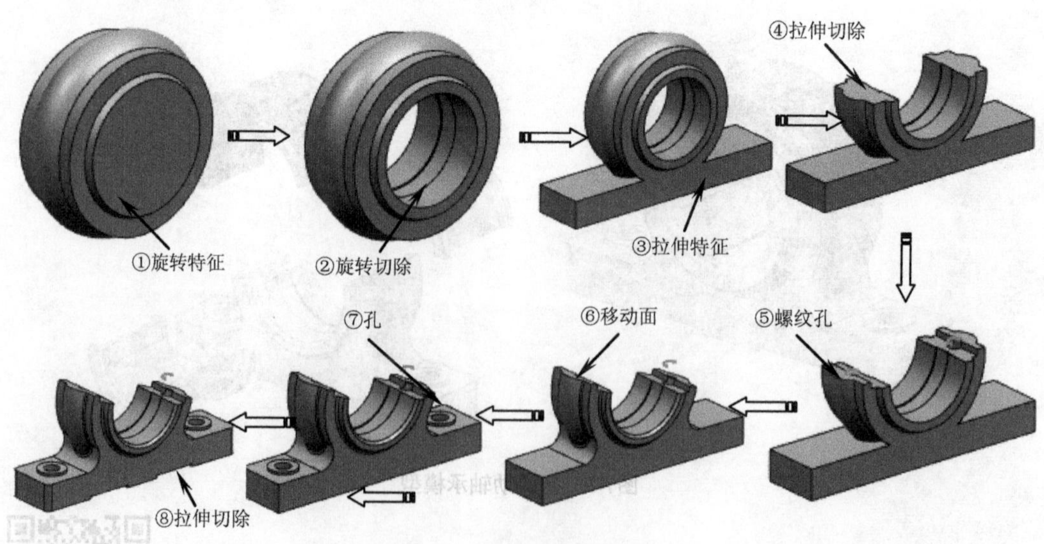

图7-3 轴承座的创建过程

（3）轴承盖的特征造型

采用旋转和拉伸特征建立外形结构，采用孔特征创建安装定位孔，通过拉伸切除创建端面止口结构，如图7-4所示。

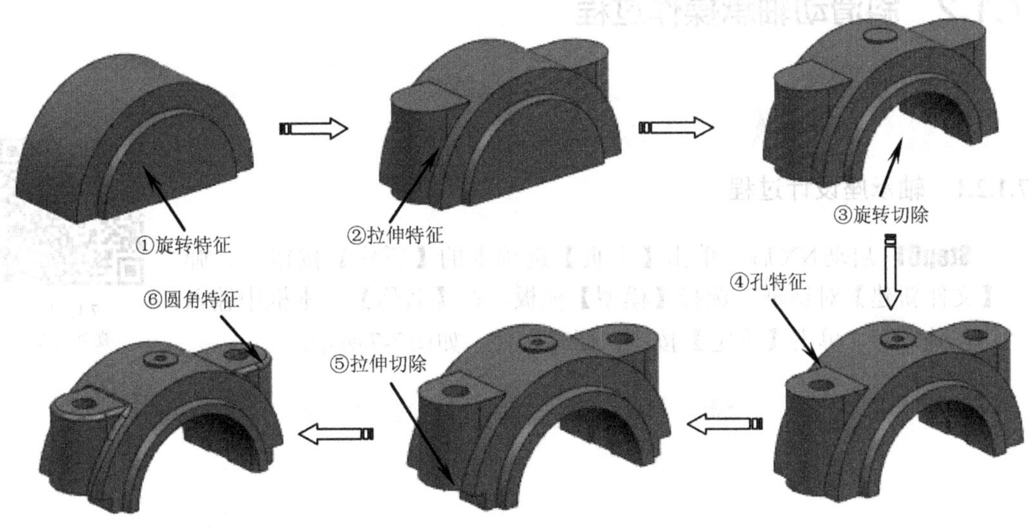

图7-4 轴承盖的创建过程

（4）上下轴瓦的特征造型

采用旋转特征建立外形结构，采用旋转切除特征建立油槽结构，通过孔特征创建油道，如图7-5所示。

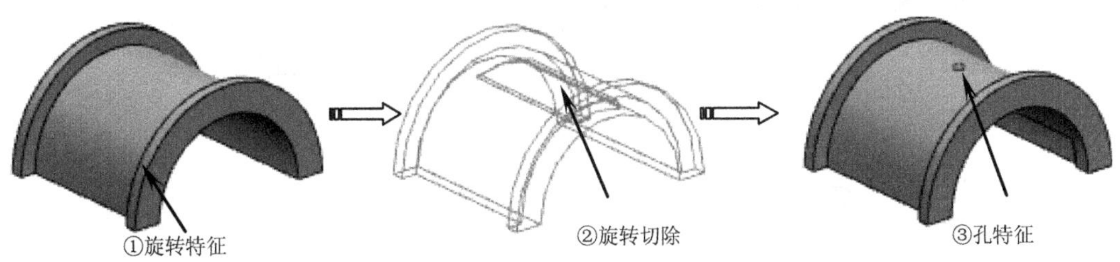

图7-5 上下轴瓦的创建过程

（5）顶盖的特征造型

采用旋转特征建立外形结构，采用拉伸切除特征建立六角结构，通过倒角特征创建完成，如图7-6所示。

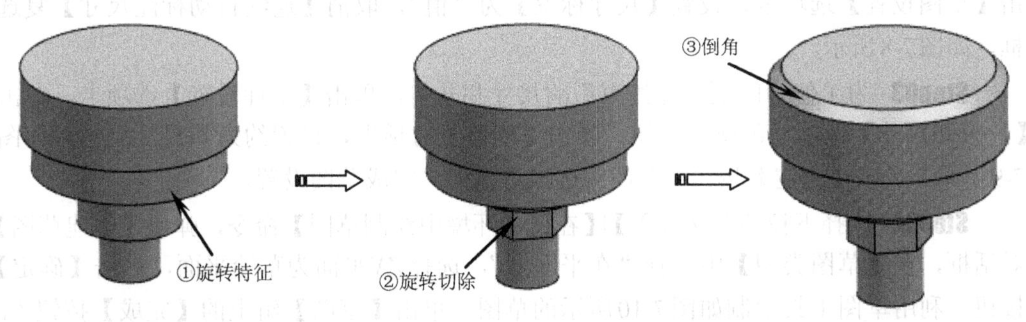

图7-6 顶盖的创建过程

7.1.2 斜滑动轴承操作过程

7.1.2.1
视频精讲

7.1.2.1 轴承座设计过程

Step01 启动NX后，单击【主页】选项卡的【新建】按钮，弹出【文件新建】对话框，选择【模型】模板。在【名称】文本框中输入“斜滑动轴承”，单击【确定】按钮，新建文件，如图7-7所示。

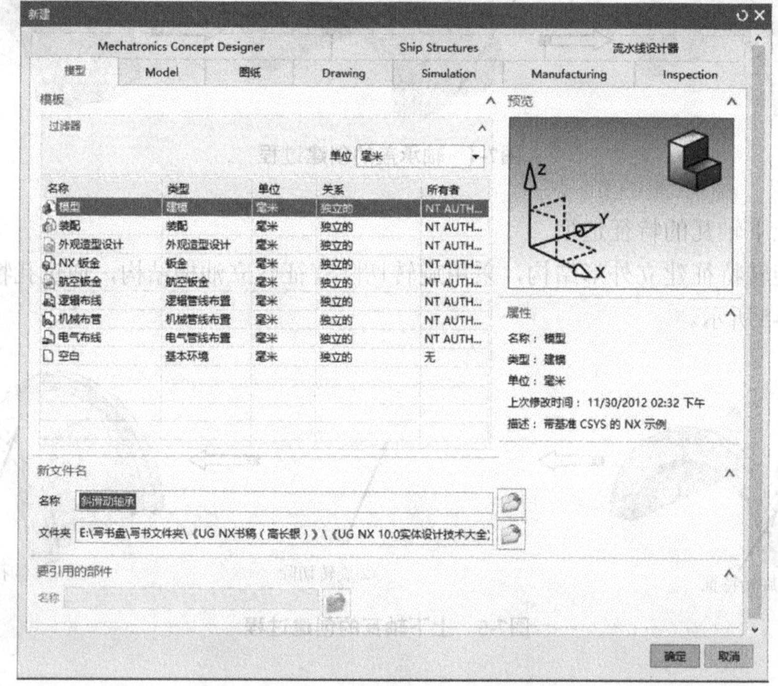

图7-7 【新建】对话框

Step02 选择下拉菜单【首选项】|【草图】命令，弹出【草图首选项】对话框，单击【草图设置】选项卡，设置【尺寸标签】为“值”，取消【连续自动标注尺寸】复选框，如图7-8所示。

Step03 为了便于区别施加约束后的尺寸和几何，单击【部件设置】选项卡，单击【约束和尺寸】选项后的颜色按钮，弹出【颜色】对话框，设置约束和尺寸颜色，如图7-9所示。单击【确定】按钮，关闭首选项对话框，完成草图设置。

Step04 选择下拉菜单【插入】|【在任务环境中绘制草图】命令，弹出【创建草图】对话框，在【草图类型】中选择“在平面上”，选择*ZX*平面为草绘平面，单击【确定】按钮，利用草图工具绘制如图7-10所示的草图。单击【草图】组上的【完成】按钮，完成草图绘制，退出草图编辑器环境。

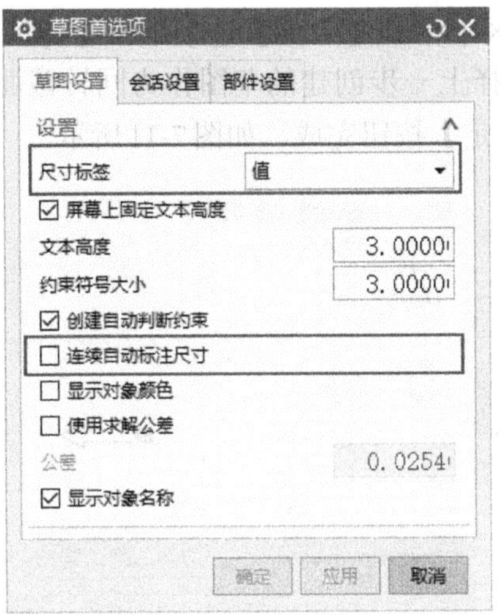

图7-8 【草图设置】选项卡

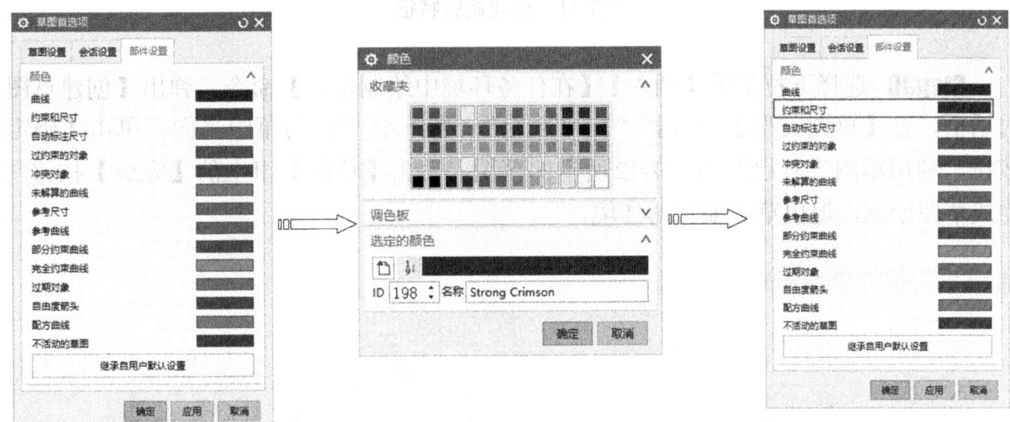

图7-9 设置颜色

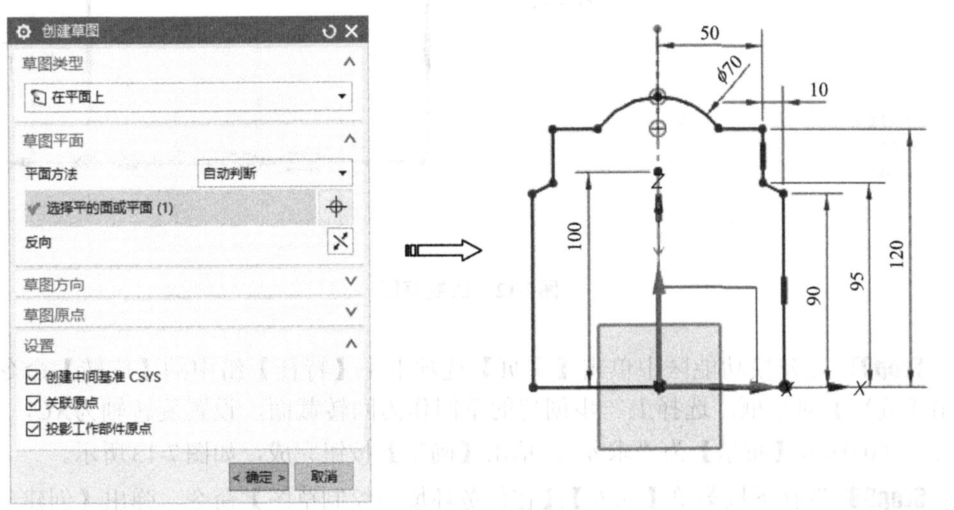

图7-10 绘制草图

Step05 在建模功能区中单击【主页】选项卡中【特征】组中的【旋转】命令，弹出【旋转】对话框，选择上一步创建的草图作为回转截面，设置旋转轴为*XC*，旋转中心为（0,0,0），单击【确定】按钮完成，如图7-11所示。

图7-11 创建旋转特征

Step06 选择下拉菜单【插入】|【在任务环境中绘制草图】命令，弹出【创建草图】对话框，在【草图类型】中选择“在平面上”，选择*ZX*平面为草绘平面，单击【确定】按钮，利用草图工具绘制如图7-12所示的草图。单击【草图】组上的【完成】按钮，完成草图绘制，退出草图编辑器环境。

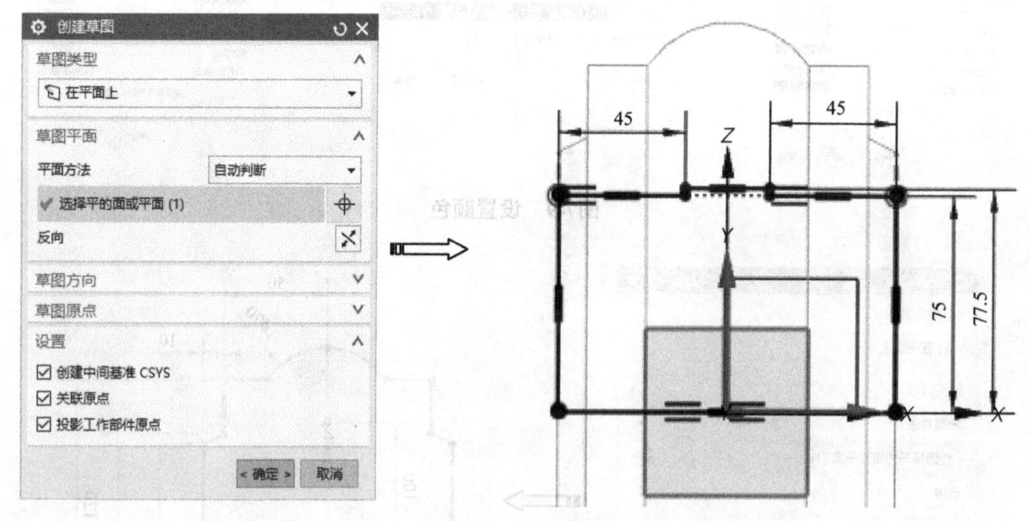

图7-12 绘制草图

Step07 在建模功能区中单击【主页】选项卡中【特征】组中的【旋转】命令，弹出【旋转】对话框，选择上一步创建的草图作为回转截面，设置旋转轴为*XC*，旋转中心为（0,0,0），【布尔】为“求差”，单击【确定】按钮完成，如图7-13所示。

Step08 选择下拉菜单【插入】|【在任务环境中绘制草图】命令，弹出【创建草图】对话框，在【草图类型】中选择“在平面上”，选择*YZ*平面为草绘平面，单击【确定】

按钮，利用草图工具绘制如图7-14所示的草图。单击【草图】组上的【完成】按钮，完成草图绘制，退出草图编辑器环境。

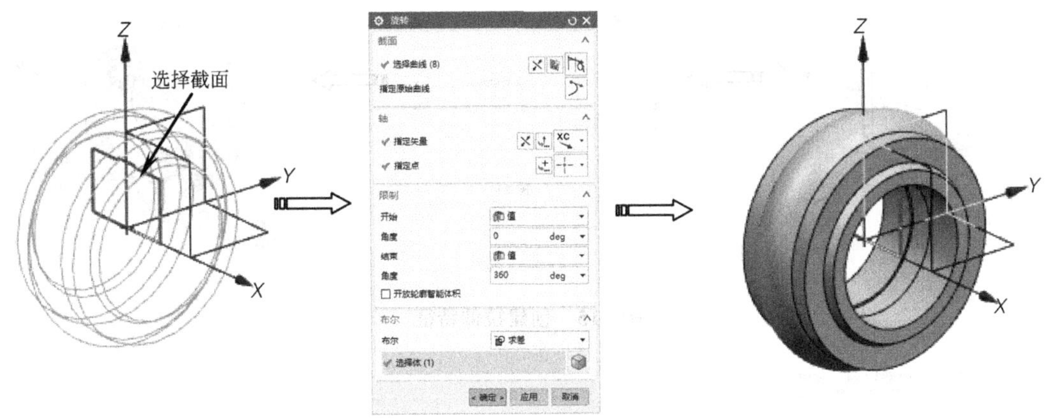

图7-13　创建旋转特征

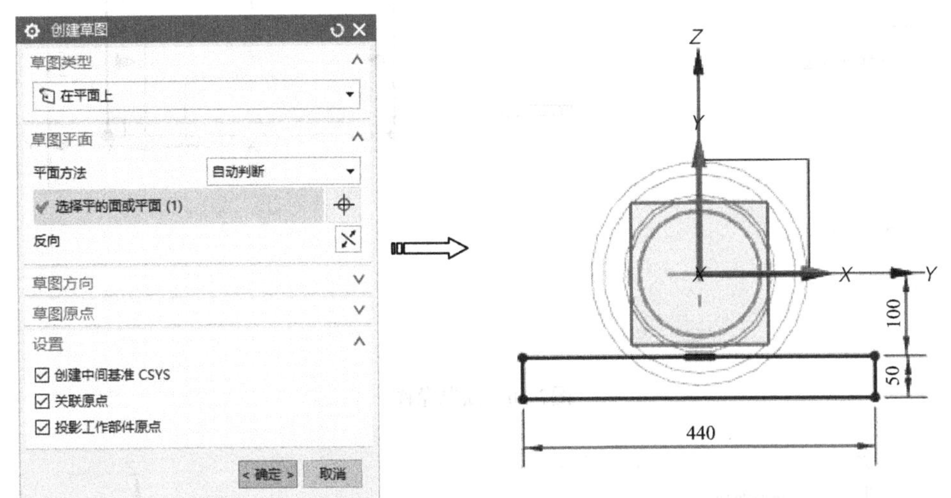

图7-14　绘制草图

Step09 在建模功能区中单击【主页】选项卡中【特征】组中的【拉伸】命令，弹出【拉伸】对话框，上一步创建的草图为截面曲线，设置【结束】为“对称值”，【距离】为“50mm”，【布尔】为“求和”，单击【确定】按钮完成，如图7-15所示。

Step10 选择下拉菜单【插入】|【在任务环境中绘制草图】命令，弹出【创建草图】对话框，在【草图类型】中选择“在平面上”，选择*YZ*平面为草绘平面，单击【确定】按钮，利用草图工具绘制如图7-16所示的草图。单击【草图】组上的【完成】按钮，完成草图绘制，退出草图编辑器环境。

Step11 在建模功能区中单击【主页】选项卡中【特征】组中的【拉伸】命令，弹出【拉伸】对话框，上一步创建的草图为截面曲线，设置【结束】为“对称值”，【距离】为“70mm”，【布尔】为“求差”，单击【确定】按钮完成，如图7-17所示。

图7-15 创建拉伸特征

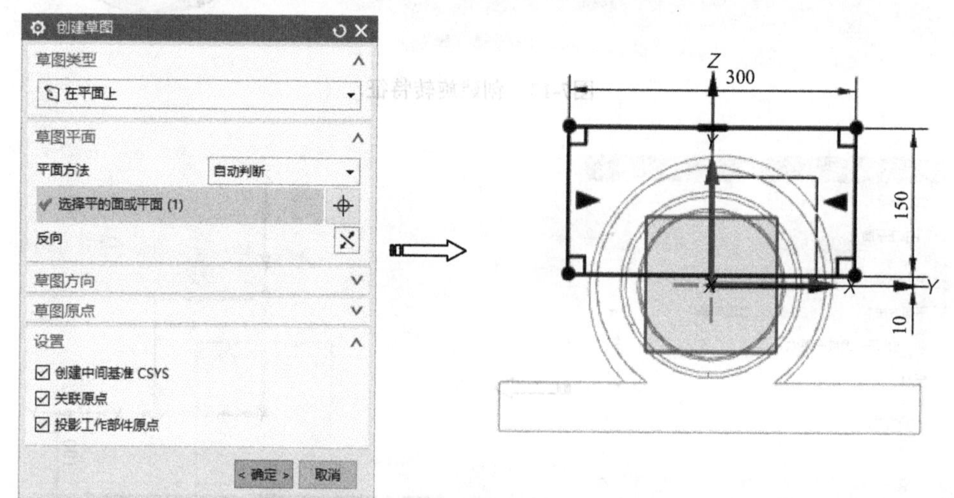

图7-16 绘制草图

图7-17 创建拉伸特征

Step12 在建模功能区中单击【主页】选项卡中【特征】组中的【孔】按钮，弹出【孔】对话框，设置【直径】为M24，【深度限制】为“45mm”，如图7-18所示。单击【绘制截面】按钮，进入草图编辑器，绘制孔位置，单击【确定】按钮完成孔。

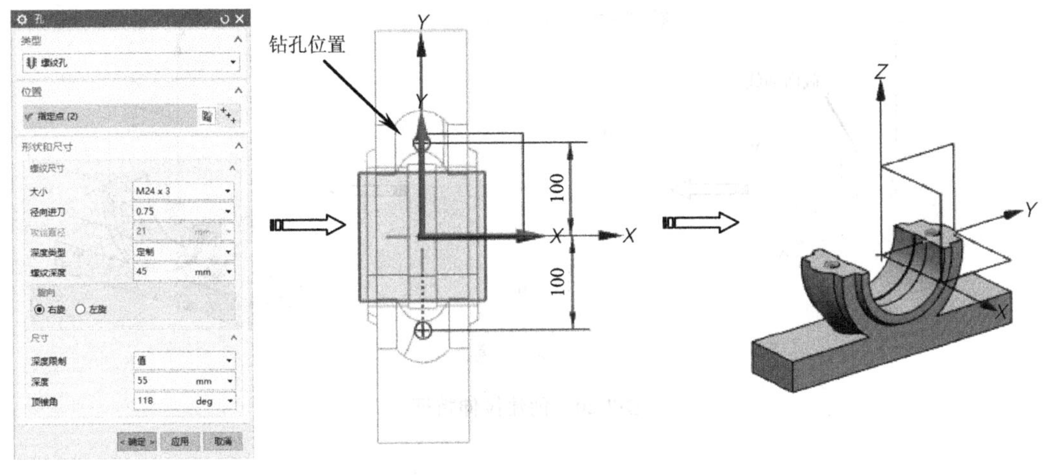

图7-18　创建孔

Step13 选择下拉菜单【插入】|【在任务环境中绘制草图】命令，弹出【创建草图】对话框，在【草图类型】中选择“在平面上”，选择*YZ*平面为草绘平面，单击【确定】按钮，利用草图工具绘制如图7-19所示的草图。单击【草图】组上的【完成】按钮，完成草图绘制退出草图编辑器环境。

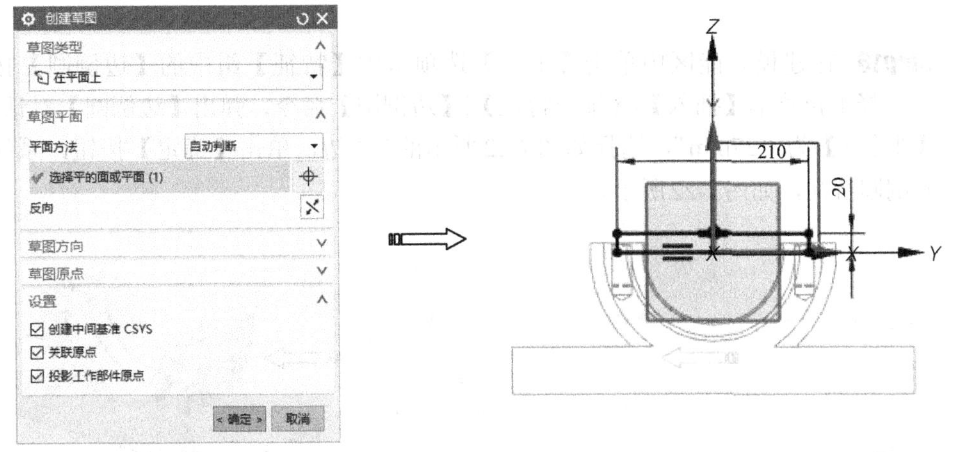

图7-19　绘制草图

Step14 在建模功能区中单击【主页】选项卡中【特征】组中的【拉伸】命令，弹出【拉伸】对话框，上一步创建的草图为截面曲线，设置【结束】为“对称值”，【距离】为“70mm”，【布尔】为“求差”，单击【确定】按钮完成，如图7-20所示。

Step15 在建模功能区中单击【主页】选项卡中【特征】组中的【边倒圆】按钮，或选择下拉菜单【插入】|【细节特征】|【边倒圆】命令，弹出【边倒圆】对话框，设置【半径1】为“5mm”，选择如图7-21所示的2条边，单击【确定】按钮，系统自动完成倒圆特征，如图7-21所示。

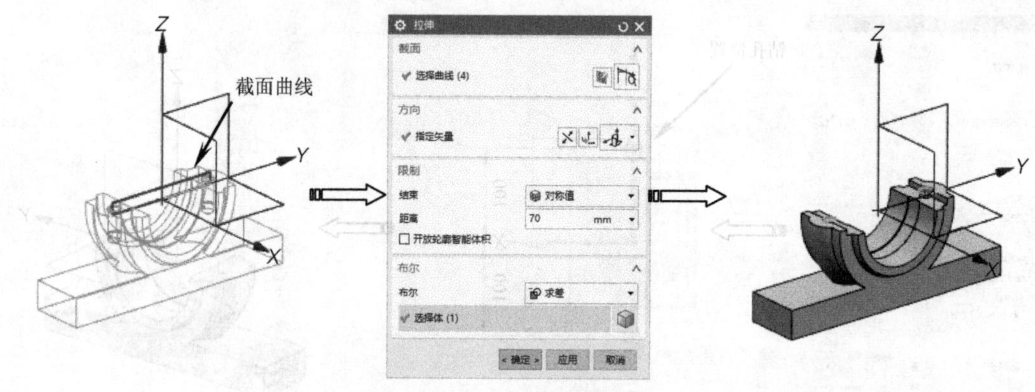

图7-20　创建拉伸特征

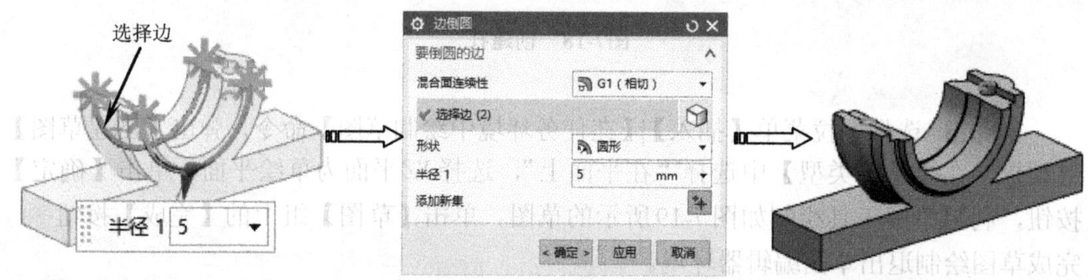

图7-21　创建倒圆角

Step16 在建模功能区中单击【主页】选项卡中【特征】组中的【边倒圆】按钮，或选择下拉菜单【插入】|【细节特征】|【边倒圆】命令，弹出【边倒圆】对话框，设置【半径1】为“27mm”，选择如图7-22所示的2条边，单击【确定】按钮，系统自动完成倒圆特征，如图7-22所示。

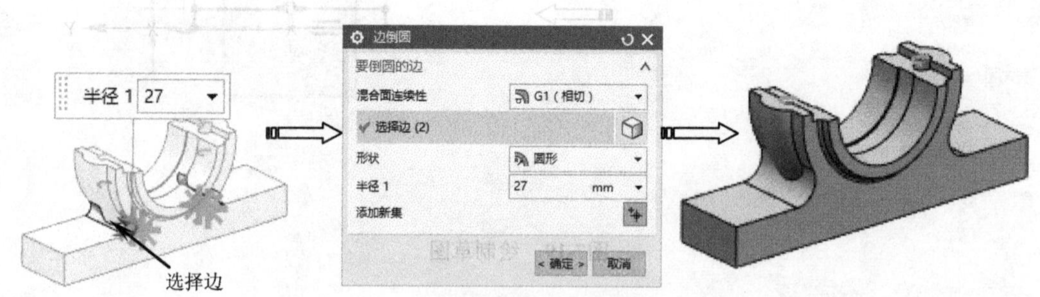

图7-22　创建倒圆角

Step17 在建模功能区中单击【主页】选项卡中【特征】组中的【边倒圆】按钮，或选择下拉菜单【插入】|【细节特征】|【边倒圆】命令，弹出【边倒圆】对话框，设置【半径1】为“5mm”，选择如图7-23所示的6条边，单击【确定】按钮，系统自动完成倒圆特征，如图7-23所示。

Step18 在建模功能区中单击【主页】选项卡中【特征】组中的【倒斜角】按钮，或选择下拉菜单【插入】|【细节特征】|【倒斜角】命令，弹出【倒斜角】对话框，

在【横截面】下拉列表中选择【对称】方式，设置【距离】为“5mm”，单击【确定】按钮，系统自动完成倒角特征，如图7-24所示。

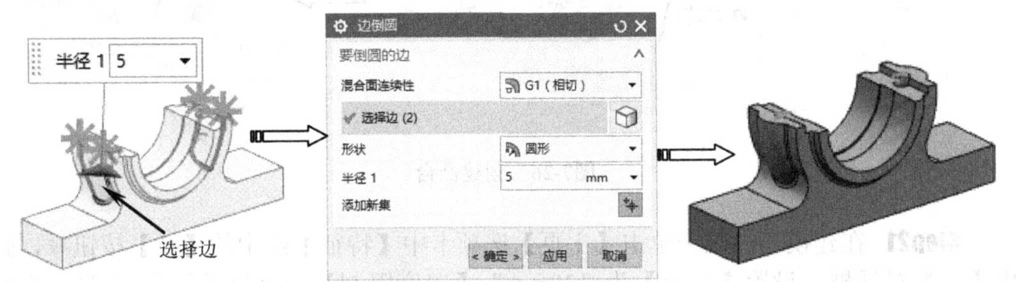

图7-23　创建倒圆角

图7-24　创建倒斜角

Step19 在建模功能区中单击【主页】选项卡中【同步建模】组中的【移动面】按钮，弹出【移动面】对话框，选择如图7-25所示的面，设置【运动】为“角度”，【角度】为“15deg”，【指定矢量】选择“-XC”，单击【确定】按钮完成面移动，如图7-25所示。

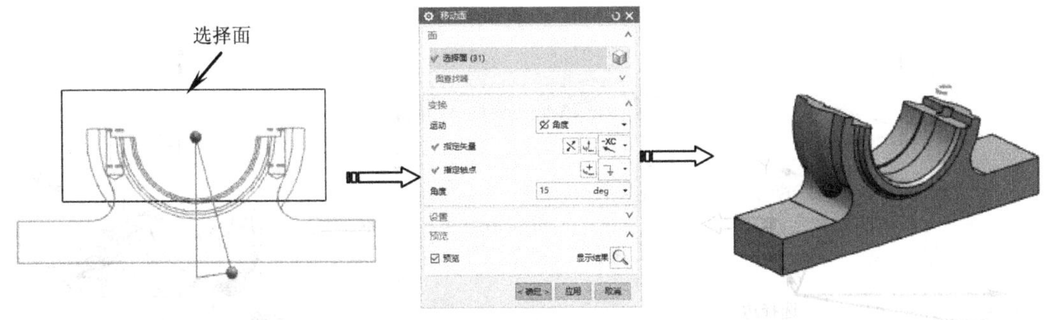

图7-25　移动面

Step20 在建模功能区中单击【主页】选项卡中【特征】组中的【凸台】按钮，或选择下拉菜单【插入】|【设计特征】|【凸台】命令，弹出【凸台】对话框，设置【直径】为“55mm”，【高度】为“5mm”，选择如图7-26所示表面为放置面，设置位置为50mm，单击【确定】按钮完成凸台，如图7-26所示。

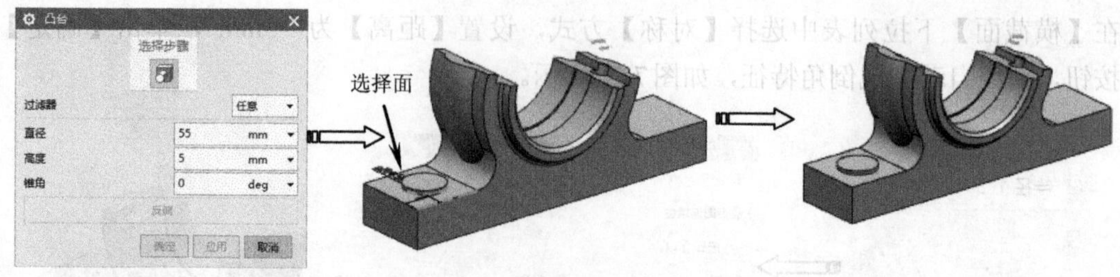

图7-26　创建凸台

Step21　在建模功能区中单击【主页】选项卡中【特征】组中的【孔】按钮，弹出【孔】对话框，设置【直径】为“30mm”,【深度限制】为“贯通体”，选择凸台圆心，单击【确定】按钮完成孔，如图7-27所示。

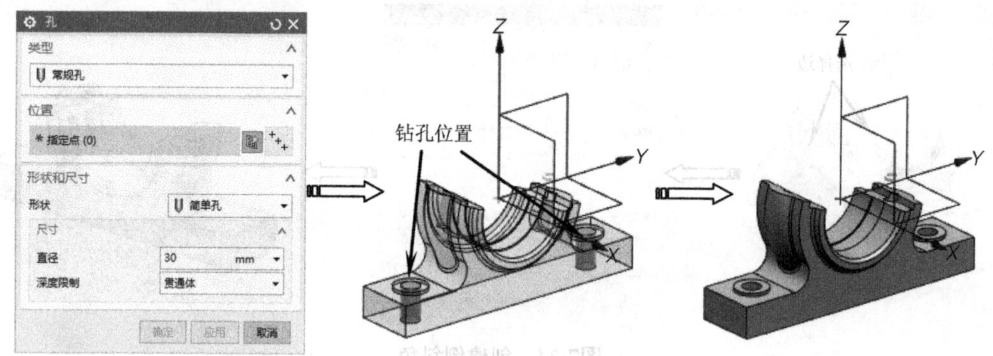

图7-27　创建孔

Step22　在建模功能区中单击【主页】选项卡中【特征】组中的【边倒圆】按钮，或选择下拉菜单【插入】|【细节特征】|【边倒圆】命令，弹出【边倒圆】对话框，设置【半径1】为“10mm”，选择如图7-28所示的4条边，单击【确定】按钮，系统自动完成倒圆特征，如图7-28所示。

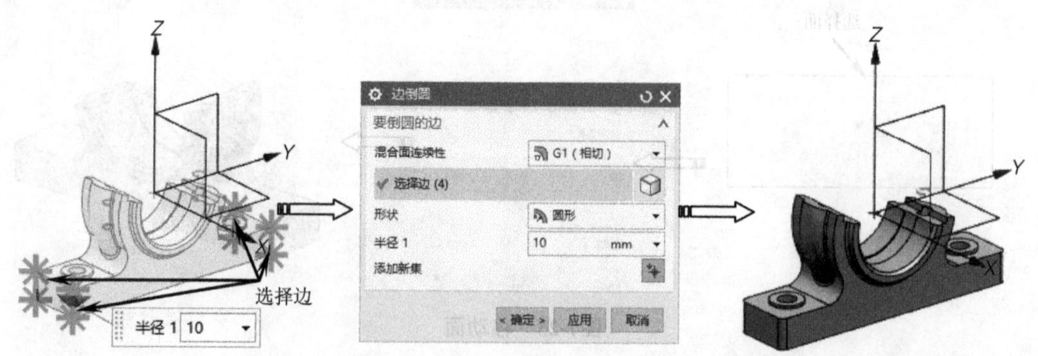

图7-28　创建倒圆角

Step23　选择下拉菜单【插入】|【在任务环境中绘制草图】命令，弹出【创建草图】对话框，在【草图类型】中选择“在平面上”，选择*YZ*平面为草绘平面，单击【确定】按钮，利用草图工具绘制如图7-29所示的草图。单击【草图】组上的【完成】按钮，

完成草图绘制，退出草图编辑器环境。

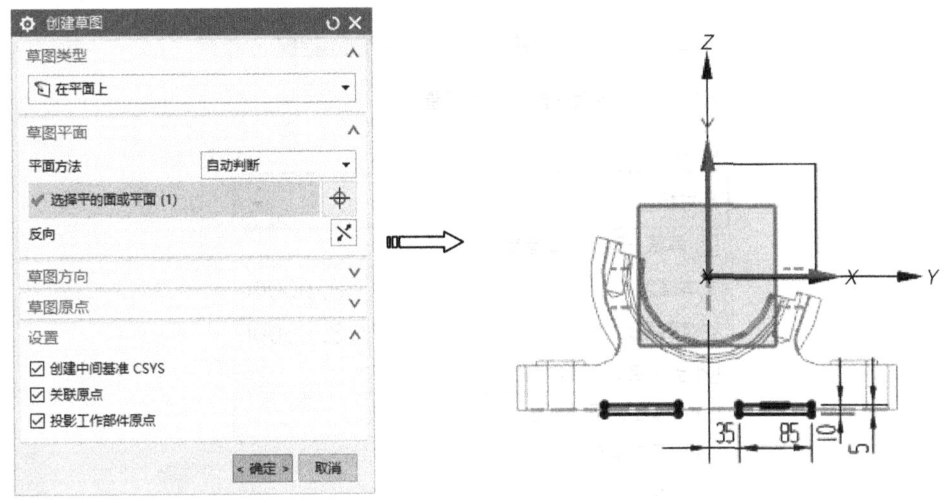

图7-29　绘制草图

Step24 在建模功能区中单击【主页】选项卡中【特征】组中的【拉伸】命令，弹出【拉伸】对话框，上一步创建的草图为截面曲线，设置【结束】为“对称值”，【距离】为“70mm”，【布尔】为“求差”，单击【确定】按钮完成拉伸，如图7-30所示。

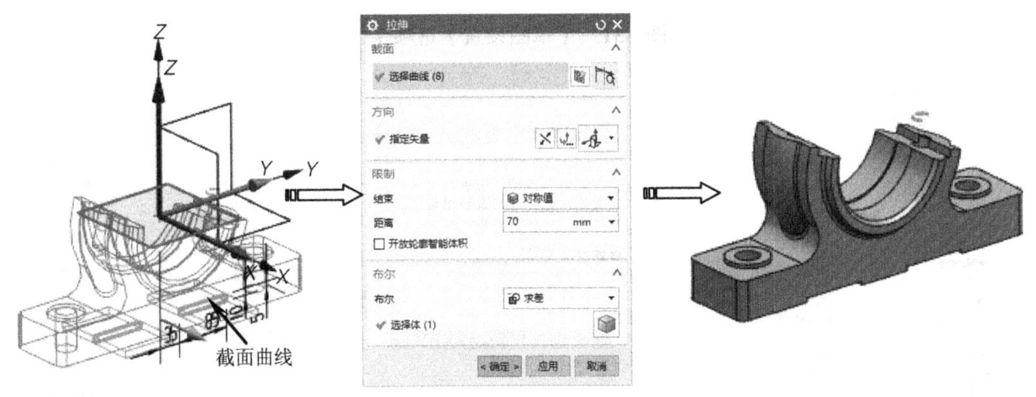

图7-30　创建拉伸特征

7.1.2.2　轴承盖设计过程

7.1.2.2
视频精讲

Step25 单击【主页】选项卡的【新建】按钮，弹出【文件新建】对话框，选择【模型】模板。在【名称】文本框中输入“轴承盖”，单击【确定】按钮，新建文件。

Step26 选择下拉菜单【首选项】|【草图】命令，弹出【草图首选项】对话框，单击【草图设置】选项卡，设置【尺寸标签】为“值”，取消【连续自动标注尺寸】复选框，如图7-31所示。

Step27 为了便于区别施加约束后的尺寸和几何，单击【部件设置】选项卡，单击【约束和尺寸】选项后的颜色按钮，弹出【颜色】对话框，设置约束和尺寸颜色，如图

7-32所示。单击【确定】按钮，关闭首选项对话框，完成草图设置。

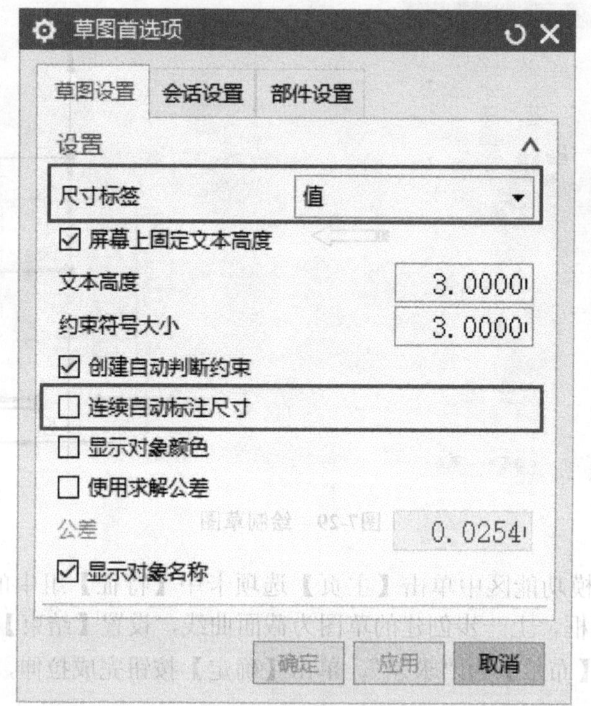

图7-31 【草图设置】选项卡

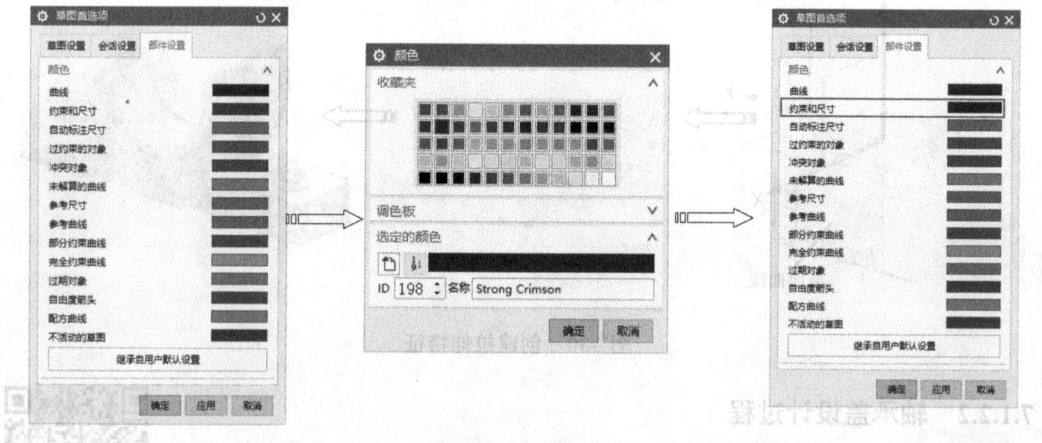

图7-32 设置颜色

Step28 选择下拉菜单【插入】|【在任务环境中绘制草图】命令，弹出【创建草图】对话框，在【草图类型】中选择“在平面上”，选择*ZX*平面为草绘平面，单击【确定】按钮，利用草图工具绘制如图7-33所示的草图。单击【草图】组上的【完成】按钮，完成草图绘制，退出草图编辑器环境。

Step29 在建模功能区中单击【主页】选项卡中【特征】组中的【旋转】命令，弹出【旋转】对话框，选择上一步创建的草图作为回转截面，设置旋转轴为*XC*，旋转中心为（0,0,0），角度为（−90,90），单击【确定】按钮完成旋转，如图7-34所示。

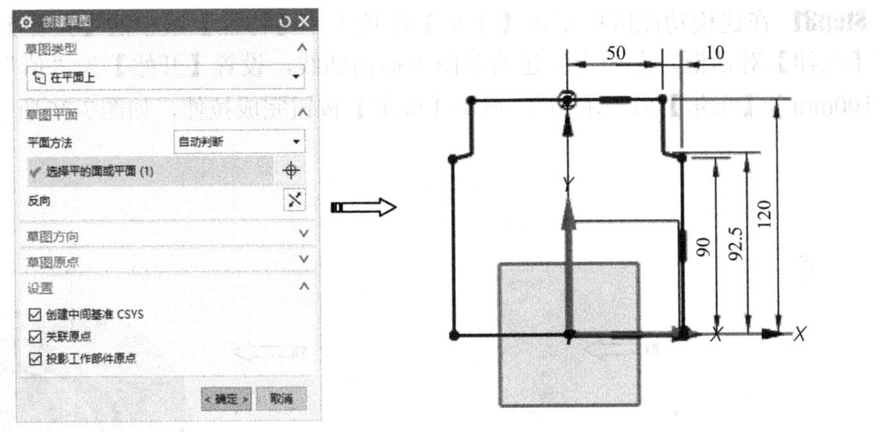

图7-33 绘制草图

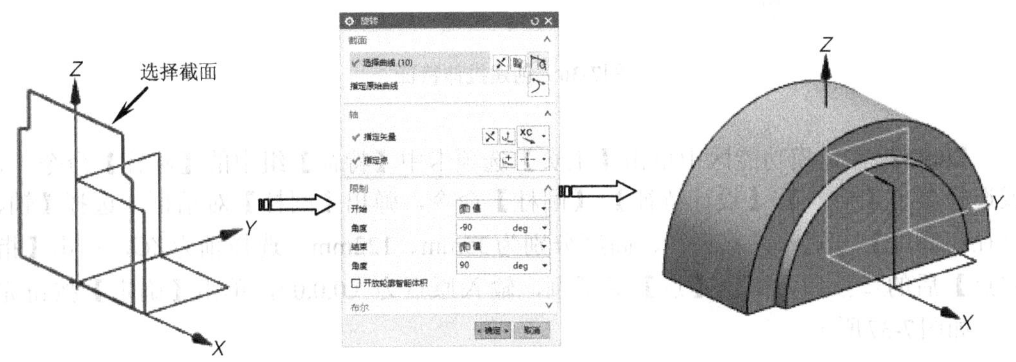

图7-34 创建旋转特征

Step30 选择下拉菜单【插入】|【在任务环境中绘制草图】命令，弹出【创建草图】对话框，在【草图类型】中选择“在平面上”，选择XY平面为草绘平面，单击【确定】按钮，利用草图工具绘制如图7-35所示的草图。单击【草图】组上的【完成】按钮，完成草图绘制，退出草图编辑器环境。

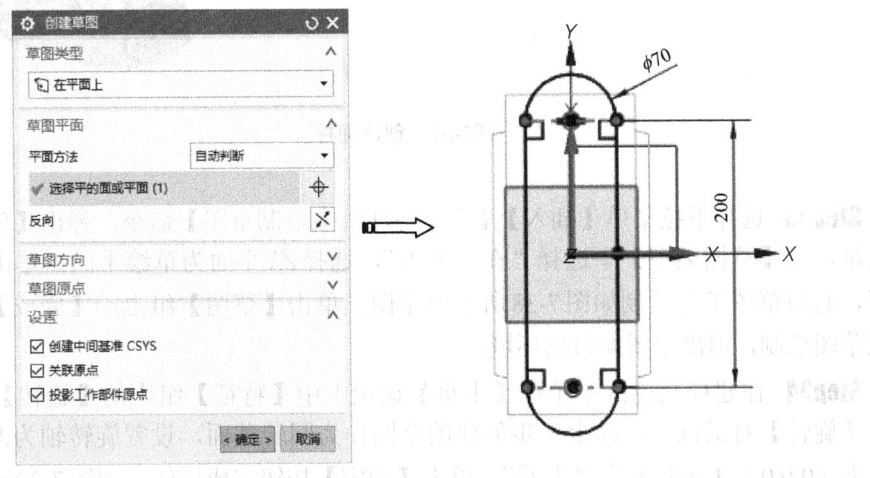

图7-35 绘制草图

Step31 在建模功能区中单击【主页】选项卡中【特征】组中的【拉伸】命令，弹出【拉伸】对话框，上一步创建的草图为截面曲线，设置【开始】为“值”，【距离】为“100mm”，【布尔】为“求和”，单击【确定】按钮完成拉伸，如图7-36所示。

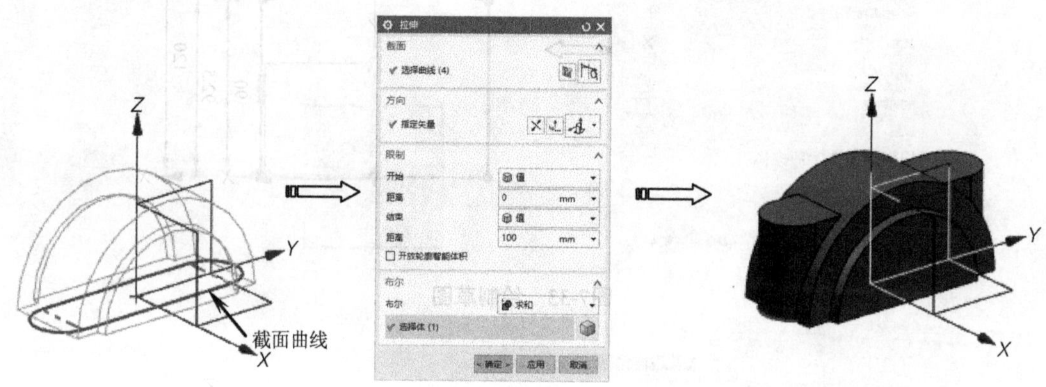

图7-36 创建拉伸特征

Step32 在建模功能区中单击【主页】选项卡中【特征】组中的【圆柱】命令，或选择菜单【插入】|【设计特征】|【圆柱】命令，弹出【圆柱】对话框，选择【轴、直径和高度】方式，设置直径、高度分别为35mm、122mm，选择轴为*ZC*，单击【指定点】后的按钮，弹出【点】对话框，输入原点为（0,0,0），单击【确定】按钮完成，如图7-37所示。

图7-37 创建圆柱

Step33 选择下拉菜单【插入】|【在任务环境中绘制草图】命令，弹出【创建草图】对话框，在【草图类型】中选择“在平面上”，选择*ZX*平面为草绘平面，单击【确定】按钮，利用草图工具绘制如图7-38所示的草图。单击【草图】组上的【完成】按钮，完成草图绘制，退出草图编辑器环境。

Step34 在建模功能区中单击【主页】选项卡中【特征】组中的【旋转】命令，弹出【旋转】对话框，选择上一步创建的草图作为回转截面，设置旋转轴为*XC*，旋转中心为（0,0,0），【布尔】为“求差”，单击【确定】按钮完成旋转，如图7-39所示。

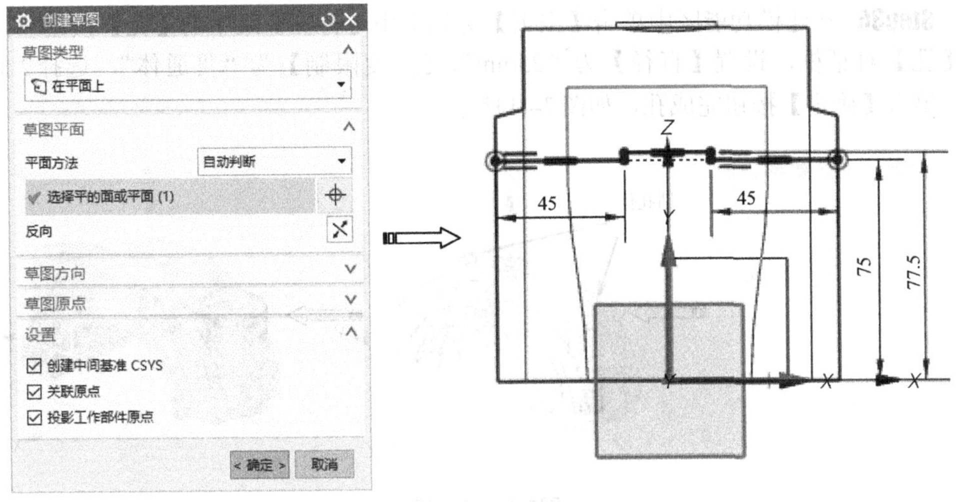

图7-38　绘制草图

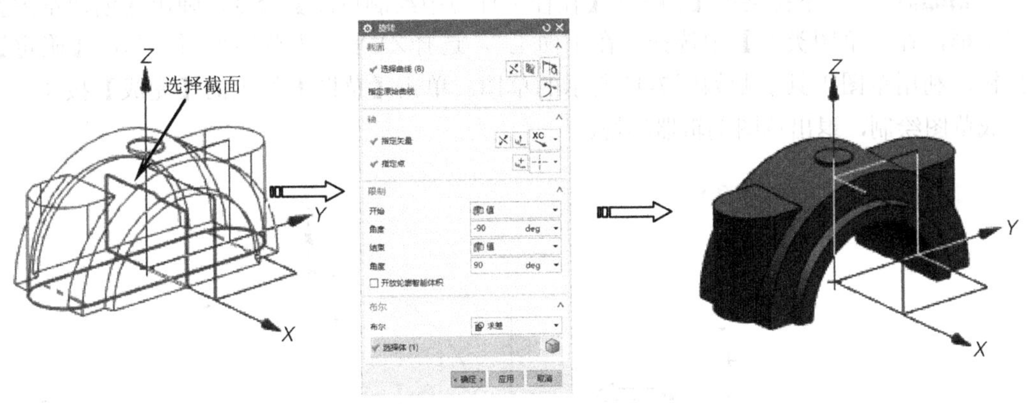

图7-39　创建旋转特征

Step35 在建模功能区中单击【主页】选项卡中【特征】组中的【孔】按钮，弹出【孔】对话框，选择【形状】为“沉头孔”，【深度限制】为“贯通体”，选择圆柱圆心，单击【确定】按钮完成孔，如图7-40所示。

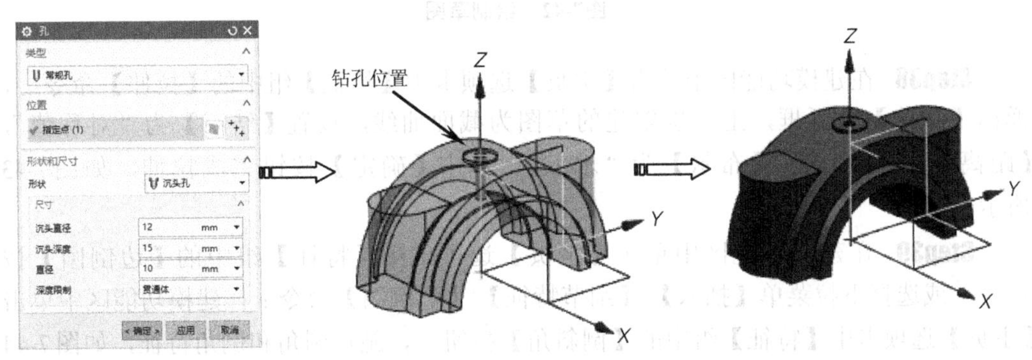

图7-40　创建孔

Step36 在建模功能区中单击【主页】选项卡中【特征】组中的【孔】按钮，弹出【孔】对话框，设置【直径】为“25mm”，【深度限制】为“贯通体”，选择2个圆心，单击【确定】按钮完成孔，如图7-41所示。

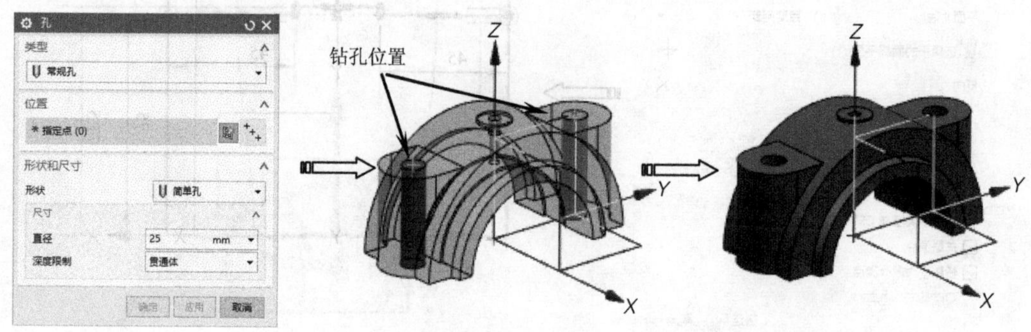

图7-41 创建孔

Step37 选择下拉菜单【插入】|【在任务环境中绘制草图】命令，弹出【创建草图】对话框，在【草图类型】中选择“在平面上”，选择*ZX*平面为草绘平面，单击【确定】按钮，利用草图工具绘制如图7-42所示的草图。单击【草图】组上的【完成】按钮，完成草图绘制，退出草图编辑器环境。

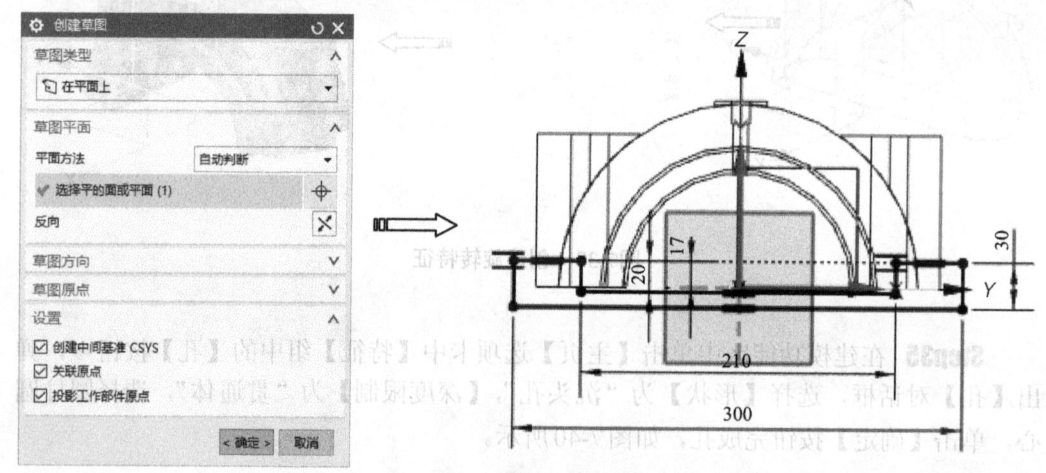

图7-42 绘制草图

Step38 在建模功能区中单击【主页】选项卡中【特征】组中的【拉伸】命令，弹出【拉伸】对话框，上一步创建的草图为截面曲线，设置【结束】为“对称值”，【距离】为“70mm”，【布尔】为“求差”，单击【确定】按钮完成拉伸，如图7-43所示。

Step39 在建模功能区中单击【主页】选项卡中【特征】组中的【边倒圆】按钮，或选择下拉菜单【插入】|【细节特征】|【边倒圆】命令；在建模功能区中单击【主页】选项卡中【特征】组中的【倒斜角】按钮，施加圆角和倒角特征，如图7-44所示。

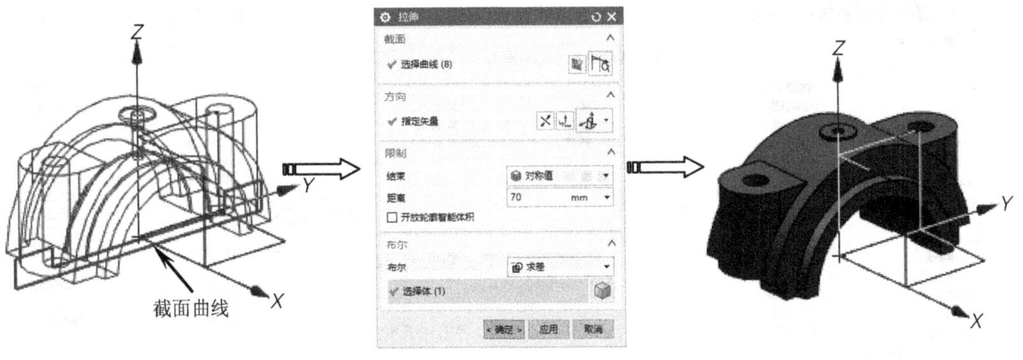

图7-43　创建拉伸特征

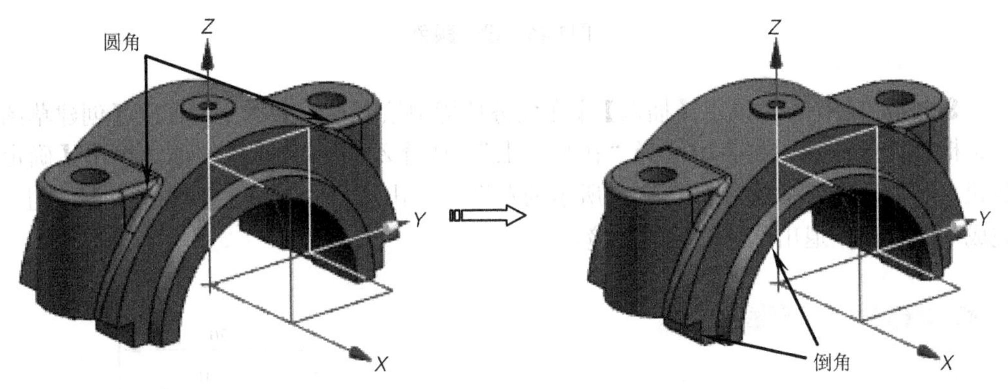

图7-44　创建圆角和倒斜角

7.1.2.3　轴瓦设计过程

7.1.2.3
视频精讲

Step40 单击【主页】选项卡的【新建】按钮，弹出【文件新建】对话框，选择【模型】模板。在【名称】文本框中输入“上轴瓦”，单击【确定】按钮，新建文件。

Step41 选择下拉菜单【首选项】|【草图】命令，弹出【草图首选项】对话框，单击【草图设置】选项卡，设置【尺寸标签】为“值”，取消【连续自动标注尺寸】复选框，如图7-45所示。

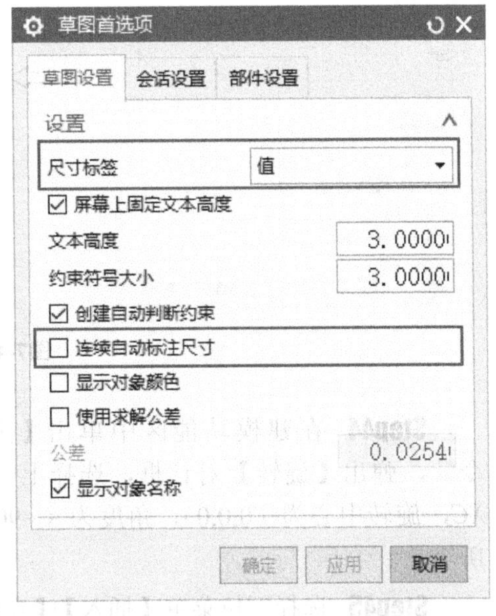

图7-45　【草图设置】选项卡

Step42 为了便于区别施加约束后的尺寸和几何，单击【部件设置】选项卡，单击【约束和尺寸】选项后的颜色按钮，弹出【颜色】对话框，设置约束和尺寸颜色，如图7-46所示。单击【确定】按钮，关闭首选项对话框，完成草图设置。

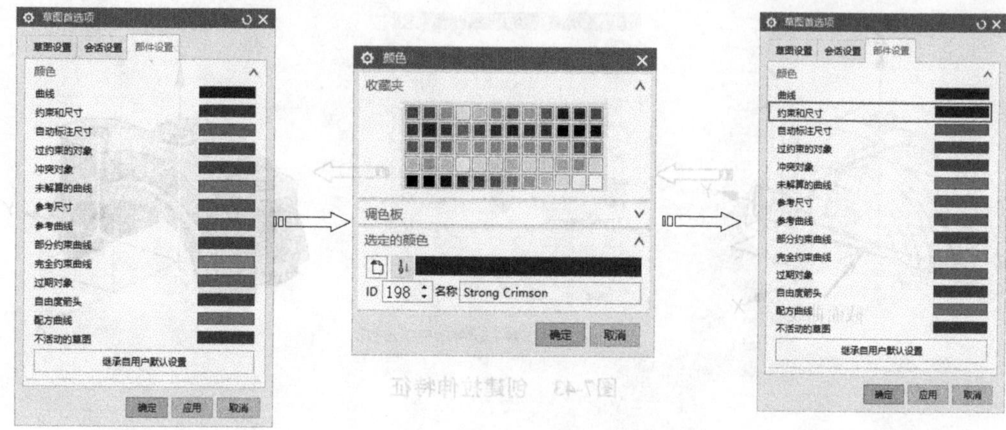

图7-46　设置颜色

Step43 选择下拉菜单【插入】|【在任务环境中绘制草图】命令，弹出【创建草图】对话框，在【草图类型】中选择“在平面上”，选择*ZX*平面为草绘平面，单击【确定】按钮，利用草图工具绘制如图7-47所示的草图。单击【草图】组上的【完成】按钮，完成草图绘制，退出草图编辑器环境。

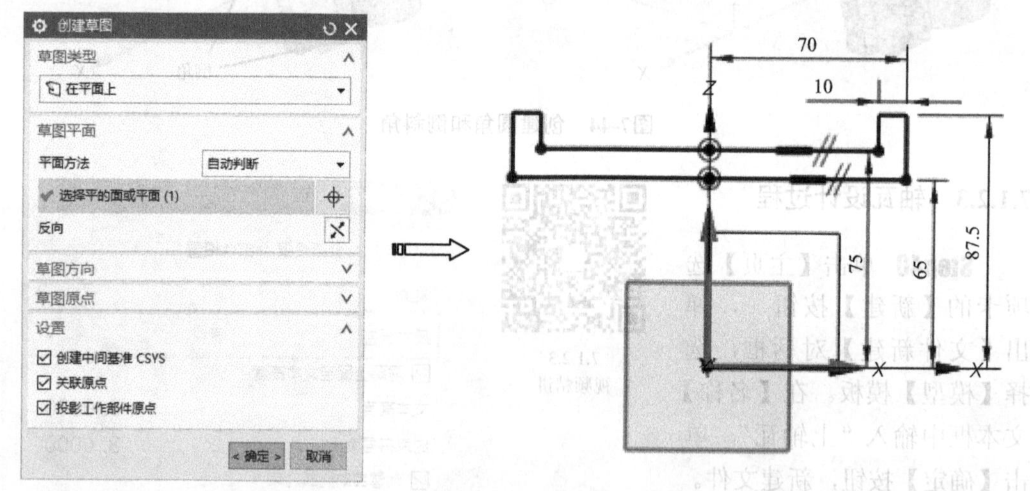

图7-47　绘制草图

Step44 在建模功能区中单击【主页】选项卡中【特征】组中的【旋转】命令，弹出【旋转】对话框，选择上一步创建的草图作为回转截面，设置旋转轴为*XC*，旋转中心为（0,0,0），角度为（−90,90），单击【确定】按钮完成旋转，如图7-48所示。

Step45 选择下拉菜单【插入】|【在任务环境中绘制草图】命令，弹出【创建草图】对话框，在【草图类型】中选择“在平面上”，选择*ZX*平面为草绘平面，单击【确定】按钮，利用草图工具绘制如图7-49所示的草图。单击【草图】组上的【完成】按钮，完成草图绘制，退出草图编辑器环境。

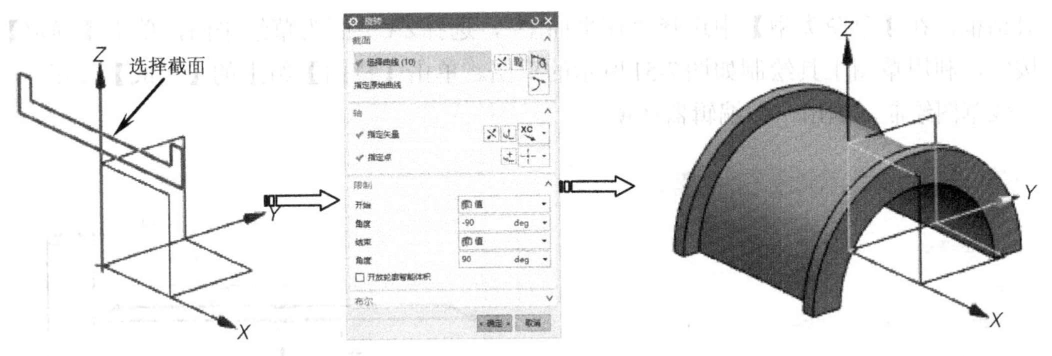

图7-48　创建旋转特征

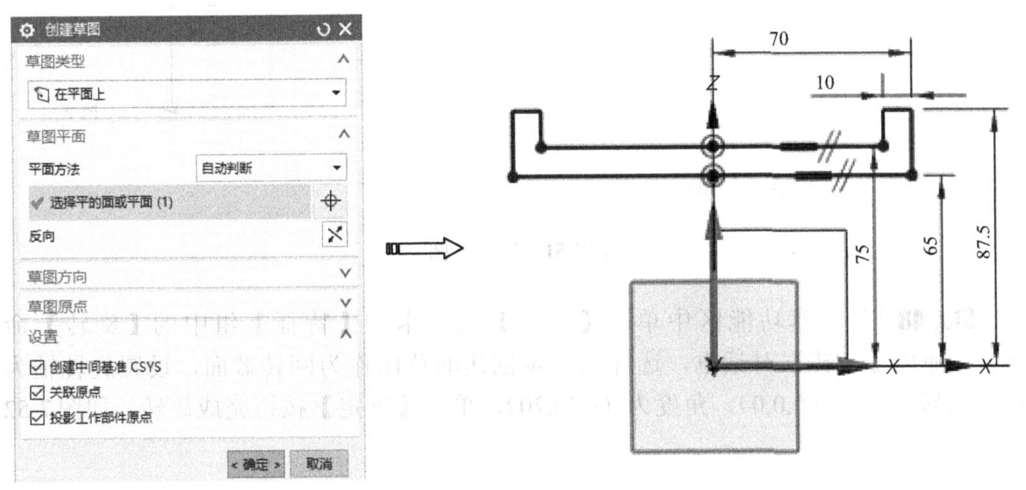

图7-49　绘制草图

Step46 在建模功能区中单击【主页】选项卡中【特征】组中的【旋转】命令，弹出【旋转】对话框，选择上一步创建的草图作为回转截面，设置旋转轴为XC，旋转中心为（0,0,0），角度为（−90,90），单击【确定】按钮完成旋转，如图7-50所示。

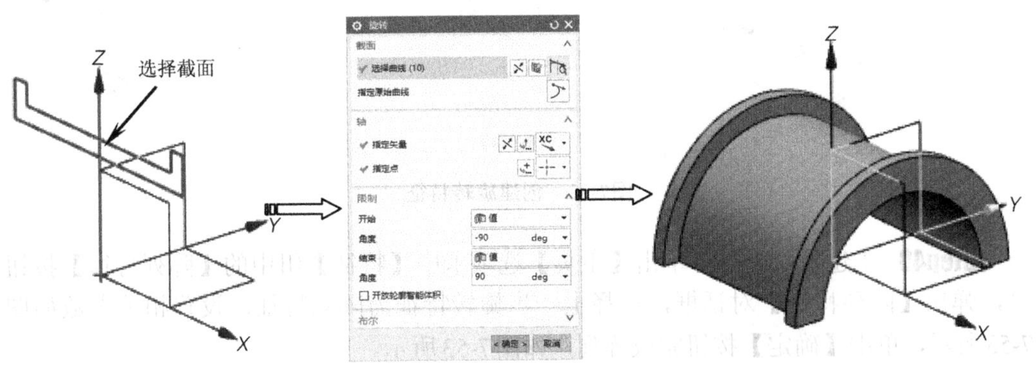

图7-50　创建旋转特征

Step47 选择下拉菜单【插入】|【在任务环境中绘制草图】命令，弹出【创建草图】

对话框，在【草图类型】中选择“在平面上”，选择ZX平面为草绘平面，单击【确定】按钮，利用草图工具绘制如图7-51所示的草图。单击【草图】组上的【完成】按钮，完成草图绘制，退出草图编辑器环境。

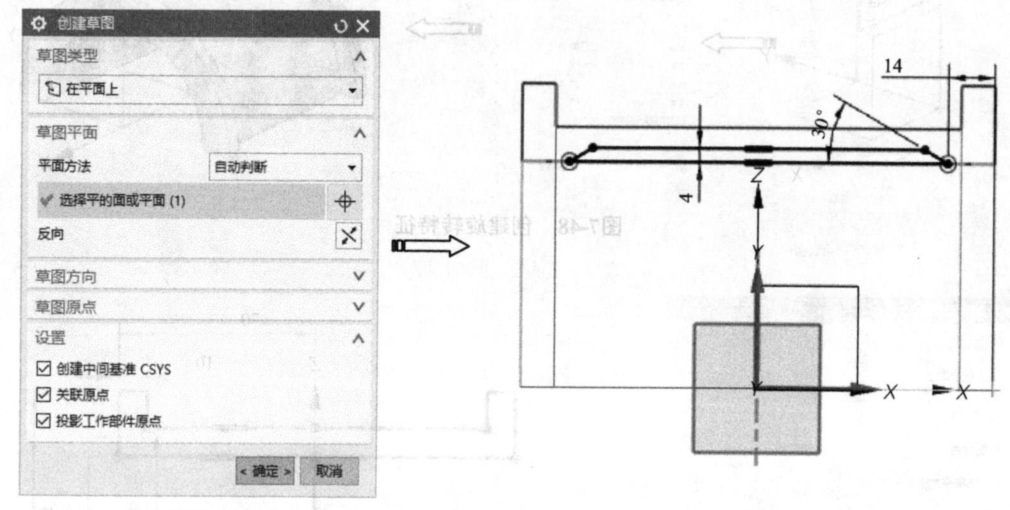

图7-51 绘制草图

Step48 在建模功能区中单击【主页】选项卡中【特征】组中的【旋转】命令，弹出【旋转】对话框，选择上一步创建的草图作为回转截面，设置旋转轴为*XC*，旋转中心为（0,0,0），角度为（−20,20），单击【确定】按钮完成旋转，如图7-52所示。

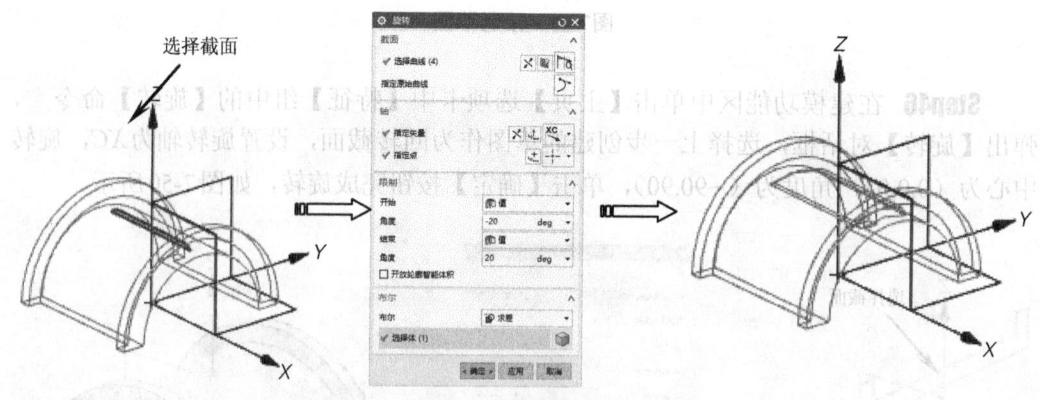

图7-52 创建旋转特征

Step49 在建模功能区中单击【主页】选项卡中【特征】组中的【阵列特征】按钮，弹出【阵列特征】对话框，选择上一步旋转特征为阵列特征，设置相关参数如图7-53所示，单击【确定】按钮完成阵列，如图7-53所示。

Step50 在功能区中单击【主页】选项卡中【曲线】组中的【点】按钮，或选择下拉菜单【插入】|【基准/点】|【点】命令，弹出【点】对话框，设置坐标为（0,0,75），单击【确定】按钮完成，如图7-54所示。

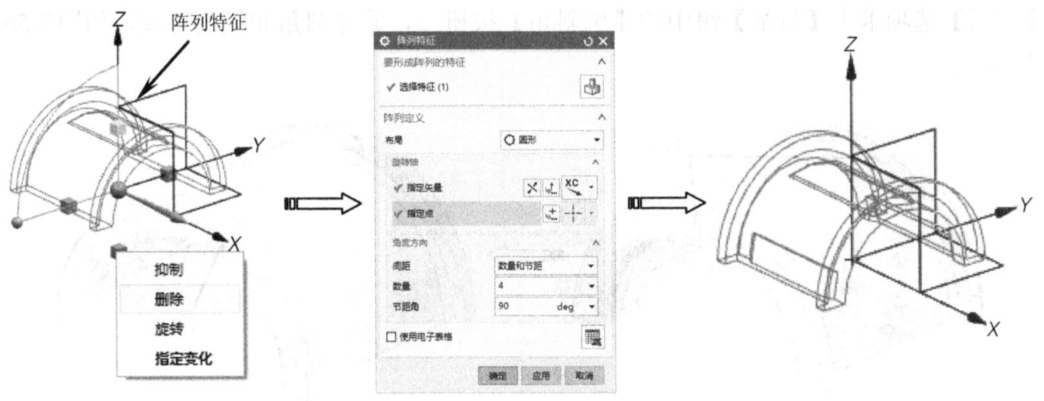

图7-53　创建圆形阵列

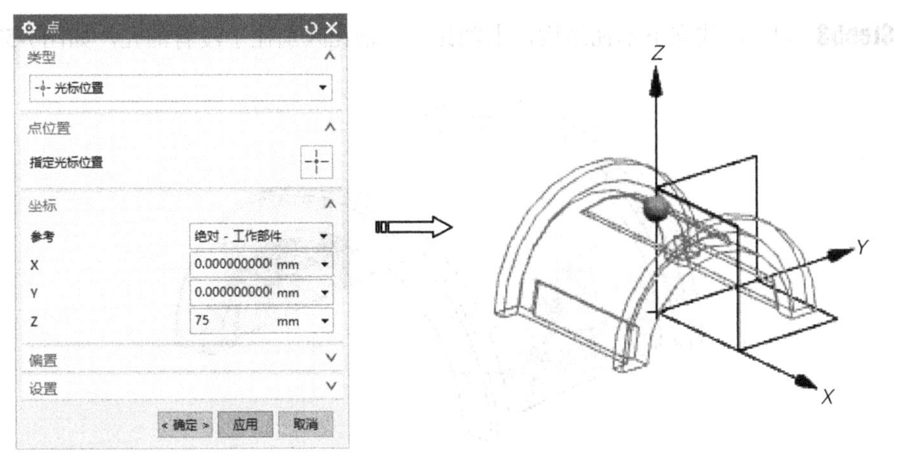

图7-54　创建点

Step51 在建模功能区中单击【主页】选项卡中【特征】组中的【孔】按钮，弹出【孔】对话框，设置【直径】为“10.5mm”，【深度限制】为“贯通体”，选择上一步创建的点，单击【确定】按钮完成孔，如图7-55所示。

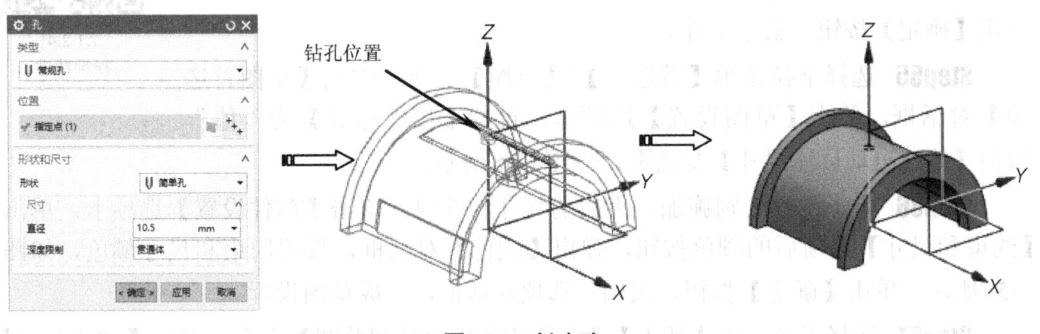

图7-55　创建孔

Step52 在建模功能区中单击【主页】选项卡中【特征】组中的【边倒圆】按钮，或选择下拉菜单【插入】|【细节特征】|【边倒圆】命令；在建模功能区中单击

【主页】选项卡中【特征】组中的【倒斜角】按钮，施加圆角和倒角特征，如图7-56所示。

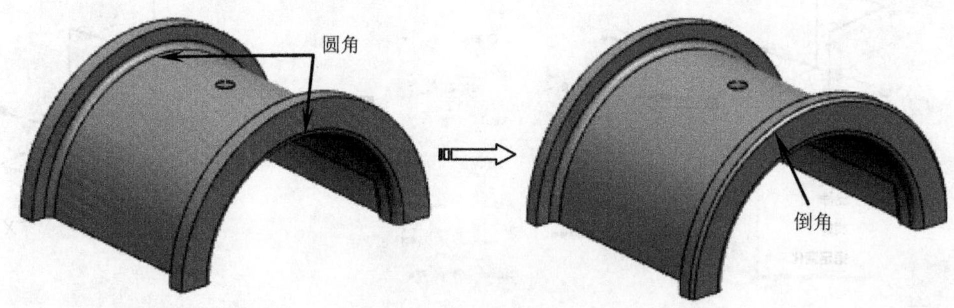

图7-56 创建圆角和倒斜角

Step53 同理，建立下轴瓦结构，上轴瓦与下轴瓦区别在于没有油孔，如图7-57所示。

图7-57 创建下轴瓦

7.1.2.4 顶盖设计过程

7.1.2.4
视频精讲

Step54 单击【主页】选项卡的【新建】按钮，弹出【文件新建】对话框，选择【模型】模板。在【名称】文本框中输入“顶盖”，单击【确定】按钮，新建文件。

Step55 选择下拉菜单【首选项】|【草图】命令，弹出【草图首选项】对话框，单击【草图设置】选项卡，设置【尺寸标签】为“值”，取消【连续自动标注尺寸】复选框，如图7-58所示。

Step56 为了便于区别施加约束后的尺寸和几何，单击【部件设置】选项卡，单击【约束和尺寸】选项后的颜色按钮，弹出【颜色】对话框，设置约束和尺寸颜色，如图7-59所示。单击【确定】按钮，关闭首选项对话框，完成草图设置。

Step57 选择下拉菜单【插入】|【在任务环境中绘制草图】命令，弹出【创建草图】对话框，在【草图类型】中选择“在平面上”，选择*ZX*平面为草绘平面，单击【确定】按钮，利用草图工具绘制如图7-60所示的草图。单击【草图】组上的【完成】按钮，完成草图绘制，退出草图编辑器环境。

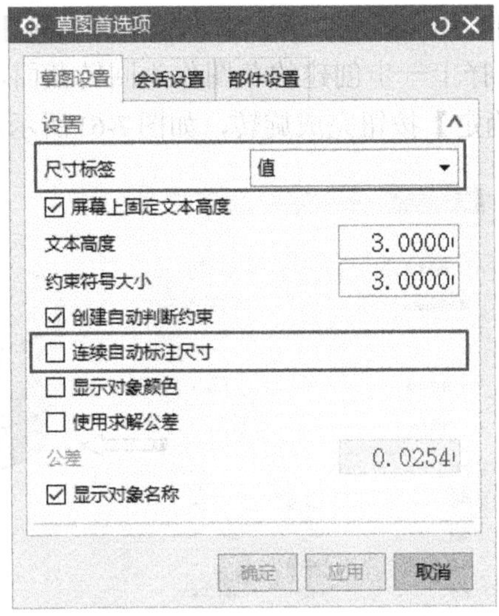

图7-58 【草图设置】选项卡

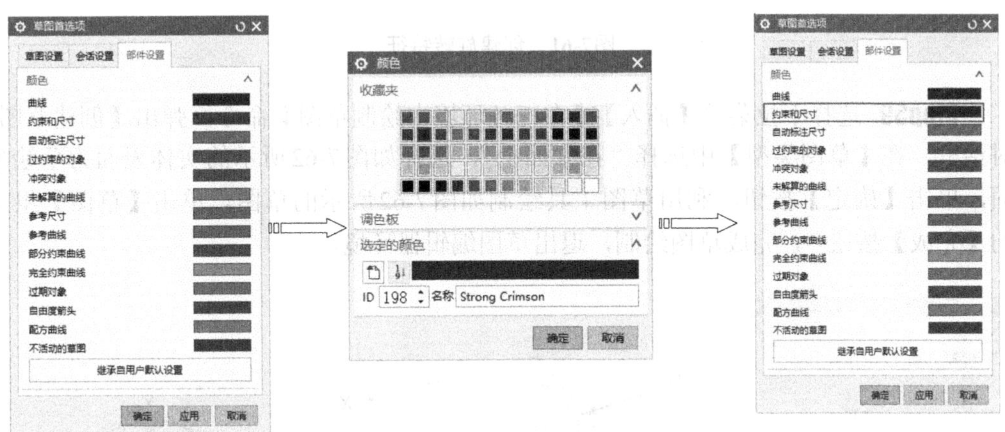

图7-59 设置颜色

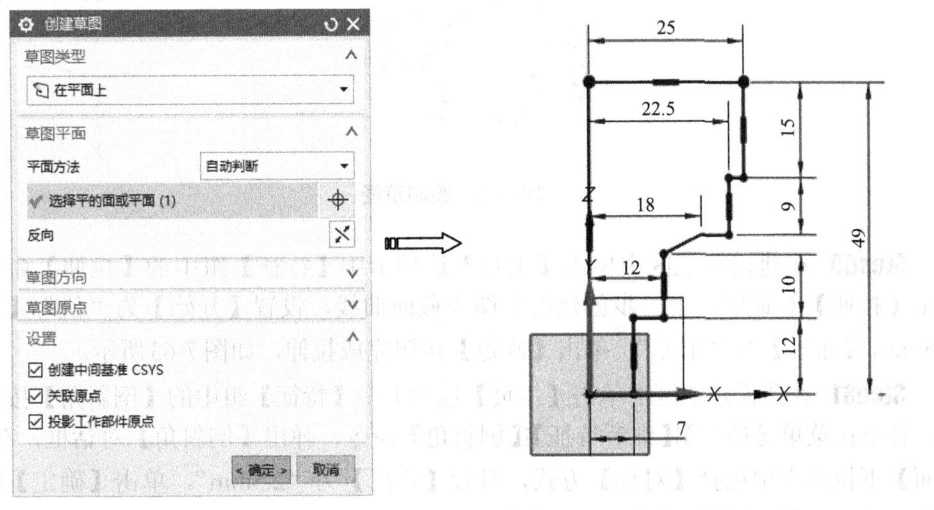

图7-60 绘制草图

Step58 在建模功能区中单击【主页】选项卡中【特征】组中的【旋转】命令，弹出【旋转】对话框，选择上一步创建的草图作为回转截面，设置旋转轴为*ZC*，旋转中心为（0,0,0），单击【确定】按钮完成旋转，如图7-61所示。

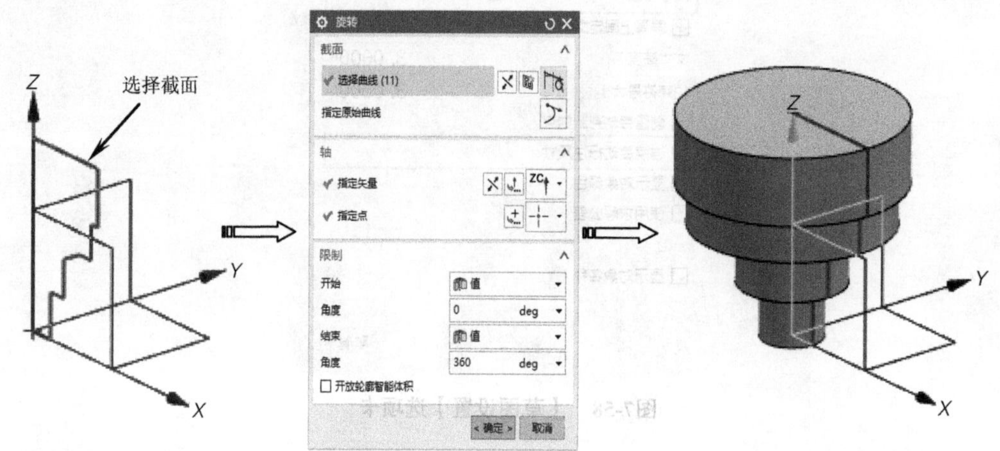

图7-61 创建旋转特征

Step59 选择下拉菜单【插入】|【在任务环境中绘制草图】命令，弹出【创建草图】对话框，在【草图类型】中选择“在平面上”，选择如图7-62所示的实体表面为草绘平面，单击【确定】按钮，利用草图工具绘制如图7-62所示的草图。单击【草图】组上的【完成】按钮，完成草图绘制，退出草图编辑器环境。

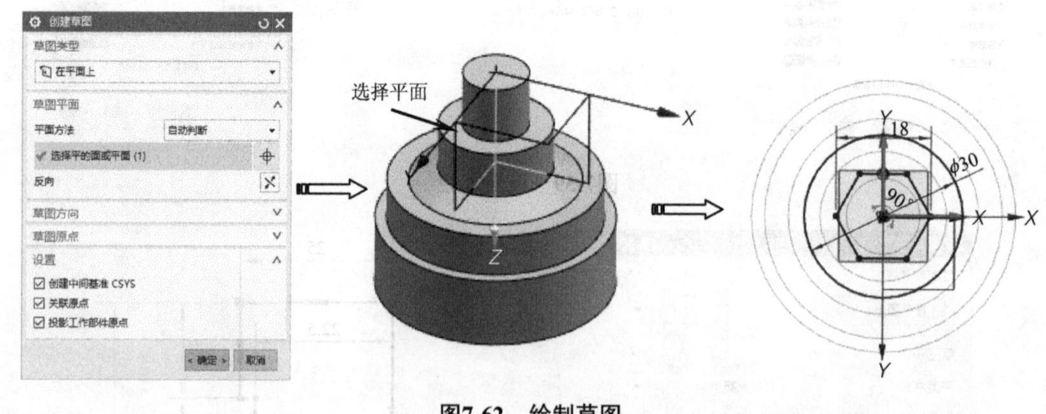

图7-62 绘制草图

Step60 在建模功能区中单击【主页】选项卡中【特征】组中的【拉伸】命令，弹出【拉伸】对话框，上一步创建的草图为截面曲线，设置【开始】为“值”，【距离】为8mm，【布尔】为“求差”，单击【确定】按钮完成拉伸，如图7-63所示。

Step61 在建模功能区中单击【主页】选项卡中【特征】组中的【倒斜角】按钮，或选择下拉菜单【插入】|【细节特征】|【倒斜角】命令，弹出【倒斜角】对话框，在【横截面】下拉列表中选择【对称】方式，设置【距离】为“2.5mm”，单击【确定】按钮，系统自动完成倒角特征，如图7-64所示。

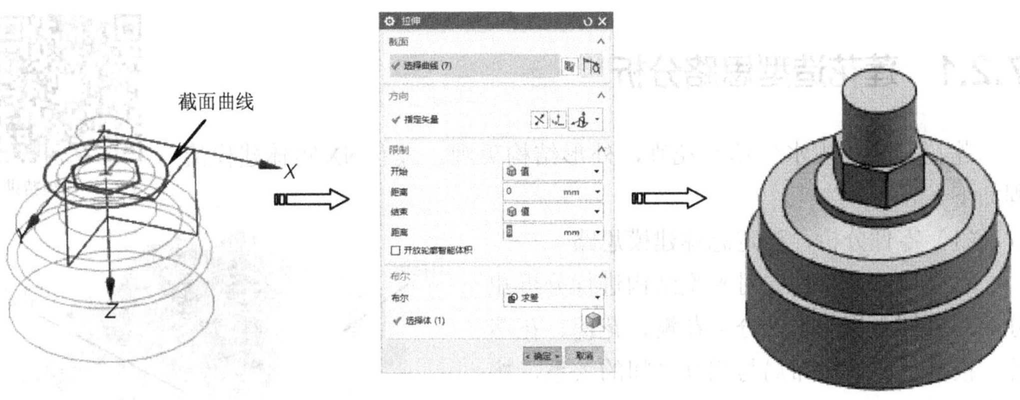

图7-63　创建拉伸特征

图7-64　创建倒斜角

7.2　综合实例2——莲花造型设计

以莲花为例来对实体特征设计相关知识进行综合性应用，莲花结构如图7-65所示。

图7-65　莲花模型

7.2.1 莲花造型思路分析

7.2.1 视频精讲

莲花是多年生水生草本花卉，外形结构美观。莲花NX实体建模流程如下：

（1）零件分析，拟定总体建模思路

总体思路是：首先对模型结构进行分析和分解，分解为相应的部分：花瓣、花蕊、花茎等。根据总体结构布局与相互之间的关系，按照先上后下、先花瓣再花茎的顺序依次创建各部分，如图7-66所示。

（2）花瓣的特征造型

花瓣结构复杂，形状美观，首先采用球体通过曲面和基准平面修剪方式创建花瓣实体，再次通过抽壳方式形成单叶花瓣，最后采用多次圆形阵列方式创建整个花瓣，如图7-67所示。

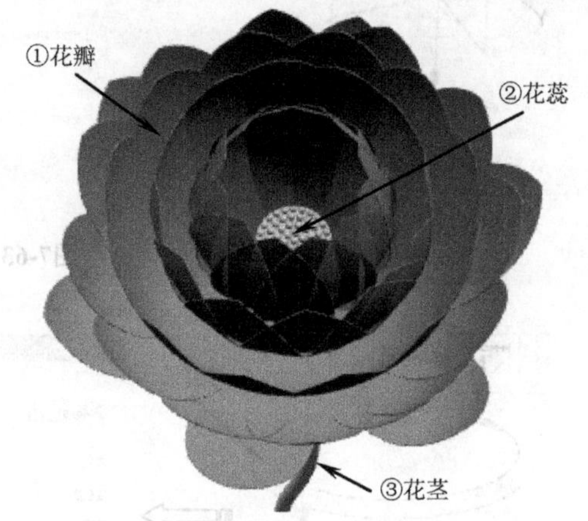

图7-66 莲花的模型分解

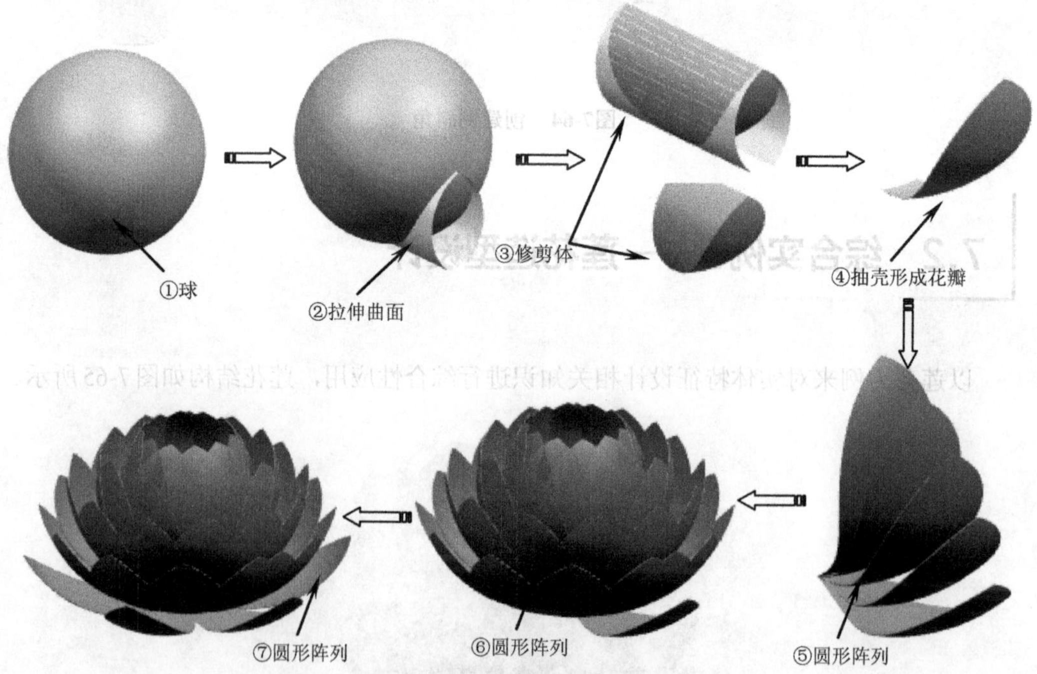

图7-67 花瓣的创建过程

（3）花蕊的特征造型

首先通过曲线创建旋转体特征，再次通过球创建花点，最后通过线性阵列和圆形阵列完成花蕊创建，如图7-68所示。

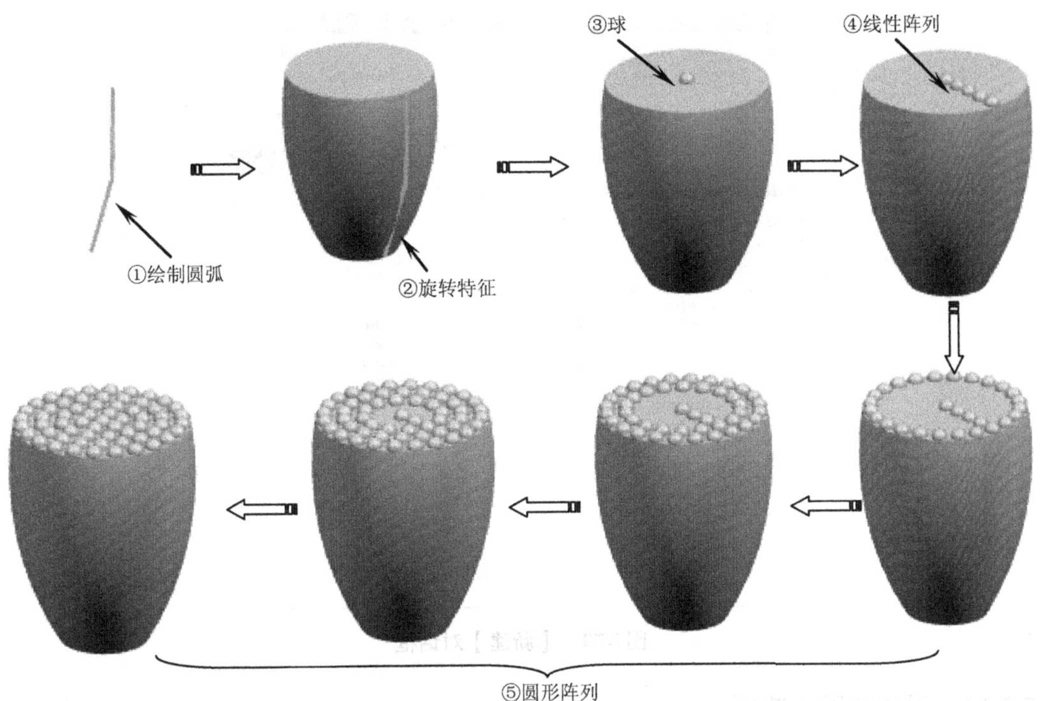

图7-68　花蕊的创建过程

（4）花茎的特征造型

绘制截面草图，然后通过管道特征形成花茎，如图7-69所示。

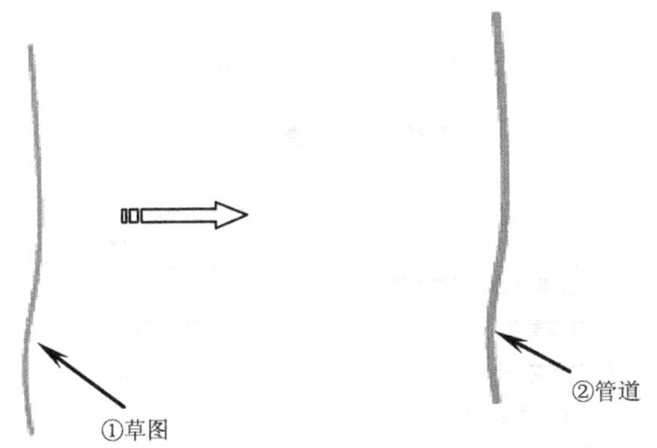

图7-69　花茎的创建过程

7.2.2　莲花造型设计操作过程

7.2.2　视频精讲

Step01　启动NX后，单击【主页】选项卡的【新建】按钮，弹出【文件新建】对话框，选择【模型】模板。在【名称】文本框中输入“莲花”，单击【确定】按钮，新建文件，如图7-70所示。

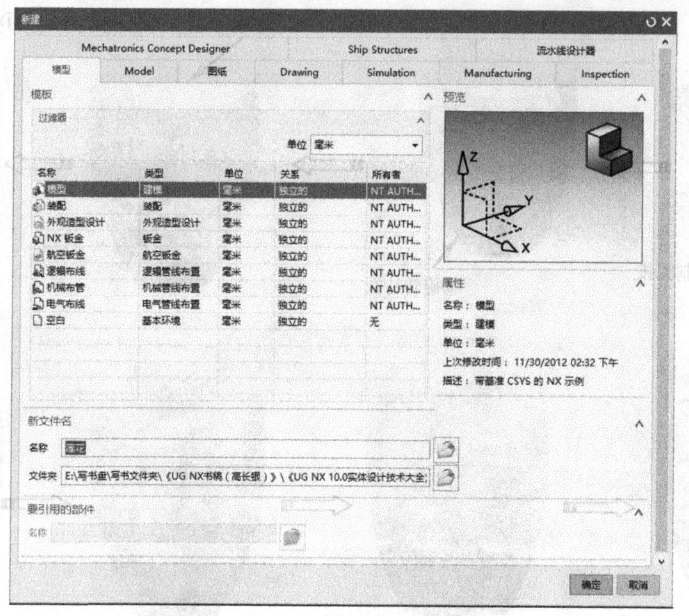

图7-70 【新建】对话框

7.2.2.1 设置草图首选项

Step02 选择下拉菜单【首选项】|【草图】命令，弹出【草图首选项】对话框，单击【草图设置】选项卡，设置【尺寸标签】为“值”，取消【连续自动标注尺寸】复选框，如图7-71所示。

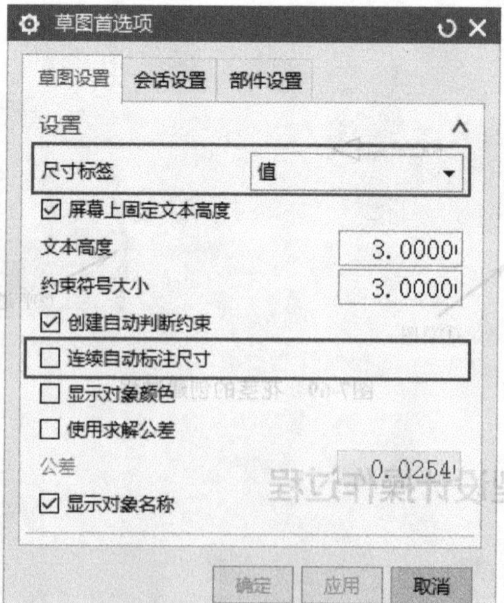

图7-71 【草图设置】选项卡

Step03 为了便于区别施加约束后的尺寸和几何，单击【部件设置】选项卡，单击

【约束和尺寸】选项后的颜色按钮，弹出【颜色】对话框，设置约束和尺寸颜色，如图7-72所示。

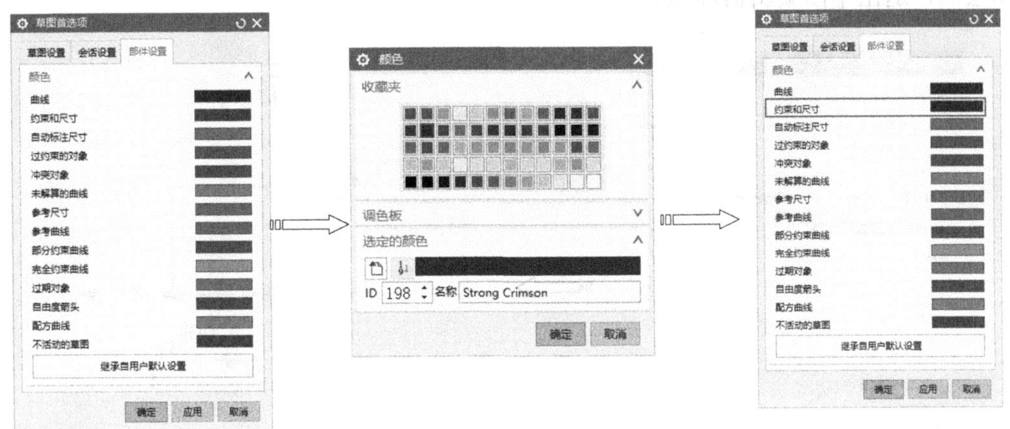

图7-72　设置颜色

Step04 单击【确定】按钮，关闭首选项对话框，完成草图设置。

7.2.2.2　创建莲花花瓣

Step05 在建模功能区中单击【主页】选项卡中【特征】组中的【球】命令，或选择菜单【插入】|【设计特征】|【球】命令，弹出【球】对话框，选择【中心点和直径】方式，设置【直径】为“100mm”，【中心点】为指定点，单击【确定】按钮完成，如图7-73所示。

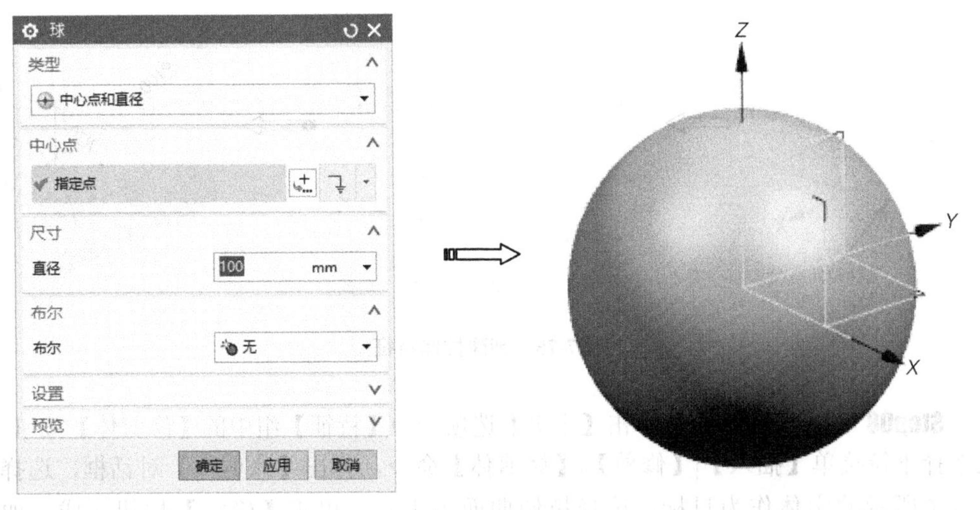

图7-73　创建球

Step06 选择下拉菜单【插入】|【在任务环境中绘制草图】命令，弹出【创建草图】对话框，在【草图类型】中选择“在平面上”，选择*YZ*平面为草绘平面，单击【确定】按钮。绘制一个直径为100的圆，圆心位于坐标原点上。绘制半径为$\phi30$的圆弧，圆弧

两个端点分别落在坐标原点和ϕ100的圆上，且ϕ30圆弧的圆心距离X轴为27，然后把该段圆弧关于Y轴对称，如图7-74所示。单击【草图】组上的【完成】按钮，完成草图绘制，退出草图编辑器环境。

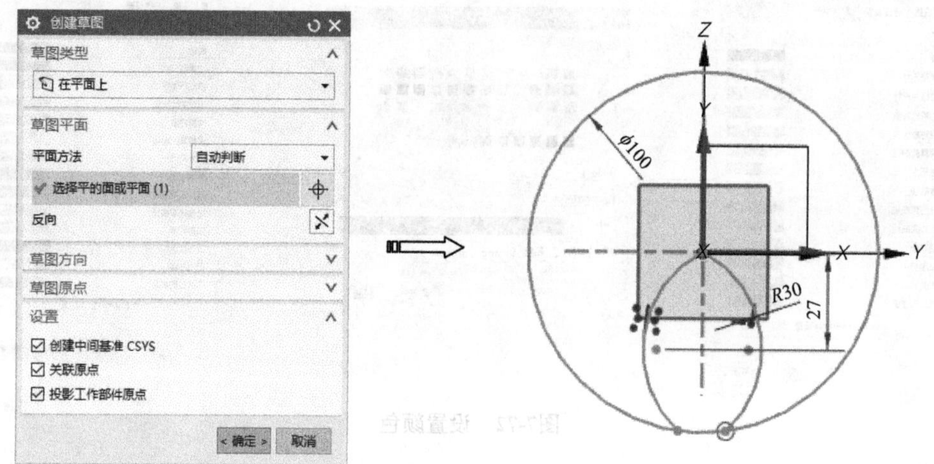

图7-74 绘制草图

Step07 建模功能区中单击【主页】选项卡中【特征】组中的【拉伸】命令，弹出【拉伸】对话框，选择如图7-75所示的“ϕ30圆弧”曲线，指定矢量为正ZC轴，设置拉伸【结束】为“对称值”，【距离】为52mm，单击【确定】按钮完成。

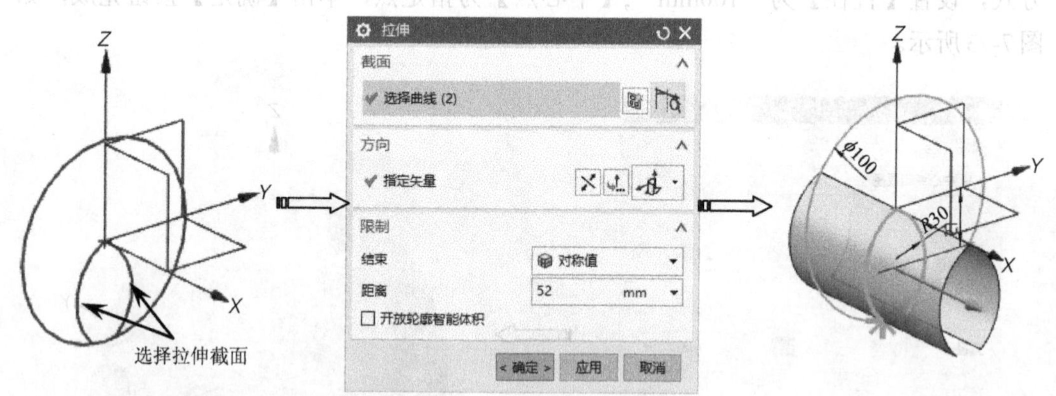

图7-75 创建拉伸特征

Step08 在建模功能区中单击【主页】选项卡中【特征】组中的【修剪体】按钮，或选择下拉菜单【插入】|【修剪】|【修剪体】命令，弹出【修剪体】对话框，选择如图7-76所示的实体作为目标，选择拉伸曲面为工具，单击【确定】按钮完成，如图7-76所示。

Step09 在建模功能区中单击【主页】选项卡中【特征】组中的【修剪体】按钮，或选择下拉菜单【插入】|【修剪】|【修剪体】命令，弹出【修剪体】对话框，选择如图7-77所示的实体作为目标，选择YZ平面为工具，单击【确定】按钮完成，如图7-77所示。

图7-76　创建修剪体

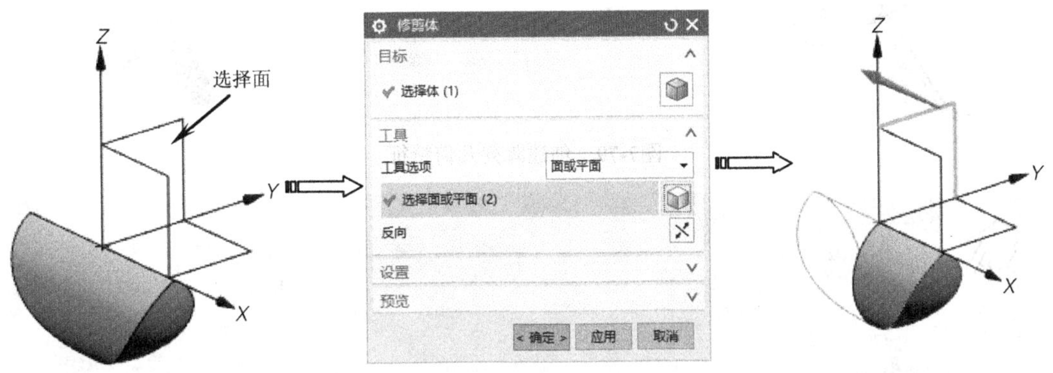

图7-77　创建修剪体

Step10 在建模功能区中单击【主页】选项卡中【特征】组中的【抽壳】按钮，或选择下拉菜单【插入】|【偏置/缩放】|【抽壳】命令，弹出【抽壳】对话框，选择【移除面】方式，设置【厚度】为“0.25mm”，选择如图7-78所示抽壳时去除的3个实体表面，单击【确定】按钮完成抽壳特征，如图7-78所示。

图7-78　创建抽壳

Step11 在建模功能区中单击【主页】选项卡中【特征】组中的【阵列几何特征】按钮，或选择下拉菜单【插入】|【关联复制】|【阵列几何特征】命令，弹出【阵列几何特征】对话框，选择【布局】为“线性”，选择上一步创建的花瓣，阵列方向为*ZC*轴，【数量】为“2”，【节距】为“50mm”，单击【确定】按钮完成阵列，如图7-79所示。

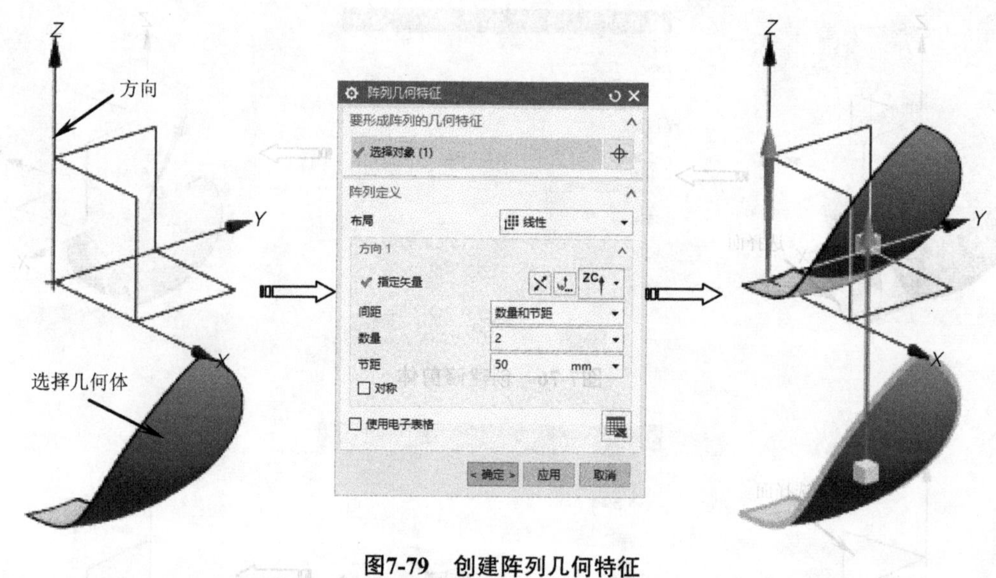

图7-79 创建阵列几何特征

提示

阵列特征是对某个或几个特征进行阵列，而阵列几何特征是对几何体（这中间可包含多个特征——实体、片体、曲线）的阵列。

Step12 在建模功能区中单击【主页】选项卡中【特征】组中的【阵列几何特征】按钮，或选择下拉菜单【插入】|【关联复制】|【阵列几何特征】命令，弹出【阵列几何特征】对话框，选择【布局】为“圆形”，选择阵列的花瓣，阵列方向为*YC*轴，【数量】为“3”，【节距角】为“15deg”，单击【确定】按钮完成阵列，如图7-80所示。

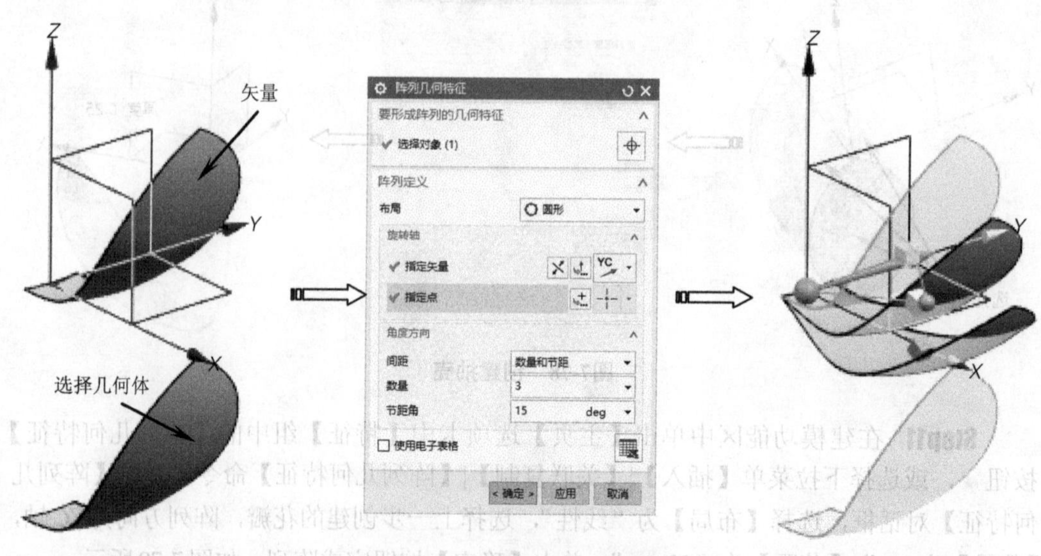

图7-80 创建阵列几何特征

Step13 在建模功能区中单击【主页】选项卡中【特征】组中的【阵列几何特征】按钮，或选择下拉菜单【插入】|【关联复制】|【阵列几何特征】命令，弹出【阵列几何特征】对话框，选择【布局】为“圆形”，选择阵列的花瓣，阵列方向为*YC*轴，【数量】为“3”，【节距角】为“15deg”，单击【确定】按钮完成阵列，如图7-81所示。

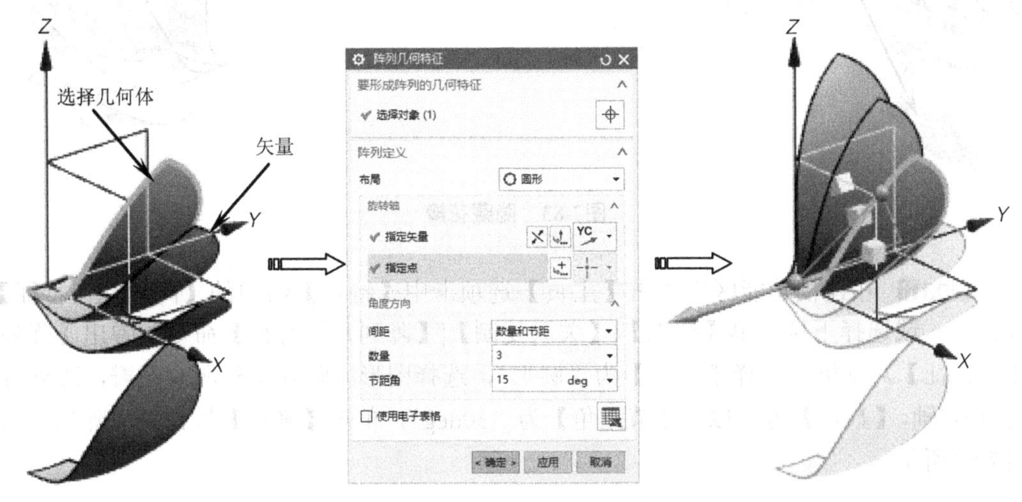

图7-81 创建阵列几何特征

Step14 在建模功能区中单击【主页】选项卡中【特征】组中的【阵列几何特征】按钮，或选择下拉菜单【插入】|【关联复制】|【阵列几何特征】命令，弹出【阵列几何特征】对话框，选择【布局】为“圆形”，选择阵列的花瓣，阵列方向为*ZC*轴，【数量】为“2”，【节距角】为“20deg”，单击【确定】按钮完成阵列，如图7-82所示。

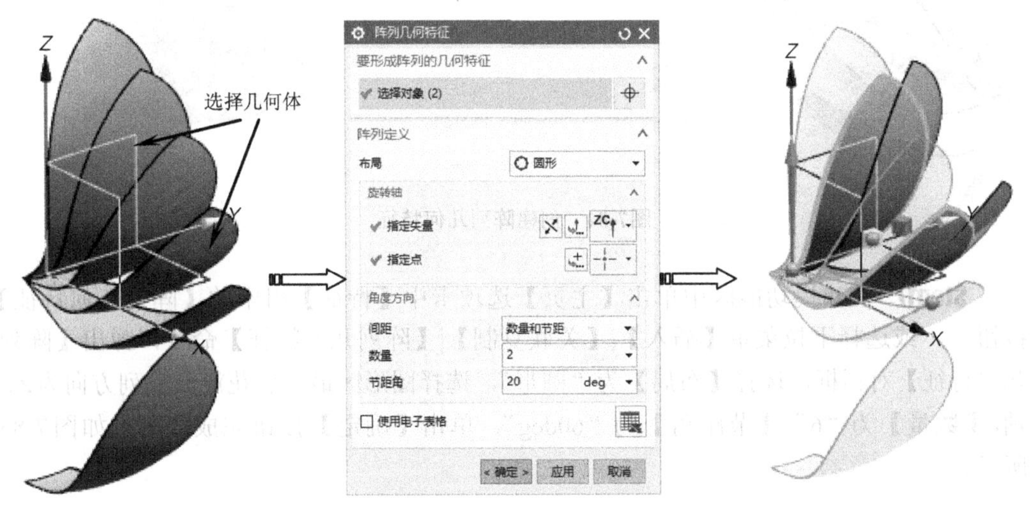

图7-82 创建阵列几何特征

Step15 选择下拉菜单【编辑】|【显示和隐藏】|【隐藏】命令，或选择【视图】选项卡中的【可见性】组中的【隐藏】命令，弹出【类选择】对话框，在图形窗口选择3个花瓣，单击【确定】按钮完成对象隐藏，如图7-83所示。

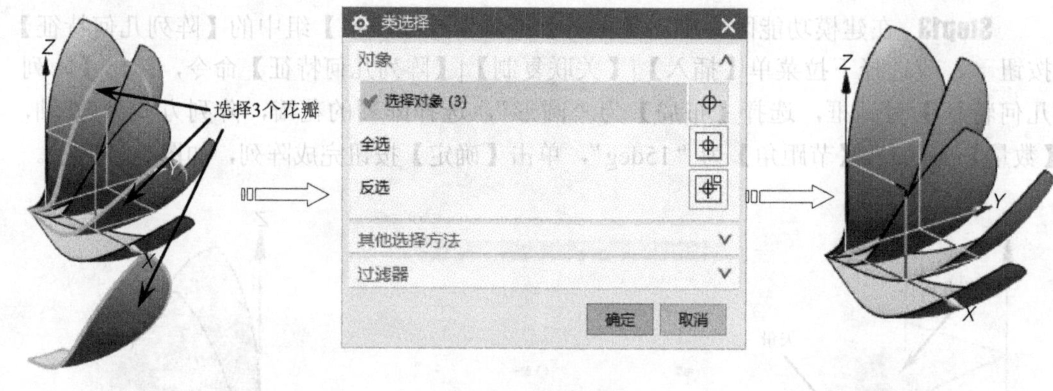

图7-83 隐藏花瓣

Step16 在建模功能区中单击【主页】选项卡中【特征】组中的【阵列几何特征】按钮，或选择下拉菜单【插入】|【关联复制】|【阵列几何特征】命令，弹出【阵列几何特征】对话框，选择【布局】为“圆形”，选择图形区除底层外所有花瓣，阵列方向为*ZC*轴，【数量】为“12”，【节距角】为“30deg”，单击【确定】按钮完成阵列，如图7-84所示。

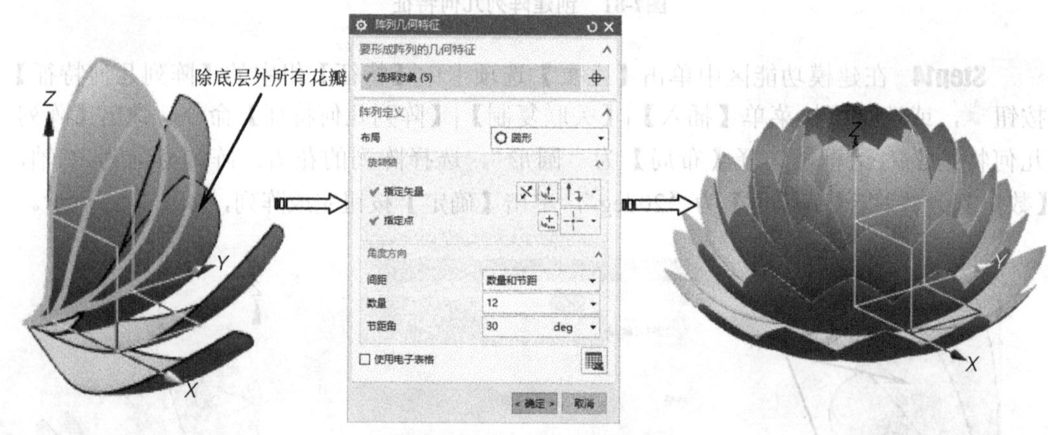

图7-84 创建阵列几何特征

Step17 在建模功能区中单击【主页】选项卡中【特征】组中的【阵列几何特征】按钮，或选择下拉菜单【插入】|【关联复制】|【阵列几何特征】命令，弹出【阵列几何特征】对话框，选择【布局】为“圆形”，选择图形区最下层花瓣，阵列方向为*ZC*轴，【数量】为“6”，【节距角】为“60deg”，单击【确定】按钮完成阵列，如图7-85所示。

7.2.2.3 创建莲花花蕊

Step18 在建模功能区中单击【主页】选项卡中【特征】组中的【基准平面】命令，弹出【基准平面】对话框，选择【类型】为“按某一距离”，选择*XY*平面作为参考，设置【距离】为“25mm”，如图7-86所示。

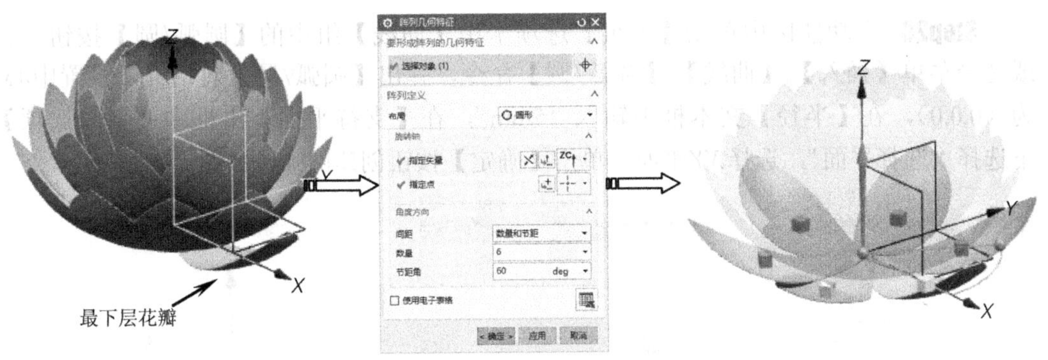

图7-85　创建阵列几何特征

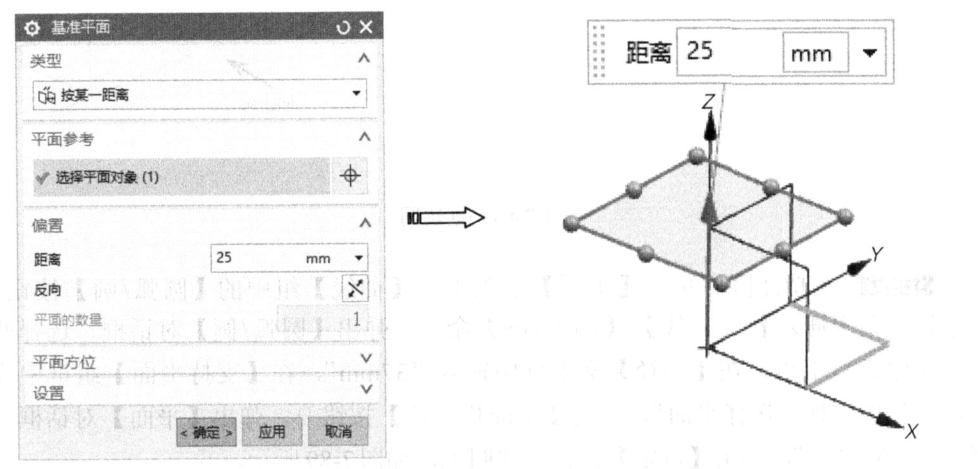

图7-86　创建基准平面

Step19 在功能区中单击【主页】选项卡中【曲线】组中的【圆弧/圆】按钮，或选择菜单【插入】|【曲线】|【圆弧/圆】命令，弹出【圆弧/圆】对话框，设置中心为(0,0,25)，在【半径】文本框中输入“10mm”，在【支持平面】组框中【平面选项】下选择“选择平面”，选择上一步创建平面，单击【确定】按钮创建圆弧，如图7-87所示。

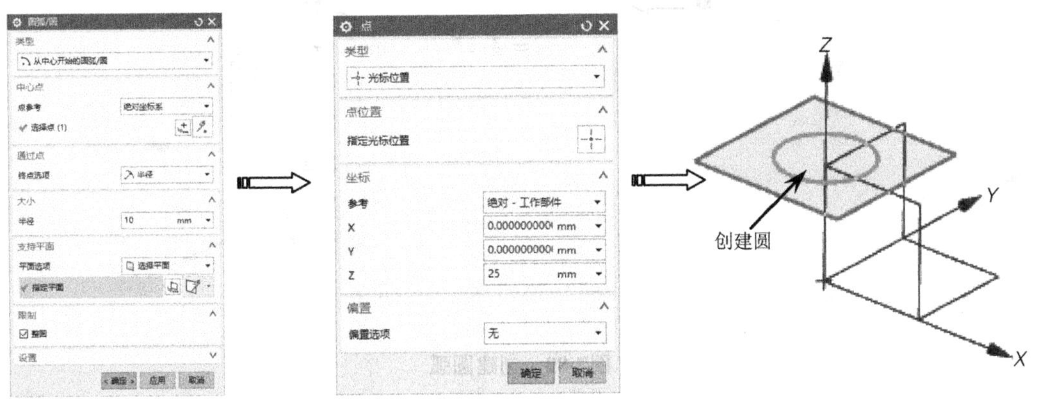

图7-87　创建圆

Step20 在功能区中单击【主页】选项卡中【曲线】组中的【圆弧/圆】按钮，或选择菜单【插入】|【曲线】|【圆弧/圆】命令，弹出【圆弧/圆】对话框，设置中心为（0,0,0），在【半径】文本框中输入“5mm”，在【支持平面】组框中【平面选项】下选择“选择平面”，选择*XY*平面，单击【确定】按钮创建圆弧，如图7-88所示。

图7-88　创建圆

Step21 在功能区中单击【主页】选项卡中【曲线】组中的【圆弧/圆】按钮，或选择菜单【插入】|【曲线】|【圆弧/圆】命令，弹出【圆弧/圆】对话框，选择两个圆的象限点为端点，在【半径】文本框中输入“37mm”，在【支持平面】组框中【平面选项】下选择“选择平面”，单击【平面构造器】按钮，弹出【平面】对话框，选择“*XC-ZC*平面”，单击【确定】按钮创建圆弧，如图7-89所示。

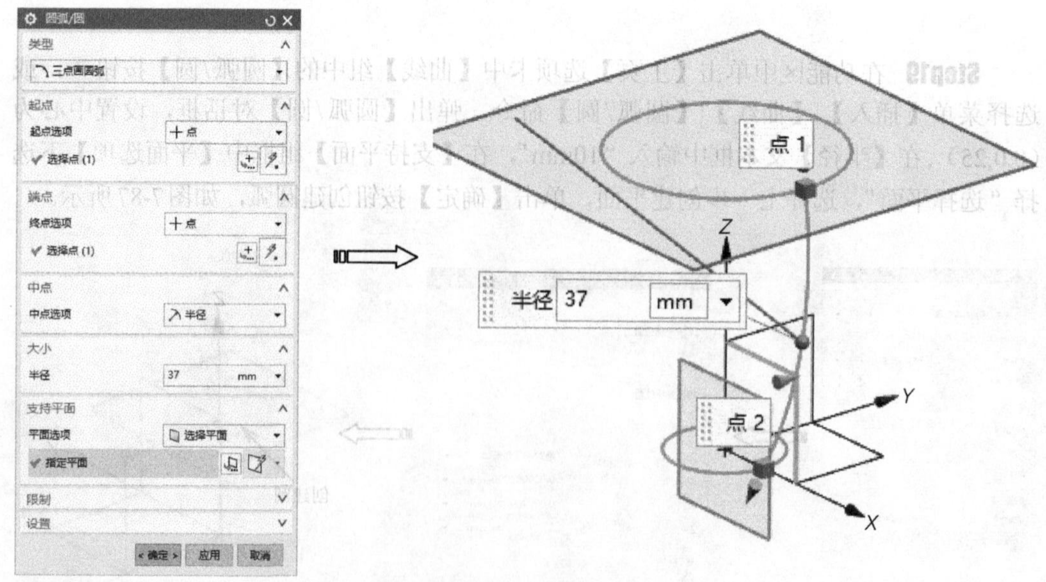

图7-89　创建圆弧

Step22 选择半径为37mm圆弧作为回转截面，设置旋转轴为*ZC*，旋转中心为

(0,0,0)，单击【确定】按钮完成，如图7-90所示。

图7-90 旋转特征

Step23 在建模功能区中单击【主页】选项卡中【特征】组中的【球】命令，或选择菜单【插入】|【设计特征】|【球】命令，弹出【球】对话框，选择【中心点和直径】方式，设置【直径】为“2mm”，选择大圆圆心为中心，单击【确定】按钮完成，如图7-91所示。

图7-91 创建球

Step24 在建模功能区中单击【主页】选项卡中【特征】组中的【阵列几何特征】按钮，或选择下拉菜单【插入】|【关联复制】|【阵列几何特征】命令，弹出【阵列几何特征】对话框，选择【布局】为“线性”，选择球，阵列方向为*XC*轴，【数量】为“5”，【跨距】为“9mm”，单击【确定】按钮完成阵列，如图7-92所示。

Step25 在建模功能区中单击【主页】选项卡中【特征】组中的【阵列几何特征】按钮，或选择下拉菜单【插入】|【关联复制】|【阵列几何特征】命令，弹出【阵列几何特征】对话框，选择【布局】为“圆形”，选择球，阵列方向为*ZC*轴，【数量】为“24”，【跨角】为“360deg”，单击【确定】按钮完成阵列，如图7-93所示。

Step26 同理，从外到内依次阵列球，数量分别为24、18、12、6，如图7-94所示。

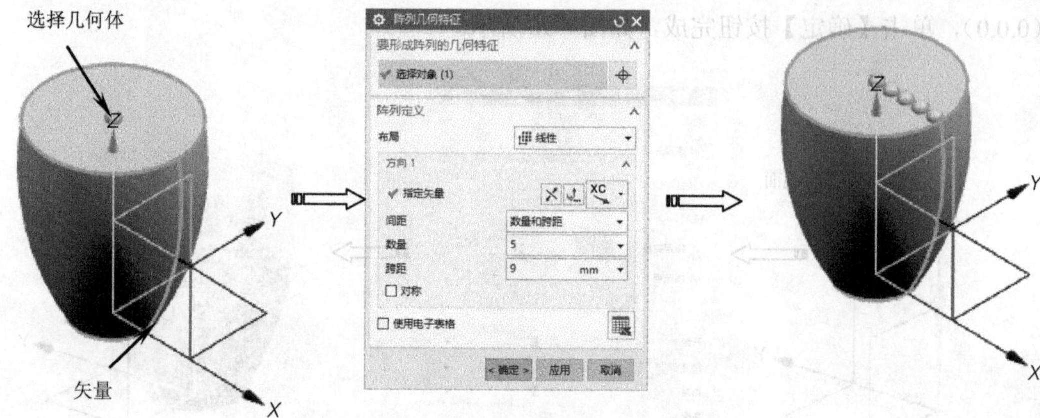

图7-92 创建阵列几何特征

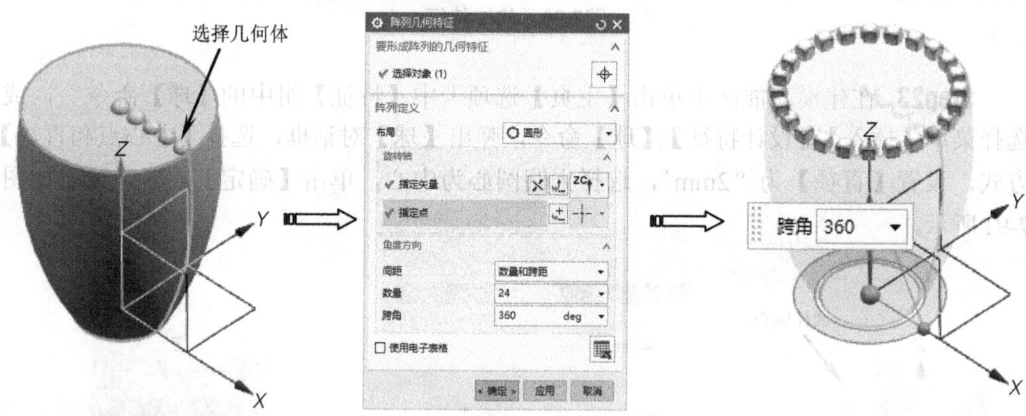

图7-93 创建阵列几何特征

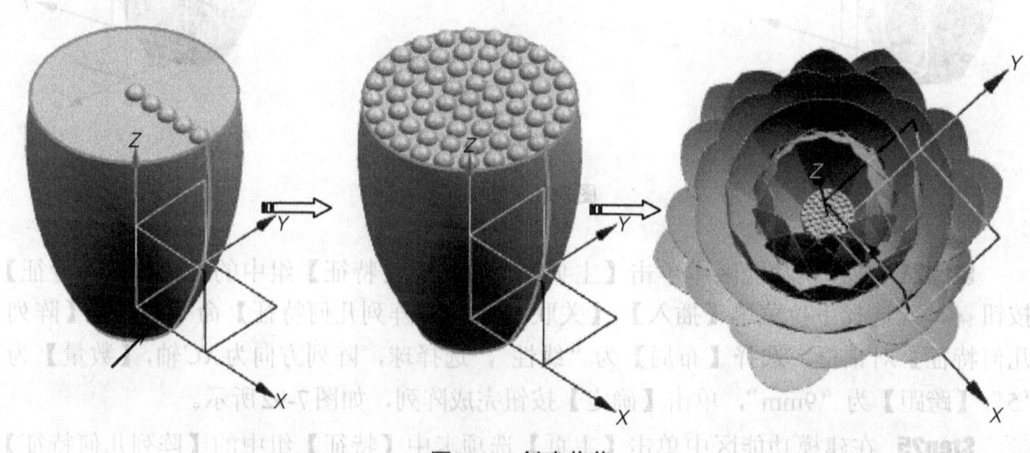

图7-94 创建花蕊

7.2.2.4 创建莲花花茎

Step27 选择下拉菜单【插入】|【在任务环境中绘制草图】命令，弹出【创建草图】

对话框，在【草图类型】中选择“在平面上”，选择XZ平面为草绘平面，单击【确定】按钮，绘制如图7-95所示的样条曲线。单击【草图】组上的【完成】按钮，完成草图绘制退出草图编辑器环境。

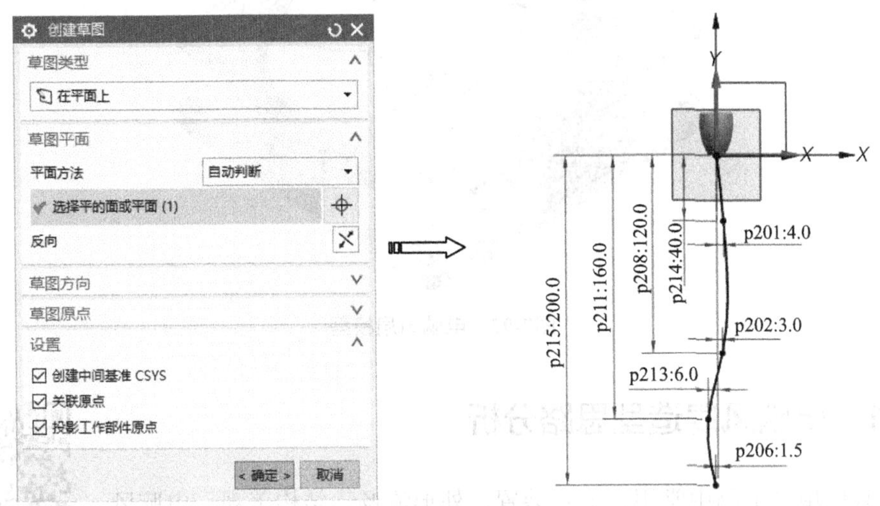

图7-95　绘制草图

Step28　选择下拉菜单【插入】|【扫掠】|【管道】命令，弹出【管道】对话框，设置【外径】为“4mm”，选择如图7-96所示的曲线，单击【确定】按钮完成。

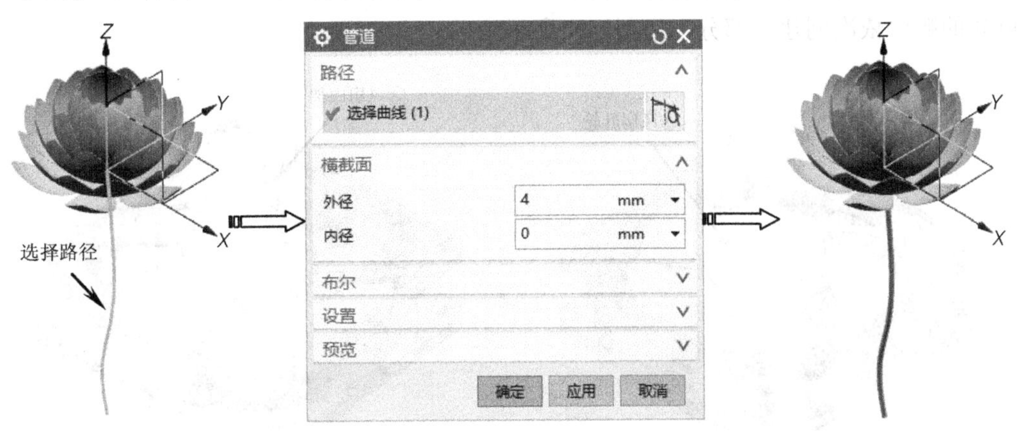

图7-96　创建管道

7.3　综合实例3——电脑风扇造型设计

以电脑风扇为例来对实体特征设计相关知识进行综合性应用，电脑风扇结构如图7-97所示。

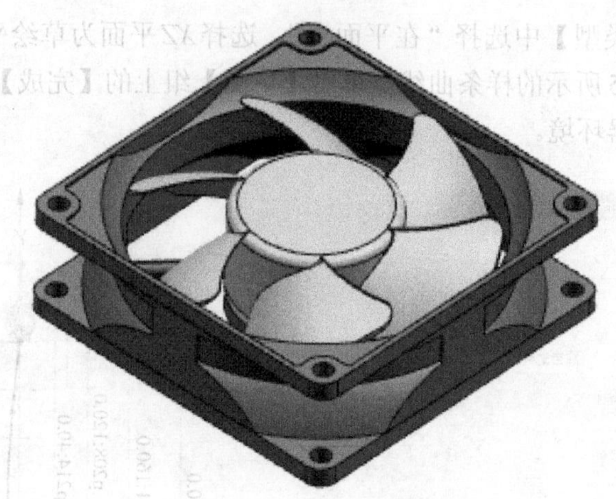
图7-97 电脑风扇模型

7.3.1 电脑风扇造型思路分析

7.3.1 视频精讲

电脑风扇是电脑中常用的散热装置，外形流畅、结构美观。电脑风扇建模流程如下：

（1）零件分析，拟定总体建模思路

总体思路是：首先对模型结构进行分析和分解，分解为相应的部分：风扇框架、风扇底架、风扇叶轮等。根据总体结构布局与相互之间的关系，按照先外后内、先框架再叶轮的顺序依次创建各部分，如图7-98所示。

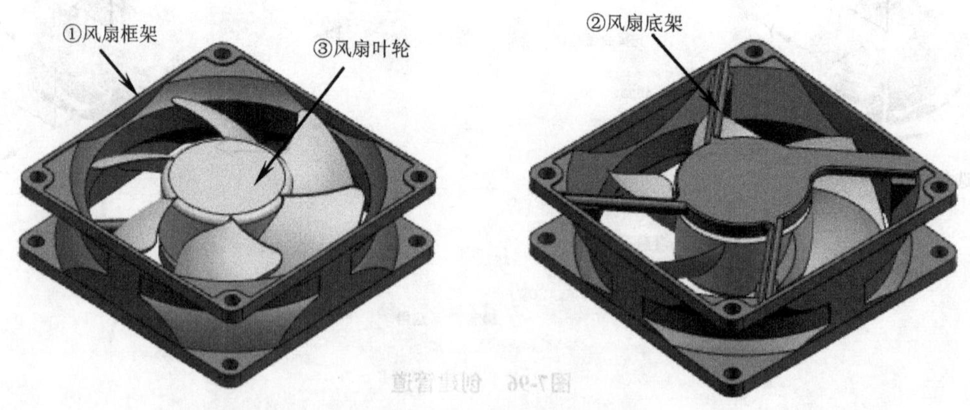

图7-98 电脑风扇的模型分解

（2）风扇外框的特征造型

根据先主后次原则，首先采用旋转特征创建内轮廓结构，然后采用拉伸特征创建外主框架，最后通过孔特征创建安装孔，如图7-99所示。

（3）风扇底架的特征造型

根据先主后次原则，首先采用拉伸和阵列特征创建支脚结构，然后采用拉伸特征创建底板，最后通过倒角和倒圆完成风扇底架，如图7-100所示。

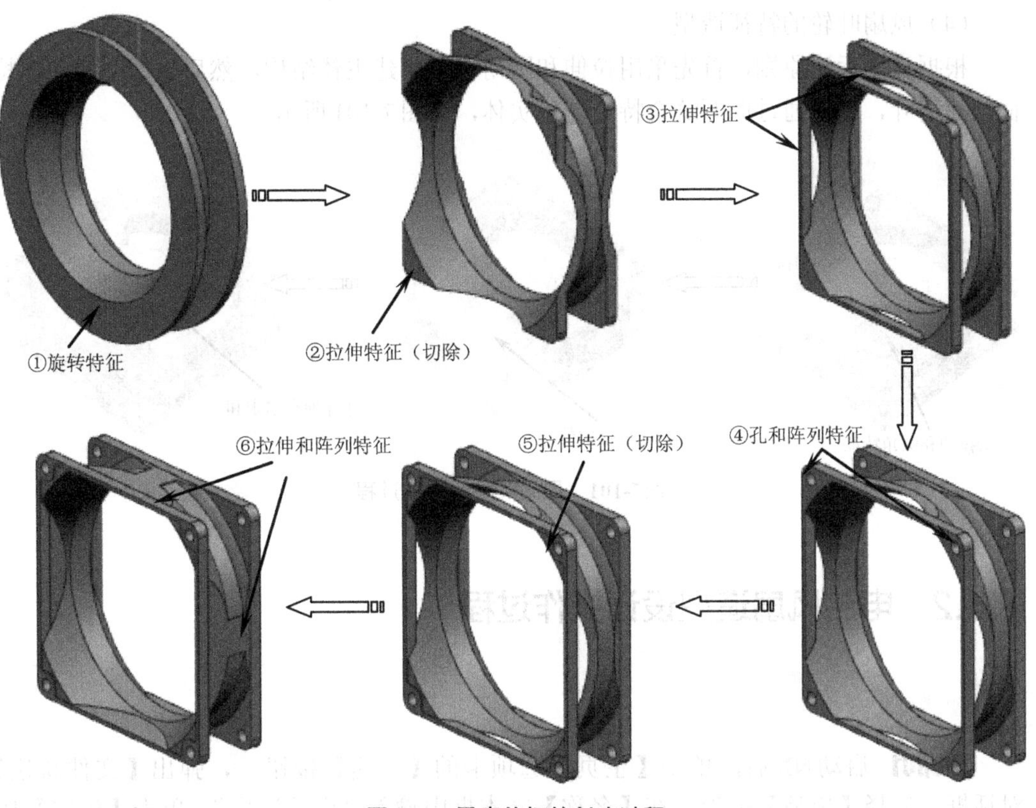

图7-99　风扇外框的创建过程

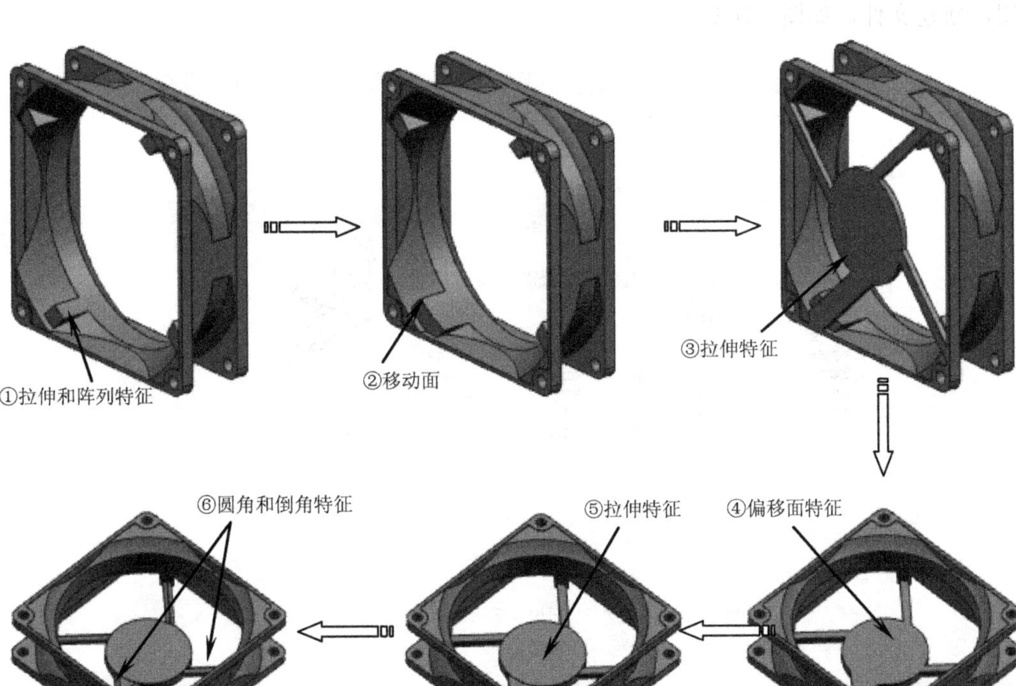

图7-100　风扇底架的创建过程

（4）风扇叶轮的特征造型

根据先主后次原则，首先采用拉伸和圆角特征创建主体结构，然后采用曲线曲面特征创建扇叶，最后通过曲面缝合特征创建实体，如图7-101所示。

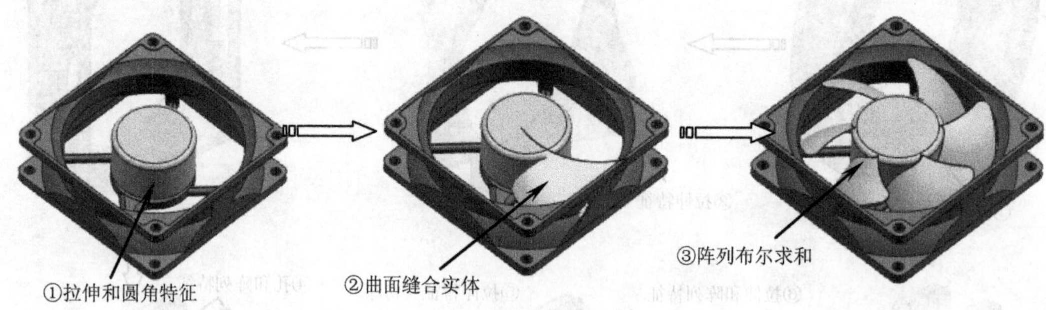

图7-101　风扇叶轮的创建过程

7.3.2　电脑风扇造型设计操作过程

Step01　启动NX后，单击【主页】选项卡的【新建】按钮，弹出【文件新建】对话框，选择【模型】模板。在【名称】文本框中输入“电脑风扇”，单击【确定】按钮，新建文件，如图7-102所示。

图7-102　【新建】对话框

7.3.2.1 设置草图首选项

Step02 选择下拉菜单【首选项】|【草图】命令，弹出【草图首选项】对话框，单击【草图设置】选项卡，设置【尺寸标签】为“值”，取消【连续自动标注尺寸】复选框，如图7-103所示。

草图首选项
草图设置 会话设置 部件设置
设置
尺寸标签 值
☑ 屏幕上固定文本高度
文本高度 3.0000
约束符号大小 3.0000
☑ 创建自动判断约束
☐ 连续自动标注尺寸
☐ 显示对象颜色
☐ 使用求解公差
公差 0.0254
☑ 显示对象名称
确定 应用 取消

图7-103 【草图设置】选项卡

Step03 为了便于区别施加约束后的尺寸和几何，单击【部件设置】选项卡，单击【约束和尺寸】选项后的颜色按钮，弹出【颜色】对话框，设置约束和尺寸颜色，如图7-104所示。

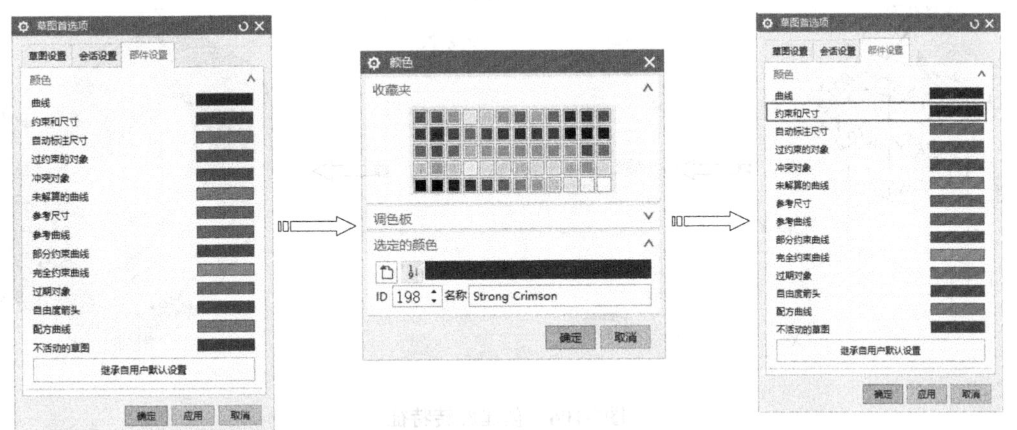

图7-104 设置颜色

Step04 单击【确定】按钮，关闭首选项对话框，完成草图设置。

7.3.2.2 创建风扇外框结构

7.3.2.2 视频精讲

Step05 选择下拉菜单【插入】|【在任务环境中绘制草图】命令，弹出【创建草图】对话框，在【草图类型】中选择“在平面上”，选择*YZ*平面为草绘平面，单击【确定】按钮，利用草图工具绘制如图7-105所示的草图。单击【草图】组上的【完成】按钮，完成草图绘制，退出草图编辑器环境。

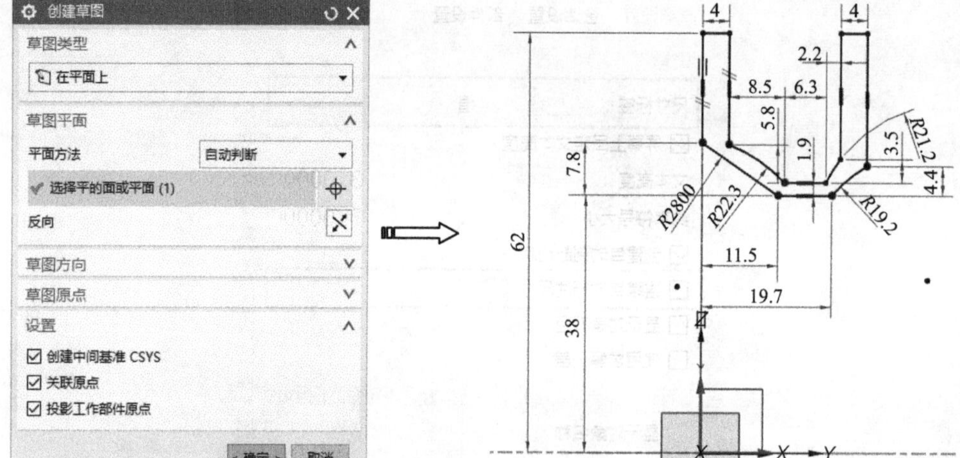

图7-105 绘制草图

Step06 在建模功能区中单击【主页】选项卡中【特征】组中的【旋转】命令，弹出【旋转】对话框，选择上一步创建的草图作为回转截面，设置旋转轴为*YC*，旋转中心为（0,0,0），单击【确定】按钮完成，如图7-106所示。

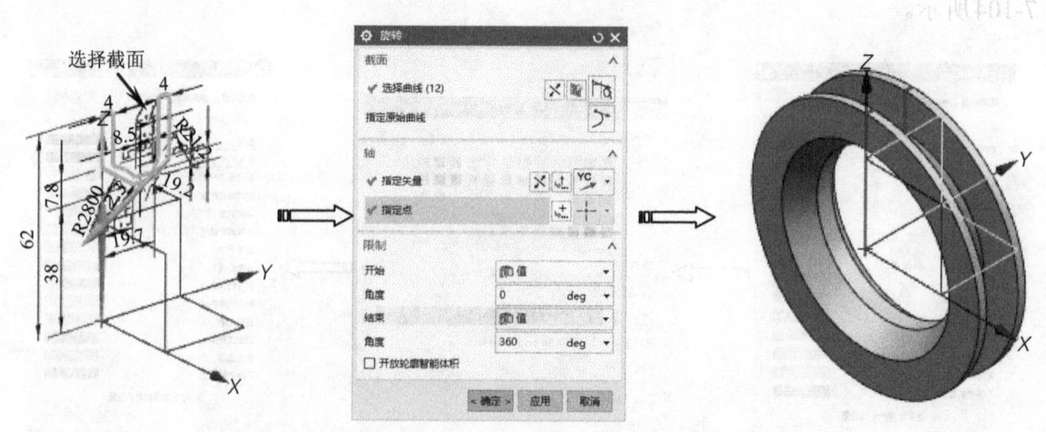

图7-106 创建旋转特征

Step07 选择下拉菜单【插入】|【在任务环境中绘制草图】命令，弹出【创建草图】对话框，在【草图类型】中选择“在平面上”，选择如图7-107所示的实体表面作为草

绘平面，单击【确定】按钮，利用草图工具绘制如图7-107所示的草图。

单击【草图】组上的【完成】按钮，完成草图绘制，退出草图编辑器环境。

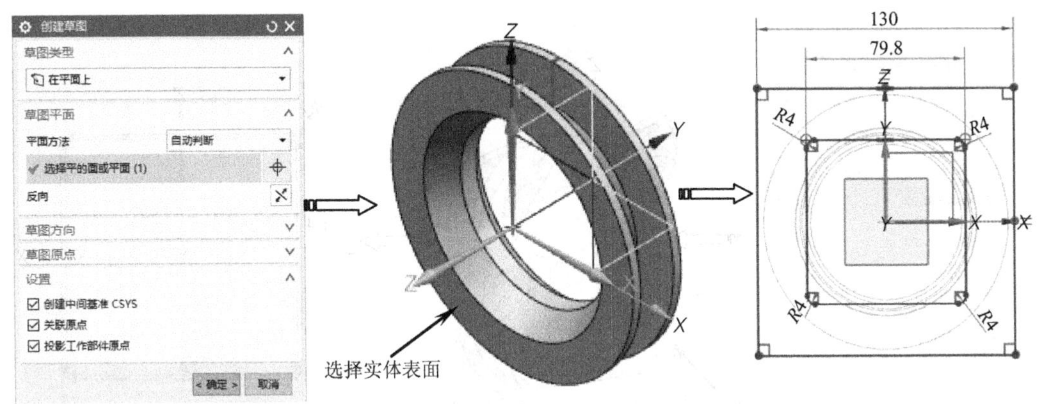

图7-107　绘制草图

Step08 在建模功能区中单击【主页】选项卡中【特征】组中的【拉伸】命令，弹出【拉伸】对话框，上一步创建的草图为截面曲线，设置【结束】为“贯通”，【布尔】为“求差”，单击【确定】按钮完成拉伸，如图7-108所示。

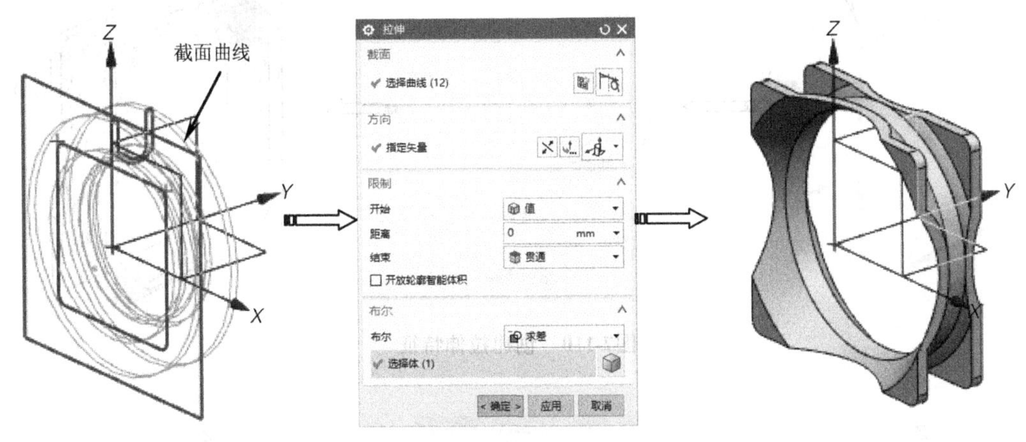

图7-108　创建拉伸特征

Step09 选择下拉菜单【插入】|【在任务环境中绘制草图】命令，弹出【创建草图】对话框，在【草图类型】中选择“在平面上”，选择如图7-109所示的实体表面作为草绘平面，单击【确定】按钮，利用草图工具绘制如图7-109所示的草图。单击【草图】组上的【完成】按钮，完成草图绘制，退出草图编辑器环境。

Step10 在建模功能区中单击【主页】选项卡中【特征】组中的【拉伸】命令，弹出【拉伸】对话框，上一步创建的草图为截面曲线，设置【距离】为“4mm”，【布尔】为“求和”，单击【确定】按钮完成拉伸，如图7-110所示。

Step11 在建模功能区中单击【主页】选项卡中【特征】组中的【拉伸】命令，

弹出【拉伸】对话框，上一步创建的草图为截面曲线，在【限制】选项中设置【开始】的【距离】为“21mm”，【结束】的【距离】为“25mm”，【布尔】为“求和”，单击【确定】按钮完成拉伸，如图7-111所示。

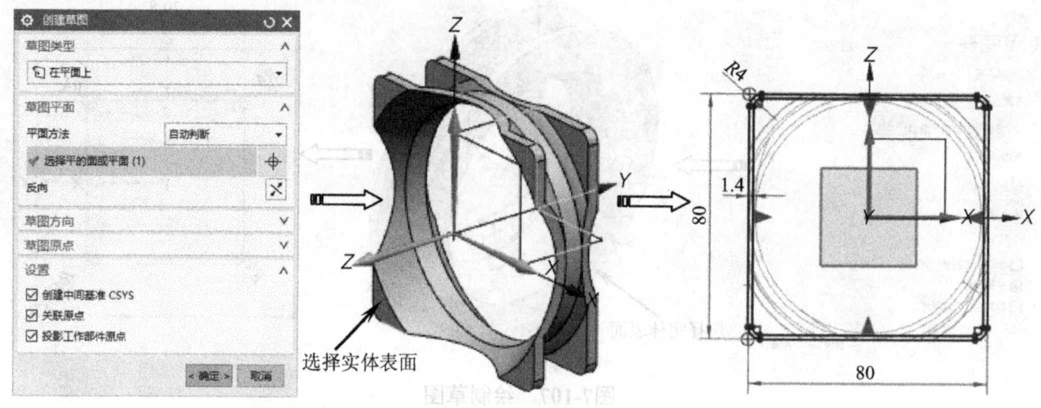

图7-109　绘制草图

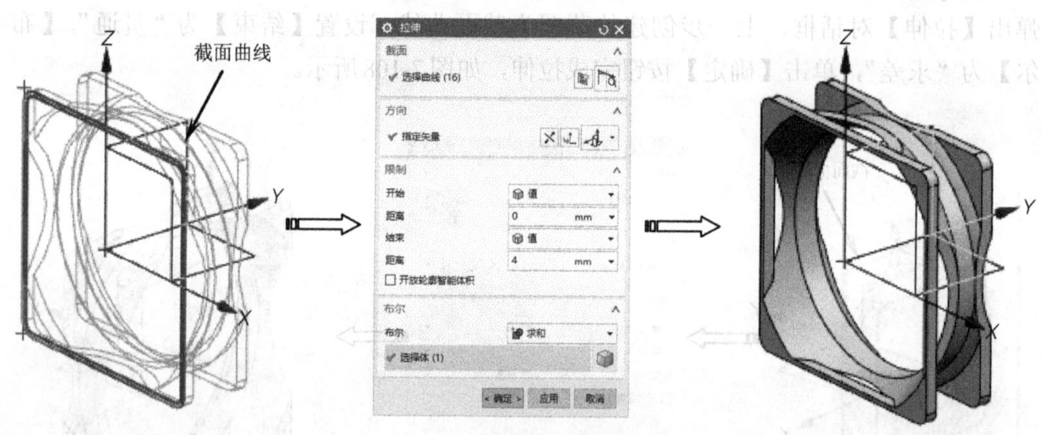

图7-110　创建拉伸特征

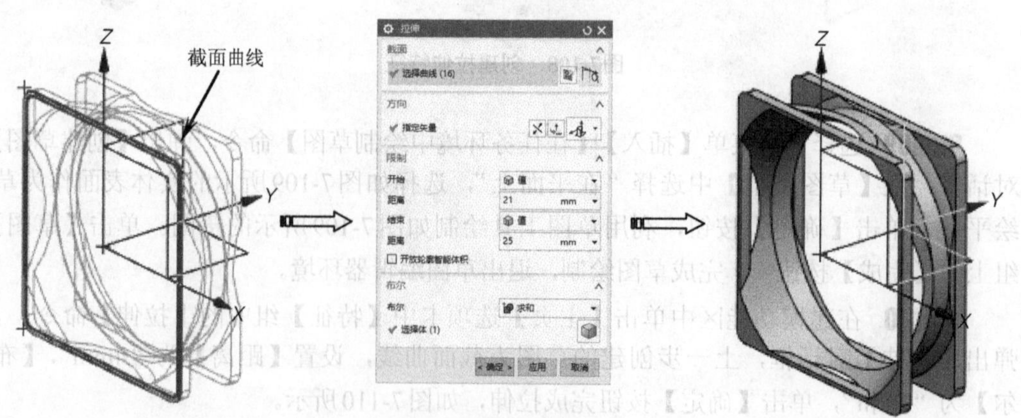

图7-111　创建拉伸特征

Step12 在建模功能区中单击【主页】选项卡中【特征】组中的【孔】按钮，弹出【孔】对话框，设置【直径】为“4.3mm”，【深度限制】为“贯通体”，如图7-112所示。单击【绘制截面】按钮，进入草图编辑器，绘制孔位置，单击【确定】按钮完成孔。

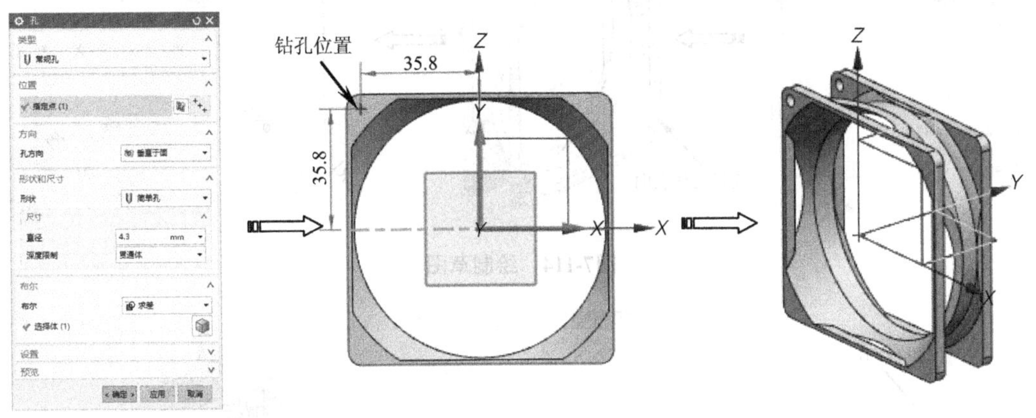

图7-112 创建孔

Step13 在建模功能区中单击【主页】选项卡中【特征】组中的【阵列特征】按钮，弹出【阵列特征】对话框，选择孔特征为阵列特征，单击【确定】按钮完成阵列，如图7-113所示。

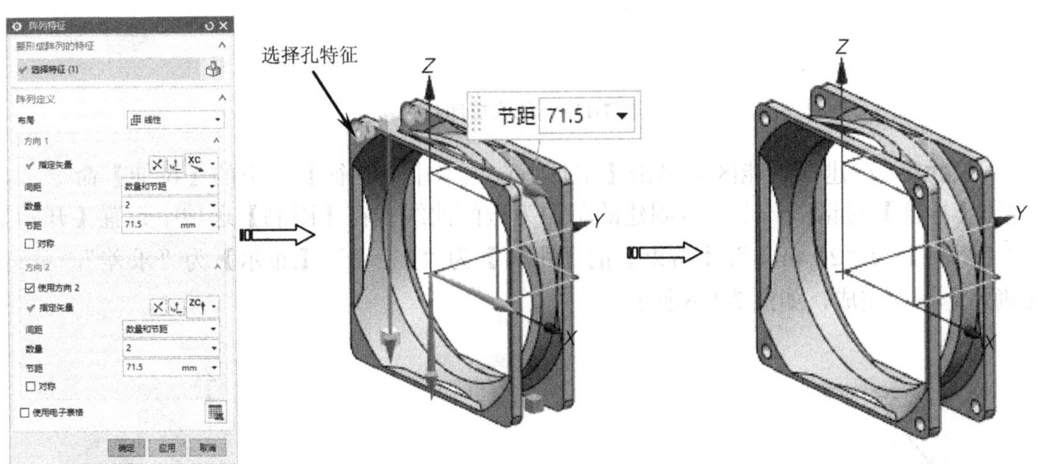

图7-113 创建线性阵列

Step14 选择下拉菜单【插入】|【在任务环境中绘制草图】命令，弹出【创建草图】对话框，在【草图类型】中选择“在平面上”，选择如图7-114所示的实体表面作为草绘平面，利用草图工具绘制如图7-114所示的草图。单击【草图】组上的【完成】按钮完成草图。

Step15 在建模功能区中单击【主页】选项卡中【特征】组中的【拉伸】命令，弹出【拉伸】对话框，上一步创建的草图为截面曲线，设置【限制】中【结束】的【距离】为“0.6mm”，【布尔】为“求差”，单击【确定】按钮完成拉伸，如图7-115所示。

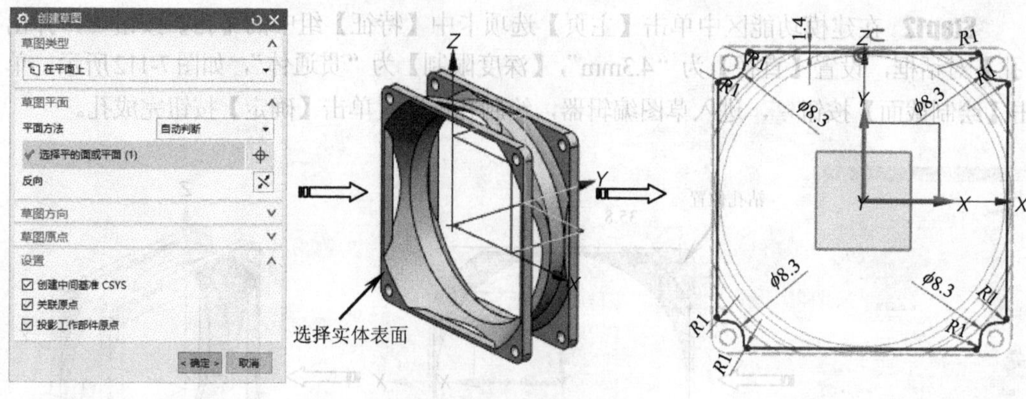

图7-114 绘制草图

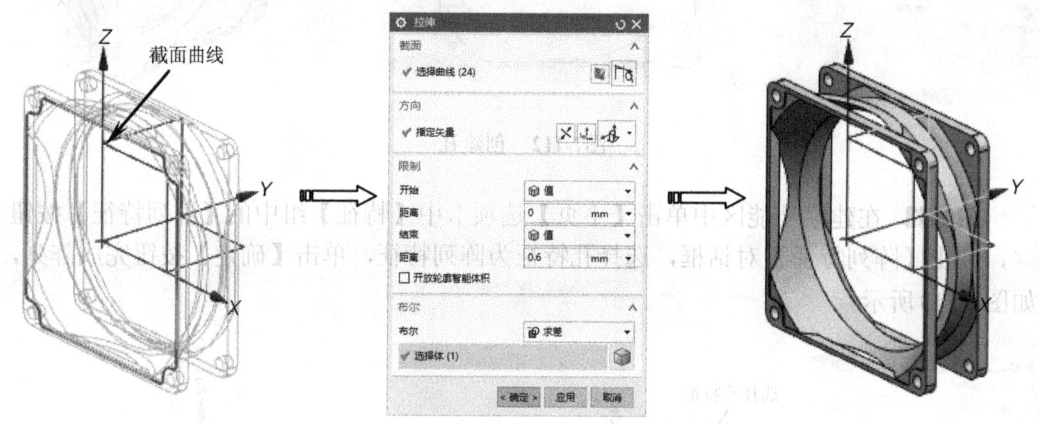

图7-115 创建拉伸特征

Step16 在建模功能区中单击【主页】选项卡中【特征】组中的【拉伸】命令，弹出【拉伸】对话框，上一步创建的草图为截面曲线，在【限制】选项中设置【开始】的【距离】为“24.4mm”，【结束】的【距离】为“25mm”，【布尔】为“求差”，单击【确定】按钮完成，如图7-116所示。

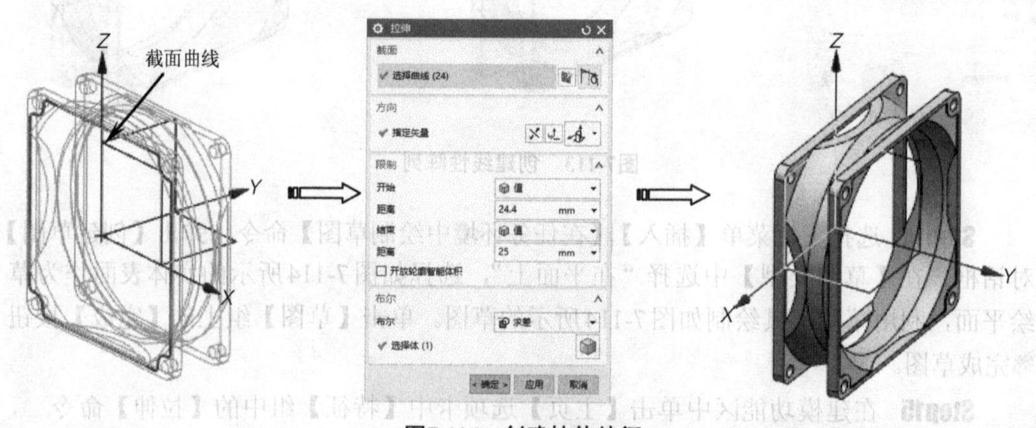

图7-116 创建拉伸特征

Step17 在【主页】选项卡中单击【直接草图】组中的【在任务环境中绘制草图】

按钮，弹出【创建草图】对话框，在【草图类型】中选择“在平面上”，选择如图7-117所示的实体表面作为草绘平面，利用草图工具绘制如图7-117所示的草图，单击【草图】组上的【完成】按钮完成草图。

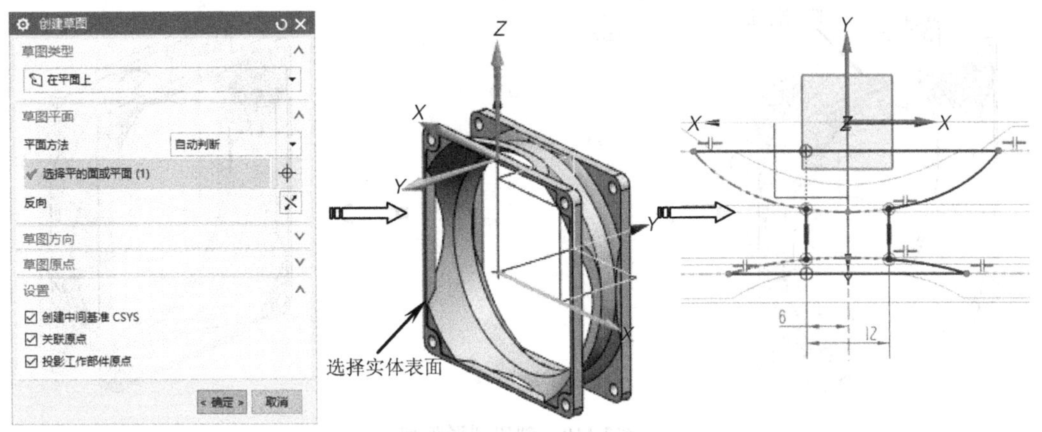

图7-117 绘制草图

Step18 在建模功能区中单击【主页】选项卡中【特征】组中的【拉伸】命令，弹出【拉伸】对话框，上一步创建的草图为截面曲线，在【限制】选项中设置【开始】的【距离】为“0mm”，【结束】的【距离】为“1.3mm”，【布尔】为“求和”，单击【确定】按钮完成拉伸，如图7-118所示。

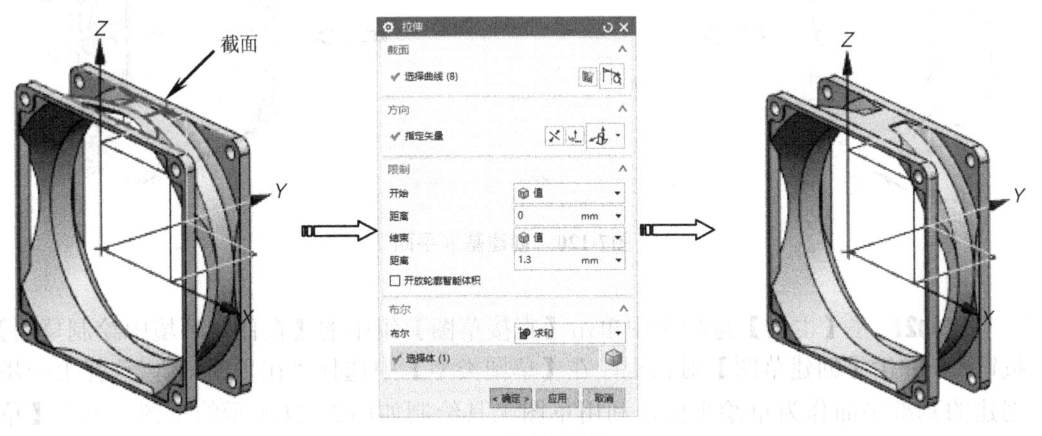

图7-118 创建拉伸特征

Step19 在建模功能区中单击【主页】选项卡中【特征】组中的【阵列特征】按钮，弹出【阵列特征】对话框，选择上一步拉伸特征为阵列特征，设置相关参数如图7-119所示，单击【确定】按钮完成阵列，如图7-119所示。

7.3.2.3 创建风扇底架结构

Step20 在建模功能区中单击【主页】选项卡中【特征】组中的【基准平面】命令，弹出【基准平面】对话框，在【类型】中选择“按某

7.3.2.3 视频精讲

一距离”，选择如图7-120所示的实体表面，设置【距离】为“2mm”，单击【确定】按钮完成，如图7-120所示。

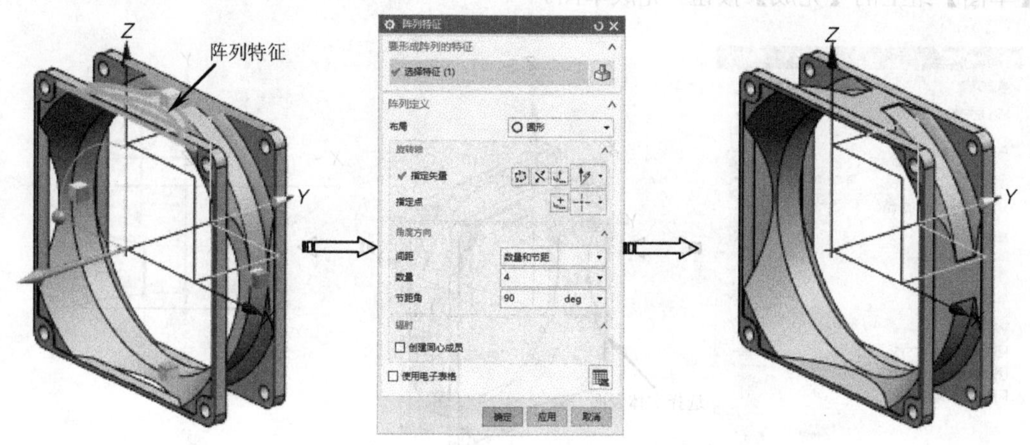

图7-119　创建圆形阵列

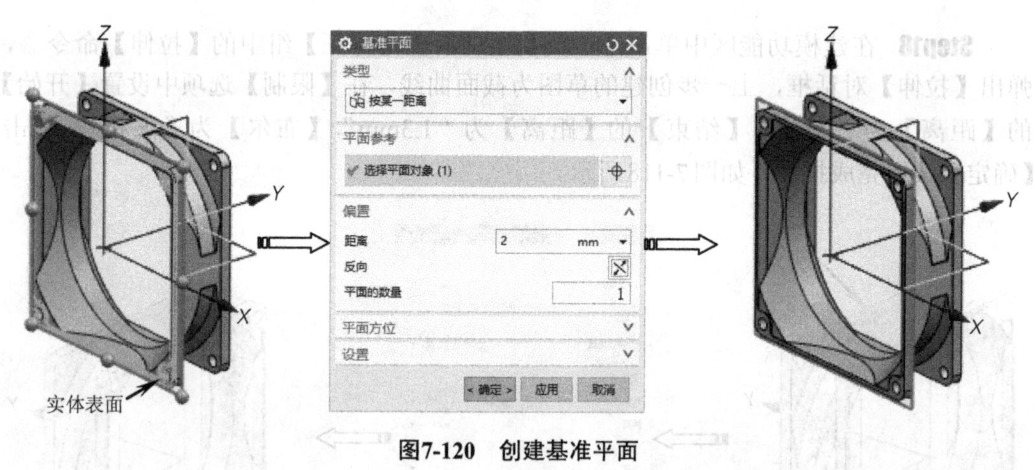

图7-120　创建基准平面

Step21　在【主页】选项卡中单击【直接草图】组中的【在任务环境中绘制草图】按钮，弹出【创建草图】对话框，在【草图类型】中选择“在平面上”，选择上一步创建的基准平面作为草绘平面，利用草图工具绘制如图7-121所示的草图，单击【草图】组上的【完成】按钮完成草图。

Step22　在建模功能区中单击【主页】选项卡中【特征】组中的【拉伸】命令，弹出【拉伸】对话框，上一步创建的草图为截面曲线，在【限制】选项中设置【开始】的【距离】为“0mm”，【结束】为“直至延伸部分”，选择圆弧面，【布尔】为“求和”，单击【确定】按钮完成，如图7-122所示。

Step23　在建模功能区中单击【主页】选项卡中【特征】组中的【阵列特征】按钮，弹出【阵列特征】对话框，选择上一步拉伸特征为阵列特征，设置相关参数如图7-123所示，单击【确定】按钮完成阵列，如图7-123所示。

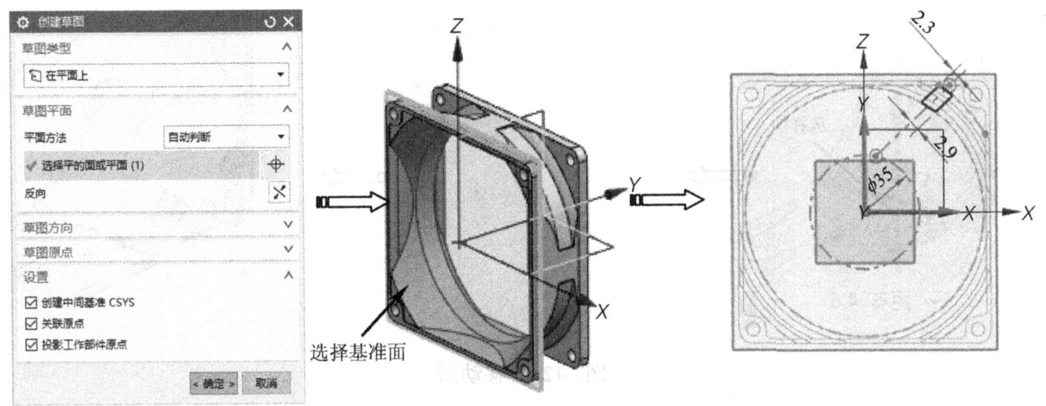

图7-121　绘制草图

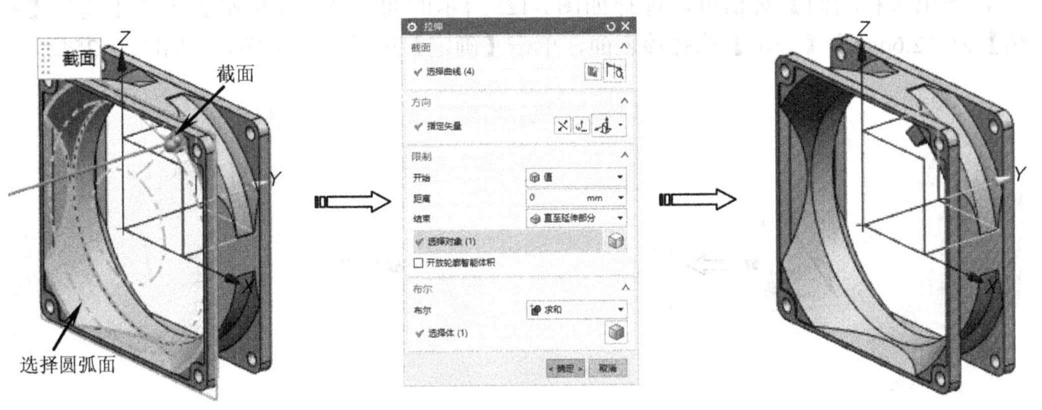

图7-122　创建拉伸特征

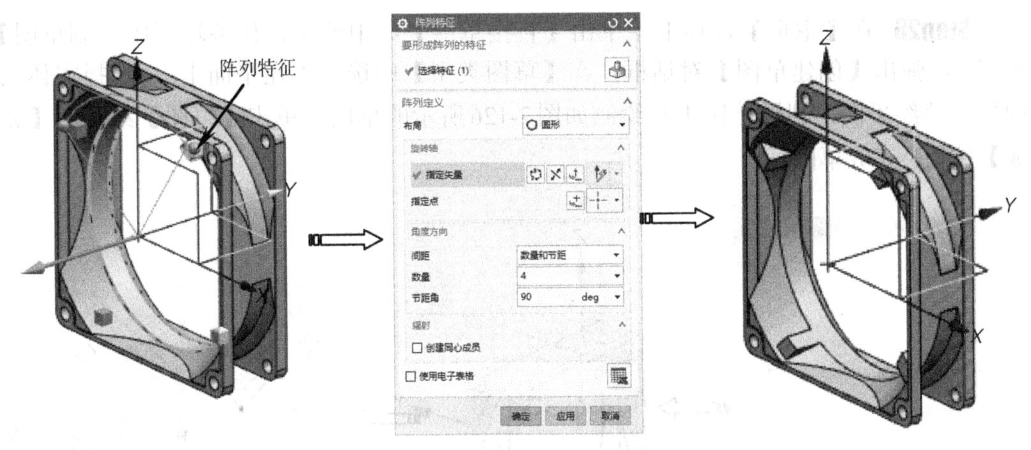

图7-123　创建圆形阵列

Step24 在建模功能区中单击【主页】选项卡中【同步建模】组中的【移动面】按钮，弹出【移动面】对话框，选择如图7-124所示的面，设置【运动】为“距离”，【距离】为“4.6mm”，【矢量】选择该表面，单击【确定】按钮完成面移动。

图7-124　移动面

Step25 在建模功能区中单击【主页】选项卡中【同步建模】组中的【移动面】按钮，弹出【移动面】对话框，选择如图7-125所示的面，设置【运动】为“距离”，【距离】为“2.6mm”，【矢量】选择该表面，单击【确定】按钮完成面移动，如图7-125所示。

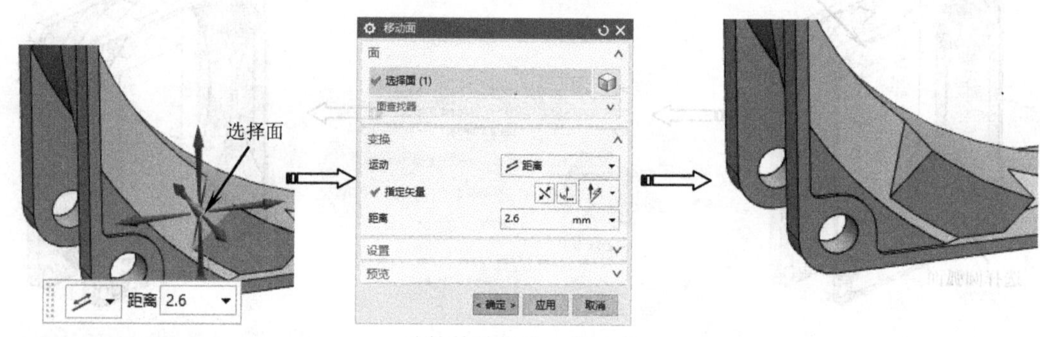

图7-125　移动面

Step26 在【主页】选项卡中单击【直接草图】组中的【在任务环境中绘制草图】按钮，弹出【创建草图】对话框，在【草图类型】中选择“在平面上”，选择实体表面作为草绘平面，利用草图工具绘制如图7-126所示的草图，单击【草图】组上的【完成】按钮完成草图。

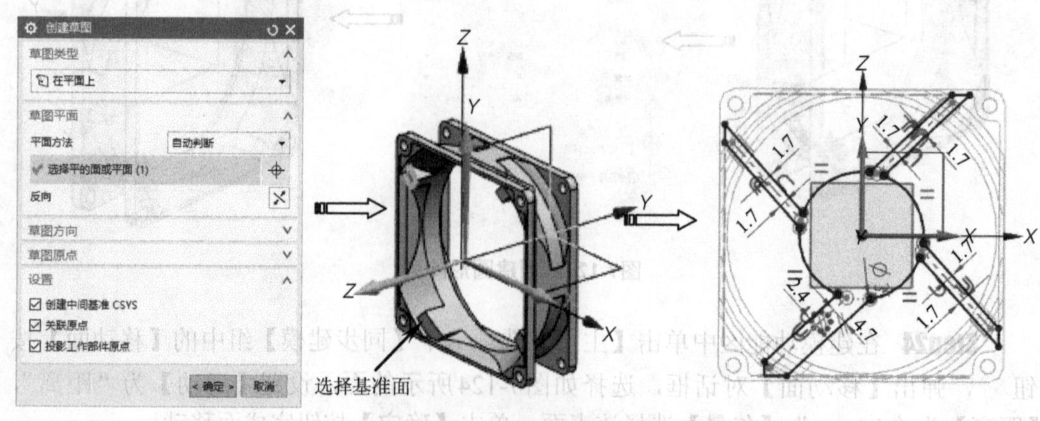

图7-126　绘制草图

Step27 在建模功能区中单击【主页】选项卡中【特征】组中的【拉伸】命令，弹出【拉伸】对话框，上一步创建的草图为截面曲线，在【限制】选项中设置【开始】的【距离】为“0mm”，【结束】为“直至延伸部分”，【布尔】为“求和”，单击【确定】按钮完成拉伸，如图7-127所示。

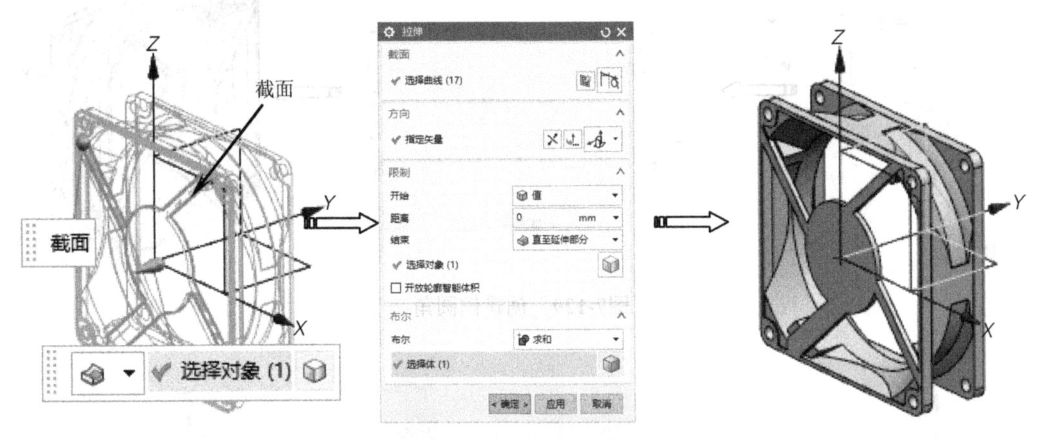

图7-127 创建拉伸特征

Step28 在建模功能区中单击【主页】选项卡中【特征】组中的【边倒圆】按钮，或选择下拉菜单【插入】|【细节特征】|【边倒圆】命令，弹出【边倒圆】对话框，设置【半径1】为“1.4mm”，选择如图7-128所示的6条边，单击【确定】按钮，系统自动完成倒圆特征，如图7-128所示。

图7-128 创建倒圆角

Step29 在建模功能区中单击【主页】选项卡中【特征】组中的【边倒圆】按钮，或选择下拉菜单【插入】|【细节特征】|【边倒圆】命令，弹出【边倒圆】对话框，设置【半径1】为“5mm”，选择如图7-129所示的2条边，单击【确定】按钮，系统自动完成倒圆特征，如图7-129所示。

Step30 在建模功能区中单击【主页】选项卡中【特征】组中的【边倒圆】按钮，或选择下拉菜单【插入】|【细节特征】|【边倒圆】命令，弹出【边倒圆】对话框，设置【半径1】为“5mm”，选择如图7-130所示的2条边，单击【确定】按钮，系统自

动完成倒圆特征，如图7-130所示。

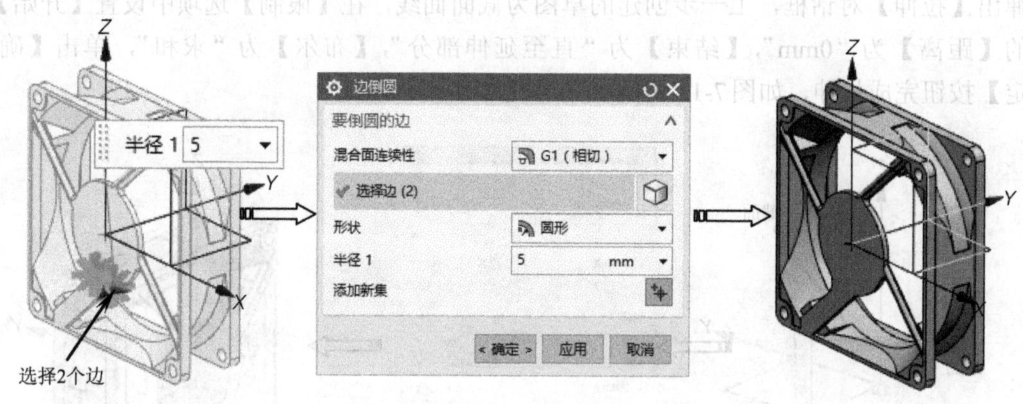

图7-129 创建倒圆角

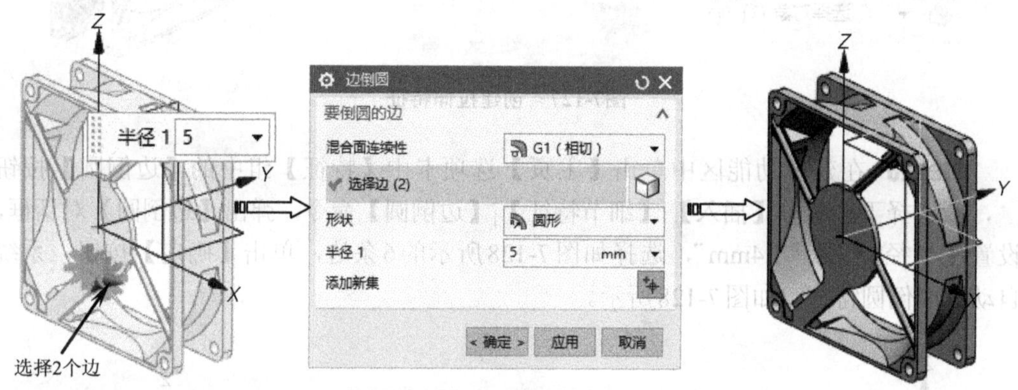

图7-130 创建倒圆角

Step31 在建模功能区中单击【主页】选项卡中【特征】组中的【边倒圆】按钮，或选择下拉菜单【插入】|【细节特征】|【边倒圆】命令，弹出【边倒圆】对话框，设置【半径1】为“0.5mm”，选择如图7-131所示的3条边，单击【确定】按钮，系统自动完成倒圆特征，如图7-131所示。

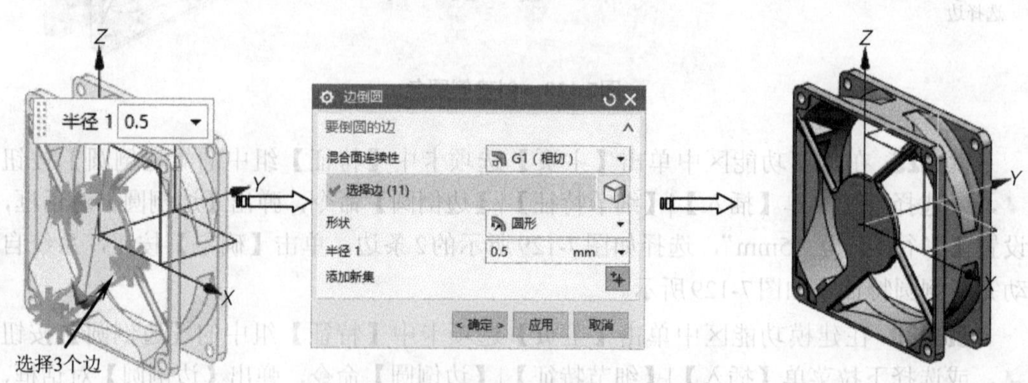

图7-131 创建倒圆角

Step32 在建模功能区中单击【主页】选项卡中【特征】组中的【偏置面】按钮，或选择下拉菜单【插入】|【偏置/缩放】|【偏置面】命令，弹出【偏置面】对话框，选择如图7-132所示的实体表面，设置【偏置】为“2mm”，单击【确定】按钮完成偏置，如图7-132所示。

图7-132 创建偏置面

Step33 在【主页】选项卡中单击【直接草图】组中的【在任务环境中绘制草图】按钮，弹出【创建草图】对话框，在【草图类型】中选择“在平面上”，选择实体表面作为草绘平面，利用草图工具绘制如图7-133所示的草图，单击【草图】组上的【完成】按钮完成草图。

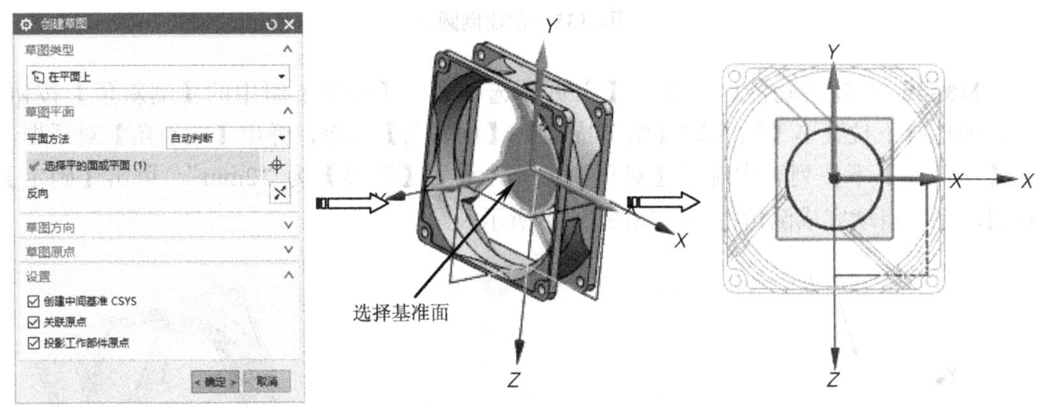

图7-133 绘制草图

Step34 在建模功能区中单击【主页】选项卡中【特征】组中的【拉伸】命令，弹出【拉伸】对话框，上一步创建的草图为截面曲线，在【限制】选项中设置【开始】的【距离】为“0mm”，【结束】的【距离】为“0.2mm”，【布尔】为“求和”，单击【确定】按钮完成拉伸，如图7-134所示。

Step35 在建模功能区中单击【主页】选项卡中【特征】组中的【边倒圆】按钮，或选择下拉菜单【插入】|【细节特征】|【边倒圆】命令，弹出【边倒圆】对话框，设置【半径1】为“1.5mm”，选择如图7-135所示的6条边，单击【确定】按钮，系统自动完成倒圆特征，如图7-135所示。

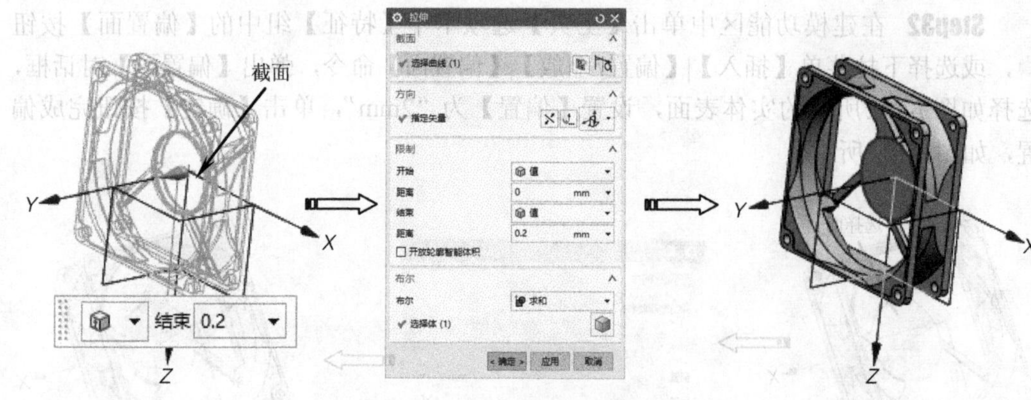

图7-134 创建拉伸特征

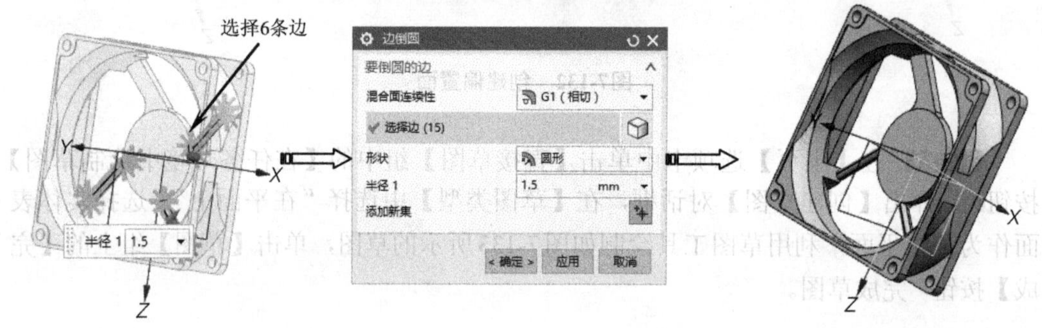

图7-135 创建倒圆角

Step36 在建模功能区中单击【主页】选项卡中【特征】组中的【倒斜角】按钮，或选择下拉菜单【插入】|【细节特征】|【倒斜角】命令，弹出【倒斜角】对话框，在【横截面】下拉列表中选择【对称】方式，设置【距离】为“2mm”，单击【确定】按钮，系统自动完成倒角特征，如图7-136所示。

图7-136 创建倒斜角

7.3.2.4 创建风扇叶轮

Step37 在建模功能区中单击【主页】选项卡中【特征】组中的【基准平面】命令，弹出【基准平面】对话框，在【类型】中选择“自动判

7.3.2.4 视频精讲

断”，选择如图7-137所示的实体表面，设置【距离】为“2mm”，单击【确定】按钮完成，如图7-137所示。

图7-137　创建基准平面

Step38 在【主页】选项卡中单击【直接草图】组中的【在任务环境中绘制草图】按钮，弹出【创建草图】对话框，在【草图类型】中选择“在平面上”，选择基准面作为草绘平面，利用草图工具绘制如图7-138所示的草图，单击【草图】组上的【完成】按钮完成草图。

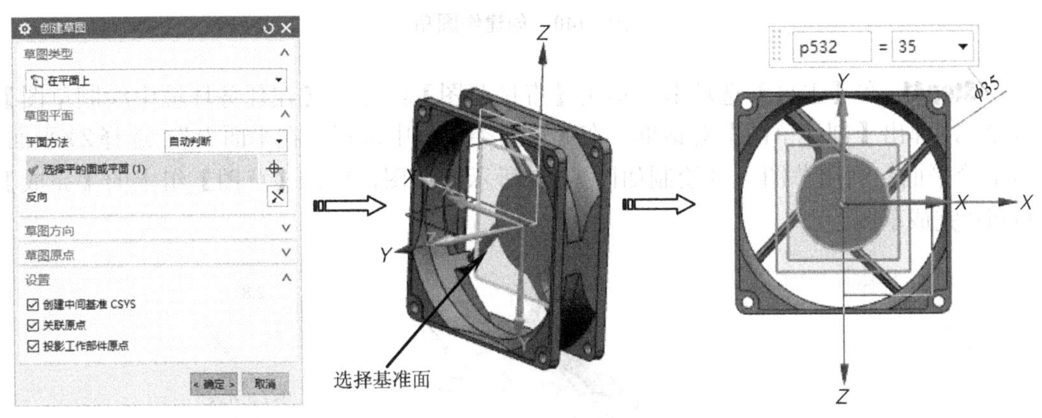

图7-138　绘制草图

Step39 在建模功能区中单击【主页】选项卡中【特征】组中的【拉伸】命令，弹出【拉伸】对话框，上一步创建的草图为截面曲线，在【限制】选项中设置【开始】的【距离】为“0mm”，【结束】为“直至延伸部分”，选择端面平面，【布尔】为“无”，单击【确定】按钮完成拉伸，如图7-139所示。

Step40 在建模功能区中单击【主页】选项卡中【特征】组中的【边倒圆】按钮，或选择下拉菜单【插入】|【细节特征】|【边倒圆】命令，弹出【边倒圆】对话框，设置【半径1】为“2mm”，选择如图7-140所示的1条边，单击【确定】按钮，系统自动完成倒圆特征，如图7-140所示。

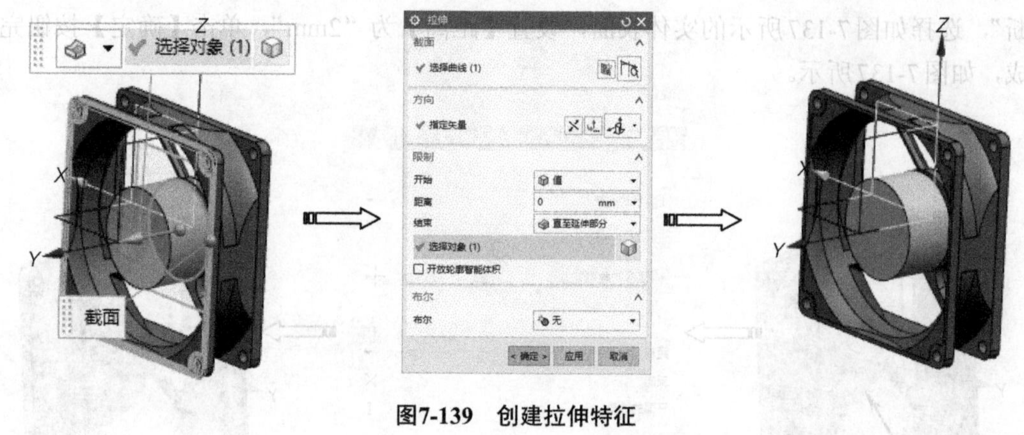

图7-139 创建拉伸特征

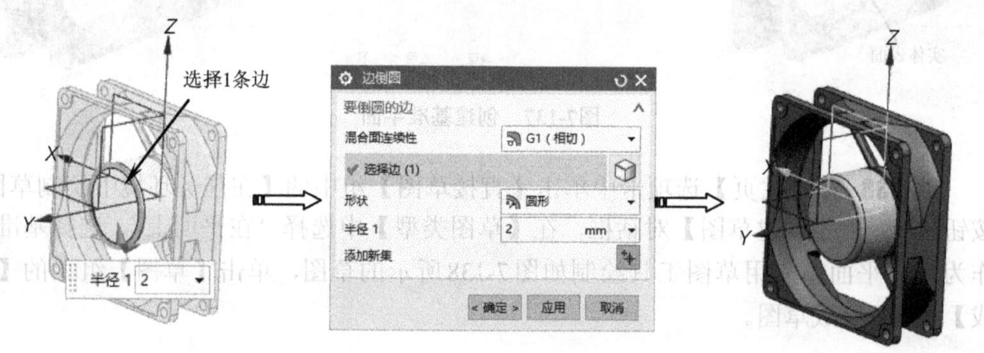

图7-140 创建倒圆角

Step41 在【主页】选项卡中单击【直接草图】组中的【在任务环境中绘制草图】按钮，弹出【创建草图】对话框，在【草图类型】中选择“在平面上”，选择ZY平面为草绘平面，利用草图工具绘制如图7-141所示的草图，单击【草图】组上的【完成】按钮完成草图。

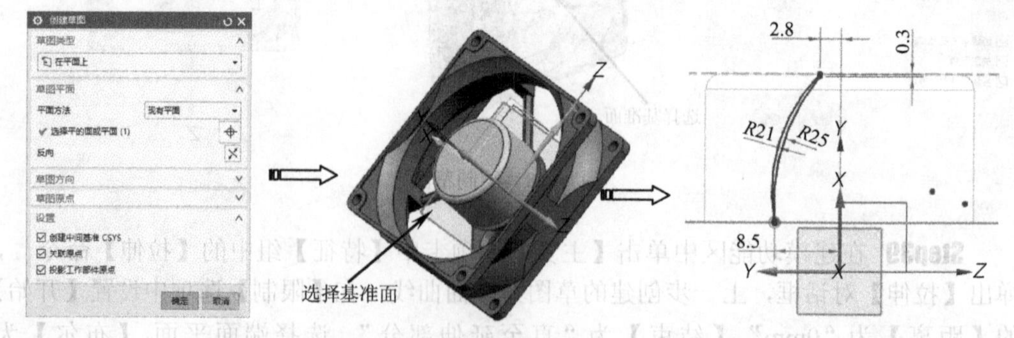

图7-141 绘制草图

Step42 在【主页】选项卡中单击【直接草图】组中的【在任务环境中绘制草图】按钮，弹出【创建草图】对话框，在【草图类型】中选择“在平面上”，选择实体表面为草绘平面，利用草图工具绘制如图7-142所示的草图，单击【草图】组上的【完成】按钮完成草图。

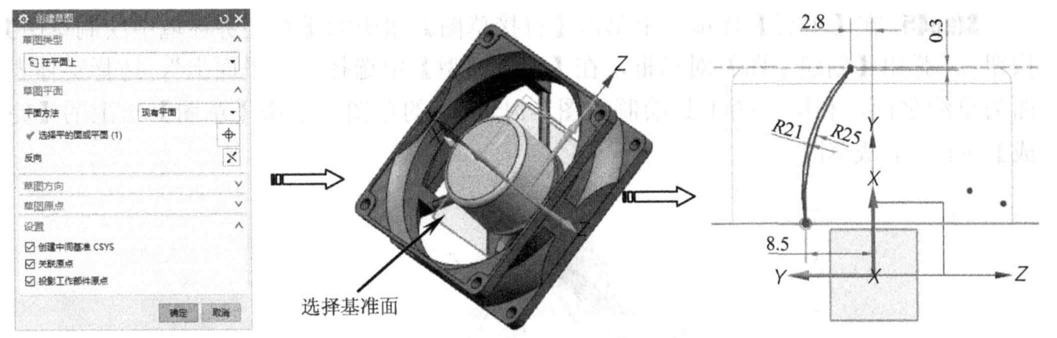

图7-142　绘制草图

Step43 在【主页】选项卡中单击【直接草图】组中的【在任务环境中绘制草图】按钮，弹出【创建草图】对话框，在【草图类型】中选择“在平面上”，选择实体表面为草绘平面，利用草图工具绘制如图7-143所示的草图，单击【草图】组上的【完成】按钮完成草图。

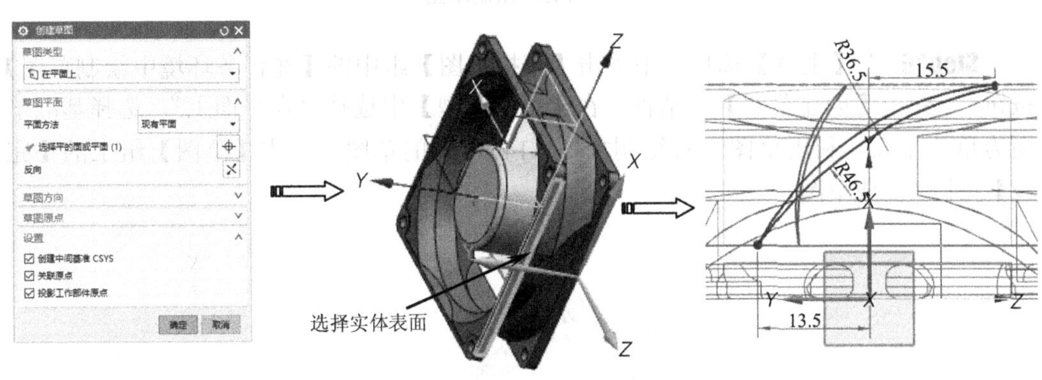

图7-143　绘制草图

Step44 在【主页】选项卡中单击【直接草图】组中的【在任务环境中绘制草图】按钮，弹出【创建草图】对话框，在【草图类型】中选择“在平面上”，选择实体表面为草绘平面，利用草图工具绘制如图7-144所示的草图，单击【草图】组上的【完成】按钮完成草图。

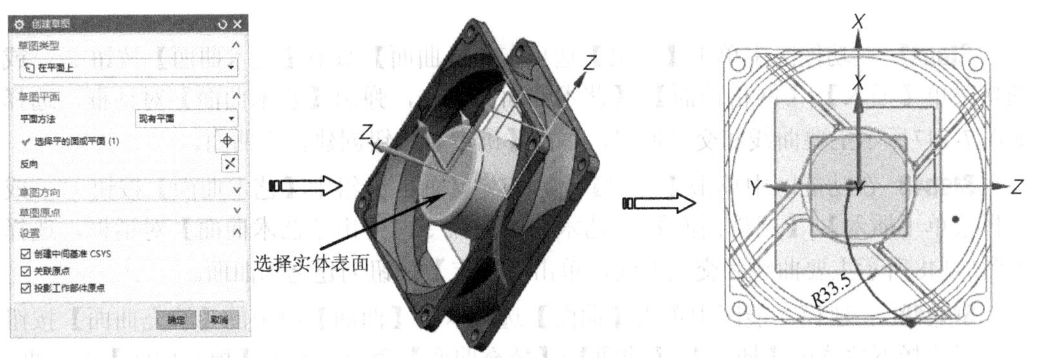

图7-144　绘制草图

Step45 在【主页】选项卡中单击【直接草图】组中的【在任务环境中绘制草图】按钮，弹出【创建草图】对话框，在【草图类型】中选择“在平面上”，选择实体表面为草绘平面，利用草图工具绘制如图7-145所示的草图，单击【草图】组上的【完成】按钮完成草图。

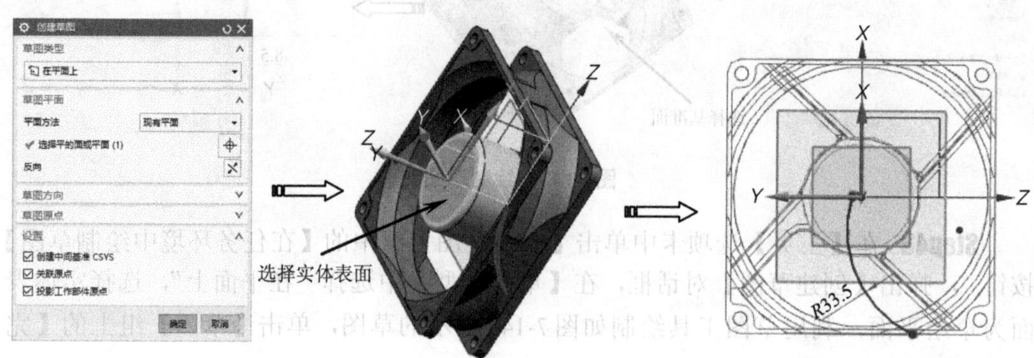

图7-145 绘制草图

Step46 在【主页】选项卡中单击【直接草图】组中的【在任务环境中绘制草图】按钮，弹出【创建草图】对话框，在【草图类型】中选择“在平面上”，选择基准平面为草绘平面，利用草图工具绘制如图7-146所示的草图，单击【草图】组上的【完成】按钮完成草图。

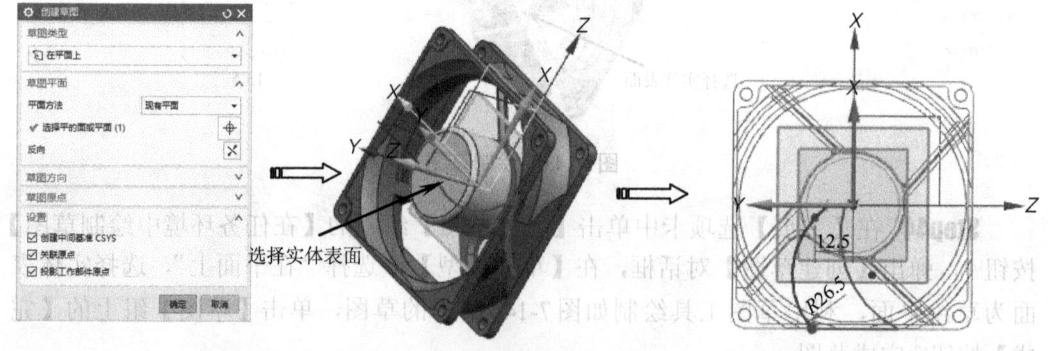

图7-146 绘制草图

Step47 在功能区中单击【主页】选项卡中【曲面】组中【艺术曲面】按钮，或选择菜单【插入】|【网格曲面】|【艺术曲面】命令，弹出【艺术曲面】对话框，选择如图7-147所示主要曲线和交叉曲线，单击【确定】按钮创建艺术曲面。

Step48 在功能区中单击【主页】选项卡中【曲面】组中【艺术曲面】按钮，或选择菜单【插入】|【网格曲面】|【艺术曲面】命令，弹出【艺术曲面】对话框，选择如图7-148所示主要曲线和交叉曲线，单击【确定】按钮创建艺术曲面。

Step49 在建模功能区中单击【曲面】选项卡中【曲面】组中的【填充曲面】按钮，或选择下拉菜单【插入】|【曲面】|【填充曲面】命令，弹出【填充曲面】对话框，选择【默认边连续性】为G0曲率，在图形中框选端口曲线，单击【确定】按钮创建填

充曲面，如图7-149所示。

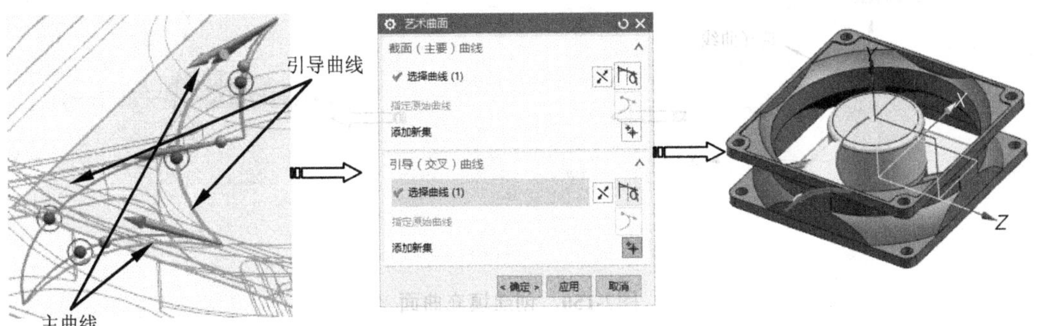

图7-147　创建艺术曲面

图7-148　创建艺术曲面

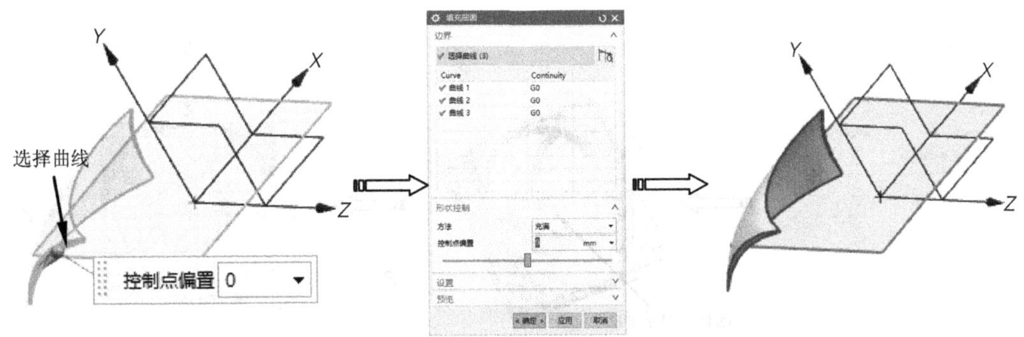

图7-149　创建填充曲面

Step50 在建模功能区中单击【曲面】选项卡中【曲面】组中的【填充曲面】按钮，或选择下拉菜单【插入】|【曲面】|【填充曲面】命令，弹出【填充曲面】对话框，选择【默认边连续性】为G0曲率，在图形中框选端口曲线，单击【确定】按钮创建填充曲面，如图7-150所示。

Step51 在功能区中单击【主页】选项卡中【曲面工序】组中【缝合】按钮 缝合，或选择下拉菜单【插入】【组合】|【缝合】命令，弹出【缝合】对话框，选择所有曲面，单击【确定】按钮形成实体，如图7-151所示。

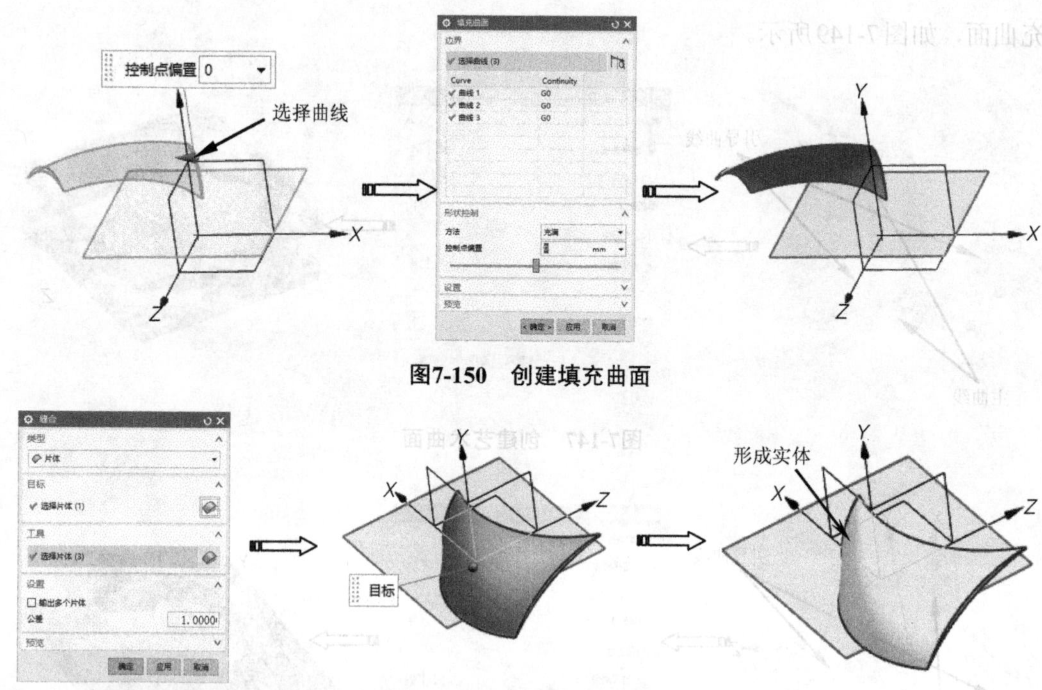

图7-150　创建填充曲面

图7-151　缝合片体成实体

Step52 在【主页】选项卡中单击【直接草图】组中的【在任务环境中绘制草图】按钮，弹出【创建草图】对话框，在【草图类型】中选择“在平面上”，选择实体表面为草绘平面，利用草图工具绘制如图7-152所示的草图，单击【草图】组上的【完成】按钮完成草图。

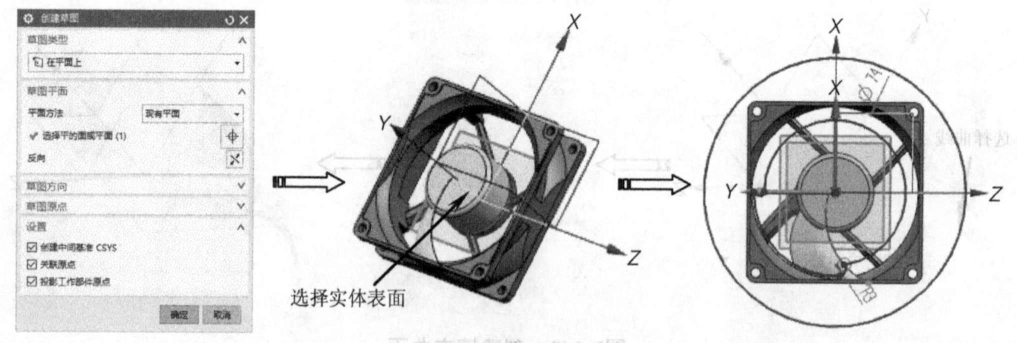

图7-152　绘制草图

Step53 在建模功能区中单击【主页】选项卡中【特征】组中的【拉伸】命令，弹出【拉伸】对话框，上一步创建的草图为截面曲线，在【限制】选项中设置【开始】的【距离】为“0mm”，【结束】为“50mm”，【布尔】为“求差”，选择叶片实体，单击【确定】按钮完成，如图7-153所示。

Step54 在建模功能区中单击【主页】选项卡中【特征】组中的【阵列几何特征】按钮，弹出【阵列几何特征】对话框，选择【布局】为“圆形”，选择图形区的叶片，阵列方向为*YC*轴，【数量】为“6”，【跨角】为“360度”，单击【确定】按钮完成阵列，如图7-154所示。

图7-153　创建拉伸特征

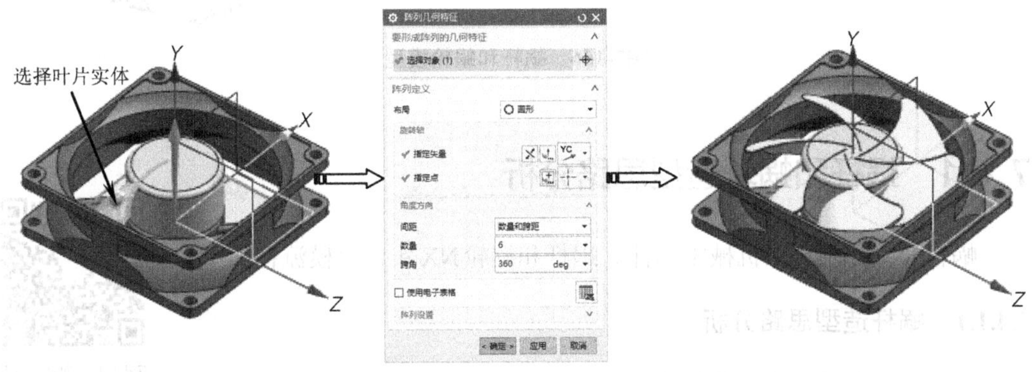

图7-154　创建阵列几何特征

Step55 在建模功能区中单击【主页】选项卡中【特征】组中的【合并】按钮，或选择下拉菜单【插入】|【组合】|【合并】命令，弹出【合并】对话框，选择图7-155所示的对象（圆柱和叶片），单击【确定】按钮完成求和操作。

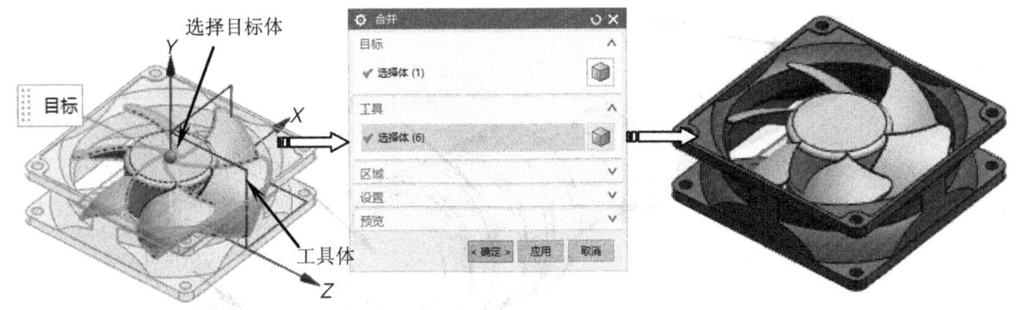

图7-155　创建布尔求和

7.4　综合实例4——蜗杆和蜗轮造型设计

以蜗杆和蜗轮为例来对实体特征设计相关知识进行综合性应用，蜗杆和蜗轮结构如

图7-156所示。

图7-156 蜗杆和蜗轮模型

7.4.1 蜗杆和蜗轮造型思路分析

蜗轮和蜗杆是典型机械零部件。蜗杆和蜗轮NX实体建模流程如下。

7.4.1.1 视频精讲

7.4.1.1 蜗杆造型思路分析

（1）零件分析，拟定总体建模思路

总体思路是：图7-156所示的蜗杆参数有：模数m=5，头数z=1，蜗杆直径系数q=10，厚度b=70mm，压力角α=20°、齿顶高系数h_a^*=1，顶隙系数c_n^*=0.25。首先对蜗杆模型结构进行分析和分解，分解为相应的部分：蜗杆轴、键槽、蜗杆齿面、倒角等，如图7-157所示。

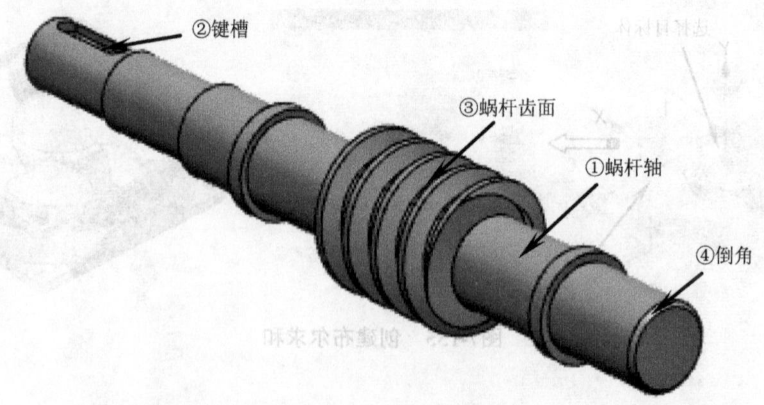

图7-157 蜗杆结构分解

（2）蜗杆传动轴的特征造型

传动轴为回转体，可将轴类零件的主体结构看作是由一条折线母线绕轴线“旋转”一周形成，因此可以首先绘制旋转截面草图，然后通过旋转特征完成造型，如图7-158所示。

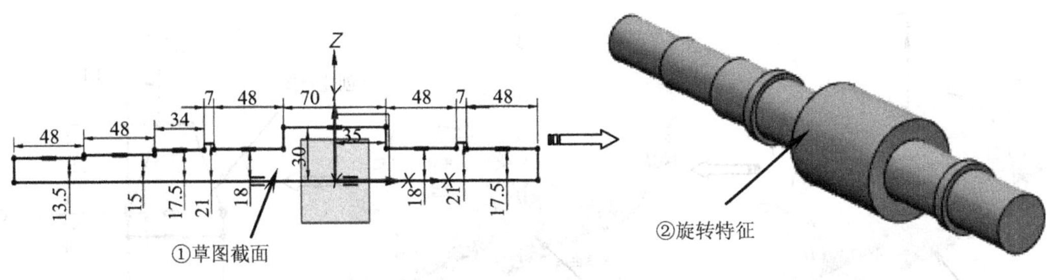

图7-158　蜗杆传动轴的创建过程

（3）键槽的特征造型

采用NX成形特征中的键槽特征创建，首先创建基准平面为键槽放置面，然后启动键槽命令选择放置面、水平参考和键槽参数，最后利用定位来约束键槽位置，如图7-159所示。

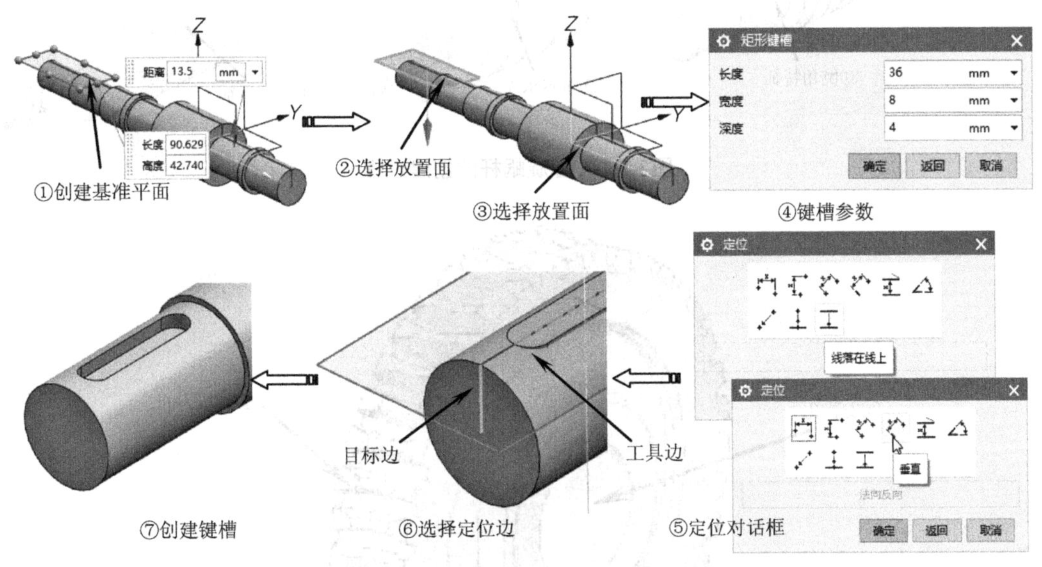

图7-159　创建键槽

（4）蜗杆齿面的特征造型

首先采用创建螺旋线，然后创建扫掠特征引导线，通过扫掠特征创建扫掠实体，最后布尔求差得到螺旋槽，如图7-160所示。

7.4.1.2　蜗轮造型思路分析

7.4.1.2　视频精讲

（1）零件分析，拟定总体建模思路

总体思路是：图7-160是一级蜗杆减速器中蜗轮的结构，蜗轮参数有：模数m=5，齿数z=40, 拉伸厚b=40mm，螺旋角β=5.71°，法面压力角α_n=20、法面齿顶高系数h_{an}^*=1、法面顶隙系数c_n^*=0.25。对蜗轮模型结构进行分析和分解，分解为相应的部分：蜗轮轮毂、螺旋齿面、安装孔、倒角等，如图7-161所示。

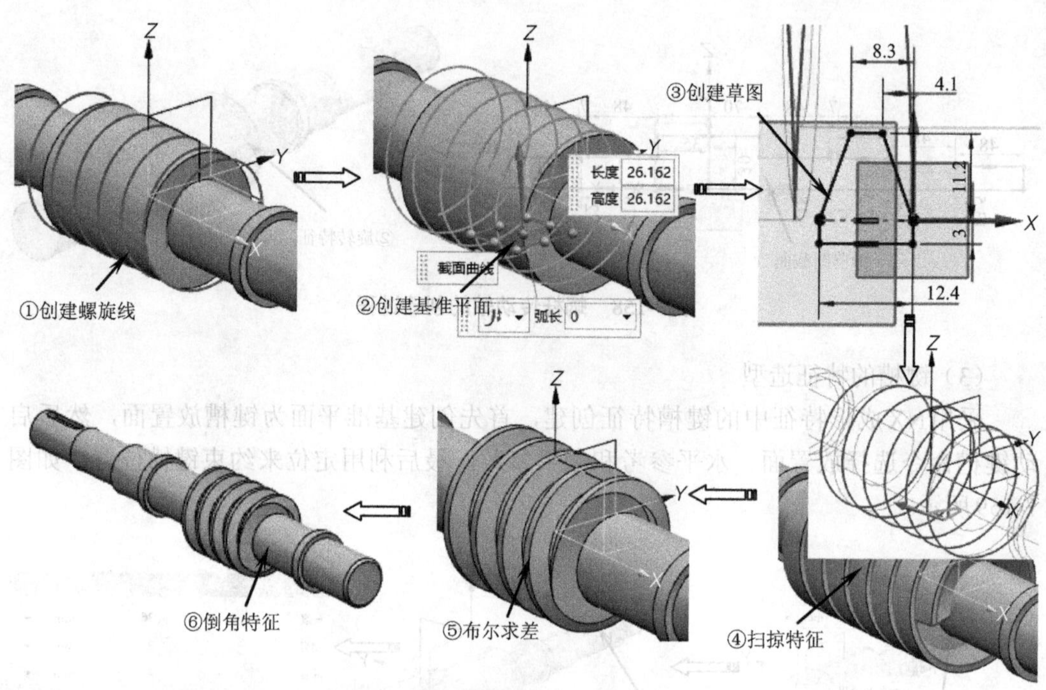

图7-160 螺旋蜗杆的创建过程

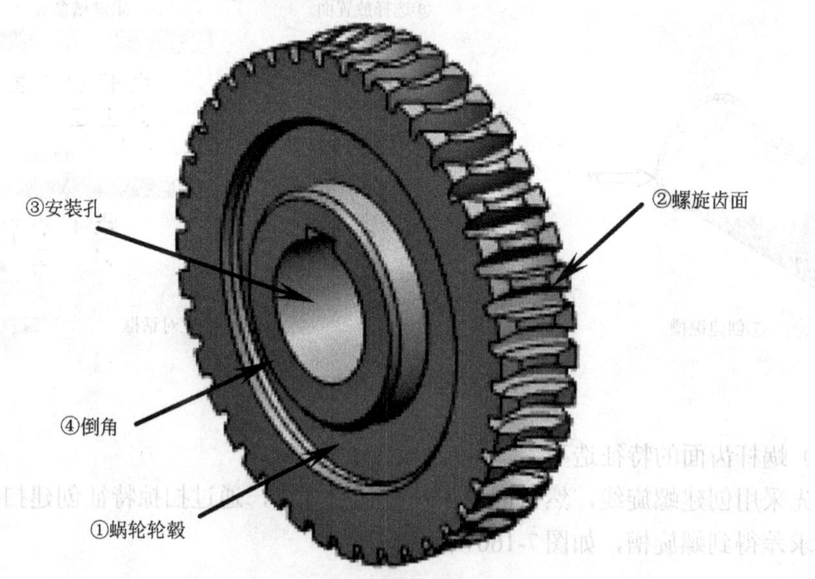

图7-161 蜗轮结构分解

（2）蜗轮轮毂的特征造型

蜗轮轮毂为回转体，可以首先绘制旋转截面草图，然后通过旋转特征完成造型，如图7-162所示。

（3）蜗轮齿面的特征造型

首先采用创建螺旋线，然后创建扫掠特征引导线，通过扫掠特征创建扫掠实体，最后布尔求差得到螺旋槽并进行圆周阵列，如图7-163所示。

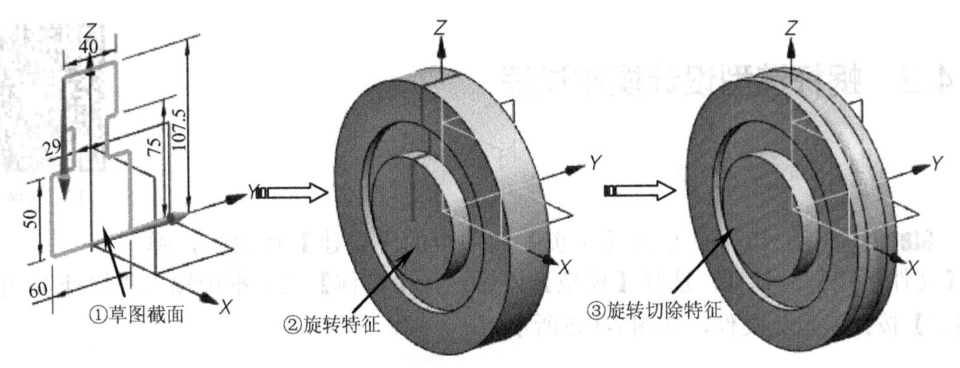

图7-162　蜗杆传动轴的创建过程

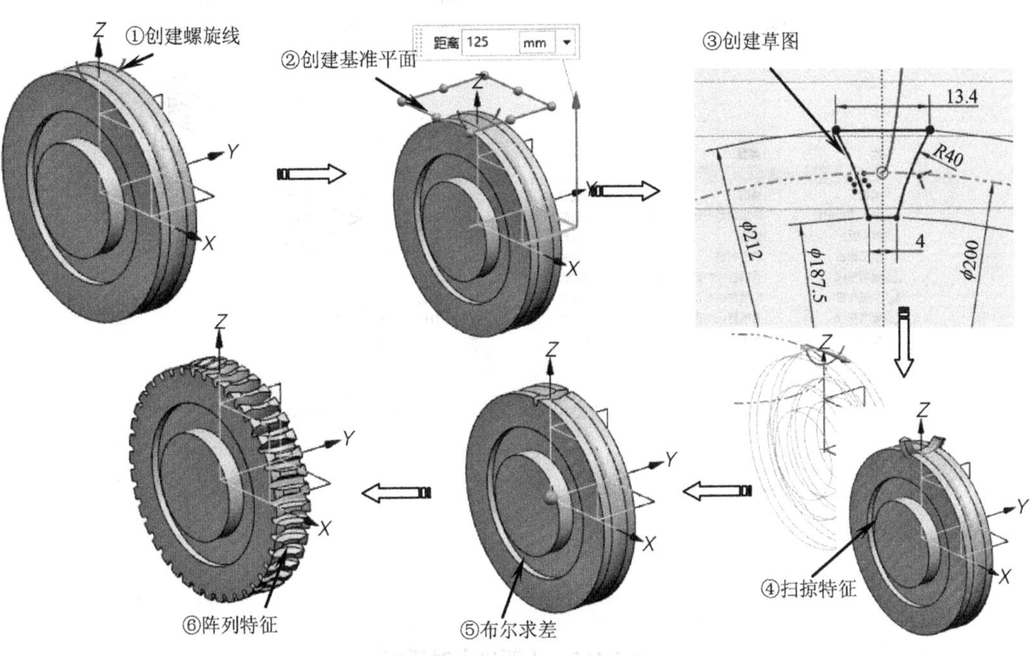

图7-163　蜗轮齿面的创建过程

（4）蜗轮安装孔的特征造型

首先采用创建草图，然后拉伸切除创建安装孔，最后进行倒角，如图7-164所示。

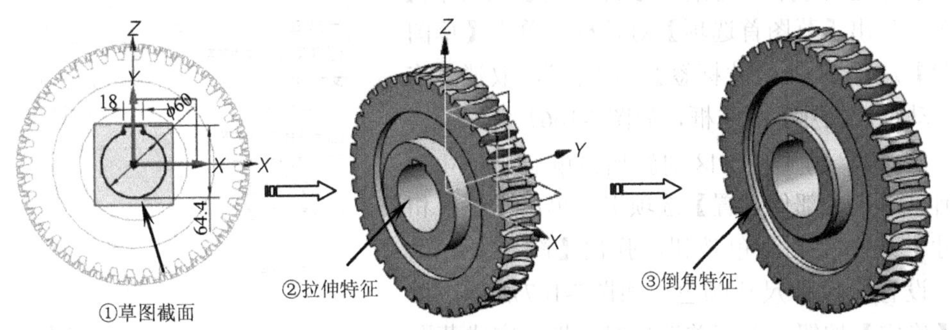

图7-164　蜗轮安装孔的创建过程

7.4.2 蜗杆造型设计操作过程

7.4.2 视频精讲

Step01 启动NX后，单击【主页】选项卡的【新建】按钮，弹出【文件新建】对话框，选择【模型】模板。在【名称】文本框中输入“蜗杆”，单击【确定】按钮，新建文件，如图7-165所示。

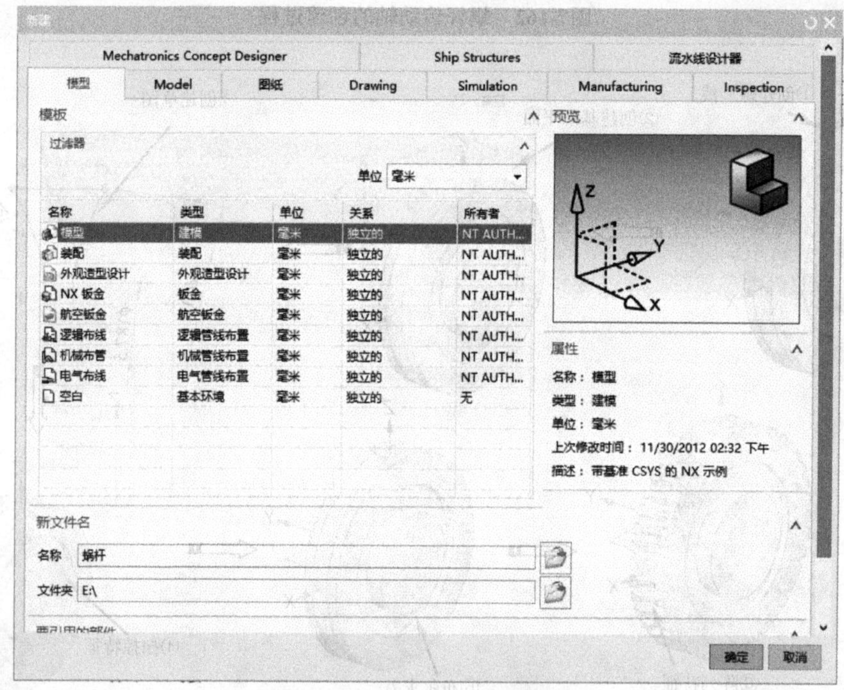

图7-165 【新建】对话框

7.4.2.1 设置草图首选项

Step02 选择下拉菜单【首选项】|【草图】命令，弹出【草图首选项】对话框，单击【草图设置】选项卡，【尺寸标签】为“值”，取消【连续自动标注尺寸】复选框，如图7-166所示。

Step03 为了便于区别施加约束后的尺寸和几何，单击【部件设置】选项卡，单击【约束和尺寸】选项后的颜色按钮，弹出【颜色】对话框，设置约束和尺寸颜色，如图7-167所示。单击【确定】按钮，关闭首选项对话框，完成草图设置。

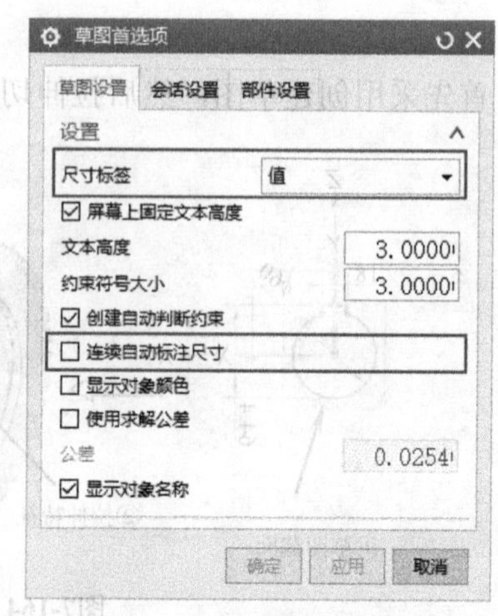

图7-166 【草图设置】选项卡

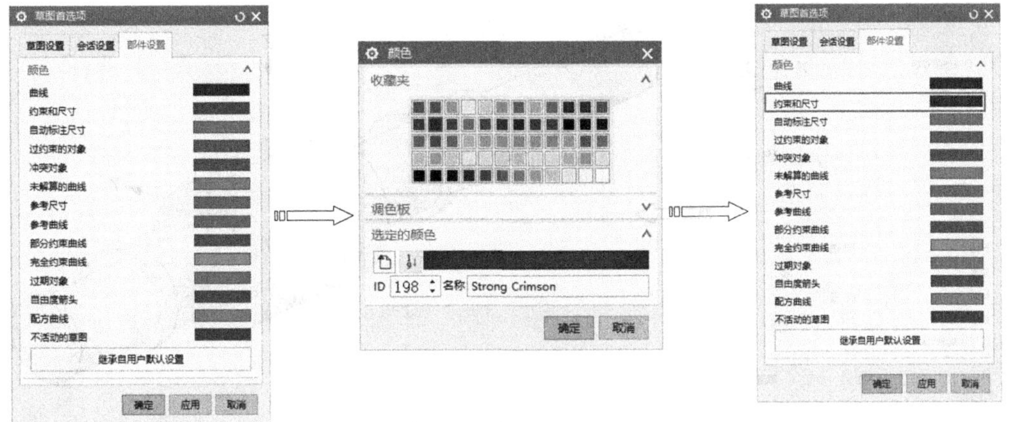

图7-167　设置颜色

7.4.2.2　创建蜗杆传动轴

Step04 选择下拉菜单【插入】|【在任务环境中绘制草图】命令，弹出【创建草图】对话框，在【草图类型】中选择“在平面上”，选择*ZX*平面为草绘平面，单击【确定】按钮，利用草图工具绘制如图7-168所示的草图。单击【草图】组上的【完成】按钮，完成草图绘制退出草图编辑器环境。

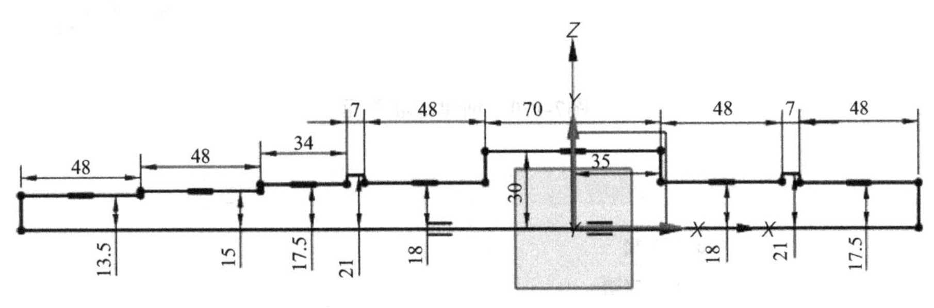

图7-168　绘制草图

Step05 在建模功能区中单击【主页】选项卡中【特征】组中的【旋转】命令，弹出【旋转】对话框，选择上一步创建的草图作为回转截面，设置旋转轴为*XC*，旋转中心为（0,0,0），单击【确定】按钮完成旋转特征，如图7-169所示。

7.4.2.3　创建键槽

Step06 在建模功能区中单击【主页】选项卡中【特征】组中的【基准平面】命令，弹出【基准平面】对话框，在【类型】中选择“自动判断”，选择*XY*基准平面，【距离】为13.5mm，单击【确定】按钮完成，如图7-170所示。

Step07 在建模功能区中单击【主页】选项卡中【特征】组中的【键槽】按钮，或选择下拉菜单【插入】|【设计特征】|【键槽】命令，弹出【键槽】对话框，如图7-171所示。

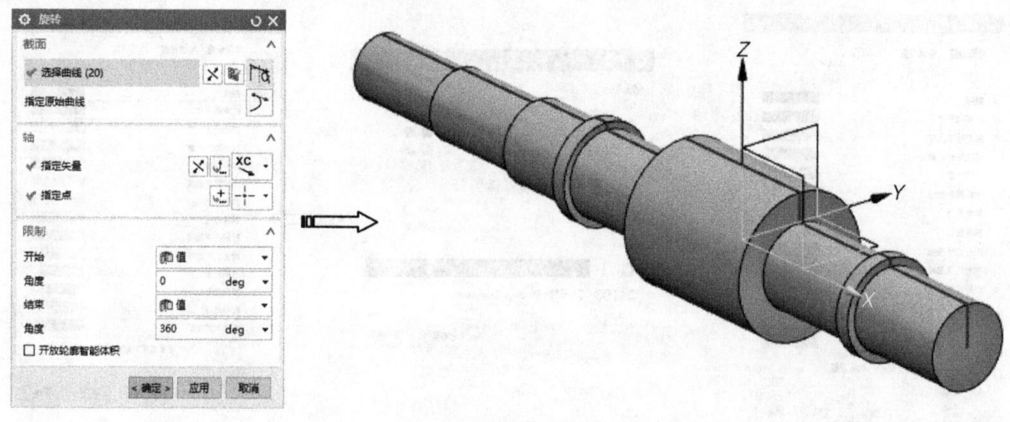

图7-169　创建旋转特征

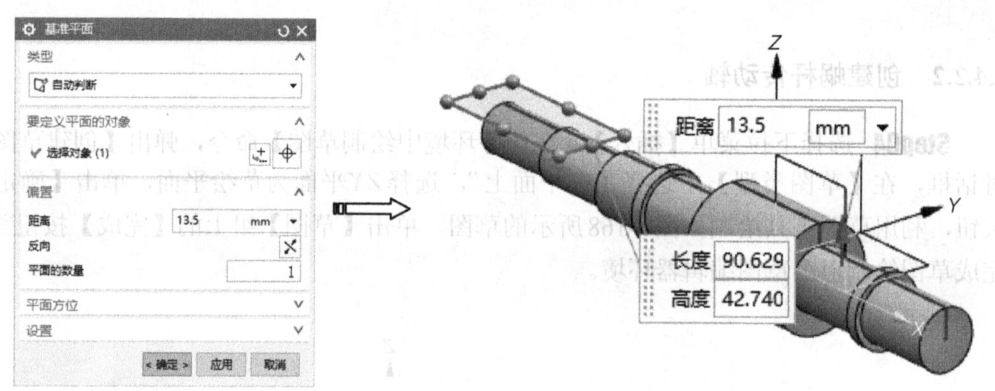

图7-170　创建基准平面

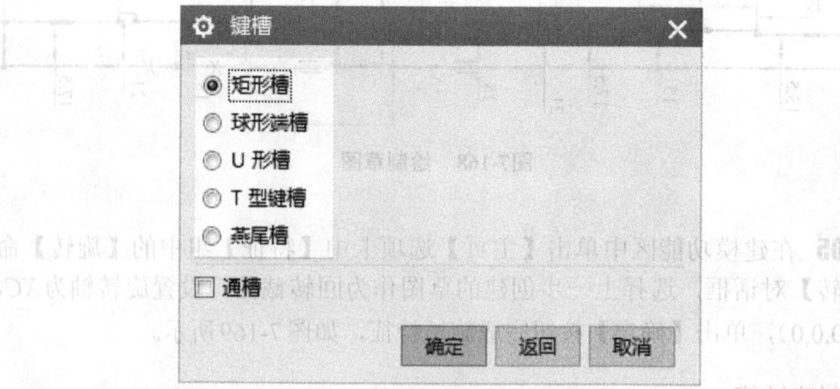

图7-171　【键槽】对话框

Step08 单击【矩形槽】按钮，弹出放置面选择对话框，在图形区选择长方体上表面为放置面，如图7-172所示。

Step09 系统弹出【水平参考】对话框，选择如图7-173所示的坐标轴X作为长度方向。

Step10 系统自动弹出【矩形键槽】对话框，设置相关参数，如图7-174所示。

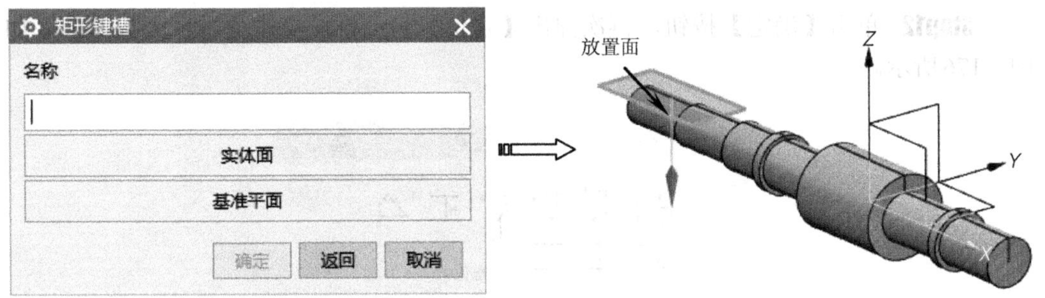

图7-172　选择放置平面

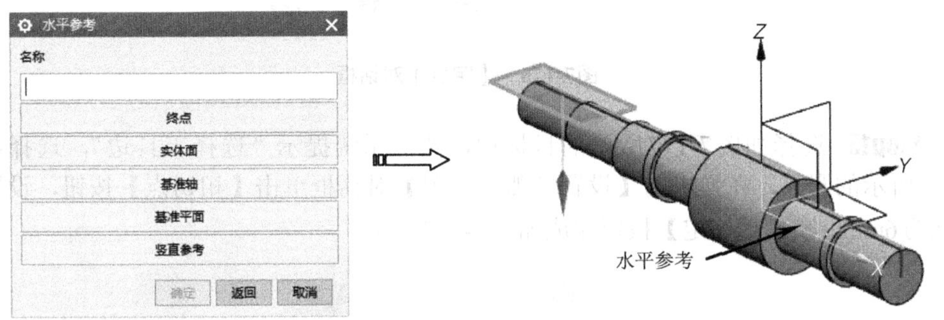

图7-173　选择水平参考

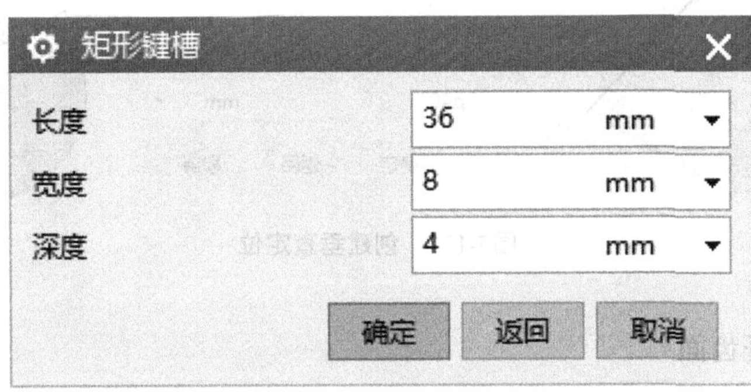

图7-174　【矩形键槽】对话框

Step11 单击【确定】按钮，弹出【定位】对话框，单击【线落在线上】按钮，选择如图7-175所示的目标边和工具边创建定位约束。

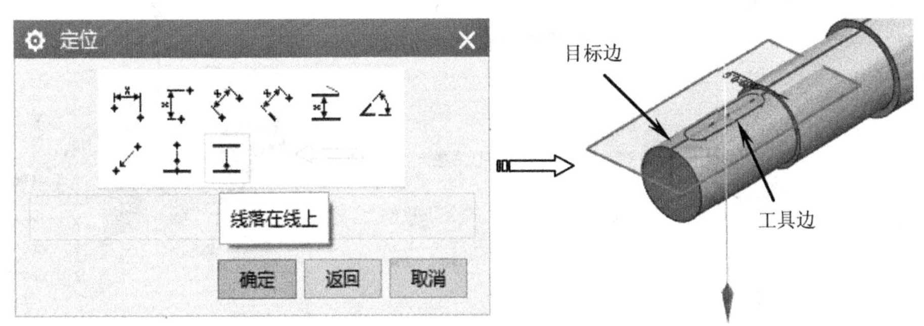

图7-175　创建线落在线上定位

Step12 单击【确定】按钮，再次弹出【定位】对话框，单击【垂直】按钮，如图7-176所示。

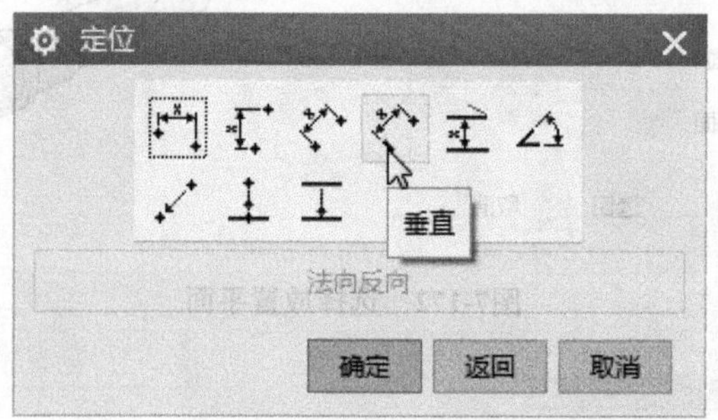

图7-176 【定位】对话框

Step13 选择如图7-177所示的目标边，然后系统提示“选择工具边”，选择如图7-177所示的圆弧，在弹出的【设置圆弧的位置】对话框单击【相切点】按钮，设置表达式为6mm，单击【确定】按钮完成如图7-177所示。

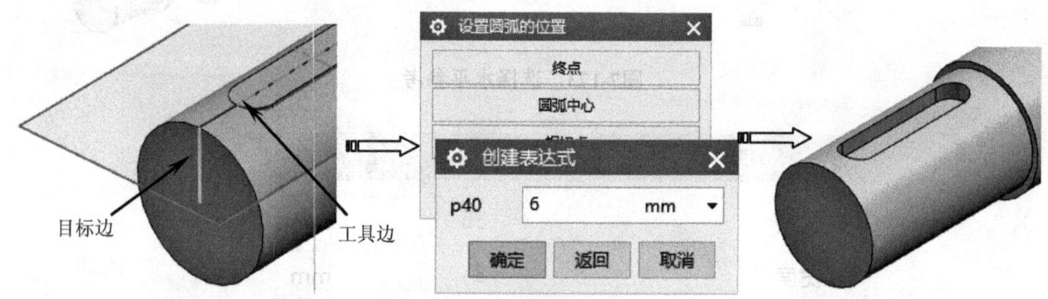

图7-177 创建垂直定位

7.4.2.4 创建蜗杆齿面

Step14 在功能区中单击【主页】选项卡中【曲线】组中的【螺旋线】按钮，或选择下拉菜单【插入】|【曲线】|【螺旋线】命令，弹出【螺旋线】对话框，单击【指定CSYS】按钮，弹出【CSYS】对话框，调整坐标系原点和方向如图7-178所示。

图7-178 调整螺旋线坐标系原点和方向

Step15 设置【直径】为60mm，【螺距】为15.70796325mm，【起始限制】为0，【终止限制】为100mm，单击【确定】按钮完成螺旋线创建，如图7-179所示。

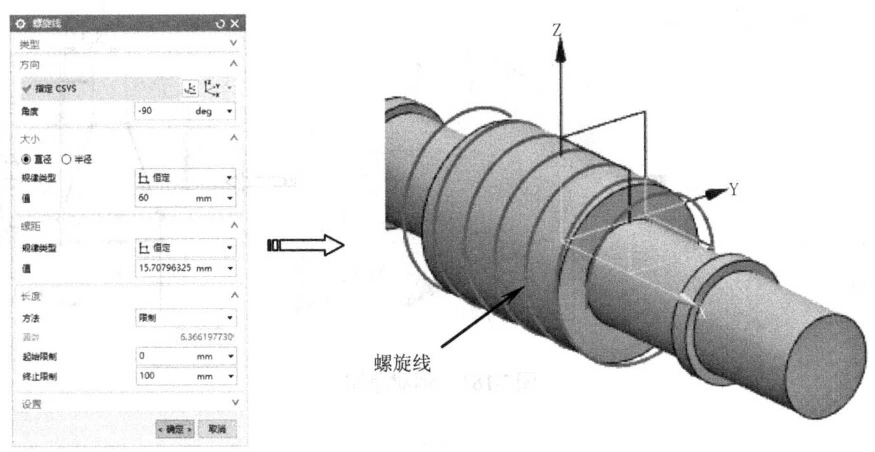

图7-179 创建螺旋线

Step16 在建模功能区中单击【主页】选项卡中【特征】组中的【基准平面】命令，弹出【基准平面】对话框，在【类型】中选择“曲线上”，选择如图7-180所示的螺旋线，单击【确定】按钮。

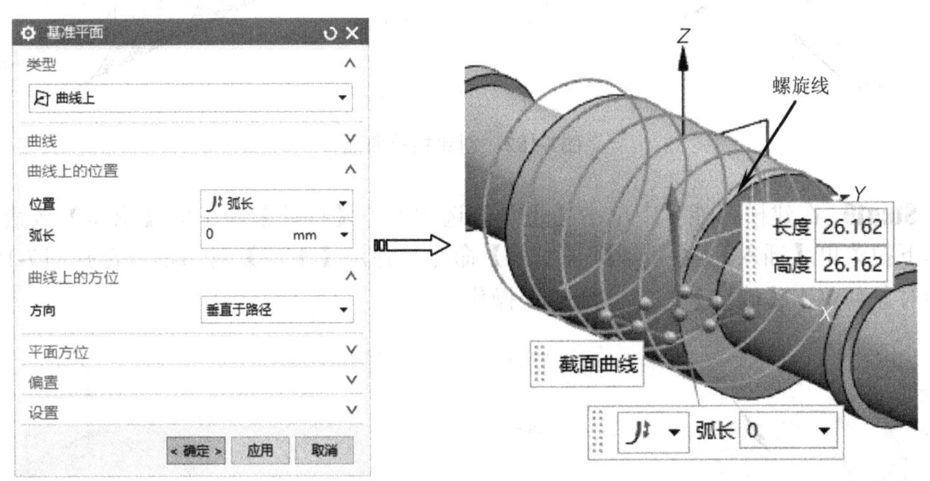

图7-180 创建基准平面

Step17 选择下拉菜单【插入】|【在任务环境中绘制草图】命令，弹出【创建草图】对话框，在【草图类型】中选择“在平面上”，选择上一步创建的基准平面为草绘平面，单击【确定】按钮，利用草图工具绘制如图7-181所示的草图。单击【草图】组上的【完成】按钮，完成草图绘制退出草图编辑器环境。

Step18 在建模功能区中单击【曲面】选项卡中【曲面】组中的【扫掠】按钮，或选择下拉菜单【插入】|【扫掠】|【已扫掠】命令，弹出【扫掠】对话框，单击【截面（主要）曲线】组框中的【选择曲线】图标，在图形中选择上一步的草图作为截

面，单击【引导曲线】组框中的【选择曲线】图标，选择引导线，单击【确定】按钮创建扫掠曲面，如图7-182所示。

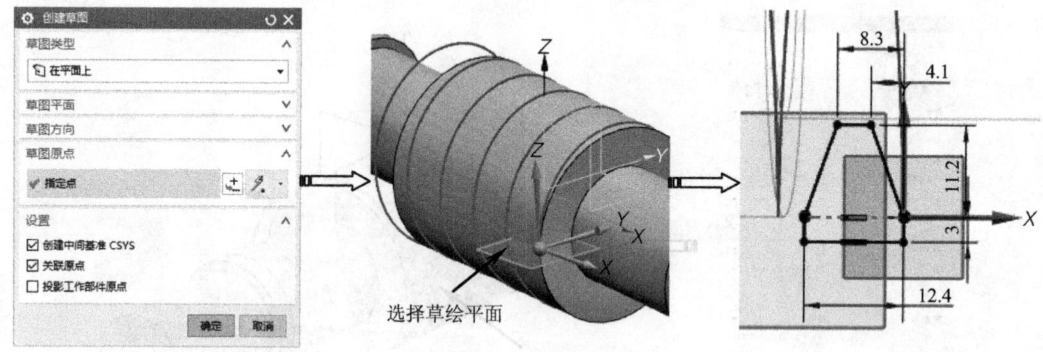

图7-181 创建草图

图7-182 创建扫掠曲面

Step19 在建模功能区中单击【主页】选项卡中【特征】组中的【求差】按钮或选择下拉菜单【插入】|【组合】|【求差】命令，弹出【求差】对话框，选择图7-183所示的对象，单击【确定】按钮完成求差操作。

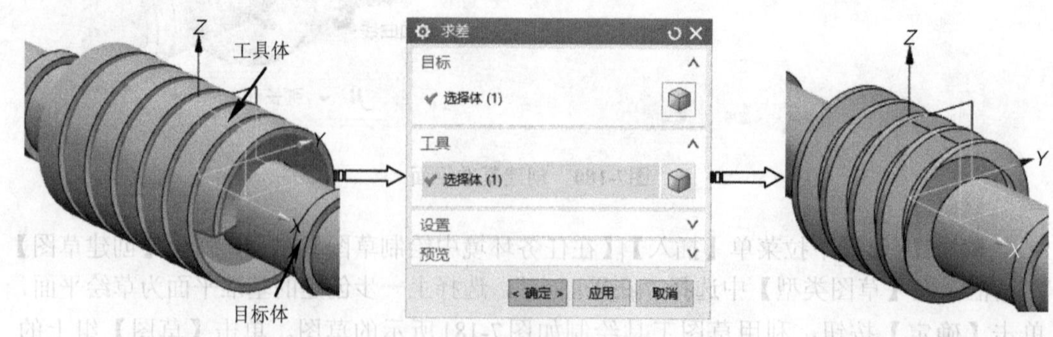

图7-183 求差布尔运算

Step20 在建模功能区中单击【主页】选项卡中【特征】组中的【倒斜角】按钮，或选择下拉菜单【插入】|【细节特征】|【倒斜角】命令，弹出【倒斜角】对话框，在【横截面】下拉列表中选择【对称】方式，设置【距离】为2mm，单击【确定】按钮，系

统自动完成倒角特征，如图7-184所示。

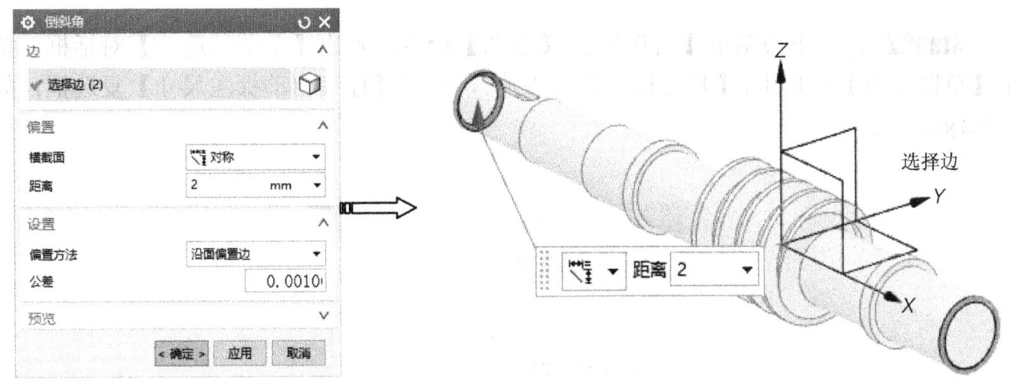

图7-184　创建倒斜角

7.4.3　蜗轮造型设计操作过程

7.4.3　视频精讲

Step01　启动NX后，单击【主页】选项卡的【新建】按钮，弹出【文件新建】对话框，选择【模型】模板。在【名称】文本框中输入“蜗轮”，单击【确定】按钮，新建文件，如图7-185所示。

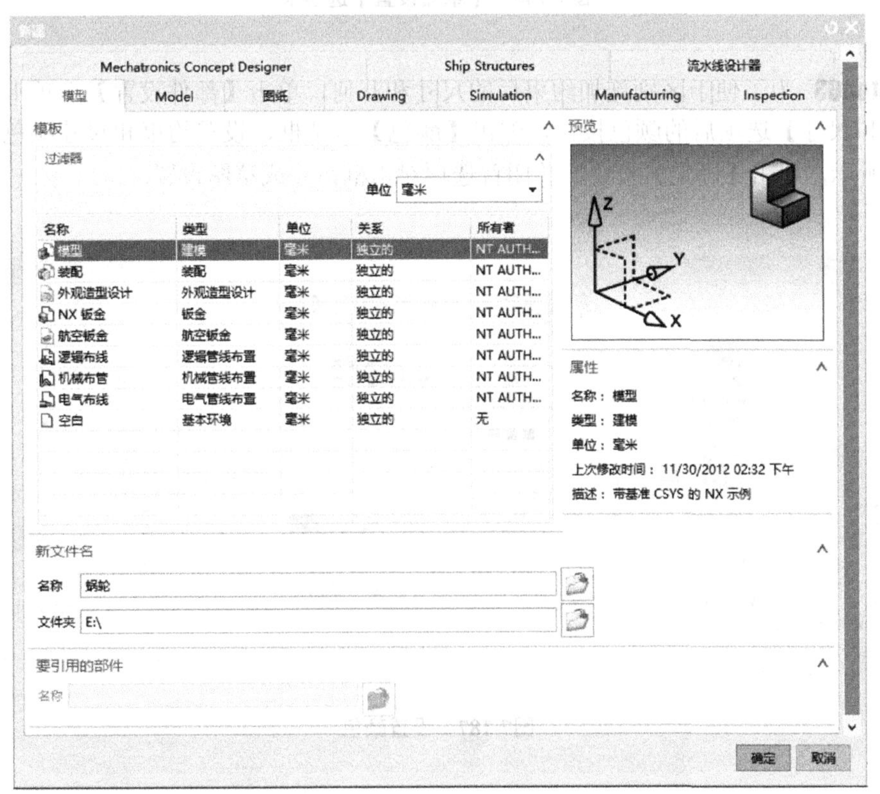

图7-185　【新建】对话框

7.4.3.1 设置草图首选项

Step02 选择下拉菜单【首选项】|【草图】命令，弹出【草图首选项】对话框，单击【草图设置】选项卡，【尺寸标签】为“值”，取消【连续自动标注尺寸】复选框，如图7-186所示。

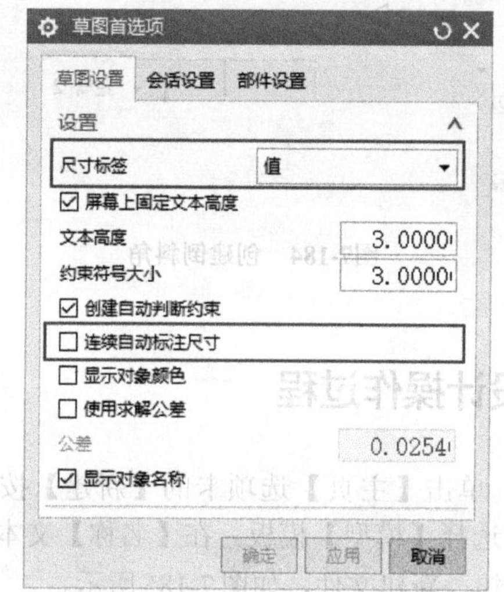

图7-186 【草图设置】选项卡

Step03 为了便于区别施加约束后的尺寸和几何，单击【部件设置】选项卡，单击【约束和尺寸】选项后的颜色按钮，弹出【颜色】对话框，设置约束和尺寸颜色，如图7-187所示。单击【确定】按钮，关闭首选项对话框，完成草图设置。

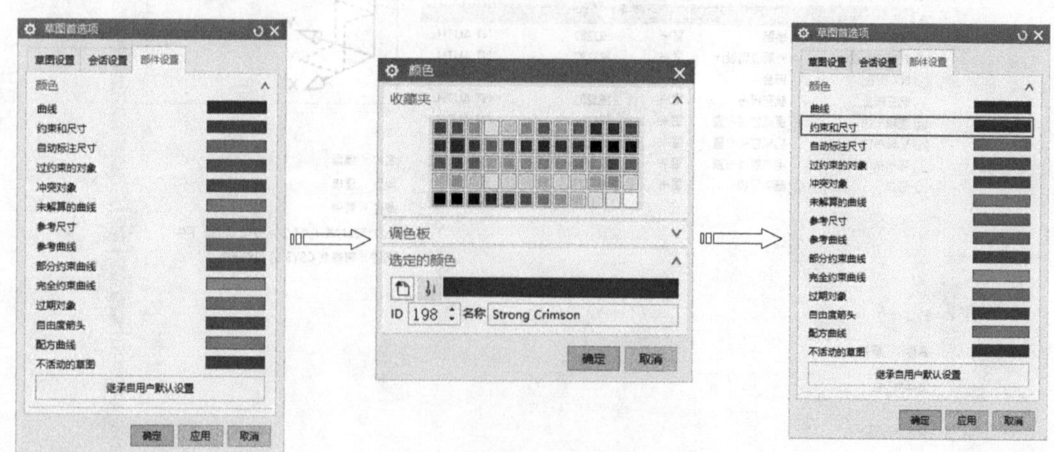

图7-187 设置颜色

7.4.3.2　创建蜗轮轮毂

Step04 选择下拉菜单【插入】|【在任务环境中绘制草图】命令，弹出【创建草图】对话框，在【草图类型】中选择“在平面上”，选择*YZ*平面为草绘平面，单击【确定】按钮，利用草图工具绘制如图7-188所示的草图。单击【草图】组上的【完成】按钮，完成草图绘制退出草图编辑器环境。

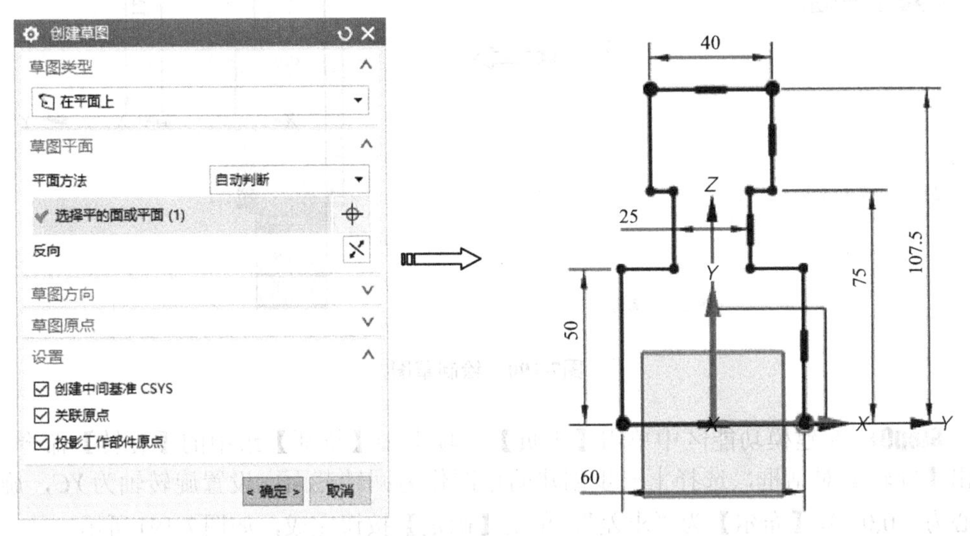

图7-188　绘制草图

Step05 在建模功能区中单击【主页】选项卡中【特征】组中的【旋转】命令，弹出【旋转】对话框，选择上一步创建的草图作为回转截面，设置旋转轴为*YC*，旋转中心为（0,0,0），单击【确定】按钮完成，如图7-189所示。

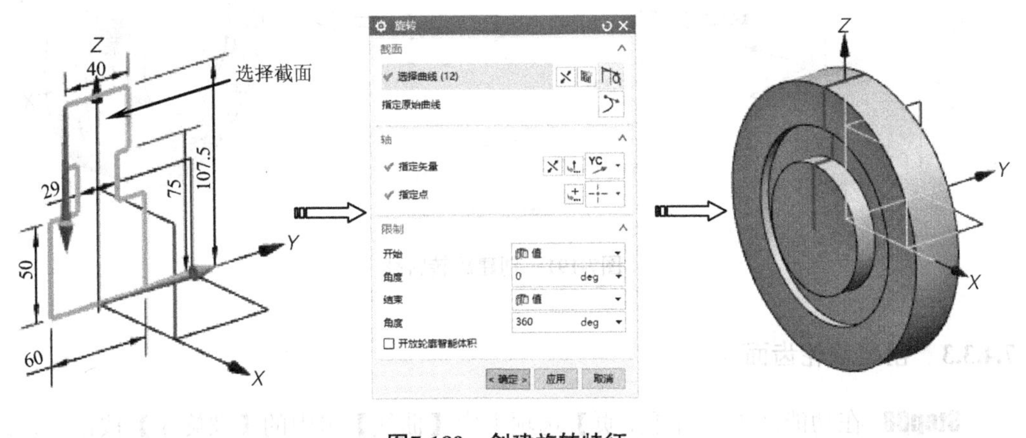

图7-189　创建旋转特征

Step06 选择下拉菜单【插入】|【在任务环境中绘制草图】命令，弹出【创建草图】对话框，在【草图类型】中选择“在平面上”，选择*YZ*平面为草绘平面，单击【确定】按钮，利用草图工具绘制如图7-190所示的草图。单击【草图】组上的【完成】按钮，

完成草图绘制退出草图编辑器环境。

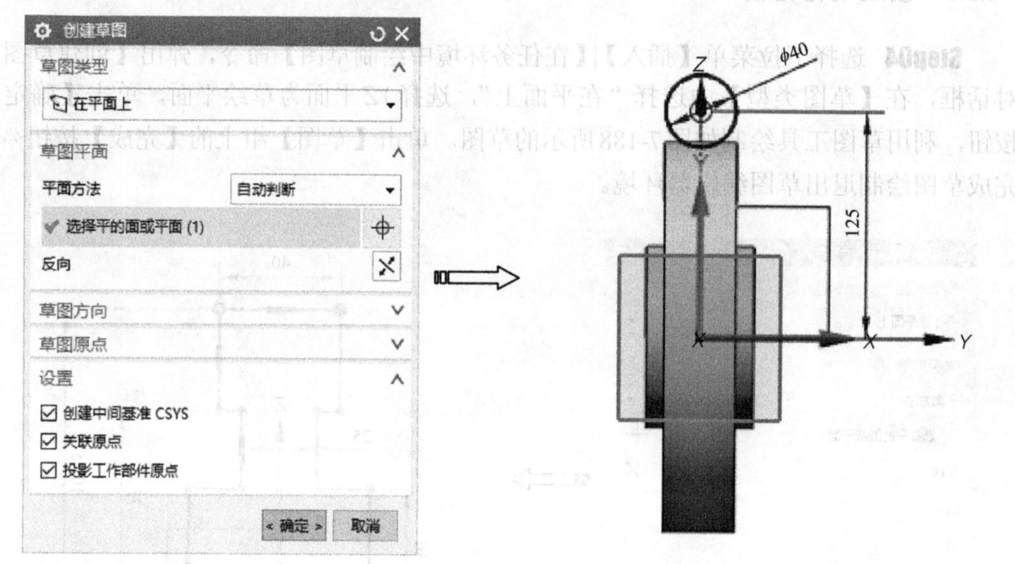

图7-190 绘制草图

Step07 在建模功能区中单击【主页】选项卡中【特征】组中的【旋转】命令，弹出【旋转】对话框，选择上一步创建的草图作为回转截面，设置旋转轴为*YC*，旋转中心为（0,0,0），【布尔】为“求差”，单击【确定】按钮完成，如图7-191所示。

图7-191 创建旋转特征

7.4.3.3 创建蜗轮齿面

Step08 在功能区中单击【主页】选项卡中【曲线】组中的【螺旋线】按钮，或选择下拉菜单【插入】|【曲线】|【螺旋线】命令，弹出【螺旋线】对话框，单击【指定CSYS】按钮，弹出【CSYS】对话框，调整坐标系原点和方向如图7-192所示。

Step09 设置【直径】为50mm，【螺距】为15.70796325mm，【起始限制】为0，【终止限制】为7mm，单击【确定】按钮完成螺旋线创建，如图7-193所示。

图7-192　调整螺旋线坐标系原点和方向

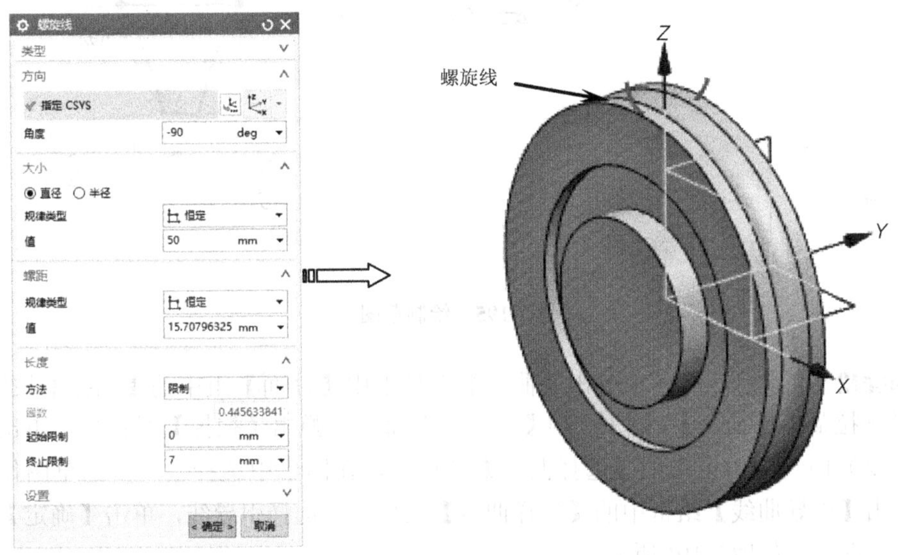

图7-193　创建螺旋线

Step10 在建模功能区中单击【主页】选项卡中【特征】组中的【基准平面】命令，弹出【基准平面】对话框，在【类型】中选择“自动判断”，选择*XY*基准平面，【距离】为125mm，单击【确定】按钮完成，如图7-194所示。

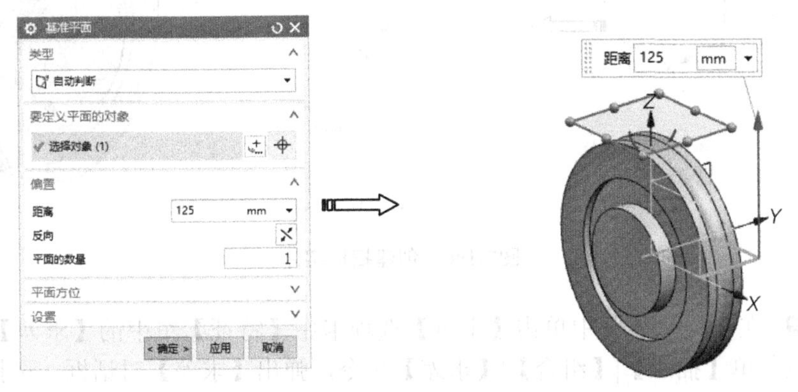

图7-194　创建基准平面

Step11 选择下拉菜单【插入】|【在任务环境中绘制草图】命令，弹出【创建草图】对话框，在【草图类型】中选择“在平面上”，选择上一步创建的基准平面为草绘平面，单击【确定】按钮，利用草图工具绘制如图7-195所示的草图。单击【草图】组上的【完成】按钮，完成草图绘制退出草图编辑器环境。

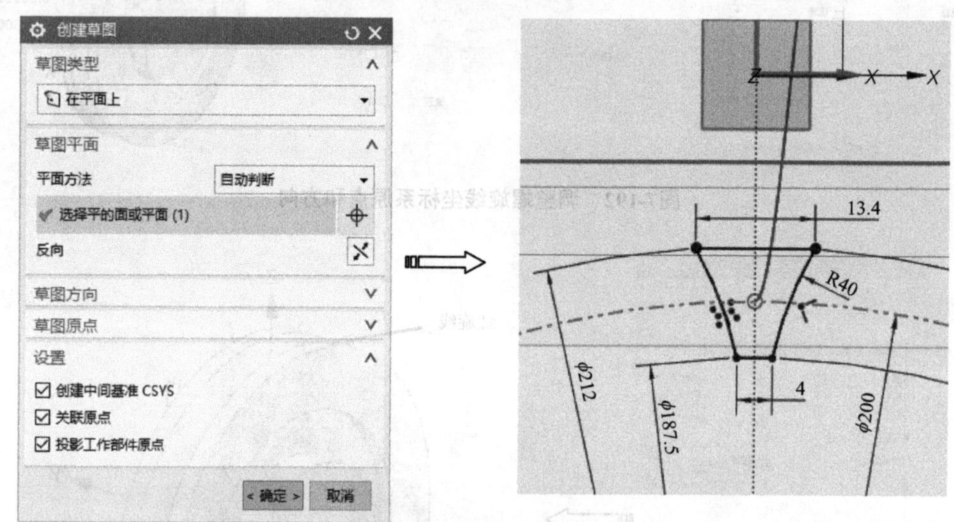

图7-195 绘制草图

Step12 在建模功能区中单击【曲面】选项卡中【曲面】组中的【扫掠】按钮，或选择下拉菜单【插入】|【扫掠】|【已扫掠】命令，弹出【扫掠】对话框，单击【截面（主要）曲线】组框中的【选择曲线】图标，在图形中选择上一步的草图作为截面，单击【引导曲线】组框中的【选择曲线】图标，选择引导线，单击【确定】按钮创建扫掠曲面，如图7-196所示。

图7-196 创建扫掠实体

Step13 在建模功能区中单击【主页】选项卡中【特征】组中的【求差】按钮，或选择下拉菜单【插入】|【组合】|【求差】命令，弹出【求差】对话框，选择图7-197所示的对象，单击【确定】按钮完成求差操作。

图7-197　求差布尔运算

Step14 在建模功能区中单击【主页】选项卡中【特征】组中的【阵列特征】按钮，或选择下拉菜单【插入】|【关联复制】|【阵列特征】命令，弹出【阵列特征】对话框，选择如图7-198所示的求差为阵列特征，设置【旋转轴】为*YC*，中心为(0,0,0)，【数量】为40，单击【确定】按钮完成阵列，如图7-198所示。

图7-198　创建圆形阵列

7.4.3.4　创建安装孔

Step15 选择下拉菜单【插入】|【在任务环境中绘制草图】命令，弹出【创建草图】对话框，在【草图类型】中选择“在平面上”，选择基准平面*ZX*为草绘平面，单击【确定】按钮，利用草图工具绘制如图7-199所示的草图。单击【草图】组上的【完成】按钮，完成草图绘制退出草图编辑器环境。

Step16 在建模功能区中单击【主页】选项卡中【特征】组中的【拉伸】命令，弹出【拉伸】对话框，上一步创建的草图为截面曲线，【限制】为“贯通”，【布尔】为“求差”，单击【确定】按钮完成，如图7-200所示。

Step17 在建模功能区中单击【主页】选项卡中【特征】组中的【倒斜角】按钮，或选择下拉菜单【插入】|【细节特征】|【倒斜角】命令，弹出【倒斜角】对话框，在【横截面】下拉列表中选择【对称】方式，设置【距离】为3mm，单击【确定】按钮，系统自动完成倒角特征，如图7-201所示。

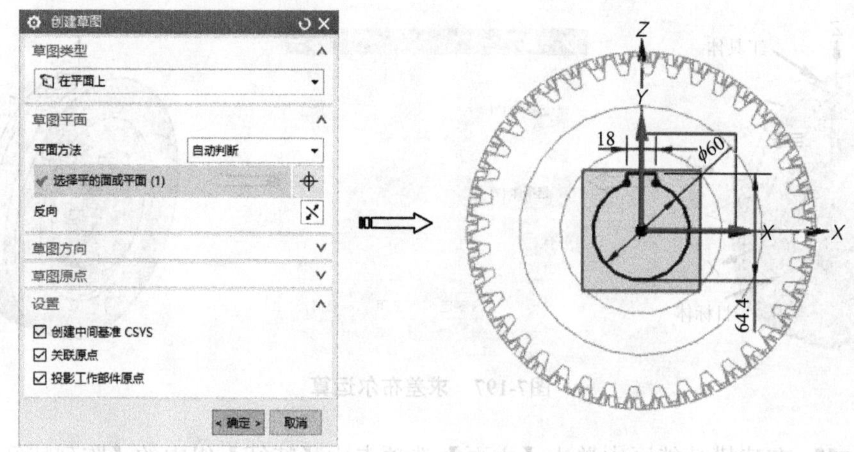

图7-199　绘制草图

图7-200　创建拉伸特征

图7-201　创建倒斜角

7.5　综合实例5——计数器造型设计

以计数器为例来对实体特征设计相关知识进行综合性应用，计数器结构如图7-202所示。

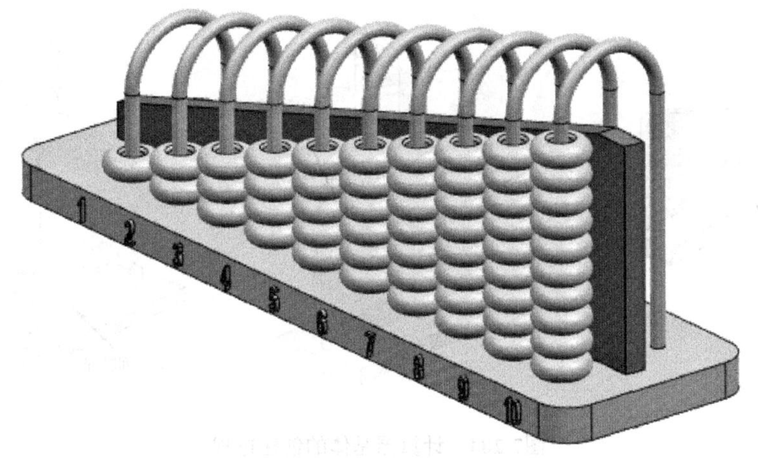

图7-202　计数器模型

7.5.1　计数器造型思路分析

7.5.1　视频精讲

计数器外形结构美观，建模流程如下。

（1）零件分析，拟定总体建模思路

总体思路是：首先对模型结构进行分析和分解，分解为相应的部分：基体、算珠、数字等。根据总体结构布局与相互之间的关系，按照先基体再数字的顺序依次创建各部分，如图7-203所示。

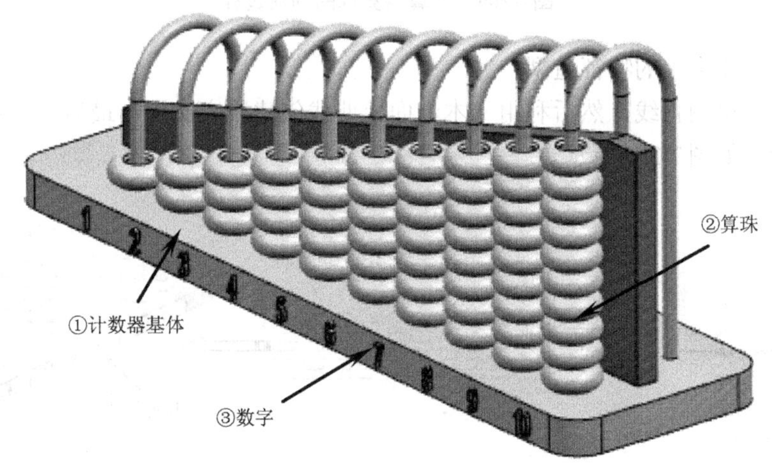

图7-203　计数器的模型分解

（2）计数器基体的特征造型

首先采用拉伸特征创建计算器基体，然后通过草图利用管道特征创建算珠支架并进行阵列，如图7-204所示。

（3）计数器算珠的特征造型

首先绘制旋转草图，然后利用旋转特征创建一个算珠，最后通过阵列特征完成造型设计，如图7-205所示。

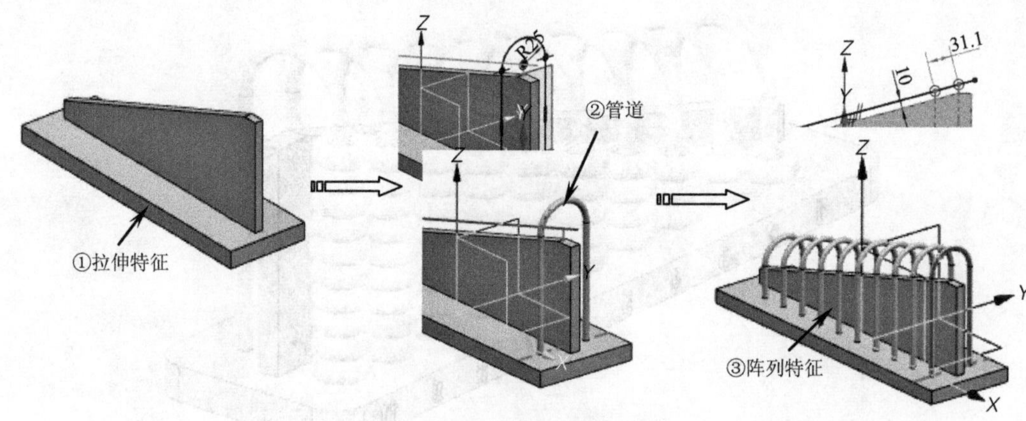

图7-204　计算器基体的创建过程

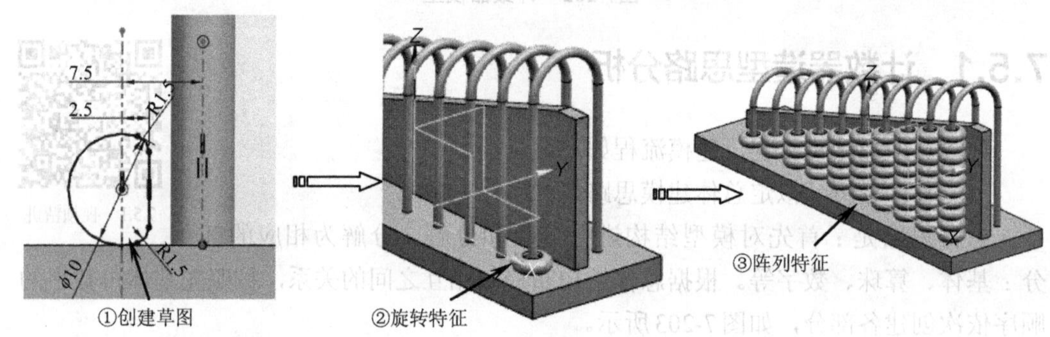

图7-205　计算器算珠的创建过程

（4）计数器数字的特征造型

首先绘制草图直线，然后利用文本沿面上曲线创建数字文字，最后通过拉伸特征完成造型设计，如图7-206所示。

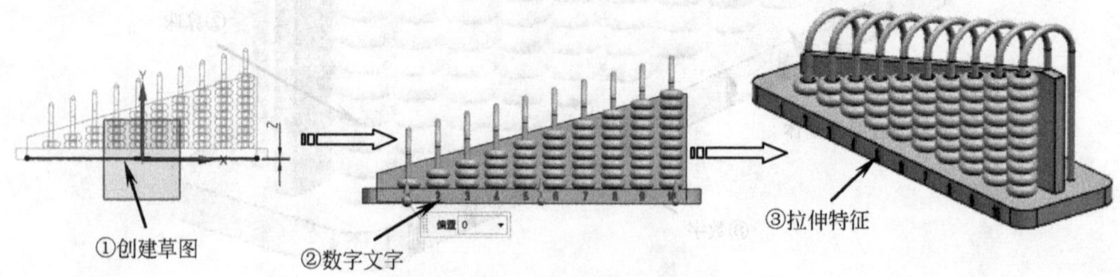

图7-206　计算器数字的创建过程

7.5.2　计数器造型设计操作过程

7.5.2　视频精讲

Step01　启动NX后，单击【主页】选项卡的【新建】按钮，弹出【文件新建】对话框，选择【模型】模板。在【名称】文本框中输入

"计数器"，单击【确定】按钮，新建文件，如图7-207所示。

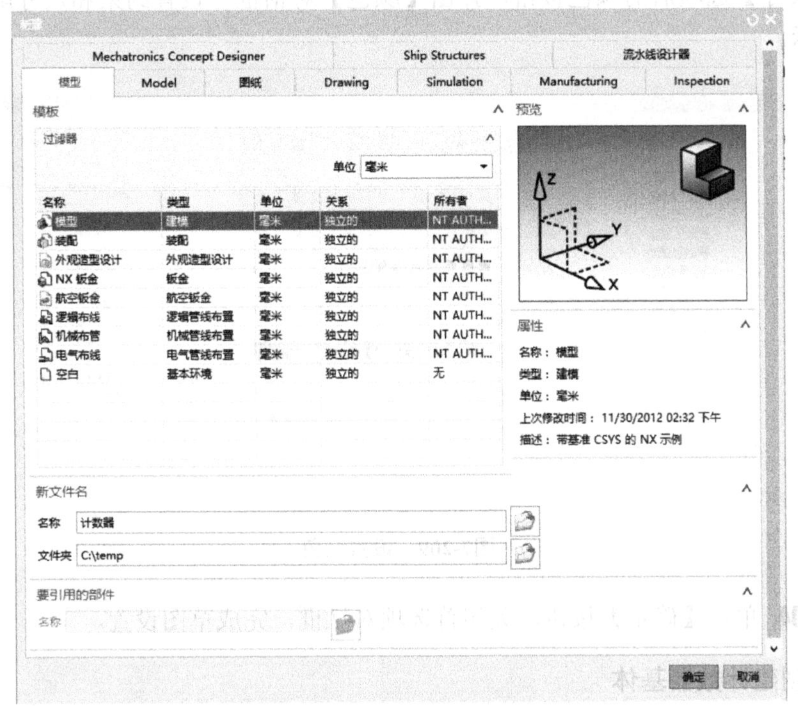

图7-207 【新建】对话框

7.5.2.1 设置草图首选项

Step02 选择下拉菜单【首选项】|【草图】命令，弹出【草图首选项】对话框，单击【草图设置】选项卡，【尺寸标签】为"值"，取消【连续自动标注尺寸】复选框，如图7-208所示。

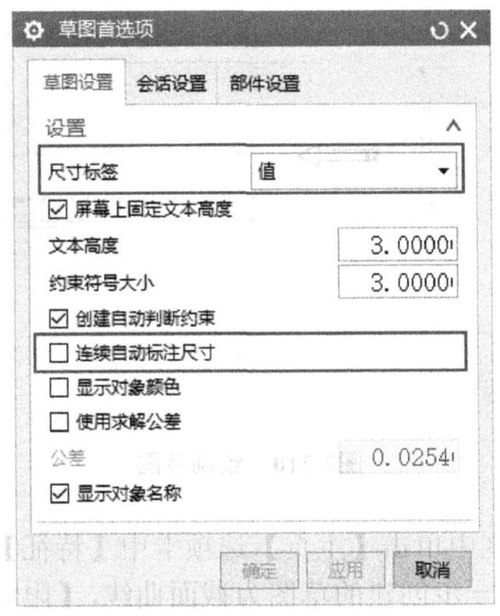

图7-208 【草图设置】选项卡

Step03 为了便于区别施加约束后的尺寸和几何，单击【部件设置】选项卡，单击【约束和尺寸】选项后的颜色按钮，弹出【颜色】对话框，设置约束和尺寸颜色，如图7-209所示。

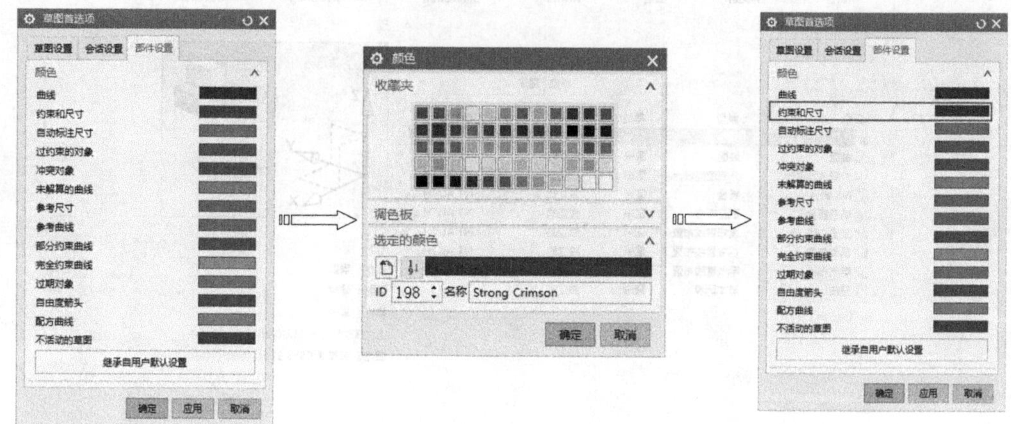

图7-209　设置颜色

Step04 单击【确定】按钮，关闭首选项对话框，完成草图设置。

7.5.2.2　创建计数器基体

Step05 选择下拉菜单【插入】|【在任务环境中绘制草图】命令，弹出【创建草图】对话框，在【草图类型】中选择“在平面上”，选择*ZX*平面为草绘平面，单击【确定】按钮，利用草图工具绘制如图7-210所示的草图。单击【草图】组上的【完成】按钮，完成草图绘制退出草图编辑器环境。

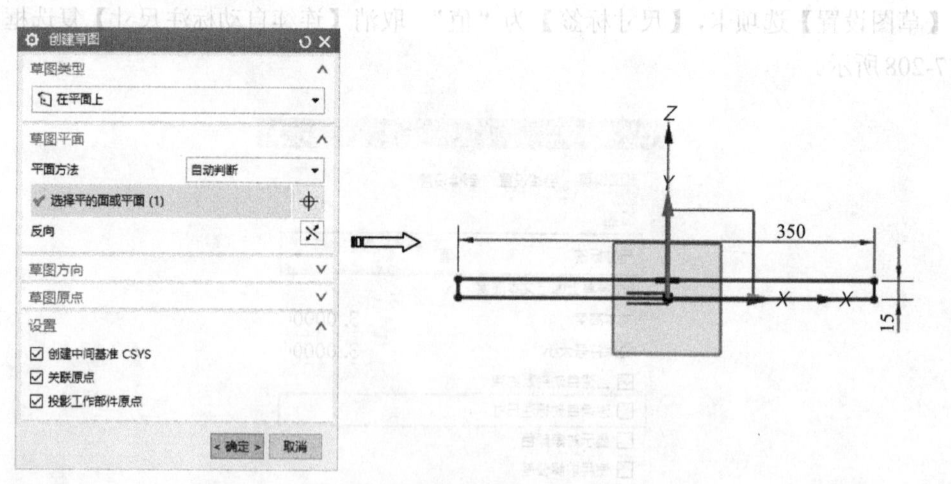

图7-210　绘制草图

Step06 在建模功能区中单击【主页】选项卡中【特征】组中的【拉伸】命令，弹出【拉伸】对话框，上一步创建的草图为截面曲线，【限制】为“对称值”，【距离】为50mm，【布尔】为“无”，单击【确定】按钮完成，如图7-211所示。

图7-211　创建拉伸特征

Step07 选择下拉菜单【插入】|【在任务环境中绘制草图】命令，弹出【创建草图】对话框，在【草图类型】中选择“在平面上”，选择*ZX*平面为草绘平面，单击【确定】按钮，利用草图工具绘制如图7-212所示的草图。单击【草图】组上的【完成】按钮，完成草图绘制退出草图编辑器环境。

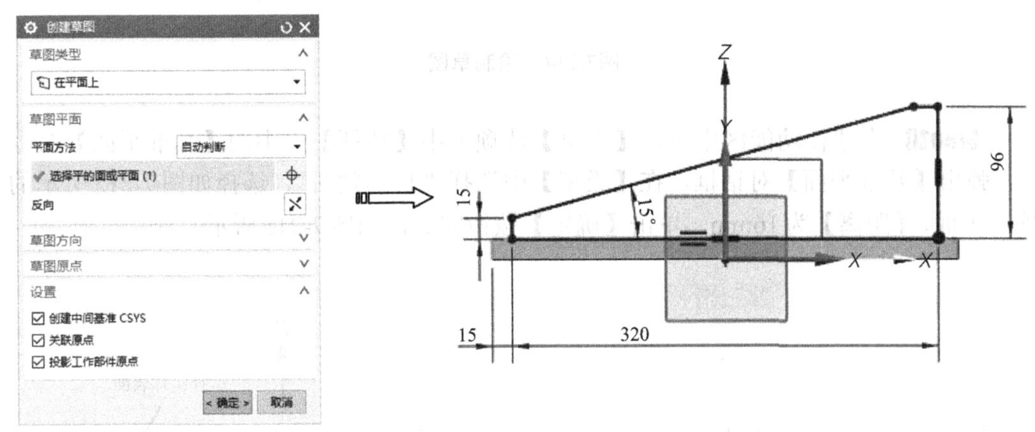

图7-212　绘制草图

Step08 在建模功能区中单击【主页】选项卡中【特征】组中的【拉伸】命令，弹出【拉伸】对话框，上一步创建的草图为截面曲线，【限制】为“对称值”，【距离】为5mm，【布尔】为“无”，单击【确定】按钮完成，如图7-213所示。

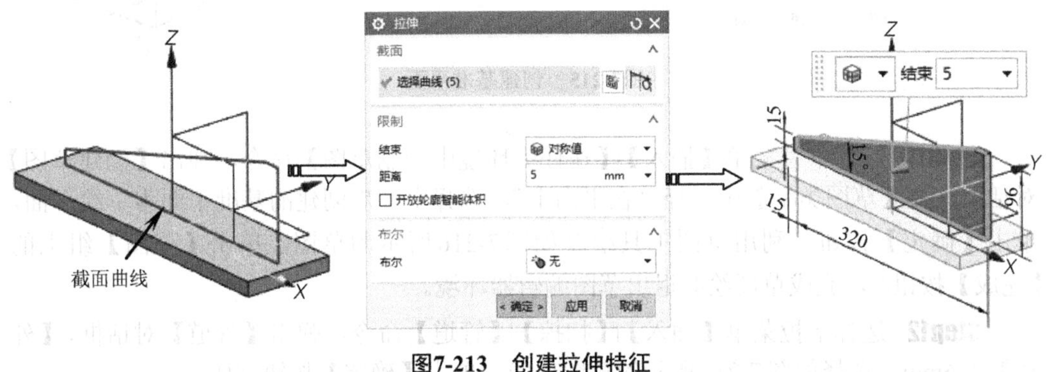

图7-213　创建拉伸特征

Step09 选择下拉菜单【插入】|【在任务环境中绘制草图】命令，弹出【创建草图】对话框，在【草图类型】中选择“在平面上”，选择ZX平面为草绘平面，单击【确定】按钮，利用草图工具绘制如图7-214所示的草图。单击【草图】组上的【完成】按钮，完成草图绘制退出草图编辑器环境。

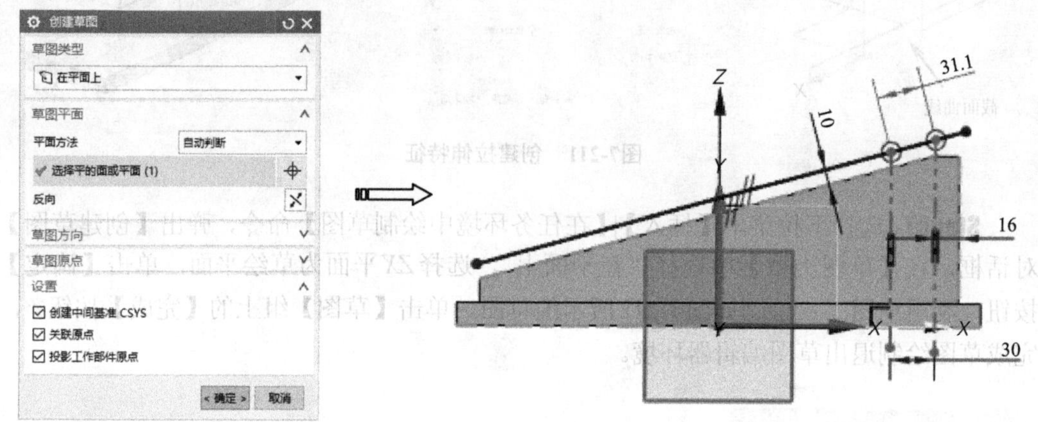

图7-214 绘制草图

Step10 在建模功能区中单击【主页】选项卡中【特征】组中的【基准平面】命令，弹出【基准平面】对话框，在【类型】中选择“自动判断”，选择如图7-215所示的实体表面，【距离】为16mm，单击【确定】按钮完成，如图7-215所示。

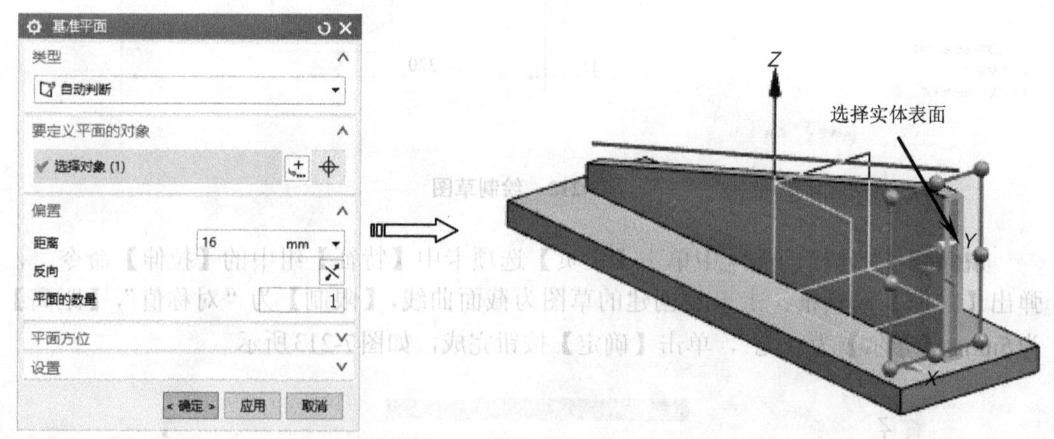

图7-215 创建基准平面

Step11 选择下拉菜单【插入】|【在任务环境中绘制草图】命令，弹出【创建草图】对话框，在【草图类型】中选择“在平面上”，选择上一步创建的基准平面为草绘平面，单击【确定】按钮，利用草图工具绘制如图7-216所示的草图。单击【草图】组上的【完成】按钮，完成草图绘制退出草图编辑器环境。

Step12 选择下拉菜单【插入】|【扫掠】|【管道】命令，弹出【管道】对话框，【外径】为6mm，选择如图7-217所示的草图曲线，单击【确定】按钮完成。

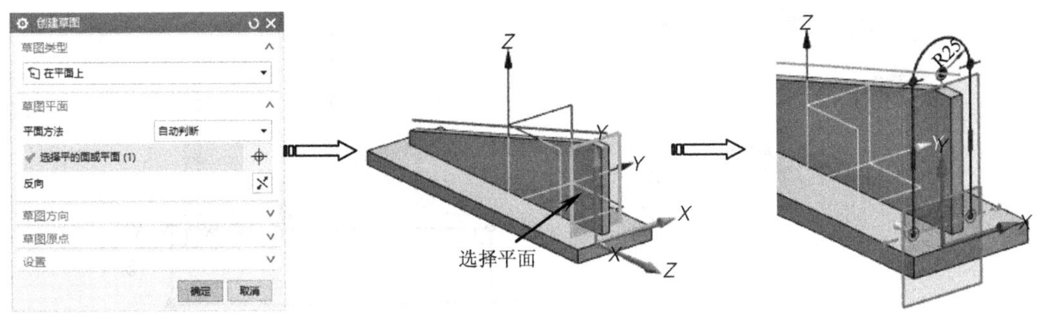

图7-216　绘制草图

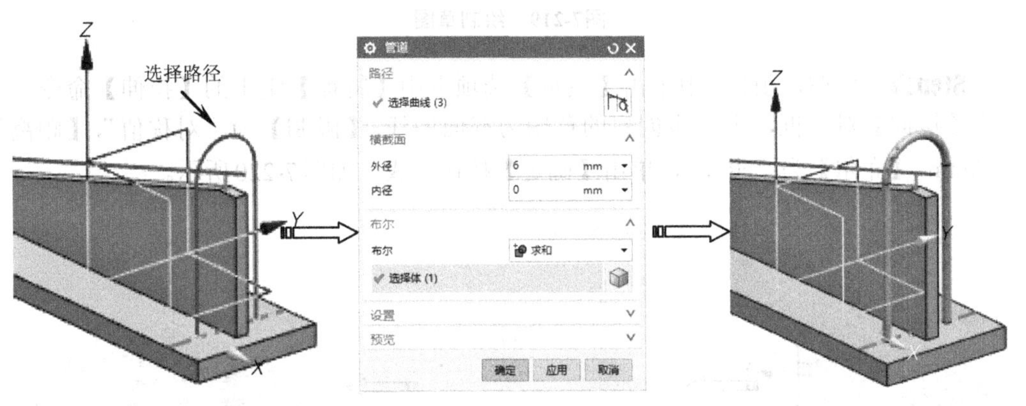

图7-217　创建管道

Step13 在建模功能区中单击【主页】选项卡中【特征】组中的【阵列特征】按钮，或选择下拉菜单【插入】|【关联复制】|【阵列特征】命令，弹出【阵列特征】对话框，选择如图7-218所示的管道为阵列特征，【方向1】选择上一步草图曲线，设置【数量】为10，【节距】为31.1mm，单击【确定】按钮完成阵列。

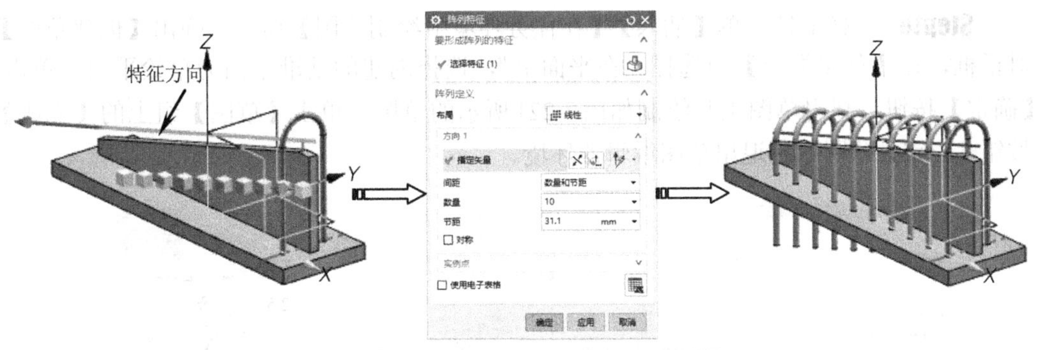

图7-218　创建线性阵列

Step14 选择下拉菜单【插入】|【在任务环境中绘制草图】命令，弹出【创建草图】对话框，在【草图类型】中选择“在平面上”，选择基准平面*ZX*为草绘平面，单击【确定】按钮，利用草图工具绘制如图7-219所示的草图。单击【草图】组上的【完成】按钮，完成草图绘制退出草图编辑器环境。

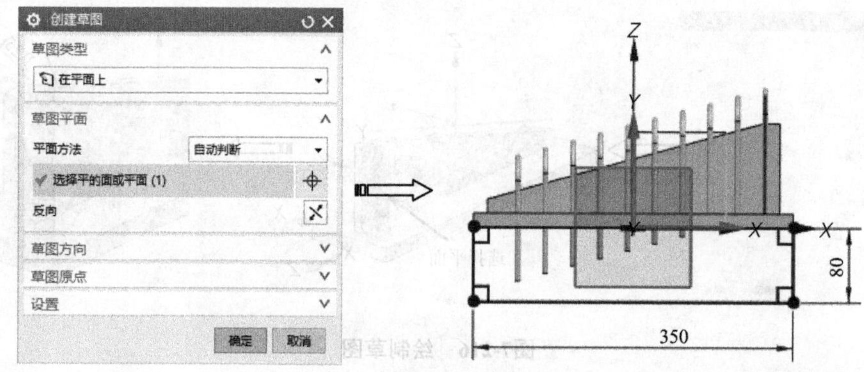

图7-219　绘制草图

Step15 在建模功能区中单击【主页】选项卡中【特征】组中的【拉伸】命令，弹出【拉伸】对话框，上一步创建的草图为截面曲线，【限制】为“对称值”，【距离】为50mm，【布尔】为“求差”，单击【确定】按钮完成，如图7-220所示。

图7-220　创建拉伸特征

7.5.2.3　创建计数器算珠

Step16 选择下拉菜单【插入】|【在任务环境中绘制草图】命令，弹出【创建草图】对话框，在【草图类型】中选择“在平面上”，选择创建的基准平面为草绘平面，单击【确定】按钮，利用草图工具绘制如图7-221所示的草图。单击【草图】组上的【完成】按钮，完成草图绘制退出草图编辑器环境。

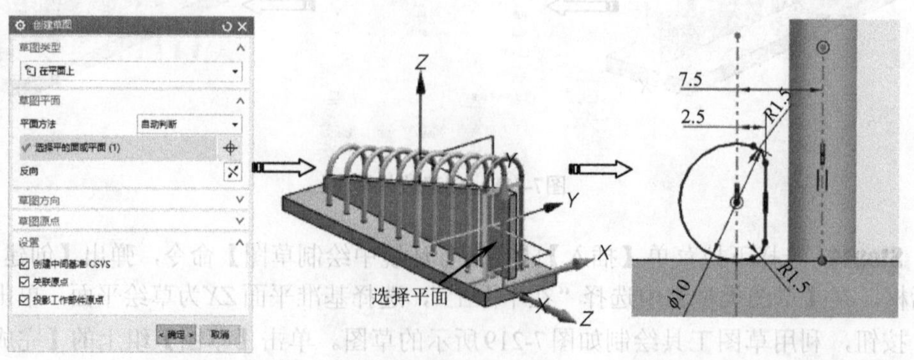

图7-221　绘制草图

Step17 在建模功能区中单击【主页】选项卡中【特征】组中的【旋转】命令，弹出【旋转】对话框，选择上一步创建的草图作为回转截面，设置旋转轴为扫掠实体，旋转中心捕捉如图7-222所示的圆心，【布尔】为“无”，单击【确定】按钮完成旋转特征，如图7-222所示。

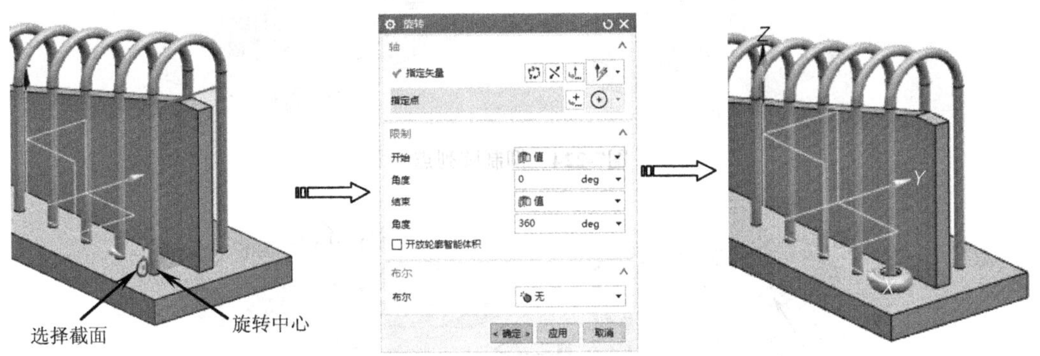

图7-222　创建旋转特征

Step18 在建模功能区中单击【主页】选项卡中【特征】组中的【阵列特征】按钮，或选择下拉菜单【插入】|【关联复制】|【阵列特征】命令，弹出【阵列特征】对话框，选择如图7-223所示的旋转特征为阵列特征，【方向1】选择*XC*轴，设置【数量】为10，【节距】为30mm,【方向2】选择*ZC*轴，设置【数量】为10，【节距】为10mm，如图7-223所示。

图7-223　设置阵列参数

Step19 从右侧选择阵列的第二列最上端的阵列点，单击鼠标右键，在弹出的快捷菜单中选择【抑制】命令，抑制该阵列点，如图7-224所示。

Step20 重复阵列点抑制，使左侧第一列为1个阵列点，第二列为2个阵列…单击【确定】按钮完成阵列，如图7-225所示。

Step21 在建模功能区中单击【主页】选项卡中【特征】组中的【边倒圆】按钮，或选择下拉菜单【插入】|【细节特征】|【边倒圆】命令，弹出【边倒圆】对话框，设置【半径1】为15mm，选择如图7-226所示的4条边，单击【确定】按钮，系统自动完成倒圆特征。

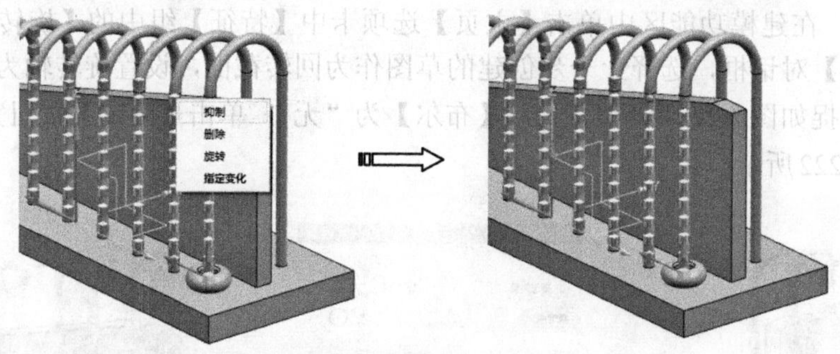

图7-224 抑制阵列点

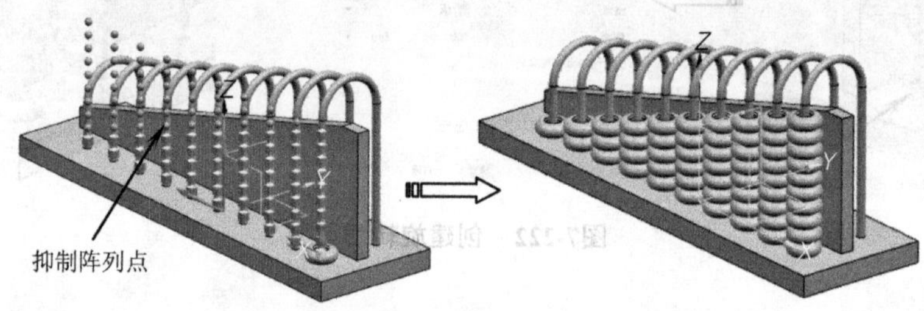

图7-225 阵列特征

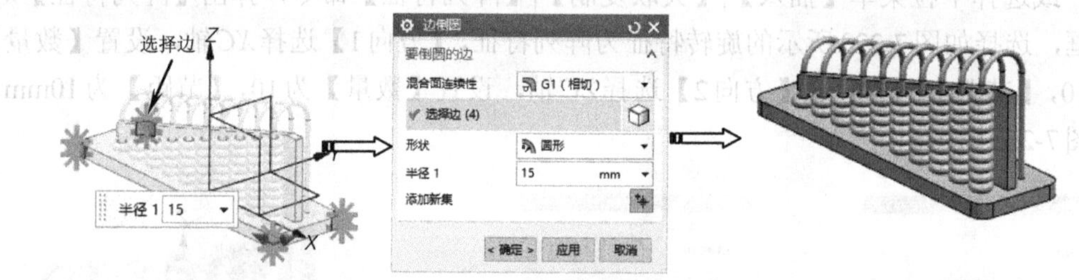

图7-226 创建倒圆角

7.5.2.4 创建计数器数字

Step22 选择下拉菜单【插入】|【在任务环境中绘制草图】命令，弹出【创建草图】对话框，在【草图类型】中选择“在平面上”，选择如图7-227所示的平面为草绘平面，单击【确定】按钮，利用草图工具绘制如图7-227所示的草图。单击【草图】组上的【完成】按钮，完成草图绘制退出草图编辑器环境。

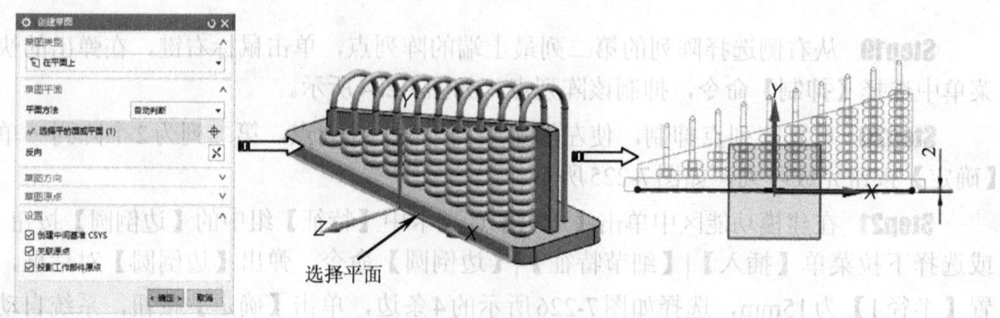

图7-227 绘制草图

Step23 在功能区中单击【主页】选项卡中【曲线】组中【文本】按钮A，或选择下拉菜单【插入】|【曲线】|【文本】命令，弹出【文本】对话框，【类型】下拉列表中选择“面上”，选择如图7-228所示的曲面和曲线。

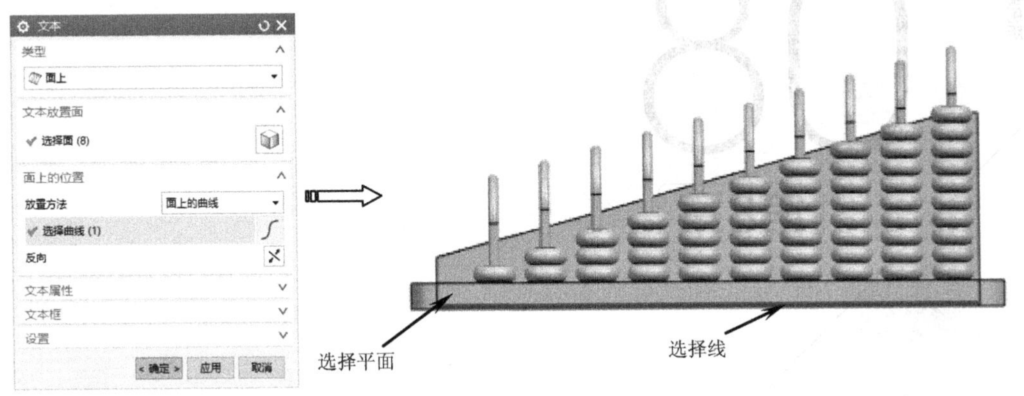

图7-228 选择文字创建的曲线和曲面

Step24 设置【锚点位置】为“左”，【参数百分比】为10%，在【文本属性】中输入“1 2 3 4 5 6 7 8 9 10”，单击【确定】按钮完成，如图7-229所示。

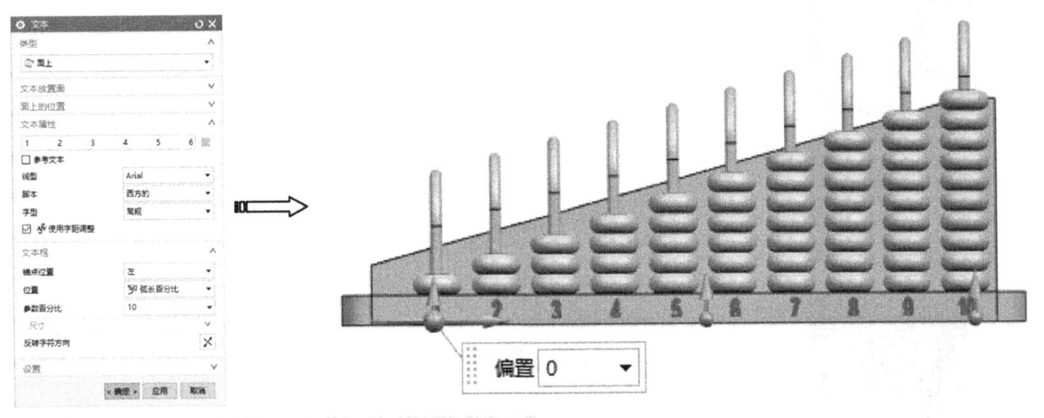

图7-229 创建文本

Step25 在建模功能区中单击【主页】选项卡中【特征】组中的【拉伸】命令，弹出【拉伸】对话框，上一步创建的草图为截面曲线，【距离】为2mm，【布尔】为“无”，单击【确定】按钮完成，如图7-230所示。

图7-230 创建拉伸特征

08 第8章

曲面造型设计实例

曲面特征造型是NX软件典型的造型方式，本章以3个典型实例为例来介绍各类曲面造型的方法和步骤。希望通过本章的学习，使读者轻松掌握NX曲面特征造型功能的基本应用。

本章内容

- 离心叶轮
- 勺子
- 吹风机

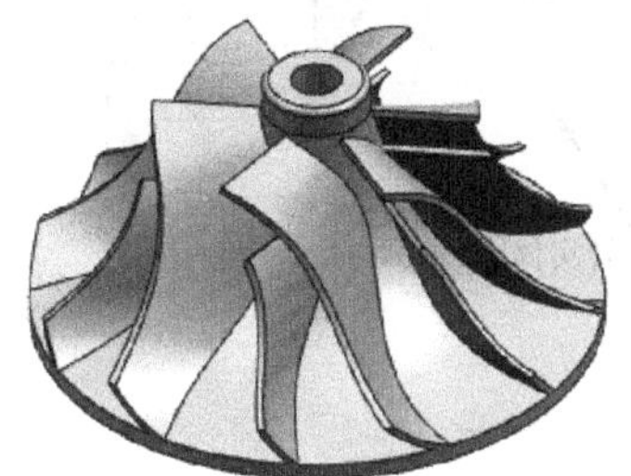

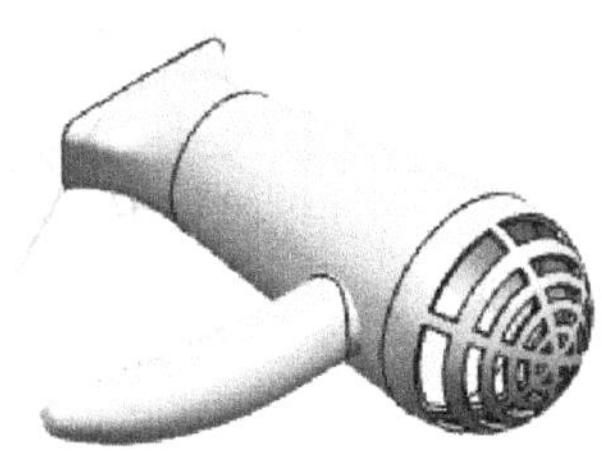

8.1 综合实例1——离心叶轮造型设计

以离心叶轮为例来对实体特征设计相关知识进行综合性应用，离心叶轮结构如图8-1所示。

图8-1 离心叶轮模型

8.1.1 离心叶轮造型思路分析

离心叶轮是发动机关键部件，外形流畅、结构美观。离心叶轮建模流程如下。

（1）零件分析，拟定总体建模思路

总体思路是：首先对模型结构进行分析和分解，分解为相应的部分：叶轮基体、叶轮大叶片、叶轮小叶片等。根据总体结构布局与相互之间的关系，按照先基体后叶片，叶片形状复杂，采用曲面建模方法创建，如图8-2所示。

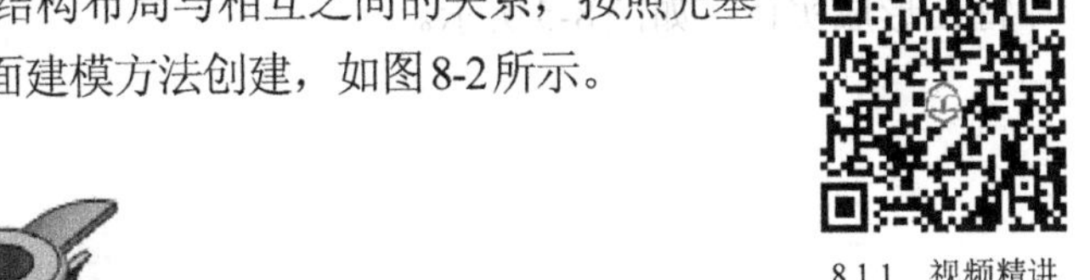

8.1.1 视频精讲

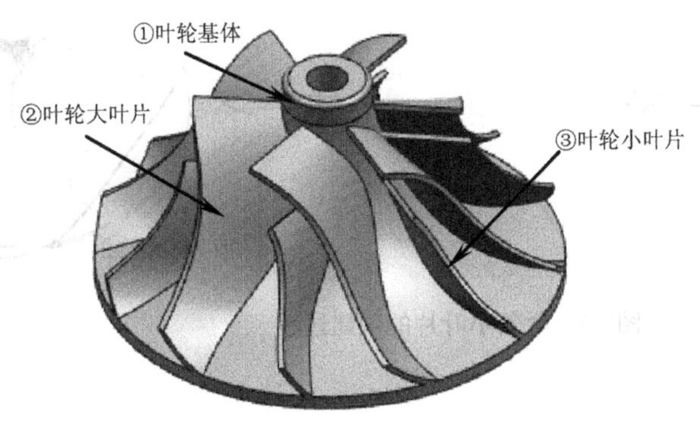

图8-2 离心叶轮的模型分解

（2）叶轮基体的特征造型

首先创建截面草图，然后采用旋转特征创建叶轮基体，如图8-3所示。

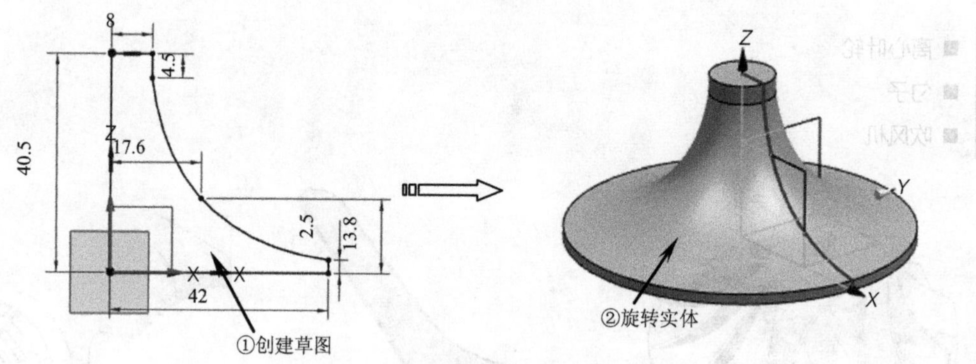

图8-3 叶轮基体的创建过程

（3）叶轮大叶片的特征造型

首先利用草图和投影曲线创建叶片线框，然后通过网格曲面创建叶片曲面，通过加厚特征形成实体，如图8-4所示。

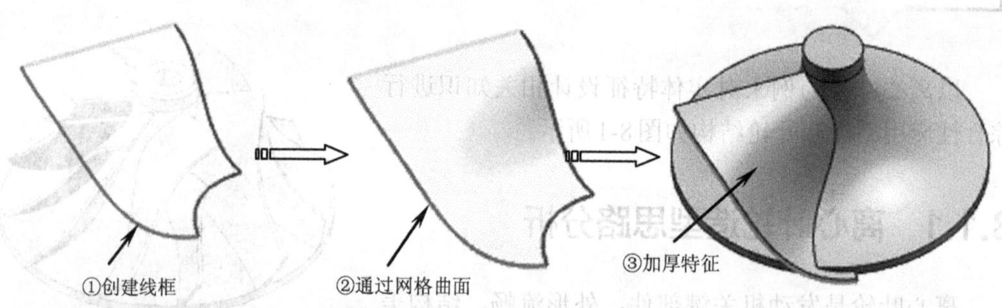

图8-4 叶轮大叶片的创建过程

（4）叶轮小叶片的特征造型

首先利用草图和投影曲线创建叶片线框，然后通过网格曲面创建叶片曲面，通过加厚特征形成实体，如图8-5所示。

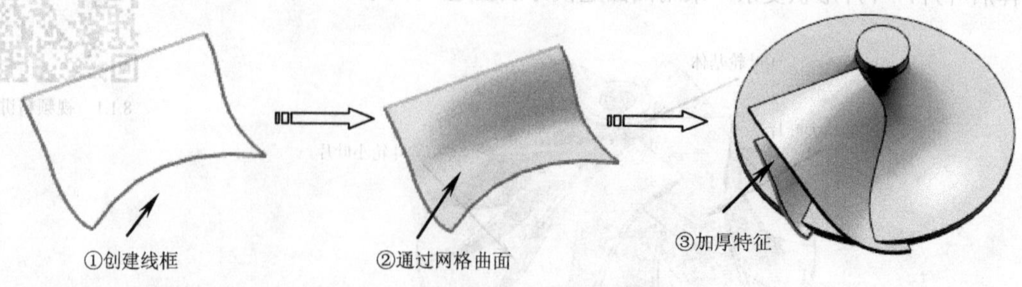

图8-5 叶轮小叶片的创建过程

（5）叶轮辅助造型

首先利用阵列特征阵列大小叶片实体，然后采用草图和旋转特征切除多余叶片实体，最后中心打孔，如图8-6所示。

图8-6　叶轮辅助造型的创建过程

8.1.2　离心叶轮造型设计操作过程

8.1.2　视频精讲

Step01　启动NX后，单击【主页】选项卡的【新建】按钮，弹出【文件新建】对话框，选择【模型】模板。在【名称】文本框中输入“离心叶轮”，单击【确定】按钮，新建文件，如图8-7所示。

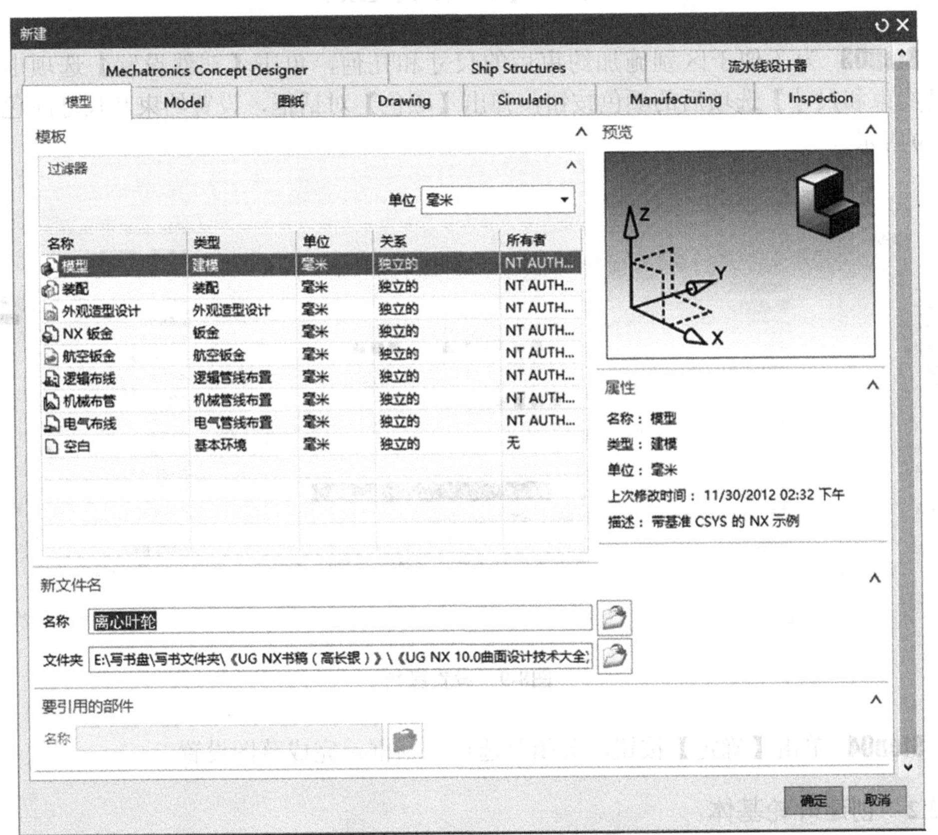

图8-7　【新建】对话框

8.1.2.1 设置草图首选项

Step02 选择下拉菜单【首选项】|【草图】命令，弹出【草图首选项】对话框，单击【草图设置】选项卡，设置【尺寸标签】为“值”，取消【连续自动标注尺寸】复选框，如图8-8所示。

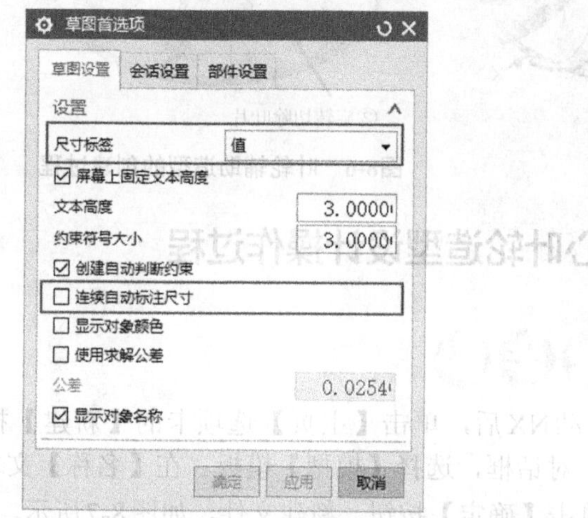

图8-8 【草图设置】选项卡

Step03 为了便于区别施加约束后的尺寸和几何，单击【部件设置】选项卡，单击【约束和尺寸】选项后的颜色按钮，弹出【颜色】对话框，设置约束和尺寸颜色，如图8-9所示。

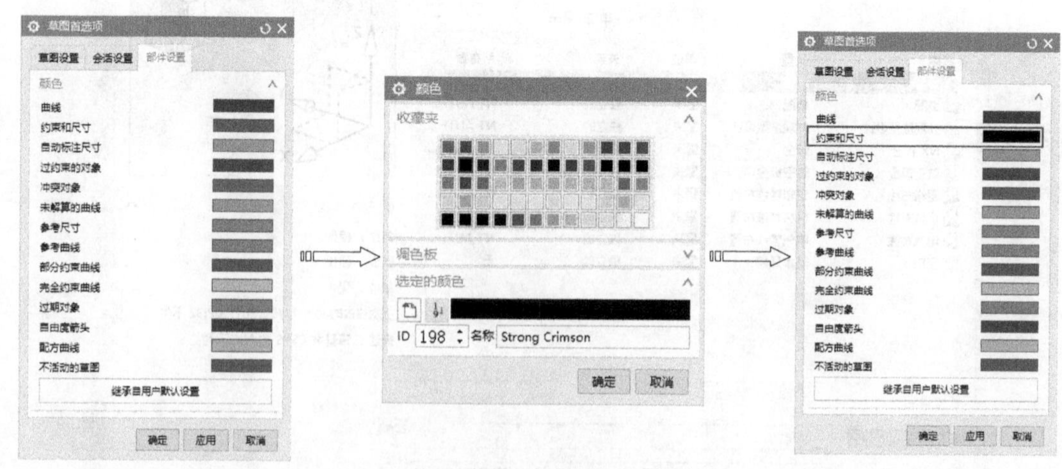

图8-9 设置颜色

Step04 单击【确定】按钮，关闭首选项对话框，完成草图设置。

8.1.2.2 创建叶轮基体

Step05 选择下拉菜单【插入】|【在任务环境中绘制草图】命令，弹出【创建草图】

对话框，在【草图类型】中选择“在平面上”，选择ZX平面为草绘平面，单击【确定】按钮，利用草图工具绘制如图8-10所示的草图。单击【草图】组上的【完成】按钮，完成草图绘制，退出草图编辑器环境。

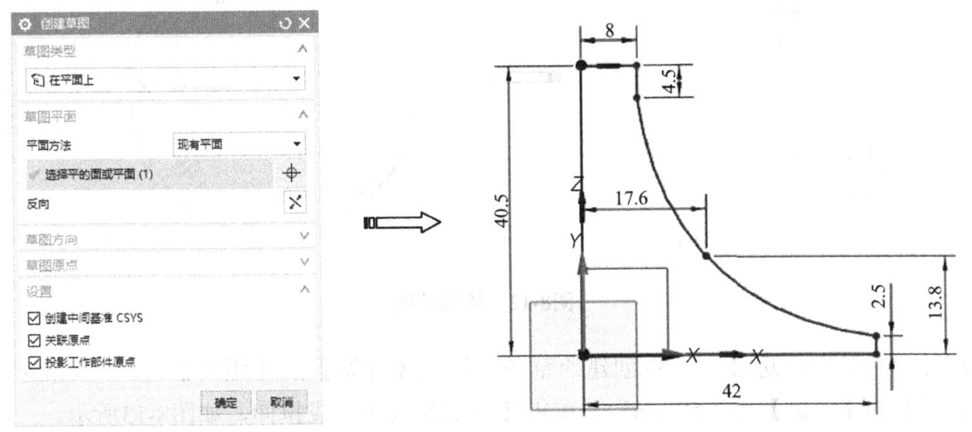

图8-10　绘制草图

Step06 在建模功能区中单击【主页】选项卡中【特征】组中的【旋转】命令，或选择菜单【插入】|【设计特征】|【旋转】命令，弹出【旋转】对话框，选择旋转截面和旋转轴，单击【确定】按钮，系统自动完成旋转曲面创建，如图8-11所示。

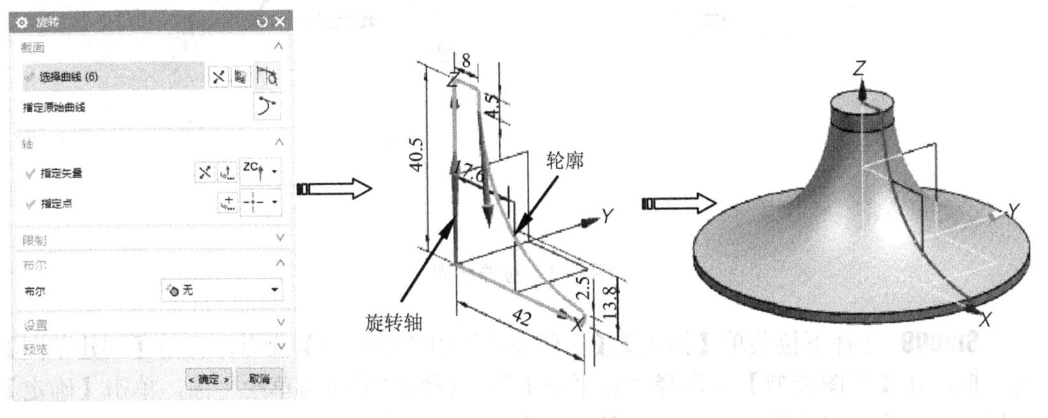

图8-11　创建旋转特征

8.1.2.3　创建叶轮大叶片

Step07 选择下拉菜单【插入】|【在任务环境中绘制草图】命令，弹出【创建草图】对话框，在【草图类型】中选择“在平面上”，选择XY平面为草绘平面，单击【确定】按钮，利用草图工具绘制如图8-12所示的草图。单击【草图】组上的【完成】按钮，完成草图绘制，退出草图编辑器环境。

Step08 在建模功能区中单击【主页】选项卡中【特征】组中的【拉伸】命令，或选择菜单【插入】|【设计特征】|【拉伸】命令，弹出【拉伸】对话框，在【体类型】

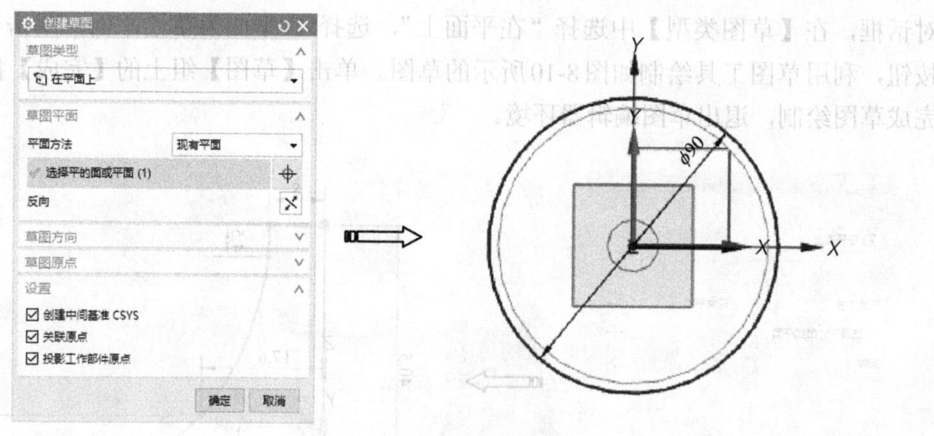

图8-12　绘制草图

中选择“片体”，选择上一步创建的草图，设置【开始】的【距离】为“−10mm”，【结束】的【距离】为“50mm”，单击【确定】按钮完成拉伸，如图8-13所示。

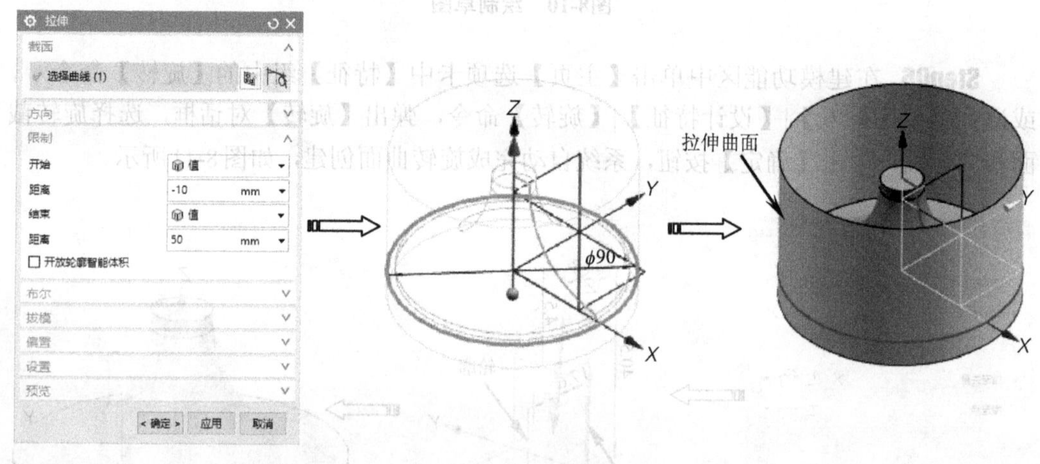

图8-13　拉伸曲面

Step09 选择下拉菜单【插入】|【在任务环境中绘制草图】命令，弹出【创建草图】对话框，在【草图类型】中选择“在平面上”，选择*YZ*平面为草绘平面，单击【确定】按钮，利用草图工具绘制如图8-14所示的草图。单击【草图】组上的【完成】按钮，完成草图绘制，退出草图编辑器环境。

Step10 在建模功能区中单击【主页】选项卡中【特征】组中的【基准平面】命令，或选择菜单【插入】|【基准/点】|【基准平面】命令，弹出【基准平面】对话框，选择“自动判断”类型，选择*YZ*平面，设置【距离】为“25mm”，单击【确定】按钮，创建基准平面，如图8-15所示。

Step11 选择下拉菜单【插入】|【在任务环境中绘制草图】命令，弹出【创建草图】对话框，在【草图类型】中选择“在平面上”，选择*XY*平面为草绘平面，单击【确定】按钮，利用草图工具绘制如图8-16所示的草图。单击【草图】组上的【完成】按钮，完成草图绘制，退出草图编辑器环境。

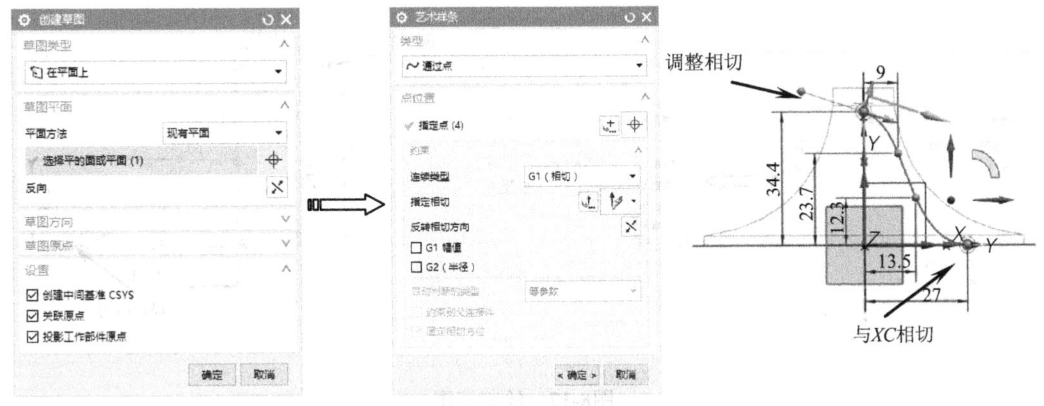

图8-14　绘制草图

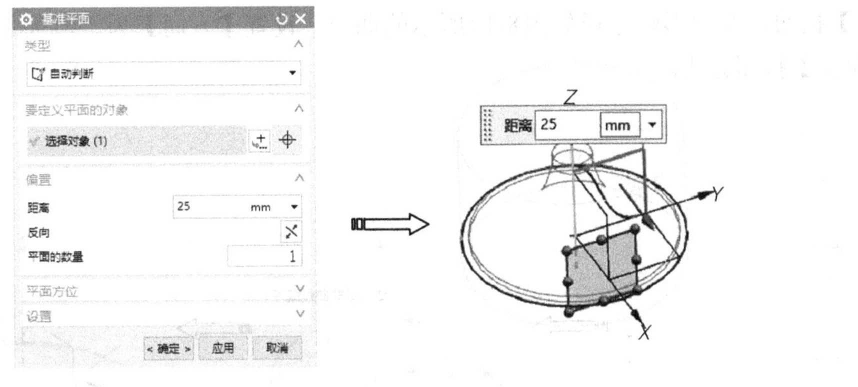

图8-15　创建基准平面

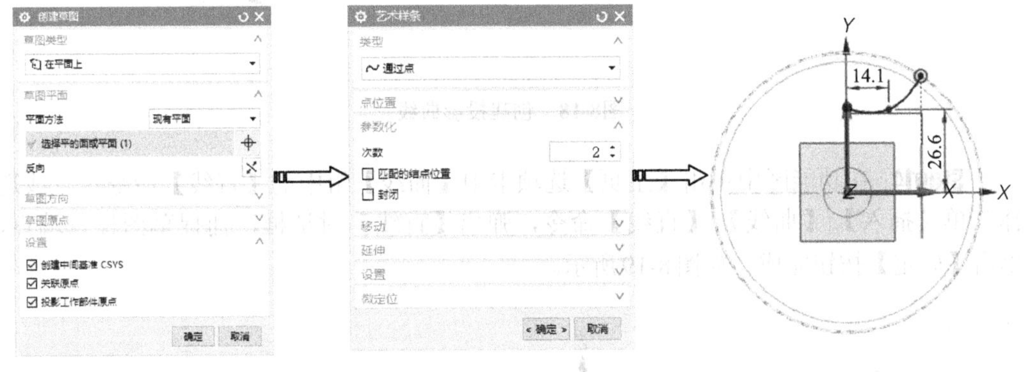

图8-16　绘制草图

Step12 选择下拉菜单【插入】|【在任务环境中绘制草图】命令，弹出【创建草图】对话框，在【草图类型】中选择“在平面上”，选择上一步创建的基准面为草绘平面，单击【确定】按钮，利用草图工具绘制如图8-17所示的草图。单击【草图】组上的【完成】按钮，完成草图绘制退出草图编辑器环境。

Step13 在功能区中单击【主页】选项卡中【派生曲线】组中【投影曲线】按钮，或选择下拉菜单【插入】|【派生曲线】|【投影】命令，弹出【投影曲线】对话框，选

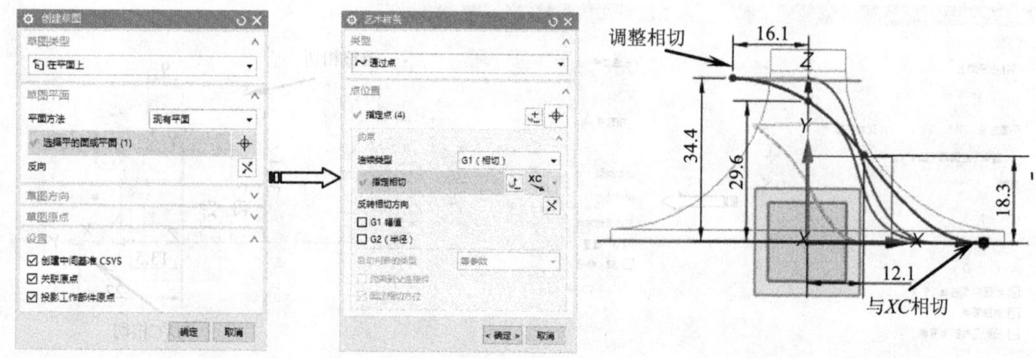

图8-17 绘制草图

择图8-18所示曲线作为要投影的曲线，然后单击【要投影的对象】组框中的【选择对象】按钮，在图形区选择如图8-18所示的曲面，设置【方向】为“沿矢量”*XC*，单击【确定】按钮完成。

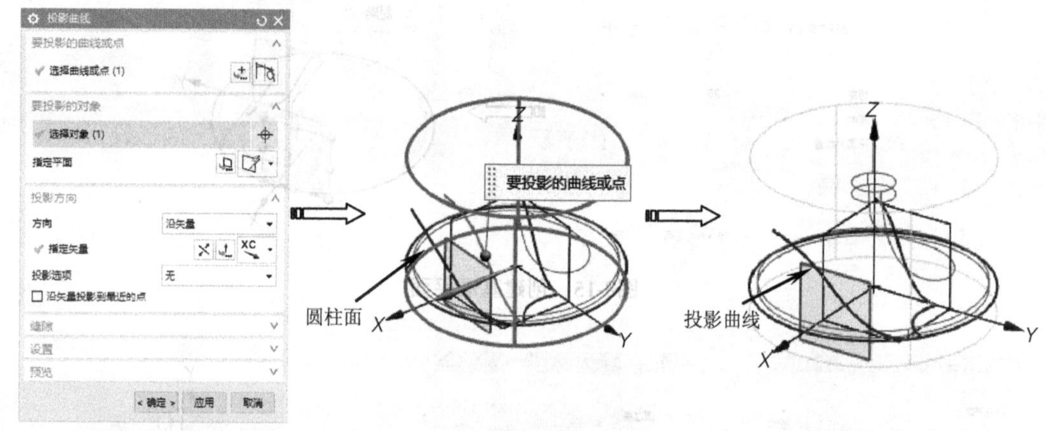

图8-18 创建投影曲线

Step14 在功能区中单击【主页】选项卡中【曲线】组中的【直线】命令，或选择菜单【插入】|【曲线】|【直线】命令，弹出【直线】对话框，捕捉草图样条端点，单击【确定】按钮完成，如图8-19所示。

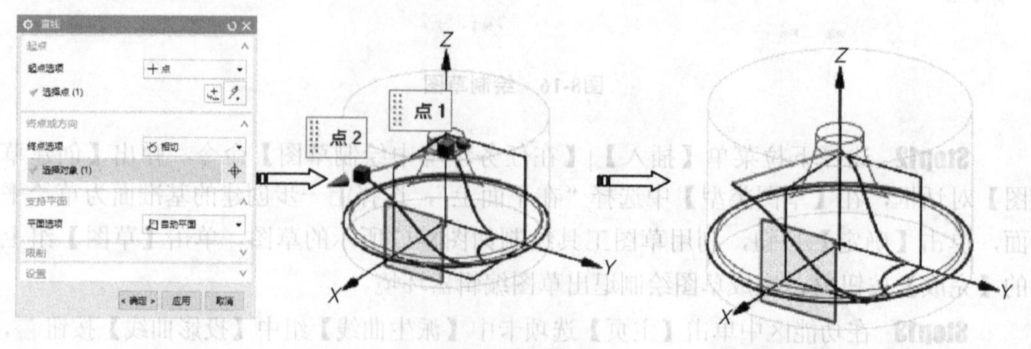

图8-19 创建直线

Step15 在功能区中单击【主页】选项卡中【曲面】组中【通过曲线网格】按钮，或选择菜单【插入】|【网格曲面】|【通过曲线网格】命令，弹出【通过曲线网格】对话框，在图形中选择2条曲线作为主曲线（单击鼠标MB2键确认），选择2条曲线作为交叉曲线（单击鼠标MB2键确认），单击【确定】按钮创建通过网格曲面，如图8-20所示。

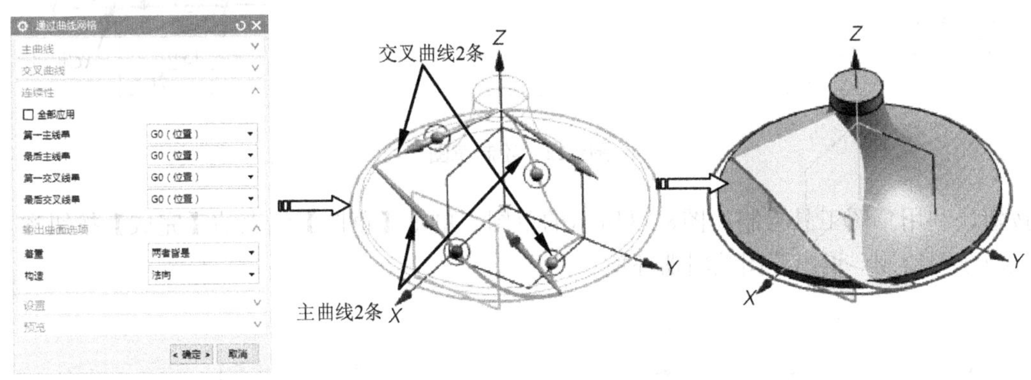

图8-20 创建通过曲线网格曲面

Step16 在建模功能区中单击【主页】选项卡中【特征】组中的【加厚】按钮，或选择下拉菜单【插入】|【偏置/缩放】|【加厚】命令，弹出【加厚】对话框，选择大叶片曲面，设置【偏置1】为“1mm”，单击【确定】按钮完成加厚，如图8-21所示。

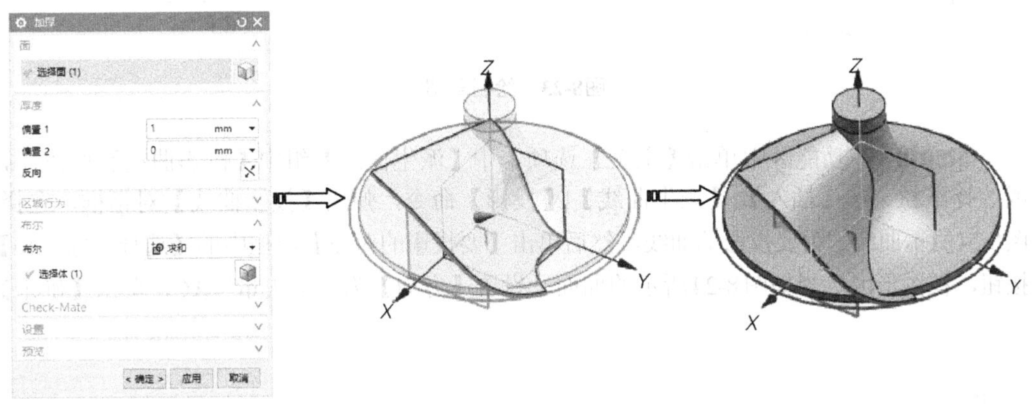

图8-21 创建加厚

8.1.2.4 创建叶轮小叶片

Step17 选择下拉菜单【插入】|【在任务环境中绘制草图】命令，弹出【创建草图】对话框，在【草图类型】中选择“在平面上”，选择*YZ*平面为草绘平面，单击【确定】按钮，利用草图工具绘制如图8-22所示的草图。单击【草图】组上的【完成】按钮，完成草图绘制，退出草图编辑器环境。

Step18 选择下拉菜单【插入】|【在任务环境中绘制草图】命令，弹出【创建草图】对话框，在【草图类型】中选择“在平面上”，选择*YZ*平面为草绘平面，单击【确定】

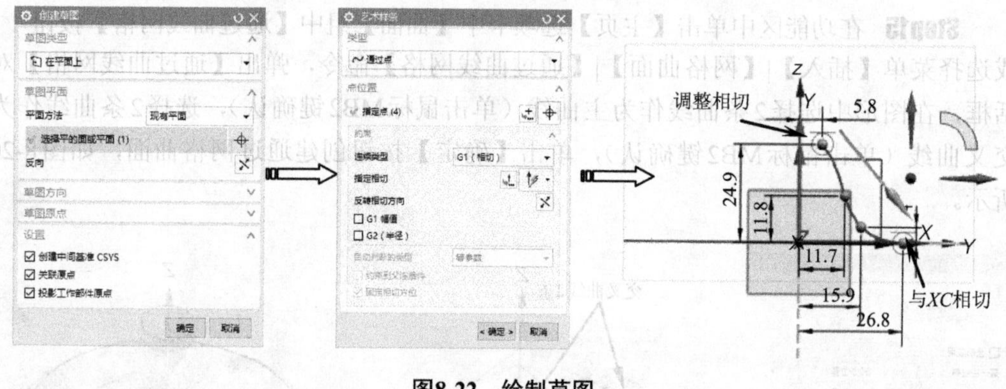

图8-22 绘制草图

按钮，利用草图工具绘制如图8-23所示的草图。单击【草图】组上的【完成】按钮，完成草图绘制，退出草图编辑器环境。

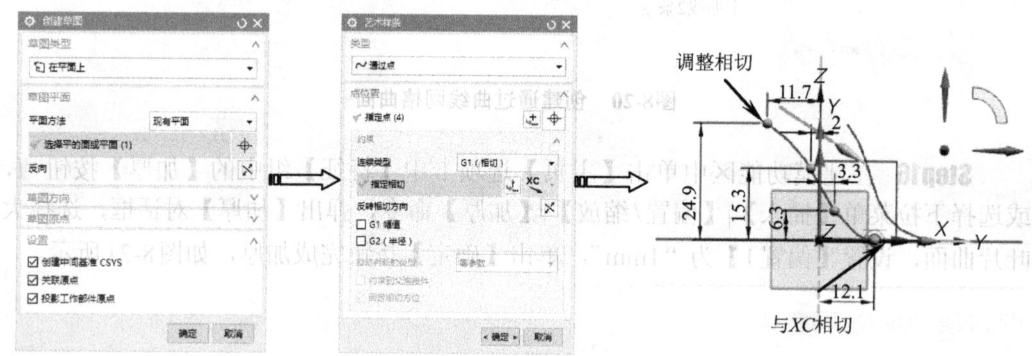

图8-23 绘制草图

Step19 在功能区中单击【主页】选项卡中【派生曲线】组中【投影曲线】按钮，或选择下拉菜单【插入】|【派生曲线】|【投影】命令，弹出【投影曲线】对话框，选择图8-24所示曲线作为要投影的曲线，然后单击【要投影的对象】组框中的【选择对象（1）】按钮，在图形区选择如图8-24所示的曲面，设置【方向】为“沿矢量”*XC*，单击【确定】

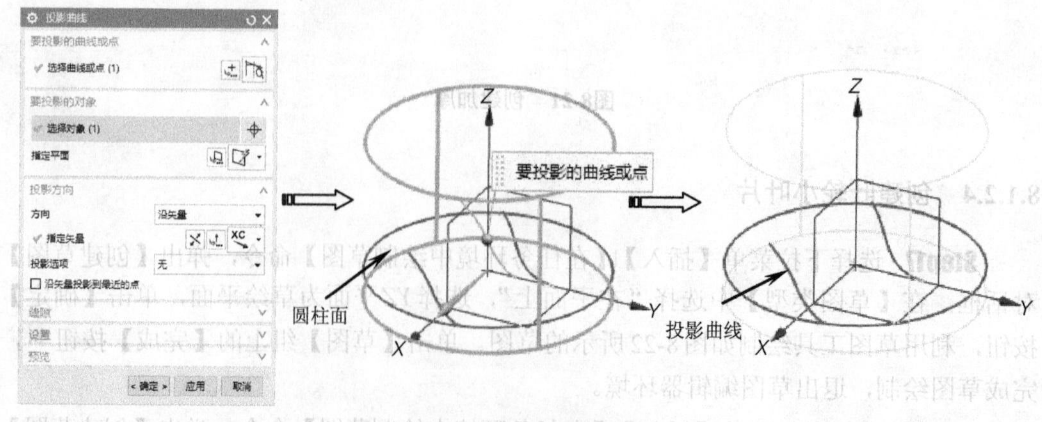

图8-24 创建投影曲线

按钮完成。

Step20 选择下拉菜单【插入】|【在任务环境中绘制草图】命令，弹出【创建草图】对话框，在【草图类型】中选择“在平面上”，选择*XY*平面为草绘平面，单击【确定】按钮，利用草图工具绘制如图8-25所示的草图。单击【草图】组上的【完成】按钮，完成草图绘制，退出草图编辑器环境。

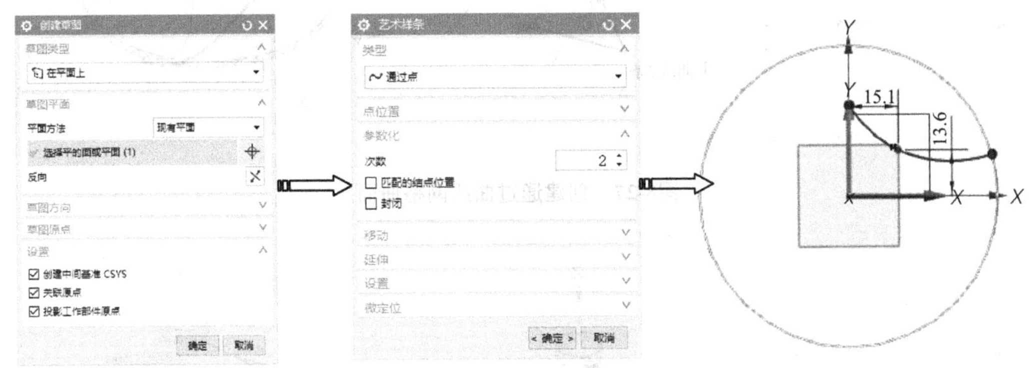

图8-25　绘制草图

Step21 在功能区中单击【主页】选项卡中【曲线】组中的【直线】命令，或选择菜单【插入】|【曲线】|【直线】命令，弹出【直线】对话框，捕捉草图样条端点，单击【确定】按钮完成，如图8-26所示。

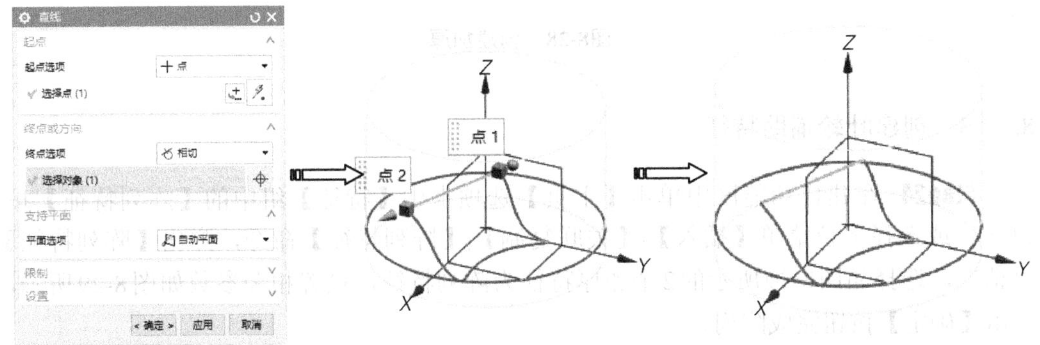

图8-26　创建直线

Step22 在功能区中单击【主页】选项卡中【曲面】组中【通过曲线网格】按钮，或选择菜单【插入】|【网格曲面】|【通过曲线网格】命令，弹出【通过曲线网格】对话框，在图形中选择2条曲线作为主曲线（单击鼠标MB2键确认），选择2条曲线作为交叉曲线（单击鼠标MB2键确认），单击【确定】按钮创建通过网格曲面，如图8-27所示。

Step23 在建模功能区中单击【主页】选项卡中【特征】组中的【加厚】按钮，或选择下拉菜单【插入】|【偏置/缩放】|【加厚】命令，弹出【加厚】对话框，选择小叶片曲面，设置【偏置1】为“1mm”，单击【确定】按钮完成加厚，如图8-28所示。

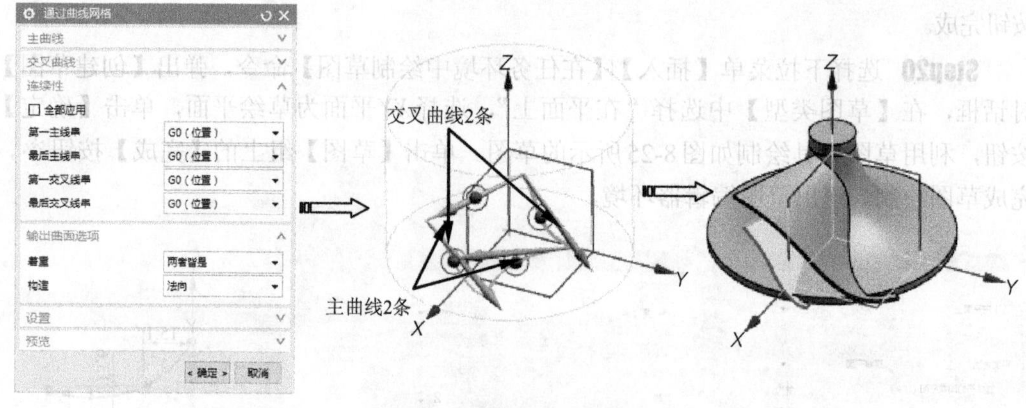

图8-27 创建通过曲线网格曲面

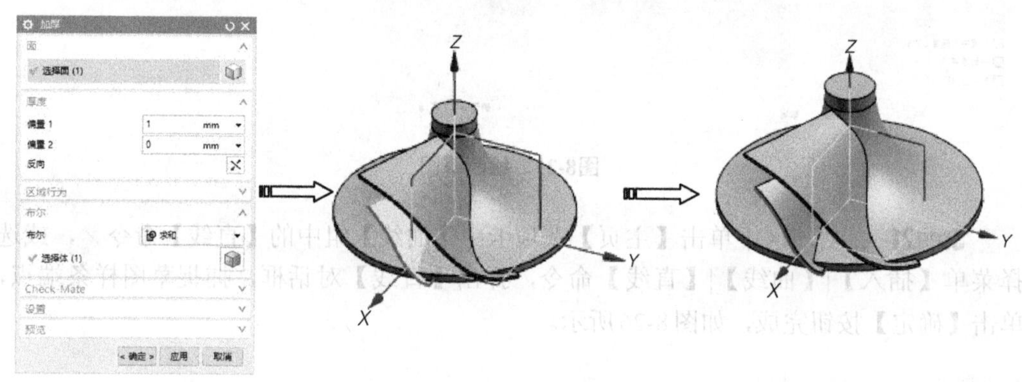

图8-28 创建加厚

8.1.2.5 创建叶轮辅助特征

Step24 在建模功能区中单击【主页】选项卡中【特征】组中的【阵列特征】按钮，或选择下拉菜单【插入】|【关联复制】|【阵列特征】命令，弹出【阵列特征】对话框，选择如图8-29所示的2个加厚特征为阵列特征，设置相关参数如图8-29所示，单击【确定】按钮完成阵列。

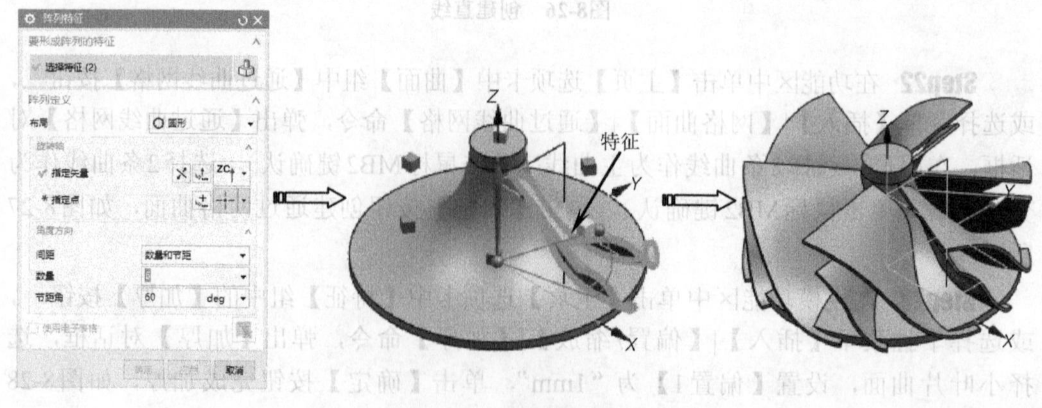

图8-29 创建圆形阵列

Step25 选择下拉菜单【插入】|【在任务环境中绘制草图】命令，弹出【创建草图】对话框，在【草图类型】中选择“在平面上”，选择*ZX*平面为草绘平面，单击【确定】按钮，利用草图工具绘制如图8-30所示的草图。单击【草图】组上的【完成】按钮，完成草图绘制，退出草图编辑器环境。

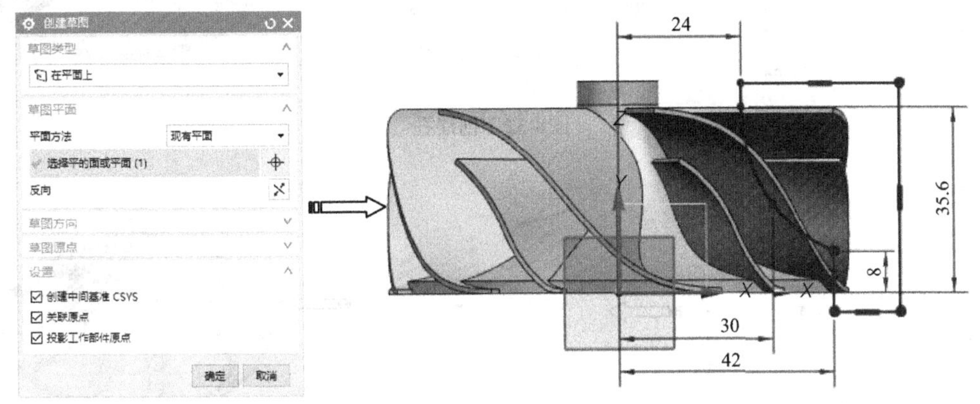

图8-30　绘制草图

Step26 在建模功能区中单击【主页】选项卡中【特征】组中的【旋转】命令，或选择菜单【插入】|【设计特征】|【旋转】命令，弹出【旋转】对话框，选择旋转截面和旋转轴，单击【确定】按钮，系统自动完成旋转曲面创建，如图8-31所示。

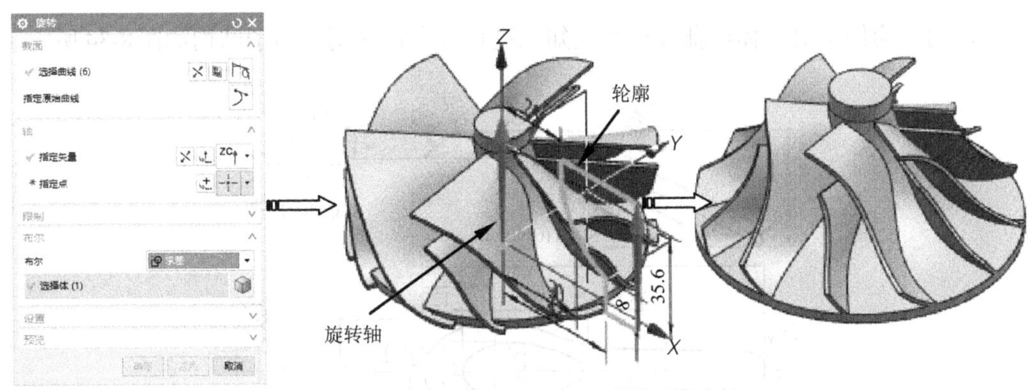

图8-31　创建旋转特征

Step27 在建模功能区中单击【主页】选项卡中【特征】组中的【孔】按钮，弹出【孔】对话框，设置【直径】为“7.5mm”，【深度限制】为“贯通体”，选择上表面圆心，单击【确定】按钮完成孔，如图8-32所示。

Step28 在建模功能区中单击【主页】选项卡中【特征】组中的【边倒圆】按钮，或选择下拉菜单【插入】|【细节特征】|【边倒圆】命令，选择顶面边缘，设置【半径1】为“1mm”，单击【确定】按钮施加圆角特征，如图8-33所示。

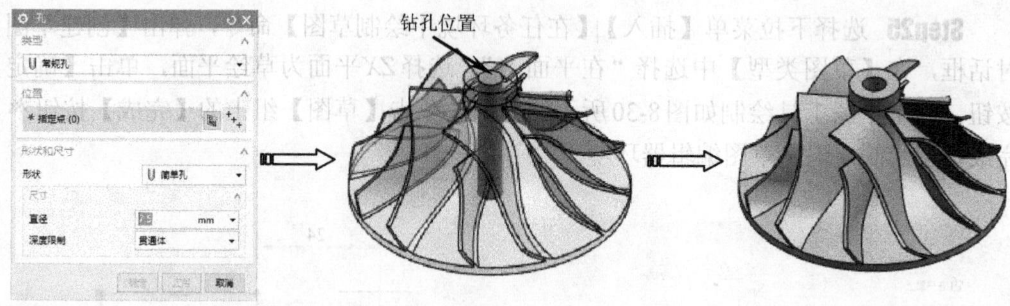

图8-32 创建孔

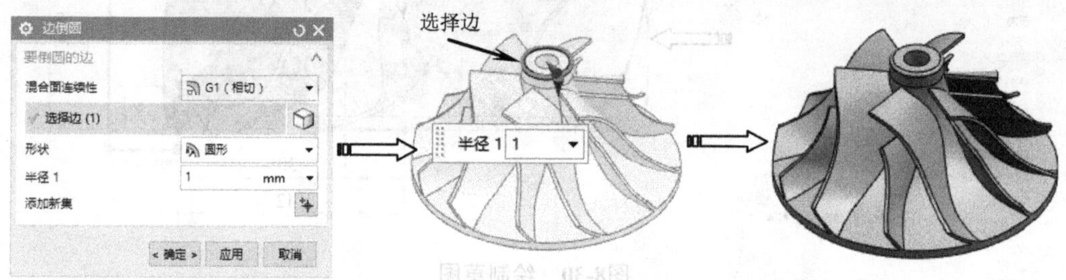

图8-33 创建圆角

8.2 综合实例2——勺子造型设计（点-曲线-曲面）

以勺子为例来对实体特征设计相关知识进行综合性应用，勺子结构如图8-34所示。

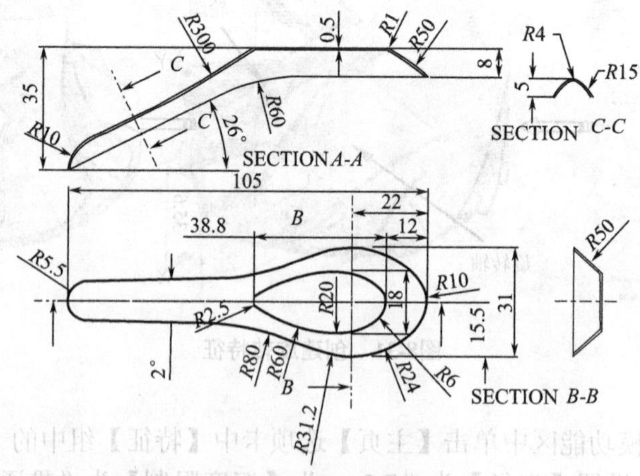

图8-34 勺子模型

8.2.1 勺子造型思路分析

8.2.1 视频精讲

勺子是日常常用的生活用品，外形流畅、结构美观。勺子建模流程如下。

（1）零件分析，拟定总体建模思路

总体思路是：首先对模型结构进行分析和分解，分解为相应的部分：勺身曲面、勺顶曲面和勺底曲面等。根据总体结构布局与相互之间的关系，按照先主后次、先勺身再勺底的顺序依次创建各部分，如图8-35所示。

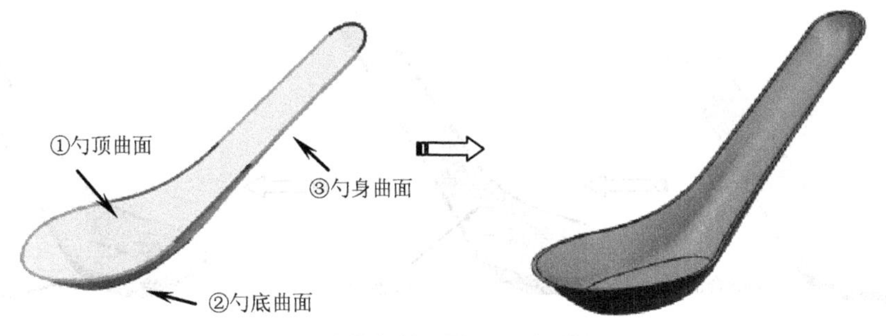

图8-35　勺子的模型分解

（2）曲线的构建和操作

常规曲线创建按照点、线顺序，由点来控制曲线的位置，简单单根曲线可采用NX曲线功能实现，复杂曲线利用NX草图功能创建，如图8-36所示。

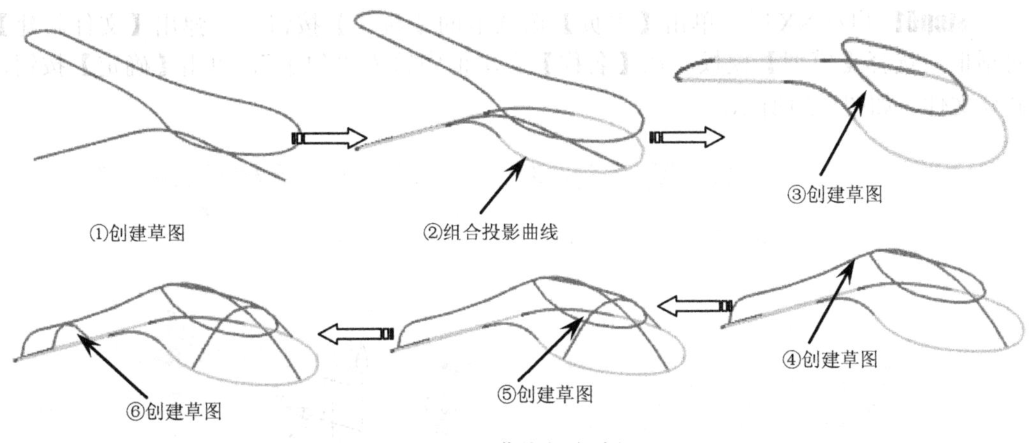

图8-36　曲线创建过程

（3）曲面的构建和操作

在建立好曲线的基础上通过网格建立勺身曲面，利用有界平面建立勺底曲面，并进行修剪，最后用填充曲面创建上表面，如图8-37所示。

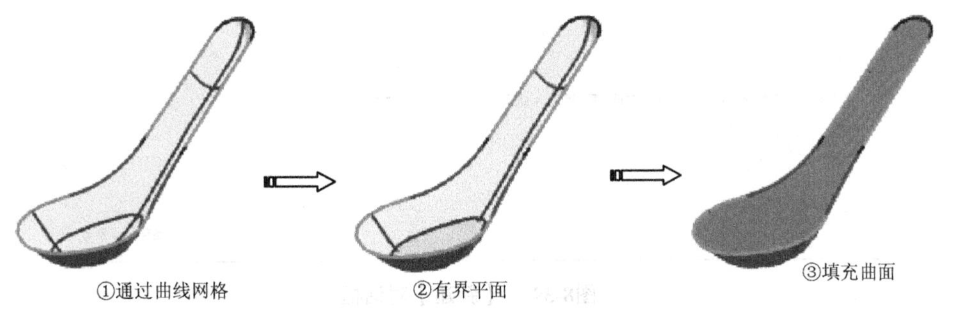

图8-37　曲面创建过程

（4）曲面创建实体

采用缝合封闭曲面创建实体，然后抽壳形成勺子，最后通过边倒圆进行修饰，如图8-38所示。

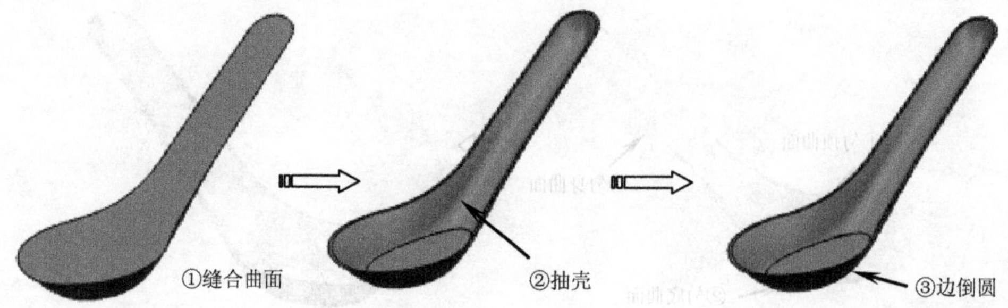

图8-38 曲面创建实体特征

8.2.2 勺子造型设计操作过程

8.2.2 视频精讲

操作步骤

Step01 启动NX后，单击【主页】选项卡的【新建】按钮，弹出【文件新建】对话框，选择【模型】模板。在【名称】文本框中输入“勺子”，单击【确定】按钮，新建文件，如图8-39所示。

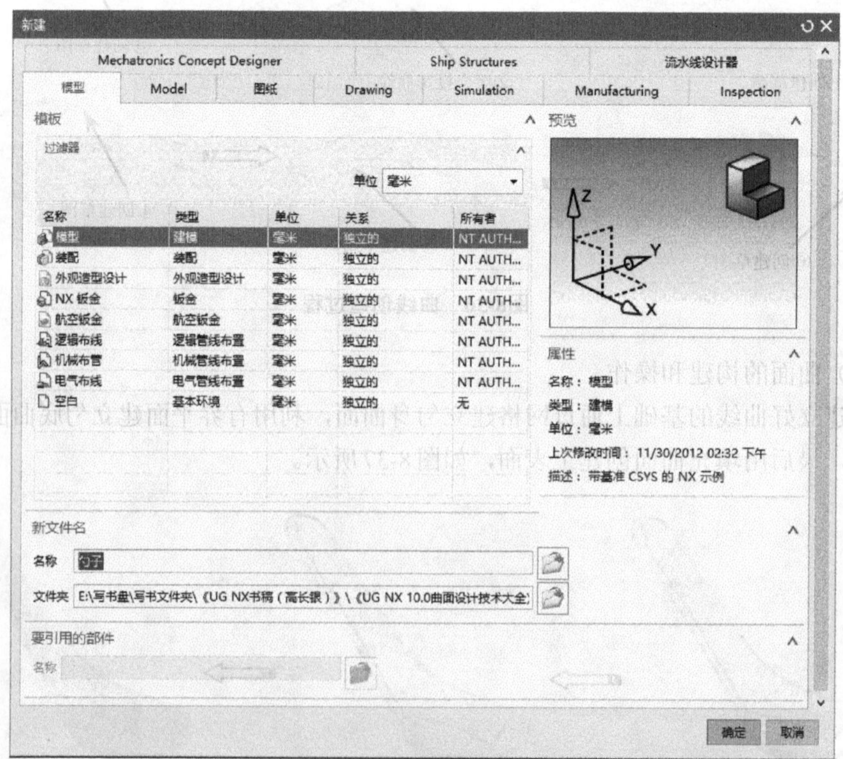

图8-39 【新建】对话框

8.2.2.1 设置草图首选项

Step02 选择下拉菜单【首选项】|【草图】命令，弹出【草图首选项】对话框，单击【草图设置】选项卡，设置【尺寸标签】为“值”，取消【连续自动标注尺寸】复选框，如图8-40所示。

Step03 为了便于区别施加约束后的尺寸和几何，单击【部件设置】选项卡，单击【约束和尺寸】选项后的颜色按钮，弹出【颜色】对话框，设置约束和尺寸颜色，如图8-41所示。

Step04 单击【确定】按钮，关闭首选项对话框，完成草图设置。

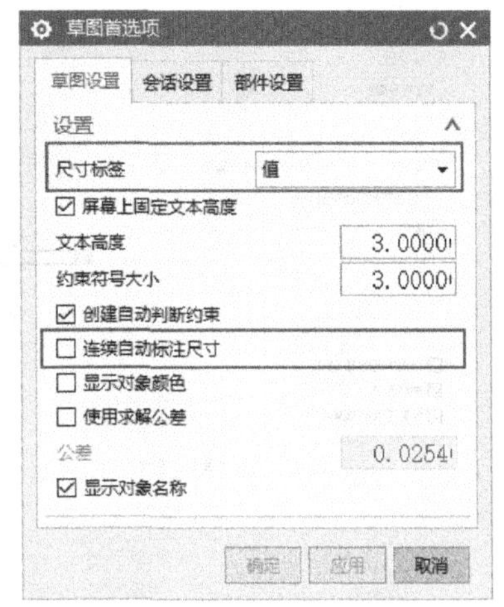

图8-40 【草图设置】选项卡

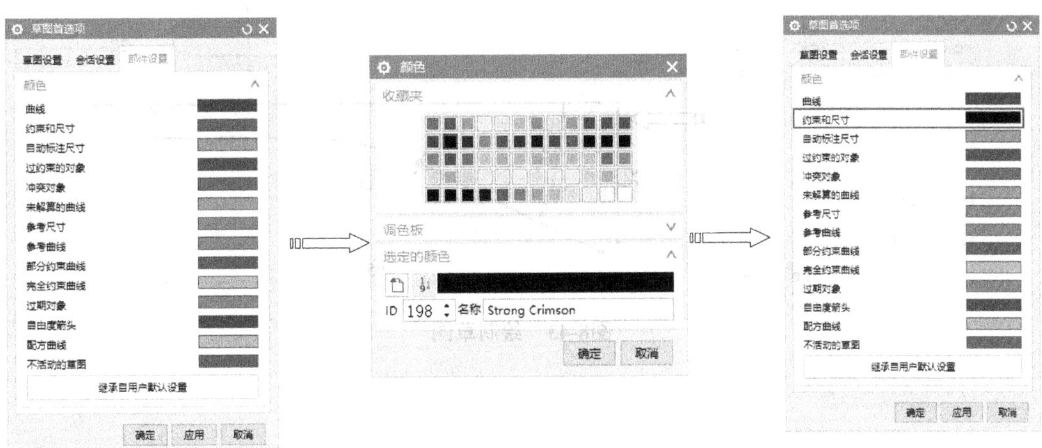

图8-41 设置颜色

8.2.2.2 创建曲线

Step05 选择下拉菜单【插入】|【在任务环境中绘制草图】命令，弹出【创建草图】对话框，在【草图类型】中选择“在平面上”，选择*XY*平面为草绘平面，单击【确定】按钮，利用草图工具绘制如图8-42所示的草图。单击【草图】组上的【完成】按钮，完成草图绘制，退出草图编辑器环境。

Step06 选择下拉菜单【插入】|【在任务环境中绘制草图】命令，弹出【创建草图】对话框，在【草图类型】中选择“在平面上”，选择*ZX*平面为草绘平面，单击【确定】按钮，利用草图工具绘制如图8-43所示的草图。单击【草图】组上的【完成】按钮，完成草图绘制，退出草图编辑器环境。

Step07 在功能区中单击【主页】选项卡中【派生曲线】组中【组合投影曲线】按钮，或选择下拉菜单【插入】|【派生曲线】|【组合投影】命令，弹出【组合投影曲线】对话框，选择如图8-44所示的两条曲线，设置投影方向为“垂直于曲线平面”，单击【确定】按钮完成组合投影曲线，如图8-44所示。

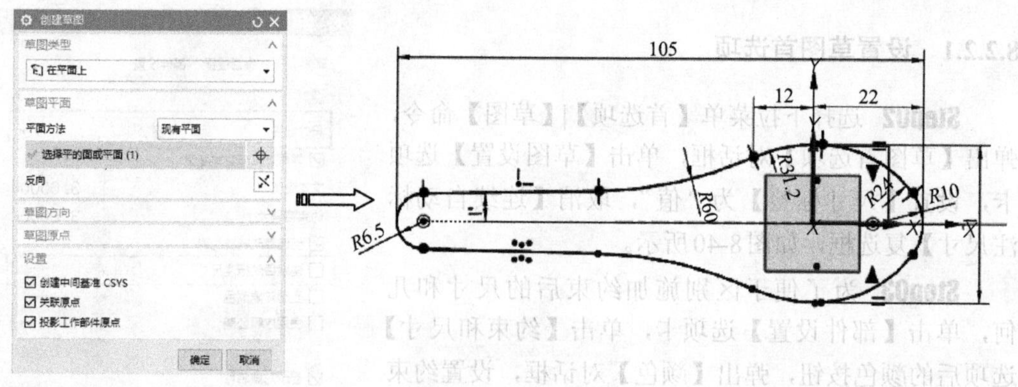

图8-42 绘制草图

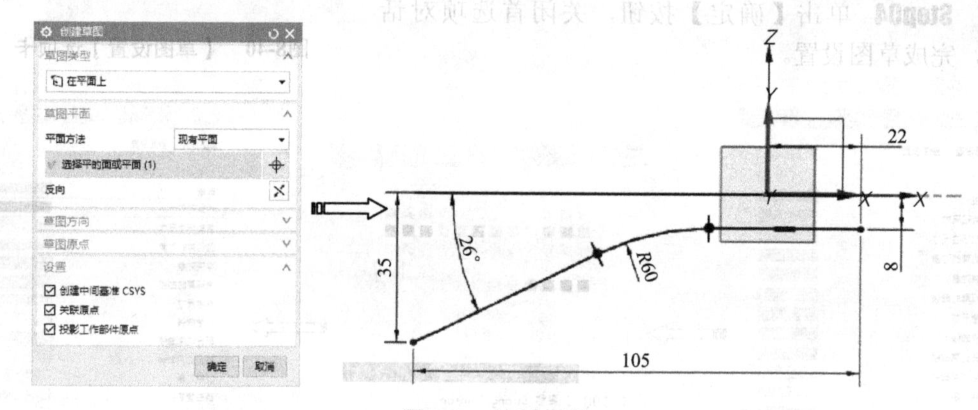

图8-43 绘制草图

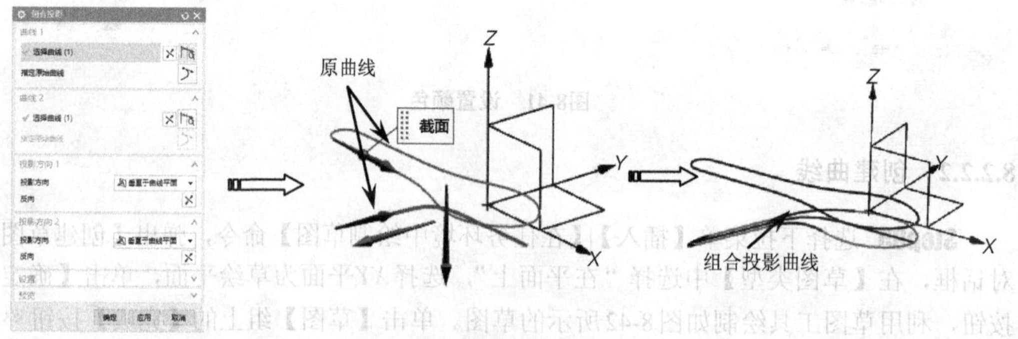

图8-44 创建组合投影曲线

Step08 选择下拉菜单【插入】|【在任务环境中绘制草图】命令，弹出【创建草图】对话框，在【草图类型】中选择“在平面上”，选择*XY*平面为草绘平面，单击【确定】按钮，利用草图工具绘制如图8-45所示的草图。单击【草图】组上的【完成】按钮，完成草图绘制，退出草图编辑器环境。

Step09 在功能区中单击【主页】选项卡中【曲线】组中的【点集】按钮，或选择下拉菜单【插入】|【基准/点】|【点集】命令，弹出【点集】对话框，在【类型】中选择“交点”，选择*ZX*平面和如图8-46所示的4条曲线，单击【确定】按钮创建交点。

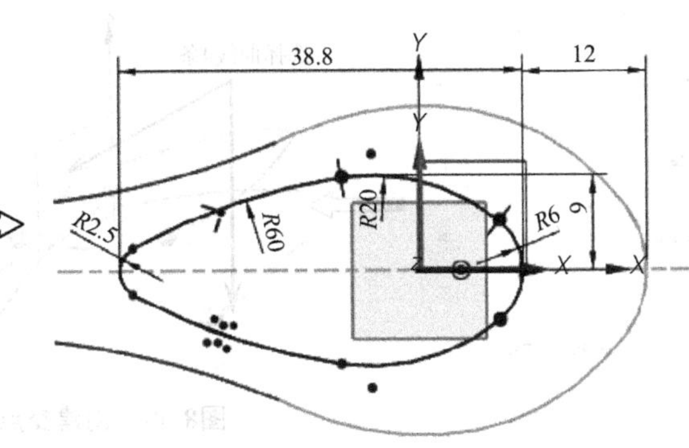

图8-45　绘制草图

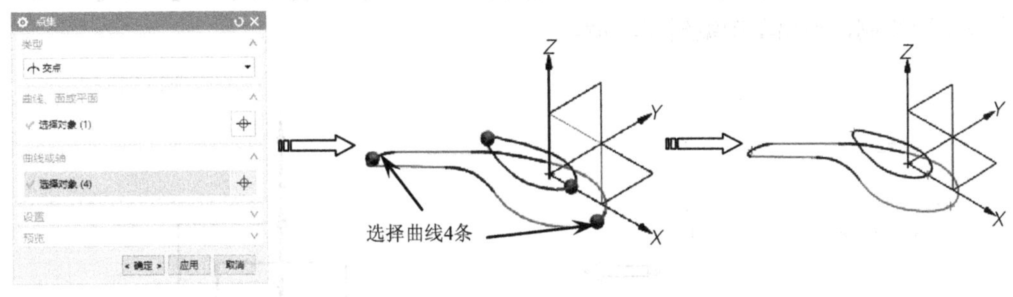

图8-46　创建交点

Step10 选择下拉菜单【插入】|【在任务环境中绘制草图】命令，弹出【创建草图】对话框，在【草图类型】中选择“在平面上”，选择*ZX*平面为草绘平面，单击【确定】按钮，利用草图工具绘制如图8-47所示的草图。单击【草图】组上的【完成】按钮，完成草图绘制，退出草图编辑器环境。

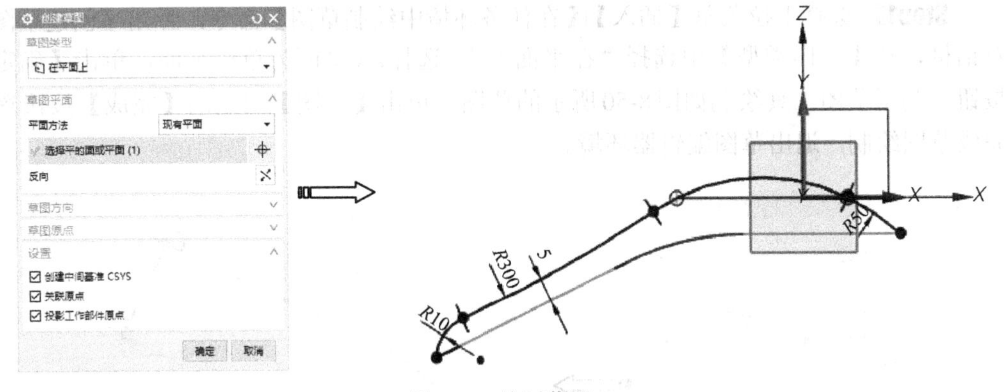

图8-47　绘制草图

Step11 在功能区中单击【主页】选项卡中【曲线】组中的【点集】按钮，或选择下拉菜单【插入】|【基准/点】|【点集】命令，弹出【点集】对话框，在【类型】中选择“交点”，选择*YZ*平面和如图8-48所示的4条曲线，单击【确定】按钮创建交点。

Step12 选择下拉菜单【插入】|【在任务环境中绘制草图】命令，弹出【创建草图】

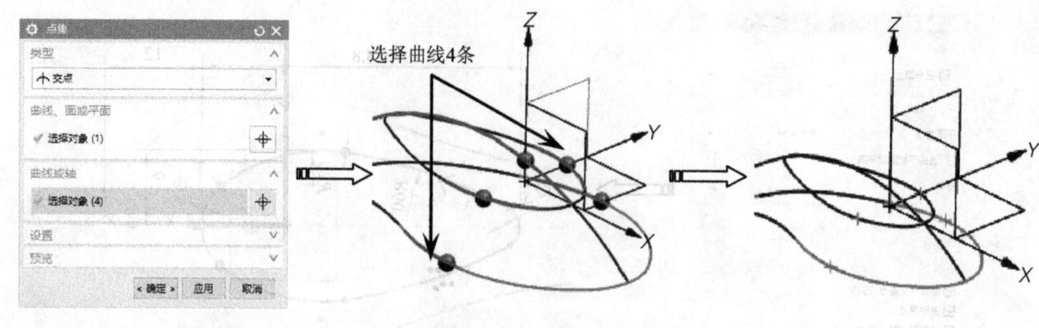

图8-48 创建交点

对话框，在【草图类型】中选择“在平面上”，选择*YZ*平面为草绘平面，单击【确定】按钮，利用草图工具绘制如图8-49所示的草图。单击【草图】组上的【完成】按钮，完成草图绘制，退出草图编辑器环境。

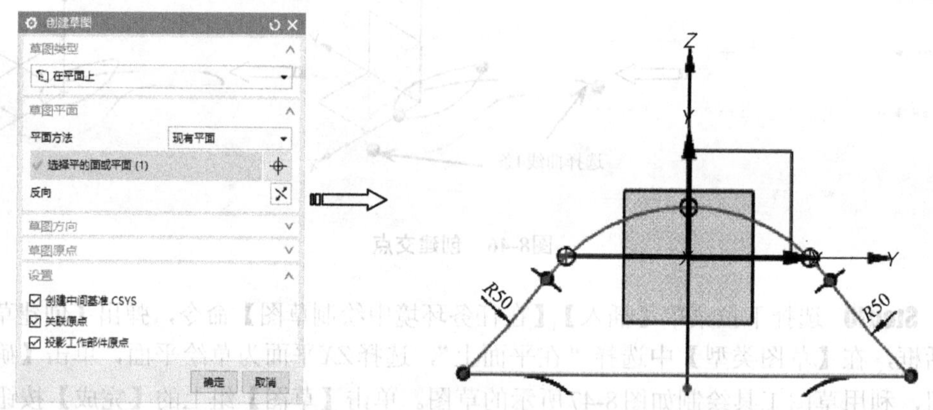

图8-49 绘制草图

Step13 选择下拉菜单【插入】|【在任务环境中绘制草图】命令，弹出【创建草图】对话框，在【草图类型】中选择“在平面上”，选择*ZX*平面为草绘平面，单击【确定】按钮，利用草图工具绘制如图8-50所示的草图。单击【草图】组上的【完成】按钮，完成草图绘制，退出草图编辑器环境。

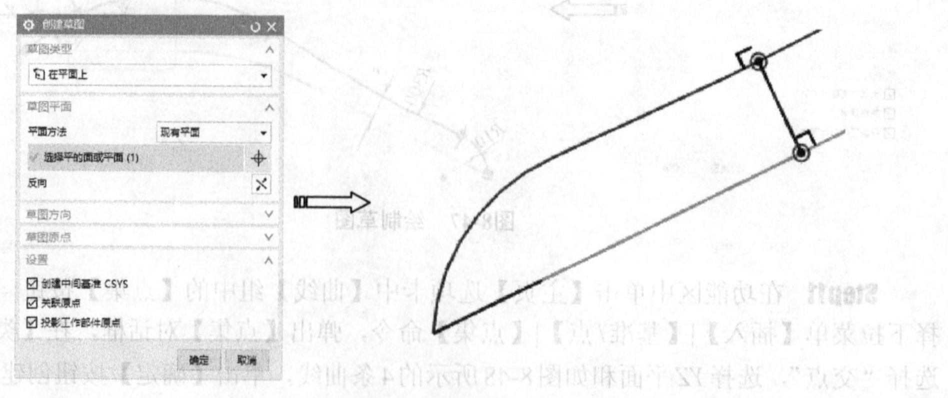

图8-50 绘制草图

Step14 在建模功能区中单击【主页】选项卡中【特征】组中的【基准平面】命令，或选择菜单【插入】|【基准/点】|【基准平面】命令，弹出【基准平面】对话框，选择"自动判断"类型，然后选择曲线和直线端点，单击【确定】按钮，创建基准平面，如图8-51所示。

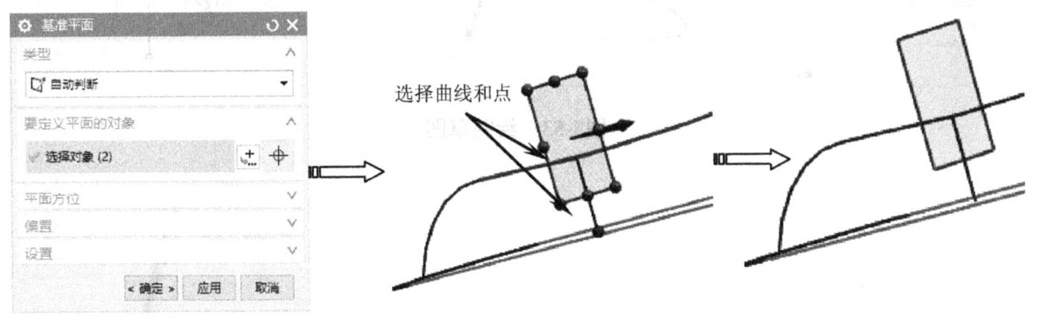

图8-51 创建基准平面

Step15 在功能区中单击【主页】选项卡中【曲线】组中的【点集】按钮，或选择下拉菜单【插入】|【基准/点】|【点集】命令，弹出【点集】对话框，在【类型】中选择"交点"，选择创建的基准面和如图8-52所示的3条曲线，单击【确定】按钮创建交点。

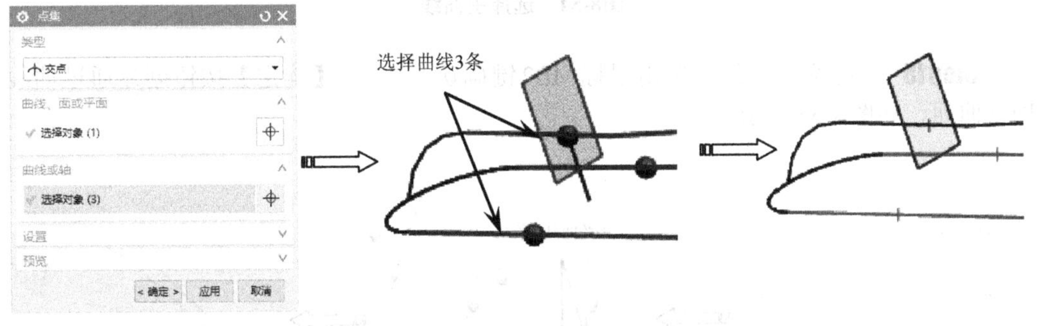

图8-52 创建交点

Step16 选择下拉菜单【插入】|【在任务环境中绘制草图】命令，弹出【创建草图】对话框，在【草图类型】中选择"在平面上"，选择创建的基准平面为草绘平面，单击【确定】按钮，利用草图工具绘制如图8-53所示的草图。单击【草图】组上的【完成】按钮，完成草图绘制，退出草图编辑器环境。

8.2.2.3 创建曲面

Step17 在功能区中单击【主页】选项卡中【曲面】组中【通过曲线网格】按钮，或选择菜单【插入】|【网格曲面】|【通过曲线网格】命令，弹出【通过曲线网格】对话框，在图形中选择2个点和2条曲线作为主曲线（单击鼠标MB2键确认），如图8-54所示。

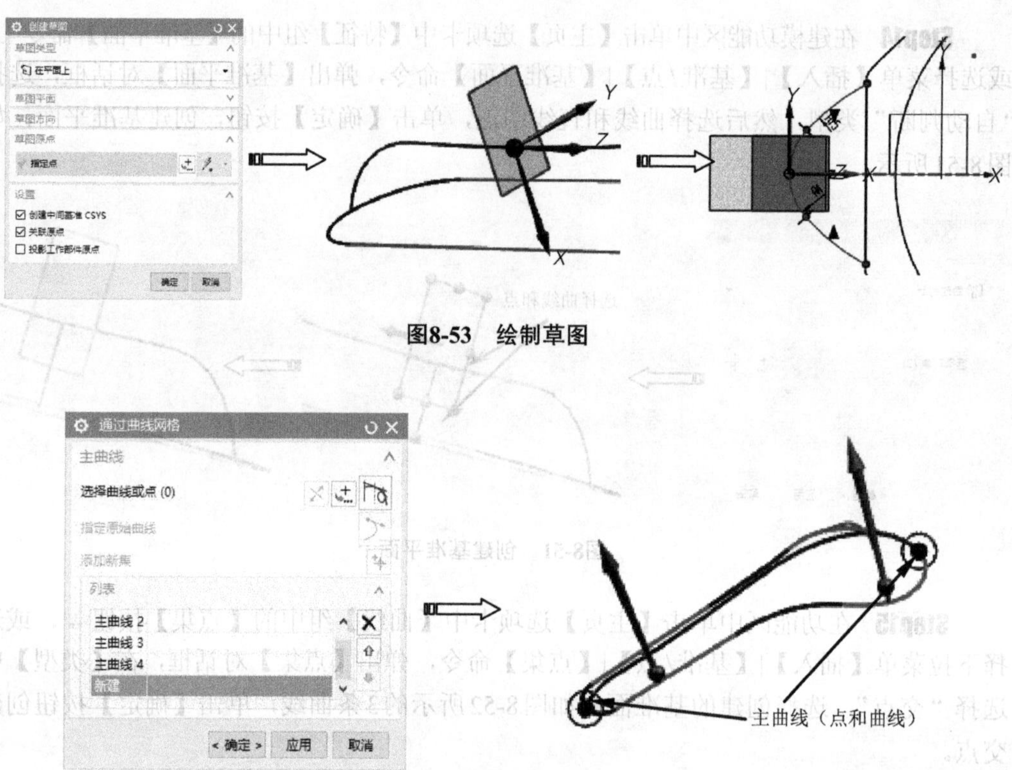

图8-53 绘制草图

图8-54 选择主曲线

Step18 选择交叉曲线（单击鼠标MB2键确认），单击【确定】按钮创建通过曲线网格曲面，如图8-55所示。

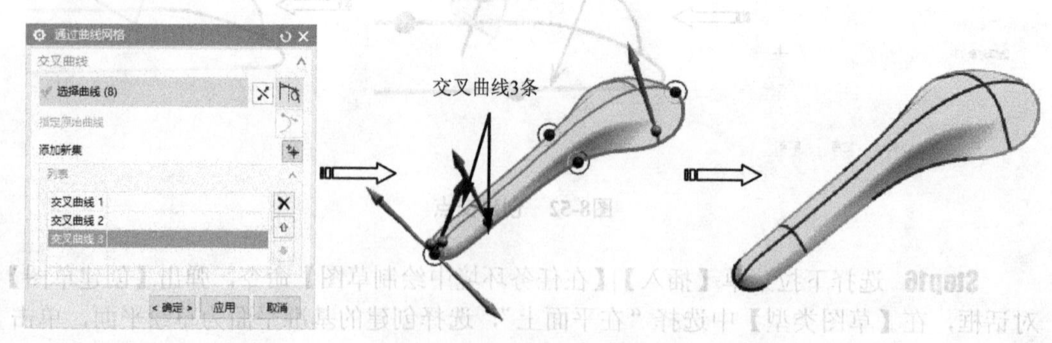

图8-55 创建通过曲线网格曲面

Step19 在建模功能区中单击【曲面】选项卡中【曲面】组中的【有界平面】按钮，或选择下拉菜单【插入】|【曲面】|【有界平面】命令，弹出【有界平面】对话框，单击【确定】按钮创建有界平面，如图8-56所示。

Step20 在功能区中单击【主页】选项卡中【曲面工序】组中【延伸片体】按钮 延伸片体，或选择下拉菜单【插入】|【修剪】|【延伸片体】命令，弹出【延伸片体】对话框，选择如图8-57所示的边为曲面延伸侧，设置【限制】为"直至选定"，选择网格曲面，单击【确定】按钮完成片体延伸，如图8-57所示。

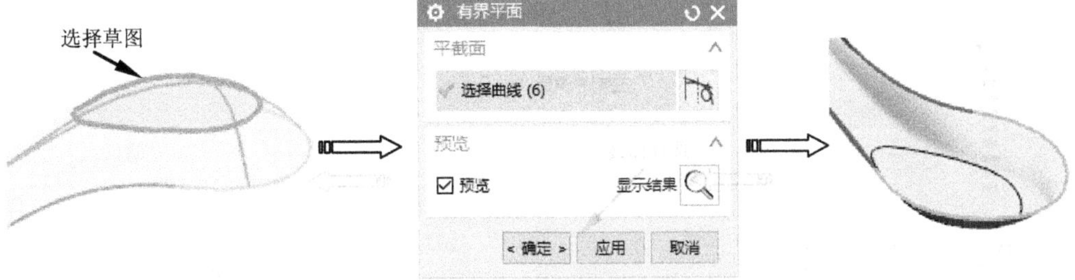

图8-56　创建有界平面

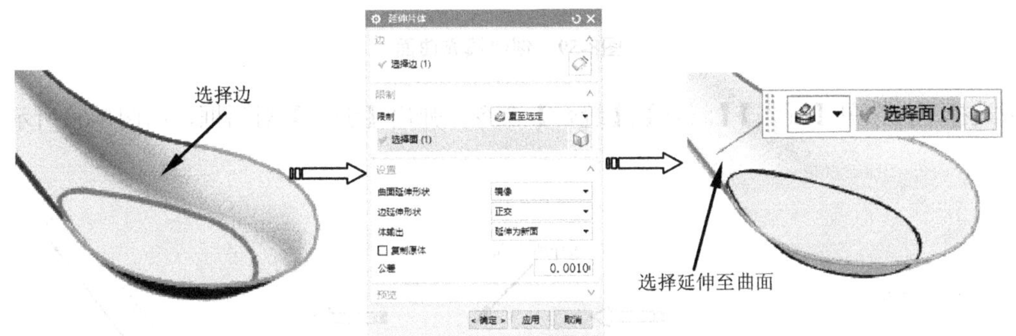

图8-57　延伸片体

Step21 在功能区中单击【主页】选项卡中【曲面工序】组中【修剪片体】按钮，或选择下拉菜单【插入】|【修剪】|【修剪片体】命令，弹出【修剪片体】对话框，选择如图8-58所示的目标片体和修剪边界，单击【确定】按钮，完成修剪片体操作，如图8-58所示。

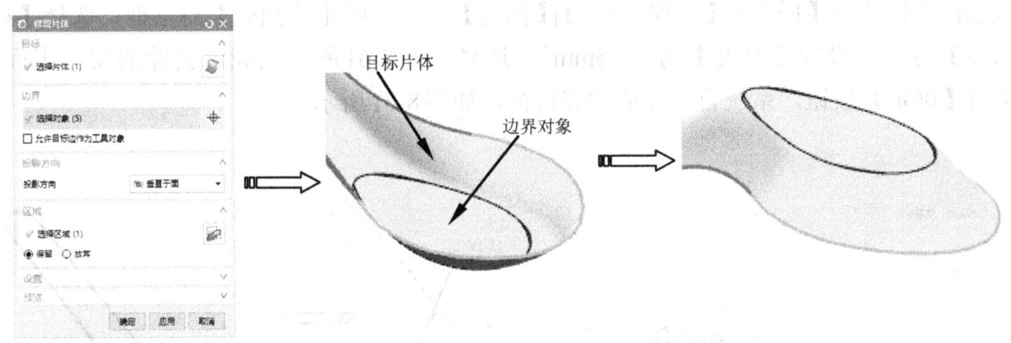

图8-58　创建片体修剪

Step22 在建模功能区中单击【曲面】选项卡中【曲面】组中的【填充曲面】按钮，或选择下拉菜单【插入】|【曲面】|【填充曲面】命令，弹出【填充曲面】对话框，选择组合投影曲线，单击【确定】按钮完成，如图8-59所示。

8.2.2.4　创建实体

Step23 在功能区中单击【主页】选项卡中【曲面工序】组中【缝合】按钮，

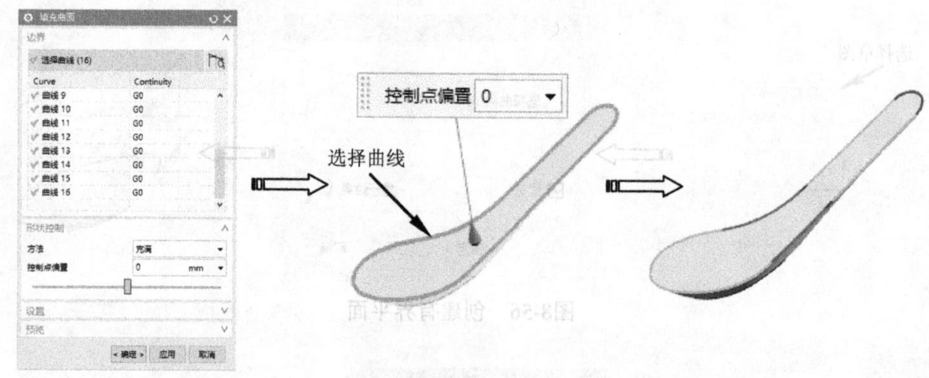

图8-59 创建填充曲面

或选择下拉菜单【插入】【组合】|【缝合】命令，弹出【缝合】对话框，如图8-60所示。

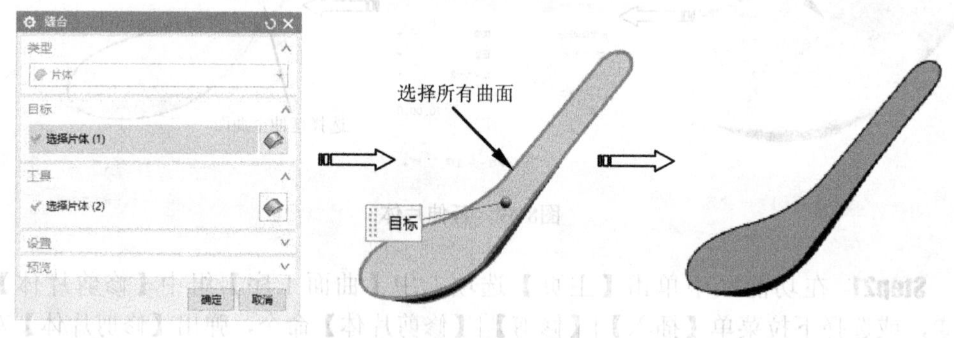

图8-60 创建缝合

Step24 在建模功能区中单击【主页】选项卡中【特征】组中的【抽壳】按钮，或选择下拉菜单【插入】|【偏置/缩放】|【抽壳】命令，弹出【抽壳】对话框，选择【移除面】方式，设置【厚度】为“0.5mm”，选择如图8-61所示抽壳时去除的实体表面，单击【确定】按钮，系统自动完成抽壳特征，如图8-61所示。

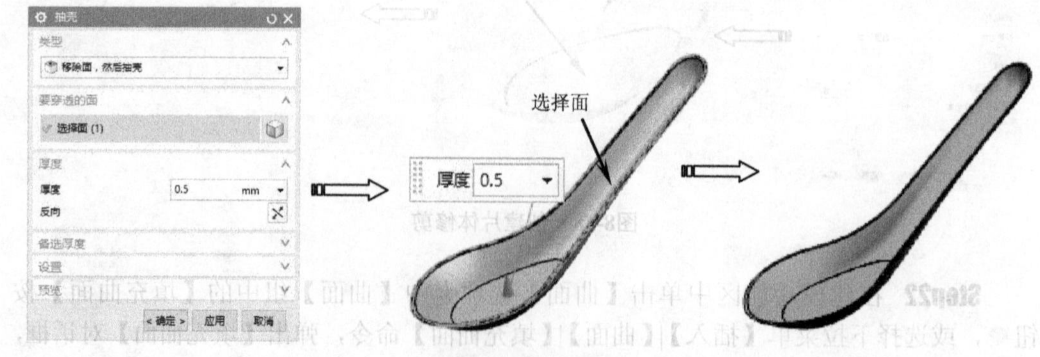

图8-61 创建抽壳

Step25 在建模功能区中单击【主页】选项卡中【特征】组中的【倒斜角】按钮，或选择下拉菜单【插入】|【细节特征】|【边倒圆】命令，弹出【边倒圆】对话框，设置【半径1】为“1mm”，选择边线，单击【确定】按钮完成倒角，如图8-62所示。

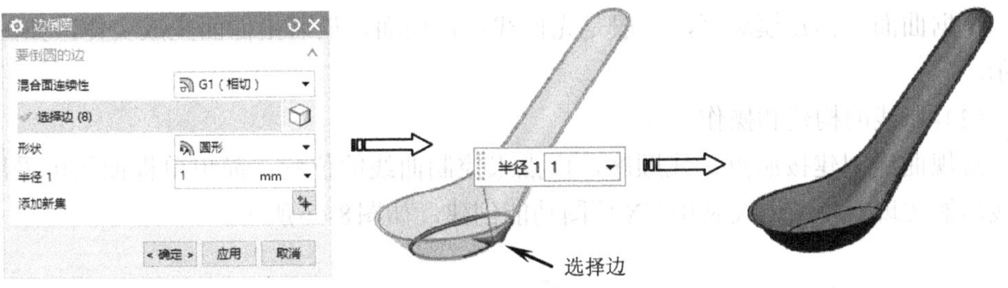

图8-62　创建倒圆角

8.3　综合实例3——吹风机产品设计（点-曲线-曲面）

本节中，以一个生活产品——吹风机产品设计实例，来详解曲面产品设计和应用技巧。吹风机设计造型如图8-63所示。

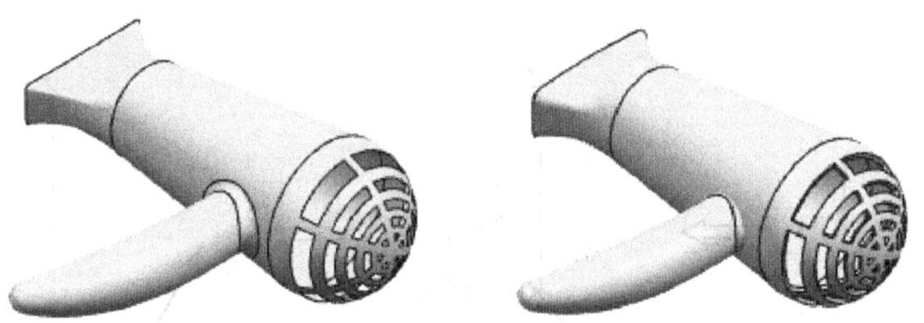

图8-63　吹风机造型

8.3.1　吹风机造型思路分析

8.3.1　视频精讲

吹风机是日常生活用品，其外形结构流畅圆滑美观。吹风机的NX曲面实体建模流程如下：

（1）零件分析，拟定总体建模思路

按吹风机的曲面结构特点对曲面进行分解，可分解为机体曲面、把手曲面、出风口曲面、进风口曲面，如图8-64所示。

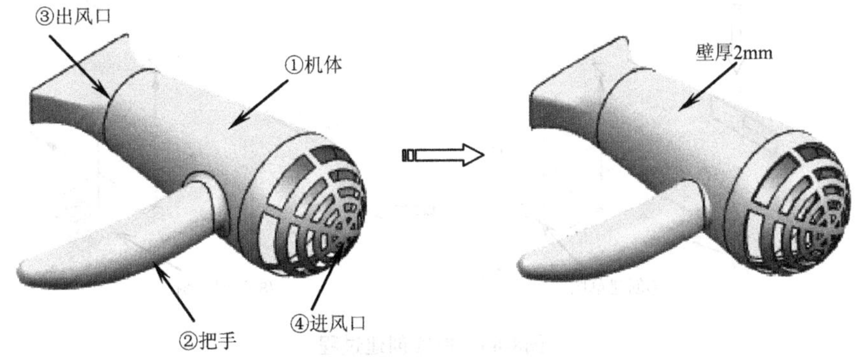

图8-64　曲面分解

根据曲面实体建模顺序，一般是先曲线，再曲面，最后由曲面生成实体，如图8-65所示。

（2）曲线的构建和操作

常规曲线创建按照点、线顺序，由点来控制曲线的位置，简单单根曲线可采用NX曲线功能实现，复杂曲线利用NX草图功能创建，如图8-66所示。

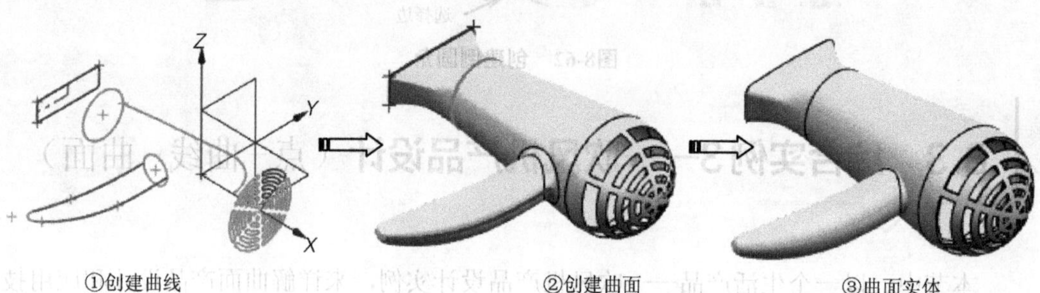

图8-65　吹风机建模基本流程

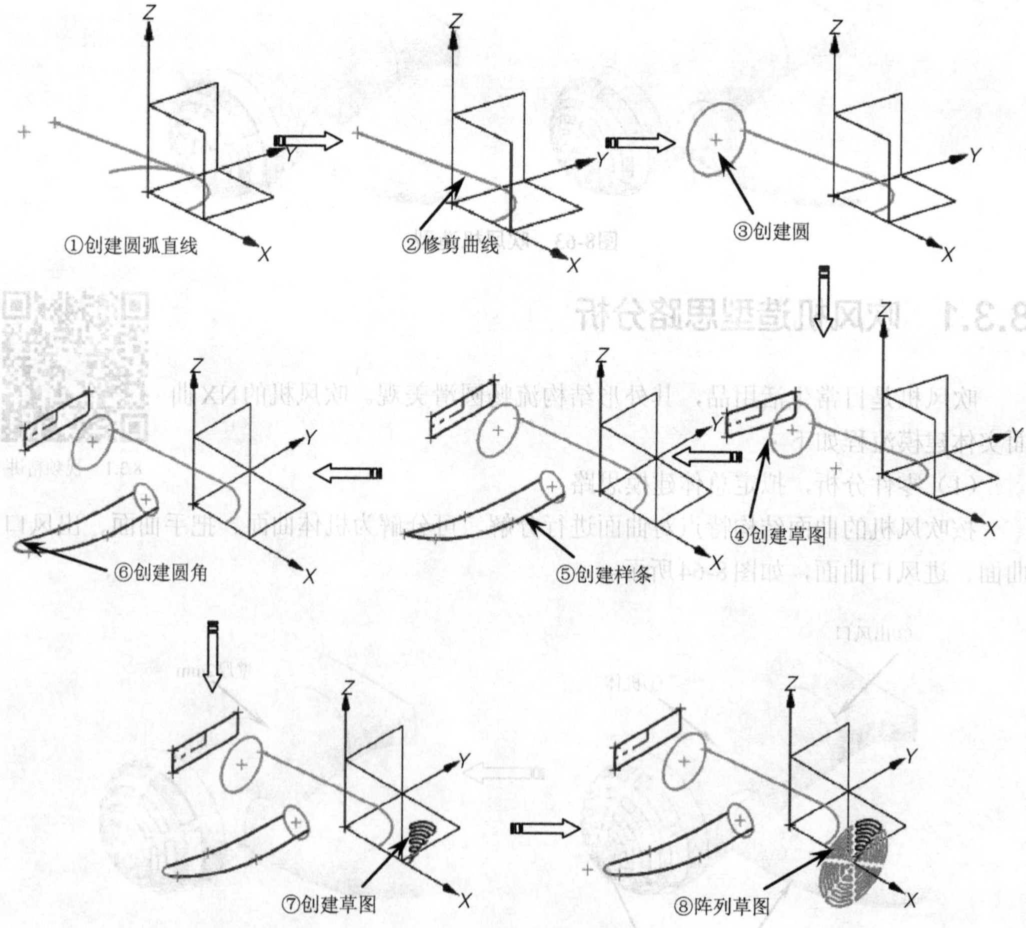

图8-66　曲线创建过程

（3）曲面的构建和操作

在建立好曲线的基础上采用旋转曲面创建机体，通过扫掠曲面创建把手，采用通过曲线组曲面创建出风口，通过片体修剪创建进风口，最后进行曲面圆角连接，如图8-67所示。

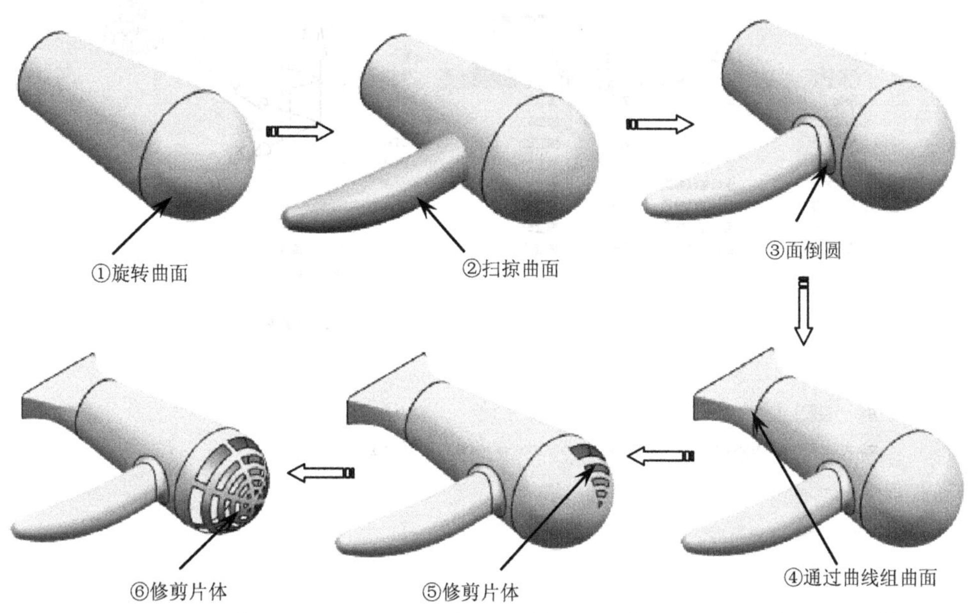

图8-67 曲面创建过程

（4）曲面创建实体

采用缝合曲面创建单个片体，然后通过片体加厚形成实体，如图8-68所示。

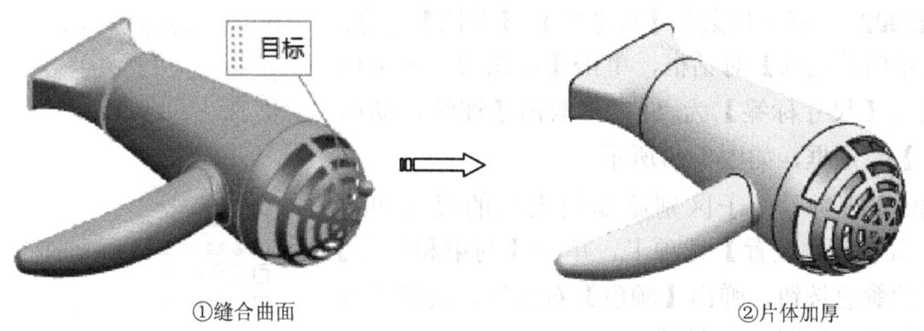

图8-68 曲面创建实体特征

8.3.2 吹风机造型设计操作过程

8.3.2 视频精讲

Step01 启动NX后，单击【主页】选项卡的【新建】按钮，弹出【文件新建】对话框，选择【模型】模板。在【名称】文本框中输入“吹风机”，单击【确定】按钮，新建文件，如图8-69所示。

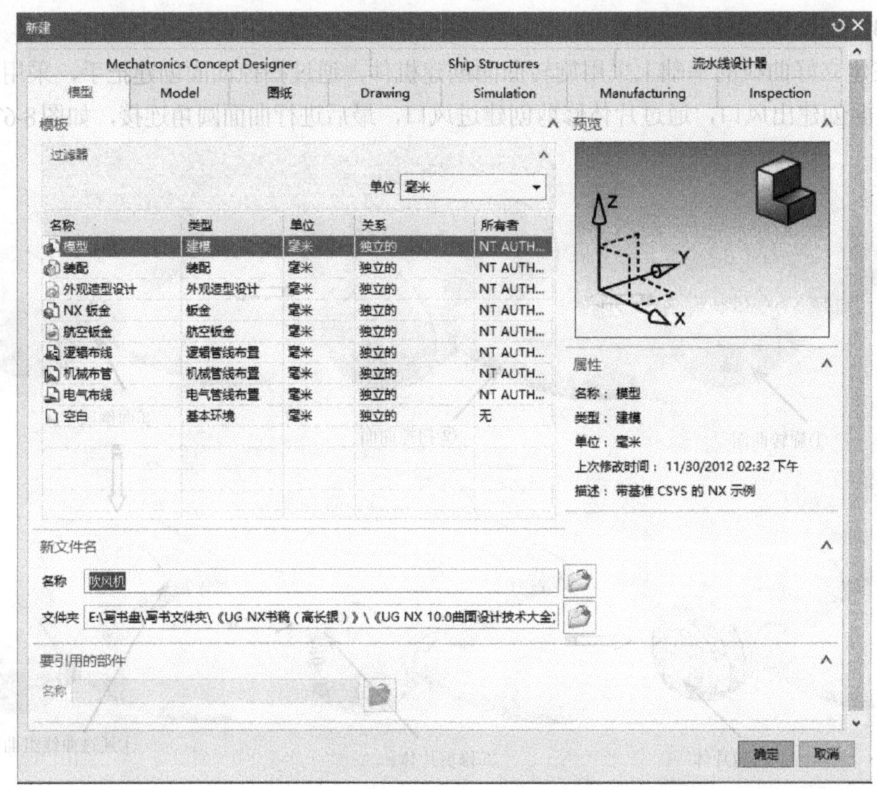

图8-69 【新建】对话框

8.3.2.1 设置草图首选项

Step02 选择下拉菜单【首选项】|【草图】命令，弹出【草图首选项】对话框，单击【草图设置】选项卡，设置【尺寸标签】为“值”，取消【连续自动标注尺寸】复选框，如图8-70所示。

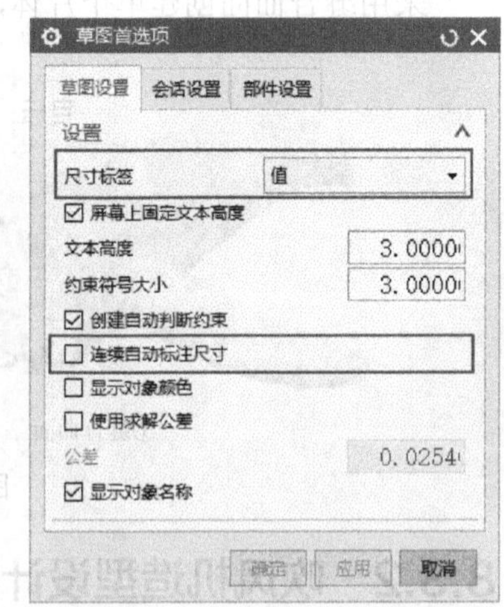

图8-70 【草图设置】选项卡

Step03 为了便于区别施加约束后的尺寸和几何，单击【部件设置】选项卡，单击【约束和尺寸】选项后的颜色按钮，弹出【颜色】对话框，设置约束和尺寸颜色，如图8-71所示。

Step04 单击【确定】按钮，关闭首选项对话框，完成草图设置。

8.3.2.2 创建曲线

Step05 在功能区中单击【主页】选项卡中【曲线】组中的【点】按钮，或选择下拉菜单【插入】|【基准/点】|【点】命令，弹出【点】对话框，在【坐标】中输入(−100,20,0)，单击【确定】按钮创建点，如图8-72所示。

Step06 在功能区中单击【主页】选项卡中【曲线】组中的【点】按钮，或选择

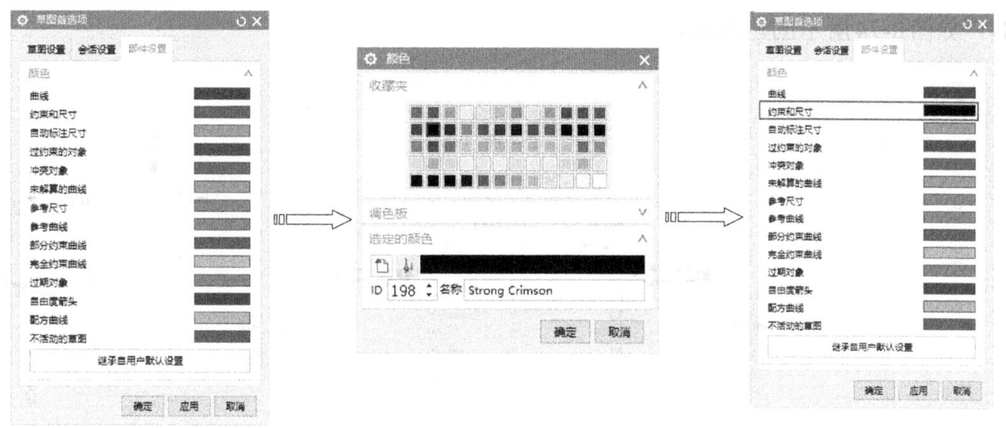

图8-71　设置颜色

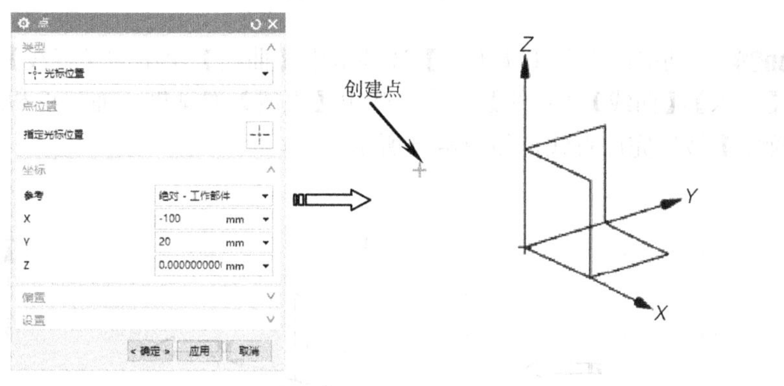

图8-72　创建点

下拉菜单【插入】|【基准/点】|【点】命令，弹出【点】对话框，在【坐标】中输入(−100,0,0)，单击【确定】按钮创建点，如图8-73所示。

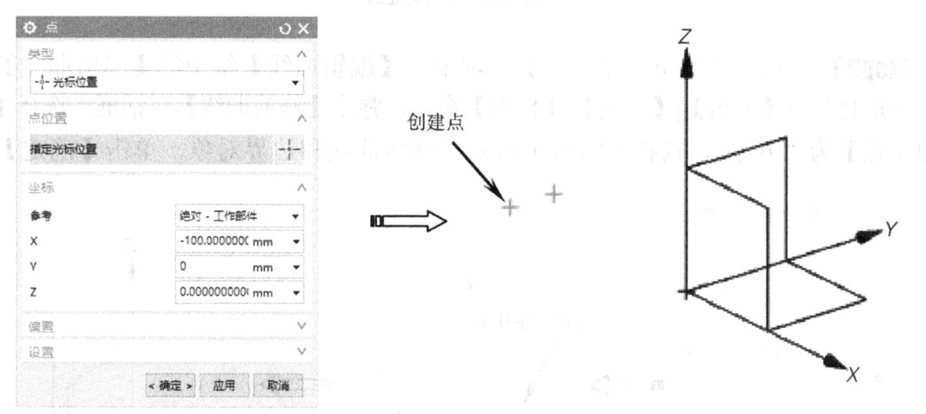

图8-73　创建点

Step07 在功能区中单击【主页】选项卡中【曲线】组中的【圆弧/圆】按钮，或选择菜单【插入】|【曲线】|【圆弧/圆】命令，弹出【圆弧/圆】对话框，选择【类型】为“从中心开始的圆弧/圆”，中心点为原点，【半径】为“32mm”，设置支持平面和限

制，如图8-74所示创建圆弧。

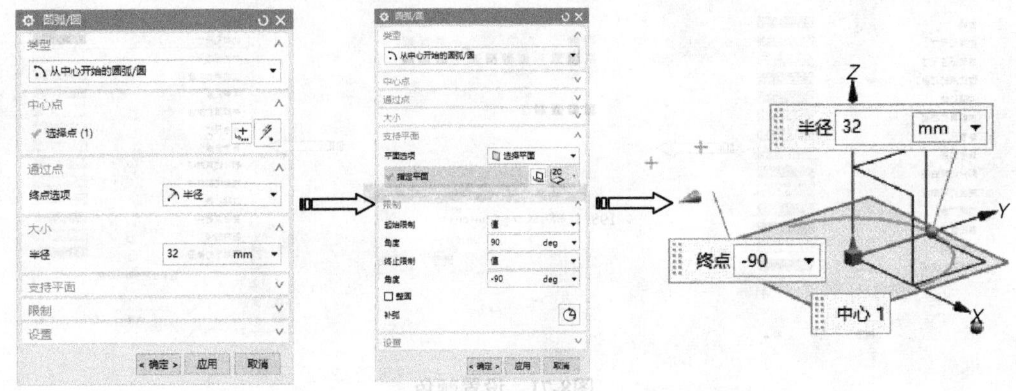

图8-74　创建圆弧

Step08 在功能区中单击【主页】选项卡中【曲线】组中的【直线】命令，或选择菜单【插入】|【曲线】|【直线】命令，弹出【直线】对话框，捕捉点和圆弧相切创建，单击【确定】按钮完成直线，如图8-75所示。

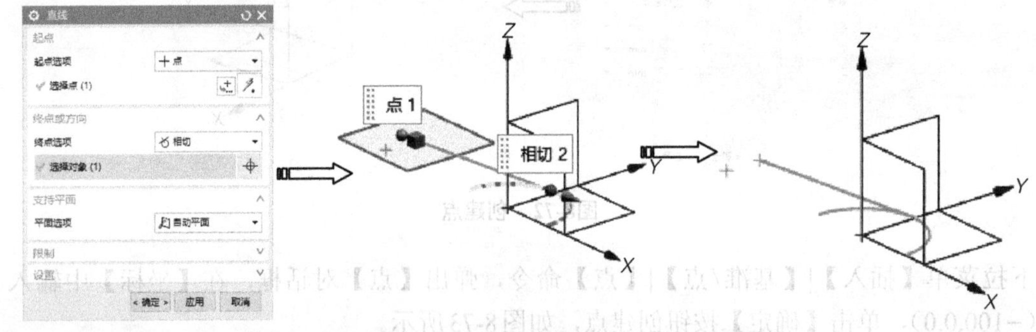

图8-75　创建直线

Step09 在功能区中单击【主页】选项卡中【编辑曲线】组中的【修剪曲线】按钮，或选择菜单【编辑】|【曲线】|【修剪】命令，弹出【修剪曲线】对话框，选择【要修剪的端点】为“开始”，选择如图8-76所示的修剪曲线和边界对象，单击【确定】按钮

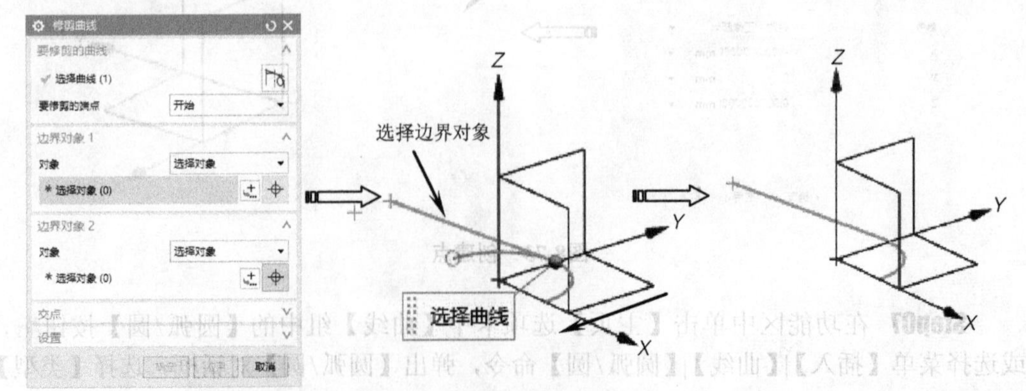

图8-76　修剪圆弧

完成曲线修剪。

Step10 在功能区中单击【主页】选项卡中【曲线】组中的【圆弧/圆】按钮，或选择菜单【插入】|【曲线】|【圆弧/圆】命令，弹出【圆弧/圆】对话框，选择【类型】为“从中心开始的圆弧/圆”，中心点为现有点（-100,0,0），【半径】为“20mm”，设置支持平面和限制，如图8-77所示创建圆。

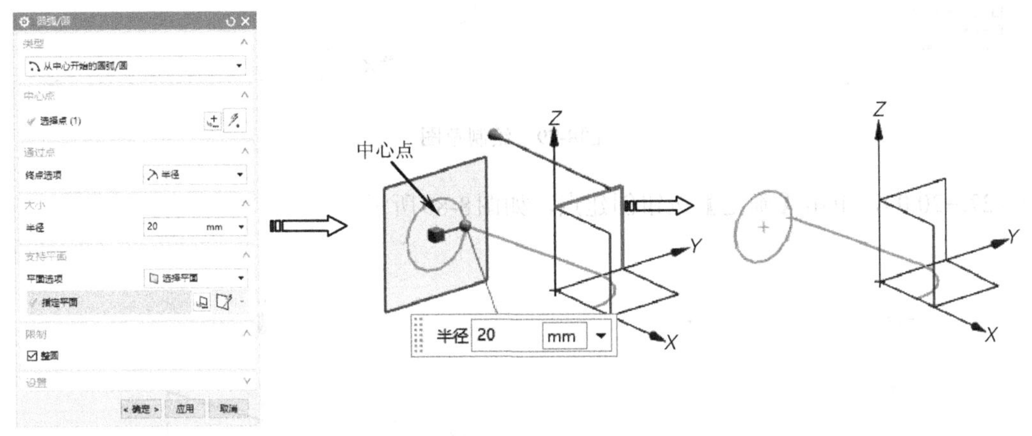

图8-77 创建圆

Step11 在建模功能区中单击【主页】选项卡中【特征】组中的【基准平面】命令，或选择菜单【插入】|【基准/点】|【基准平面】命令，弹出【基准平面】对话框，选择【类型】为“自动判断”，选择*YZ*平面，【距离】为“135mm”，单击【确定】按钮，创建基准平面，如图8-78所示。

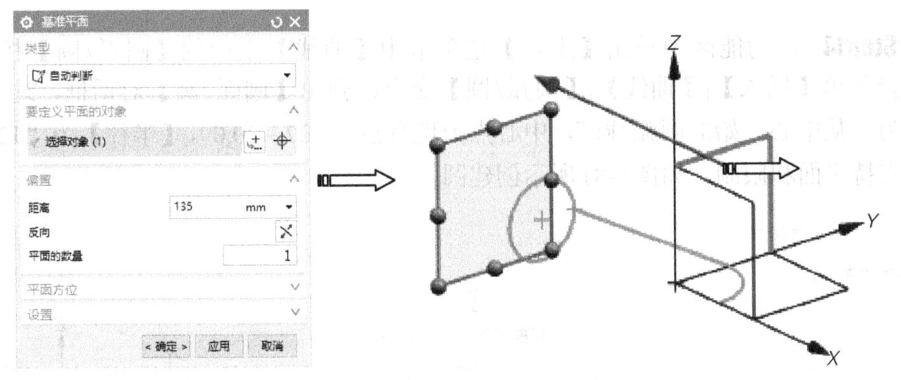

图8-78 创建基准平面

Step12 选择下拉菜单【插入】|【在任务环境中绘制草图】命令，弹出【创建草图】对话框，在【草图类型】中选择“在平面上”，选择新建基准平面平面为草绘平面，单击【确定】按钮，利用草图工具绘制如图8-79所示的草图。单击【草图】组上的【完成】按钮，完成草图绘制，退出草图编辑器环境。

Step13 在功能区中单击【主页】选项卡中【曲线】组中的【点】按钮，或选择下拉菜单【插入】|【基准/点】|【点】命令，弹出【点】对话框，在【坐标】中输入

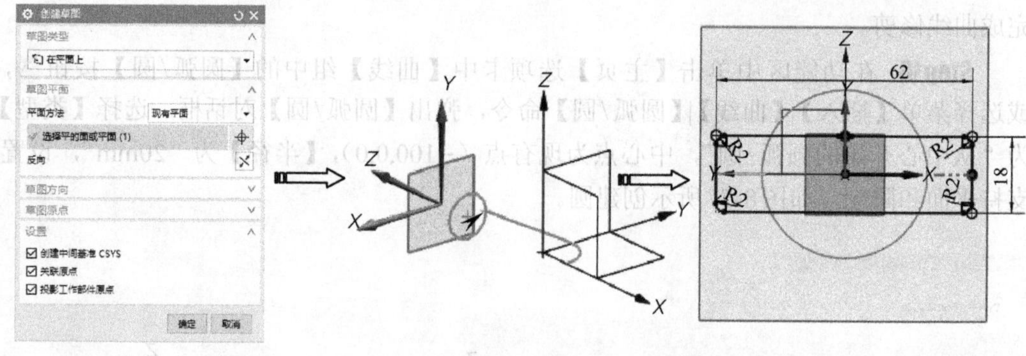

图8-79 绘制草图

(−27,−20,0)，单击【确定】按钮创建点，如图8-80所示。

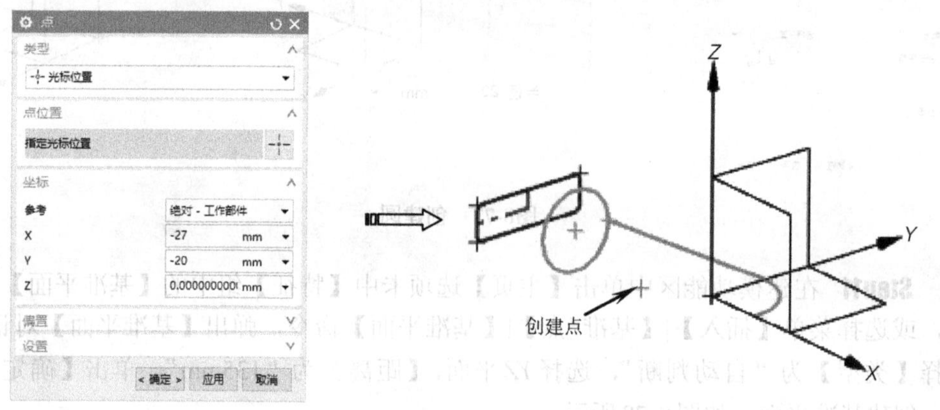

图8-80 创建点

Step14 在功能区中单击【主页】选项卡中【曲线】组中的【圆弧/圆】按钮，或选择菜单【插入】|【曲线】|【圆弧/圆】命令，弹出【圆弧/圆】对话框，选择【类型】为“从中心开始的圆弧/圆”，中心点为现有点（−27,−20,0），【半径】为“12mm”，设置支持平面和限制，如图8-81所示创建圆。

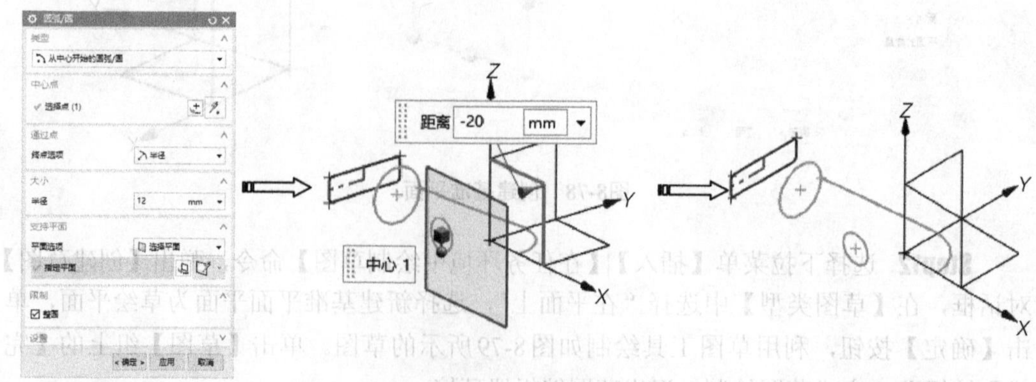

图8-81 创建圆

Step15 在功能区中单击【主页】选项卡中【曲线】组中的【点】按钮，或选择

下拉菜单【插入】|【基准/点】|【点】命令，弹出【点】对话框，在【输出坐标】中依次输入（−16,−69,0）、（−40,−121,0）、（−59,−132,0）、（−44.5,−87.5,0），单击【确定】按钮创建4个点，如图8-82所示。

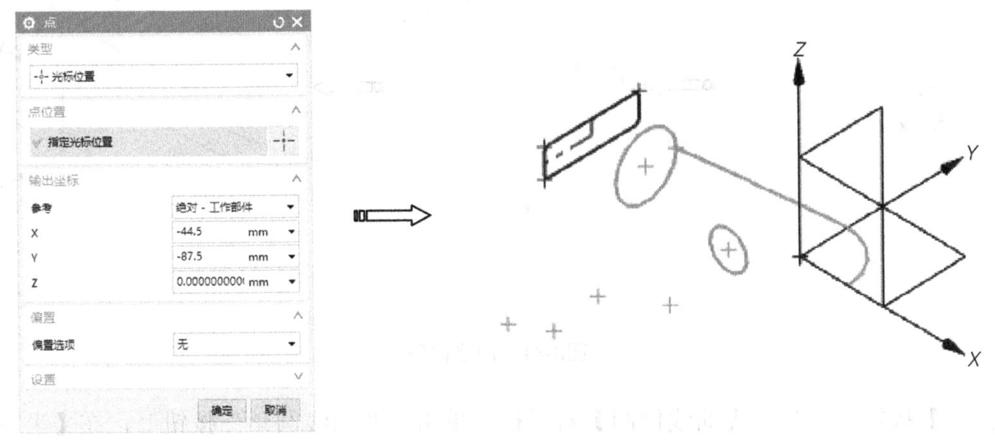

图8-82　创建点

Step16　在功能区中单击【主页】选项卡中【曲线】组中的【艺术样条】按钮，或选择菜单【插入】|【曲线】|【艺术样条】命令，弹出【艺术样条】对话框，选择【类型】为“通过点”，选择【次数】为“3”，设置第1点相切−*YC*，选择4点创建样条，如图8-83所示。

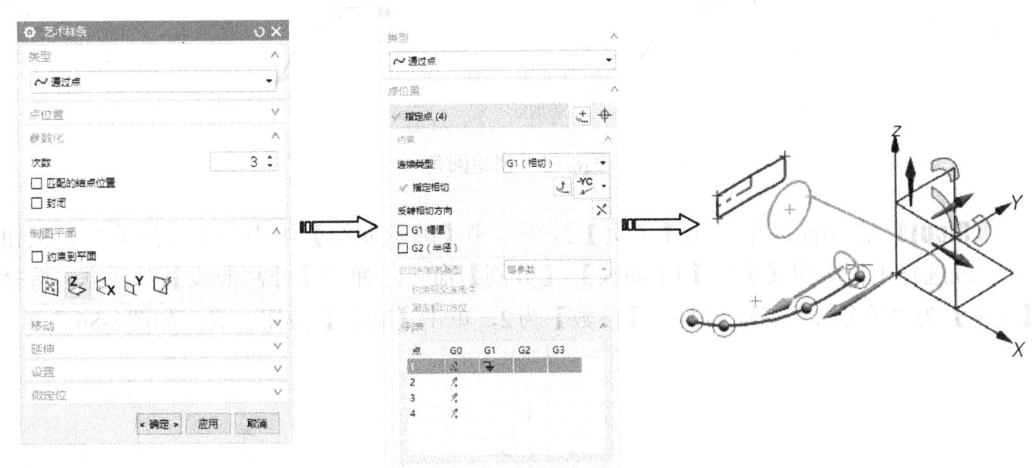

图8-83　创建样条曲线

Step17　在功能区中单击【主页】选项卡中【曲线】组中的【艺术样条】按钮，或选择菜单【插入】|【曲线】|【艺术样条】命令，弹出【艺术样条】对话框，选择【类型】为“通过点”，【次数】为“2”，设置第1点相切−*YC*，选择3点创建样条，如图8-84所示。

Step18　在功能区中单击【主页】选项卡中【更多】组中的【基本曲线】按钮，或选择菜单【插入】|【曲线】|【基本直线】命令，弹出【基本直线】对话框，单击

第08章　曲面造型设计实例

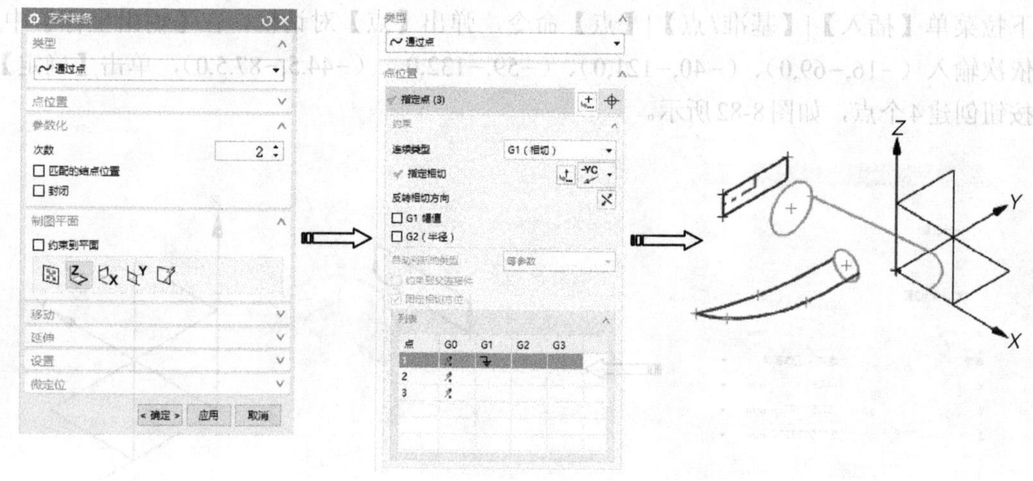

图8-84　创建样条

【圆角】按钮◠，弹出【曲线倒圆】对话框，单击“两曲线圆角”按钮◠，在【半径】文本框中输入圆角半径“6”，然后设置“修剪选项”，依次选择第一、二条曲线，再单击鼠标设定圆心的大致位置即可，如图8-85所示。

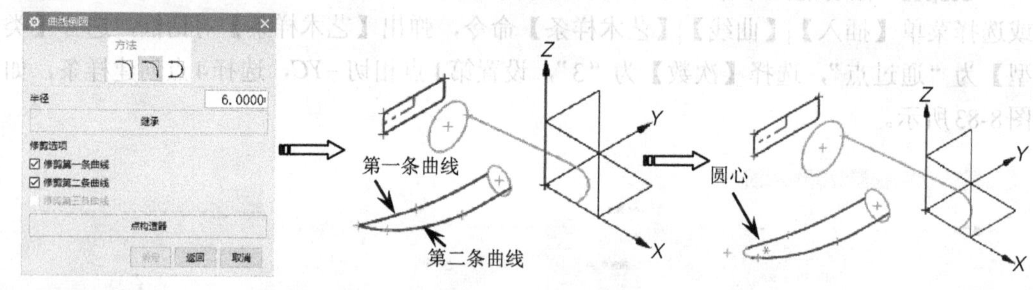

图8-85　创建圆角

Step19　在功能区中单击【主页】选项卡中【编辑曲线】组中的【分割曲线】按钮，或选择下拉菜单【编辑】|【曲线】|【分割】命令，弹出【分割曲线】对话框，选择【类型】为“等分段”，选择圆角，【段数】为2，单击【确定】按钮完成，如图8-86所示。

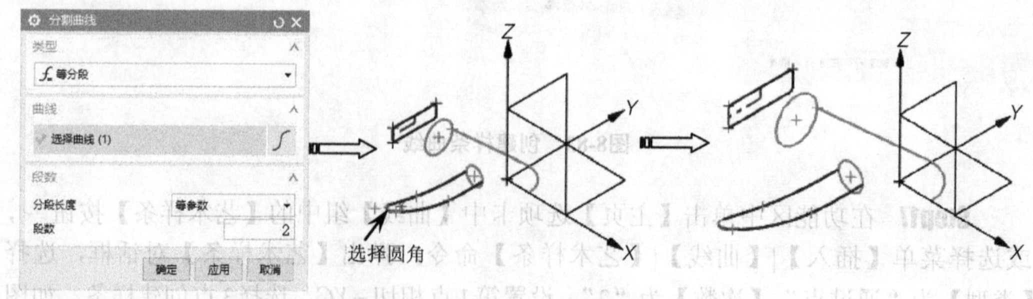

图8-86　分割曲线

Step20　在建模功能区中单击【主页】选项卡中【特征】组中的【基准平面】命令

，或选择菜单【插入】|【基准/点】|【基准平面】命令，弹出【基准平面】对话框，选择【类型】为“自动判断”，选择*YZ*平面，【距离】为60mm，单击【确定】按钮，创建基准平面，如图8-87所示。

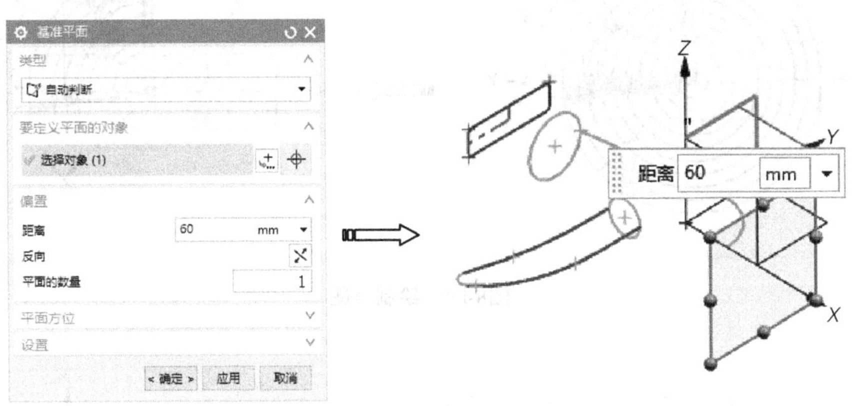

图8-87 创建基准平面

Step21 选择下拉菜单【插入】|【在任务环境中绘制草图】命令，弹出【创建草图】对话框，在【草图类型】中选择“在平面上”，选择新建基准平面平面为草绘平面，单击【确定】按钮，利用圆绘制直径为62mm的圆，将62mm的圆向内侧以距离3mm偏距9次，如图8-88所示。

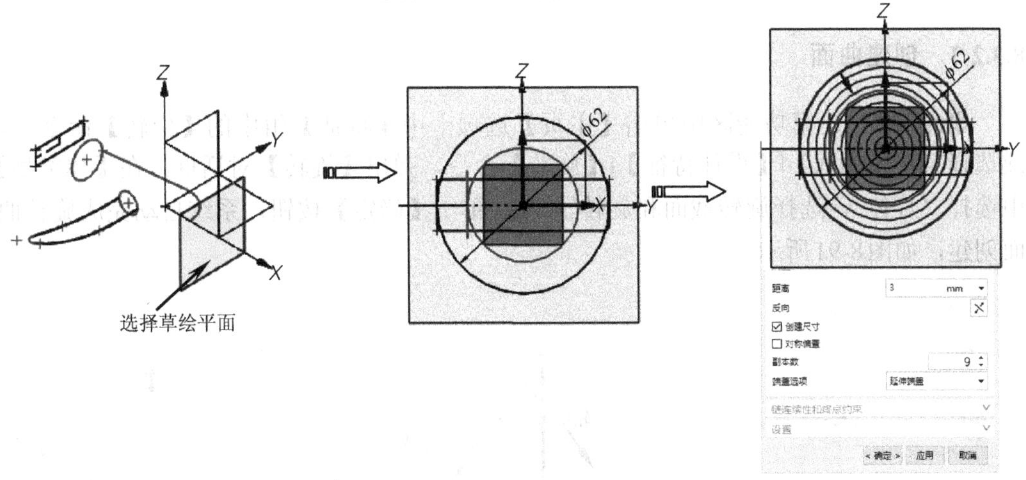

图8-88 绘制草图

Step22 绘制夹角为60°的两条直线，偏置2mm，修剪草图如图8-89所示。单击【草图】组上的【完成】按钮，完成草图绘制，退出草图编辑器环境。

Step23 在建模功能区中单击【主页】选项卡中【特征】组中的【阵列几何特征】按钮，或选择下拉菜单【插入】|【关联复制】|【阵列几何特征】命令，弹出【阵列几何特征】对话框，选择【布局】为“圆形”，选择图形区上一步草图，阵列方向为*XC*轴，【数量】为“6”，【节距角】为“60deg”，单击【确定】按钮完成阵列，如图8-90所示。

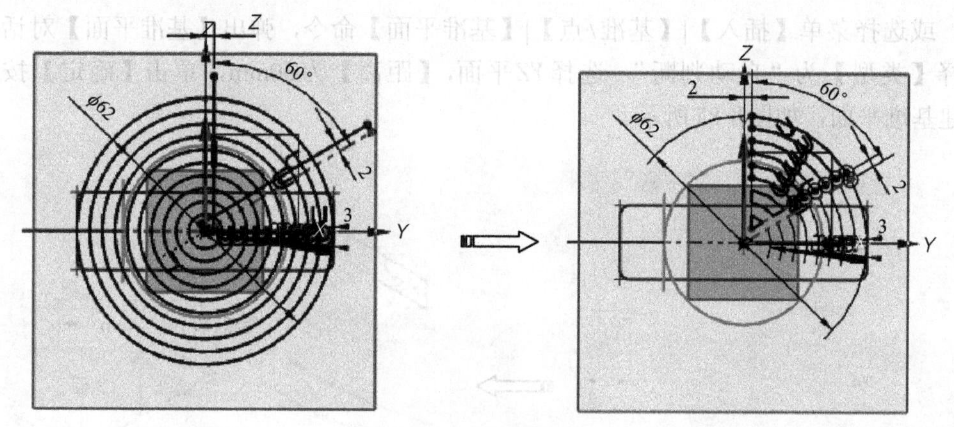

图8-89 绘制草图

图8-90 创建阵列几何特征

8.3.2.3 创建曲面

Step24 在建模功能区中单击【主页】选项卡中【特征】组中的【旋转】命令，或选择菜单【插入】|【设计特征】|【旋转】命令，弹出【旋转】对话框，在【体类型】中选择“片体”，选择旋转截面和旋转轴*XC*，单击【确定】按钮，系统自动完成旋转曲面创建，如图8-91所示。

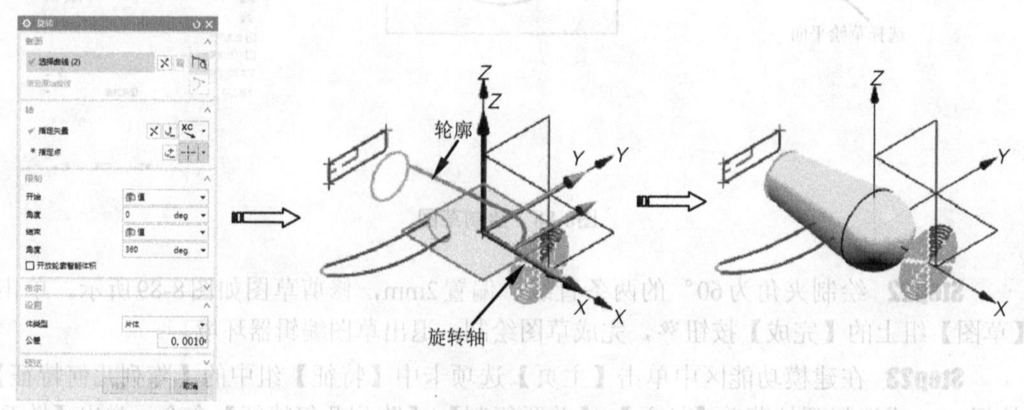

图8-91 创建旋转曲面

Step25 在建模功能区中单击【曲面】选项卡中【曲面】组中的【扫掠】按钮，

或选择下拉菜单【插入】|【扫掠】|【已扫掠】命令，弹出【扫掠】对话框，单击【截面（主要）曲线】组框中的【选择曲线】图标，在图形中选择1条截面线；单击【引导曲线】组框中的【选择曲线】图标，选择2条引导线，单击【确定】按钮创建扫掠曲面，如图8-92所示。

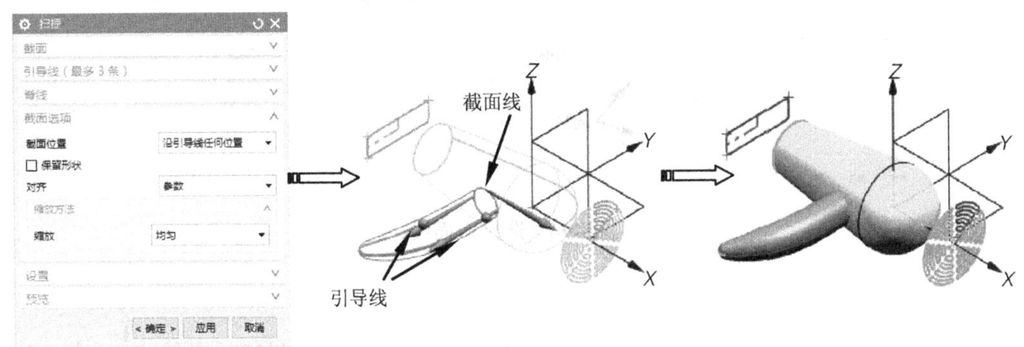

图8-92 创建扫掠曲面

Step26 在功能区中单击【主页】选项卡中【曲面】组中【画倒圆】按钮，或选择菜单【插入】|【细节特征】|【面倒圆】命令，弹出【面倒圆】对话框，选择面1和面2，设置【半径】为“5mm”，单击【确定】按钮创建圆角，如图8-93所示。

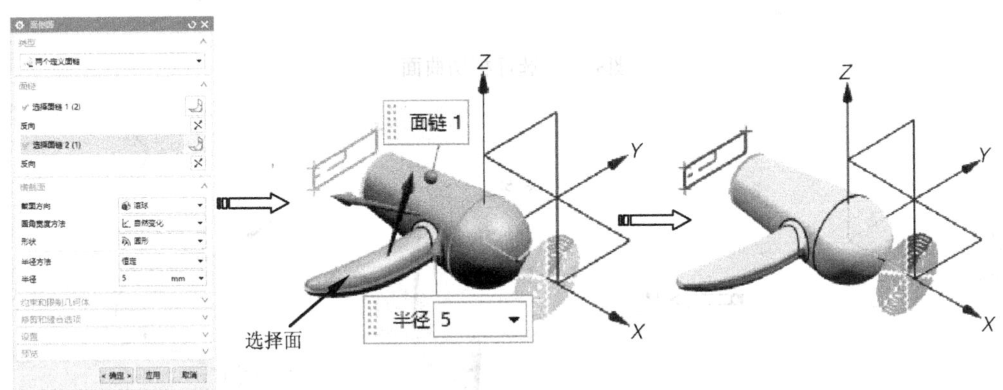

图8-93 创建面倒圆

Step27 在建模功能区中单击【曲面】选项卡中【曲面】组中的【通过曲线组】按钮，或选择下拉菜单【插入】|【网格曲面】|【通过曲线组】命令，弹出【通过曲线组】对话框，在图形中圆和矩形为截面线，如图8-94所示。

Step28 在【连续性】组框中选择【第一截面】为“G1（相切）”，选择如图8-95所示的曲面作为相切曲面。

Step29 在【对齐】中选择“根据点”，将圆的象限点与矩形中点对齐，单击【确定】按钮创建通过曲线组曲面，如图8-96所示。

Step30 在功能区中单击【主页】选项卡中【曲面工序】组中【修剪片体】按钮，或选择下拉菜单【插入】|【修剪】|【修剪片体】命令，弹出【修剪片体】对话框，

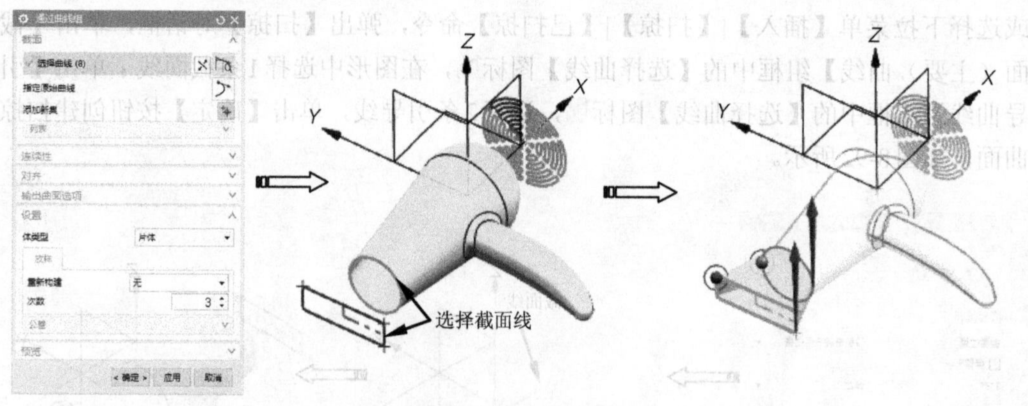

图8-94 选择截面线

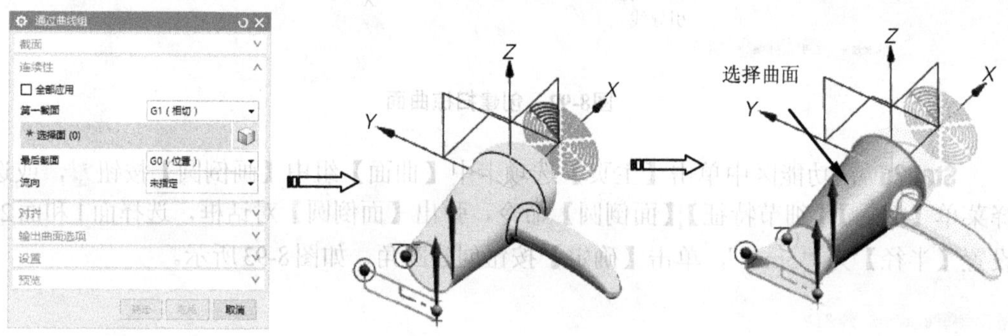

图8-95 选择相切曲面

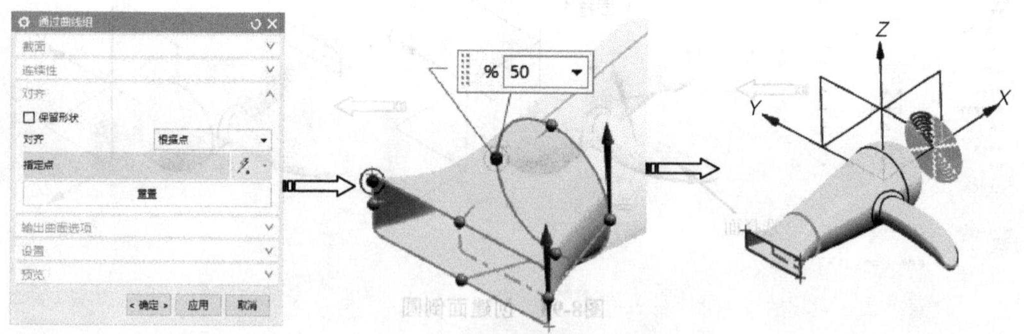

图8-96 创建通过曲线组曲面

在【目标】组框中单击【选择片体】按钮，选择“曲面”作为目标片体，然后在【边界】组框中【选择对象】按钮，选择草图作为修剪边界，【投影方向】为“沿矢量”$-XC$，单击【确定】按钮，完成修剪片体操作，如图8-97所示。

Step31 在功能区中单击【主页】选项卡中【曲面工序】组中【修剪片体】按钮，或选择下拉菜单【插入】|【修剪】|【修剪片体】命令，弹出【修剪片体】对话框，在【目标】组框中单击【选择片体】按钮，选择“曲面”作为目标片体，然后在【边界】组框中【选择对象】按钮，选择阵列几何体作为修剪边界，【投影方向】为“沿矢量”$-XC$，单击【确定】按钮，完成修剪片体操作，如图8-98所示。

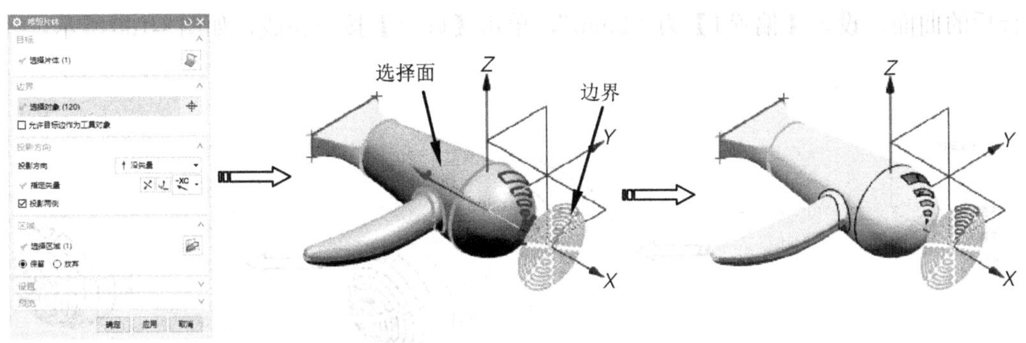

图8-97 创建片体修剪

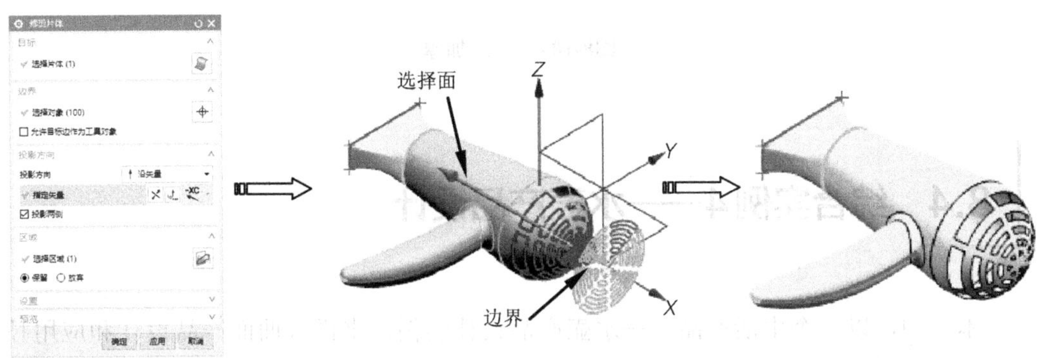

图8-98 创建片体修剪

8.3.2.4 曲面创建实体

Step32 在功能区中单击【主页】选项卡中【曲面工序】组中【缝合】按钮，或选择下拉菜单【插入】|【组合】|【缝合】命令，弹出【缝合】对话框，选择所有曲面，单击【确定】按钮缝合，如图8-99所示。

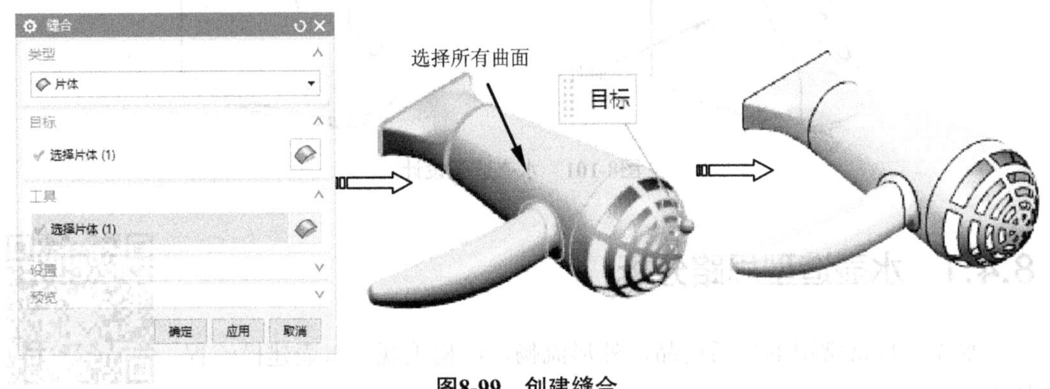

图8-99 创建缝合

Step33 在建模功能区中单击【主页】选项卡中【特征】组中的【加厚】按钮，或选择下拉菜单【插入】|【偏置/缩放】|【加厚】命令，弹出【加厚】对话框，选择缝

合后的曲面，设置【偏置1】为“2mm”，单击【确定】按钮完成，如图8-100所示。

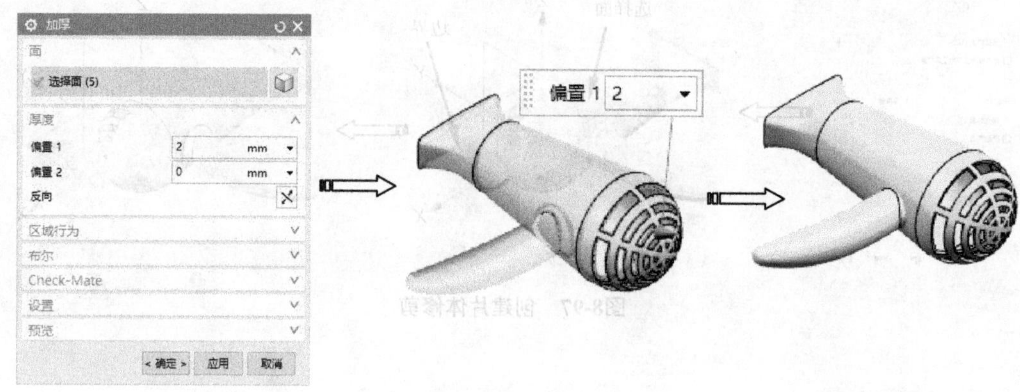

图8-100 创建加厚

8.4 综合实例4——水壶产品设计

本节中，以一个生活产品——水壶产品设计实例，来详解曲面产品设计和应用技巧。水壶造型设计如图8-101所示。

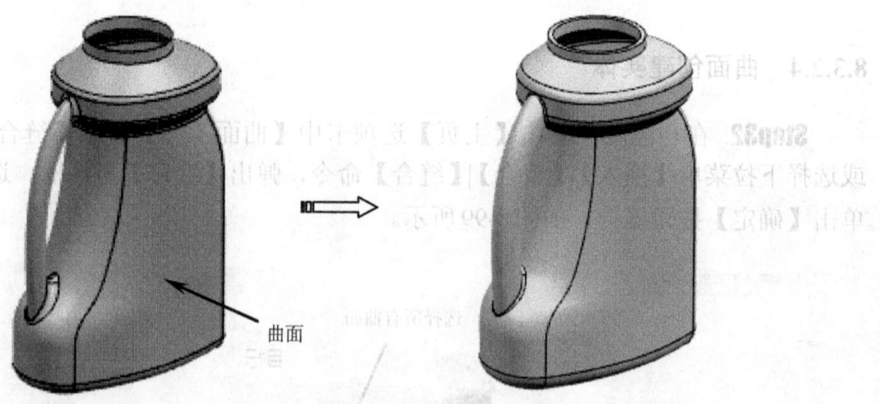

图8-101 水壶造型设计

8.4.1 水壶造型思路分析

8.4.1 视频精讲

水壶是日常常用的生活用品，外形流畅、结构美观。水壶建模流程如下。

（1）零件分析，拟定总体建模思路

总体思路是：首先对模型结构进行分析和分解，分解为相应的部分：壶身曲面、壶口曲面和把手曲面等。根据总体结构布局与相互之间的关系，按照先主后次、先壶身再把手的顺序依次创建各部分，如图8-102所示。

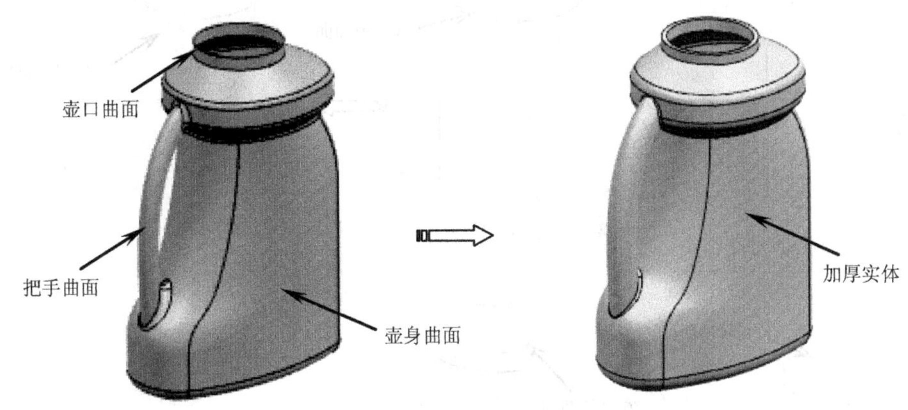

图8-102　水壶的模型分解

（2）壶身曲面的构建和操作

曲面采用点、线、面顺序，利用草图、圆弧、桥接曲线的功能创建线框，然后通过网格曲面和有界平面创建壶身曲面，如图8-103所示。

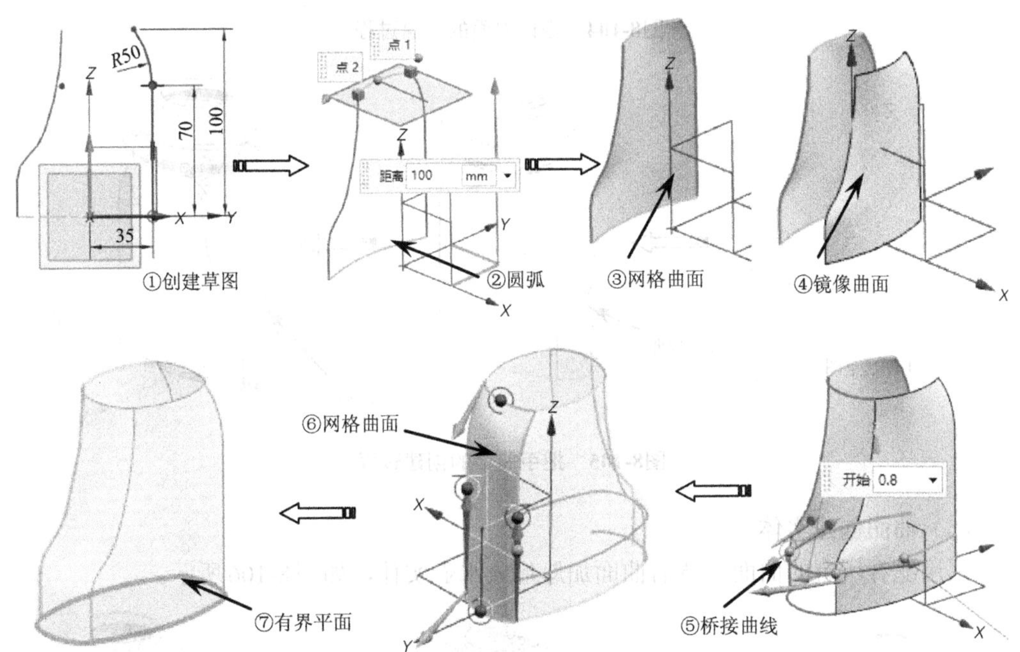

图8-103　壶身曲面的创建过程

（3）壶口曲面的构建和操作

曲面采用点、线、面顺序，利用草图、圆的功能创建线框，然后通过扫掠曲面和拉伸创建壶口曲面，如图8-104所示。

（4）把手曲面的构建和操作

曲面采用点、线、面顺序，利用草图、桥接曲线等功能创建线框，然后通过扫掠曲面创建把手曲面，最后进行圆角修剪，如图8-105所示。

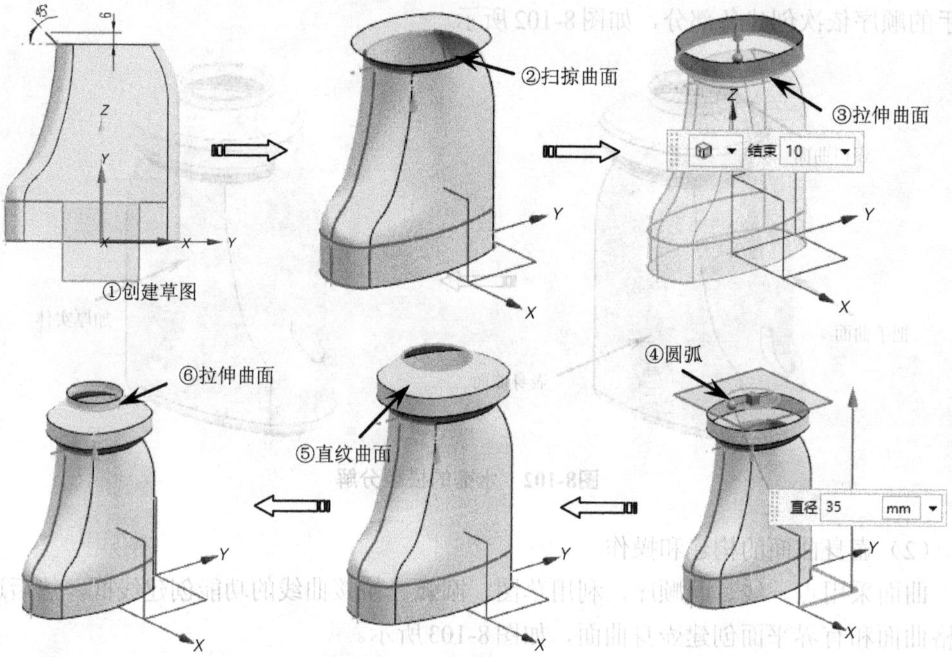

①创建草图
②扫掠曲面
③拉伸曲面
结束 10
④圆弧
直径 35 mm
⑤直纹曲面
⑥拉伸曲面

图8-104 壶口曲面的创建过程

①创建草图
②扫掠曲面
③圆角曲面

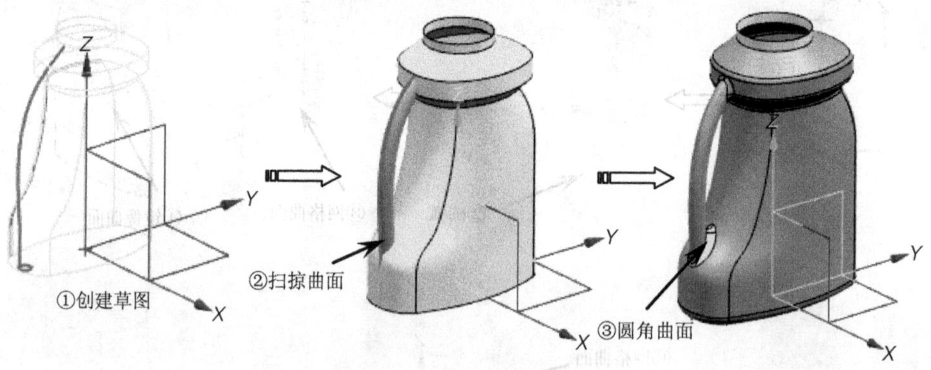

图8-105 把手曲面的创建过程

（5）曲面创建实体

采用缝合所有的曲面，然后曲面加厚形成水壶实体，如图8-106所示。

①缝合曲面
偏置 1 2
②抽壳
③加厚实体

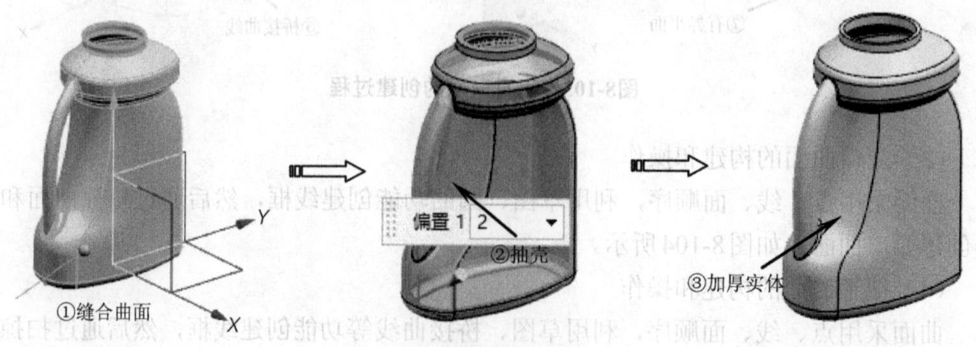

图8-106 曲面创建实体特征

8.4.2 水壶造型设计操作过程

8.4.2 视频精讲

操作步骤

Step01 启动NX后，单击【主页】选项卡的【新建】按钮，弹出【文件新建】对话框，选择【模型】模板。在【名称】文本框中输入“水壶”，单击【确定】按钮，新建文件，如图8-107所示。

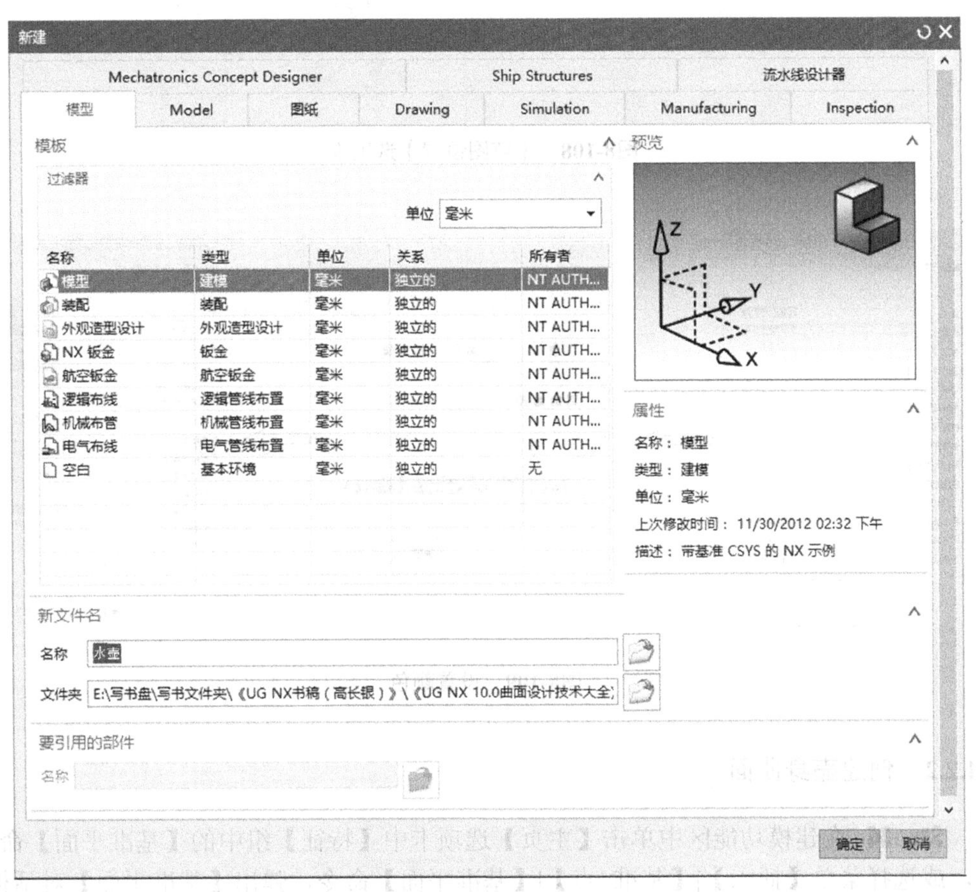

图8-107 【新建】对话框

8.4.2.1 设置草图首选项

Step02 选择下拉菜单【首选项】|【草图】命令，弹出【草图首选项】对话框，单击【草图设置】选项卡，【尺寸标签】为“值”，取消【连续自动标注尺寸】复选框，如图8-108所示。

Step03 为了便于区别施加约束后的尺寸和几何，单击【部件设置】选项卡，单击【约束和尺寸】选项后的颜色按钮，弹出【颜色】对话框，设置约束和尺寸颜色，如图8-109所示。单击【确定】按钮，关闭首选项对话框，完成草图设置。

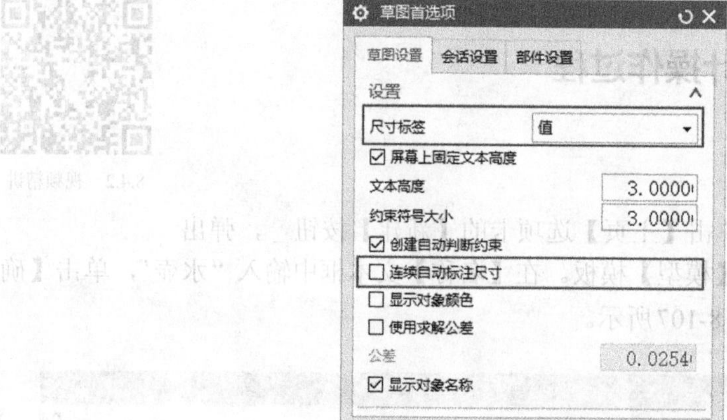

图8-108 【草图设置】选项卡

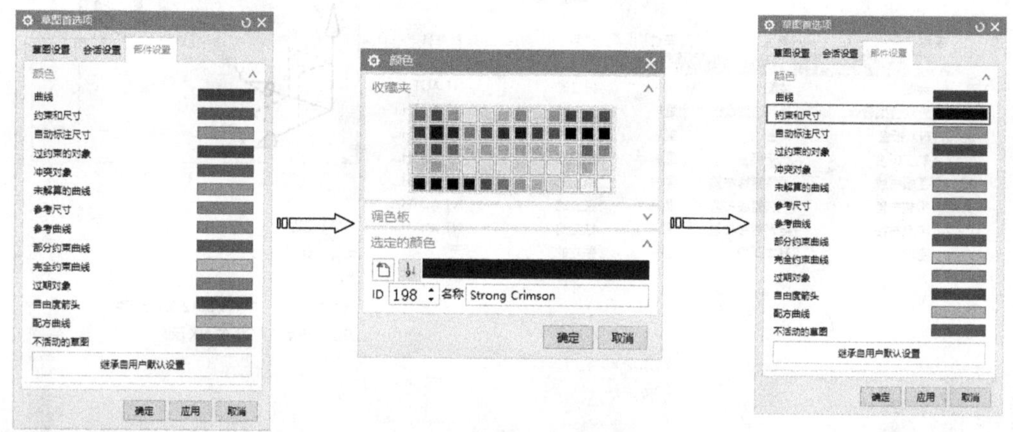

图8-109 设置颜色

8.4.2.2 创建壶身曲面

Step04 在建模功能区中单击【主页】选项卡中【特征】组中的【基准平面】命令，或选择菜单【插入】|【基准/点】|【基准平面】命令，弹出【基准平面】对话框，选择“自动判断”类型，选择*YZ*平面，【距离】为–17.5mm，单击【确定】按钮，创建基准平面，如图8-110所示。

Step05 选择下拉菜单【插入】|【在任务环境中绘制草图】命令，弹出【创建草图】对话框，在【草图类型】中选择“在平面上”，选择上一步创建的基准平面为草绘平面，单击【确定】按钮，利用直线、圆弧工具绘制如图8-111所示的草图。

Step06 在草图功能区中单击【主页】选项卡中【曲线】组中的【艺术样条】命令，或选择菜单【插入】|【曲线】|【艺术样条】命令，弹出【艺术样条】对话框，【次数】为2，选择如图8-112所示的端点，并设置【连续类型】为“G1相切”，创建样条曲线。单击【草图】组上的【完成】按钮，完成草图绘制退出草图编辑器环境。

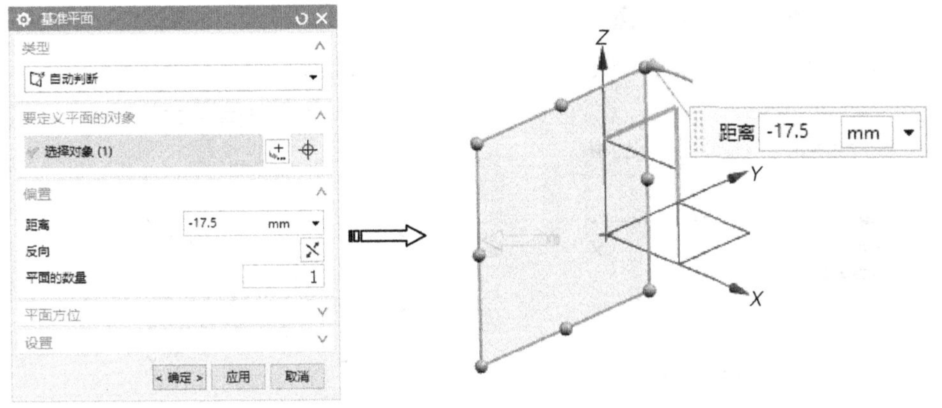

图8-110　创建基准平面

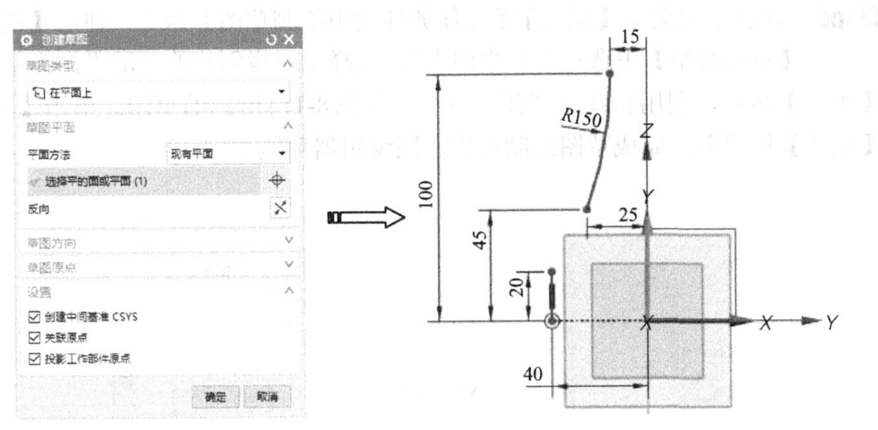

图8-111　绘制草图

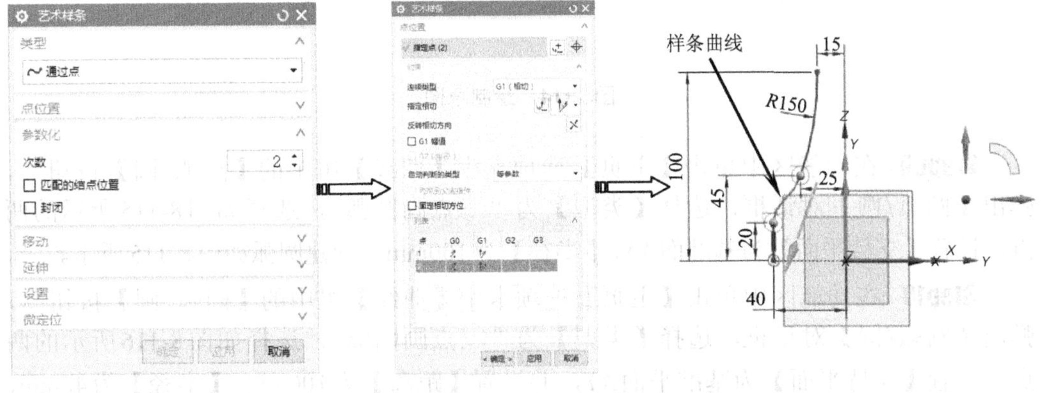

图8-112　绘制草图样条

Step07 在建模功能区中单击【主页】选项卡中【特征】组中的【基准平面】命令，或选择菜单【插入】|【基准/点】|【基准平面】命令，弹出【基准平面】对话框，选择“自动判断”类型，选择*YZ*平面，【距离】为−16.5mm，单击【确定】按钮，创建基准平面，如图8-113所示。

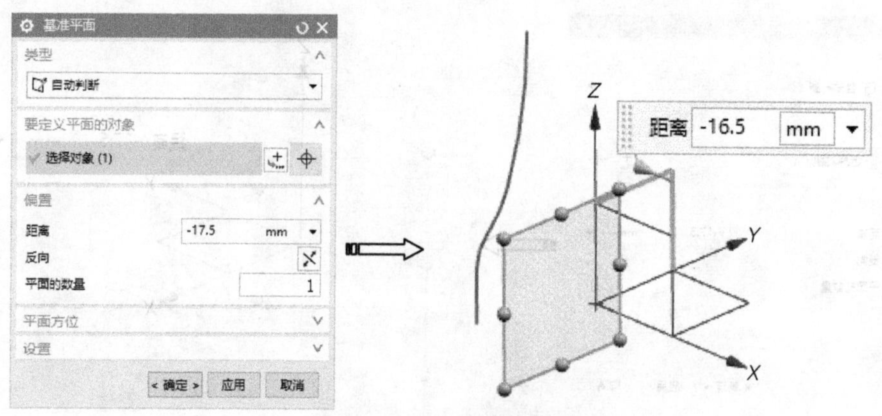

图8-113 创建基准平面

Step08 选择下拉菜单【插入】|【在任务环境中绘制草图】命令，弹出【创建草图】对话框，在【草图类型】中选择“在平面上”，选择上一步创建的基准平面为草绘平面，单击【确定】按钮，利用直线、圆弧工具绘制如图8-114所示的草图。单击【草图】组上的【完成】按钮，完成草图绘制退出草图编辑器环境。

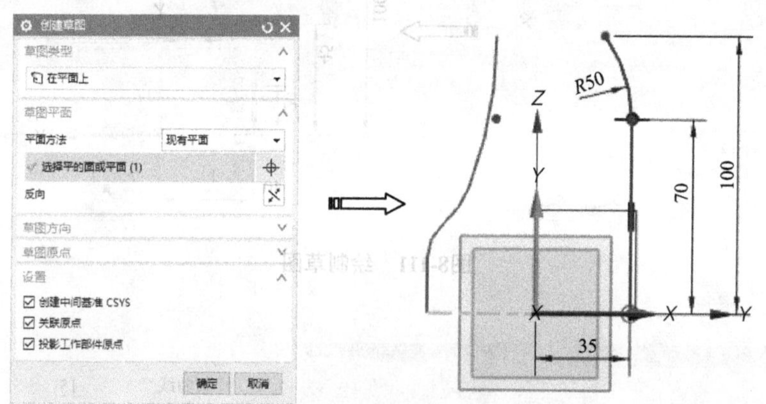

图8-114 绘制草图

Step09 在功能区中单击【主页】选项卡中【曲线】组中的【圆弧/圆】按钮，弹出【圆弧/圆】对话框，选择【类型】为“三点画圆弧”，选择如图8-115所示的两点，设置【支持平面】为基准面*XY*，【半径】为100mm，创建圆弧如图8-115所示。

Step10 在功能区中单击【主页】选项卡中【曲线】组中的【圆弧/圆】按钮，弹出【圆弧/圆】对话框，选择【类型】为“三点画圆弧”，选择如图8-116所示的两点，设置【支持平面】为基准平面*XY*，并设置【距离】为100mm，【半径】为40mm，创建圆弧如图8-116所示。

Step11 在功能区中单击【主页】选项卡中【曲面】组中【通过曲线网格】按钮，或选择菜单【插入】|【网格曲面】|【通过曲线网格】命令，弹出【通过曲线网格】对话框，在图形中主曲线和交叉曲线，单击【确定】按钮创建直纹曲面，如图8-117所示。

图8-115　创建圆弧

图8-116　创建圆弧

图8-117　创建通过曲线网格曲面

Step12 在建模功能区中单击【主页】选项卡中【特征】组中的【镜像特征】按钮，或选择下拉菜单【插入】|【关联复制】|【镜像特征】命令，弹出【镜像特征】对话框，选择通过曲线网格曲面为镜像特征，选择镜像基准平面*YZ*，单击【确定】按钮完成，如图8-118所示。

Step13 在建模功能区中单击【主页】选项卡中【特征】组中的【基准平面】命令，或选择菜单【插入】|【基准/点】|【基准平面】命令，弹出【基准平面】对话框，

选择“自动判断”类型，选择XY平面，【距离】为20mm，单击【确定】按钮，创建基准平面，如图8-119所示。

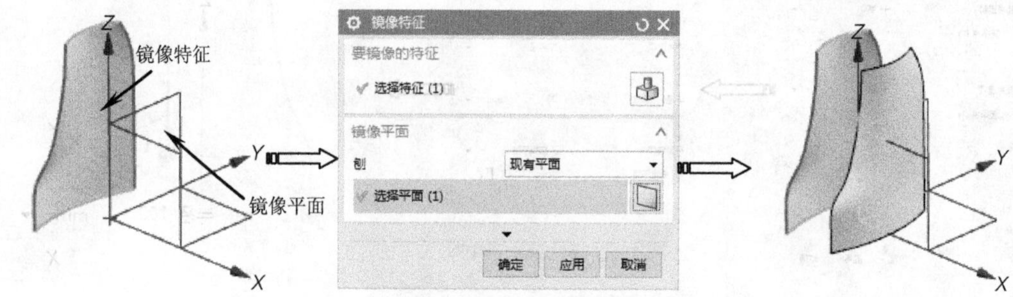

图8-118　创建镜像特征

图8-119　创建基准平面

Step14 在功能区中单击【主页】选项卡中【派生曲线】组中【截面曲线】按钮，或选择下拉菜单【插入】|【派生曲线】|【截面】命令，弹出【截面曲线】对话框，在【类型】中选择“选定的平面”，在【要剖切的对象】中选择如图8-120所示的曲面，在【剖切平面】中选择基准面，单击【确定】按钮完成，如图8-120所示。

图8-120　创建截面曲线

Step15 在功能区中单击【主页】选项卡中【派生曲线】组中【桥接曲线】按钮

，或选择下拉菜单【插入】|【派生曲线】|【桥接】命令时，弹出【桥接曲线】对话框，选择如图8-121所示的曲线，在【形状控制】中选择“相切幅值”，设置【开始】和【结束】为0.8，单击【确定】按钮完成桥接曲线，如图8-121所示。

图8-121　创建桥接曲线

Step16 在功能区中单击【主页】选项卡中【派生曲线】组中【桥接曲线】按钮，或选择下拉菜单【插入】|【派生曲线】|【桥接】命令时，弹出【桥接曲线】对话框，选择如图8-122所示的曲线，在【形状控制】中选择“相切幅值”，设置【开始】和【结束】为0.8，单击【确定】按钮完成桥接曲线，如图8-122所示。

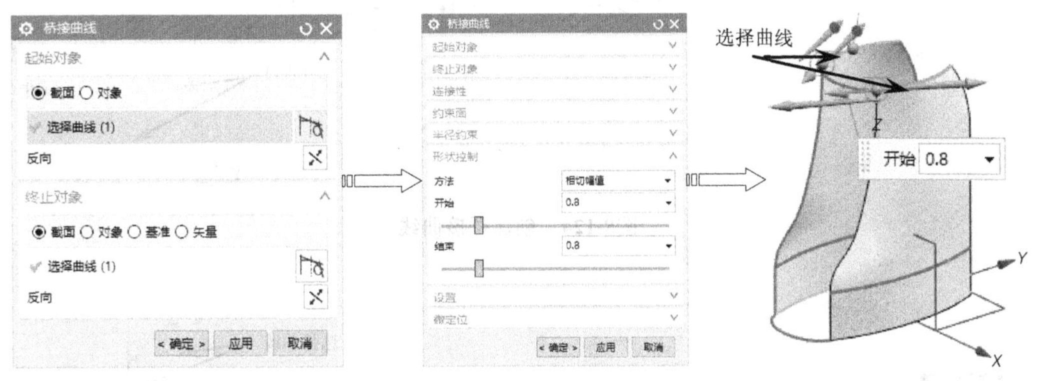

图8-122　创建桥接曲线

Step17 在功能区中单击【主页】选项卡中【派生曲线】组中【桥接曲线】按钮，或选择下拉菜单【插入】|【派生曲线】|【桥接】命令时，弹出【桥接曲线】对话框，选择如图8-123所示的曲线，在【形状控制】中选择“相切幅值”，设置【开始】和【结束】为0.8，单击【确定】按钮完成桥接曲线，如图8-123所示。

Step18 在功能区中单击【主页】选项卡中【派生曲线】组中【桥接曲线】按钮，或选择下拉菜单【插入】|【派生曲线】|【桥接】命令时，弹出【桥接曲线】对话框，选择如图8-124所示的曲线，在【形状控制】中选择“相切幅值”，设置【开始】和【结束】为0.6，单击【确定】按钮完成桥接曲线，如图8-124所示。

Step19 在功能区中单击【主页】选项卡中【派生曲线】组中【桥接曲线】按钮

，或选择下拉菜单【插入】|【派生曲线】|【桥接】命令时，弹出【桥接曲线】对话框，选择如图8-125所示的曲线，在【形状控制】中选择“相切幅值”，设置【开始】和【结束】为0.6，单击【确定】按钮完成桥接曲线，如图8-125所示。

图8-123 创建桥接曲线

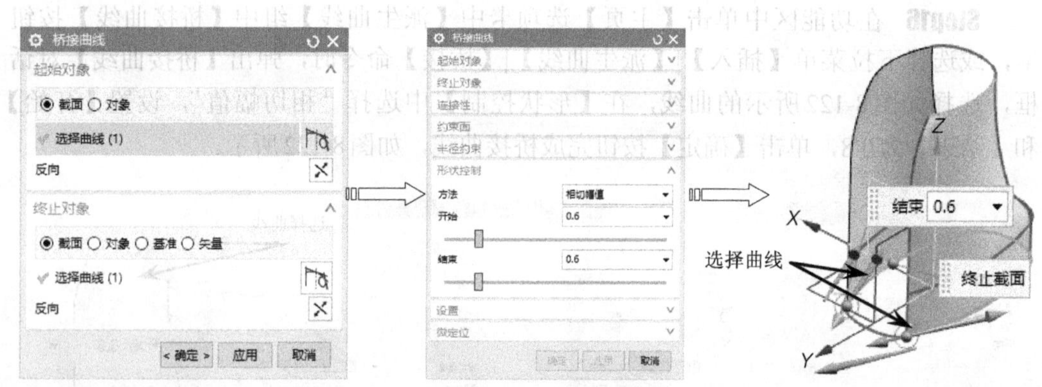

图8-124 创建桥接曲线

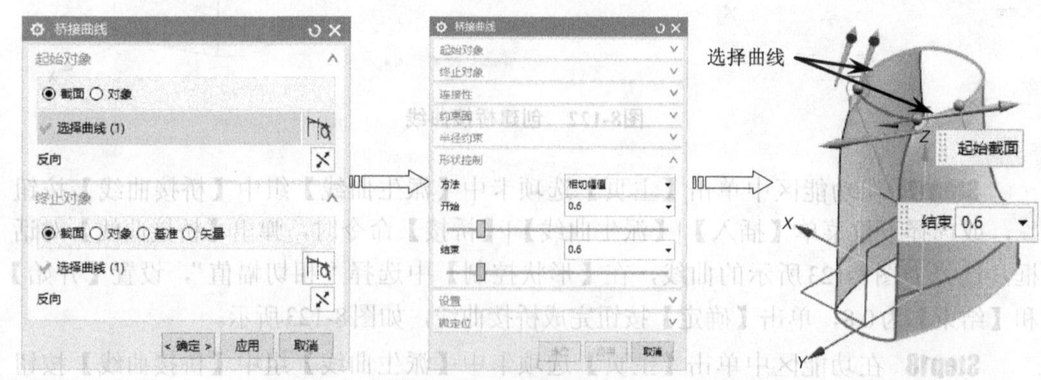

图8-125 创建桥接曲线

Step20 在功能区中单击【主页】选项卡中【派生曲线】组中【截面曲线】按钮，或选择下拉菜单【插入】|【派生曲线】|【截面】命令，弹出【截面曲线】对话框，在【类型】中选择“选定的平面”，在【要剖切的对象】中选择如图8-126所示的曲线，

在【剖切平面】中选择基准面，单击【确定】按钮完成，如图8-126所示。

图8-126　创建截面曲线

Step21 选择下拉菜单【插入】|【在任务环境中绘制草图】命令，弹出【创建草图】对话框，在【草图类型】中选择“在平面上”，选择基准平面*YZ*为草绘平面，单击【确定】按钮，利用直线、圆弧工具绘制如图8-127所示的草图。单击【草图】组上的【完成】按钮，完成草图绘制退出草图编辑器环境。

图8-127　绘制草图

Step22 在功能区中单击【主页】选项卡中【曲面】组中【通过曲线网格】按钮，或选择菜单【插入】|【网格曲面】|【通过曲线网格】命令，弹出【通过曲线网格】对话框，在图形中主曲线和交叉曲线，并设置单击【确定】按钮创建直纹曲面，如图8-128所示。

Step23 在功能区中单击【主页】选项卡中【曲面】组中【通过曲线网格】按钮，或选择菜单【插入】|【网格曲面】|【通过曲线网格】命令，弹出【通过曲线网格】对话框，在图形中主曲线和交叉曲线，并设置单击【确定】按钮创建直纹曲面，如图8-129所示。

Step24 在建模功能区中单击【曲面】选项卡中【曲面】组中的【有界平面】按钮，或选择下拉菜单【插入】|【曲面】|【有界平面】命令，弹出【有界平面】对话框，在图形中选择封闭曲线，单击【确定】按钮创建5个有界平面，如图8-130所示。

图8-128　创建通过曲线网格曲面

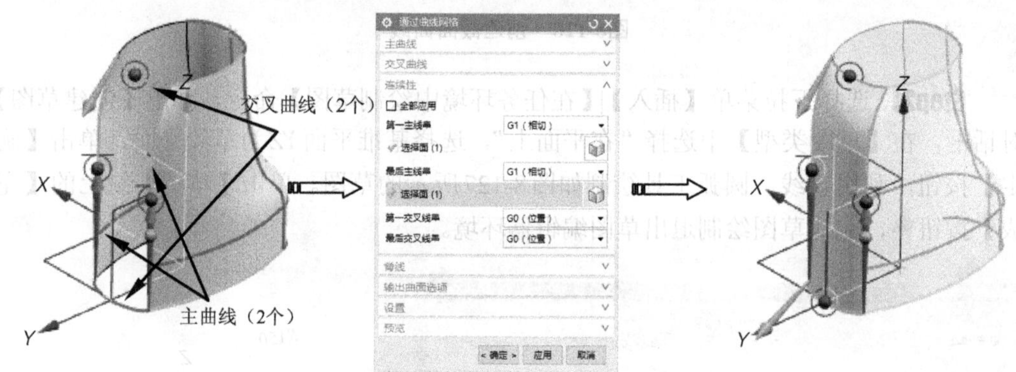

图8-129　创建通过曲线网格曲面

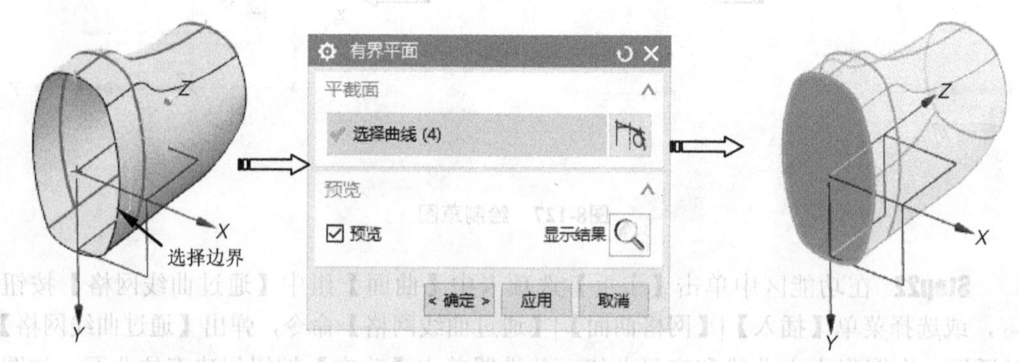

图8-130　创建有界平面

8.4.2.3　创建壶口曲面

Step25　选择下拉菜单【插入】|【在任务环境中绘制草图】命令，弹出【创建草图】对话框，在【草图类型】中选择“在平面上”，选择基准平面 *YZ* 为草绘平面，单击【确定】按钮，利用直线工具绘制如图8-131所示的草图。

Step26　在建模功能区中单击【曲面】选项卡中【曲面】组中的【扫掠】按钮，或选择下拉菜单【插入】|【扫掠】|【已扫掠】命令，弹出【扫掠】对话框，单击【截面（主要）曲线】组框中的【选择曲线】图标，在图形中选择主曲线；单击【引导曲

线】组框中的【选择曲线】图标，选择引导线，单击【确定】按钮创建艺术曲面，如图8-132所示。

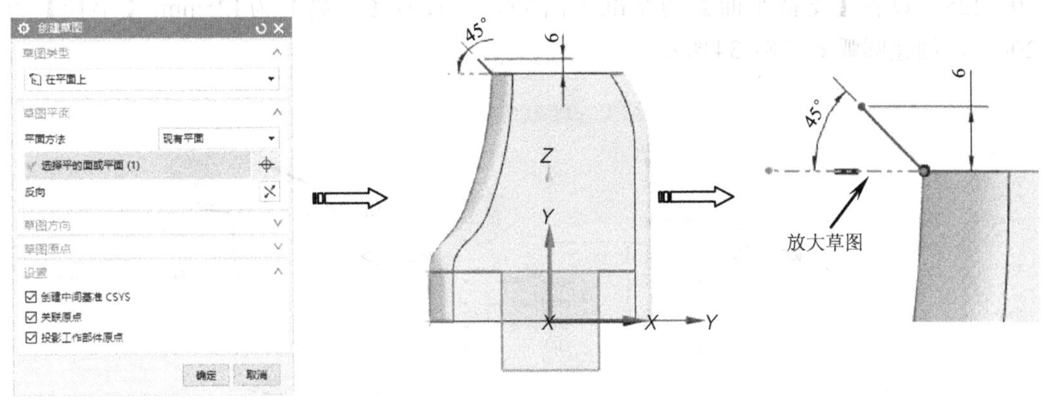

图8-131　绘制草图

图8-132　创建扫掠曲面

Step27 在建模功能区中单击【主页】选项卡中【特征】组中的【拉伸】命令，或选择菜单【插入】|【设计特征】|【拉伸】命令，弹出【拉伸】对话框，在【体类型】中选择“片体”，在【限制】组框中的【结束】为10mm，单击【确定】按钮创建拉伸曲面，如图8-133所示。

图8-133　拉伸曲面

Step28 在功能区中单击【主页】选项卡中【曲线】组中的【圆弧/圆】按钮，弹出【圆弧/圆】对话框，选择【类型】为“从中心开始的圆弧/圆”，中心为（0,0,125）设置【支持平面】为基准平面*XY*，并设置【距离】为125mm，【半径】为20mm，创建圆弧如图8-134所示。

图8-134 创建圆弧

Step29 在建模功能区中单击【曲面】选项卡中【曲面】组中的【直纹】按钮，或选择下拉菜单【插入】|【网格曲面】|【直纹面】命令，弹出【直纹】对话框，在图形中选择截面线1，然后选择截面线2，【对齐】选择“根据点”，调整对齐点然后单击【确定】按钮创建直纹曲面，如图8-135所示。

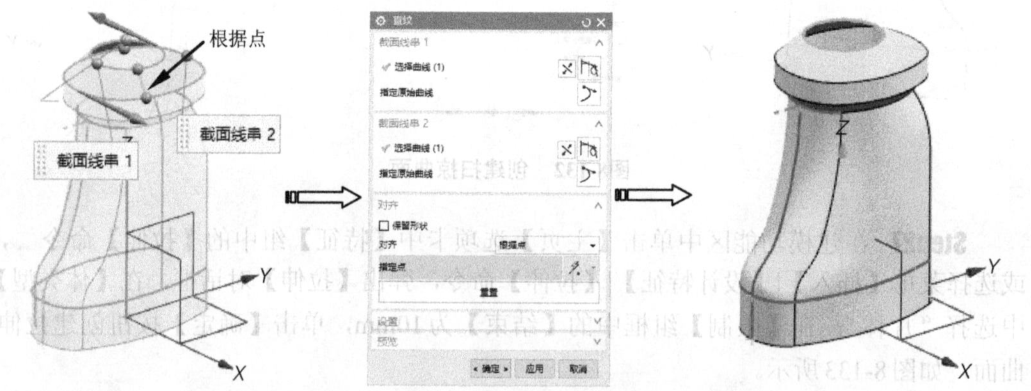

图8-135 创建直纹曲面

Step30 在建模功能区中单击【主页】选项卡中【特征】组中的【拉伸】命令，或选择菜单【插入】|【设计特征】|【拉伸】命令，弹出【拉伸】对话框，在【体类型】中选择“片体”，在【限制】组框中的【结束】为5mm，单击【确定】按钮创建拉伸曲面，如图8-136所示。

8.4.2.4 创建把手曲面

Step31 在功能区中单击【主页】选项卡中【派生曲线】组中【截面曲线】按钮，或选择下拉菜单【插入】|【派生曲线】|【截面】命令，弹出【截面曲线】对话框，

在【类型】中选择“选定的平面”，在【要剖切的对象】中选择如图8-137所示的曲面，在【剖切平面】中选择基准面，单击【确定】按钮完成，如图8-137所示。

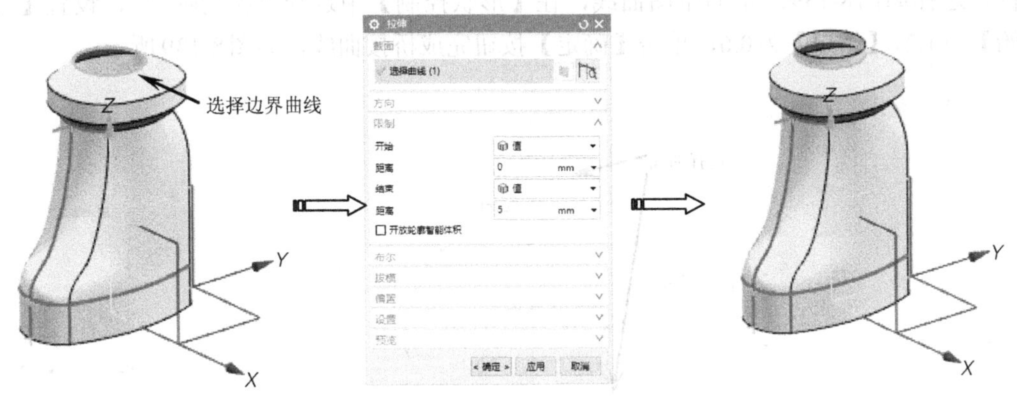

图8-136　拉伸曲面

图8-137　创建截面曲线

Step32 选择下拉菜单【插入】|【在任务环境中绘制草图】命令，弹出【创建草图】对话框，在【草图类型】中选择“在平面上”，选择基准平面*YZ*为草绘平面，单击【确定】按钮，利用直线、偏移工具绘制如图8-138所示的草图。

图8-138　绘制草图

Step33 在功能区中单击【主页】选项卡中【派生曲线】组中【桥接曲线】按钮，或选择下拉菜单【插入】|【派生曲线】|【桥接】命令时，弹出【桥接曲线】对话框，选择如图8-139所示的草图曲线，在【形状控制】中选择“相切幅值”，设置【开始】为1.2，【结束】为0.6，单击【确定】按钮完成桥接曲线，如图8-139所示。

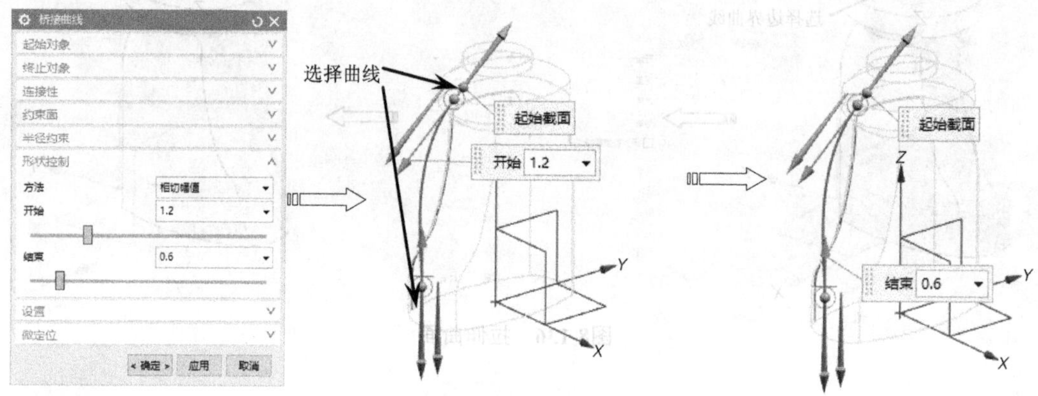

图8-139 创建桥接曲线

Step34 选择下拉菜单【插入】|【在任务环境中绘制草图】命令，弹出【创建草图】对话框，在【草图类型】中选择“在平面上”，选择基准平面*XY*为草绘平面，单击【确定】按钮，利用圆工具绘制如图8-140所示的草图。

图8-140 绘制草图

Step35 在建模功能区中单击【曲面】选项卡中【曲面】组中的【扫掠】按钮，或选择下拉菜单【插入】|【扫掠】|【已扫掠】命令，弹出【扫掠】对话框，单击【截面（主要）曲线】组框中的【选择曲线】图标，在图形中选择截面曲线；单击【引导曲线】组框中的【选择曲线】图标，选择引导线，单击【确定】按钮创建扫掠曲面，如图8-141所示。

Step36 在功能区中单击【主页】选项卡中【曲面】组中【倒圆角】按钮，或选择菜单【插入】|【细节特征】|【面倒圆】命令，弹出【面倒圆】对话框，在【类型】下拉列表中选择“滚动球”，选择如图8-142所示的两个曲面，设置【半径】为3mm，

在【修剪和缝合】组框中取消【缝合所有面】复选框，单击【确定】按钮创建圆角曲面，如图8-142所示。

图8-141 创建扫掠曲面

图8-142 创建面倒圆

Step37 在功能区中单击【主页】选项卡中【曲面】组中【倒圆角】按钮，或选择菜单【插入】|【细节特征】|【面倒圆】命令，弹出【面倒圆】对话框，在【类型】下拉列表中选择“滚动球”，选择如图8-143所示的两个曲面，设置【半径】为3mm，在【修剪和缝合】组框中取消【缝合所有面】复选框，单击【确定】按钮创建圆角曲面，如图8-143所示。

Step38 在功能区中单击【主页】选项卡中【曲面】组中【倒圆角】按钮，或选择菜单【插入】|【细节特征】|【面倒圆】命令，弹出【面倒圆】对话框，在【类型】下拉列表中选择“滚动球”，选择如图8-144所示的两个曲面，设置【半径】为3mm，在【修剪和缝合】组框中选中【缝合所有面】复选框，单击【确定】按钮创建圆角曲面，如图8-144所示。

Step39 在功能区中单击【主页】选项卡中【曲面】组中【倒圆角】按钮，或选择菜单【插入】|【细节特征】|【面倒圆】命令，弹出【面倒圆】对话框，在【类型】下拉列表中选择“滚动球”，选择如图8-145所示的两个曲面，设置【半径】为3mm，

在【修剪和缝合】组框中选中【缝合所有面】复选框，单击【确定】按钮创建圆角曲面，如图8-145所示。

图8-143 创建面倒圆

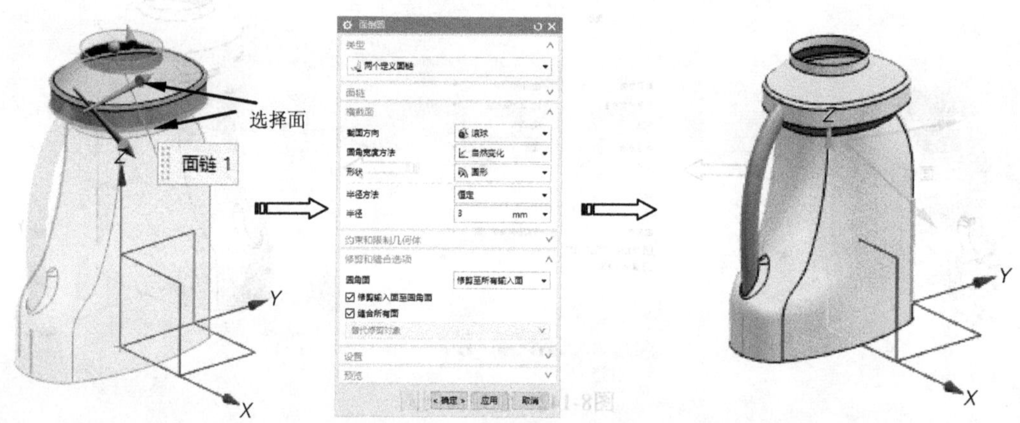

图8-144 创建面倒圆

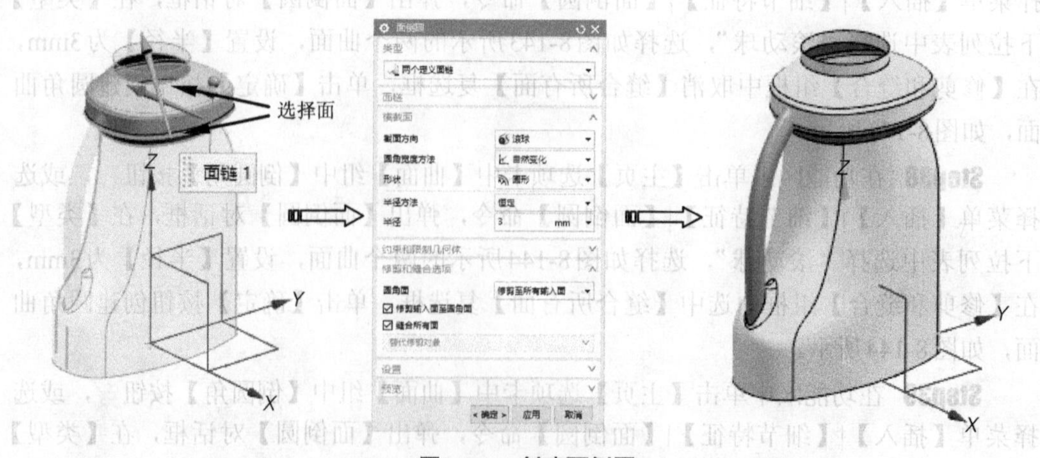

图8-145 创建面倒圆

Step40 在功能区中单击【主页】选项卡中【曲面】组中【倒圆角】按钮，或选择菜单【插入】|【细节特征】|【面倒圆】命令，弹出【面倒圆】对话框，在【类型】下拉列表中选择“滚动球”，选择如图8-146所示的两个曲面，设置【半径】为3mm，在【修剪和缝合】组框中选中【缝合所有面】复选框，单击【确定】按钮创建圆角曲面，如图8-146所示。

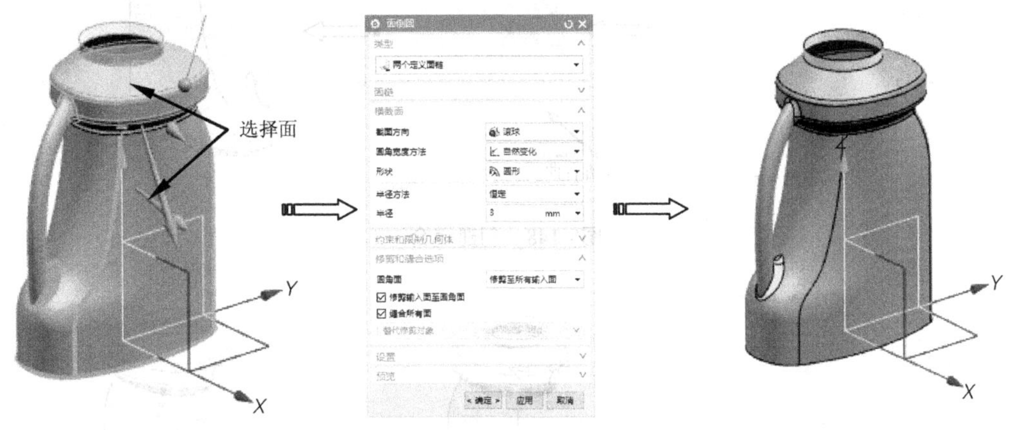

图8-146　创建面倒圆

Step41 在功能区中单击【主页】选项卡中【曲面】组中【倒圆角】按钮，或选择菜单【插入】|【细节特征】|【面倒圆】命令，弹出【面倒圆】对话框，在【类型】下拉列表中选择“滚动球”，选择如图8-147所示的两个曲面，设置【半径】为5mm，在【修剪和缝合】组框中选中【缝合所有面】复选框，单击【确定】按钮创建圆角曲面，如图8-147所示。

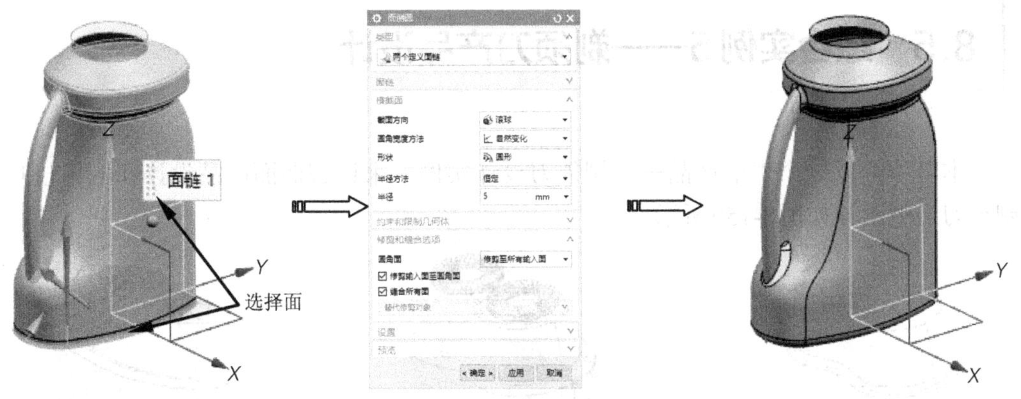

图8-147　创建面倒圆

8.4.2.5　创建实体

Step42 在功能区中单击【主页】选项卡中【曲面工序】组中【缝合】按钮，或选择下拉菜单【插入】【组合】|【缝合】命令，弹出【缝合】对话框，如图8-148所示。

Step43 在建模功能区中单击【主页】选项卡中【特征】组中的【加厚】按钮，

或选择下拉菜单【插入】|【偏置/缩放】|【加厚】命令，弹出【加厚】对话框，选择缝合后的曲面，设置【偏置1】为2mm，单击【确定】按钮完成，如图8-149所示。

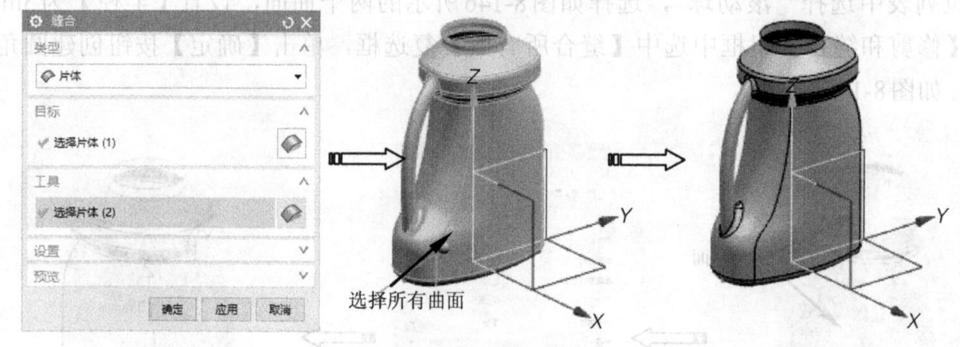

图8-148　创建缝合

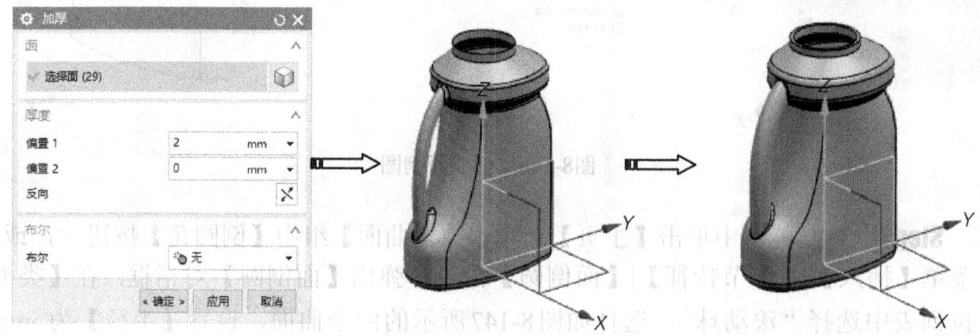

图8-149　创建加厚特征

8.5　综合实例5——剃须刀产品设计

本节中，以一个生活产品——剃须刀设计实例，来详解曲面产品设计和应用技巧。剃须刀造型设计如图8-150所示。

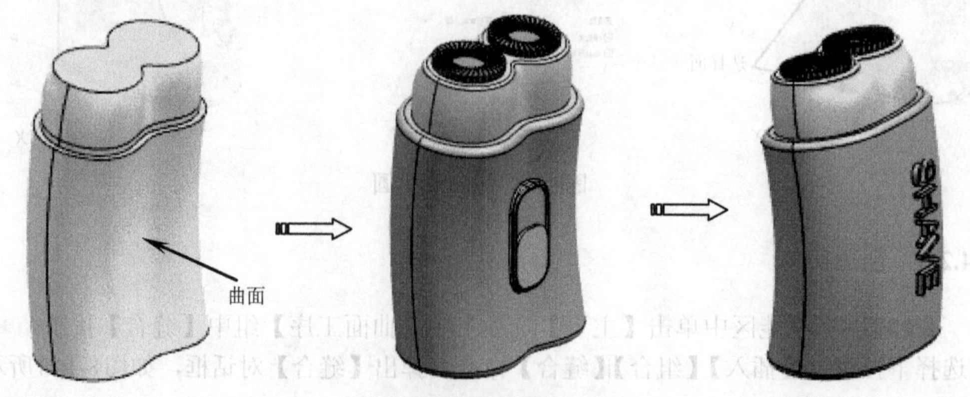

图8-150　剃须刀造型设计

8.5.1 剃须刀造型思路分析

8.5.1 视频精讲

剃须刀是日常常用的生活用品，外形流畅、结构美观。剃须刀建模流程如下。

（1）零件分析，拟定总体建模思路

总体思路是：首先对模型结构进行分析和分解，分解为相应的部分：刀头部曲面、手持部曲面和刀头部实体、手持部实体等。根据总体结构布局与相互之间的关系，按照先曲面后实体、手持部实体再先刀头实体的顺序依次创建各部分，如图8-151所示。

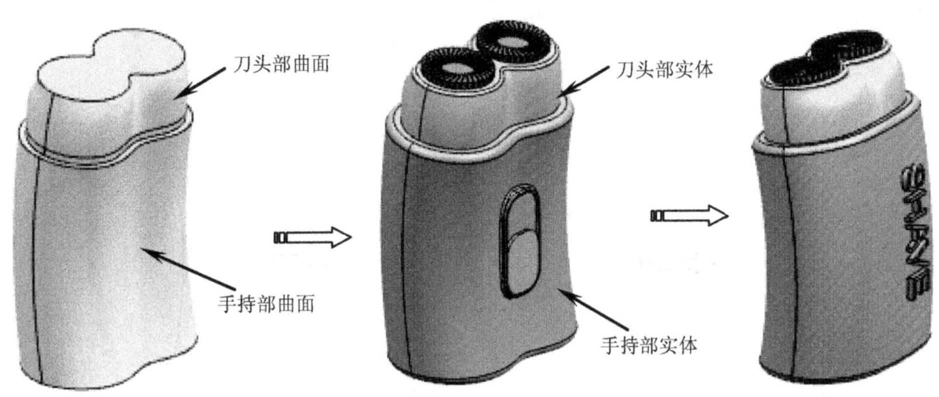

图8-151 剃须刀的模型分解

（2）手持部曲面的构建和操作

曲面采用点、线、面顺序，利用草图、样条曲线的功能创建线框，然后通过网格曲面创建手持部曲面，如图8-152所示。

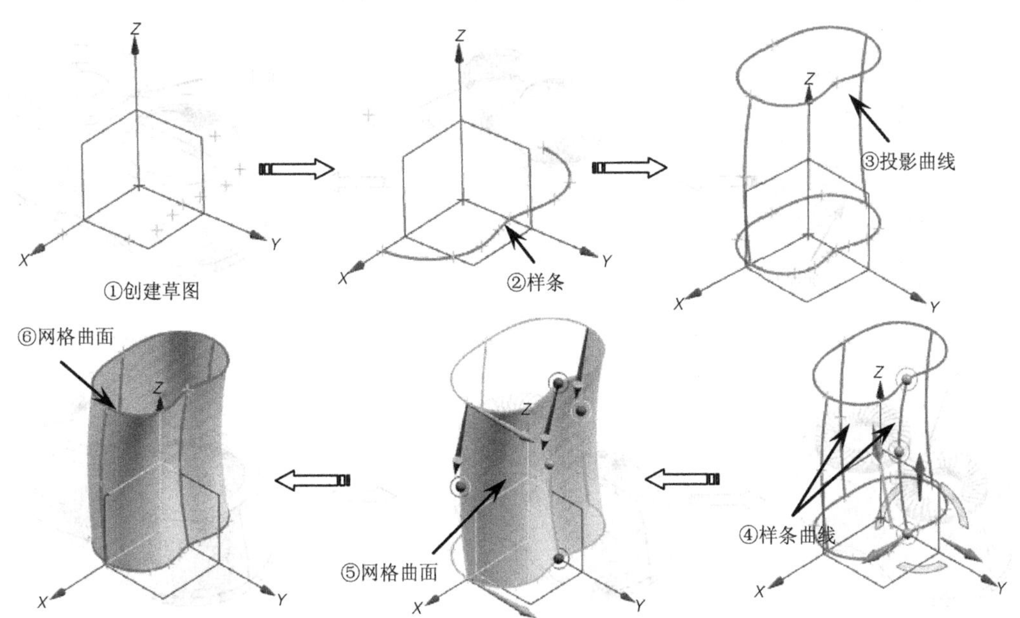

图8-152 手持部曲面的创建过程

(3) 刀头部曲面的构建和操作

曲面采用点、线、面顺序，利用草图、样条曲线的功能创建线框，然后通过网格曲面创建手持部曲面，如图8-153所示。

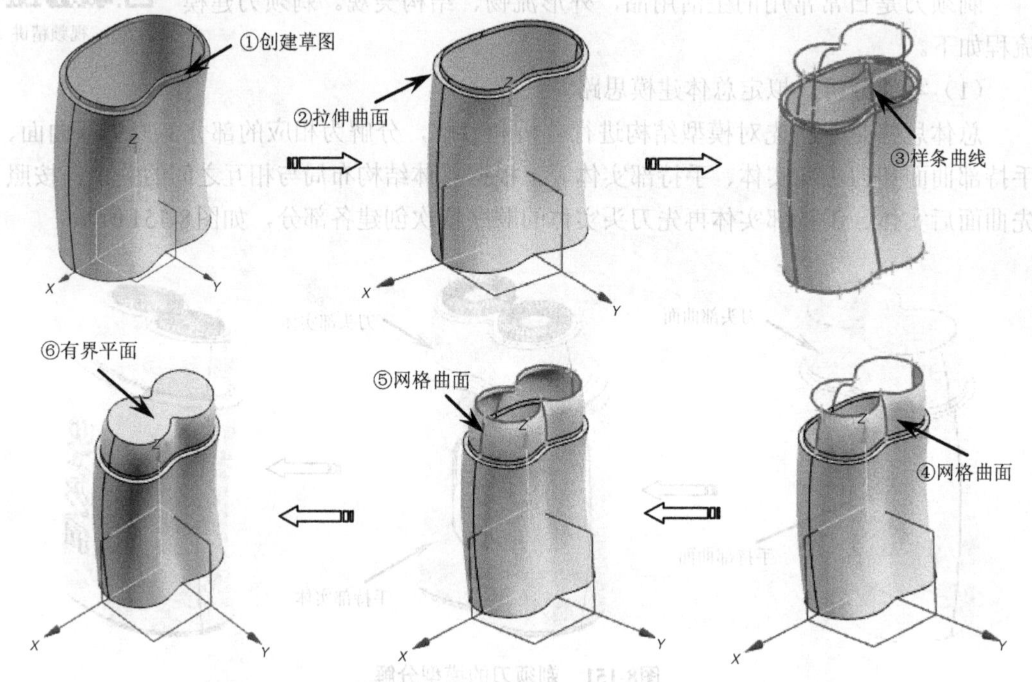

图8-153 刀头部曲面的创建过程

(4) 刀头部实体的构建和操作

首先加厚曲面创建实体，通过孔特征打孔，然后通过拉伸特征形成刀头凹槽，进而利用阵列特征和镜像特征创建刀头部实体，如图8-154所示。

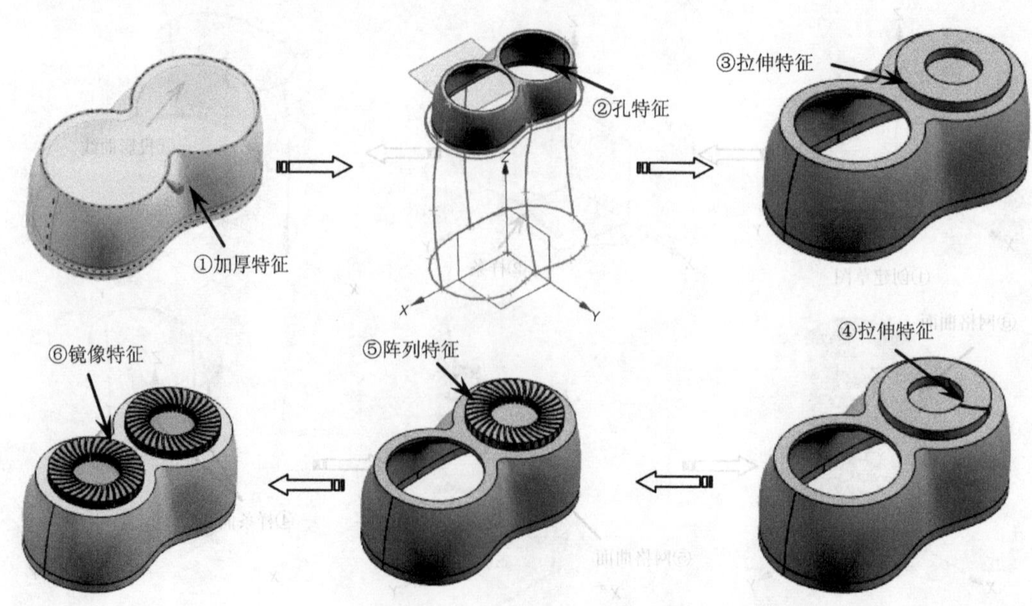

图8-154 刀头部实体的创建过程

（5）手持部实体的构建和操作

首先加厚曲面创建实体，利用文字创建文字进而投影到曲面形成曲线，通过N边曲面创建曲面进而加厚形成实体，最后通过拉伸创建开关按钮，如图8-155所示。

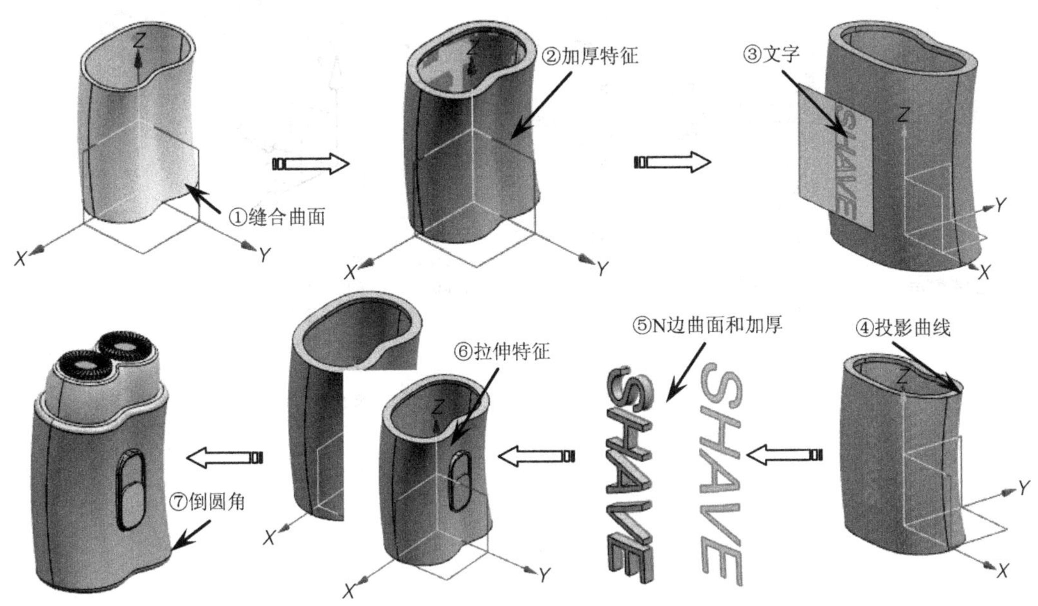

图8-155　手持部实体的创建过程

8.5.2　剃须刀造型设计操作过程

Step01 启动NX后，单击【主页】选项卡的【新建】按钮，弹出【文件新建】对话框，选择【模型】模板。在【名称】文本框中输入“剃须刀”，单击【确定】按钮，新建文件，如图8-156所示。

8.5.2.1　设置草图首选项

Step02 选择下拉菜单【首选项】|【草图】命令，弹出【草图首选项】对话框，单击【草图设置】选项卡，【尺寸标签】为“值”，取消【连续自动标注尺寸】复选框，如图8-157所示。

Step03 为了便于区别施加约束后的尺寸和几何，单击【部件设置】选项卡，单击【约束和尺寸】选项后的颜色按钮，弹出【颜色】对话框，设置约束和尺寸颜色，如图8-158所示。单击【确定】按钮，关闭首选项对话框，完成草图设置。

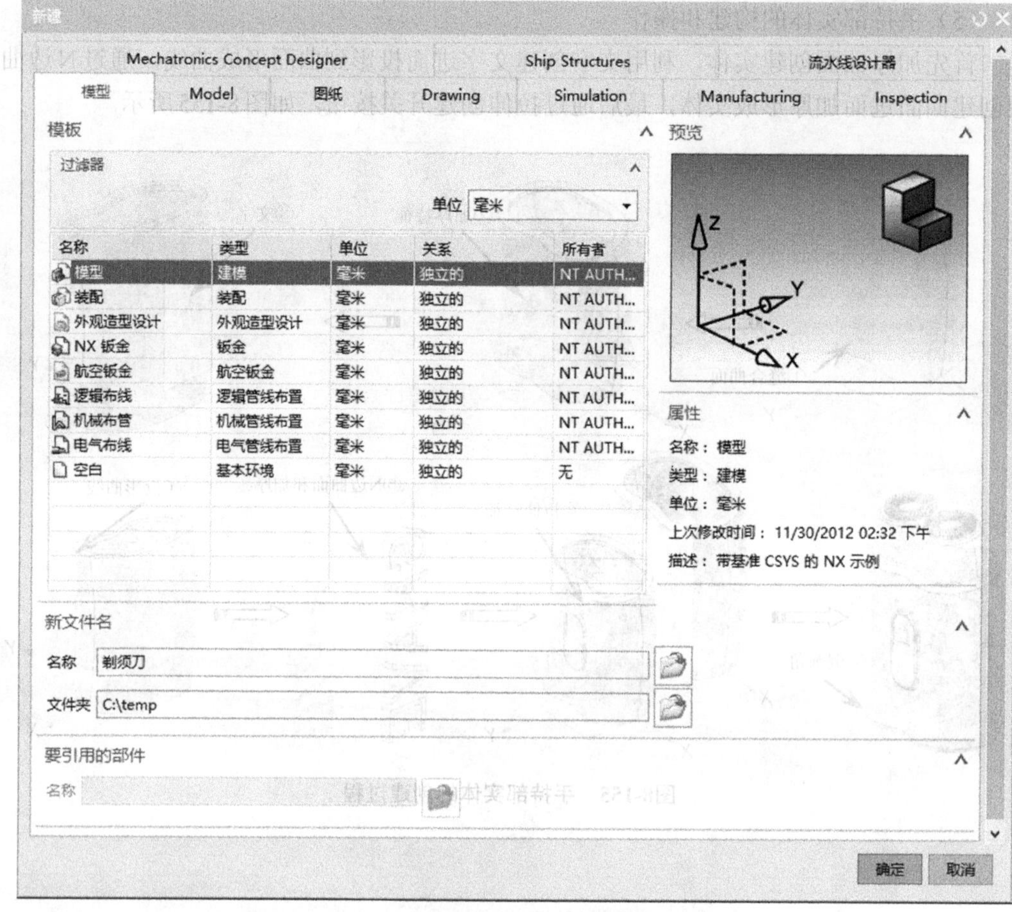

图8-156 【新建】对话框

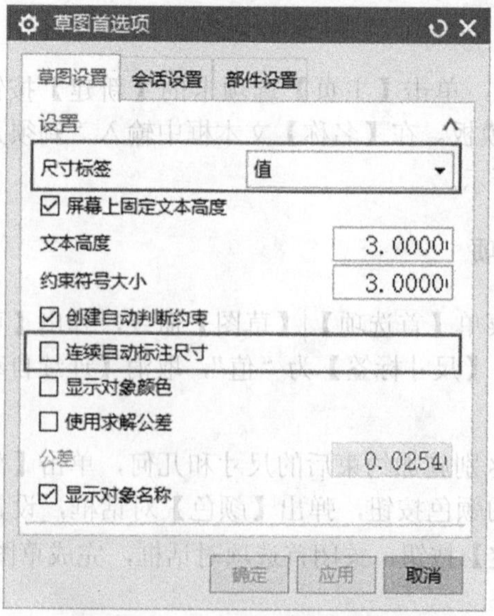

草图首选项
草图设置 会话设置 部件设置
设置
尺寸标签 值
☑ 屏幕上固定文本高度
文本高度 3.0000
约束符号大小 3.0000
☑ 创建自动判断约束
☐ 连续自动标注尺寸
☐ 显示对象颜色
☐ 使用求解公差
公差 0.0254
☑ 显示对象名称
确定 应用 取消

图8-157 【草图设置】选项卡

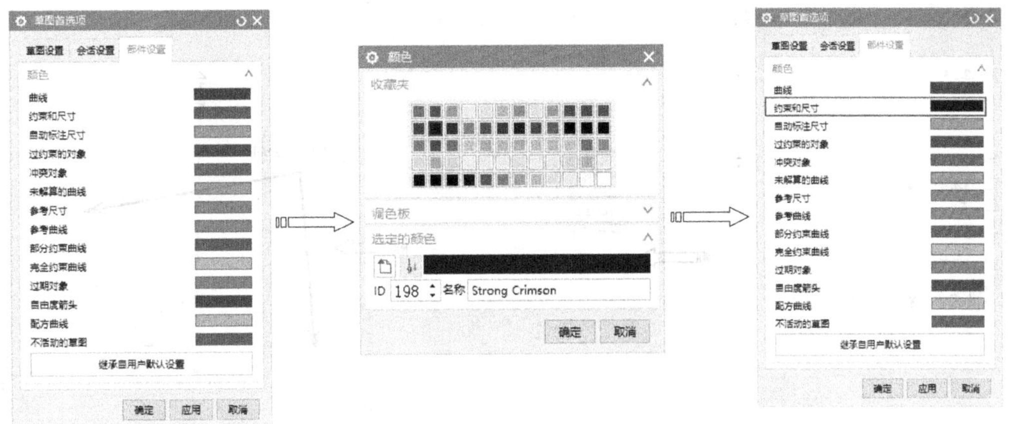

图8-158　设置颜色

8.5.2.2　创建手持部曲面

8.5.2.2　视频精讲

Step04 在功能区中单击【主页】选项卡中【曲线】组中的【点】按钮，或选择下拉菜单【插入】|【基准/点】|【点】命令，弹出【点构造器】对话框，在【坐标】中输入（27.5,0,0）（20,14,0）、（12.5,16,0）、（5,14.5,0）、（0,13.5,0）、（−5,14.5,0）、（−12.5,16,0）、（−20,14,0）、（−27.5,0,0），单击【确定】按钮创建8个点，如图8-159所示。

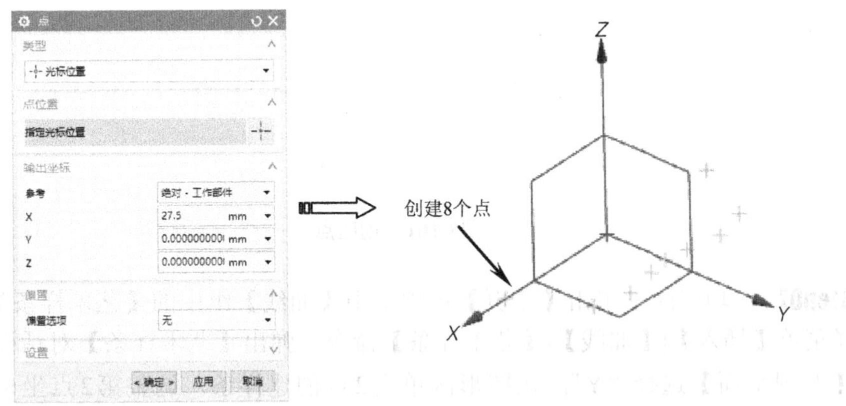

图8-159　创建点

Step05 在功能区中单击【主页】选项卡中【曲线】组中的【艺术样条】按钮，或选择菜单【插入】|【曲线】|【艺术样条】命令，弹出【艺术样条】对话框，【次数】为3，【制图平面】选择“Z”，在图形区单击8点创建样条，其中第一点设置为G1，最后一点设置为G1，选择*YC*轴为相切方向，如图8-160所示。

Step06 在功能区中单击【主页】选项卡中【曲线】组中的【点】按钮，或选择下拉菜单【插入】|【基准/点】|【点】命令，弹出【点构造器】对话框，在【坐标】中输入（27.5,−3,33）、（27.5,0,66），单击【确定】按钮创建2个点，如图8-161所示。

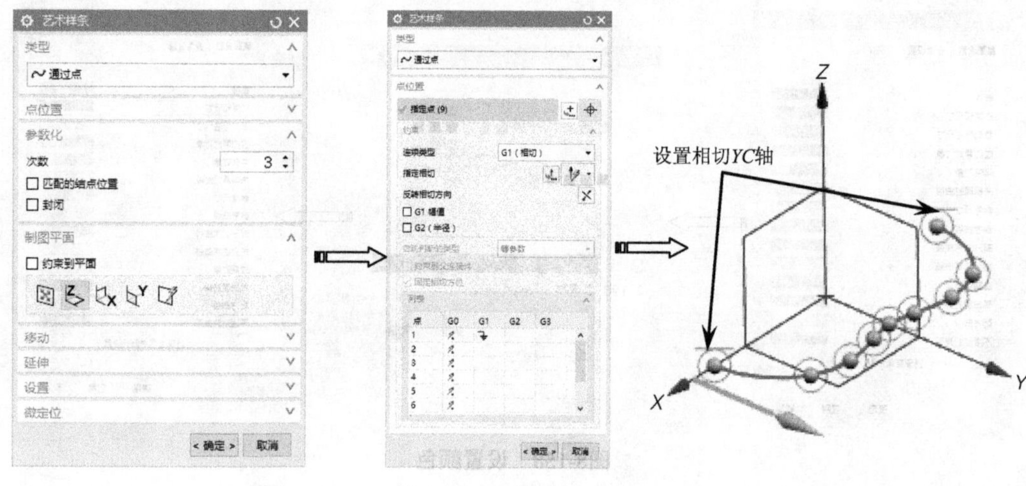

图8-160 创建样条曲线

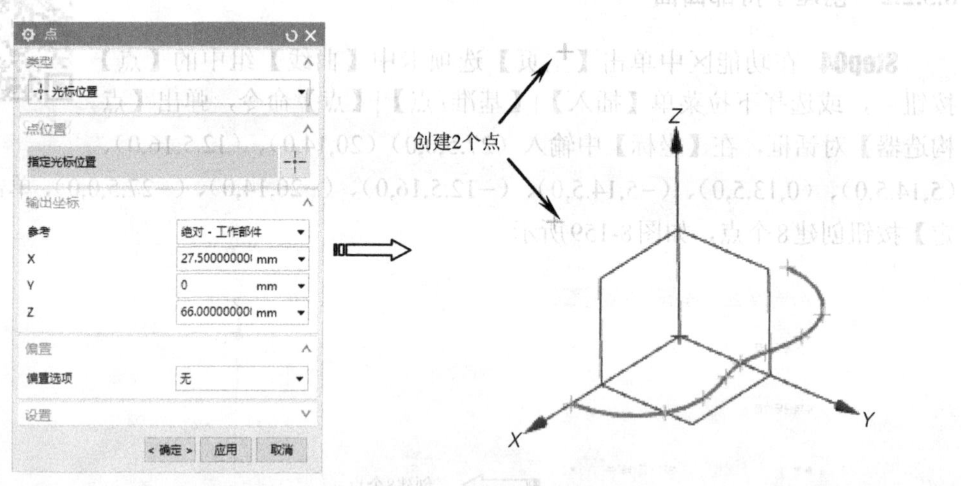

图8-161 创建点

Step07 在功能区中单击【主页】选项卡中【曲线】组中的【艺术样条】按钮，或选择菜单【插入】|【曲线】|【艺术样条】命令，弹出【艺术样条】对话框，【次数】为3，【制图平面】选择“Y”，在图形区单击2点创建样条，调整第2点坐标为（27.5,−3,33），如图8-162所示。

Step08 在功能区中单击【主页】选项卡中【派生曲线】组中【镜像曲线】按钮，或选择下拉菜单【插入】|【派生曲线】|【镜像】命令，弹出【镜像曲线】对话框，选择上一步创建的样条曲线作为镜像曲线，选择*YC*−*ZC*为镜像平面，单击【确定】按钮完成镜像如图8-163所示。

Step09 在功能区中单击【主页】选项卡中【曲线】组中的【点】按钮，或选择下拉菜单【插入】|【基准/点】|【点】命令，弹出【点构造器】对话框，在【坐标】中输入（20,−14,0）、（−20,−14,0）、（0,−18,0），单击【确定】按钮创建3个点，如图8-164所示。

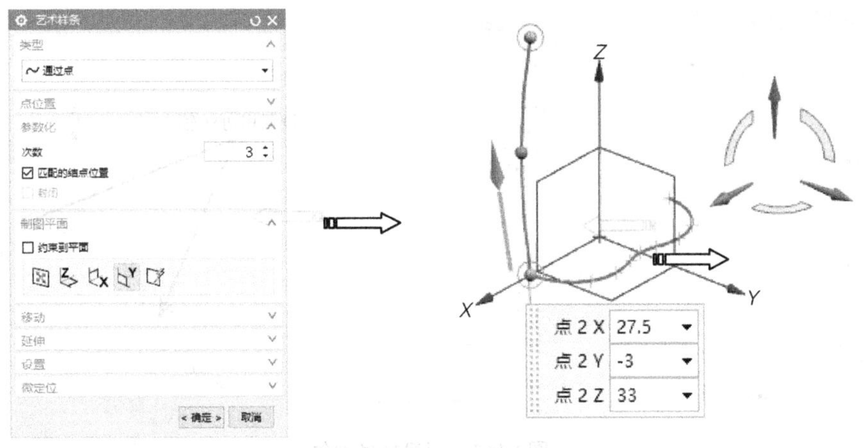

图8-162 创建样条曲线

图8-163 选择镜像平面

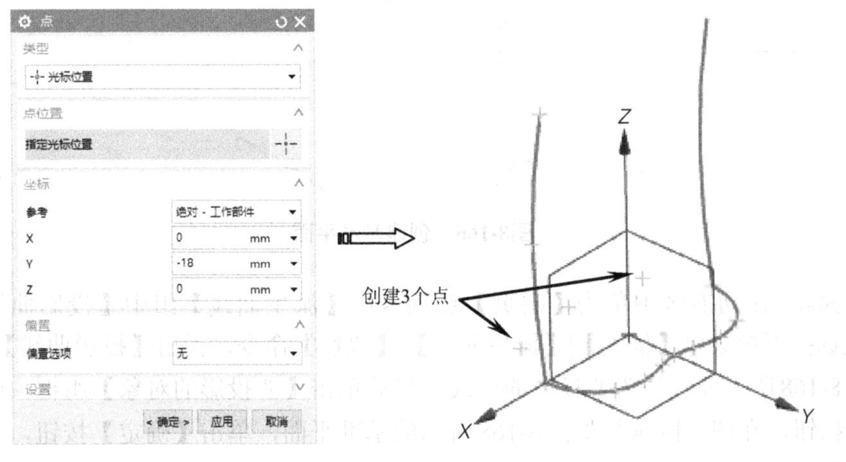

图8-164 创建点

Step10 在功能区中单击【主页】选项卡中【曲线】组中的【艺术样条】按钮，或选择菜单【插入】|【曲线】|【艺术样条】命令，弹出【艺术样条】对话框，【次数】为3，【制图平面】选择“Z”，在图形区单击5点创建样条，其中第一点设置为G1，最后一点设置为G1，选择*YC*轴为相切方向，如图8-165所示。

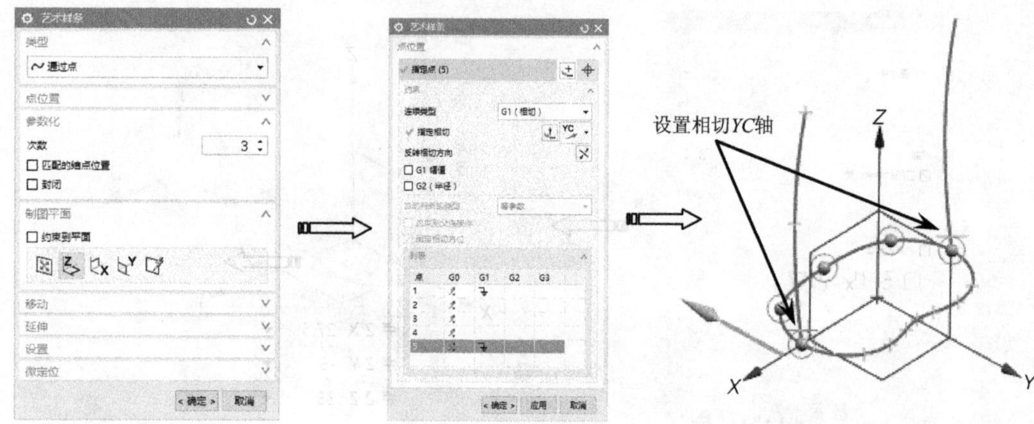

图8-165 创建样条曲线

Step11 在建模功能区中单击【主页】选项卡中【特征】组中的【基准平面】命令，或选择菜单【插入】|【基准/点】|【基准平面】命令，弹出【基准平面】对话框，选择“自动判断”类型，选择XY平面，【距离】为66mm，单击【确定】按钮，创建基准平面，如图8-166所示。

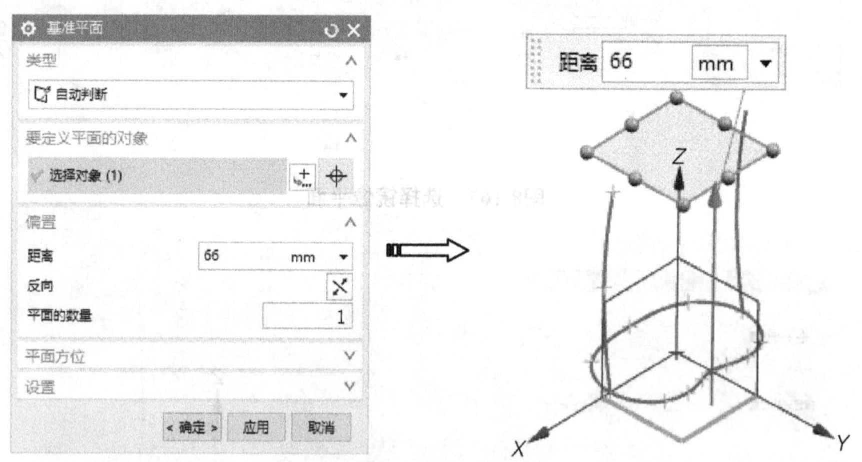

图8-166 创建基准平面

Step12 在功能区中单击【主页】选项卡中【派生曲线】组中【投影曲线】按钮，或选择下拉菜单【插入】|【派生曲线】|【投影】命令，弹出【投影曲线】对话框，选择图8-168所示曲线作为要投影的曲线，然后单击【要投影的对象】组框中的【选择对象】按钮，在图形区选择如图8-168所示的基准平面，单击【确定】按钮，完成投影曲线操作，如图8-167所示。

Step13 在功能区中单击【主页】选项卡中【派生曲线】组中【截面曲线】按钮，或选择下拉菜单【插入】|【派生曲线】|【截面】命令，弹出【截面曲线】对话框，【类型】为“选定的平面”，选择如图8-169所示的曲线和平面，单击【确定】按钮创建截面点，如图8-168所示。

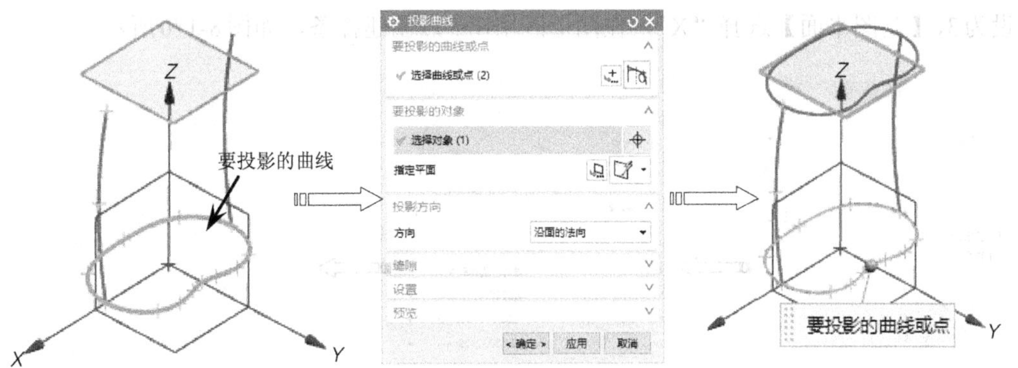

图8-167　创建投影曲线

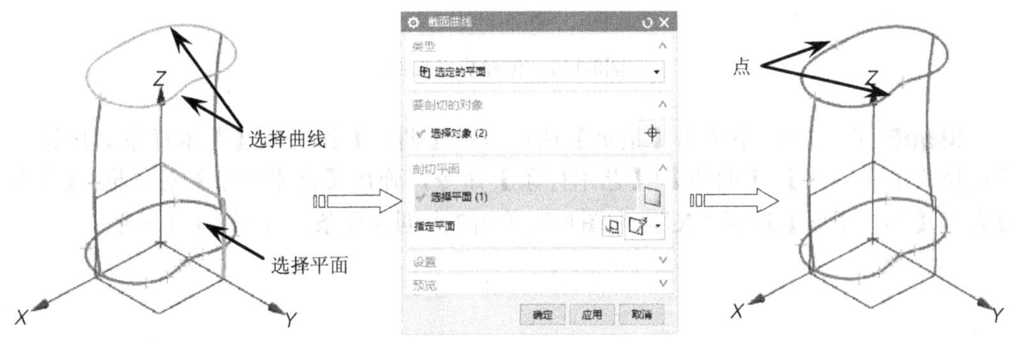

图8-168　创建截面曲线

Step14 在功能区中单击【主页】选项卡中【曲线】组中的【点】按钮，或选择下拉菜单【插入】|【基准/点】|【点】命令，弹出【点构造器】对话框，在【坐标】中输入（0,−20,33）、（0,9.5,33），单击【确定】按钮创建2个点，如图8-169所示。

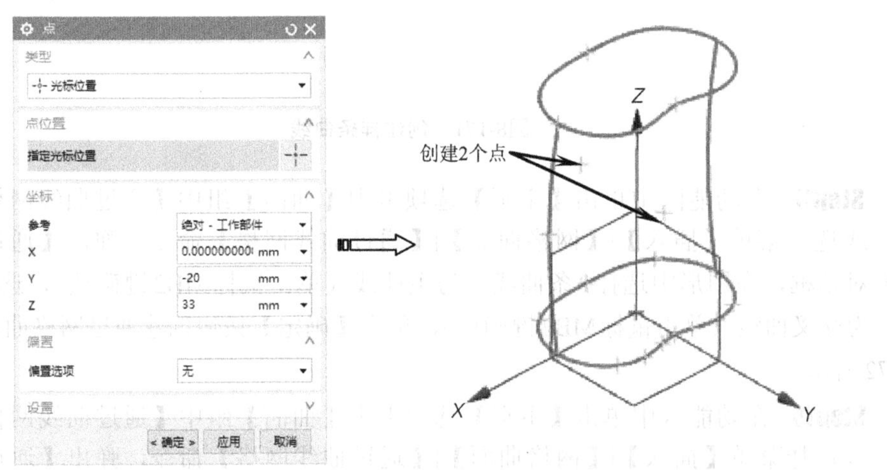

图8-169　创建点

Step15 在功能区中单击【主页】选项卡中【曲线】组中的【艺术样条】按钮，或选择菜单【插入】|【曲线】|【艺术样条】命令，弹出【艺术样条】对话框，【次数】

设为3，【制图平面】选择“X”，在图形区单击3点创建样条，如图8-170所示。

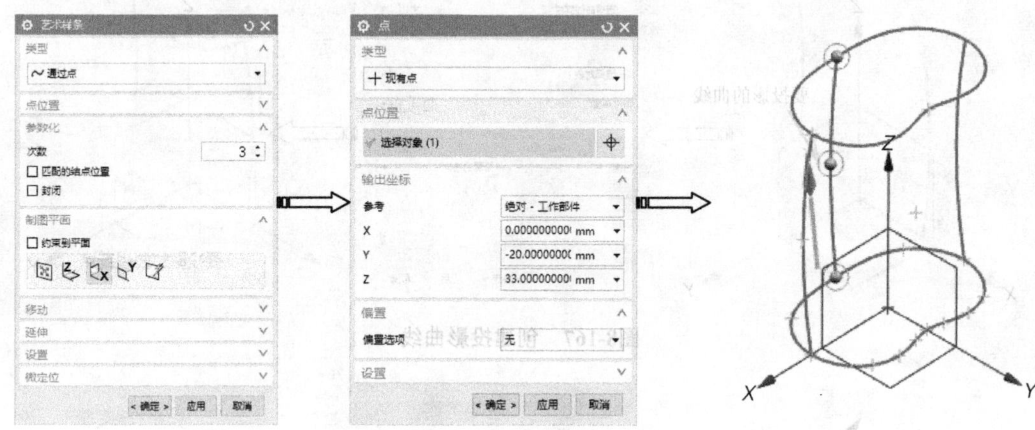

图8-170 创建样条曲线

Step16 在功能区中单击【主页】选项卡中【曲线】组中的【艺术样条】按钮，或选择菜单【插入】|【曲线】|【艺术样条】命令，弹出【艺术样条】对话框，【次数】设为3，【制图平面】选择“X”，在图形区单击3点创建样条，如图8-171所示。

图8-171 创建样条曲线

Step17 在功能区中单击【主页】选项卡中【曲面】组中【通过曲线网格】按钮，或选择菜单【插入】|【网格曲面】|【通过曲线网格】命令，弹出【通过曲线网格】对话框，在图形中选择2条曲线作为主曲线（单击鼠标MB2键确认），选择3条曲线作为交叉曲线（单击鼠标MB2键确认），单击【确定】按钮创建通过网格曲面，如图8-172所示。

Step18 在功能区中单击【主页】选项卡中【曲面】组中【通过曲线网格】按钮，或选择菜单【插入】|【网格曲面】|【通过曲线网格】命令，弹出【通过曲线网格】对话框，在图形中选择2条曲线作为主曲线（单击鼠标MB2键确认），选择3条曲线作为交叉曲线（单击鼠标MB2键确认），单击【确定】按钮创建通过网格曲面，如图8-173所示。

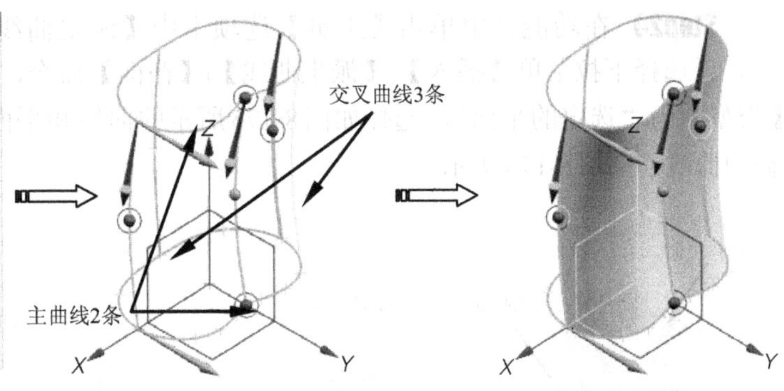

图8-172　创建通过曲线网格曲面

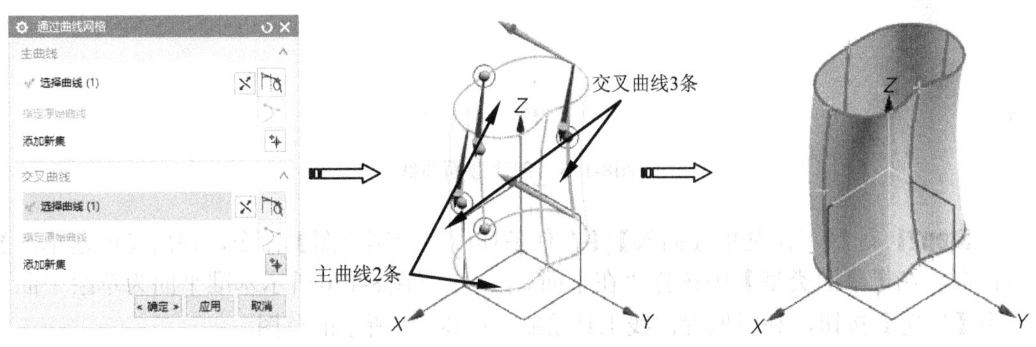

图8-173　创建通过曲线网格曲面

8.5.2.3　创建刀头部曲面

8.5.2.3　视频精讲

Step19　在建模功能区中单击【主页】选项卡中【特征】组中的【基准平面】命令，或选择菜单【插入】|【基准/点】|【基准平面】命令，弹出【基准平面】对话框，选择"自动判断"类型，选择样条曲线，【弧长百分比】为100，单击【确定】按钮，创建基准平面，如图8-174所示。

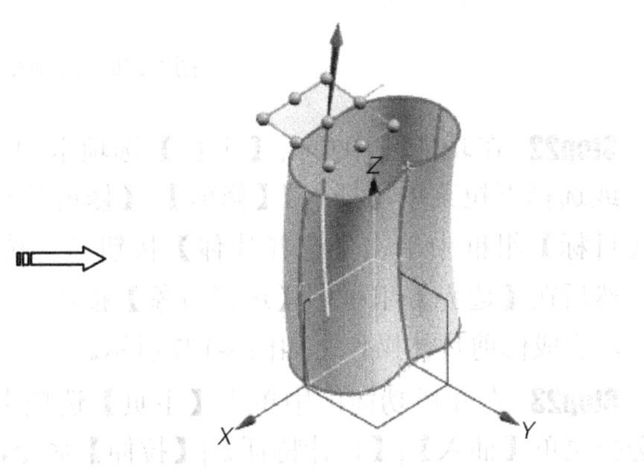

图8-174　创建基准平面

Step20 在功能区中单击【主页】选项卡中【派生曲线】组中【截面曲线】按钮，或选择下拉菜单【插入】|【派生曲线】|【截面】命令，弹出【截面曲线】对话框，【类型】为“选定的平面”，选择如图8-175所示的曲线和平面，单击【确定】按钮创建截面曲线，如图8-175所示。

图8-175 创建截面曲线

Step21 选择下拉菜单【插入】|【在任务环境中绘制草图】命令，弹出【创建草图】对话框，在【草图类型】中选择“在平面上”，选择图8-176所示基准平面为草绘平面，单击【确定】按钮，利用偏置曲线工具绘制如图8-176所示的草图。

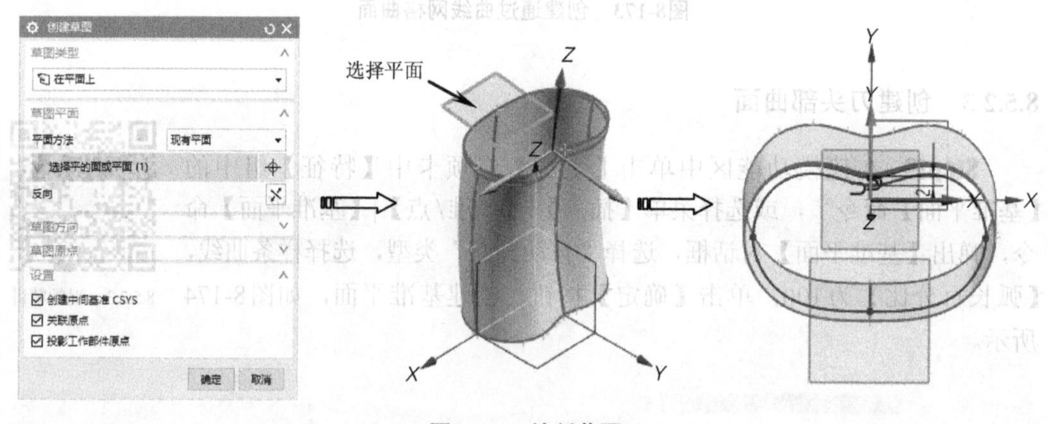

图8-176 绘制草图

Step22 在功能区中单击【主页】选项卡中【曲面工序】组中【修剪片体】按钮，或选择下拉菜单【插入】【修剪】|【修剪片体】命令，弹出【修剪片体】对话框，在【目标】组框中单击【选择片体】按钮，选择如图8-177所示的曲面作为目标片体，然后在【边界】组框中【选择对象】按钮，选择基准平面为边界，单击【确定】按钮，完成修剪片体操作，如图8-177所示。

Step23 在建模功能区中单击【主页】选项卡中【特征】组中的【拉伸】命令，或选择菜单【插入】|【设计特征】|【拉伸】命令，弹出【拉伸】对话框，在【体类型】中选择“片体”，选择上一步创建的草图，【距离】为2mm，单击【确定】按钮完成拉

伸曲面，如图8-178所示。

图8-177　创建片体修剪

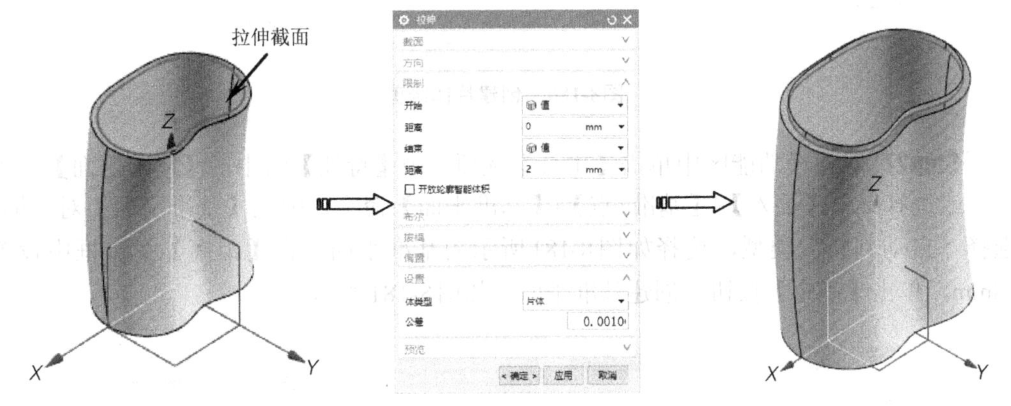

图8-178　创建拉伸曲面

Step24 在导航器中选择所有的点、曲线，选择下拉菜单【格式】|【移动至图层】命令，将其移动到图层11。

Step25 在建模功能区中单击【曲面】选项卡中【曲面】组中的【有界平面】按钮，或选择下拉菜单【插入】|【曲面】|【有界平面】命令，弹出【有界平面】对话框，在图形中选择封闭曲线，单击【确定】按钮创建有界平面，如图8-179所示。

图8-179　创建有界平面

Step26 在功能区中单击【主页】选项卡中【曲面工序】组中【修剪片体】按钮，或选择下拉菜单【插入】【修剪】|【修剪片体】命令，弹出【修剪片体】对话框，在【目标】组框中单击【选择片体（1）】按钮，选择如图8-180所示的曲面作为目标片体，然后在【边界】组框中【选择对象（3）】按钮，选择拉伸曲面为边界，单击【确定】按钮，完成修剪片体操作，如图8-180所示。

图8-180 创建片体修剪

Step27 在建模功能区中单击【主页】选项卡中【特征】组中的【基准平面】命令，或选择菜单【插入】|【基准/点】|【基准平面】命令，弹出【基准平面】对话框，选择“自动判断”类型，选择如图8-181所示的基准平面，在【距离】文本框中设置18mm，单击【确定】按钮，创建基准平面，如图8-181所示。

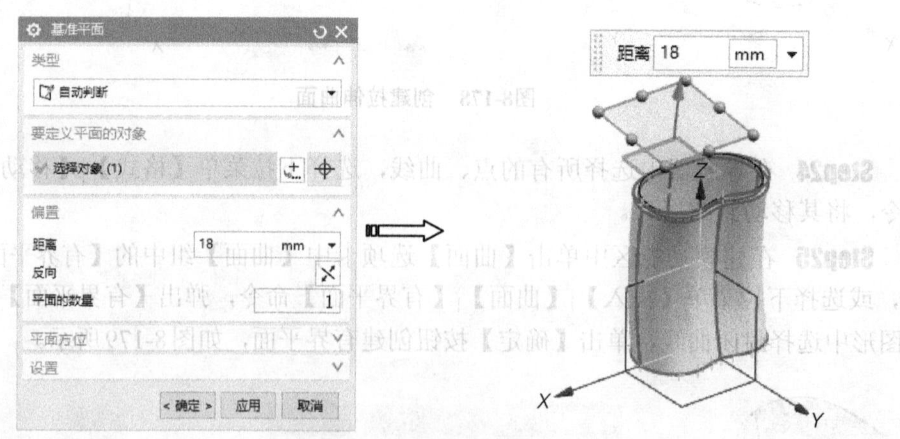

图8-181 创建基准平面

Step28 在功能区中单击【主页】选项卡中【曲线】组中的【直线】命令，弹出【直线】对话框，选择点创建1条直线如图8-182所示。

Step29 在建模功能区中单击【主页】选项卡中【特征】组中的【基准平面】命令，或选择菜单【插入】|【基准/点】|【基准平面】命令，弹出【基准平面】对话框，选择“自动判断”类型，选择如图8-183所示的直线和基准平面，在【角度】文本框中设置90，单击【确定】按钮，创建基准平面，如图8-183所示。

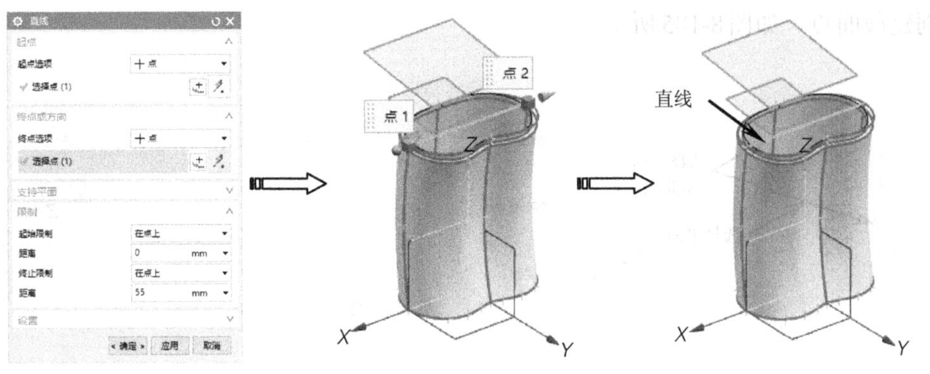

图8-182　创建直线

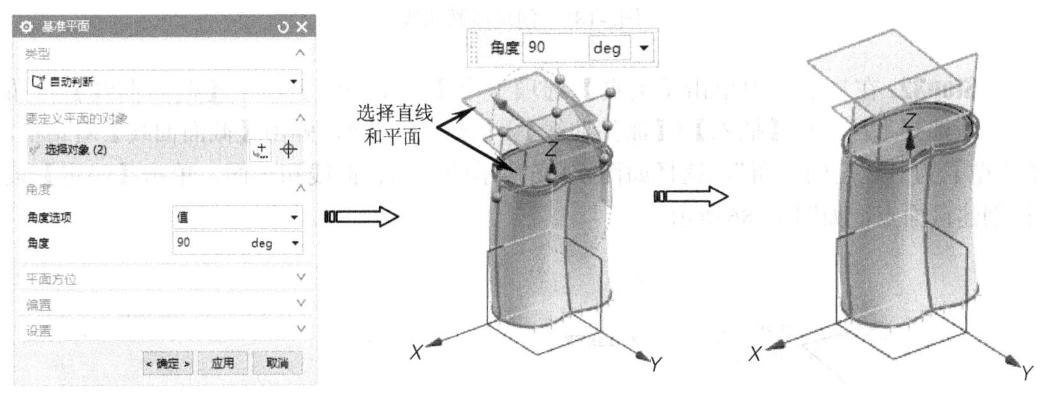

图8-183　创建基准平面

Step30 选择下拉菜单【插入】|【在任务环境中绘制草图】命令，弹出【创建草图】对话框，在【草图类型】中选择“在平面上”，选择如图8-184所示的基准平面为草绘平面，单击【确定】按钮，利用草图工具绘制如图8-184所示的草图。单击【草图】组上的【完成】按钮，完成草图绘制退出草图编辑器环境。

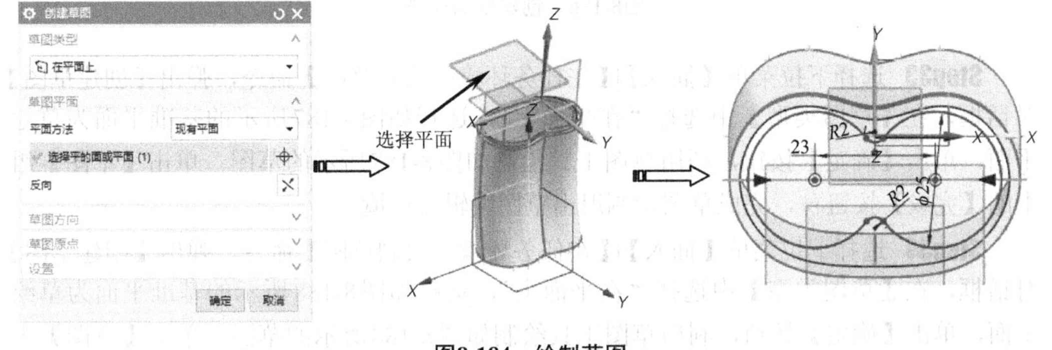

图8-184　绘制草图

Step31 在功能区中单击【主页】选项卡中【派生曲线】组中【截面曲线】按钮，或选择下拉菜单【插入】|【派生曲线】|【截面】命令，弹出【截面曲线】对话框，【类型】为“选定的平面”，选择如图8-185所示的曲面、曲线和平面，单击【确定】按

钮创建截面点，如图8-185所示。

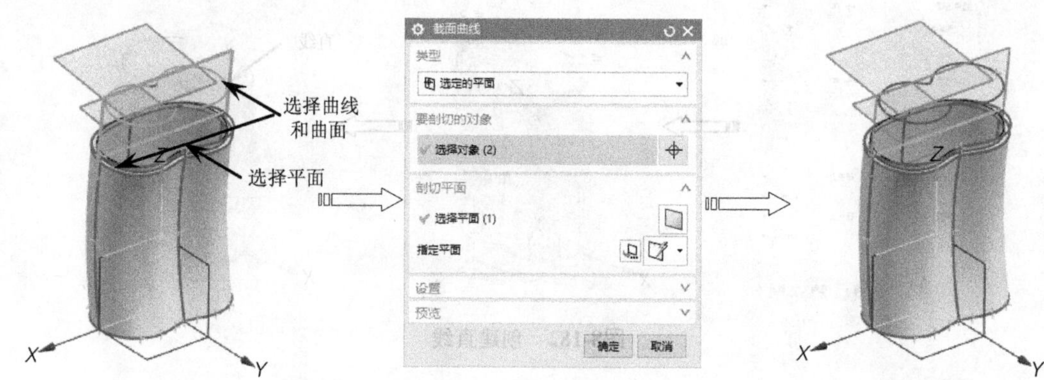

图8-185 创建截面曲线

Step32 在功能区中单击【主页】选项卡中【派生曲线】组中【截面曲线】按钮，或选择下拉菜单【插入】|【派生曲线】|【截面】命令，弹出【截面曲线】对话框，【类型】为“选定的平面”，选择如图8-186所示的曲面、曲线和平面，单击【确定】按钮创建截面点，如图8-186所示。

图8-186 创建截面曲线

Step33 选择下拉菜单【插入】|【在任务环境中绘制草图】命令，弹出【创建草图】对话框，在【草图类型】中选择“在平面上”，选择如图8-187所示的基准平面为草绘平面，单击【确定】按钮，利用草图工具绘制如图8-187所示的草图。单击【草图】组上的【完成】按钮，完成草图绘制退出草图编辑器环境。

Step34 选择下拉菜单【插入】|【在任务环境中绘制草图】命令，弹出【创建草图】对话框，在【草图类型】中选择“在平面上”，选择如图8-188所示的基准平面为草绘平面，单击【确定】按钮，利用草图工具绘制如图8-188所示的草图。单击【草图】组上的【完成】按钮，完成草图绘制退出草图编辑器环境。

Step35 在功能区中单击【主页】选项卡中【曲面】组中【通过曲线网格】按钮，或选择菜单【插入】|【网格曲面】|【通过曲线网格】命令，弹出【通过曲线网格】对话框，在图形中选择2条曲线作为主曲线（单击鼠标MB2键确认），选择3条曲

线作为交叉曲线（单击鼠标MB2键确认），单击【确定】按钮创建通过网格曲面，如图8-189所示。

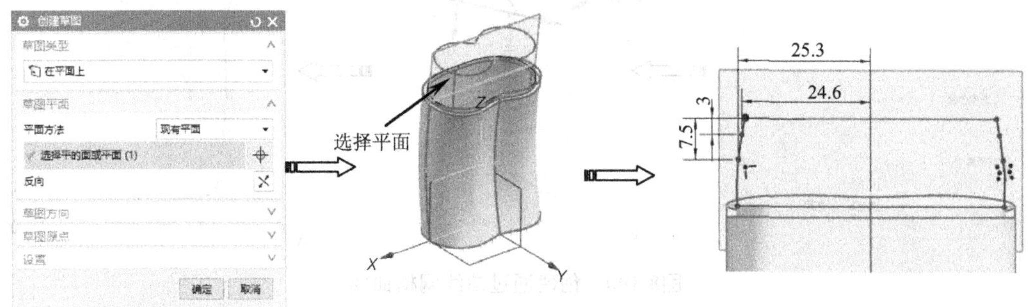

图8-187 绘制草图

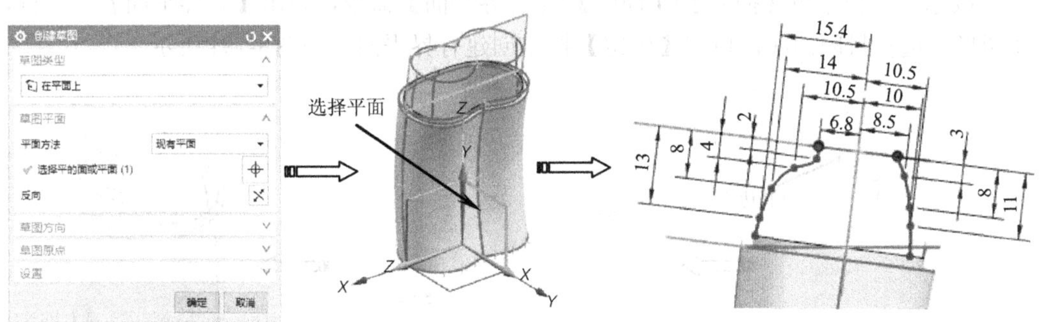

图8-188 绘制草图

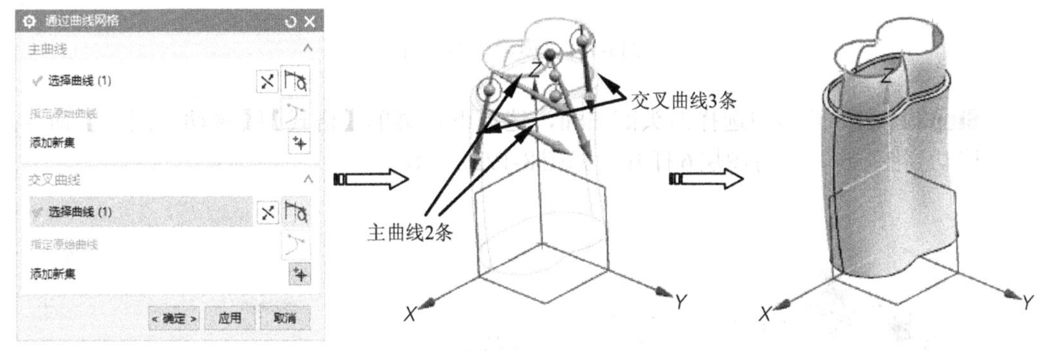

图8-189 创建通过曲线网格曲面

Step36 在功能区中单击【主页】选项卡中【曲面】组中【通过曲线网格】按钮，或选择菜单【插入】|【网格曲面】|【通过曲线网格】命令，弹出【通过曲线网格】对话框，在图形中选择2条曲线作为主曲线（单击鼠标MB2键确认），选择3条曲线作为交叉曲线（单击鼠标MB2键确认），单击【确定】按钮创建通过网格曲面，如图8-190所示。

Step37 在导航器中选择所有的点、曲线，选择下拉菜单【格式】|【移动至图层】命令，将其移动到图层11。

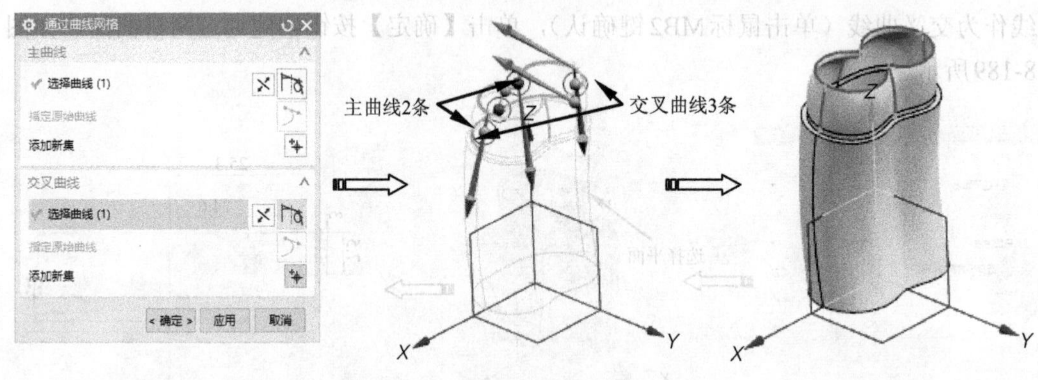

图8-190　创建通过曲线网格曲面

Step38 在建模功能区中单击【曲面】选项卡中【曲面】组中的【有界平面】按钮，或选择下拉菜单【插入】|【曲面】|【有界平面】命令，弹出【有界平面】对话框，在图形中选择封闭曲线，单击【确定】按钮创建有界平面，如图8-191所示。

图8-191　创建有界平面

Step39 在导航器中选择刀头部曲面，选择下拉菜单【格式】|【移动至图层】命令，将其移动到图层6，并将图层6打开，如图8-192所示。

图8-192　图层设置

Step40 在功能区中单击【主页】选项卡中【曲面工序】组中【缝合】按钮，

或选择下拉菜单【插入】【组合】|【缝合】命令，弹出【缝合】对话框，选择刀头部分曲面（图层6），单击【确定】按钮缝合，如图8-193所示。

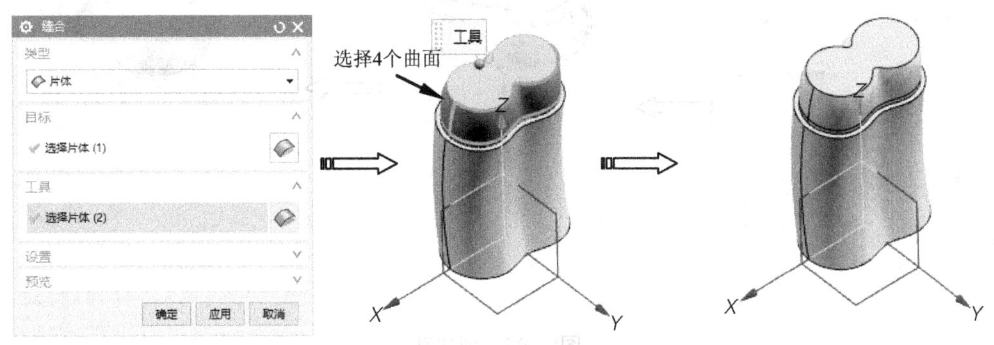

图8-193　创建缝合曲面

8.5.2.4　创建刀头部实体

8.5.2.4　视频精讲

Step41 将实体转移到图层2，并设置图层6打开，图层2为工作图层。

Step42 在建模功能区中单击【主页】选项卡中【特征】组中的【加厚】按钮，或选择下拉菜单【插入】|【偏置/缩放】|【加厚】命令，弹出【加厚】对话框，选择缝合后的曲面，设置【偏置1】为1mm，【布尔】为“求和”，单击【确定】按钮完成，如图8-194所示。

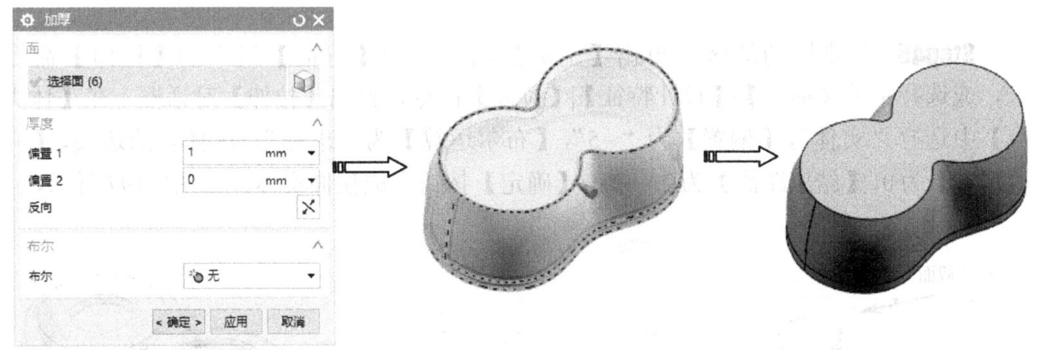

图8-194　创建加厚

Step43 在建模功能区中单击【主页】选项卡中【特征】组中的【孔】按钮，弹出【孔】对话框，设置【直径】为20mm，【深度】为“5mm”，选择草图圆心，单击【确定】按钮完成孔，如图8-195所示。

Step44 在建模功能区中单击【主页】选项卡中【特征】组中的【拉伸】命令，或选择菜单【插入】|【设计特征】|【拉伸】命令，弹出【拉伸】对话框，在【体类型】中选择“实体”，【布尔运算】为“无”，选择孔的边线，【开始距离】为-2mm，【结束距离】为2mm，单击【确定】按钮完成拉伸实体，如图8-196所示。

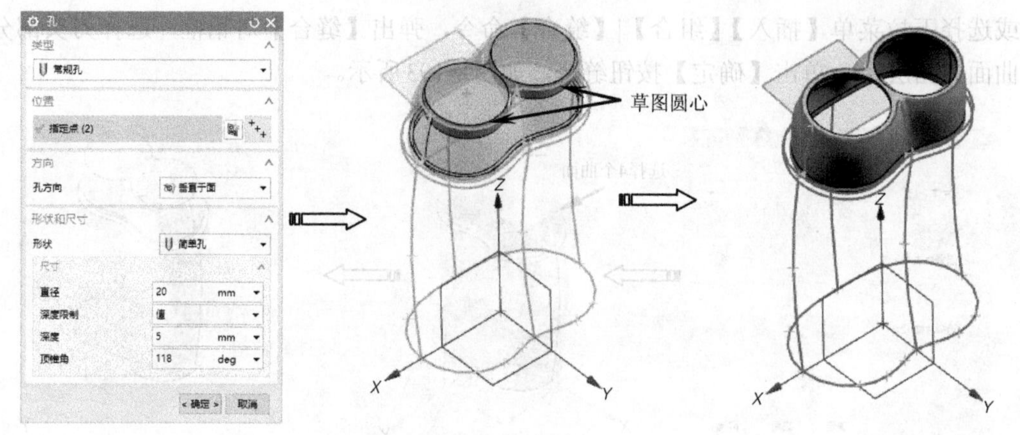

图8-195 创建孔

图8-196 创建拉伸实体

Step45 在建模功能区中单击【主页】选项卡中【特征】组中的【拉伸】命令，或选择菜单【插入】|【设计特征】|【拉伸】命令，弹出【拉伸】对话框，在【体类型】中选择“实体”，【偏置】为“−5”，【布尔运算】为“求差”，选择孔的边线，【开始距离】为0，【结束距离】为2，单击【确定】按钮完成拉伸实体，如图8-197所示。

图8-197 创建拉伸实体

Step46 选择下拉菜单【插入】|【在任务环境中绘制草图】命令，弹出【创建草图】对话框，在【草图类型】中选择“在平面上”，选择如图8-198所示的基准平面为草绘

平面，单击【确定】按钮，利用草图工具绘制如图8-198所示的草图。

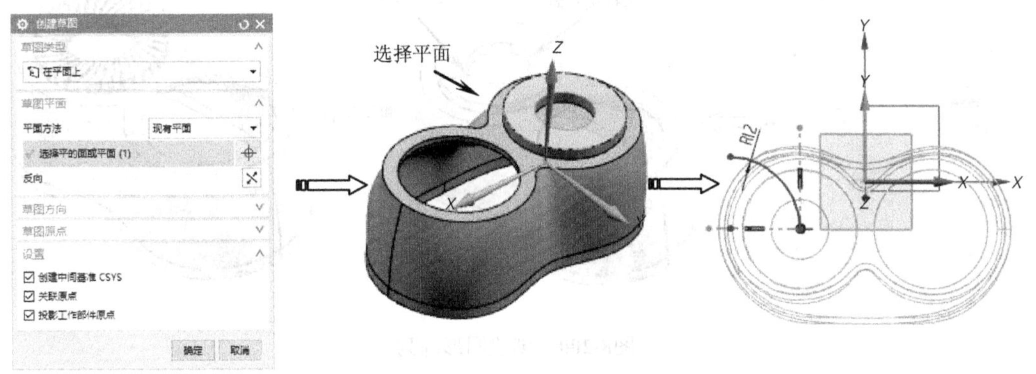

图8-198　绘制草图

Step47 在建模功能区中单击【主页】选项卡中【特征】组中的【拉伸】命令，或选择菜单【插入】|【设计特征】|【拉伸】命令，弹出【拉伸】对话框，在【体类型】中选择"实体"，【偏置】为"对称"，【结束】为0.2，【布尔运算】为"求差"，选择上一步草图，【开始距离】为0，【结束距离】为2，单击【确定】按钮完成拉伸实体，如图8-199所示。

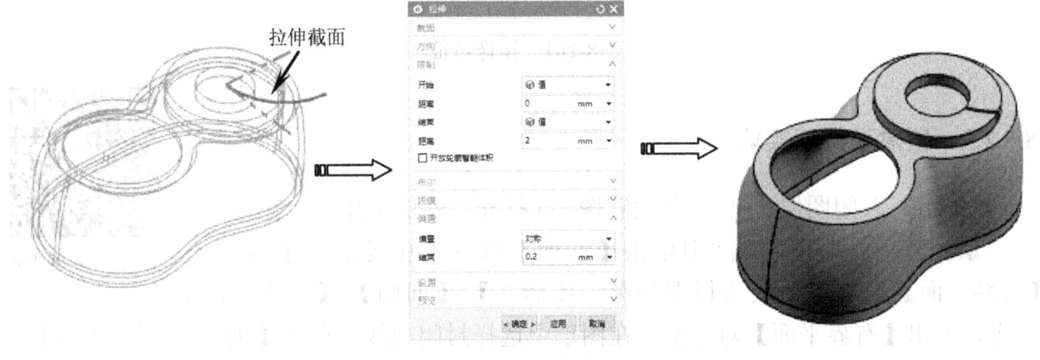

图8-199　创建拉伸实体

Step48 在建模功能区中单击【主页】选项卡中【特征】组中的【阵列特征】按钮，或选择下拉菜单【插入】|【关联复制】|【阵列特征】命令，弹出【阵列特征】对话框，选择如图8-200所示的拉伸特征为阵列特征，【数量】为36，【跨角】为360，单击【确定】按钮完成阵列，如图8-200所示。

Step49 在建模功能区中单击【主页】选项卡中【特征】组中的【镜像特征】按钮，或选择下拉菜单【插入】|【关联复制】|【镜像特征】命令，弹出【镜像特征】对话框，选择如图8-201所示的拉伸特征为镜像特征，选择基准面*ZX*，单击【确定】按钮完成，如图8-201所示。

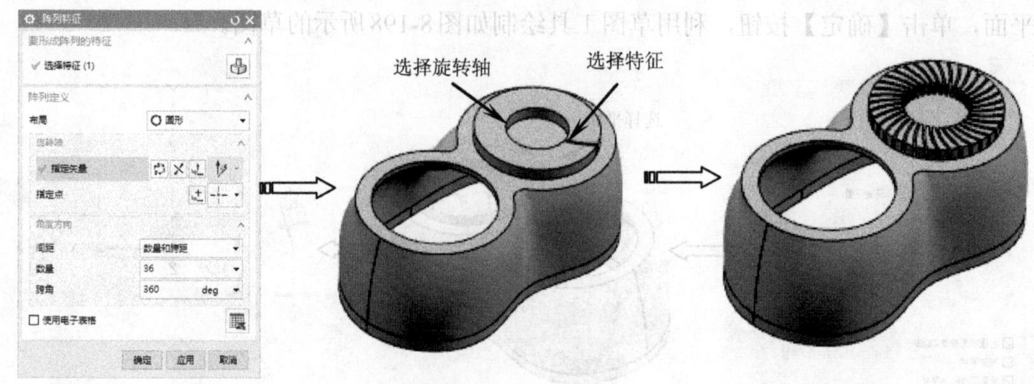

图8-200 创建圆形阵列

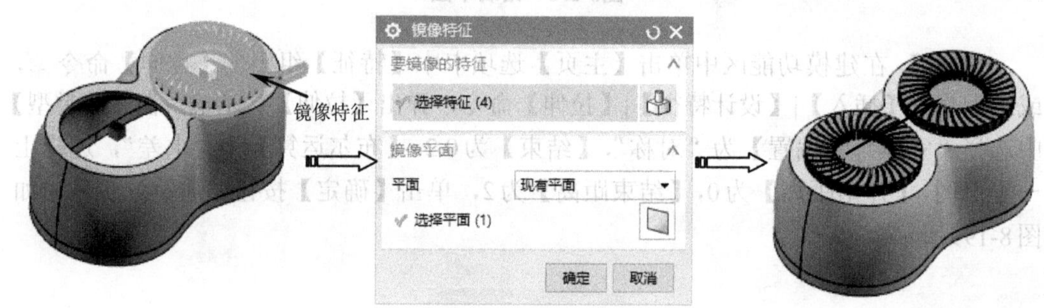

图8-201 镜像特征

8.5.2.5 创建手持部实体

8.5.2.5 视频精讲

Step50 关闭图层6和2，并设置图层1打开，图层3为工作图层。

Step51 在建模功能区中单击【曲面】选项卡中【曲面】组中的【有界平面】按钮，或选择下拉菜单【插入】|【曲面】|【有界平面】命令，弹出【有界平面】对话框，在图形中选择封闭曲线，单击【确定】按钮创建有界平面，如图8-202所示。

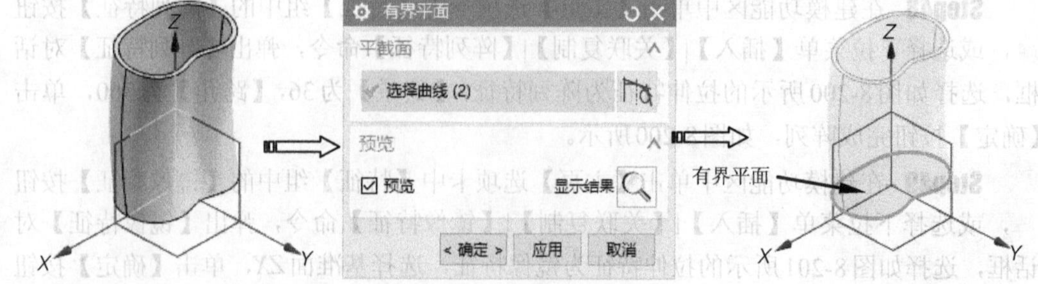

图8-202 创建有界平面

Step52 在功能区中单击【主页】选项卡中【曲面工序】组中【缝合】按钮，或选择下拉菜单【插入】【组合】|【缝合】命令，弹出【缝合】对话框，选择手持部分

曲面，单击【确定】按钮缝合，如图8-203所示。

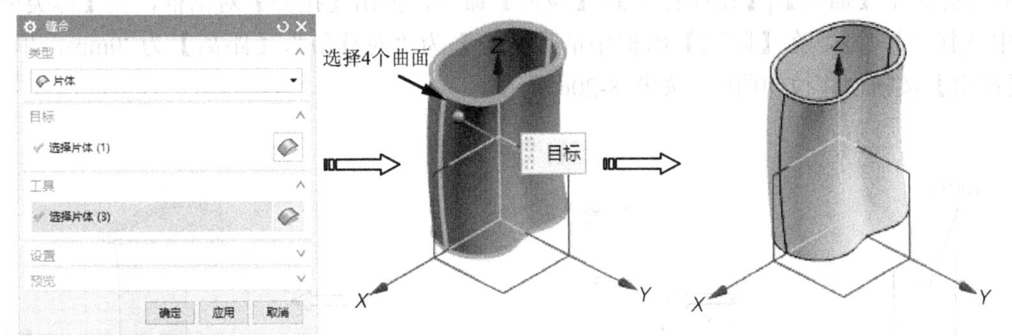

图8-203　创建缝合

Step53 在建模功能区中单击【主页】选项卡中【特征】组中的【加厚】按钮，或选择下拉菜单【插入】|【偏置/缩放】|【加厚】命令，弹出【加厚】对话框，选择缝合后的曲面，设置【偏置1】为2，【布尔】为“无”，单击【确定】按钮完成，如图8-204所示。

图8-204　创建加厚

Step54 选择下拉菜单【插入】|【在任务环境中绘制草图】命令，弹出【创建草图】对话框，在【草图类型】中选择“在平面上”，选择基准平面*YZ*为草绘平面，单击【确定】按钮，利用草图工具绘制如图8-205所示的草图。单击【草图】组上的【完成】按钮，完成草图绘制退出草图编辑器环境。

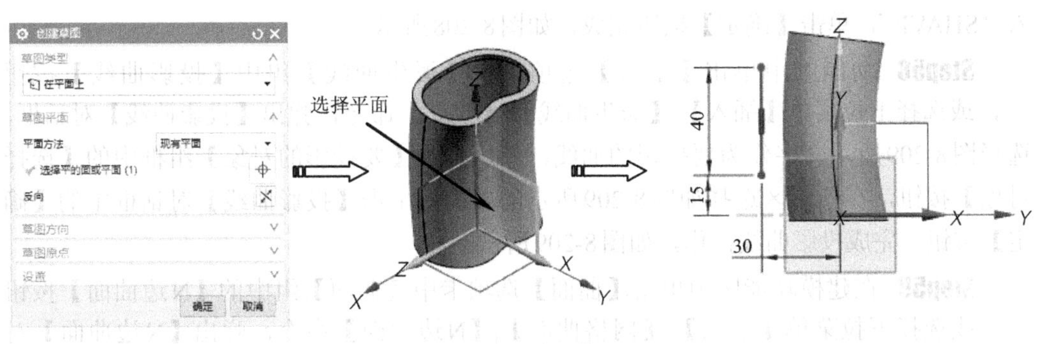

图8-205　绘制草图

Step55 在建模功能区中单击【主页】选项卡中【特征】组中的【拉伸】命令，或选择菜单【插入】|【设计特征】|【拉伸】命令，弹出【拉伸】对话框，在【体类型】中选择“片体”，在【限制】组框中的【结束】为“对称值”，【距离】为20mm，单击【确定】按钮创建拉伸曲面，如图8-206所示。

图8-206 拉伸曲面

Step56 在功能区中单击【主页】选项卡中【曲线】组中【文本】按钮，或选择下拉菜单【插入】|【曲线】|【文本】命令，弹出【文本】对话框，【类型】下拉列表中选择“面上”，选择如图8-207所示的曲面和曲线。

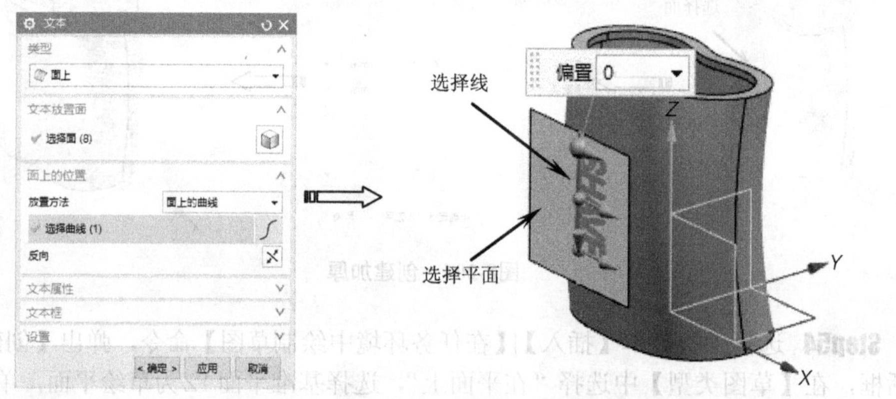

图8-207 选择文字创建的曲线和曲面

Step57 设置【锚点位置】为“中心”，【参数百分比】为50，在【文本属性】中输入“SHAVE”，单击【确定】按钮完成，如图8-208所示。

Step58 功能区中单击【主页】选项卡中【派生曲线】组中【投影曲线】按钮，或选择下拉菜单【插入】|【派生曲线】|【投影】命令，弹出【投影曲线】对话框，选择图8-209所示文字作为要投影的曲线，然后单击【要投影的对象】组框中的【选择对象】按钮，在图形区选择如图8-209所示的曲面，单击【投影曲线】对话框中的【确定】按钮，完成投影曲线操作，如图8-209所示。

Step59 在建模功能区中单击【曲面】选项卡中【曲面】组中的【N边曲面】按钮，或选择下拉菜单【插入】|【网格曲面】|【N边曲面】命令，弹出【N边曲面】对

话框，在【类型】下选择“已修剪”，在【外环】组框中单击【选择曲线（4）】图标，选择投影后文字的封闭曲线；在【约束面】中单击【选择面】图标，选择约束曲面，【约束】设置为如图8-210所示。

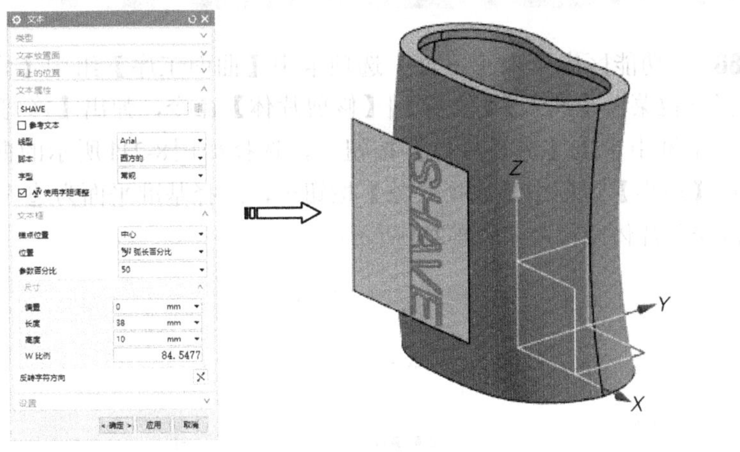

图8-208　创建文本

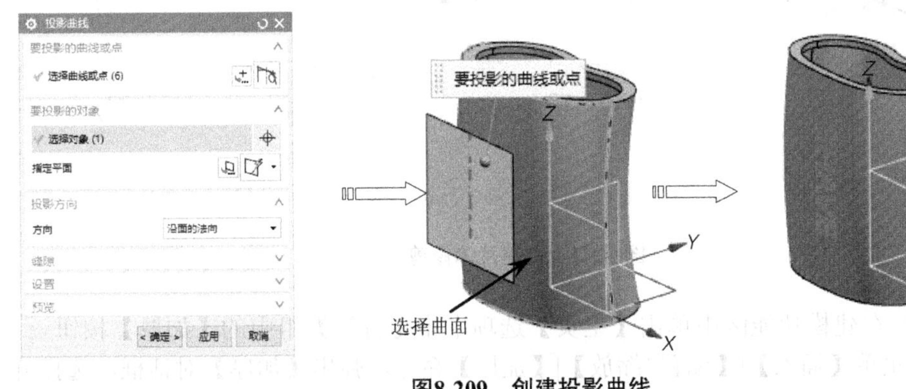

图8-209　创建投影曲线

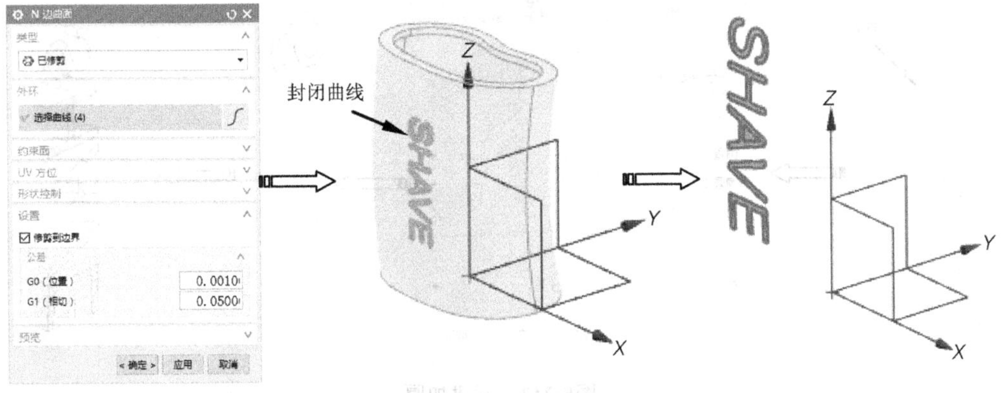

图8-210　创建N边曲面

技术要点

每个封闭曲线均需要单独创建一个N边曲面。

Step60 在功能区中单击【主页】选项卡中【曲面工序】组中【修剪片体】按钮，或选择下拉菜单【插入】【修剪】|【修剪片体】命令，弹出【修剪片体】对话框，在【目标】组框中单击【选择片体】按钮，选择如图8-211所示的曲面作为目标片体，然后在【边界】组框中【选择对象】按钮，选择基准平面为边界，单击【确定】按钮，完成修剪片体操作，如图8-211所示。

图8-211 创建片体修剪

Step61 在建模功能区中单击【主页】选项卡中【特征】组中的【加厚】按钮，或选择下拉菜单【插入】|【偏置/缩放】|【加厚】命令，弹出【加厚】对话框，选择缝合后的曲面，设置【偏置1】为2，单击【确定】按钮完成，如图8-212所示。

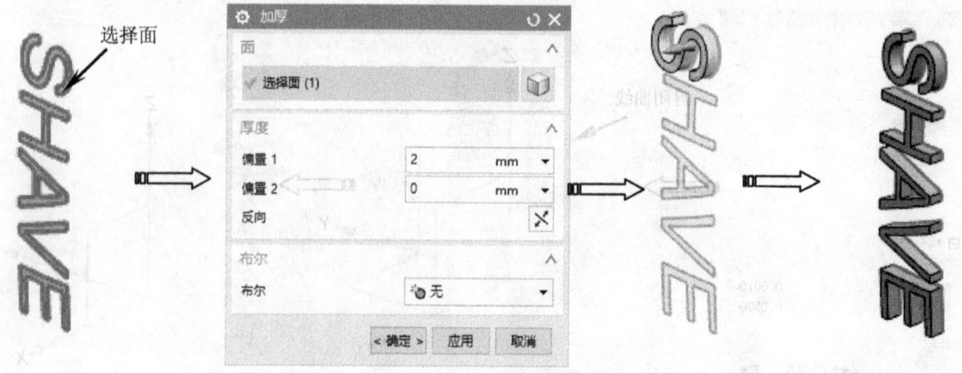

图8-212 创建加厚

设计要点

每个曲面均需要单独加厚创建实体。

Step62 在建模功能区中单击【主页】选项卡中【特征】组中的【基准平面】命令□，或选择菜单【插入】|【基准/点】|【基准平面】命令，弹出【基准平面】对话框，选择“自动判断”类型，选择*ZX*平面，【距离】为15mm，单击【确定】按钮，创建基准平面，如图8-213所示。

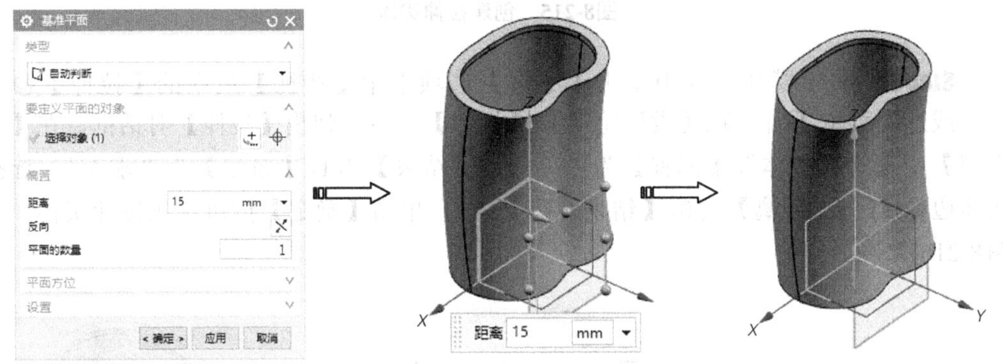

图8-213 创建基准平面

Step63 选择下拉菜单【插入】|【在任务环境中绘制草图】命令，弹出【创建草图】对话框，在【草图类型】中选择“在平面上”，选择上一步创建的基准平面为草绘平面，单击【确定】按钮，利用草图工具绘制如图8-214所示的草图。单击【草图】组上的【完成】按钮，完成草图绘制退出草图编辑器环境。

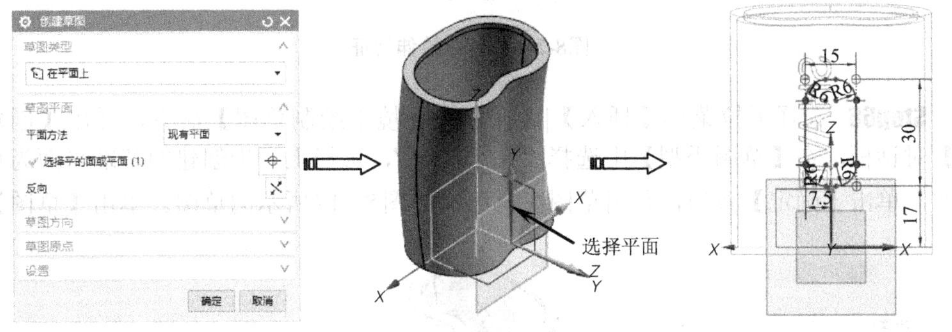

图8-214 绘制草图

Step64 在建模功能区中单击【主页】选项卡中【特征】组中的【拉伸】命令，或选择菜单【插入】|【设计特征】|【拉伸】命令，弹出【拉伸】对话框，在【体类型】中选择“实体”，【布尔】为“求和”，选择上一步草图，【开始距离】为0，【结束】为“直至延伸部分”，选择如图8-215所示的曲面，单击【确定】按钮完成拉伸实体，如图8-215所示。

图8-215 创建拉伸实体

Step65 在建模功能区中单击【主页】选项卡中【特征】组中的【拉伸】命令，或选择菜单【插入】|【设计特征】|【拉伸】命令，弹出【拉伸】对话框，在【体类型】中选择“实体”，【偏置】为“单侧”，【结束】为1，【布尔】为“求差”，选择实体边缘，【开始距离】为0，【结束距离】为1，单击【确定】按钮完成拉伸实体，如图8-216所示。

图8-216 创建拉伸特征

Step66 选择下拉菜单【插入】|【在任务环境中绘制草图】命令，弹出【创建草图】对话框，在【草图类型】中选择“在平面上”，选择上一步创建的基准平面为草绘平面，单击【确定】按钮，利用草图工具绘制如图8-217所示的草图。单击【草图】组

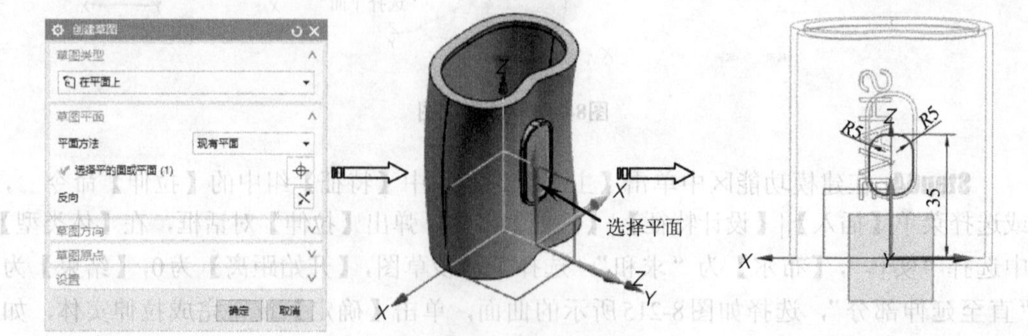

图8-217 绘制草图

上的【完成】按钮🏁，完成草图绘制退出草图编辑器环境。

Step67 在建模功能区中单击【主页】选项卡中【特征】组中的【拉伸】命令，或选择菜单【插入】|【设计特征】|【拉伸】命令，弹出【拉伸】对话框，在【体类型】中选择“实体”，【结束】为1，【运算】为“无”，选择实体边缘，【开始距离】为0，【结束距离】为1，单击【确定】按钮完成拉伸实体，如图8-218所示。

图8-218 创建拉伸特征

Step68 在建模功能区中单击【主页】选项卡中【特征】组中的【边倒圆】按钮，或选择下拉菜单【插入】|【细节特征】|【边倒圆】命令，选择如图8-221所示的边缘，【半径1】为2mm，单击【确定】按钮施加圆角特征，如图8-219所示。

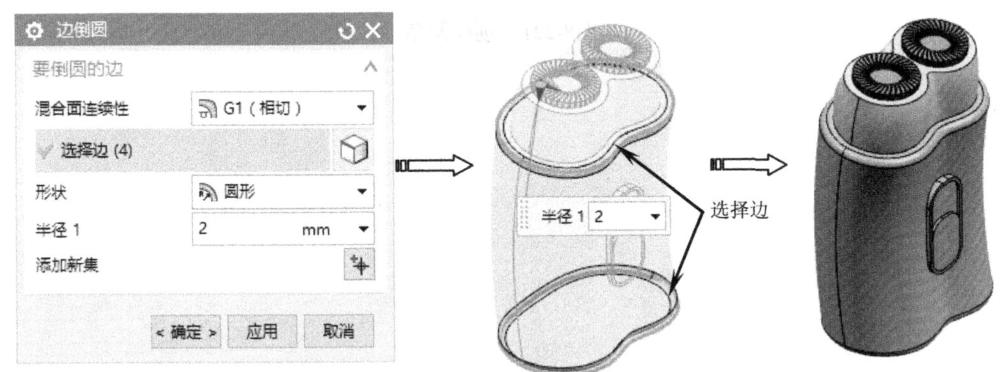

图8-219 创建圆角

Step69 在建模功能区中单击【主页】选项卡中【特征】组中的【边倒圆】按钮，或选择下拉菜单【插入】|【细节特征】|【边倒圆】命令，选择如图8-220所示的边缘，【半径1】为0.5mm，单击【确定】按钮施加圆角特征，如图8-220所示。

Step70 在建模功能区中单击【主页】选项卡中【特征】组中的【边倒圆】按钮，或选择下拉菜单【插入】|【细节特征】|【边倒圆】命令，选择如图8-221所示的边缘，【半径1】为1mm，单击【确定】按钮施加圆角特征，如图8-221所示。

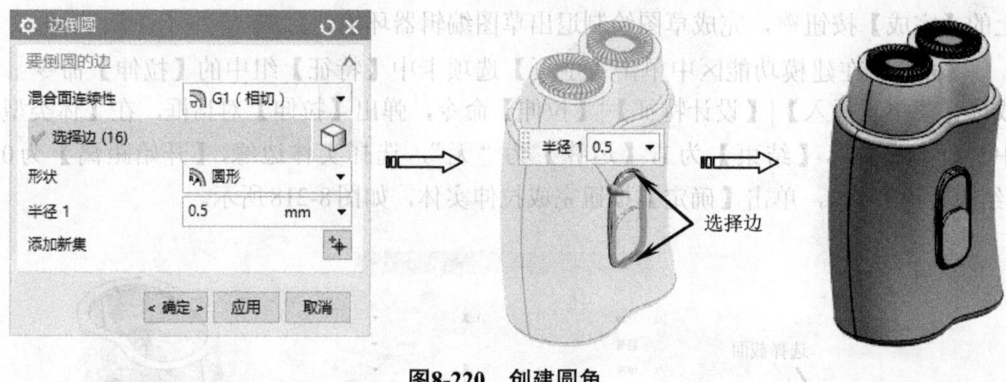

图8-220　创建圆角

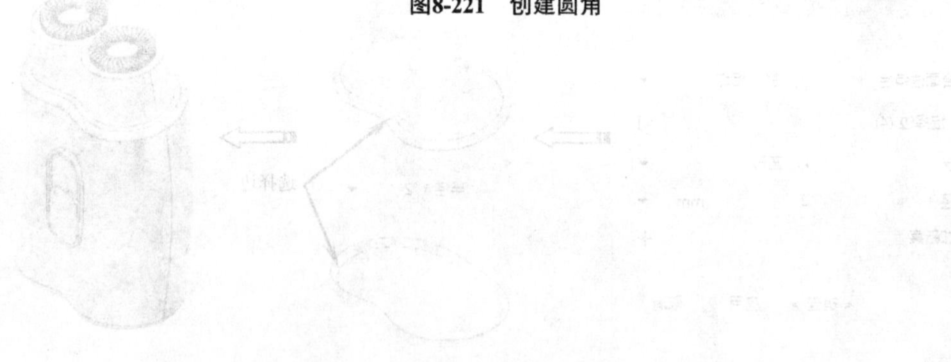

图8-221　创建圆角

UG NX10

09

第9章

NX装配体设计实例

NX装配体是通过装配约束关系来确定零件之间的正确位置和相互关系。本章以3个典型实例为例来介绍装配体设计的方法和步骤。希望通过本章的学习，使读者轻松掌握NX装配功能的基本应用。

本章内容

■ 斜滑动轴承装配
■ 齿轮传动箱装配
■ 槽轮机构配

9.1 综合实例1——斜滑动轴承装配设计

本节中以斜滑动轴承装配实例来详解产品装配设计过程和应用技巧。斜滑动轴承结构如图9-1所示。

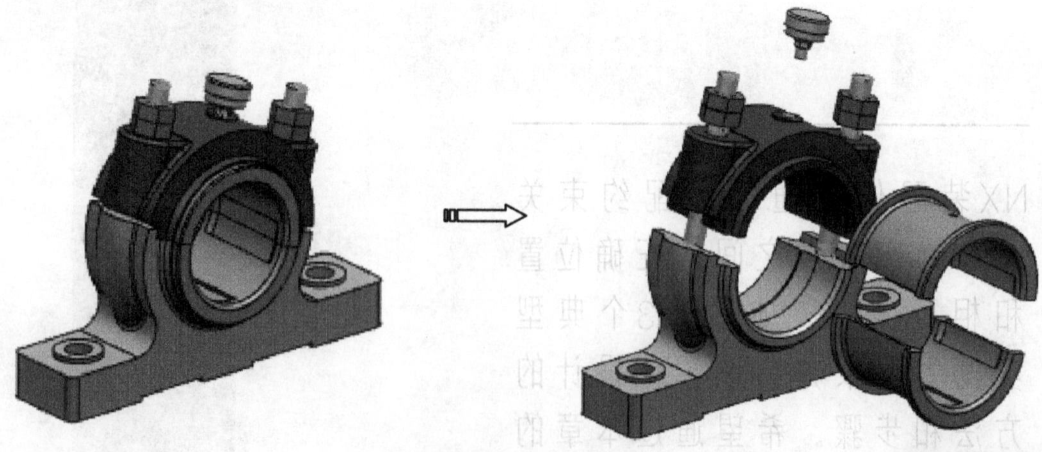

图9-1 斜滑动轴承装配

9.1.1 斜滑动轴承装配设计思路分析

9.1.1 视频精讲

首先根据实体造型、曲面造型等方法创建装配零件模型，然后添加组件到装配体，最后利用装配约束方法施加约束，完成装配结构。

（1）创建装配体

单击【主页】选项卡上的【新建】按钮，弹出【新建】对话框，选择【装配】模板进入装配模块，如图9-2所示。

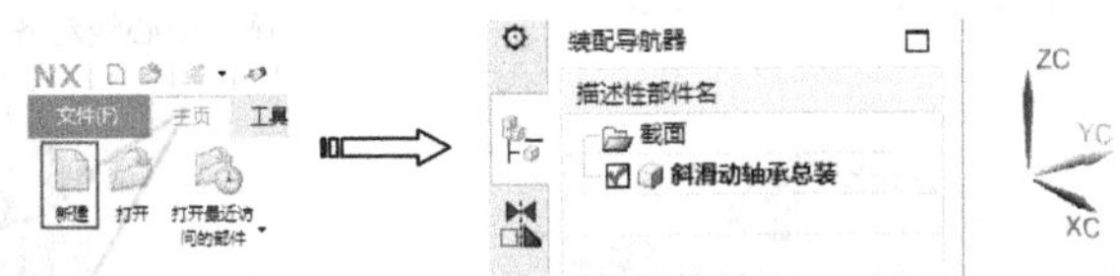

图9-2　创建装配体文件

（2）装配轴承座零件

首选选择添加组件将轴承座零件加载到装配体文件，然后利用装配约束中的固定该零件功能，如图9-3所示。

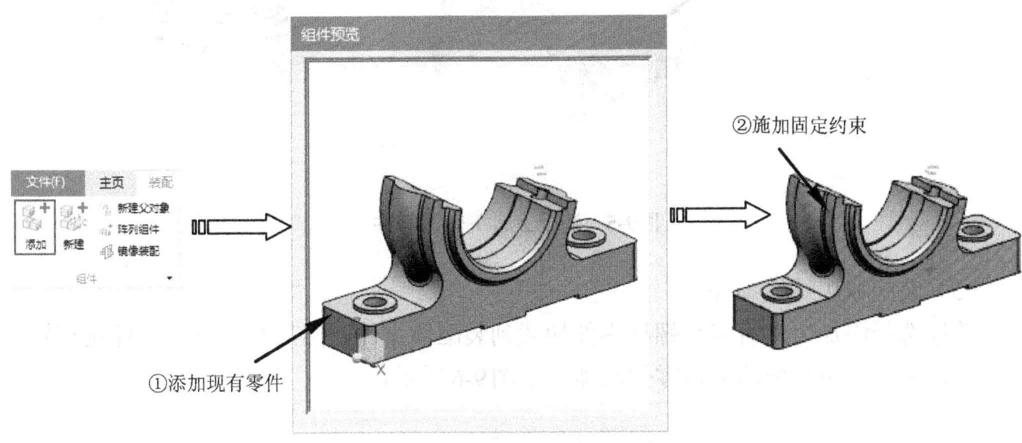

图9-3　装配轴承座零件

（3）装配轴承盖零件

首选选择添加组件将轴承盖零件加载到装配体文件，利用装配约束中的约束该零件功能，如图9-4所示。

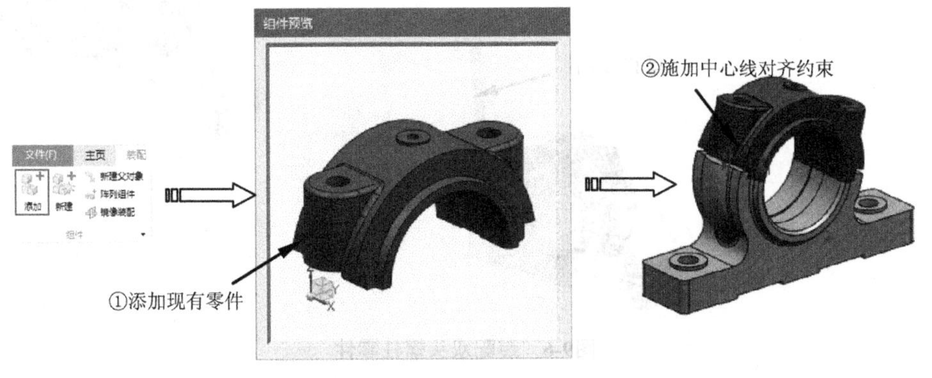

图9-4　装配轴承盖零件

（4）装配上、下轴瓦零件

首选选择添加组件将上、下轴瓦零件加载到装配体文件，利用装配约束中的约束该零件功能，如图9-5所示。

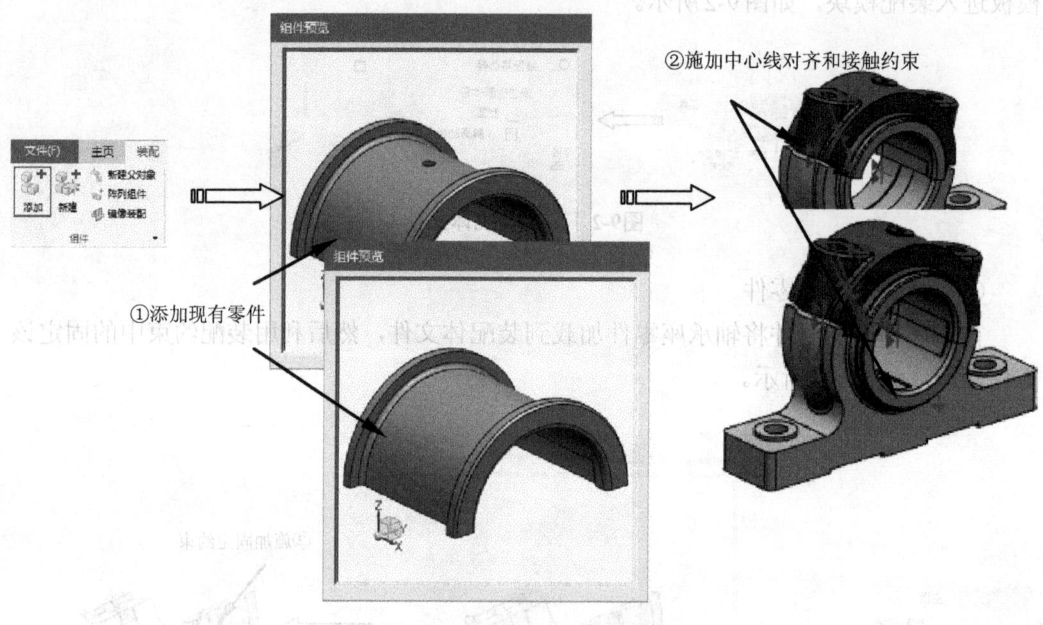

图9-5 装配上、下轴瓦零件

（5）装配双头螺柱零件

首选选择添加组件将双头螺柱零件加载到装配体文件，然后利用移动组件调整好零件位置，最后利用装配约束该零件功能，如图9-6所示。

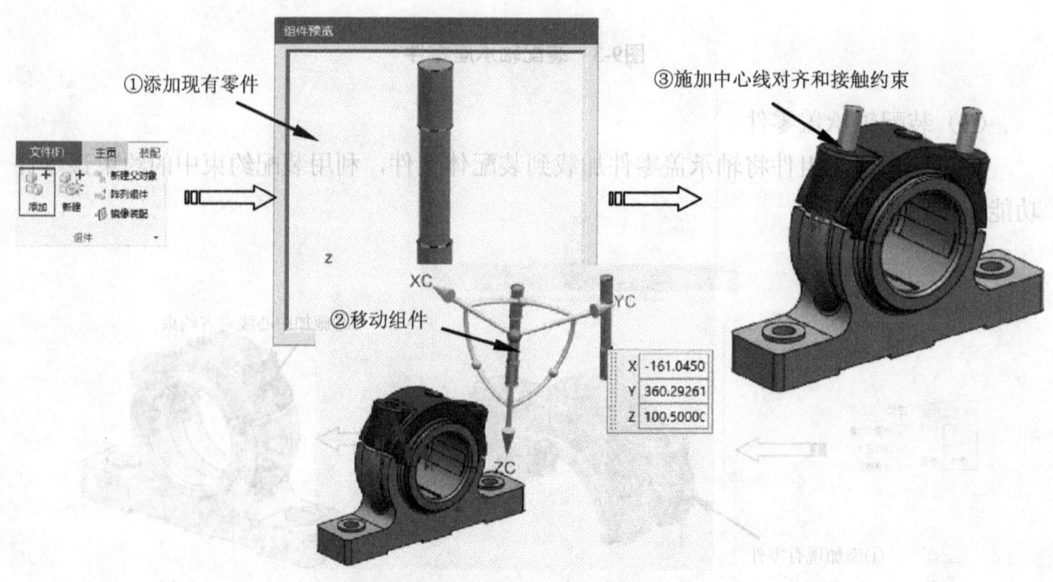

图9-6 装配双头螺柱零件

（6）装配螺母零件

首选选择添加组件将螺母零件加载到装配体文件，利用装配约束中的约束该零件功能，如图9-7所示。

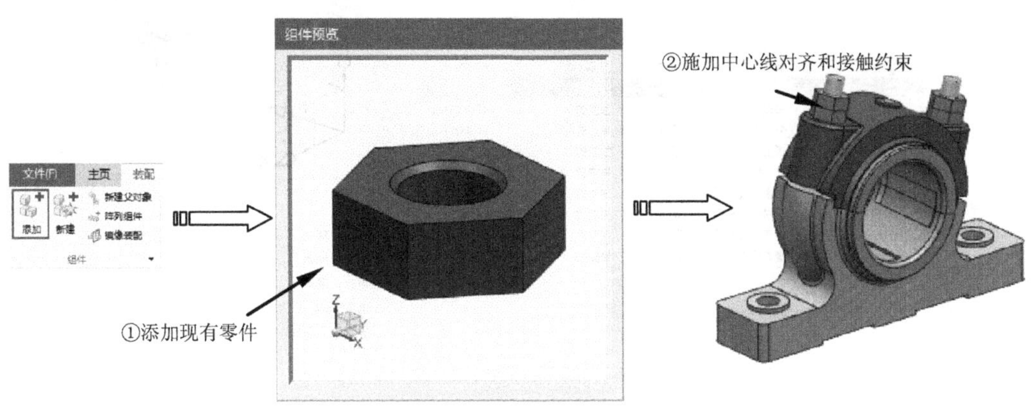

图9-7　装配螺母零件

（7）装配顶盖零件

首选选择添加组件将螺母零件加载到装配体文件，利用装配约束中的约束该零件功能，如图9-8所示。

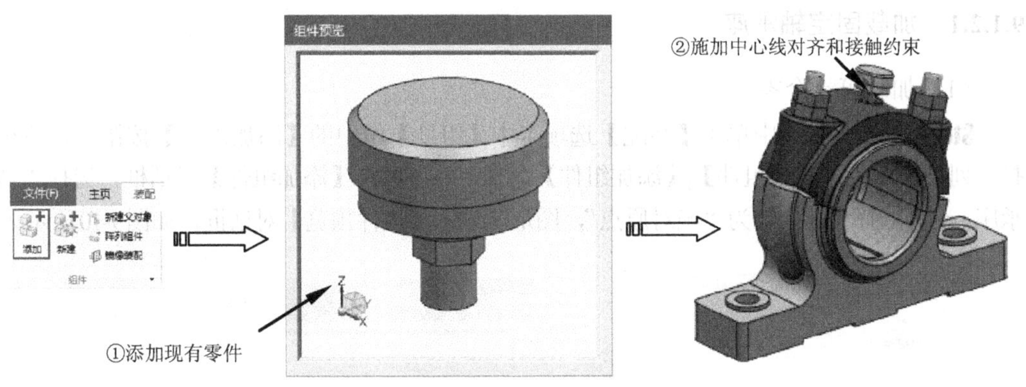

图9-8　装配顶盖零件

9.1.2　斜滑动轴承装配操作过程

9.1.2　视频精讲

Step01 启动NX后，单击【主页】选项卡上的【新建】按钮，弹出【新建】对话框，选择【装配】模板，在【名称】文本框中输入“斜滑动轴承总装”，单击【确定】按钮，新建装配体文件，如图9-9所示。

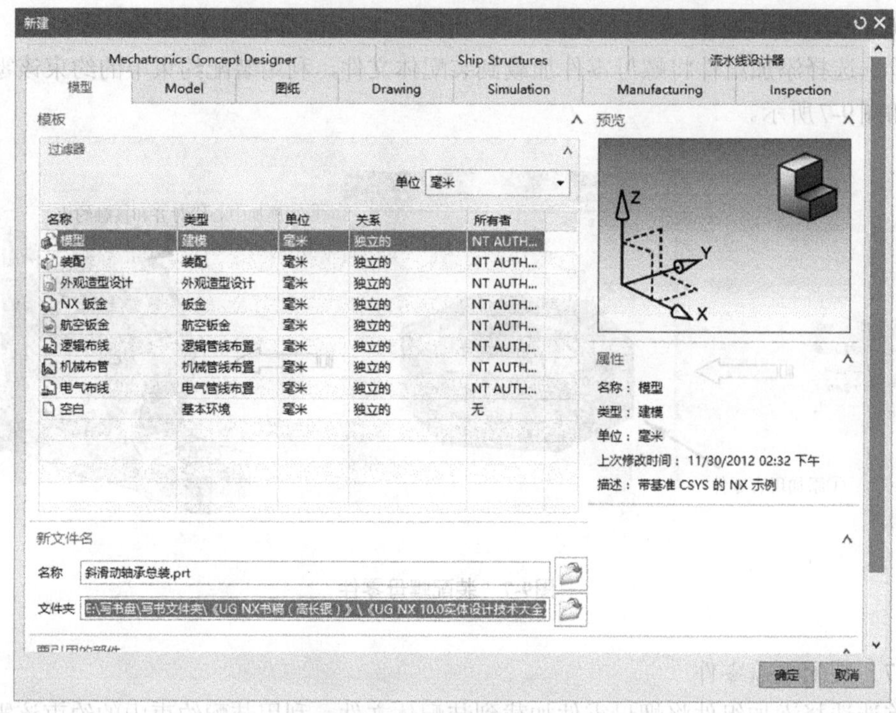

图9-9 【新建】对话框

9.1.2.1 加载固定轴承座

（1）加载第一个零件

Step02 在功能区中单击【装配】选项卡中【组件】组中的【添加组件】按钮，或选择下列菜单【装配】|【组件】|【添加组件】命令，系统弹出【添加组件】对话框，选择“轴承座.prt”，选择【定位】为“绝对原点”，图形区显示【组件预览】对话框，如图9-10所示。

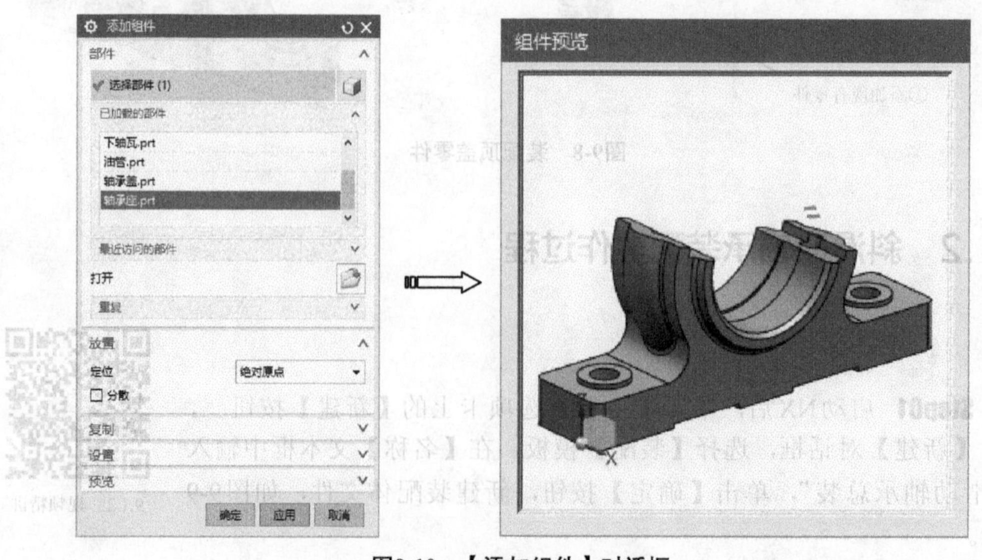

图9-10 【添加组件】对话框

Step03 单击【确定】按钮完成轴承座添加到装配体文件中，如图9-11所示。

图9-11　加载轴承座零件

（2）施加固定约束

Step04 在功能区中单击【装配】选项卡中【组件位置】组中的【装配约束】命令，或选择下列菜单【装配】|【组件位置】|【装配约束】命令，弹出【装配约束】对话框，在【类型】中选择"固定"，并选择轴承座零件，单击【确定】按钮完成装配约束，如图9-12所示。

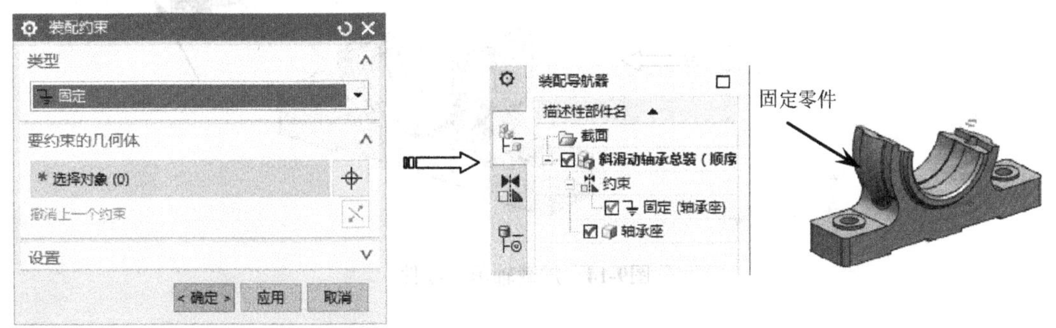

图9-12　施加固定约束

9.1.2.2　加载约束轴承盖

（1）加载轴承盖零件

Step05 在功能区中单击【装配】选项卡中【组件】组中的【添加组件】按钮，或选择下列菜单【装配】|【组件】|【添加组件】命令，系统弹出【添加组件】对话框，选择"轴承盖.prt"，选择【定位】为"选择原点"，图形区显示【组件预览】对话框，如图9-13所示。

Step06 单击【确定】按钮，弹出【点】对话框，在图形区选择方便一点放置轴承盖，如图9-14所示。

（2）约束轴承盖零件

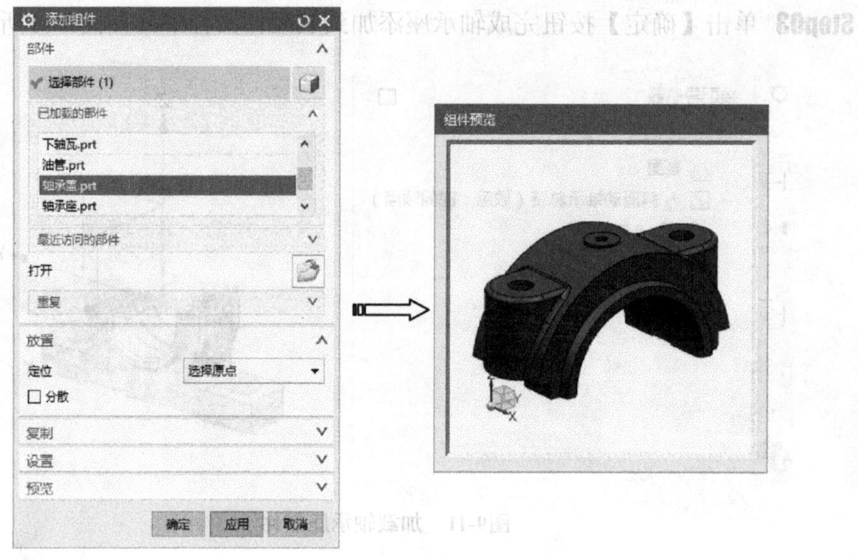

图9-13 添加组件

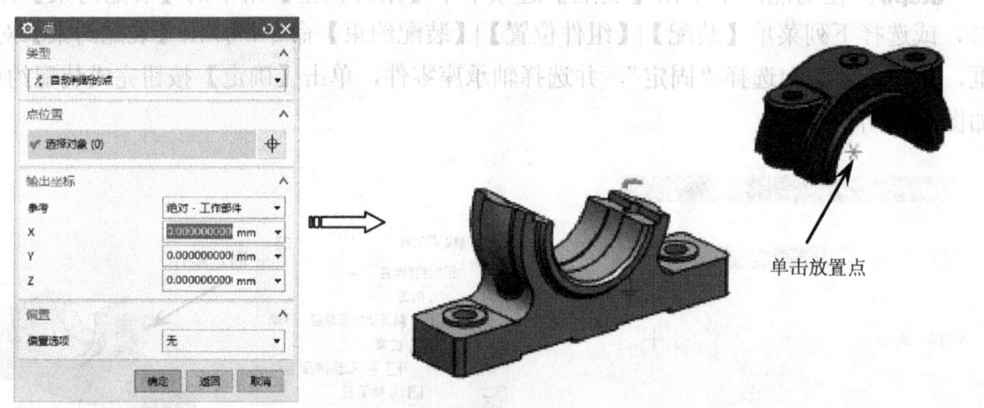

图9-14 加载轴承盖零件

Step07 在功能区中单击【装配】选项卡中【组件位置】组中的【装配约束】命令，或选择下列菜单【装配】|【组件位置】|【装配约束】命令，弹出【装配约束】对话框，在【类型】中选择“接触对齐”，在【方位】中选择“自动判断中心/轴”，选择轴承座和轴承盖中心线作为装配面，单击【应用】按钮，即可创建中心重合约束，如图9-15所示。

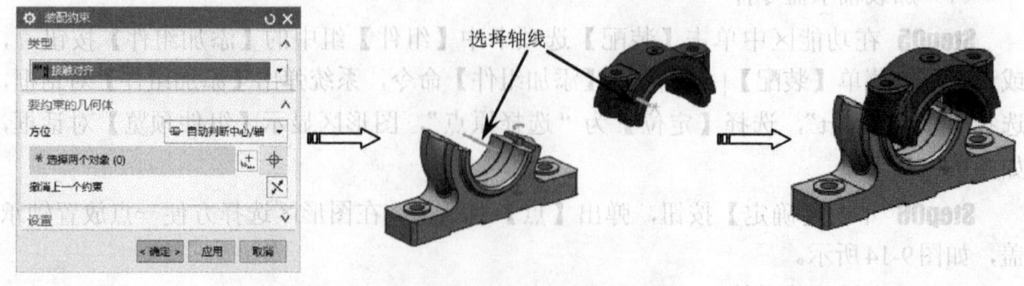

图9-15 施加中心线对齐约束

Step08 在【装配约束】对话框中的【类型】选择“接触对齐”，在【方位】中选择“自动判断中心/轴”，选择轴承座和轴承盖定位孔中心线作为装配面，单击【应用】按钮，即可创建中心重合约束，如图9-16所示。

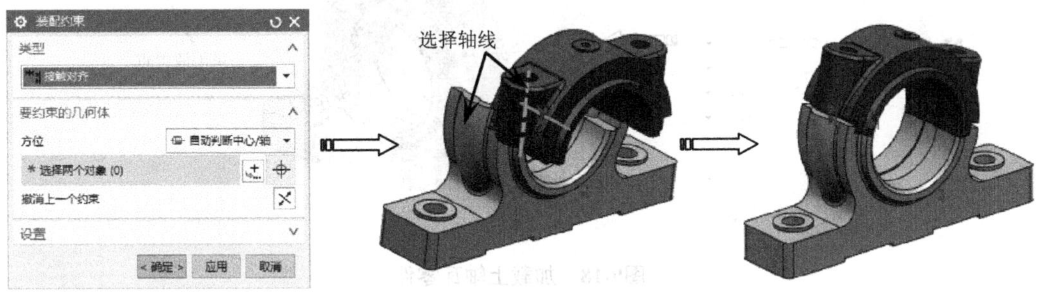

图9-16　施加中心线对齐约束

9.1.2.3　加载约束上轴瓦

（1）加载零件

Step09 在功能区中单击【装配】选项卡中【组件】组中的【添加组件】按钮，或选择下列菜单【装配】|【组件】|【添加组件】命令，系统弹出【添加组件】对话框，选择“上轴瓦.prt”，选择【定位】为“选择原点”，图形区显示【组件预览】对话框，如图9-17所示。

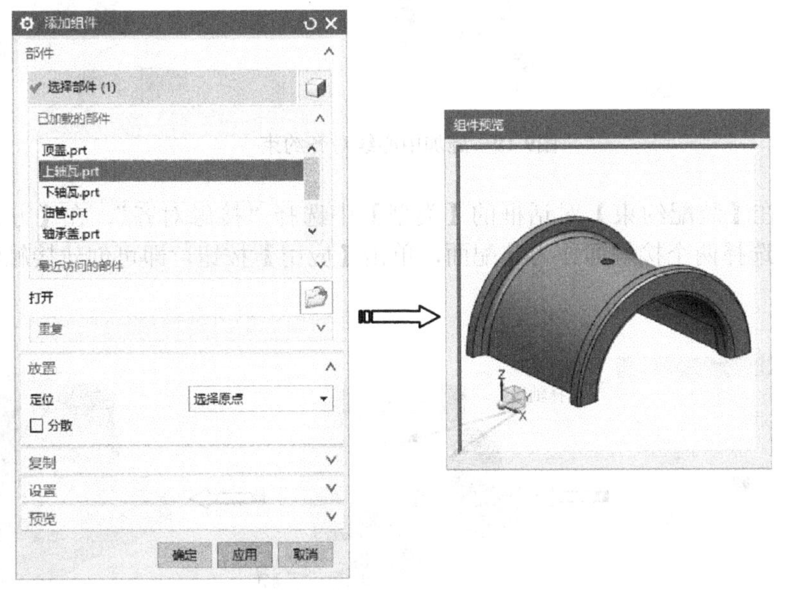

图9-17　添加组件

Step10 单击【确定】按钮，弹出【点】对话框，在图形区选择方便一点放置轴承盖，如图9-18所示。

（2）约束轴承盖零件

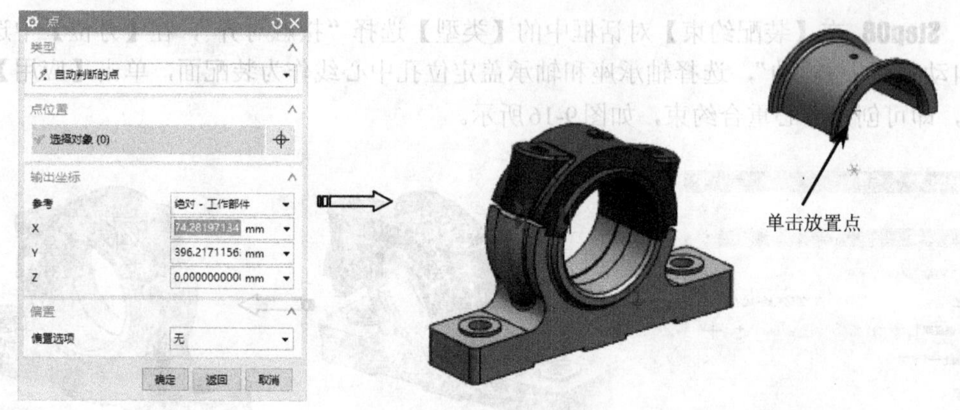

图9-18 加载上轴瓦零件

Step11 在功能区中单击【装配】选项卡中【组件位置】组中的【装配约束】命令，或选择下列菜单【装配】|【组件位置】|【装配约束】命令，弹出【装配约束】对话框，在【类型】中选择“接触对齐”，在【方位】中选择“自动判断中心/轴”，选择中心线作为装配面，单击【应用】按钮，即可创建中心重合约束，如图9-19所示。

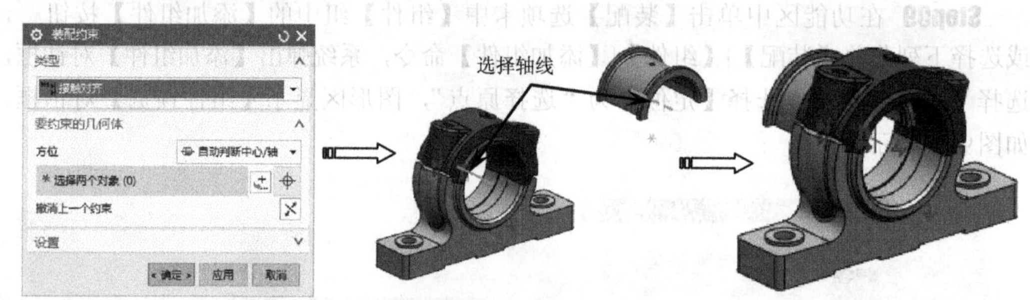

图9-19 施加中心线对齐约束

Step12 在【装配约束】对话框的【类型】中选择“接触对齐”，在【方位】中选择“接触”，选择两个接触面作为装配面，单击【应用】按钮，即可创建接触约束，如图9-20所示。

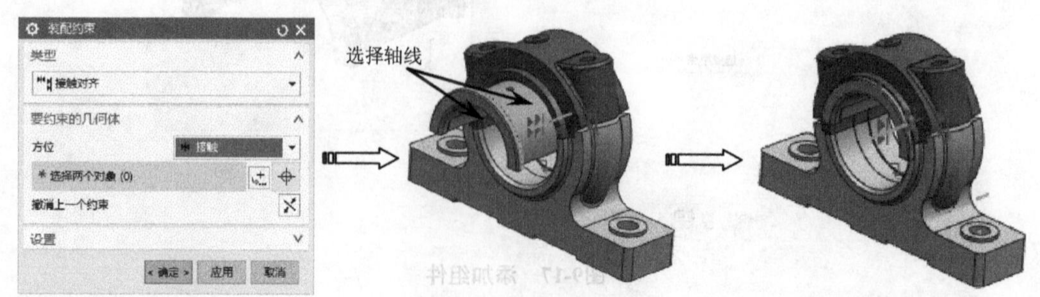

图9-20 施加接触约束

Step13 在【装配约束】对话框的【类型】中选择“平行”，选择表面作为装配面，单击【应用】按钮，即可创建平行约束，如图9-21所示。

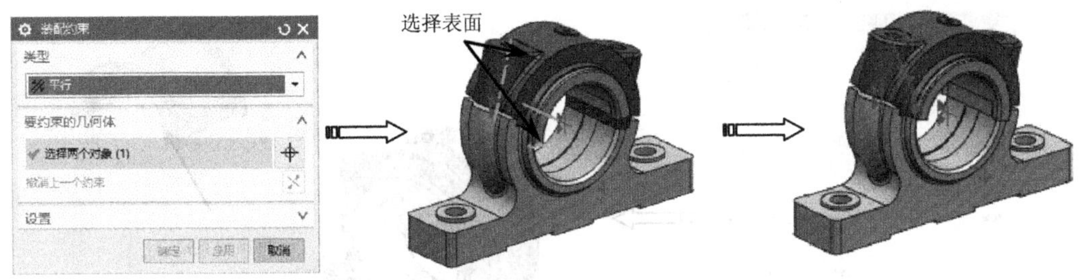

图9-21　施加平行约束

9.1.2.4　加载约束下轴瓦

（1）加载零件

Step14 在功能区中单击【装配】选项卡中【组件】组中的【添加组件】按钮，或选择下列菜单【装配】|【组件】|【添加组件】命令，系统弹出【添加组件】对话框，选择“下轴瓦.prt”，选择【定位】为“选择原点”，图形区显示【组件预览】对话框，如图9-22所示。

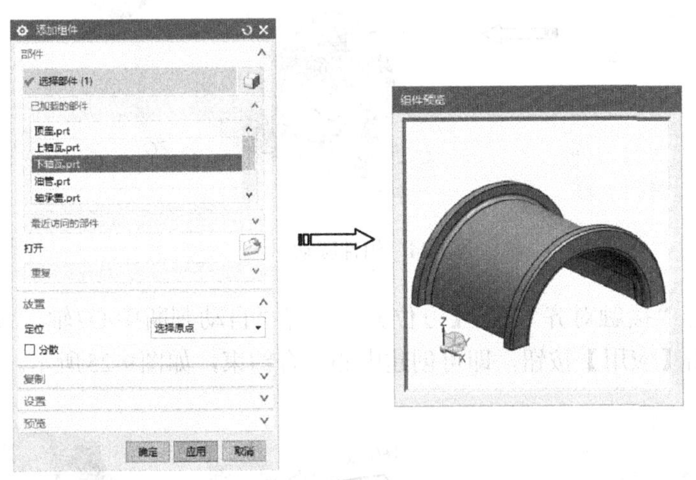

图9-22　添加组件

Step15 单击【确定】按钮，弹出【点】对话框，在图形区选择方便一点放置轴承盖，如图9-23所示。

（2）移动下轴瓦零件

Step16 在功能区中单击【装配】选项卡中【组件位置】组中的【移动组件】命令，或选择下列菜单【装配】|【组件位置】|【移动组件】命令，弹出【移动组件】对话框，选择图9-24所示的组件，拖动旋转手柄调整零件位置，单击【确定】按钮，可完成组件的重定位操作。

（3）约束下轴瓦零件

Step17 在功能区中单击【装配】选项卡中【组件位置】组中的【装配约束】命令，或选择下列菜单【装配】|【组件位置】|【装配约束】命令，弹出【装配约束】对话框，

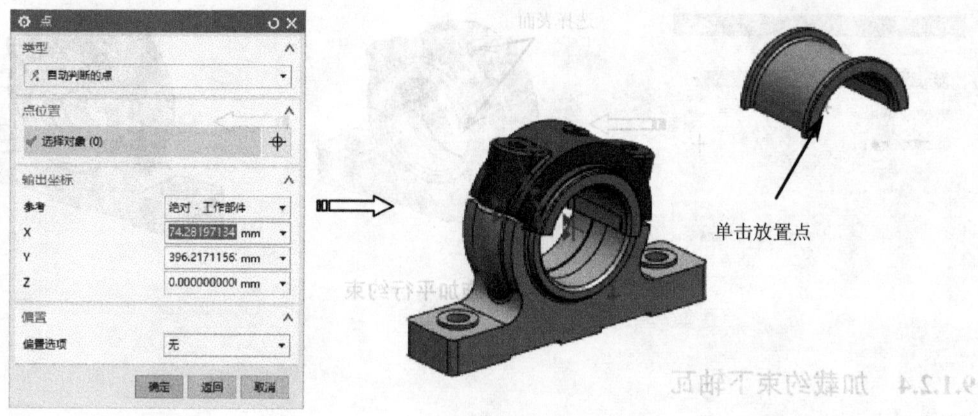

图9-23　加载下轴瓦零件

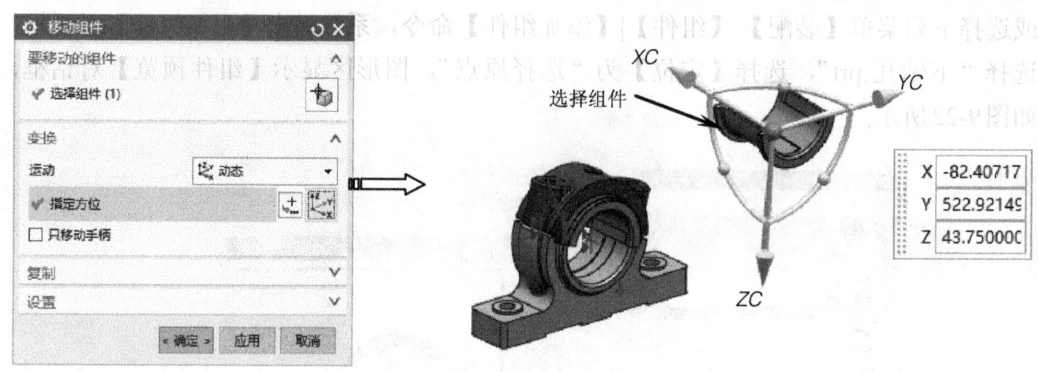

图9-24　组件移动

在【类型】中选择“接触对齐”，在【方位】中选择“自动判断中心/轴”，选择中心线作为装配面，单击【应用】按钮，即可创建中心重合约束，如图9-25所示。

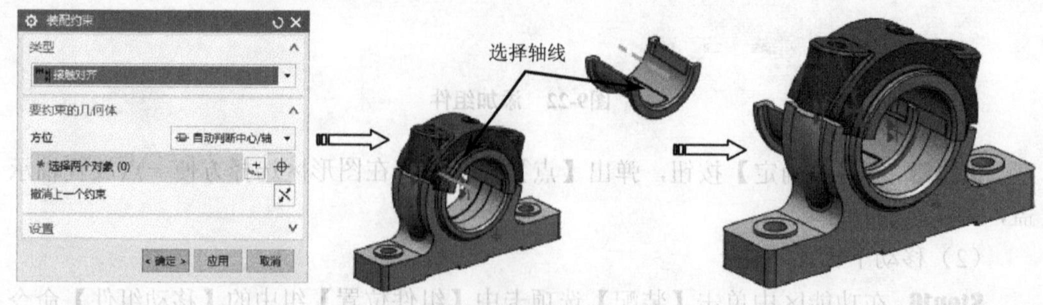

图9-25　施加中心线对齐约束

Step18 在【装配约束】对话框的【类型】中选择“接触对齐”，在【方位】中选择“接触”，选择两个接触面作为装配面，单击【应用】按钮，即可创建接触约束，如图9-26所示。

Step19 在【装配约束】对话框的【类型】中选择“平行”，选择表面作为装配面，单击【应用】按钮，即可创建平行约束，如图9-27所示。

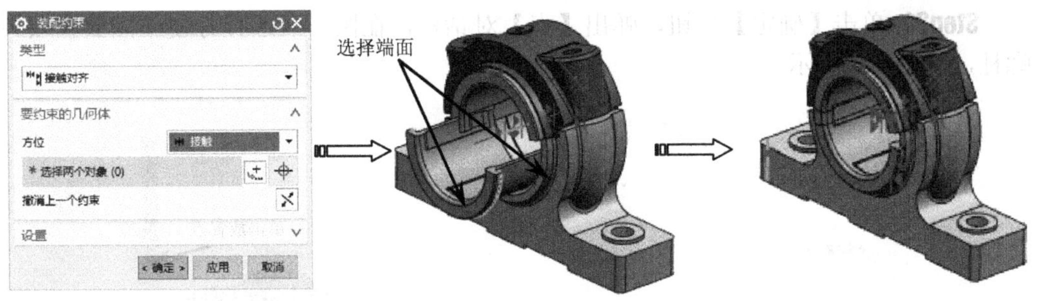

图9-26　施加接触约束

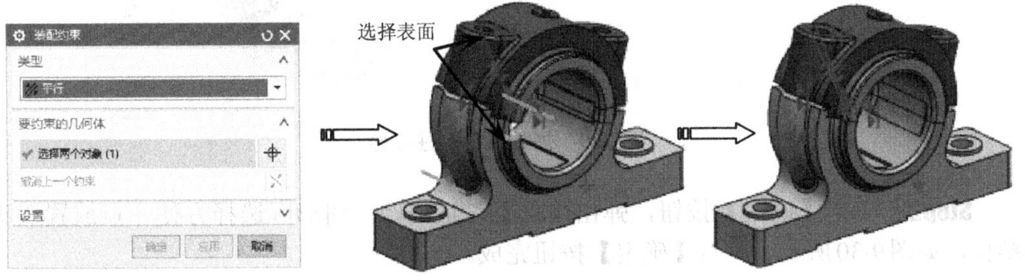

图9-27　施加平行约束

9.1.2.5　加载约束双头螺柱

（1）加载零件

Step20 在功能区中单击【装配】选项卡中【组件】组中的【添加组件】按钮，或选择下列菜单【装配】|【组件】|【添加组件】命令，系统弹出【添加组件】对话框，选择“双头螺柱M24.prt”，选择【定位】为“选择原点”，图形区显示【组件预览】对话框，如图9-28所示。

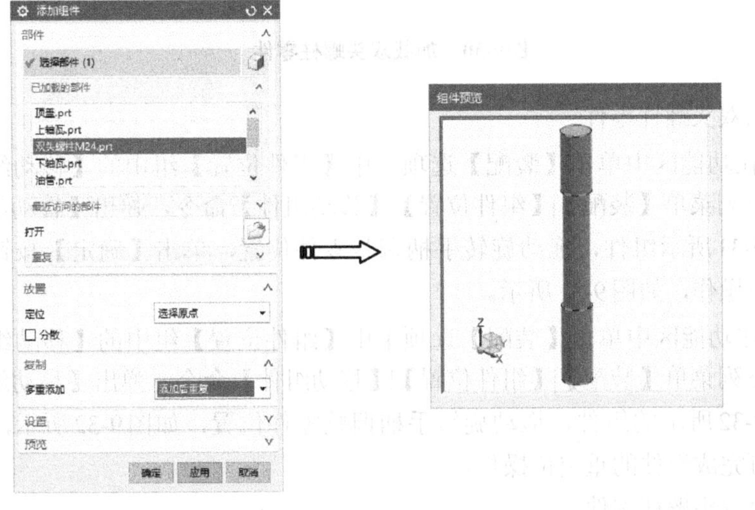

图9-28　添加组件

Step21 单击【确定】按钮，弹出【点】对话框，在图形区选择方便一点放置双头螺柱，如图9-29所示。

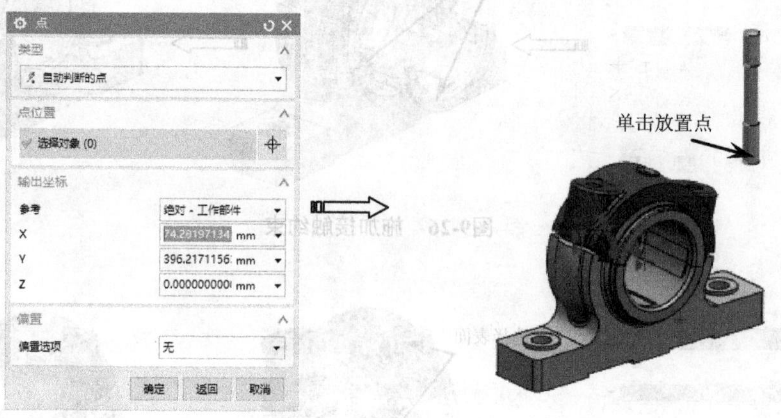

图9-29 加载双头螺柱零件

Step22 单击【确定】按钮，弹出【点】对话框，在图形区选择方便一点放置双头螺柱，如图9-30所示，单击【确定】按钮完成。

图9-30 加载双头螺柱零件

（2）移动双头螺柱零件

Step23 在功能区中单击【装配】选项卡中【组件位置】组中的【移动组件】命令，或选择下列菜单【装配】|【组件位置】|【移动组件】命令，弹出【移动组件】对话框，选择图9-31所示组件，拖动旋转手柄调整零件位置，单击【确定】按钮，可完成组件的重定位操作，如图9-31所示。

Step24 在功能区中单击【装配】选项卡中【组件位置】组中的【移动组件】命令，或选择下列菜单【装配】|【组件位置】|【移动组件】命令，弹出【移动组件】对话框，选择图9-32所示的组件，拖动旋转手柄调整零件位置，如图9-32所示，单击【确定】按钮，可完成组件的重定位操作。

（3）约束双头螺柱零件

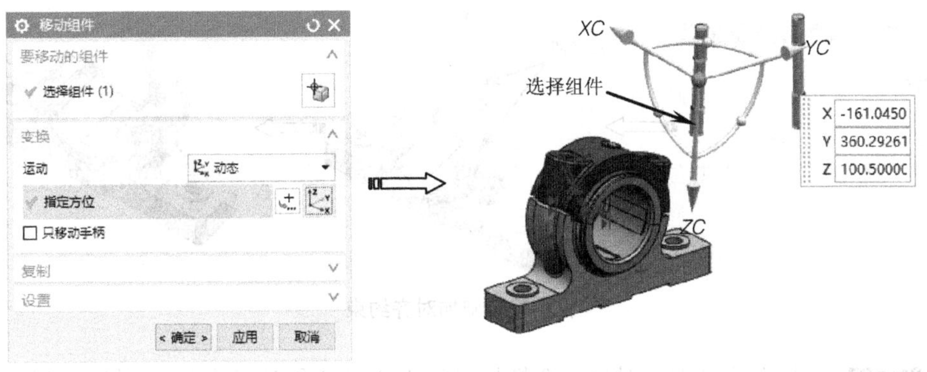

图9-31　组件移动

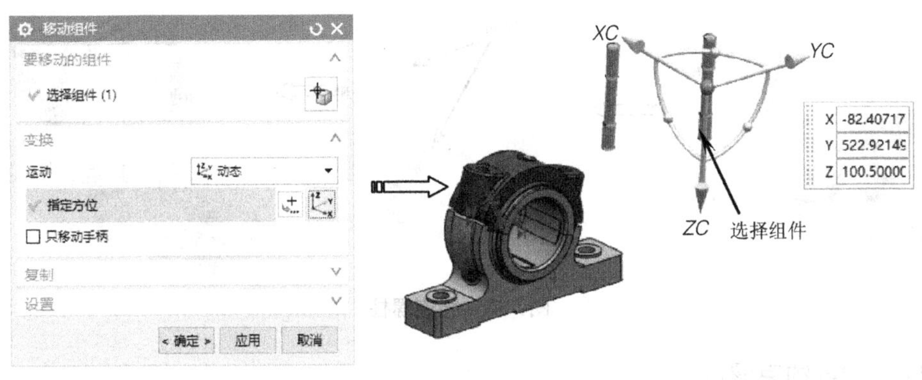

图9-32　组件移动

Step25 在功能区中单击【装配】选项卡中【组件位置】组中的【装配约束】命令，或选择下列菜单【装配】|【组件位置】|【装配约束】命令，弹出【装配约束】对话框，在【类型】中选择“接触对齐”，在【方位】中选择“自动判断中心/轴”，选择中心线作为装配面，单击【应用】按钮，即可创建中心重合约束，如图9-33所示。

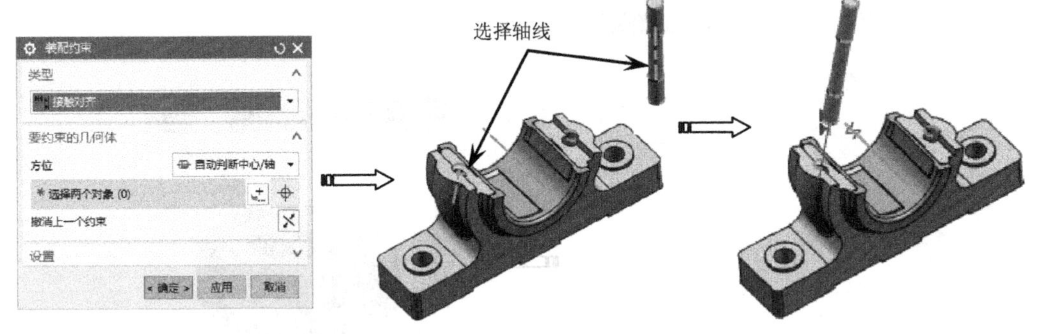

图9-33　施加中心线对齐约束

Step26 在【装配约束】对话框的【类型】中选择“接触对齐”，在【方位】中选择“对齐”，选择两个接触面作为装配面，单击【应用】按钮，即可创建对齐约束，如图9-34所示。

图9-34 施加对齐约束

Step27 重复上述过程，对另一个螺栓进行中心对齐和对齐约束，如图9-35所示。

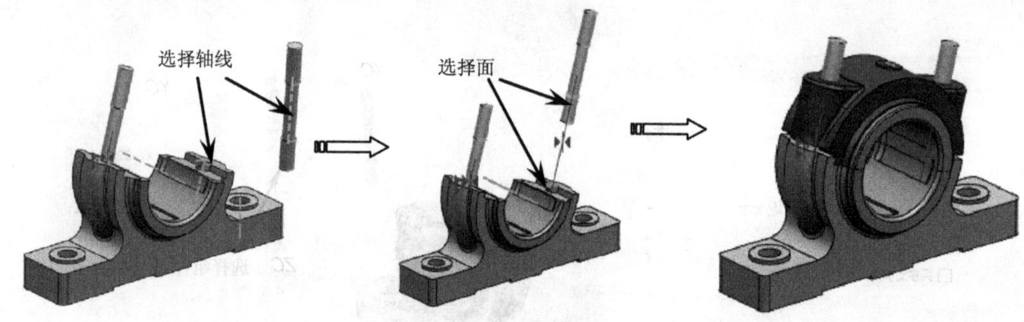

图9-35 约束螺柱

9.1.2.6 加载约束螺母

（1）加载零件

Step28 在功能区中单击【装配】选项卡中【组件】组中的【添加组件】按钮，或选择下列菜单【装配】|【组件】|【添加组件】命令，系统弹出【添加组件】对话框，选择“螺母M24.prt”，选择【定位】为“选择原点”，图形区显示【组件预览】对话框，如图9-36所示。

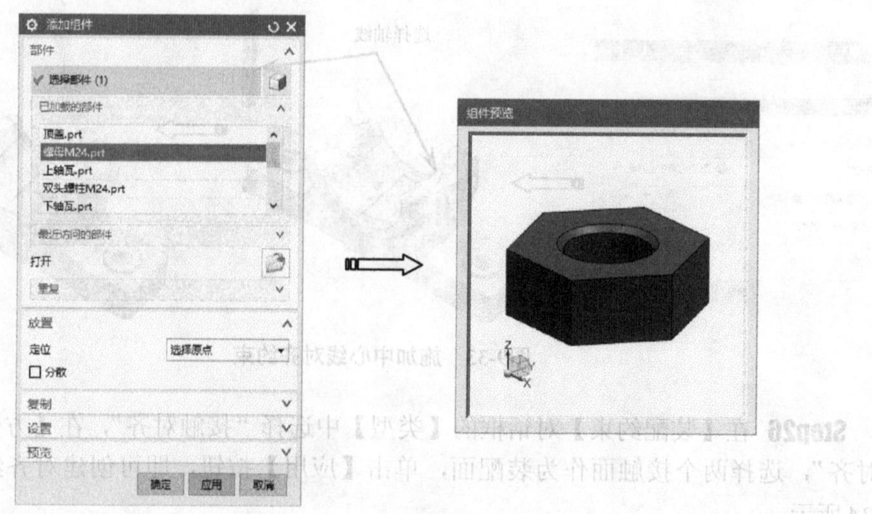

图9-36 添加组件

Step29 单击【确定】按钮，弹出【点】对话框，在图形区选择方便一点放置轴承盖，如图9-37所示。

图9-37　加载螺母M24零件

（2）约束螺母零件

Step30 在功能区中单击【装配】选项卡中【组件位置】组中的【装配约束】命令，或选择下列菜单【装配】|【组件位置】|【装配约束】命令，弹出【装配约束】对话框，在【类型】中选择“接触对齐”，在【方位】中选择“自动判断中心/轴”，选择中心线作为装配面，单击【应用】按钮，即可创建中心重合约束，如图9-38所示。

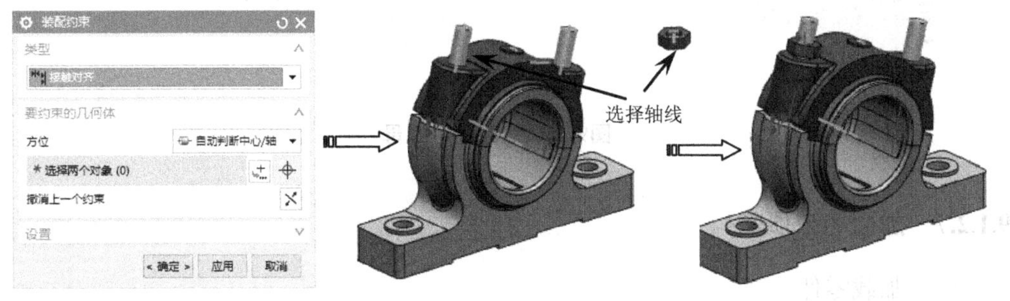

图9-38　施加中心线对齐约束

Step31 在【装配约束】对话框的【类型】中选择“接触对齐”，在【方位】中选择“接触”，选择两个接触面作为装配面，单击【应用】按钮，即可创建接触约束，如图9-39所示。

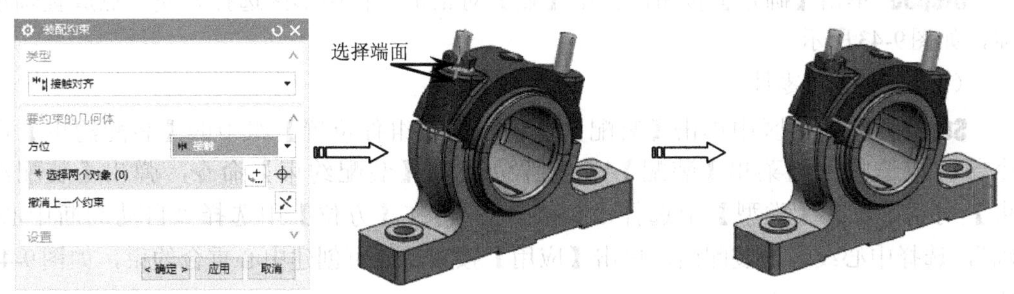

图9-39　施加接触约束

Step32 在【装配约束】对话框的【类型】中选择“平行”，选择如图9-40所示的表面作为装配面，单击【应用】按钮，即可创建平行约束，如图9-40所示。

图9-40　施加平行约束

Step33 重复上述过程，装配约束其他螺母，如图9-41所示。

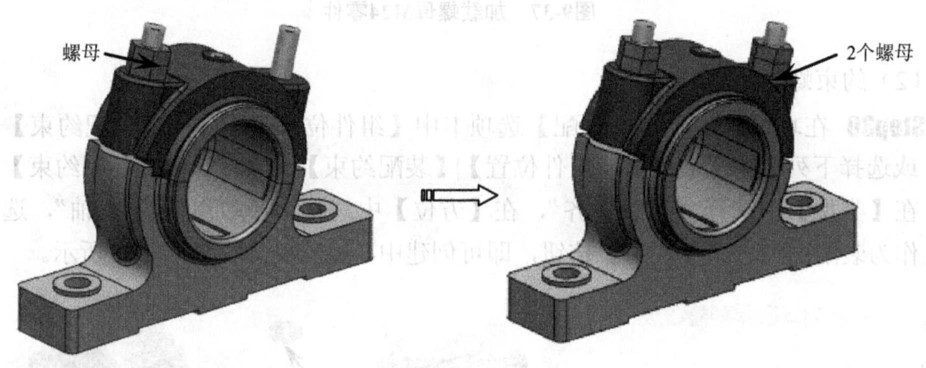

图9-41　装配约束螺母

9.1.2.7　加载约束顶盖

（1）加载零件

Step34 在功能区中单击【装配】选项卡中【组件】组中的【添加组件】按钮，或选择下列菜单【装配】|【组件】|【添加组件】命令，系统弹出【添加组件】对话框，选择“顶盖.prt”，选择【定位】为“选择原点”，图形区显示【组件预览】对话框，如图9-42所示。

Step35 单击【确定】按钮，弹出【点】对话框，在图形区选择方便一点放置轴承盖，如图9-43所示。

（2）约束顶盖零件

Step36 在功能区中单击【装配】选项卡中【组件位置】组中的【装配约束】命令，或选择下列菜单【装配】|【组件位置】|【装配约束】命令，弹出【装配约束】对话框，在【类型】中选择“接触对齐”，在【方位】中选择“自动判断中心/轴”，选择中心线作为装配面，单击【应用】按钮，即可创建中心重合约束，如图9-44所示。

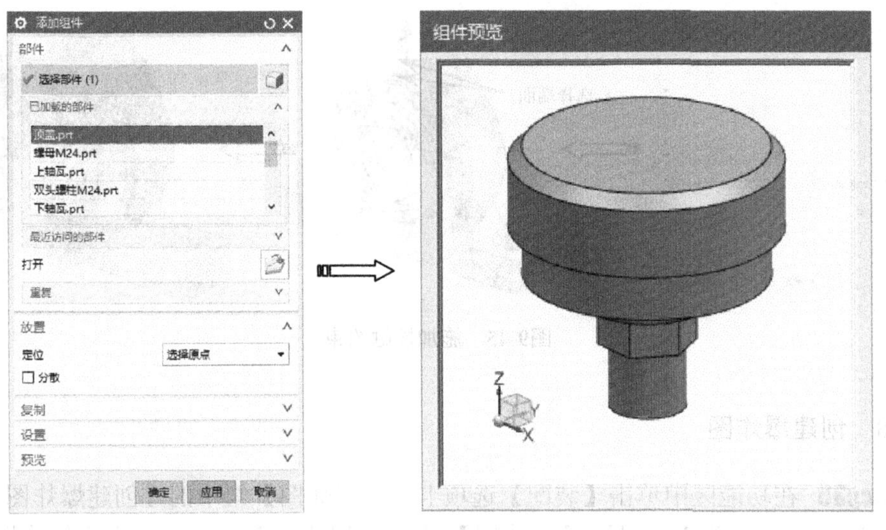

图9-42　添加组件

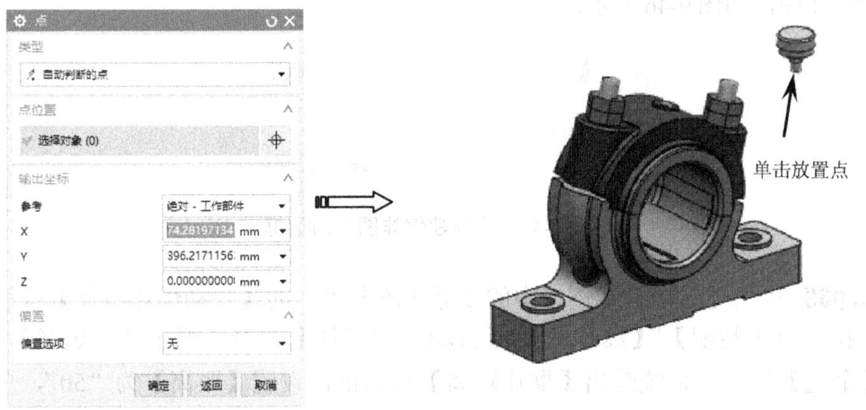

图9-43　加载顶盖零件

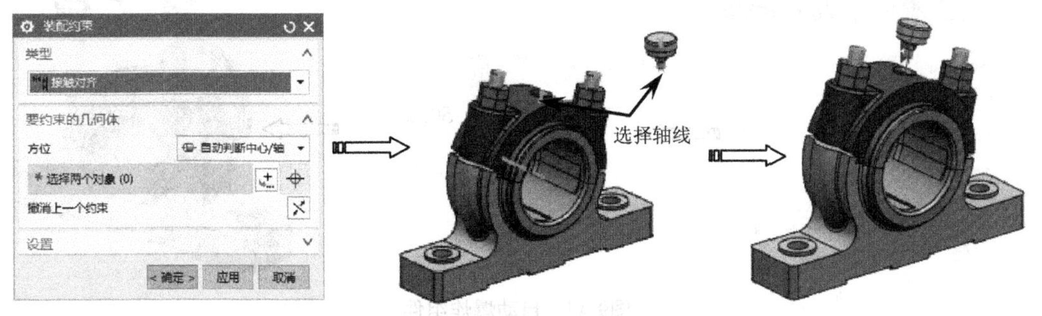

图9-44　施加中心线对齐约束

Step37 在【装配约束】对话框的【类型】中选择“接触对齐”，在【方位】中选择“接触”，选择两个接触面作为装配面，单击【应用】按钮，即可创建接触约束，如图9-45所示。

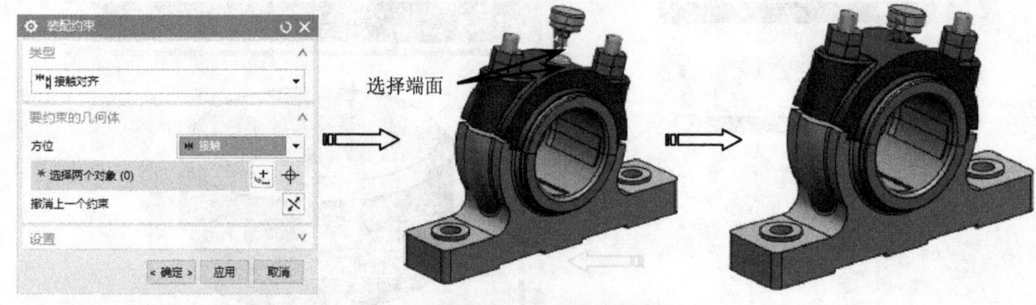

图9-45 施加接触约束

9.1.2.8 创建爆炸图

Step38 在功能区中单击【装配】选项卡中【爆炸图】组中的【创建爆炸图】按钮，或选择下拉菜单【装配】|【爆炸图】|【创建爆炸图】命令，弹出【创建爆炸图】对话框，在该对话框中输入爆炸图名称或接受缺省名称，单击【确定】按钮就建立了一个新的爆炸图，如图9-46所示。

图9-46 【新建爆炸图】对话框

Step39 单击【装配】选项卡中的【爆炸图】组中的【自动爆炸组件】按钮，或选择下拉菜单【装配】|【爆炸图】|【自动爆炸组件】命令，弹出【类选择】对话框，单击【全选】按钮，系统弹出【爆炸距离】对话框，设置【距离】为“50”，单击【确定】按钮可实现对组件的炸开，如图9-47所示。

图9-47 自动爆炸组件

Step40 单击【装配】选项卡中的【爆炸图】组中的【编辑爆炸图】按钮，或选择下拉菜单【装配】|【爆炸图】|【编辑爆炸图】命令，弹出【编辑爆炸图】对话框，选中“选择对象”单选按钮，选择要编辑组件，然后选中【移动对象】单选按钮，拖动手柄进行位置调整，如图9-48所示。

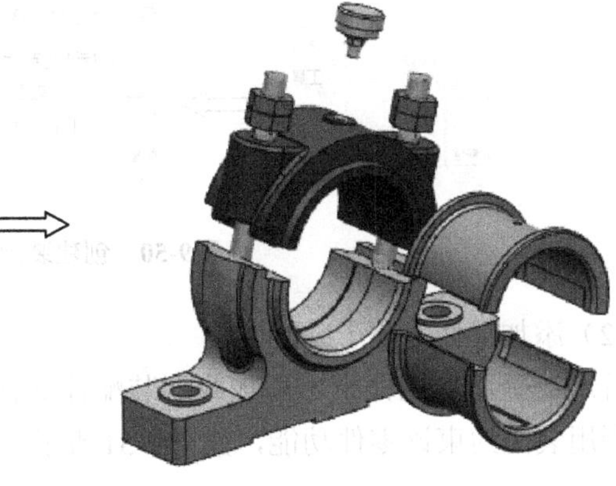

图9-48　编辑组件位置完成爆炸图

9.2　综合实例2——齿轮传动箱装配设计

本节中以齿轮传动箱装配实例来详解产品装配设计过程和应用技巧。齿轮传动箱装配结构如图9-49所示。

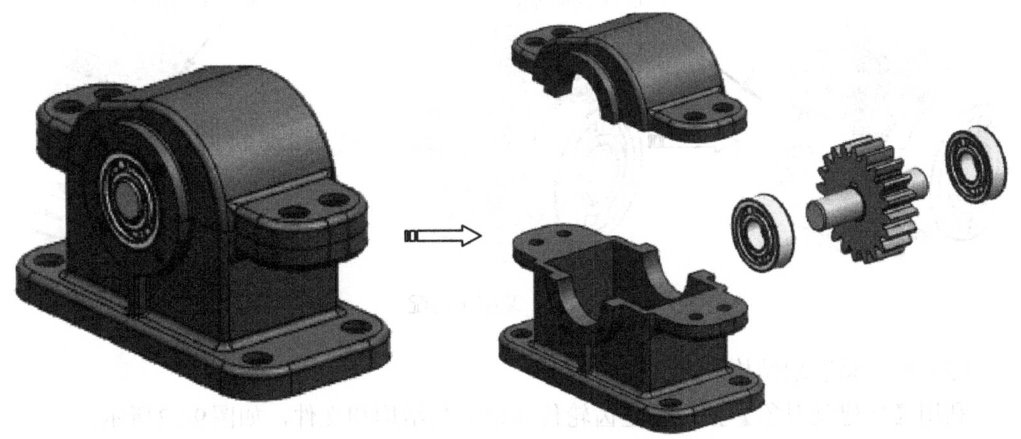

图9-49　齿轮传动箱装配结构

9.2.1　齿轮传动箱装配设计思路分析

9.2.1　视频精讲

首先根据实体造型、曲面造型等方法创建装配零件几何模型，接着利用添加现有零件添加到装配体，接着利用装配约束方法施加约束，完成齿轮传动轴部装结构（子装配），然后利用【新建父对象】按钮创建齿轮传动箱总装结构，最后添加总装零件并约束。

（1）创建齿轮传动轴部装结构（部装）

单击【主页】选项卡上的【新建】按钮，弹出【新建】对话框，选择【装配】模板进入装配模块，如图9-50所示。

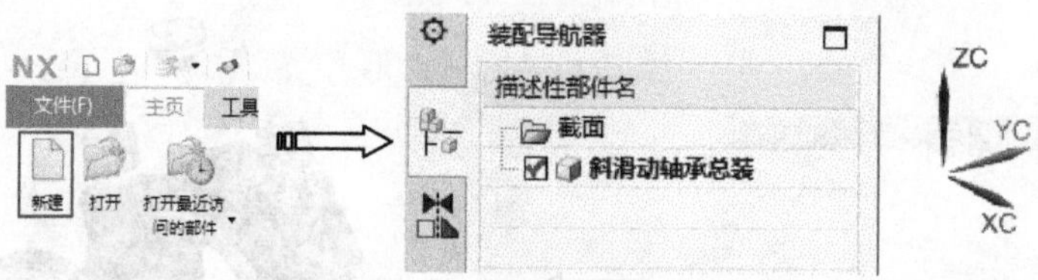

图9-50　创建装配体文件

（2）添加组件完成子装配

首选选择添加组件将零件加载到装配体文件，然后利用移动组件调整好零件位置，最后利用装配约束该零件功能，如图9-51所示。

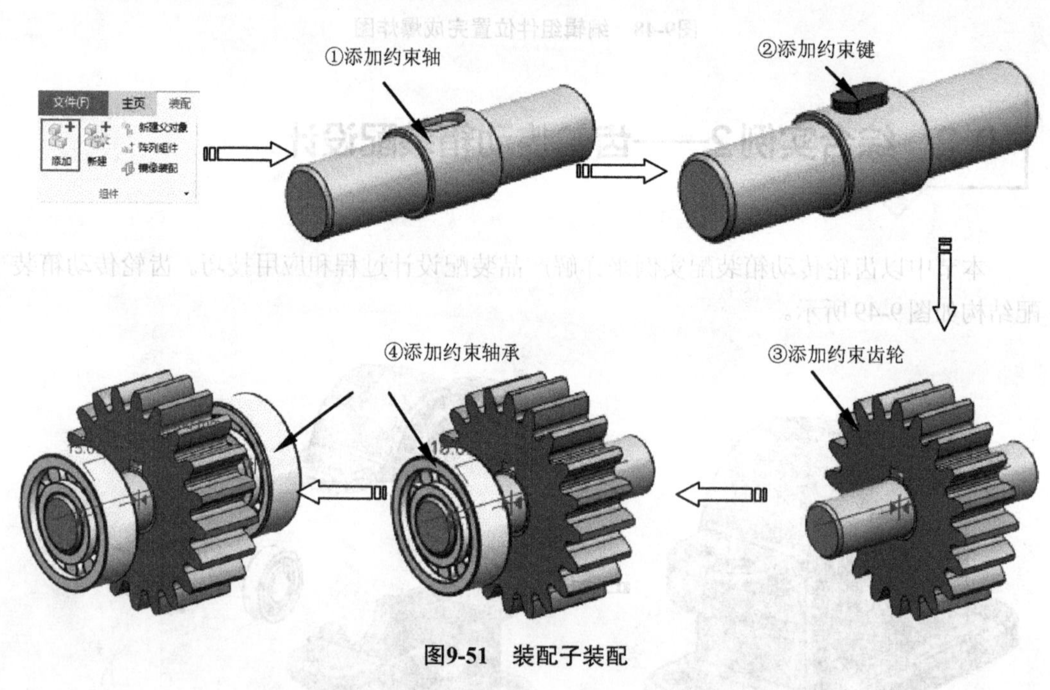

图9-51　装配子装配

（3）建立总装配结构（总装）

利用【新建父对象】按钮创建齿轮传动箱总装结构和文件，如图9-52所示。

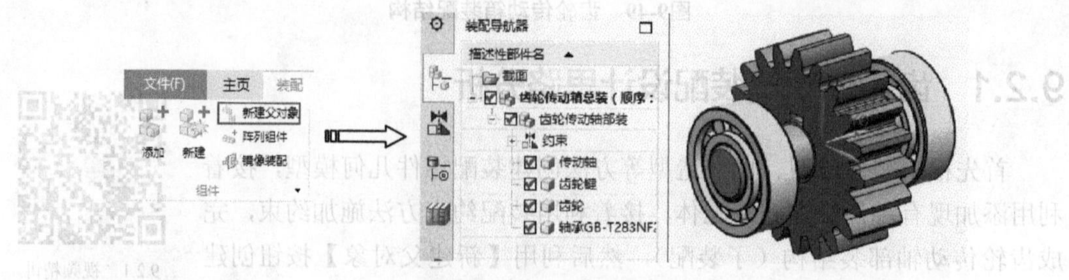

图9-52　建立总装配结构

（4）添加组件完成总装配

首选选择添加组件将零件加载到装配体文件，然后利用移动组件调整好零件位置，最后利用装配约束该零件，如图9-53所示。

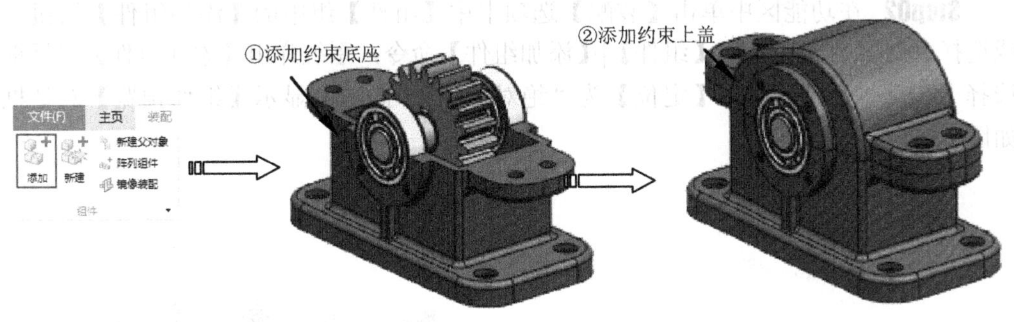

图9-53　装配总装配

9.2.2　齿轮传动箱装配操作过程

9.2.2　视频精讲

9.2.2.1　建立齿轮传动轴部装

Step01 启动NX后，单击【主页】选项卡上的【新建】按钮，弹出【新建】对话框，选择【装配】模板，在【名称】文本框中输入“齿轮传动轴部装”，单击【确定】按钮，新建装配体文件，如图9-54所示。

图9-54　【新建】对话框

（1）加载传动轴

Step02 在功能区中单击【装配】选项卡中【组件】组中的【添加组件】按钮，或选择下列菜单【装配】|【组件】|【添加组件】命令，系统弹出【添加组件】对话框，选择“传动轴.prt”，选择【定位】为“绝对原点”，图形区显示【组件预览】对话框，如图9-55所示。

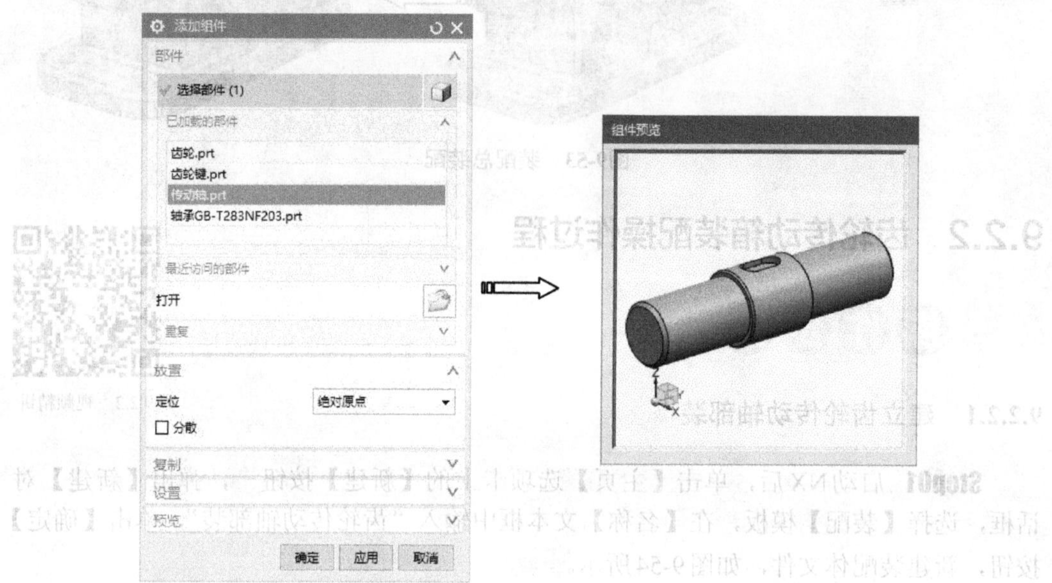

图9-55 添加组件

Step03 单击【确定】按钮完成传动轴添加到装配体文件中，如图9-56所示。

图9-56 加载传动轴零件

（2）加载约束键

① 加载齿轮键

Step04 在功能区中单击【装配】选项卡中【组件】组中的【添加组件】按钮，或选择下列菜单【装配】|【组件】|【添加组件】命令，系统弹出【添加组件】对话框，选择“齿轮键.prt”，选择【定位】为“选择原点”，图形区显示【组件预览】对话框，

如图9-57所示。

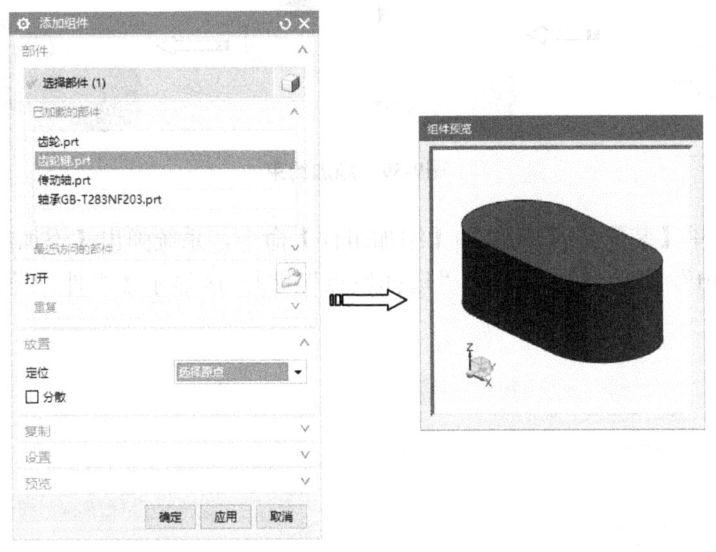

图9-57　添加组件

Step05 单击【确定】按钮，弹出【点】对话框，在图形区选择方便一点放置齿轮键，如图9-58所示。

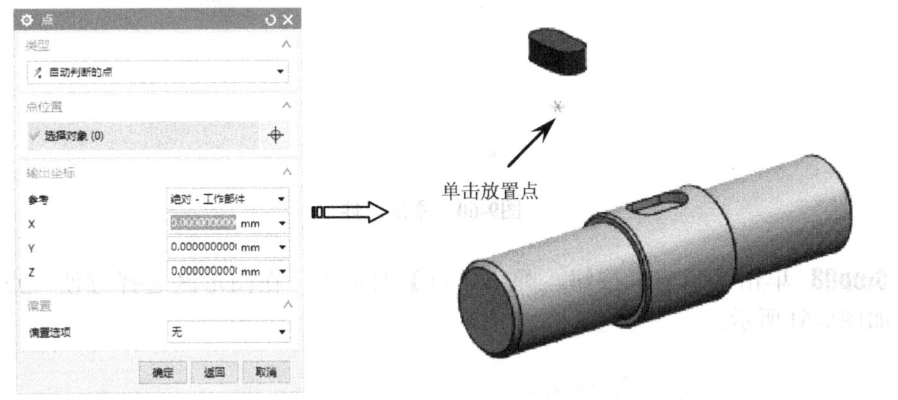

图9-58　加载齿轮键零件

② 约束齿轮键

Step06 在功能区中单击【装配】选项卡中【组件位置】组中的【装配约束】命令，或选择下列菜单【装配】|【组件位置】|【装配约束】命令，弹出【装配约束】对话框，对齿轮键进行2次接触、1次中心对齐约束，单击【应用】按钮完成约束，如图9-59所示。

（3）加载约束键

① 加载齿轮键

Step07 在功能区中单击【装配】选项卡中【组件】组中的【添加组件】按钮，

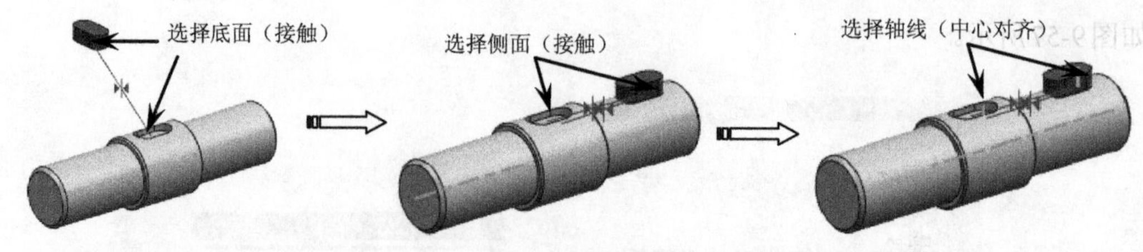

图9-59 施加约束

或选择下列菜单【装配】|【组件】|【添加组件】命令，系统弹出【添加组件】对话框，选择“齿轮.prt”，选择【定位】为“选择原点”，图形区显示【组件预览】对话框，如图9-60所示。

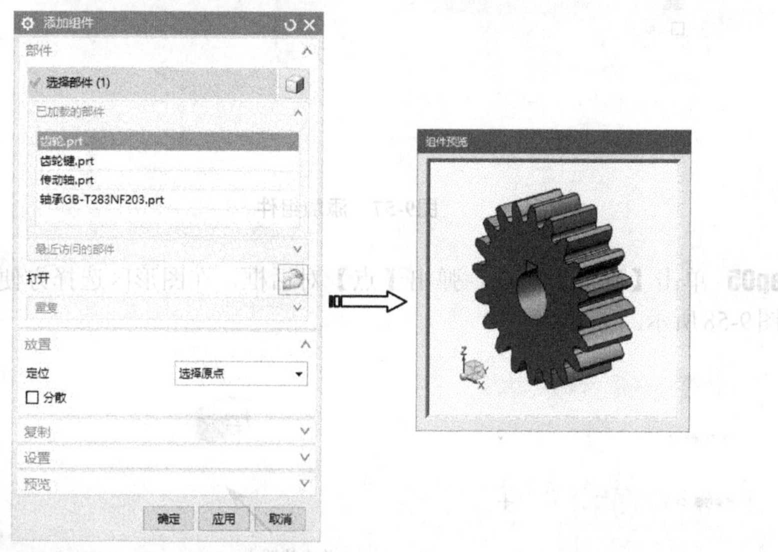

图9-60 添加组件

Step08 单击【确定】按钮，弹出【点】对话框，在图形区选择方便一点放置齿轮，如图9-61所示。

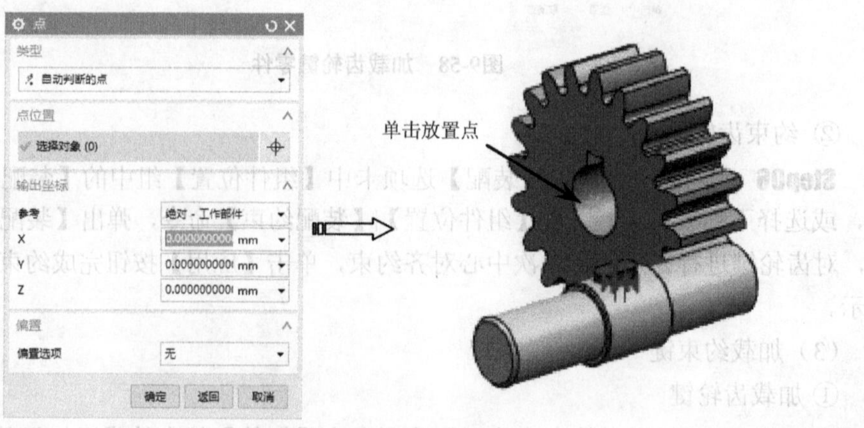

图9-61 加载齿轮零件

② 约束齿轮

Step09 在功能区中单击【装配】选项卡中【组件位置】组中的【装配约束】命令，或选择下列菜单【装配】|【组件位置】|【装配约束】命令，弹出【装配约束】对话框，对齿轮键进行1次中心对齐、1次中心（2对2）约束，单击【应用】按钮完成约束，如图9-62所示。

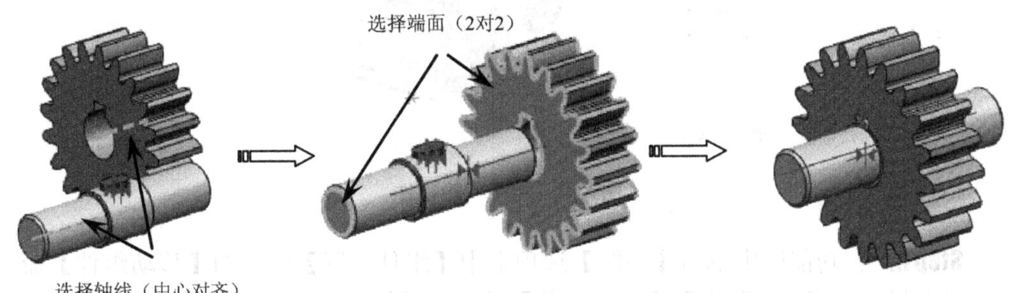

图9-62 施加约束

（4）加载约束轴承

① 加载轴承

Step10 在功能区中单击【装配】选项卡中【组件】组中的【添加组件】按钮，或选择下列菜单【装配】|【组件】|【添加组件】命令，系统弹出【添加组件】对话框，选择"轴承GB-T283NF203.prt"，选择【定位】为"选择原点"，图形区显示【组件预览】对话框，如图9-63所示。

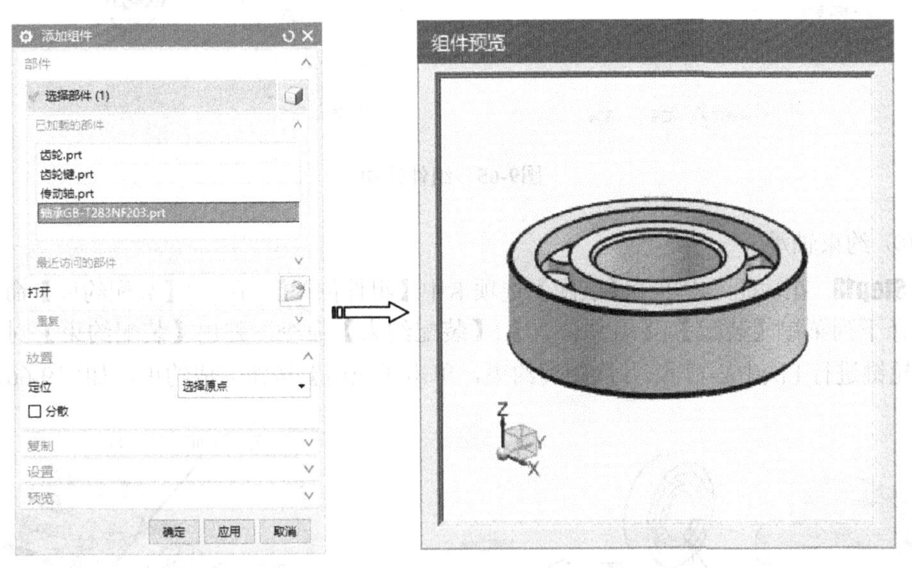

图9-63 添加组件

Step11 单击【确定】按钮，弹出【点】对话框，在图形区选择方便一点放置轴承，如图9-64所示。

② 调整轴承位置

图9-64 加载齿轮零件

Step12 在功能区中单击【装配】选项卡中【组件位置】组中的【移动组件】命令，或选择下列菜单【装配】|【组件位置】|【移动组件】命令，弹出【移动组件】对话框，选择图9-65所示的组件，拖动旋转手柄调整零件位置，单击【确定】按钮，可完成组件的重定位操作。

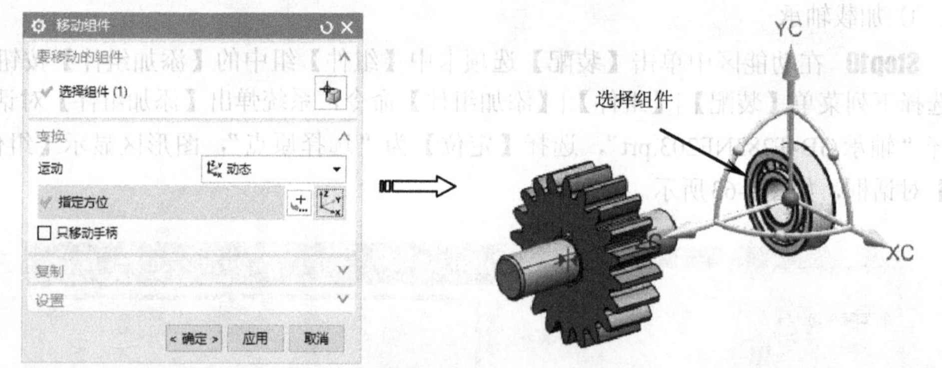

图9-65 组件移动

③ 约束轴承

Step13 在功能区中单击【装配】选项卡中【组件位置】组中的【装配约束】命令，或选择下列菜单【装配】|【组件位置】|【装配约束】命令，弹出【装配约束】对话框，对齿轮键进行1次中心对齐、1次距离约束，单击【应用】按钮完成约束，如图9-66所示。

图9-66 施加约束

Step14 重复上述过程，装配另外一个轴承，如图9-67所示。

图9-67 装配轴承

9.2.2.2 建立齿轮传动箱总装

（1）建立总装配

Step15 选择【装配】选项卡中的【组件】组中的【新建父对象】按钮，弹出【新建父对象】对话框，从模板列表选择装配模板，在【名称】中指定“齿轮传动箱总装”，如图9-68所示。

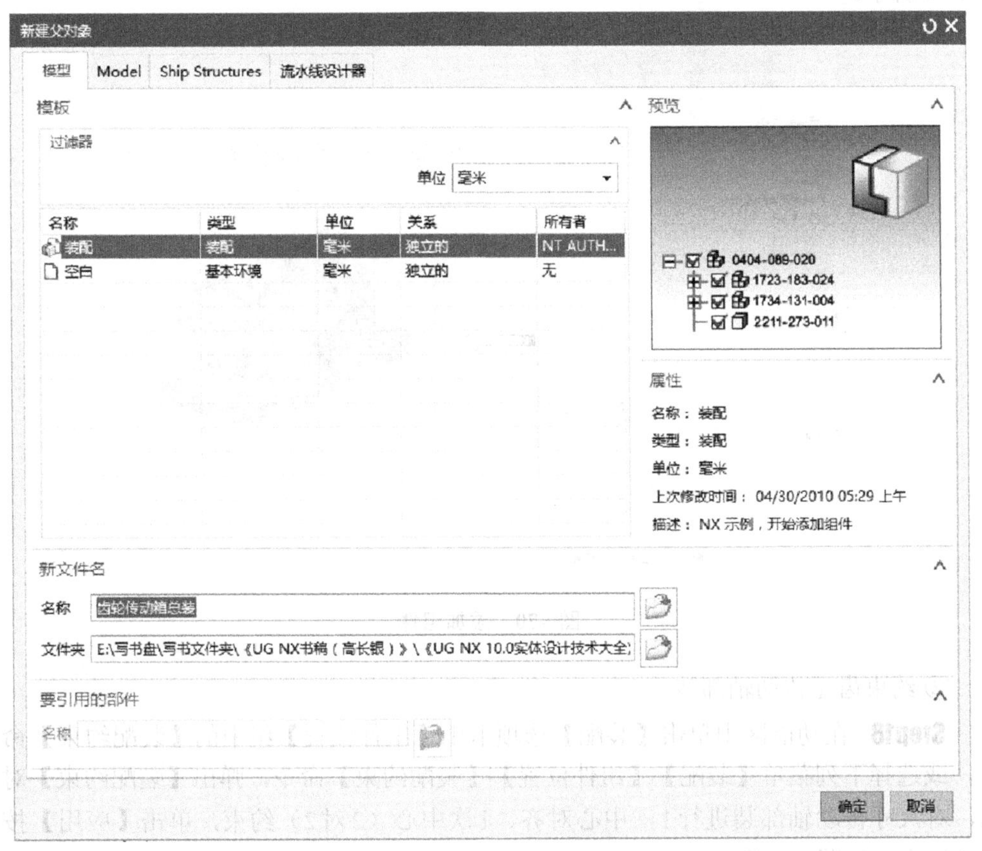

图9-68 【新建父对象】对话框

Step16 单击【确定】按钮，装配导航器会列出新建父部件文件，新的父部件文件成为工作部件，如图9-69所示。

图9-69 新建装配体

（2）加载约束底座

① 加载轴承

Step17 在功能区中单击【装配】选项卡中【组件】组中的【添加组件】按钮，或选择下列菜单【装配】|【组件】|【添加组件】命令，系统弹出【添加组件】对话框，选择"底座.prt"，选择【定位】为"绝对原点"，图形区显示【组件预览】对话框，如图9-70所示。

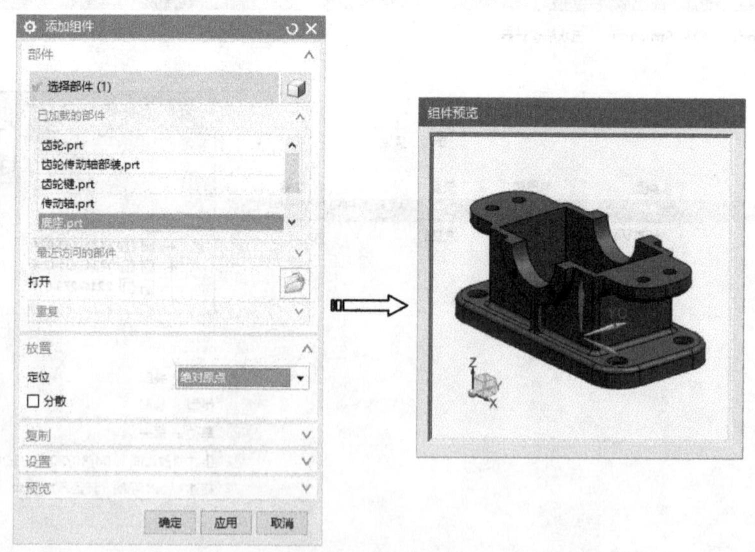

图9-70 添加组件

② 约束齿轮传动轴部装

Step18 在功能区中单击【装配】选项卡中【组件位置】组中的【装配约束】命令，或选择下列菜单【装配】|【组件位置】|【装配约束】命令，弹出【装配约束】对话框，对尺寸传动轴部装进行1次中心对齐、1次中心（2对2）约束，单击【应用】按钮完成约束，如图9-71所示。

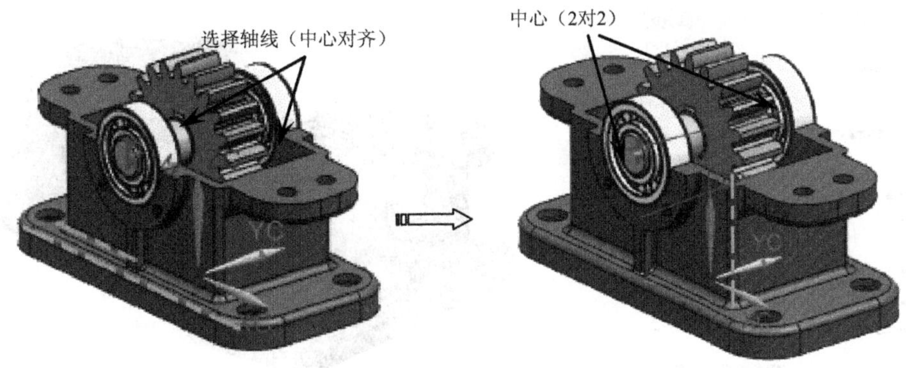

图9-71　施加约束

（3）加载上盖零件

① 加载零件

Step19 在功能区中单击【装配】选项卡中【组件】组中的【添加组件】按钮，或选择下列菜单【装配】|【组件】|【添加组件】命令，系统弹出【添加组件】对话框，选择“上盖.prt”，选择【定位】为“选择原点”，图形区显示【组件预览】对话框，如图9-72所示。

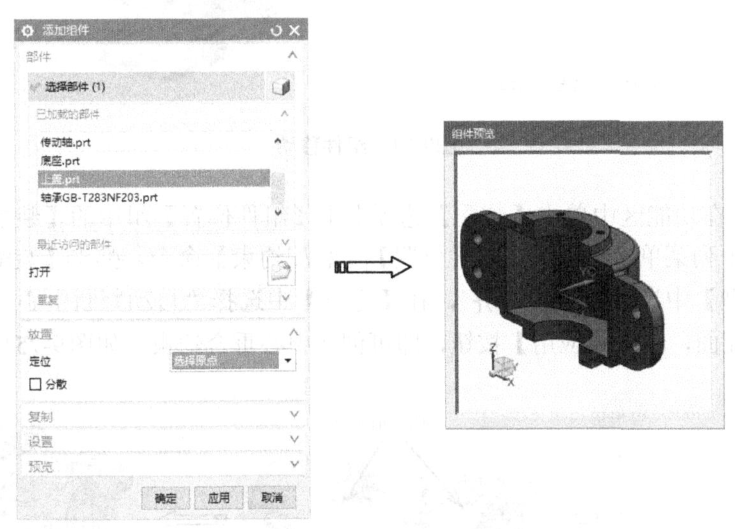

图9-72　添加组件

Step20 单击【确定】按钮，弹出【点】对话框，在图形区选择方便一点放置上盖，如图9-73所示。

② 移动零件

Step21 在功能区中单击【装配】选项卡中【组件位置】组中的【移动组件】命令，或选择下列菜单【装配】|【组件位置】|【移动组件】命令，弹出【移动组件】对话框，选择图9-74所示的组件，拖动旋转手柄调整零件位置。单击【确定】按钮，可完成组件的重定位操作。

③ 约束上盖零件

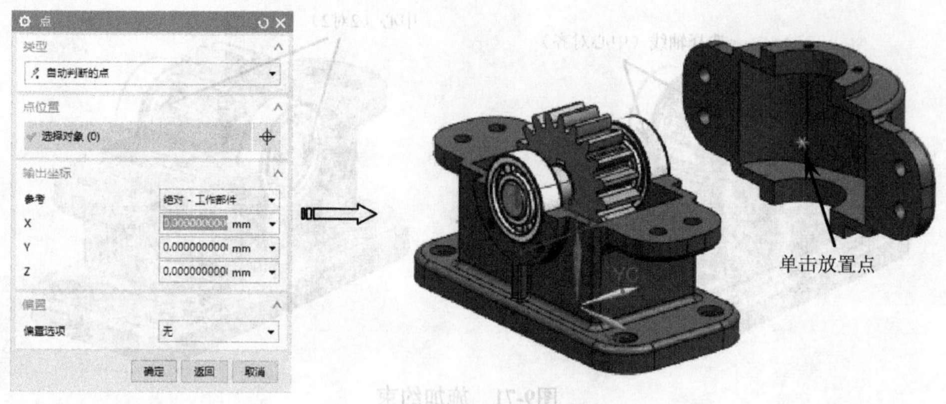

图9-73 加载轴承盖零件

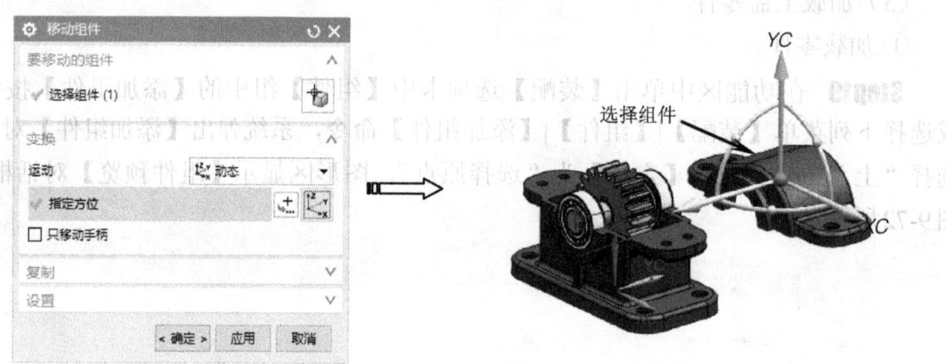

图9-74 组件移动

Step22 在功能区中单击【装配】选项卡中【组件位置】组中的【装配约束】命令，或选择下列菜单【装配】|【组件位置】|【装配约束】命令，弹出【装配约束】对话框，在【类型】中选择"接触对齐"，在【方位】中选择"自动判断中心/轴"，选择中心线作为装配面，单击【应用】按钮，即可创建中心重合约束，如图9-75所示。

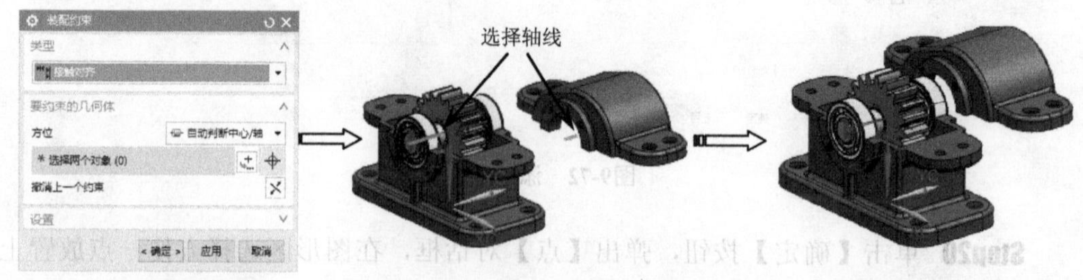

图9-75 施加中心线对齐约束

Step23 在【装配约束】对话框的【类型】中选择"接触对齐"，在【方位】中选择"接触"，选择两个接触面作为装配面，单击【应用】按钮，即可创建接触约束，如图9-76所示。

Step24 在【装配约束】对话框的【类型】中选择"接触对齐"，在【方位】中选择"对齐"，选择两个接触面作为装配面，单击【应用】按钮，即可创建对齐约束，如图9-77所示。

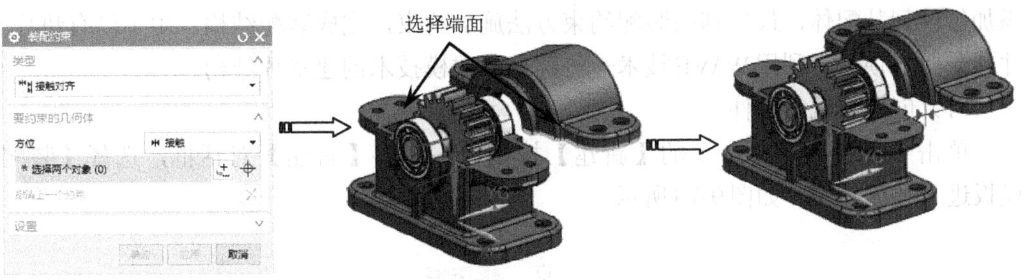

图9-76　施加接触约束

图9-77　施加对齐约束

9.3　综合实例3——槽轮机构装配设计

本节中以槽轮机构装配实例来详解产品装配设计过程和应用技巧。槽轮机构结构如图9-78所示。

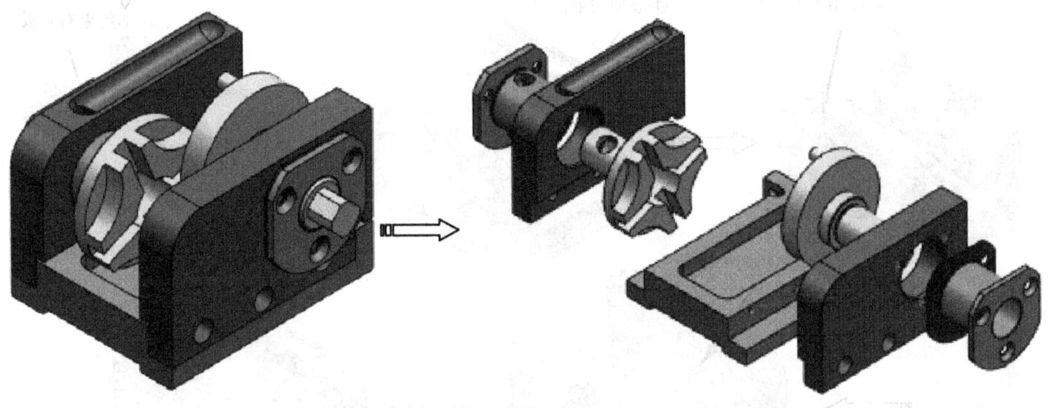

图9-78　槽轮机构结构

9.3.1　槽轮机构装配设计思路分析

9.3.1　视频精讲

首先根据实体造型、曲面造型等方法创建装配零件模型，然后利用添加组件到装配体，最后利用装配约束方法施加约束，完成装配结构。由于没有垫片文件，采用自顶向下利用WAVE技术——部件间建模技术创建垫片结构。

（1）创建装配体文件

单击【主页】选项卡上的【新建】按钮，弹出【新建】对话框，选择【装配】模板进入装配模块，如图9-79所示。

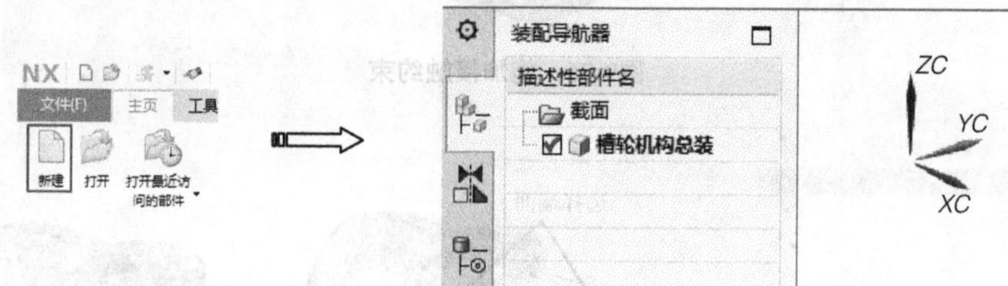

图9-79 创建装配体文件

（2）添加组件完成现有零件装配

首先选择添加组件将零件加载到装配体文件，然后利用移动组件调整好零件位置，最后利用装配约束该零件，如图9-80所示。

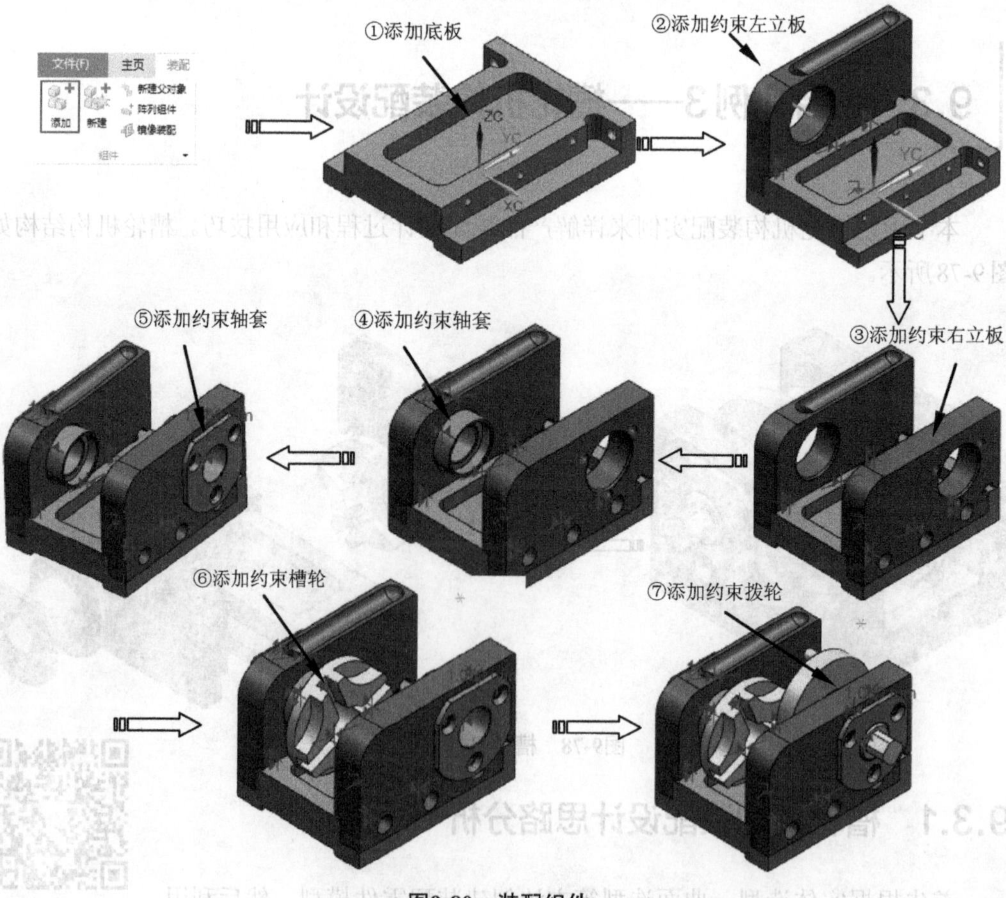

图9-80 装配组件

（3）添加组件完成现有零件装配

利用【新建组件】按钮创建空组件，然后利用WAVE几何链接器链接组件元素，通过拉伸创建垫片零件，如图9-81所示。

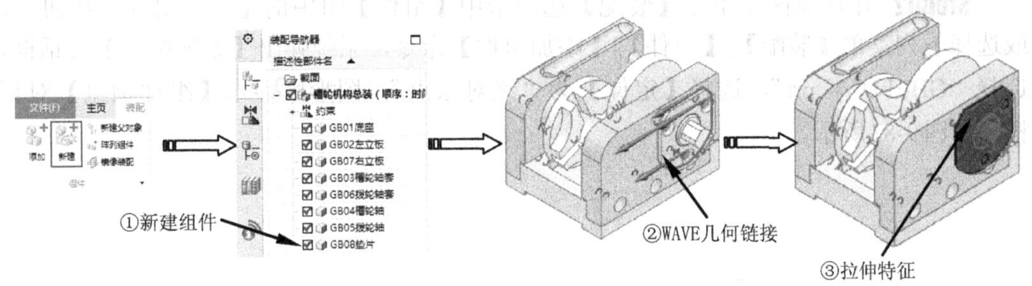

图9-81 建立垫片零件

9.3.2 槽轮机构装配操作过程

9.3.2 视频精讲

操作步骤

Step01 启动NX后，单击【主页】选项卡上的【新建】按钮，弹出【新建】对话框，选择【装配】模板，在【名称】文本框中输入“槽轮机构总装”，单击【确定】按钮，新建装配体文件，如图9-82所示。

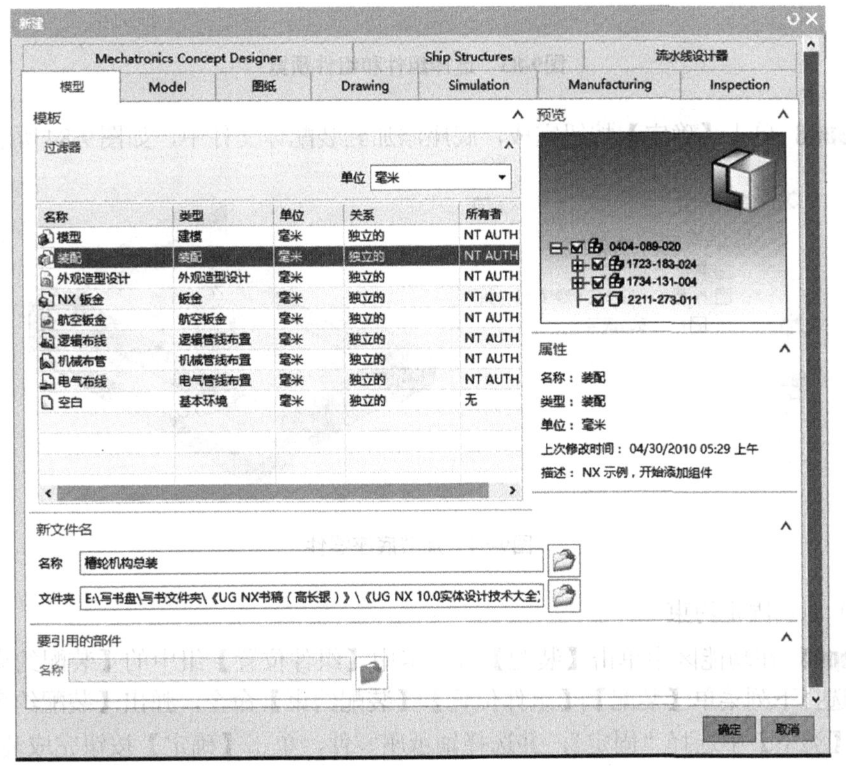

图9-82 【新建】对话框

9.3.2.1 加载底座

（1）加载零件

Step02 在功能区中单击【装配】选项卡中【组件】组中的【添加组件】按钮，或选择下列菜单【装配】|【组件】|【添加组件】命令，系统弹出【添加组件】对话框，选择“GB01底座.prt”，选择【定位】为“绝对原点”，图形区显示【组件预览】对话框，如图9-83所示。

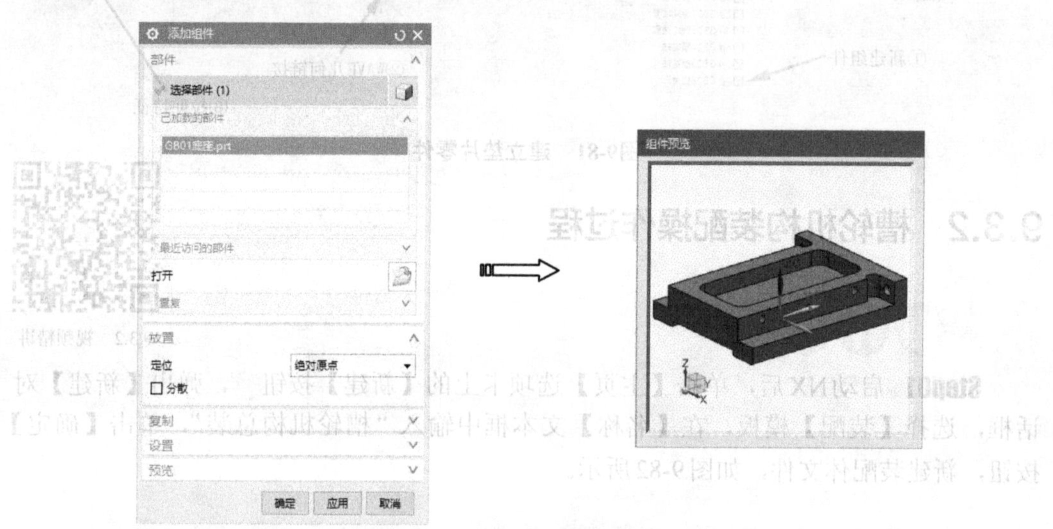

图9-83 选择组件和组件预览

Step03 单击【确定】按钮完成，底座添加到装配体文件中，如图9-84所示。

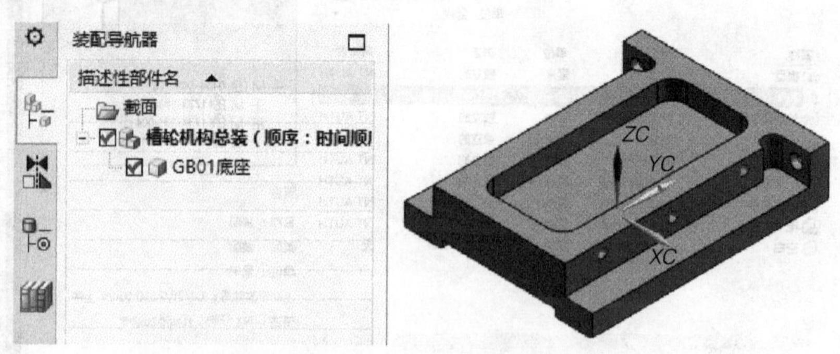

图9-84 加载底座零件

（2）施加固定约束

Step04 在功能区中单击【装配】选项卡中【组件位置】组中的【装配约束】命令，或选择下列菜单【装配】|【组件位置】|【装配约束】命令，弹出【装配约束】对话框，在【类型】中选择“固定”，并选择轴承座零件，单击【确定】按钮完成装配约束，如图9-85所示。

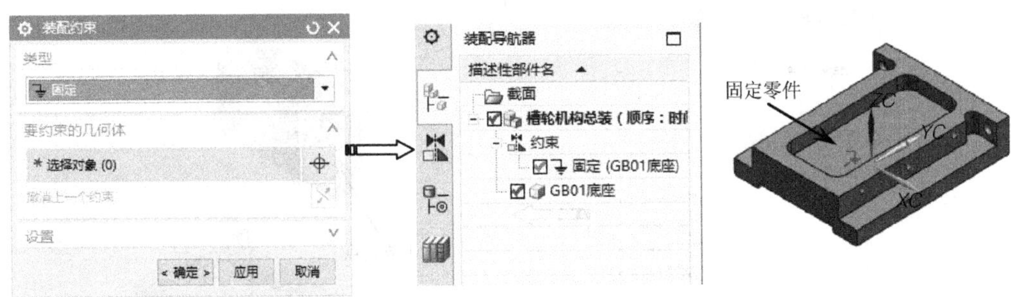

图9-85 施加固定约束

9.3.2.2 加载约束左立板盖

（1）加载零件

Step05 在功能区中单击【装配】选项卡中【组件】组中的【添加组件】按钮，或选择下列菜单【装配】|【组件】|【添加组件】命令，系统弹出【添加组件】对话框，选择“左立板.prt”，选择【定位】为“选择原点”，图形区显示【组件预览】对话框，如图9-86所示。

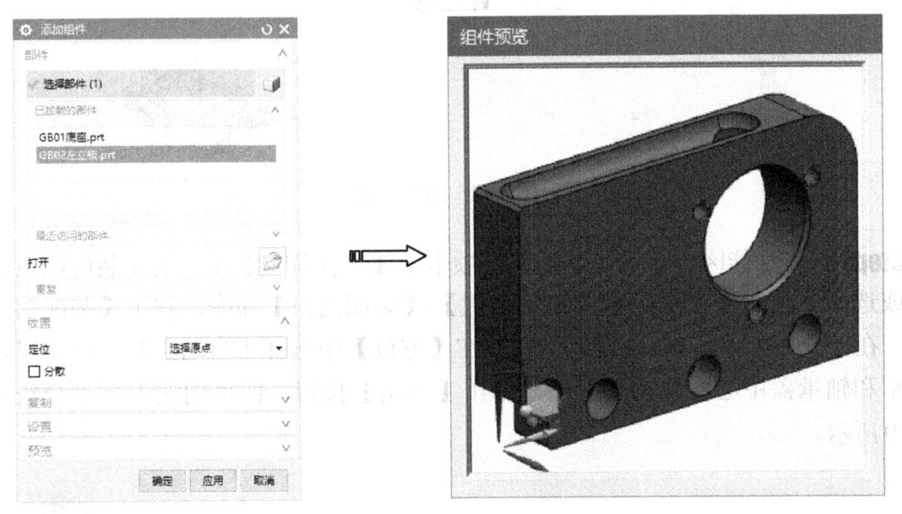

图9-86 选择组件和组件预览

Step06 单击【确定】按钮，弹出【点】对话框，在图形区选择方便一点放置轴承盖，如图9-87所示。

（2）移动零件

Step07 在功能区中单击【装配】选项卡中【组件位置】组中的【移动组件】命令，或选择下列菜单【装配】|【组件位置】|【移动组件】命令，弹出【移动组件】对话框，选择图9-88所示的组件，拖动旋转手柄调整零件位置，单击【确定】按钮，可完成组件的重定位操作。

（3）约束零件

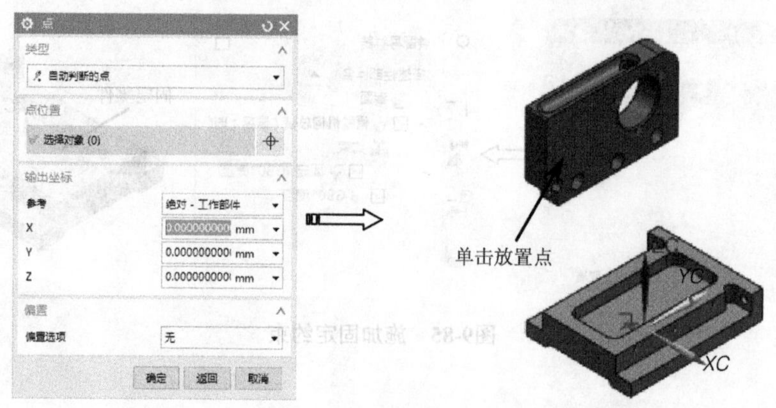

图9-87　加载轴承盖零件

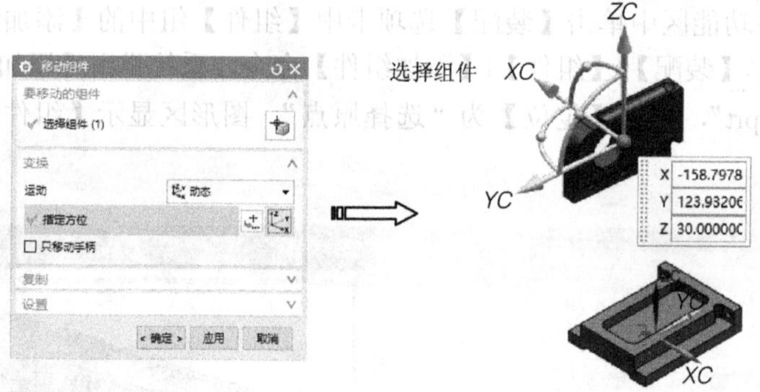

图9-88　组件移动

Step08 在功能区中单击【装配】选项卡中【组件位置】组中的【装配约束】命令，或选择下列菜单【装配】|【组件位置】|【装配约束】命令，弹出【装配约束】对话框，在【类型】中选择“接触对齐”，在【方位】中选择“自动判断中心/轴”，选择轴承座和轴承盖中心线作为装配面，单击【应用】按钮，即可创建中心重合约束，如图9-89所示。

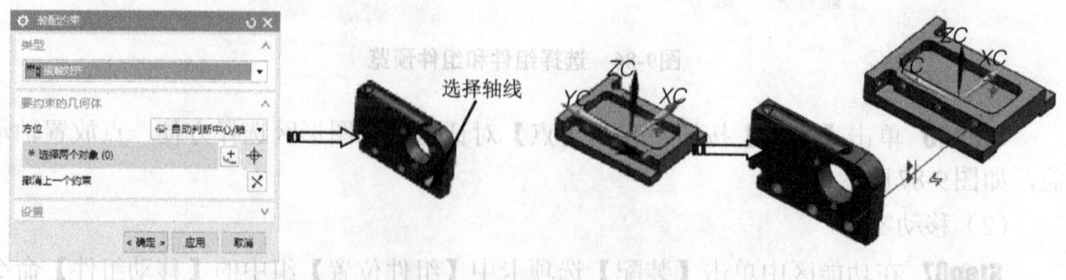

图9-89　施加中心线对齐约束

Step09 在功能区中单击【装配】选项卡中【组件位置】组中的【装配约束】命令，或选择下列菜单【装配】|【组件位置】|【装配约束】命令，弹出【装配约束】对话框，在【类型】中选择“接触对齐”，在【方位】中选择“自动判断中心/轴”，选择

轴承座和轴承盖中心线作为装配面，单击【应用】按钮，即可创建中心重合约束，如图9-90所示。

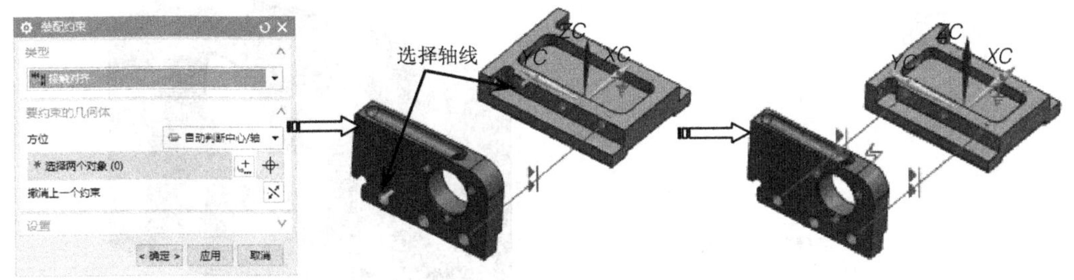

图9-90　施加中心线对齐约束

Step10 在【装配约束】对话框的【类型】中选择“接触对齐”，在【方位】中选择“接触”，选择两个表面作为装配面，单击【应用】按钮，即可创建接触约束，如图9-91所示。

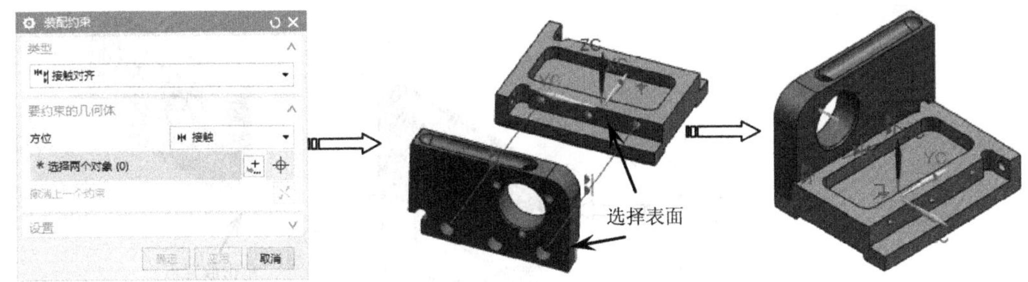

图9-91　施加接触对齐约束

9.3.2.3　加载约束右立板盖

（1）加载零件

Step11 在功能区中单击【装配】选项卡中【组件】组中的【添加组件】按钮，或选择下列菜单【装配】|【组件】|【添加组件】命令，系统弹出【添加组件】对话框，选择“GB02左立板.prt”，选择【定位】为“选择原点”，图形区显示【组件预览】对话框，如图9-92所示。

Step12 单击【确定】按钮，弹出【点】对话框，在图形区选择方便一点放置右立板，如图9-93所示。

（2）移动零件

Step13 在功能区中单击【装配】选项卡中【组件位置】组中的【移动组件】命令，或选择下列菜单【装配】|【组件位置】|【移动组件】命令，弹出【移动组件】对话框，选择图9-94所示的组件，拖动旋转手柄调整零件位置。单击【确定】按钮，可完成组件的重定位操作。

（3）约束零件

Step14 在功能区中单击【装配】选项卡中【组件位置】组中的【装配约束】命令

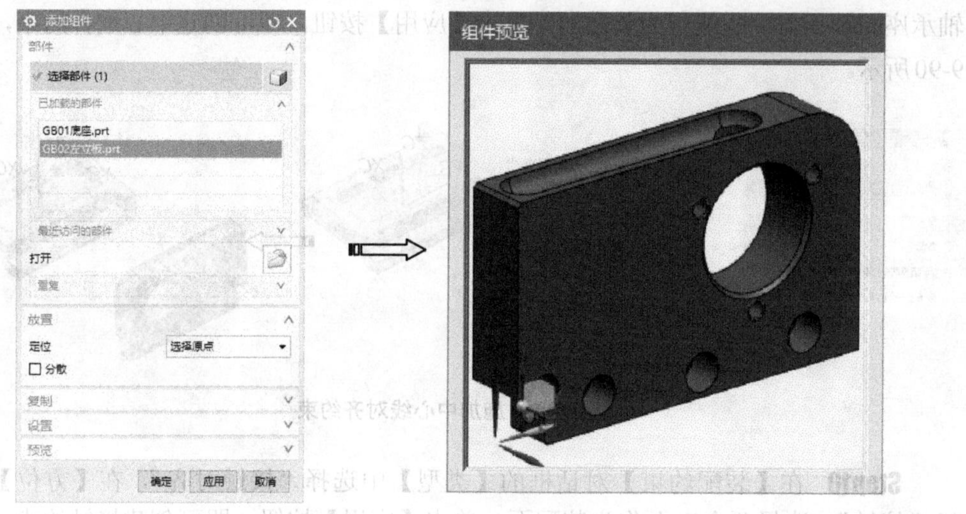

图9-92　选择组件和组件预览

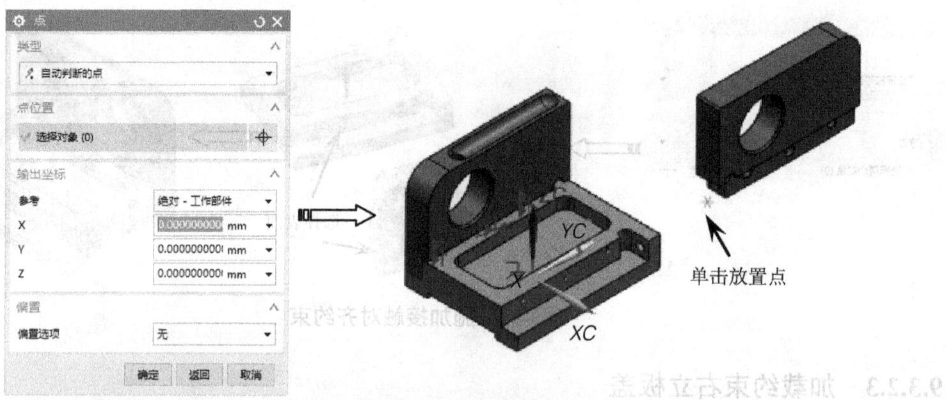

图9-93　加载右立板零件

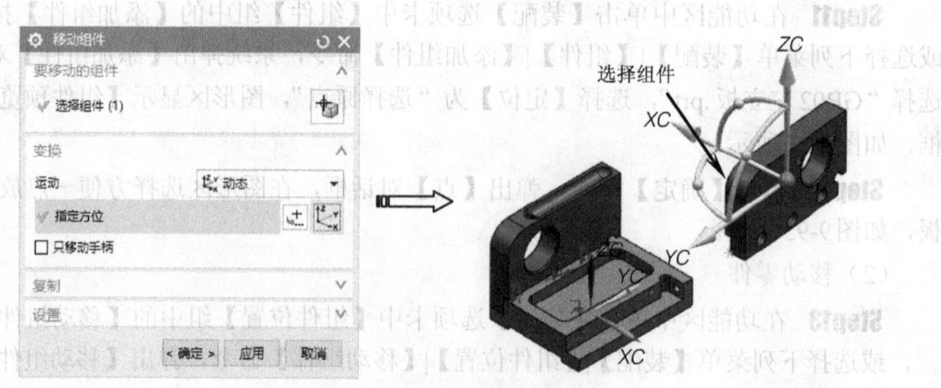

图9-94　组件移动

，或选择下列菜单【装配】|【组件位置】|【装配约束】命令，弹出【装配约束】对话框，在【类型】中选择“接触对齐”，在【方位】中选择“自动判断中心/轴”，选择轴承座和轴

承盖中心线作为装配面，单击【应用】按钮，即可创建中心重合约束，如图9-95所示。

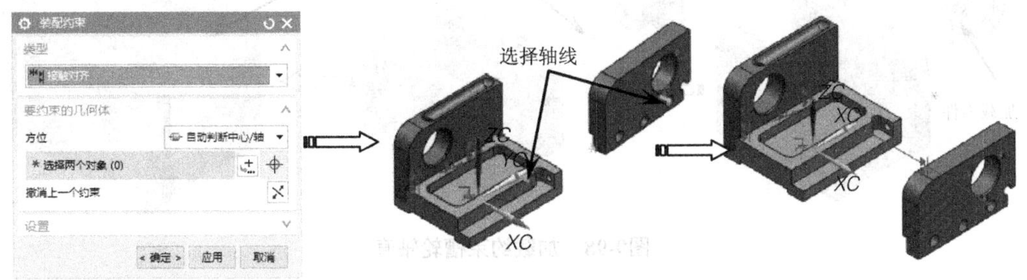

图9-95 施加中心线对齐约束

Step15 在功能区中单击【装配】选项卡中【组件位置】组中的【装配约束】命令，或选择下列菜单【装配】|【组件位置】|【装配约束】命令，弹出【装配约束】对话框，在【类型】中选择“接触对齐”，在【方位】中选择“自动判断中心/轴”，选择轴承座和轴承盖中心线作为装配面，单击【应用】按钮，即可创建中心重合约束，如图9-96所示。

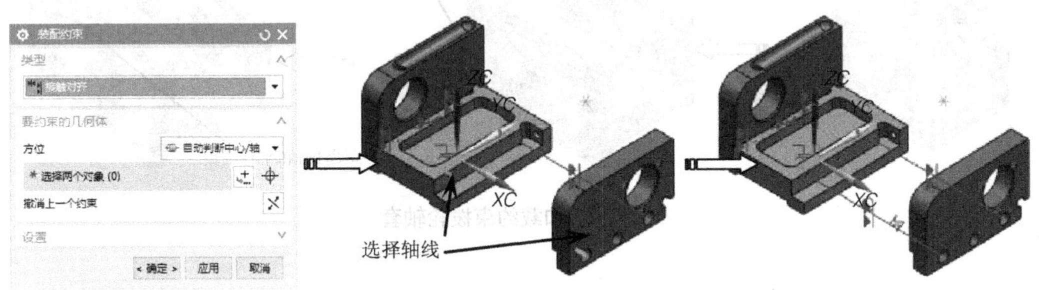

图9-96 施加中心线对齐约束

Step16 在【装配约束】对话框的【类型】中选择“接触对齐”，在【方位】中选择“接触”，选择两个表面作为装配面，单击【应用】按钮，即可创建接触约束，如图9-97所示。

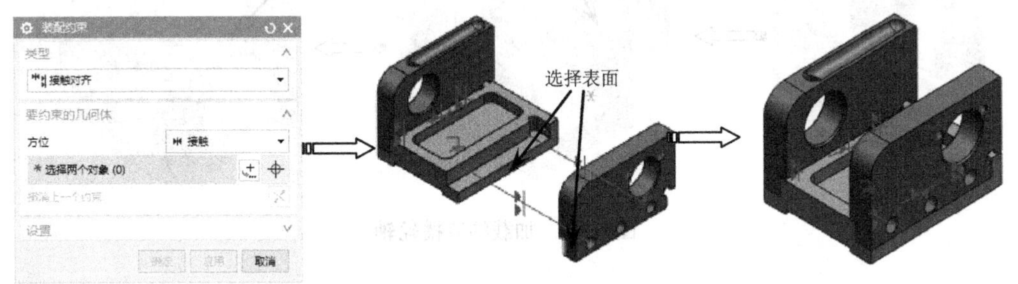

图9-97 施加接触对齐约束

9.3.2.4 加载约束槽轮轴套

Step17 重复上述过程加载槽轮轴套并施加约束，如图9-98所示。

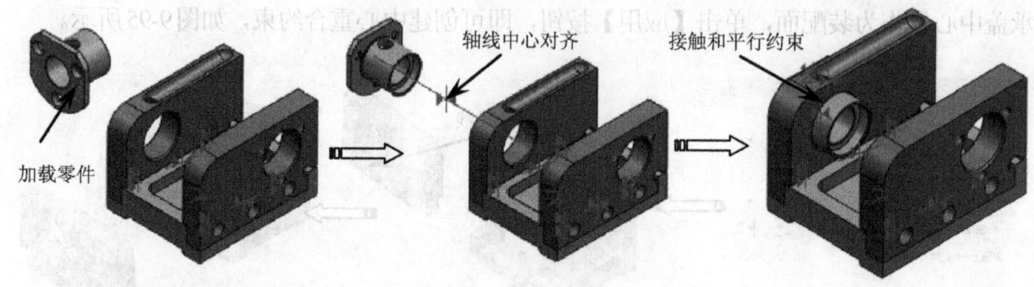

图9-98 加载约束槽轮轴套

9.3.2.5 加载约束拨轮轴套

Step18 重复上述过程加载拨轮轴套并施加约束，如图9-99所示。

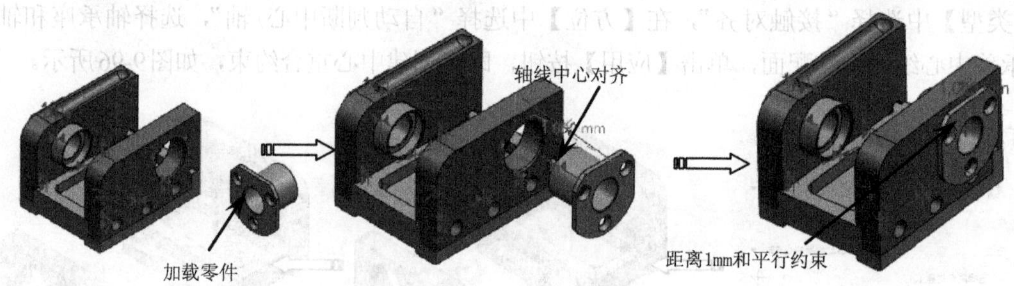

图9-99 加载约束拨轮轴套

9.3.2.6 加载约束槽轮轴

Step19 重复上述过程加载槽轮轴并施加约束，如图9-100所示。

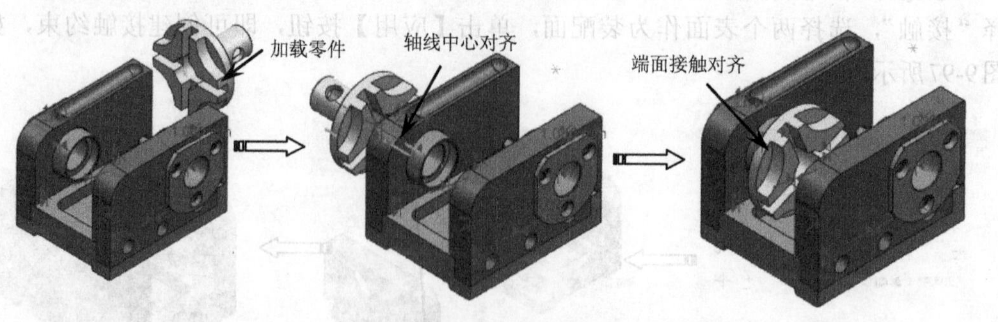

图9-100 加载约束槽轮轴

9.3.2.7 加载约束拨轮轴

Step20 重复上述过程加载拨轮轴并施加约束，如图9-101所示。

9.3.2.8 创建垫片零件

Step21 在【装配导航器】窗口中选中根节点，单击选择下拉菜单【装配】|【组件】|

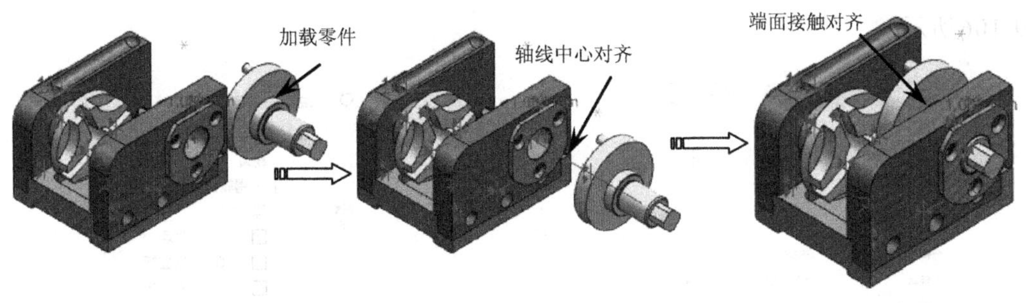

图9-101　加载约束拨轮轴

【新建组件】命令，弹出【新组件文件】对话框，设置好组件名“GB08垫片”并保存到相应的文件夹后单击【确定】按钮，如图9-102所示。

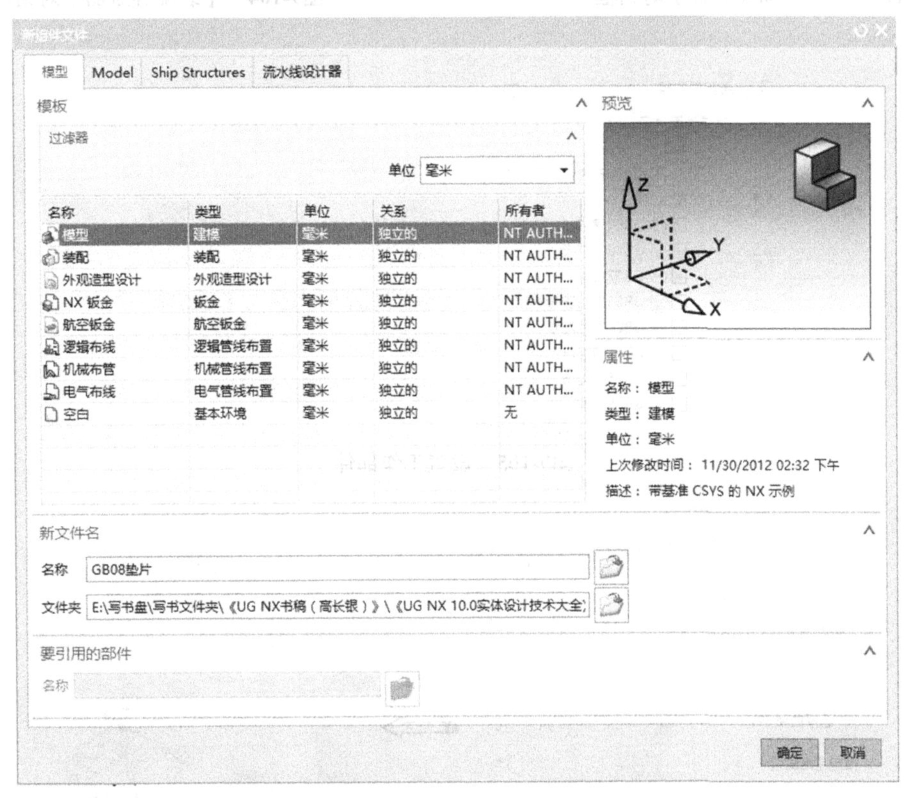

图9-102　【新组件文件】对话框

Step22　系统弹出【新建组件】对话框，选择【引用集】为“模型”，单击【确定】如图9-103所示。

Step23　新组件创建完成，它是一个不包含任何几何对象空组件，如图9-104所示。

Step24　双击GB08垫片零件，使其成为工作部件，如图9-105所示。

Step25　单击【装配】工具栏上的【WAVE几何链接器】按钮，弹出【WAVE几何链接器】对话框，在【类型】中选择“复合曲线”选项后，再从其他组件上选择曲线或边缘，则所选曲线或边缘链接到工作部件中，没有参数需要指定，如图

9-106所示。

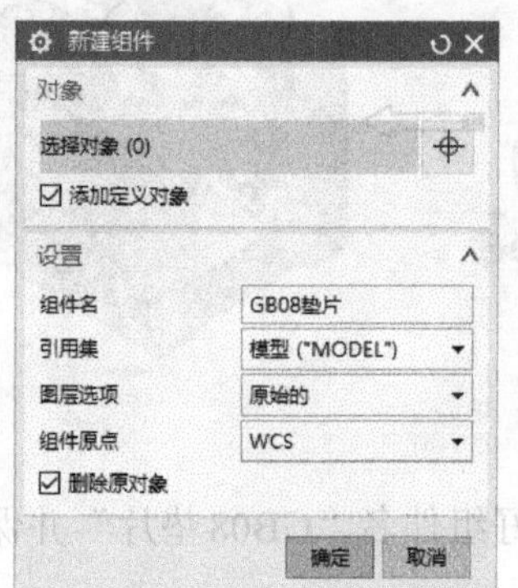

图9-103 【新建组件】对话框

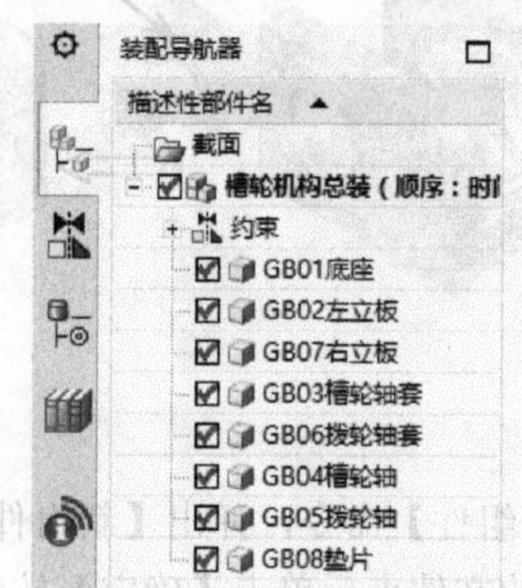

图9-104 【装配导航器】对话框

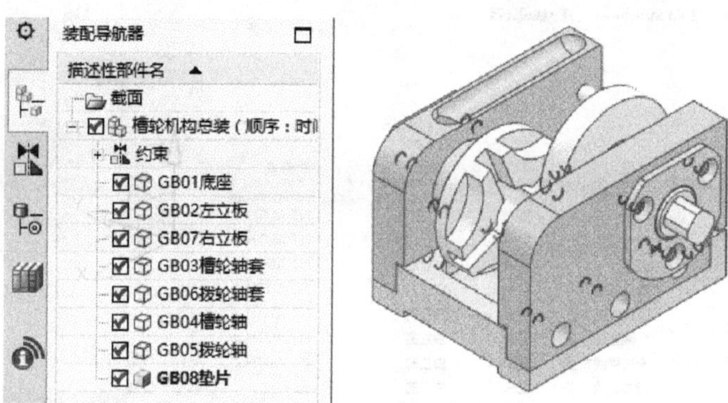

图9-105 设置工作部件

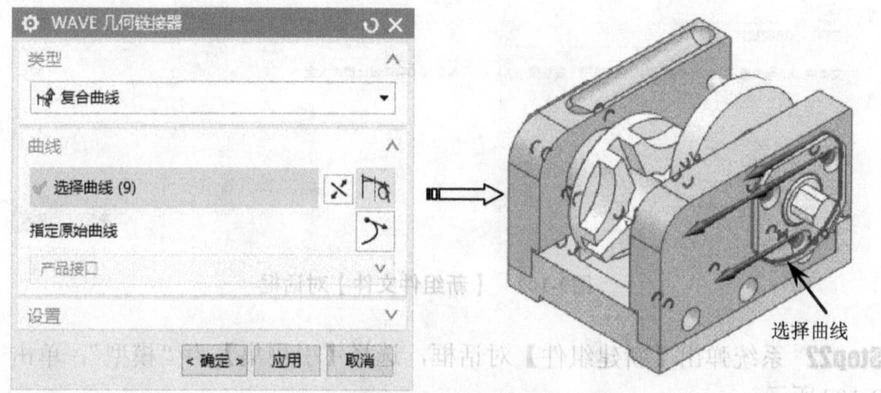

图9-106 复合曲线

Step26 创建拉伸特征。在建模功能区中单击【主页】选项卡中【特征】组中的【拉伸】命令，或选择菜单【插入】|【设计特征】|【拉伸】命令，弹出【拉伸】对话框，在【选择意图】中选择【相连曲线】选项，选择如图9-107所示WAVE链接曲线，设置拉伸参数，单击【确定】按钮完成拉伸。

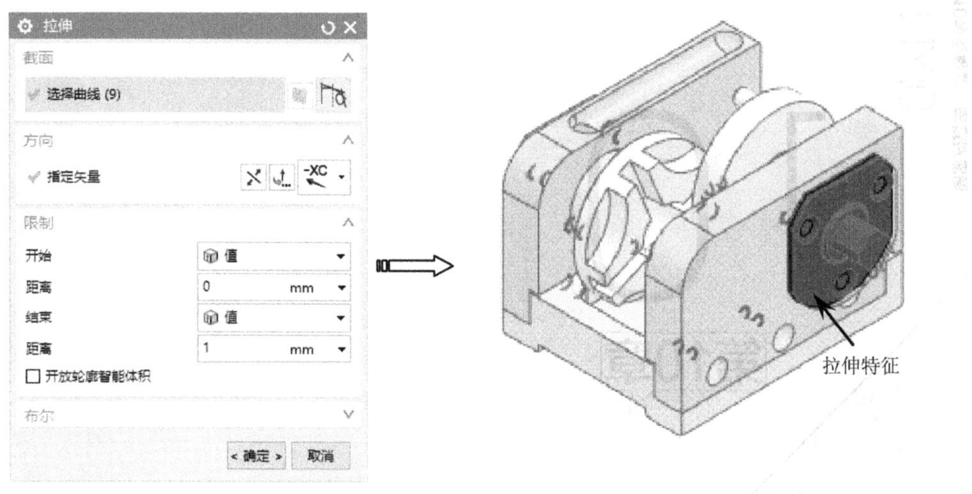

图9-107 创建拉伸特征

Step27 在【装配导航器】中双击“槽轮机构总装”，激活装配为工作部件，如图9-108所示。

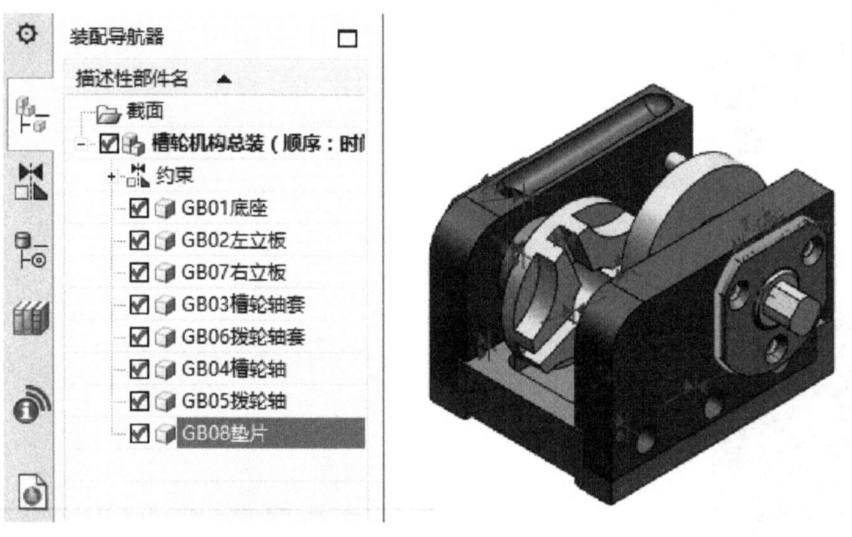

图9-108 激活装配为工作部件

10

第10章 NX工程图设计实例

通过实例来讲解UG NX10.0工程图绘制基本知识的综合应用，通过对典型零件的工程图的绘制，掌握工程图相关知识在实际产品中的具体应用方法和过程。

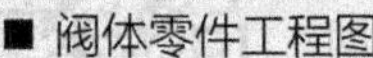

本章内容

- 传动轴零件工程图
- 阀体零件工程图

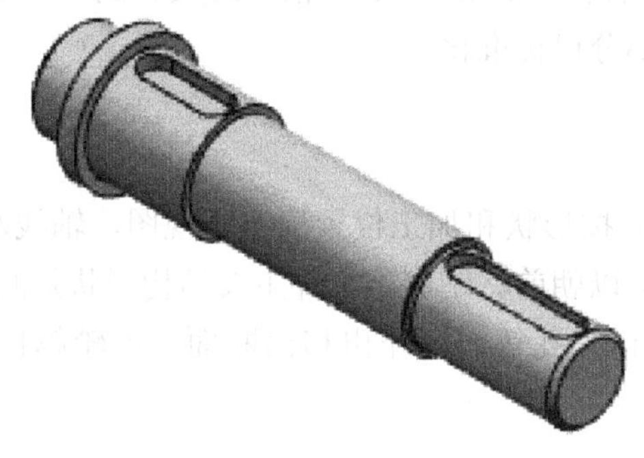

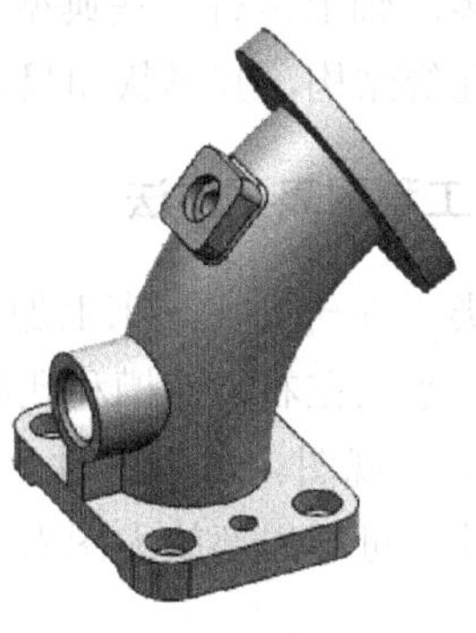

10.1 传动轴零件工程图

轴套类零件包括各种轴、丝杠、套筒等，在机器中主要用来支承传动件（如齿轮、带轮等），实现旋转运动并传递动力。为了巩固前面各章制图基础知识，本节以传动轴零件为例来讲解轴类零件的工程图绘制方法和过程，如图10-1所示。

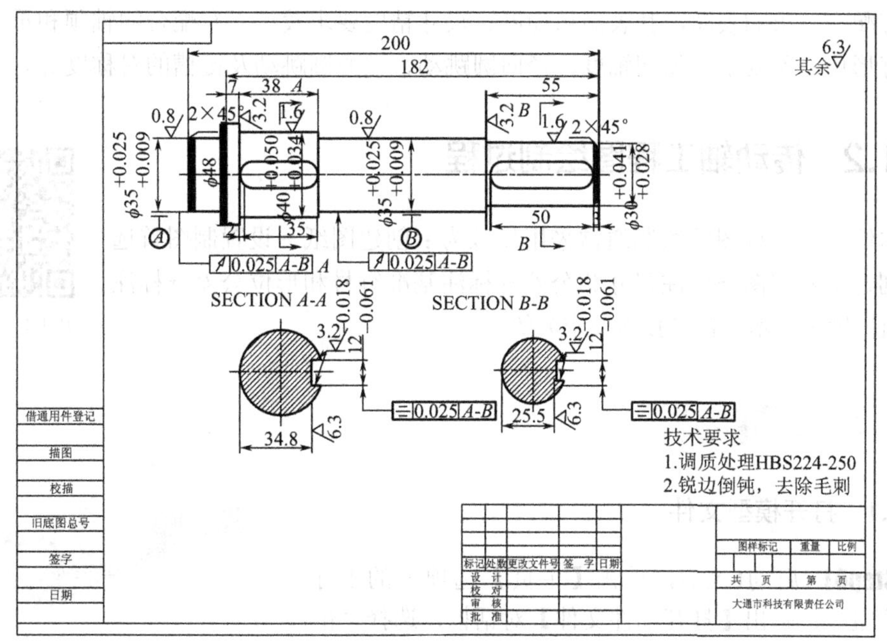

图10-1 传动轴图纸

10.1.1 传动轴工程图分析

10.1.1 视频精讲

10.1.1.1 结构分析

大多数由同轴心线、不同直径的数段回转体组成，轴向尺寸比径向尺寸大得多。轴上常有一些典型工艺结构，如键槽、退刀槽、螺纹、倒角、中心孔等结构，其形状和尺寸大部分已标准化。

10.1.1.2 工程图表达方法

轴套类零件一般在车床上加工，要按形状和加工位置确定主视图，轴线水平放置，大头在左、小头在右，键槽和孔结构可以朝前。轴套类零件主要结构形状是回转体，一般只画一个主视图。对于零件上的键槽、孔等，可作出移出断面。砂轮越程槽、退刀槽、中心孔等可用局部放大图表达。

10.1.1.3 尺寸标注

轴套类零件的尺寸主要是轴向和径向尺寸。径向尺寸的主要基准是轴线，轴向尺寸的主要基准是端面。主要形体是同轴的，可省去定位尺寸。重要尺寸必须直接注出，其余尺寸多按加工顺序注出。

为了清晰和便于测量，在剖视图上，内外结构形状尺寸应分开标注。零件上的标准结构，应按该结构标准尺寸注出。

10.1.1.4 技术要求

有配合要求的表面，其表面粗糙度、尺寸精度要求较严。有配合的轴颈和重要的端面应有形位公差要求，如同轴度、径向圆跳动、端面圆跳动及键槽的对称度等。

10.1.2 传动轴工程图绘制过程

10.1.2 视频精讲

本例零件工程图的绘制通常采用步骤为：创建图纸→设置制图首选项→创建工程视图→标注尺寸和公差→标注基准符号和形位公差→标注表面粗糙度→文本注释（技术要求）等。

10.1.2.1 打开模型文件

Step01 启动NX后，单击【主页】选项卡的【打开】按钮，弹出【打开部件文件】对话框，选择“传动轴.prt”，单击【OK】按钮，文件打开后如图10-2所示。

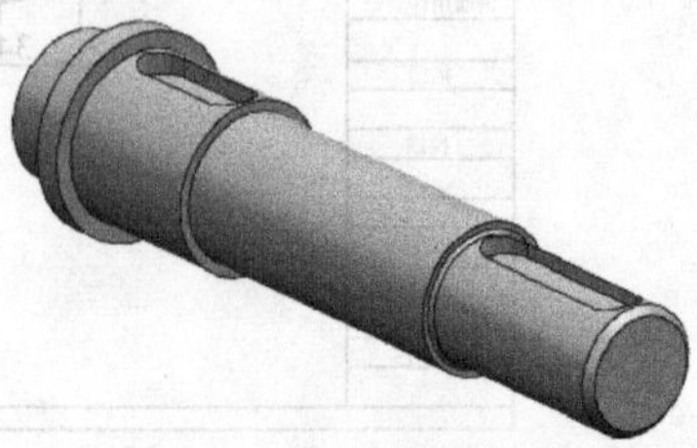
图10-2 打开模型零件

10.1.2.2 创建工程图文件

Step02 选择下拉菜单【文件】|【新建】命令，弹出【新建】对话框，选择【图纸】模板，选择“A3-无视图”模板，在【要创建的图纸的部件】的【名称】框中自动显示“传动轴”，如图10-3所示。

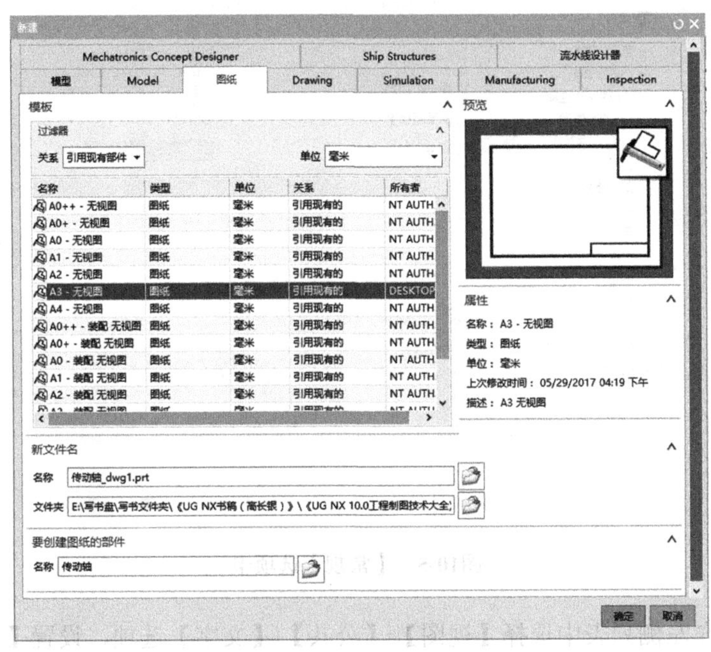

图10-3 【新建】对话框

Step03 单击【确定】按钮，进入制图环境，创建空白图纸如图10-4所示。单击【视图创建向导】对话框中的【取消】按钮。

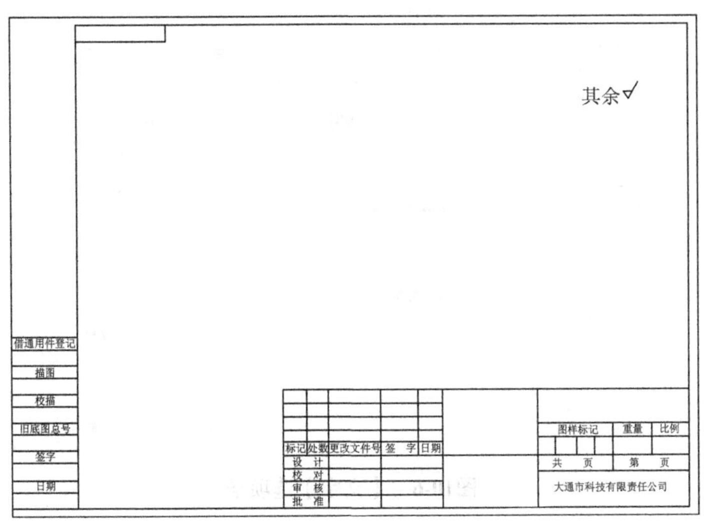

图10-4 创建的图纸页

10.1.2.3 设置制图首选项

Step04 选择下拉菜单【首选项】|【制图】命令，在左侧列表中选择【常规/设置】|【常规】选项，设置【标准】为GB格式，如图10-5所示。

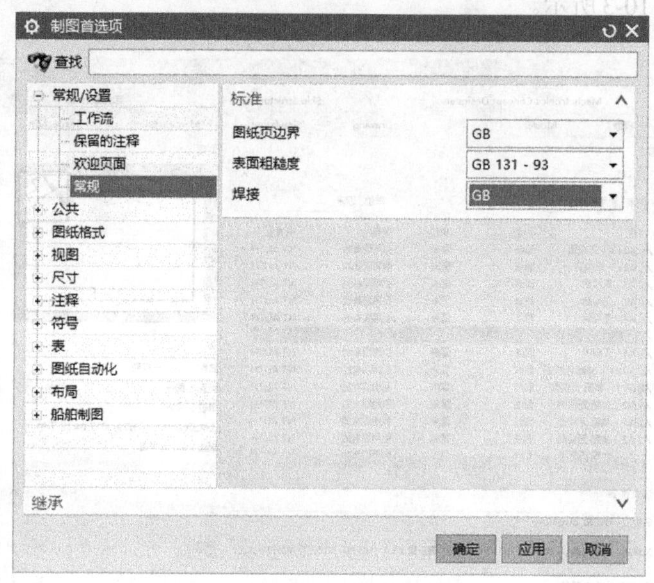

图10-5 【常规】选项卡

Step05 在左侧列表中选择【视图】|【公共】|【文字】选项，设置【文字】为“仿宋_GB2312”，如图10-6所示。

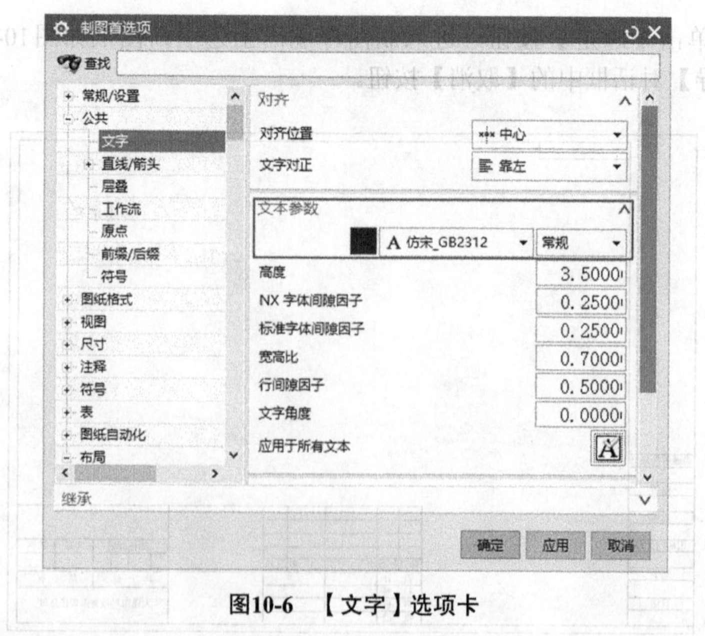

图10-6 【文字】选项卡

Step06 选择下拉菜单【首选项】|【制图】命令，在左侧列表中选择【公共】|【直

线/箭头】|【箭头】选项，设置箭头形式、线宽和尺寸，如图10-7所示。

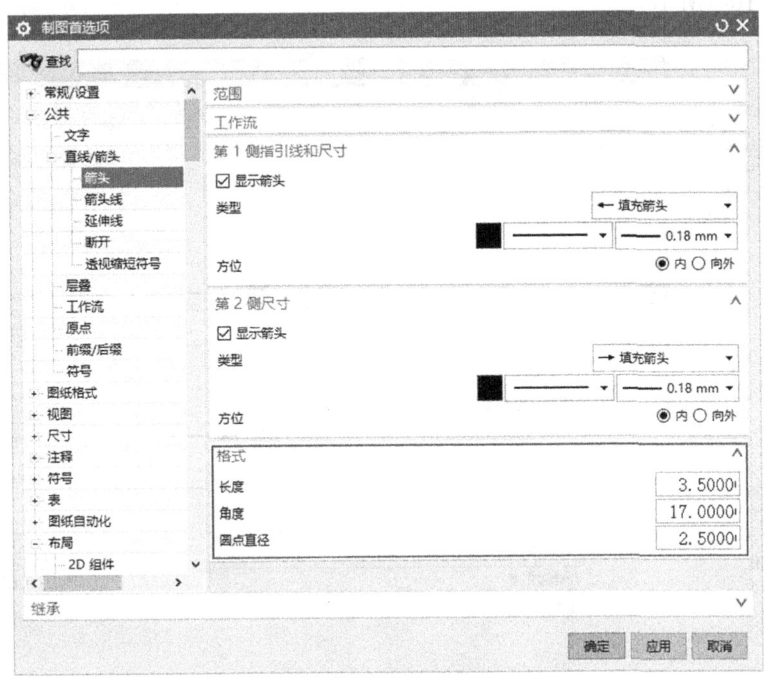

图10-7　设置箭头选项

Step07 在左侧列表中选择【公共】|【直线/箭头】|【箭头线】选项，设置箭头线选项，如图10-8所示。

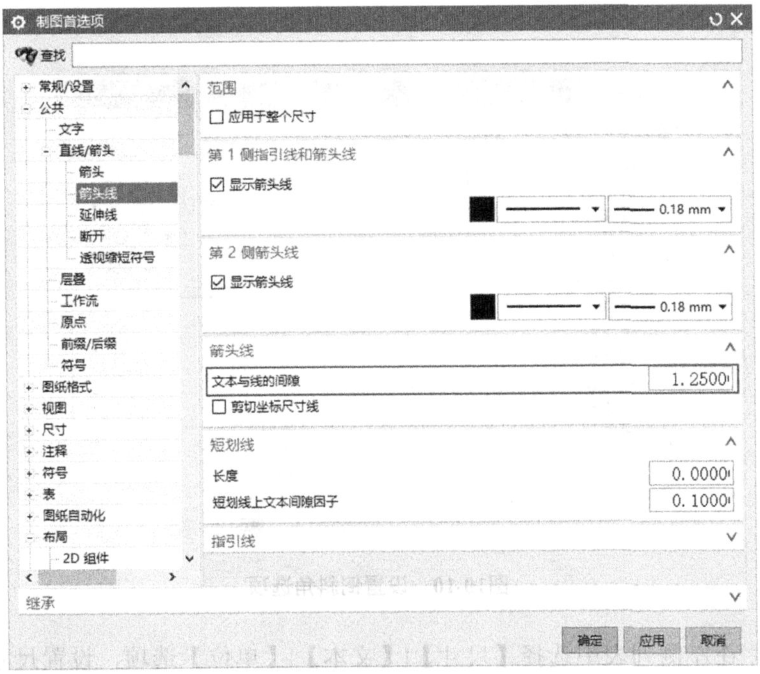

图10-8　设置箭头线选项

Step08 在左侧列表中选择【公共】|【直线/箭头】|【延伸线】选项，设置延伸线选项，如图10-9所示。

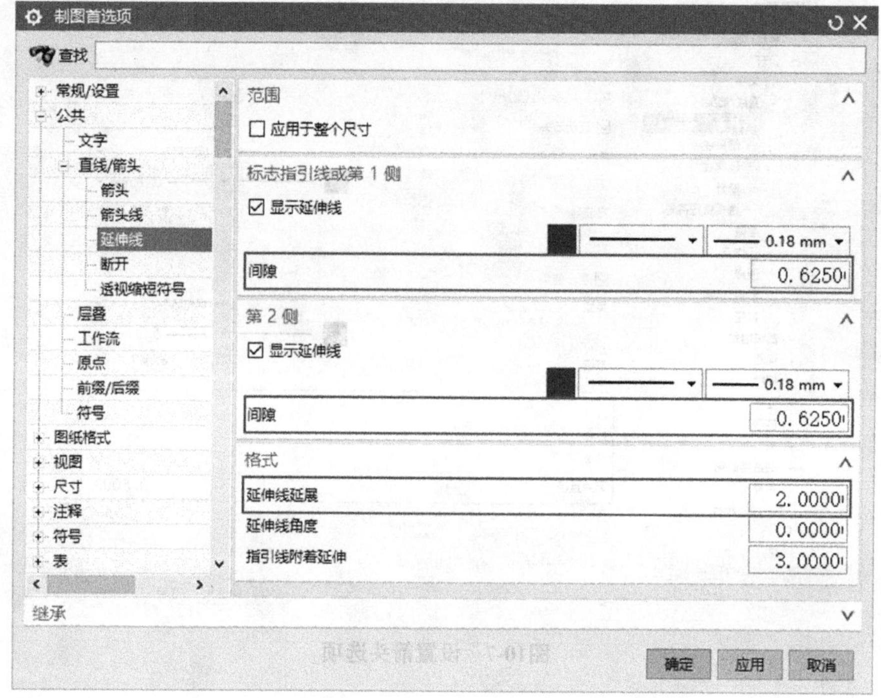

图10-9 设置延伸线选项

Step09 在左侧列表中选择【尺寸】|【倒斜角】选项，设置倒角标注尺寸格式，如图10-10所示。

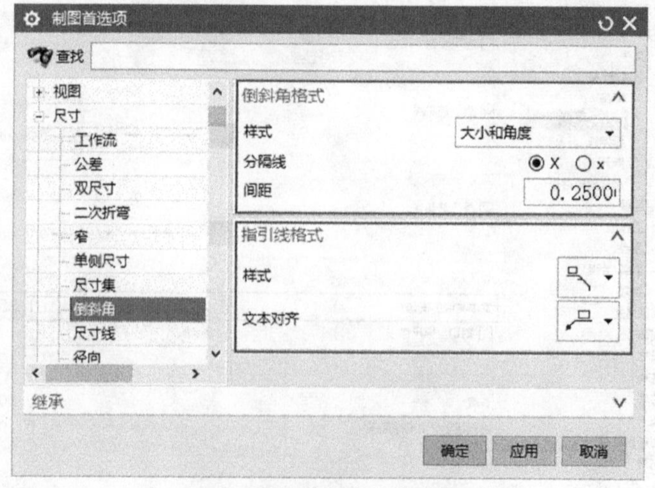

图10-10 设置倒斜角选项

Step10 在左侧列表中选择【尺寸】|【文本】|【单位】选项，设置尺寸单位格式，如图10-11所示。

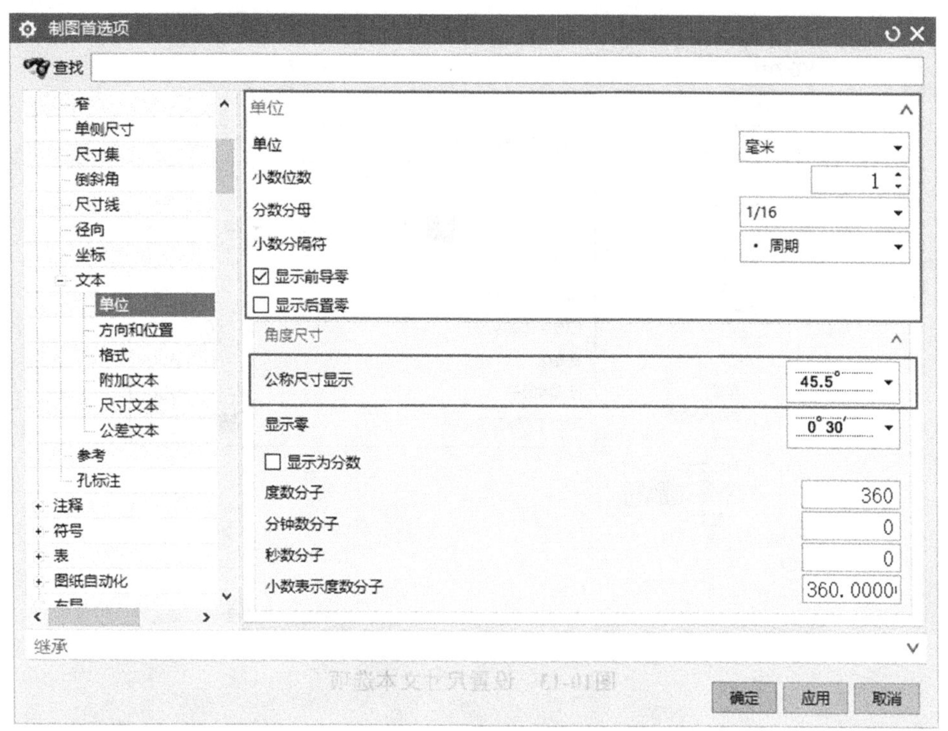

图10-11　设置单位选项

Step11　在左侧列表中选择【尺寸】|【文本】|【方向和位置】选项，设置尺寸方向和位置，如图10-12所示。

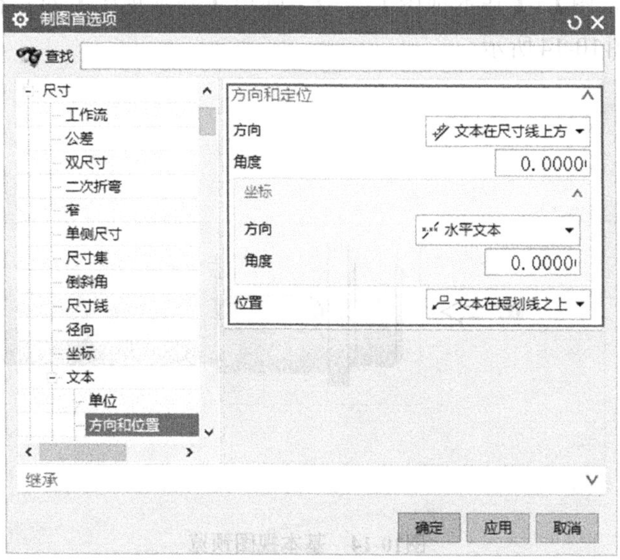

图10-12　设置方向和位置选项

Step12　在左侧列表中选择【尺寸】|【文本】|【尺寸文本】选项，设置尺寸文本格式为“仿宋_GB2312”，如图10-13所示。

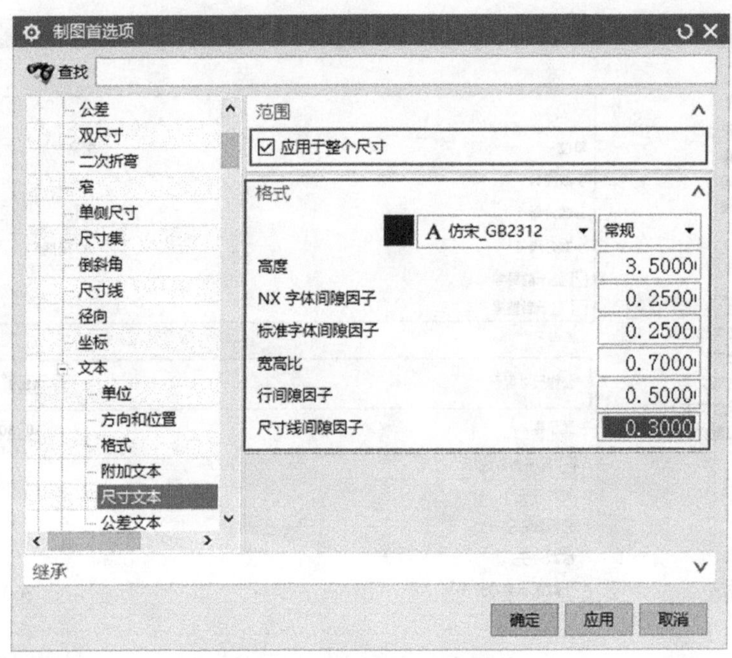

图10-13　设置尺寸文本选项

10.1.2.4　创建工程视图

（1）创建主视图

Step13 在【主页】工具栏单击【视图】组上的【基本视图】按钮，或选择下拉菜单【插入】|【视图】|【基本视图】命令，弹出【基本视图】对话框，图形区显示模型预览效果，如图10-14所示。

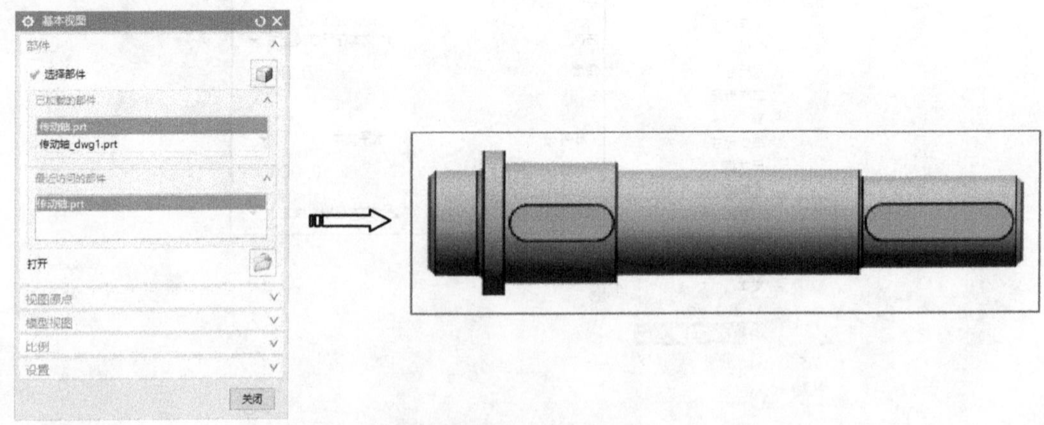

图10-14　基本视图预览

Step14 在【模型视图】组框中的【要使用的模型视图】下拉列表中选择“俯视图”，在【比例】下拉列表中选择“1：1”，移动鼠标指针在适当位置处单击放置视图，如图10-15所示。在弹出的【投影视图】对话框中单击【关闭】按钮。

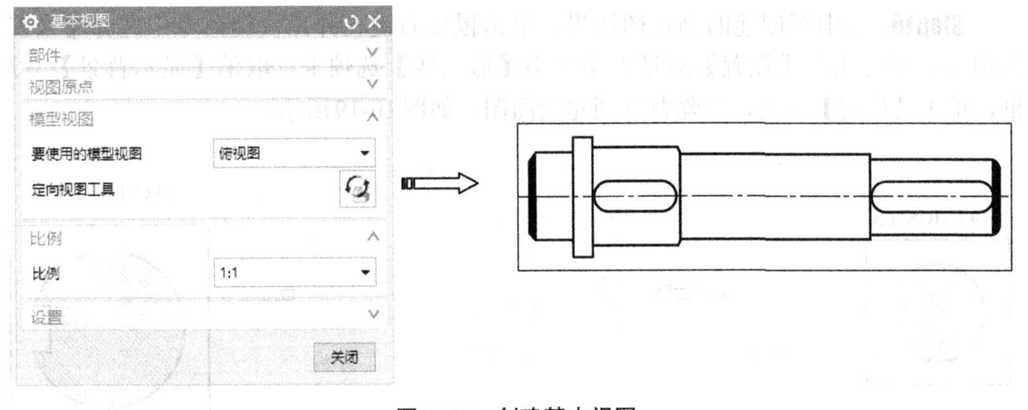

图10-15　创建基本视图

（2）创建剖面图

Step15　在【主页】选项卡中单击【视图】组上的【剖视图】按钮，或选择下拉菜单【插入】|【视图】|【剖视图】命令，弹出【剖视图】对话框，在【方法】下拉列表中选择“简单剖/阶梯剖”，选择主视图作为剖视图的父视图，如图10-16所示。

Step16　选择剖切位置。确认【捕捉方式】工具条中的按下，选择如图10-17所示的直线中点。

图10-16　【剖视图】对话框

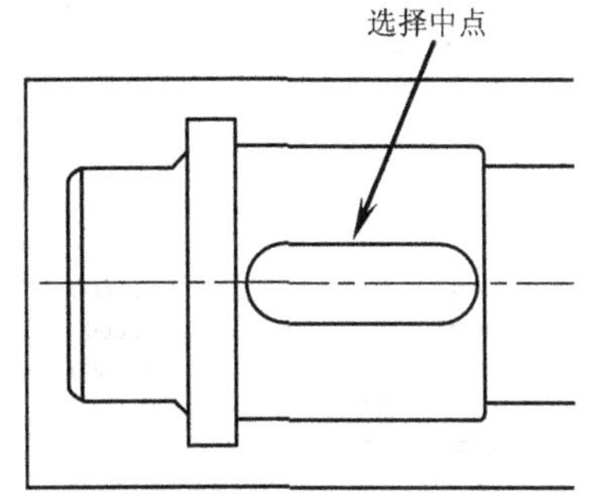

图10-17　选择剖切位置

Step17　系统提示“指示图纸页上剖视图的中心”，垂直向右拖动鼠标，在父视图的右方放置剖视图，如图10-18所示。然后选中新创建的剖视图边界，按住鼠标左键拖动到剖切线的正下方。

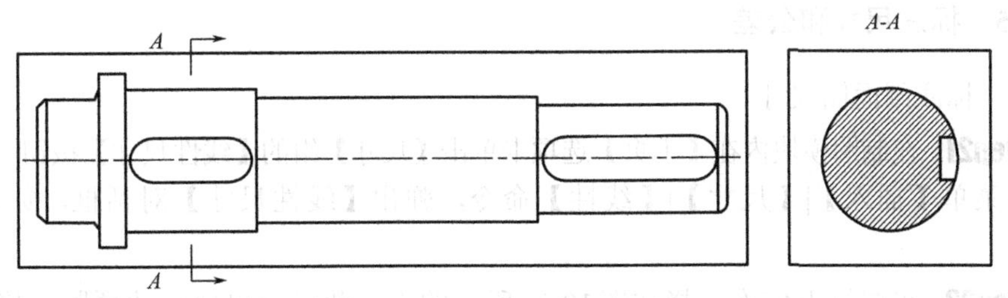

图10-18　创建剖视图

Step18 选中新创建的剖视图边界，单击鼠标右键在弹出快捷命令中选择【设置】按钮，在弹出的【设置】对话框中单击【截面线】选项卡，取消【显示背景】复选框，单击【确定】按钮，删除背景创建剖面图，如图10-19所示。

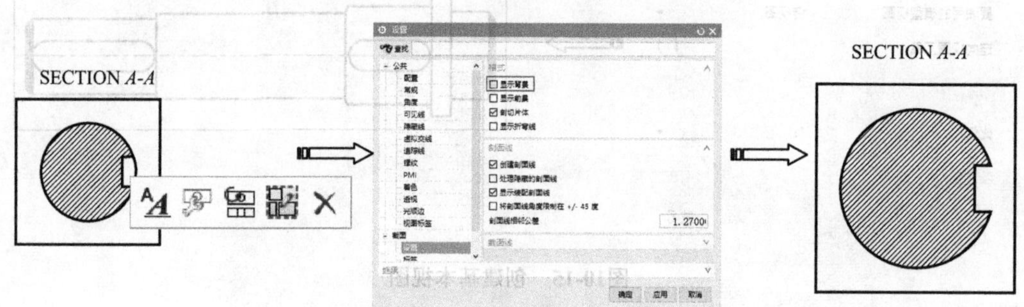

图10-19 创建剖面图

Step19 选择下拉菜单【插入】|【中心线】|【中心标记】命令，或单击【主页】选项卡中的【注释】组上的【中心标记】按钮，弹出【中心标记】对话框，在图形区选择如图10-20所示的圆弧，单击【确定】按钮完成中心标记。

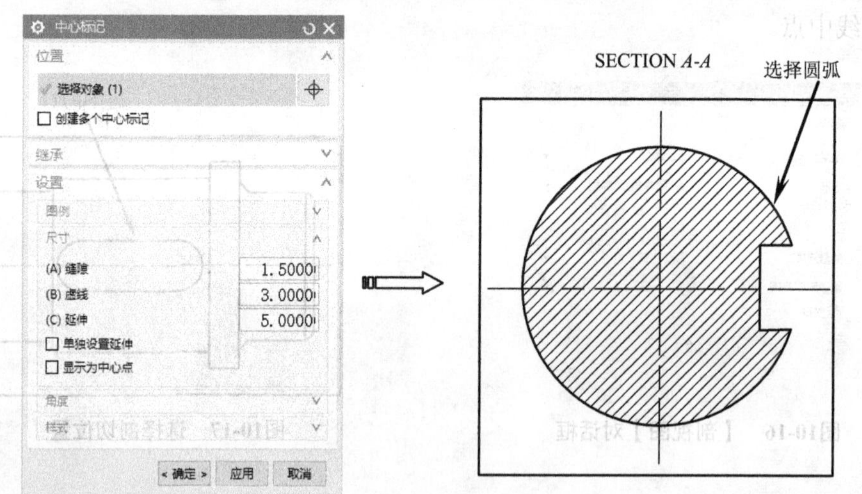

图10-20 创建中心线

Step20 重复上述过程，创建另外一侧的键槽截面，如图10-21所示。

10.1.2.5 标注尺寸和公差

（1）标注剖面图尺寸

Step21 在制图模块内在【主页】选项卡单击【尺寸】组的【线性尺寸】按钮，或选择下拉菜单【插入】|【尺寸】|【线性】命令，弹出【线性尺寸】对话框，如图10-22所示。

Step22 在图纸上依次选择如图10-23所示的点，此时会出现尺寸预览，移动鼠标到合适位置。在放置尺寸之前，暂停鼠标移动在屏幕上会出现窗口，然后单击【编辑】

按钮，激活尺寸手柄，设置上偏差 -0.018，下偏差 -0.061，单击【关闭】按钮完成，如图 10-23 所示。

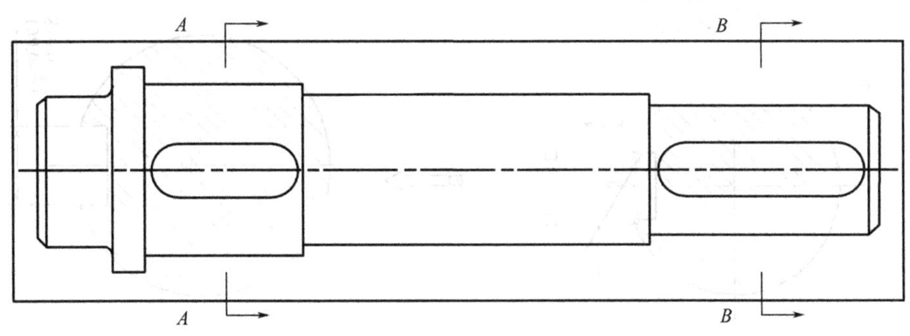

SECTION *A-A*

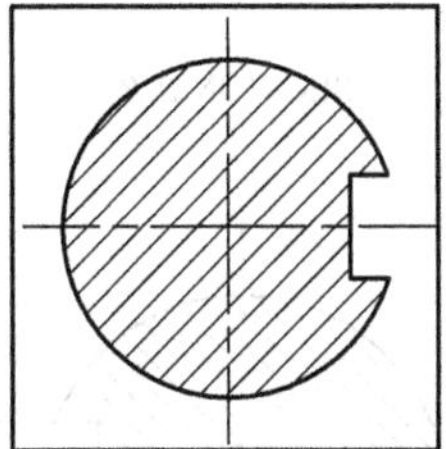

SECTION *B-B*

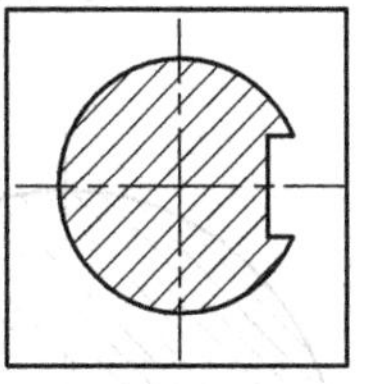

图10-21　创建剖面图

图10-22　【线性尺寸】对话框

Step23　重复上述尺寸标注过程标注两个键槽尺寸，如图 10-24 所示。

（2）标注主视图尺寸

Step24　在制图模块内在【主页】选项卡单击【尺寸】组的【线性尺寸】按钮，或选择下拉菜单【插入】|【尺寸】|【线性】命令，弹出【线性尺寸】对话框，在【测量】

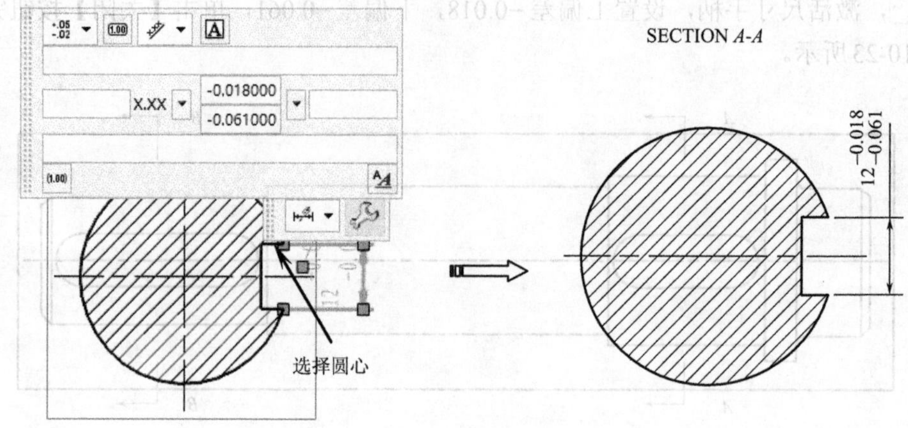

图10-23 标注尺寸和公差

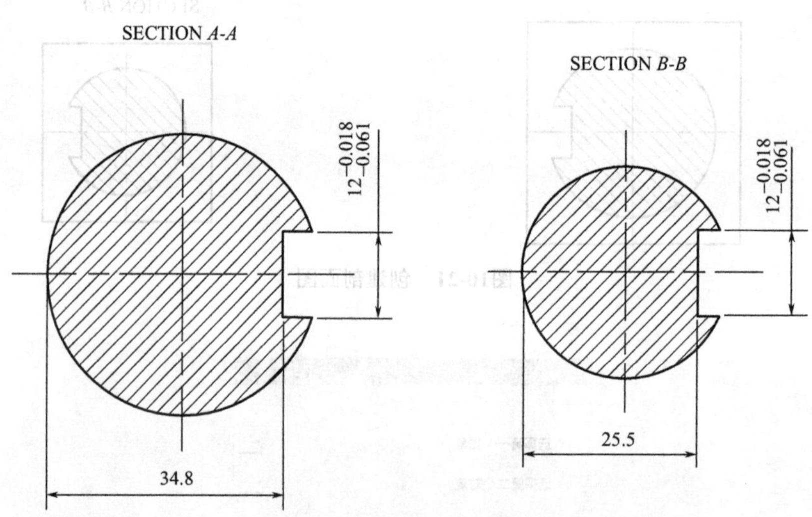

图10-24 标注键槽尺寸

组【方法】中选择“圆柱坐标系”，如图10-25所示。

Step25 在图纸上依次选择如图10-26所示的点，此时会出现尺寸预览，移动鼠标到合适位置。在放置尺寸之前，暂停鼠标移动在屏幕上会出现窗口，然后单击【编辑】按钮，激活尺寸手柄，设置上偏差0.025，下偏差0.009，单击【关闭】按钮完成，如图10-26所示。

Step26 重复上述尺寸标注过程，标注其他尺寸，如图10-27所示。

（3）标注倒角尺寸

Step27 在【主页】选项卡单击【尺寸】组的【倒

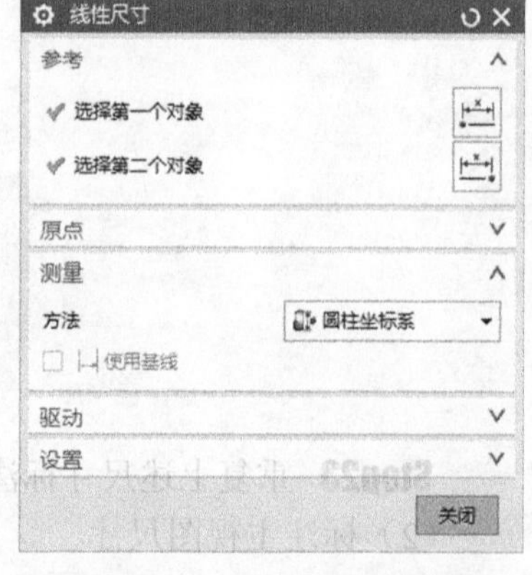

图10-25 【线性尺寸】对话框

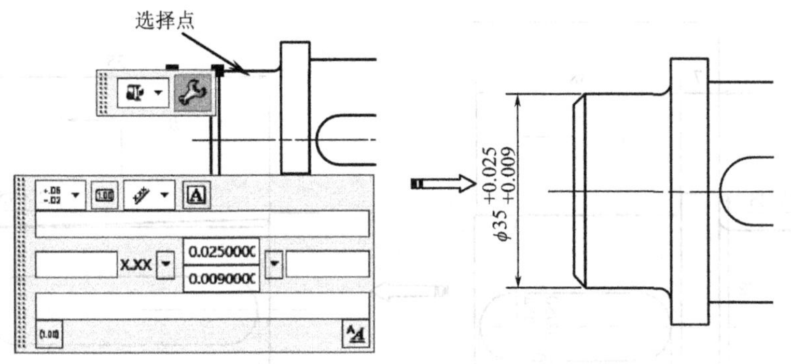

图10-26　标注尺寸和公差

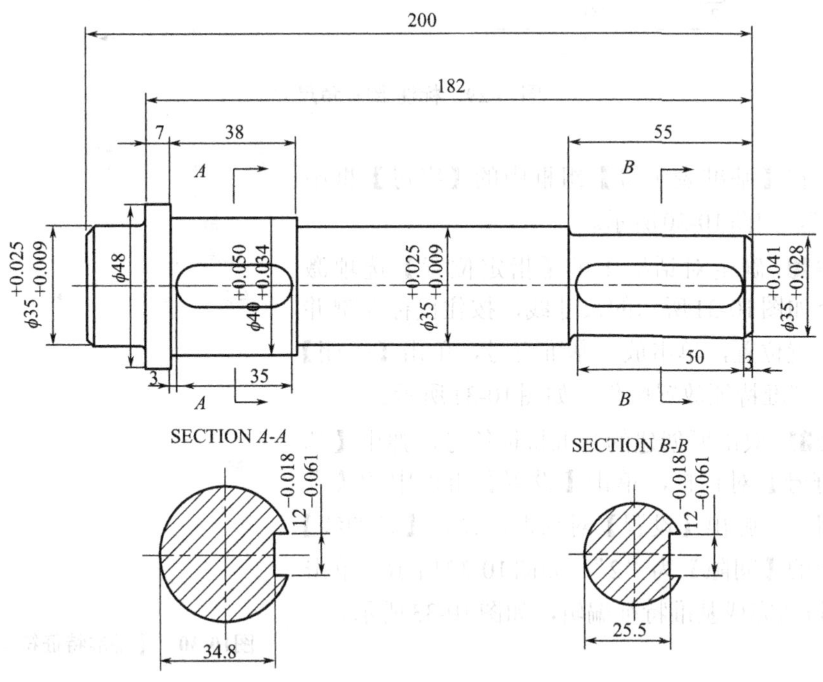

图10-27　标注其他线性尺寸

斜角】按钮，弹出【倒斜角尺寸】对话框，如图10-28所示。

图10-28　【倒斜角尺寸】对话框

Step28　在图纸上选择斜角边，移动鼠标到合适位置放置尺寸，完成标注如图10-29所示。按【关闭】按钮结束命令。

10.1.2.6　标注基准符号

Step29　单击【主页】选项卡中【注释】组中的【基准特征符号】按钮，或选择下拉菜单【插入】|【注释】|【基准特征符号】命令，弹出【基准特征符号】

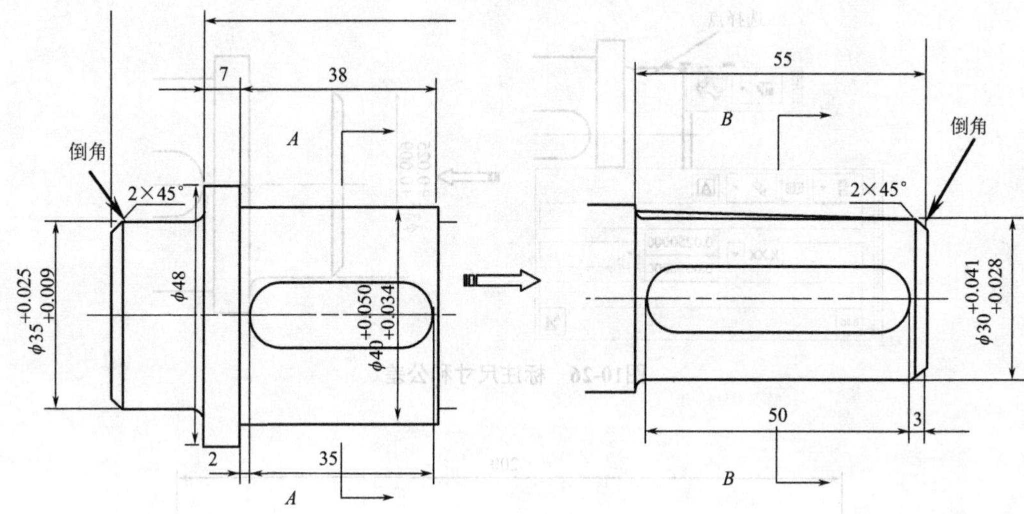

图10-29 标注 倒斜角尺寸

对话框，在【基准表示符】组框中的【字母】框中输入“A”，如图10-30所示。

Step30 确定对话框中的【指定位置】选项激活，选择如图10-31所示的尺寸线，按住鼠标左键并拖动到放置位置，单击放置基准符号，单击【关闭】按钮完成基准特征放置操作，如图10-31所示。

Step31 双击所创建的基准特征符号，弹出【基准特征符号】对话框，单击【设置】组框中的【设置】按钮，弹出【设置】对话框，设置【延伸线】选项卡中的【间隙】为“2”，如图10-32所示。单击【确定】按钮完成基准特征编辑，如图10-33所示。

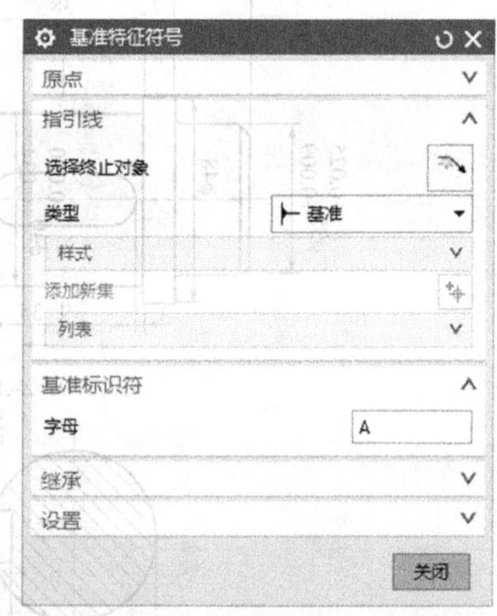

图10-30 【基准特征符号】对话框

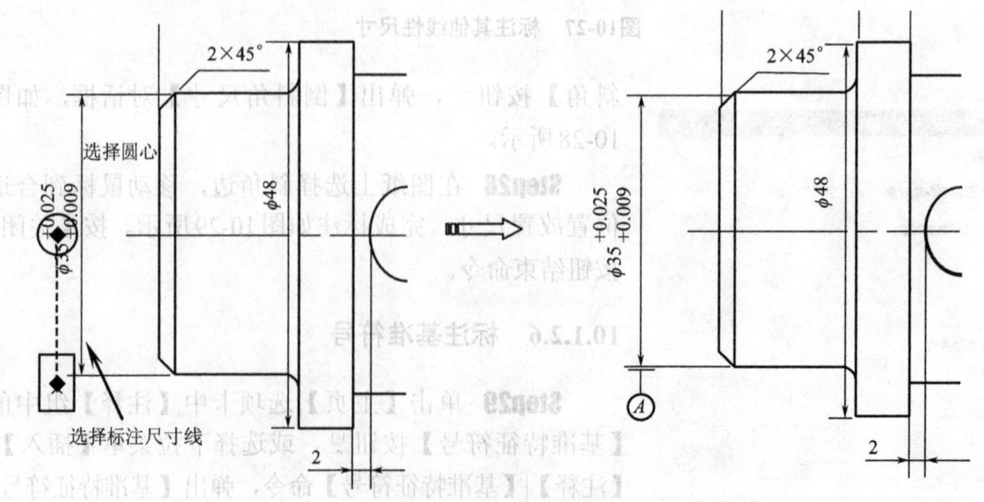

图10-31 标注基准符号

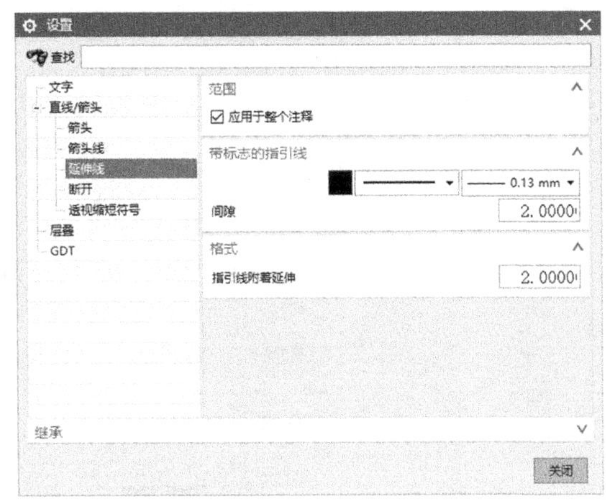

图10-32 【设置】对话框

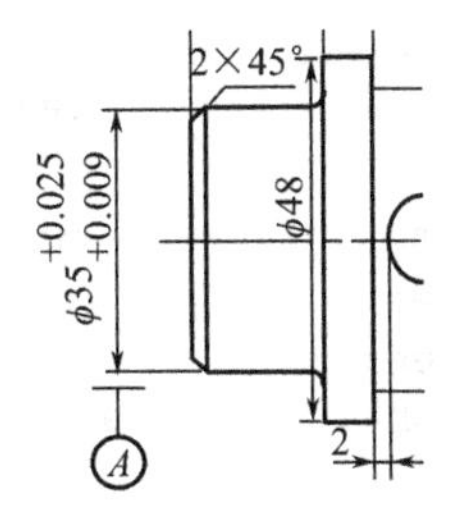

图10-33 编辑基准特征符号

Step32 重复上述基准特征符号创建，标注其他特征符号*B*，如图10-34所示。

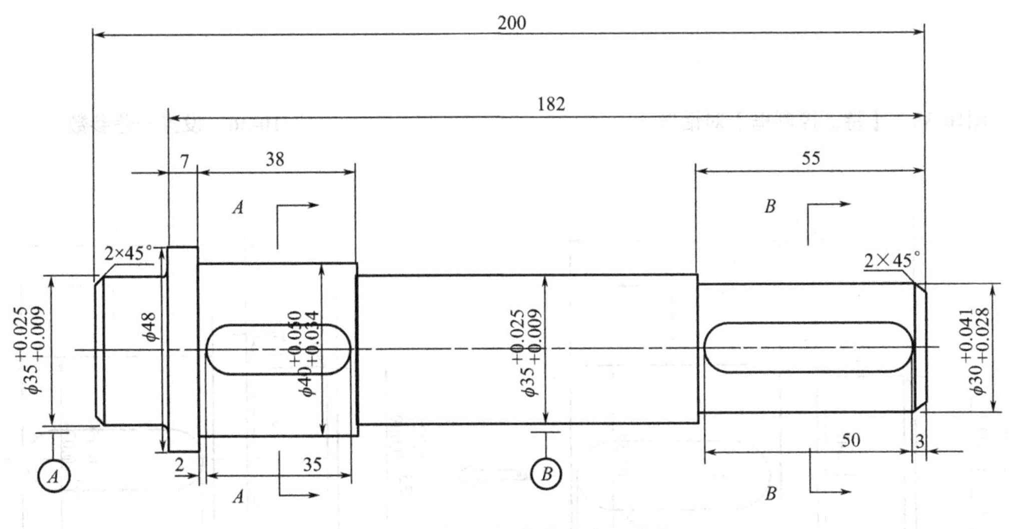

图10-34 标注其他基准特征符号

10.1.2.7 创建形位公差

Step33 选择下拉菜单【插入】|【注释】|【特征控制框】命令，或单击【主页】选项卡中的【注释】组上的【特征控制框】命令，弹出【特征控制框】对话框，设置【短划线长度】为“15”，如图10-35所示。

Step34 在【特性】下拉列表中选择“圆跳动”，【框样式】为“单框”，【公差】设置为“0.025”，【第一基准参考】为“A-B”，如图10-36所示。

Step35 确定对话框中的【指定位置】选项激活，移动鼠标指针到尺寸线，按住鼠标左键并拖动，如图10-37所示。

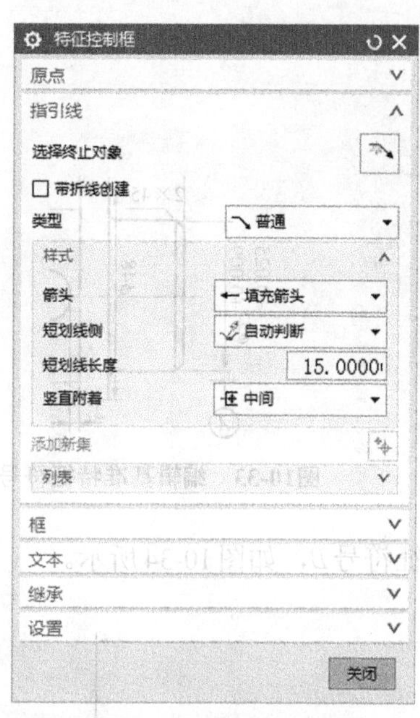

图10-35 【特征控制框】对话框

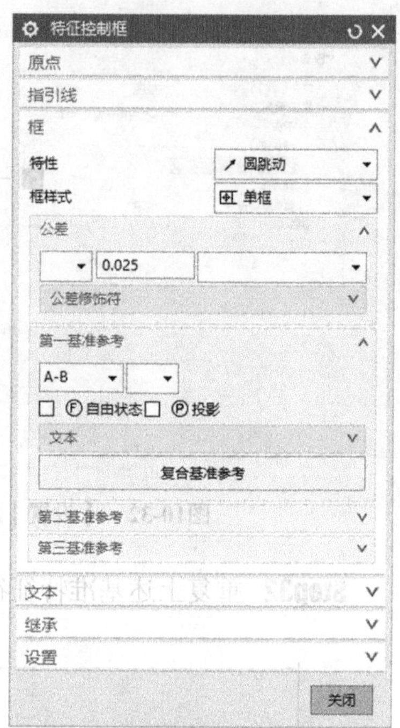

图10-36 设置公差参数

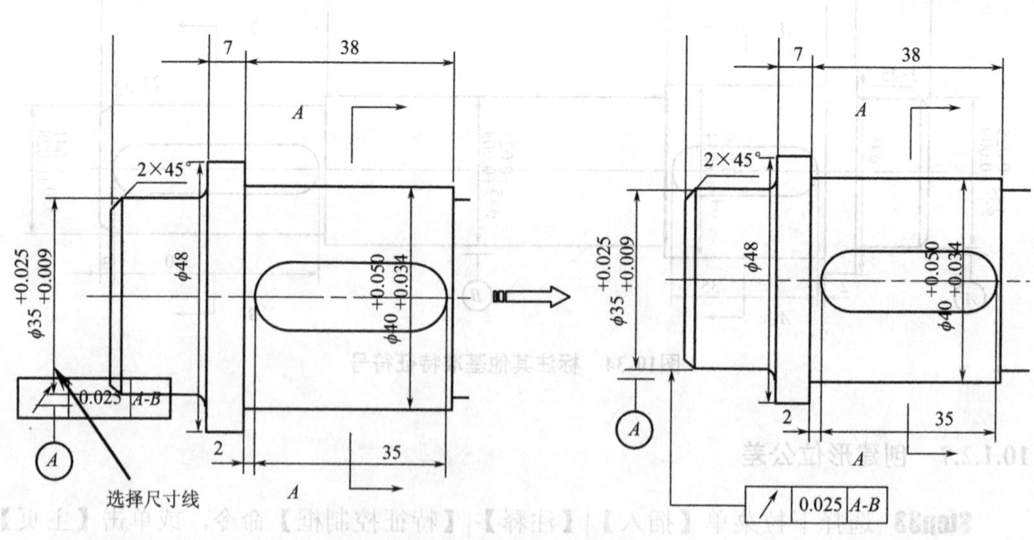

图10-37 标注形位公差

Step36 重复上述形位公差创建，标注其他形位公差，如图10-38所示。

10.1.2.8 标注表面粗糙度符号

Step37 单击【主页】选项卡上的【注释】组中的【表面粗糙度符号】按钮√，或选择下拉菜单【插入】|【注释】|【表面粗糙度符号】命令，弹出【表面粗糙度】对话框，设置相关参数如图10-39所示。

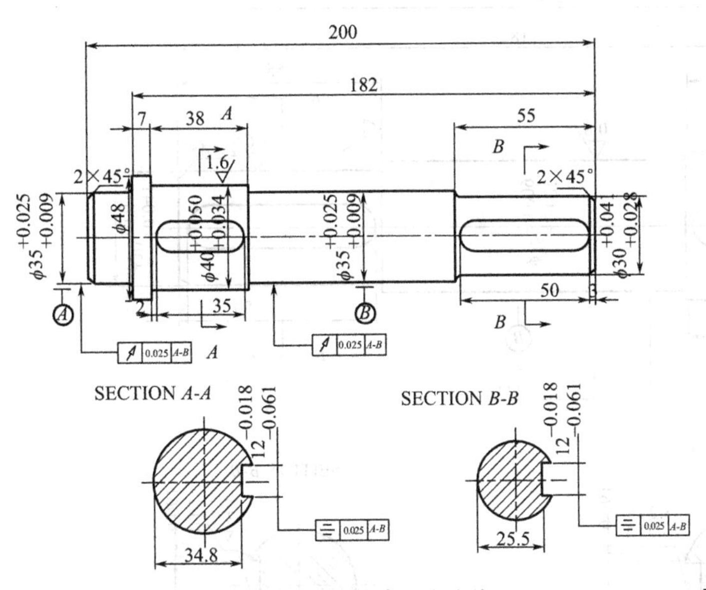

图10-38　标注其他形位公差

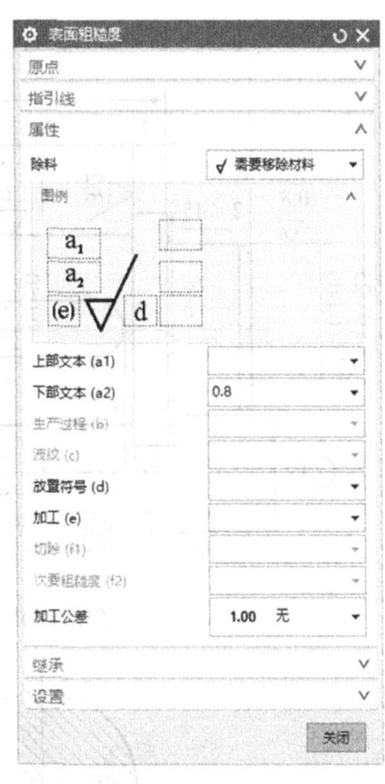

图10-39　【表面粗糙度】对话框

Step38 设置【指引线】的【类型】为“标识”，如图10-40所示，在图形区选择如图10-41所示的边线，然后单击表面边并拖动以放置粗糙度符号。

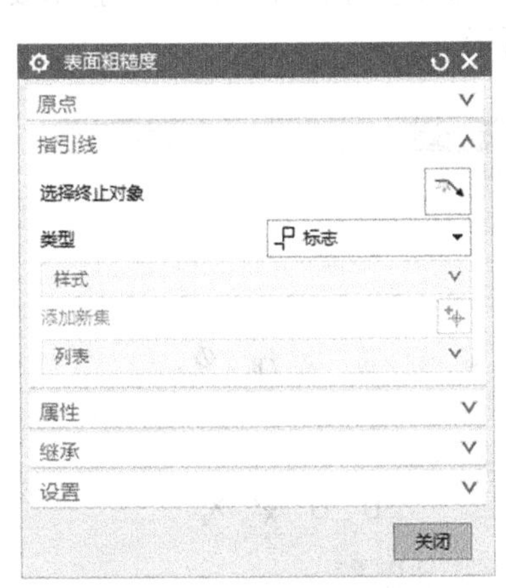

图10-40　设置指引线参数

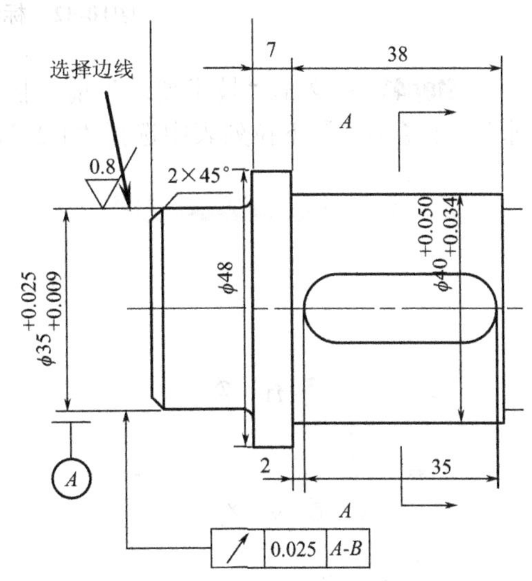

图10-41　标注表面粗糙度

Step39 重复上述粗糙度创建，标注其他粗糙度，如图10-42所示。

10.1.2.9　插入技术要求

Step40 选择下拉菜单【插入】|【注释】|【注释】命令，或单击【主页】选项卡上的【注释】组中的【注释】命令A，弹出【注释】对话框，字体选择“仿宋-GB2312”，依次输入如图10-43所示的多行字符。

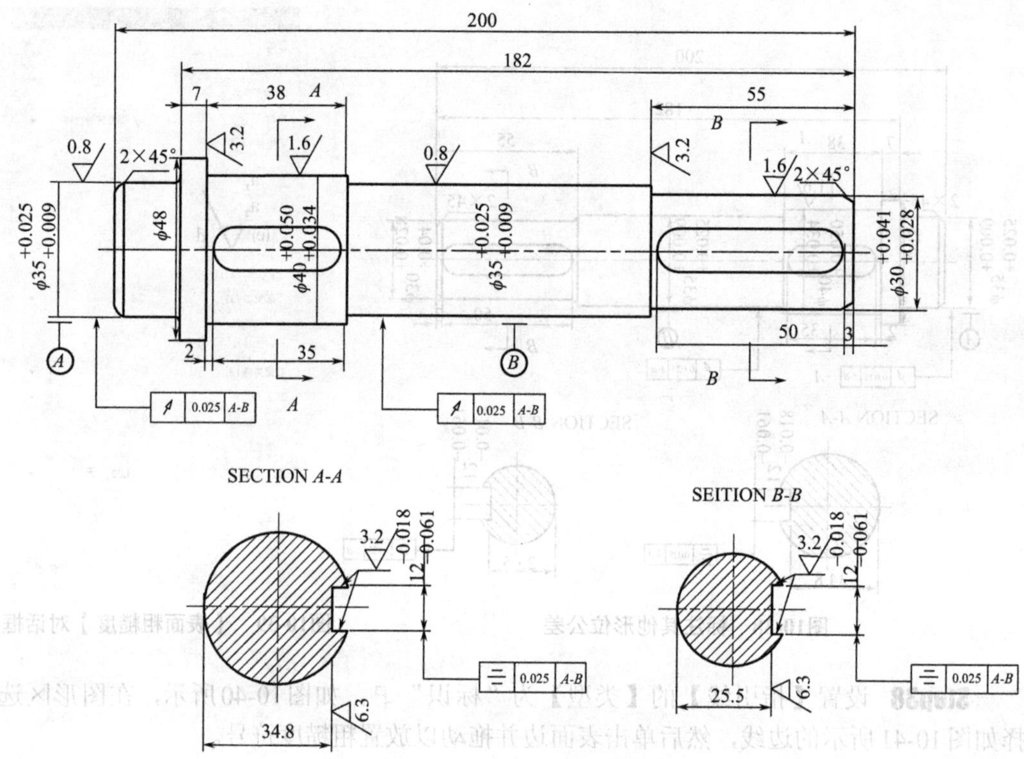

图10-42　标注其他粗糙度符号

Step41 在文本“技术要求”前面插入适当空格，使整个文字居中，选中“技术要求”，在【字号】下拉列表中选择“1.25”，如图10-44所示。

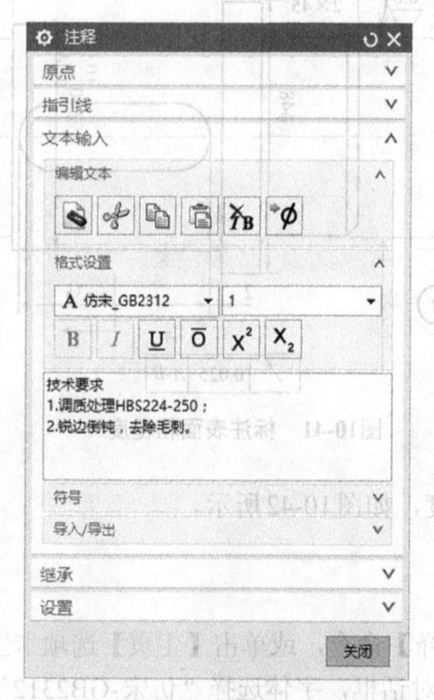

图10-43　输入文本

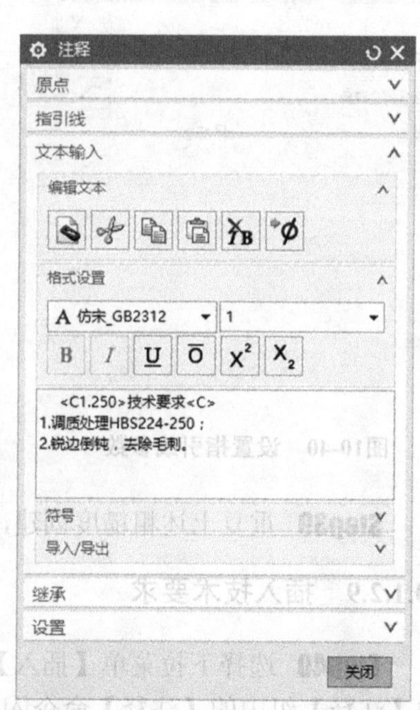

图10-44　编辑文本

Step42 在【注释】对话框中单击【设置】按钮，弹出【设置】对话框，设置【行间隙因子】为1，单击【关闭】按钮，如图10-45所示。

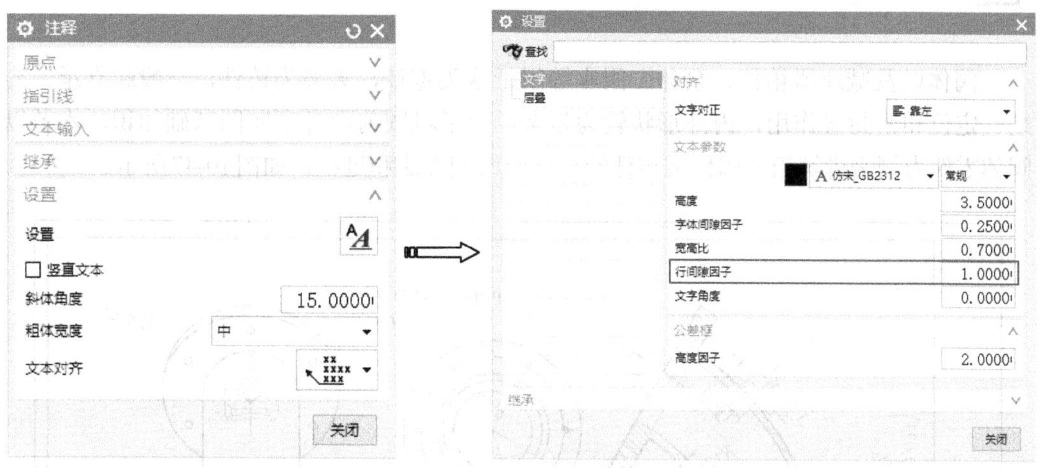

图10-45　设置行间隙因子

Step43 移动鼠标指针到如图10-46所示的位置，单击放置文本注释，单击【关闭】按钮关闭对话框。

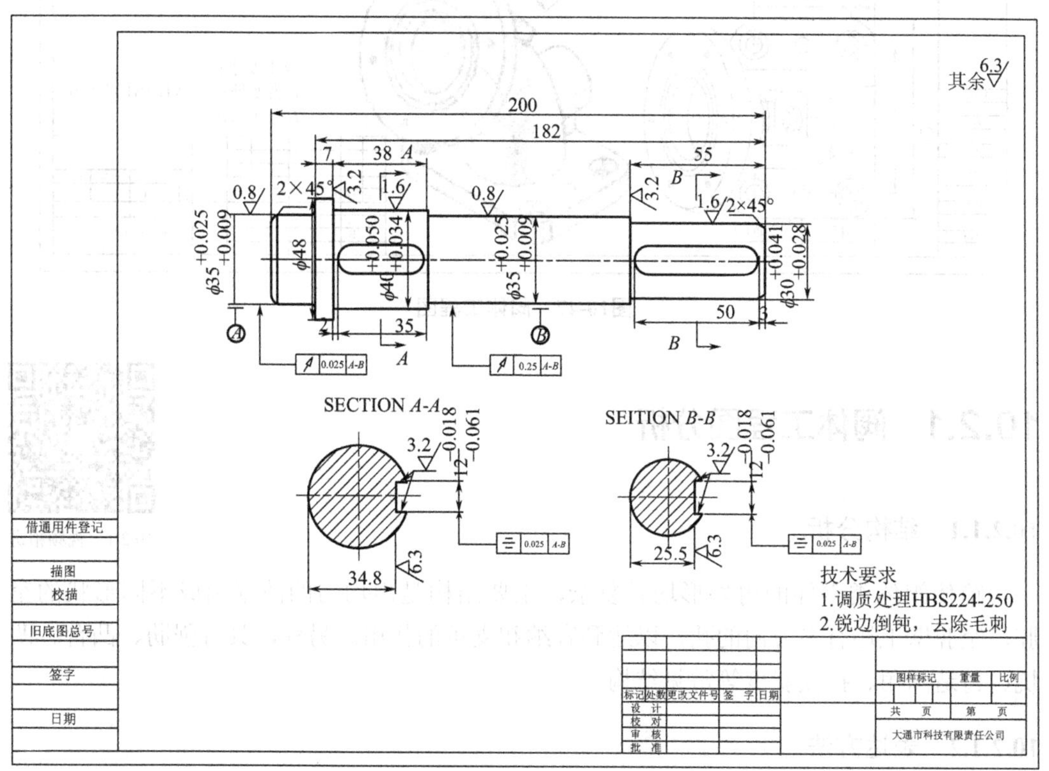

图10-46　插入技术要求

10.2 阀体零件工程图

阀体以及减速器箱体、泵体、阀座等属于这类零件，大多为铸件，一般起支承、容纳、定位和密封等作用，内外形状较为复杂。为了巩固前面各章制图基础知识，本节以阀体零件为例来讲解箱体阀体类零件的工程图绘制方法和过程，如图10-47所示。

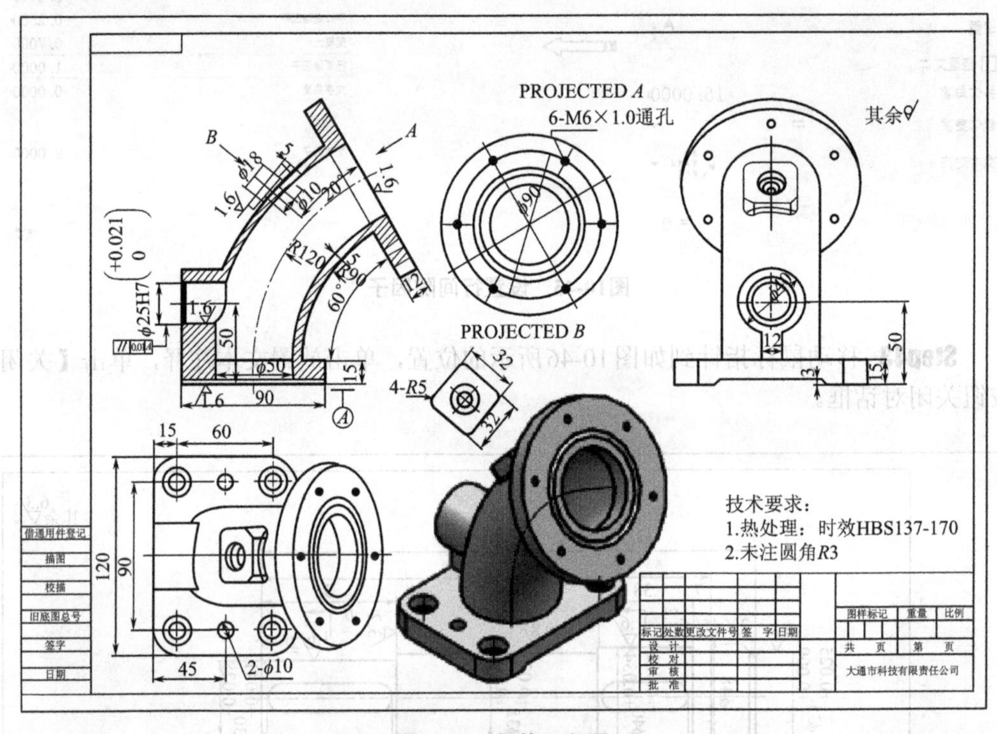

图10-47 阀体工程图

10.2.1 阀体工程图分析

10.2.1 视频精讲

10.2.1.1 结构分析

箱体阀体类零件的内外形均较复杂，主要结构是由均匀的薄壁围成不同形状的空腔，空腔壁上还有多方向的孔，以达到容纳和支承的作用。另外，具有强肋、凸台、凹坑、铸造圆角、拔模斜度等常见结构。

10.2.1.2 表达方法

箱体阀体类零件一般经多种工序加工而成，因而主视图主要根据形状特征和工作位置确定。由于零件结构较复杂，常需三个以上的图形，并广泛地应用各种方法来表达。

10.2.1.3　尺寸标注

箱体阀体类的长、宽、高方向的主要基准是大孔的轴线、中心线、对称平面或较大的加工面。较复杂的零件定位尺寸较多，各孔轴线或中心线间的距离要直接注出。内外结构形状尺寸应分开标注。

10.2.1.4　技术要求

根据箱体阀体类零件的具体要求确定其表面粗糙度和尺寸精度。一般对重要的轴线、重要的端面、结合面及其之间应有形位公差的要求。

10.2.2　阀体工程图绘制过程

10.2.2　视频精讲

10.2.2.1　打开模型文件

Step01 启动NX后，单击【主页】选项卡的【打开】按钮，弹出【打开部件文件】对话框，选择“阀体.prt”，单击【OK】按钮，文件打开后如图10-48所示。

图10-48　打开模型零件

10.2.2.2　创建工程图文件

Step02 选择下拉菜单【文件】|【新建】命令，弹出【新建】对话框，选择【图纸】模板，选择“A2-无视图”模板，在【要创建的图纸的部件】的【名称】框中自动显示“阀体”，如图10-49所示。

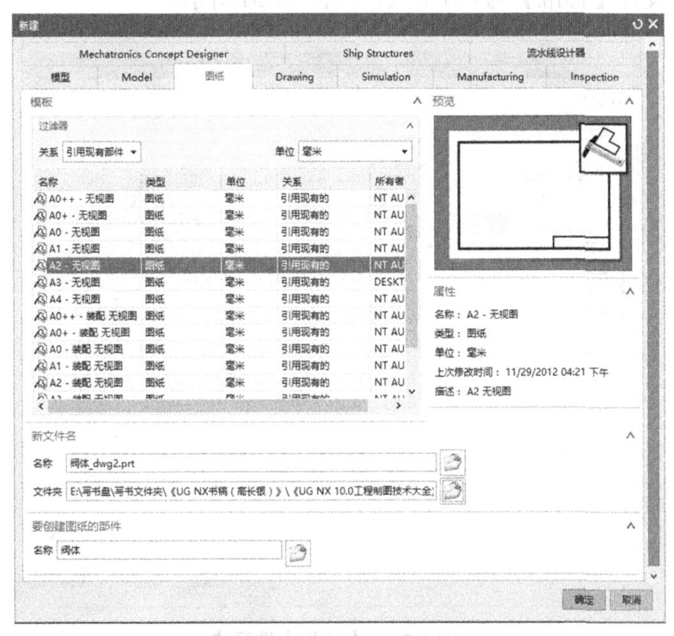

图10-49　【新建】对话框

Step03 单击【确定】按钮，进入制图环境，创建空白图纸如图10-50所示。单击【视图创建向导】对话框中的【取消】按钮。

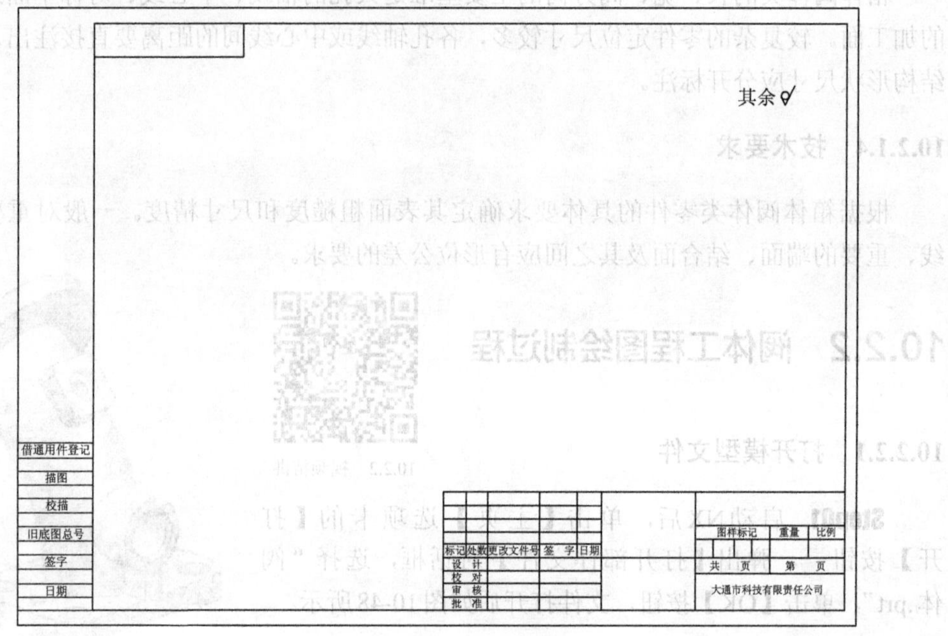

图10-50 创建的图纸页

10.2.2.3 设置制图首选项

Step04 选择下拉菜单【首选项】|【制图】命令，在左侧列表中选择【常规/设置】|【常规】选项，设置【标准】为GB格式，如图10-51所示。

图10-51 【常规】选项卡

Step05 在左侧列表中选择【视图】|【公共】|【文字】选项，设置【文字】为“仿宋_GB2312”，如图10-52所示。

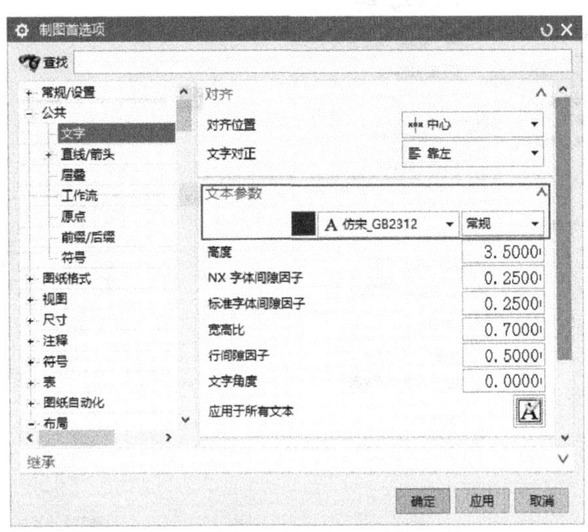

图10-52 【文字】选项卡

Step06 选择下拉菜单【首选项】|【制图】命令，在左侧列表中选择【公共】|【直线/箭头】|【箭头】选项，设置箭头形式、线宽和尺寸，如图10-53所示。

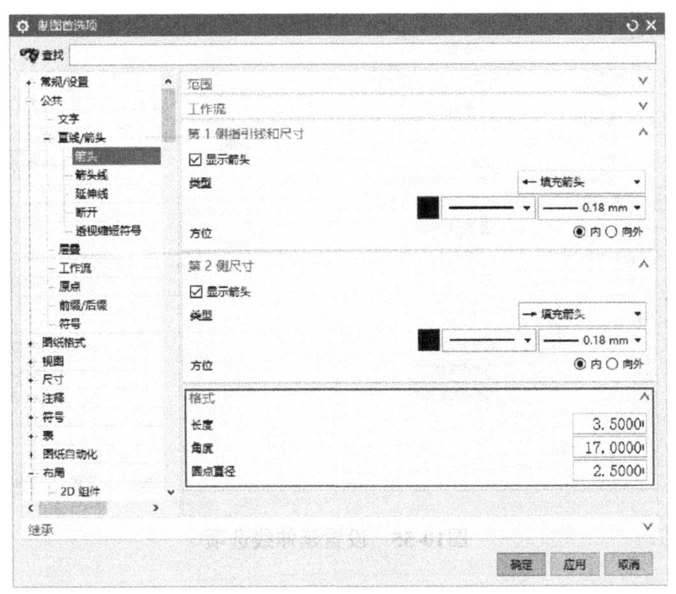

图10-53 设置箭头选项

Step07 在左侧列表中选择【公共】|【直线/箭头】|【箭头线】选项，设置箭头线选项，如图10-54所示。

Step08 在左侧列表中选择【公共】|【直线/箭头】|【延伸线】选项，设置延伸线选项，如图10-55所示。

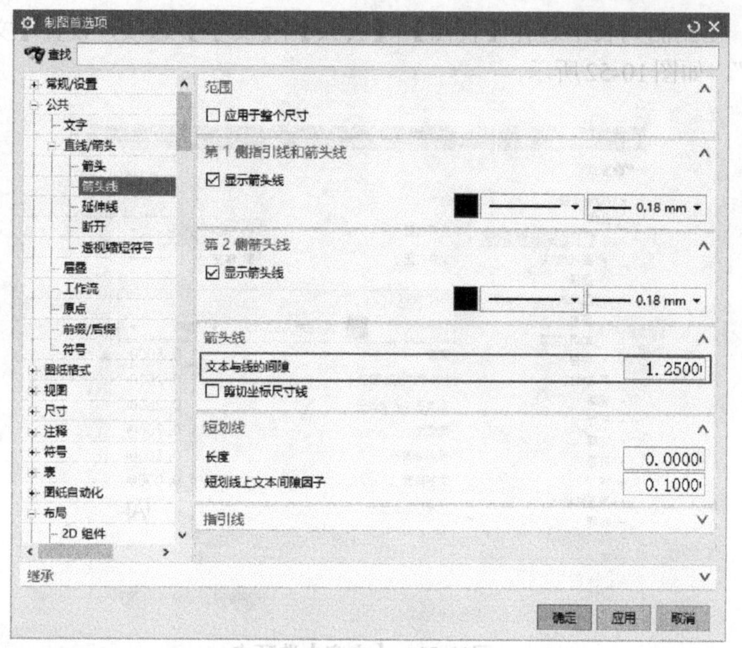

图10-54 设置箭头线选项

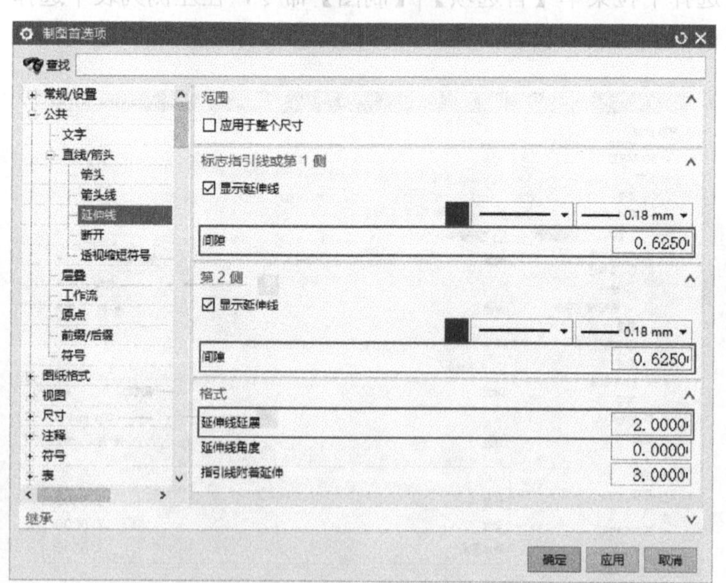

图10-55 设置延伸线选项

Step09 在左侧列表中选择【尺寸】|【倒斜角】选项，设置倒角标注尺寸格式，如图10-56所示。

Step10 在左侧列表中选择【尺寸】|【文本】|【单位】选项，设置尺寸单位格式，如图10-57所示。

Step11 在左侧列表中选择【尺寸】|【文本】|【方向和位置】选项，设置尺寸方向和位置，如图10-58所示。

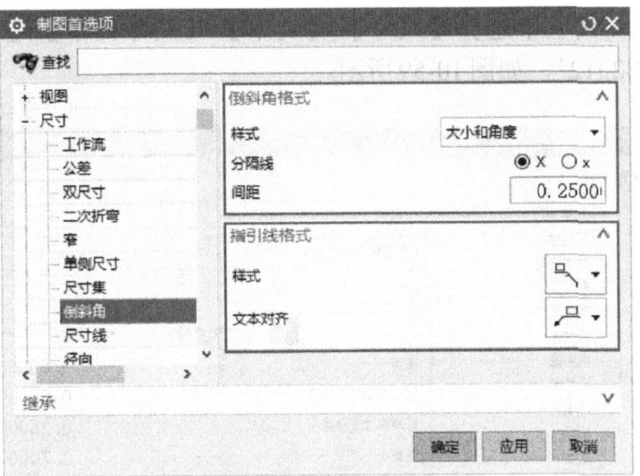

图10-56　设置倒斜角选项

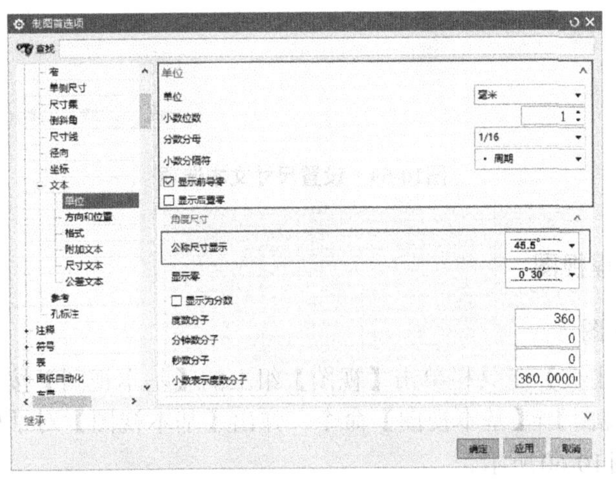

图10-57　设置单位选项

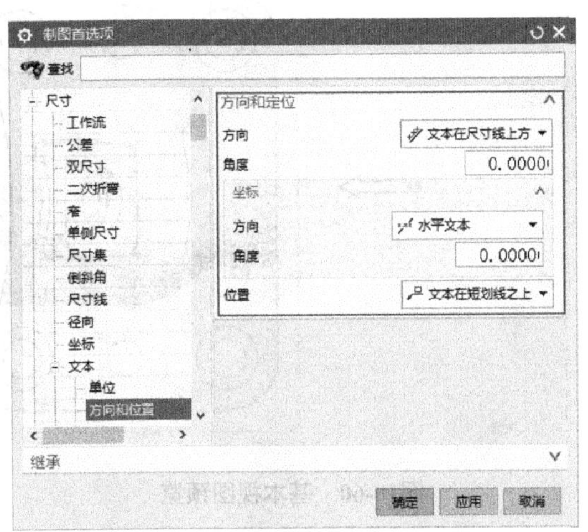

图10-58　设置方向和位置选项

Step12 在左侧列表中选择【尺寸】|【文本】|【尺寸文本】选项，设置尺寸文本格式为“仿宋_GB2312”，如图10-59所示。

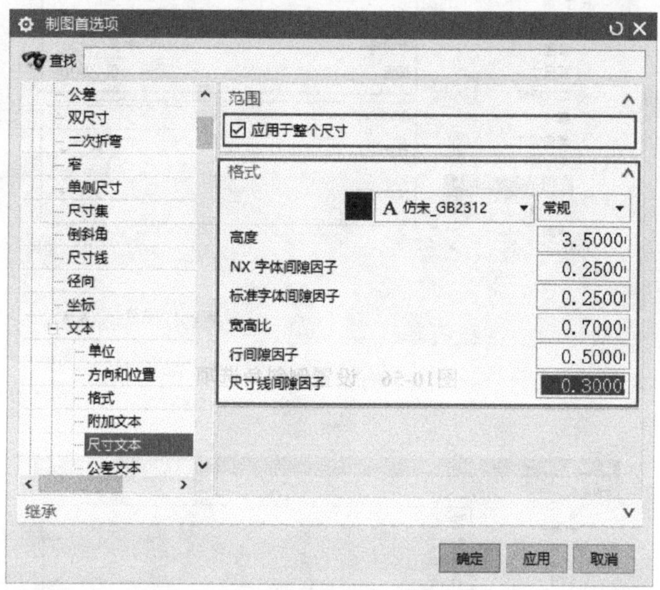

图10-59 设置尺寸文本选项

10.2.2.4 创建工程视图

（1）创建主视图

Step13 在【主页】工具栏单击【视图】组上的【基本视图】按钮，或选择下拉菜单【插入】|【视图】|【基本视图】命令，弹出【基本视图】对话框，图形区显示模型预览效果，如图10-60所示。

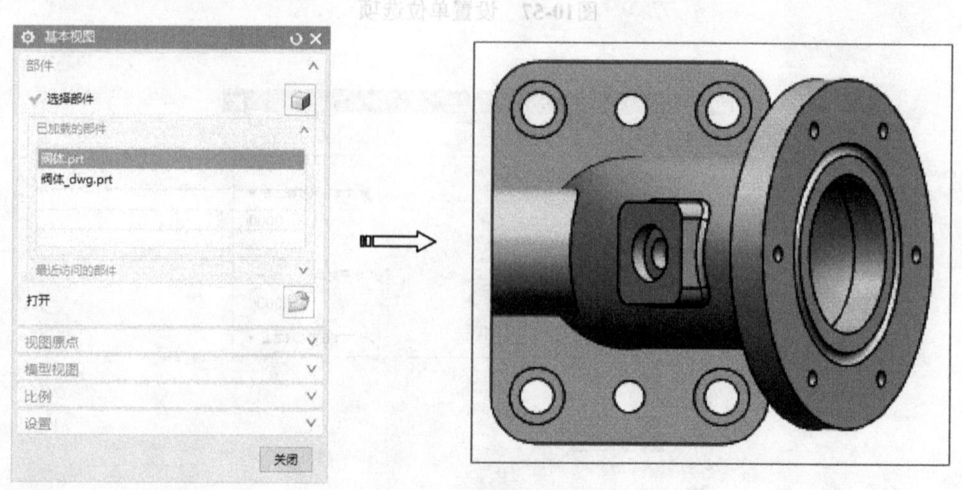

图10-60 基本视图预览

Step14 在【模型视图】组框中的【要使用的模型视图】下拉列表中选择“俯视

图”，在【比例】下拉列表中选择“1 ：1”，移动鼠标指针在适当位置处单击放置视图，如图10-61所示。在弹出的【投影视图】对话框中单击【关闭】按钮。

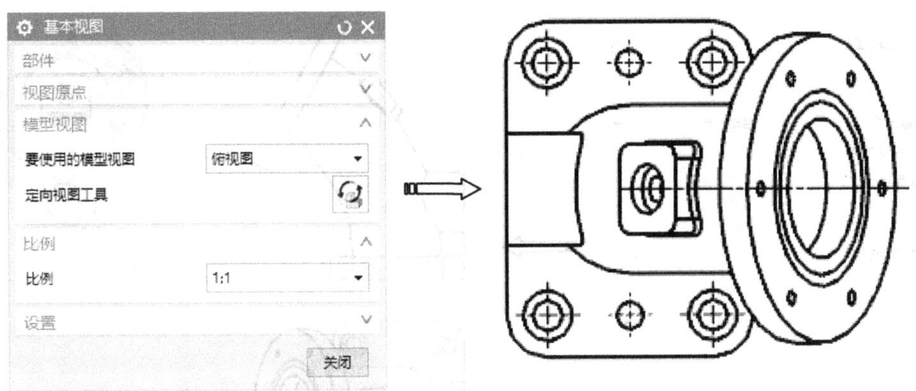

图10-61　创建基本视图

（2）创建投影视图

Step15 在【主页】工具栏单击【视图】组上的【投影视图】按钮，或选择下拉菜单【插入】|【视图】|【投影】命令，弹出【投影视图】对话框，并自动选择图纸中唯一视图为父视图，在父视图中会显示铰链线和对齐箭头矢量符号，垂直向上拖动鼠标，在合适位置单击来放置视图，如图10-62所示。单击ESC键完成操作。

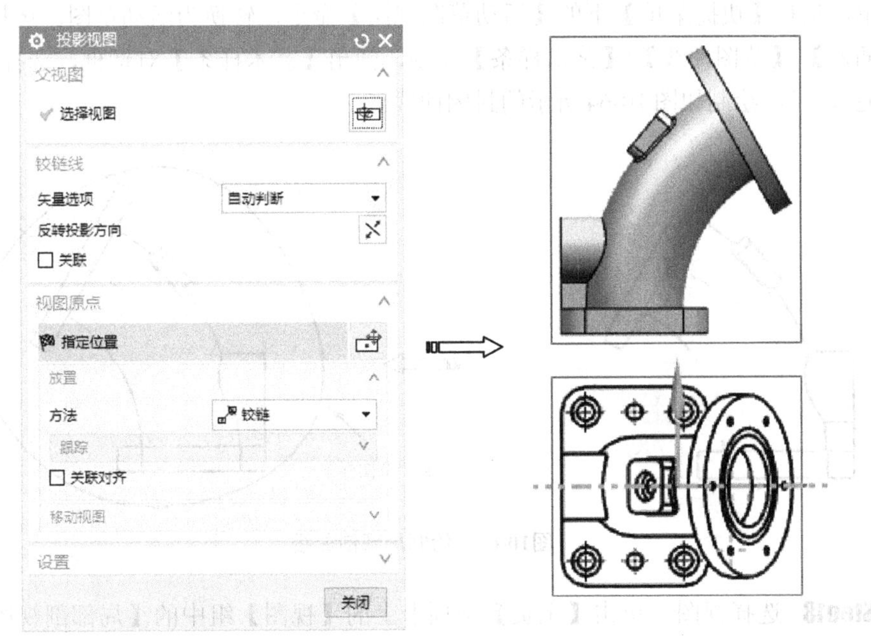

图10-62　创建投影视图

Step16 在【主页】工具栏单击【视图】组上的【投影视图】按钮，或选择下拉菜单【插入】|【视图】|【投影】命令，弹出【投影视图】对话框，并选择父视图，在父视图中会显示铰链线和对齐箭头矢量符号，垂直向上拖动鼠标，在合适位置单击来放

置视图，如图10-63所示。单击ESC键完成操作。

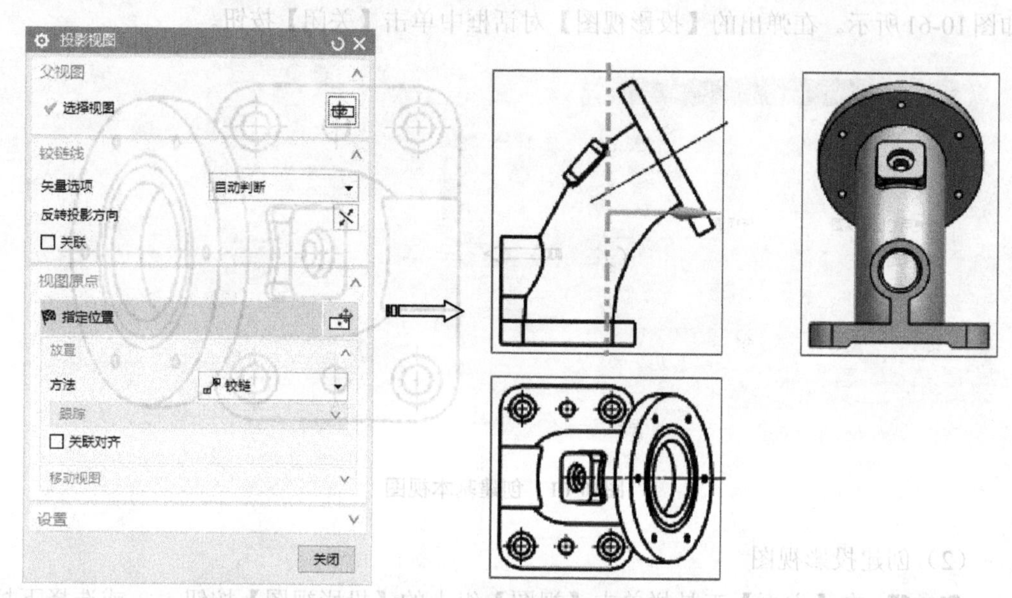

图10-63 创建投影视图

（3）创建全剖视图

Step17 绘制局部剖曲线。选择要进行局部剖的视图边界，并单击鼠标右键弹出快捷菜单，选择【快捷菜单】下的【活动草图视图】命令，转换为活动草图。选择下拉菜单【插入】|【草图曲线】|【艺术样条】命令，弹出【艺术样条】对话框，选择【类型】为“通过点”，绘制如图10-64所示的封闭曲线。

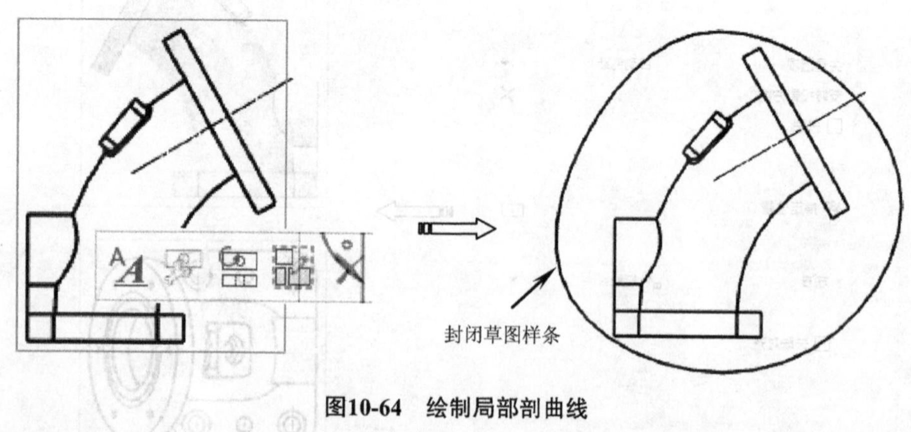

图10-64 绘制局部剖曲线

Step18 选择视图。单击【主页】选项卡上的【视图】组中的【局部剖视图】按钮，或选择下拉菜单【插入】|【视图】|【截面】|【局部剖】命令，弹出【局部剖】对话框，在列表中选择ORTHO@3视图，也可在图形区单击选择视图，如图10-65所示。

Step19 定义基点。在【局部剖】对话框中单击【指出基点】按钮，确认【捕捉方式】工具条上的按钮按下，选择如图10-66所示的圆。

Step20 定义拉伸矢量方向。在【局部剖】对话框中单击【指出拉伸矢量】按钮，

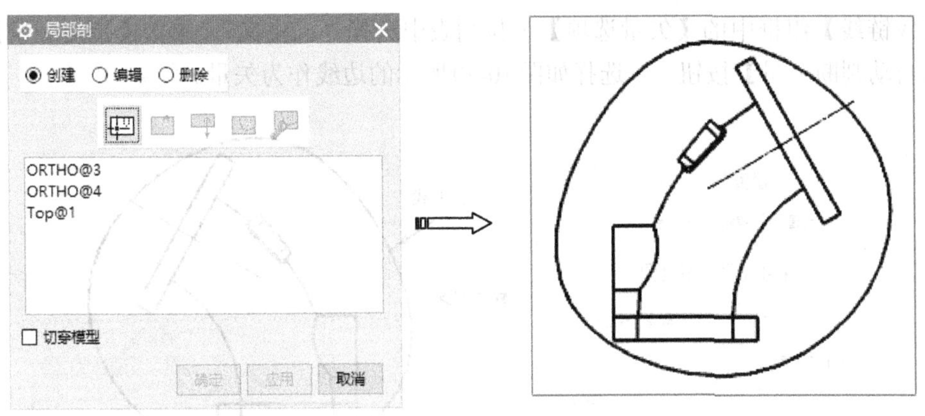

图10-65　选择视图

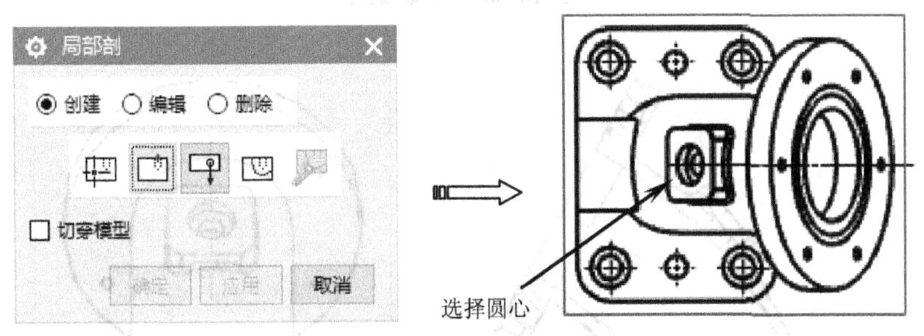

图10-66　选择基点

接收系统默认拉伸方向，如图10-67所示。

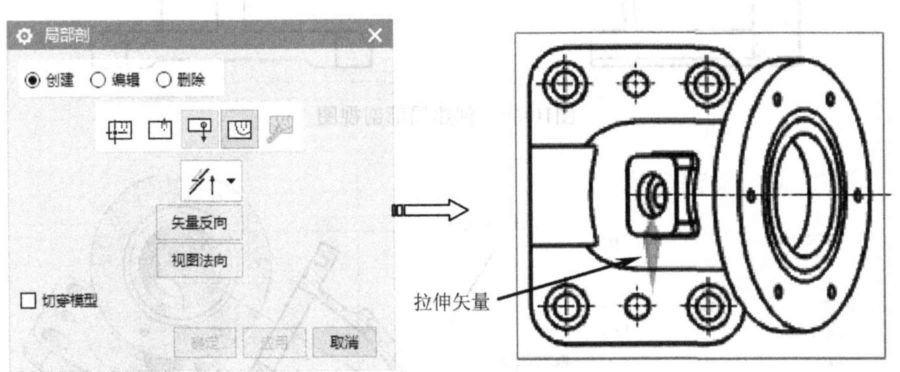

图10-67　定义拉伸方向

Step21 选择曲线。在【局部剖】对话框中单击【选择曲线】按钮，选择前面绘制的样条曲线作为剖切曲线，如图10-68所示。

Step22 单击【应用】按钮完成局部剖视图的创建，如图10-69所示。

（4）创建局部向视图

Step23 在【主页】工具栏单击【视图】组上的【投影视图】按钮，或选择下拉菜单【插入】|【视图】|【投影】命令，弹出【投影视图】对话框，选择主视图为父视图，

在【铰链线】组框中的【矢量选项】下拉列表中选择“已定义”，单击【指定矢量】后的【自动判断矢量】按钮，选择如图10-70所示的边线作为矢量。

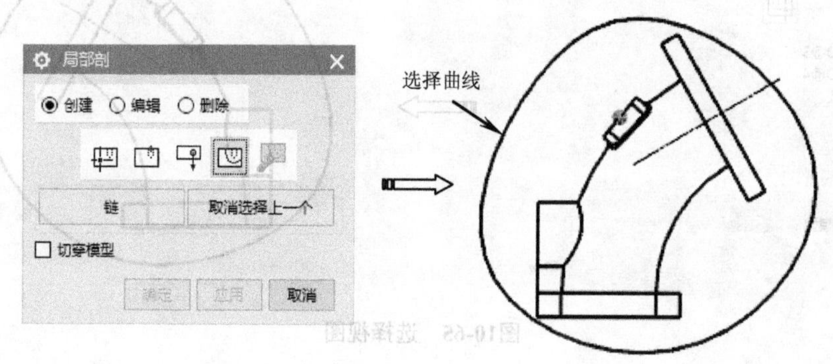

图10-68 选择曲线

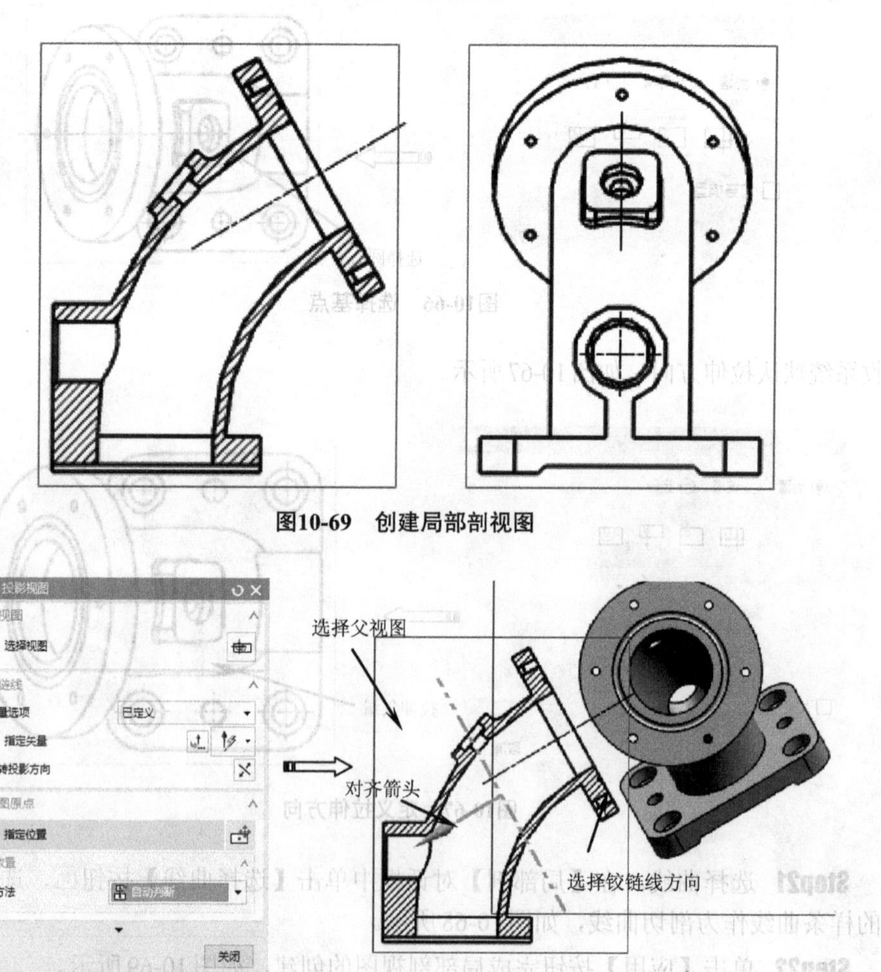

图10-69 创建局部剖视图

图10-70 选择铰链线方向

Step24 在【视图原点】组框中的【方法】下拉列表中选择“自动判断”，如图10-71所示。移动鼠标，在合适位置单击来放置向视图，如图10-71所示。

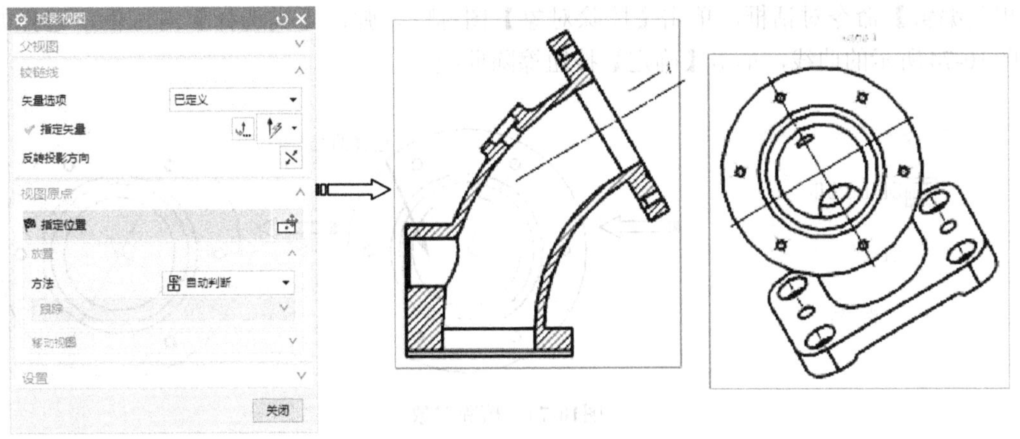

图10-71　创建向视图

Step25　在视图边界上单击鼠标右键选择【活动草图视图】命令，此时草图命令被激活，单击【投影曲线】按钮，选择外轮廓线，完成草图，如图10-72所示。

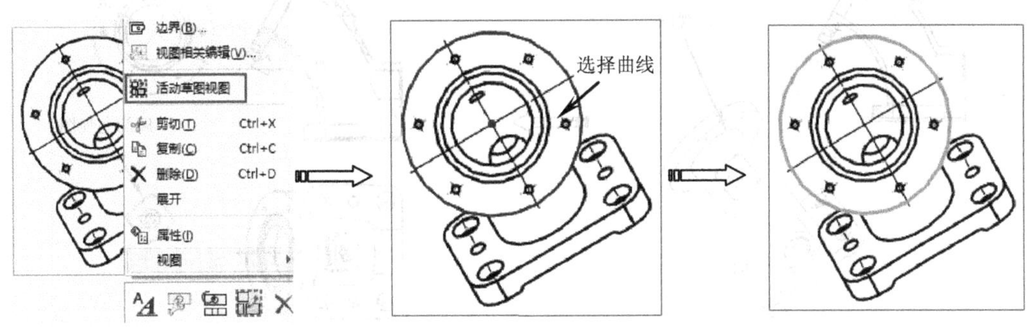

图10-72　绘制草图

Step26　在视图边界上单击鼠标右键选择【边界】命令，弹出【视图边界】对话框，选择“断裂线/局部放大图”，鼠标捕捉上一步投影的曲线，单击【确定】按钮，多余的中心线进行隐藏，鼠标捕捉到视图的边界可以进行拖拽，如图10-73所示。

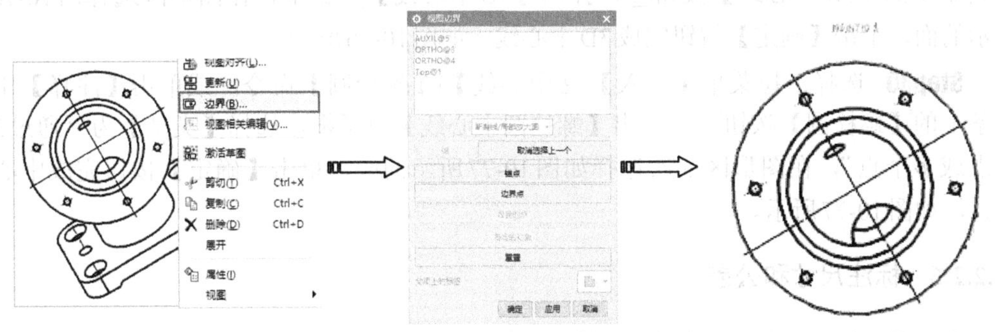

图10-73　编辑视图边界

Step27　选择下拉菜单【编辑】|【视图】|【视图相关编辑】命令，弹出【视图

相关编辑】命令对话框，单击【擦除对象】图标，弹出【类选择】对话框，选择如图10-74所示的曲线，单击【确定】按钮擦除曲线。

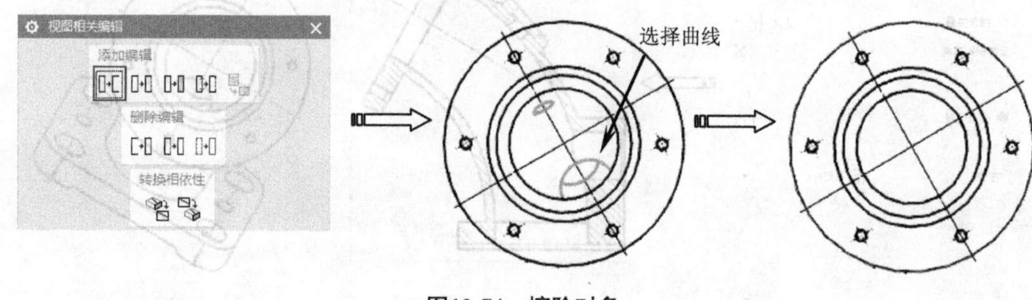

图10-74 擦除对象

Step28 重复上述向视图创建方法和过程，创建如图10-75所示的局部向视图。

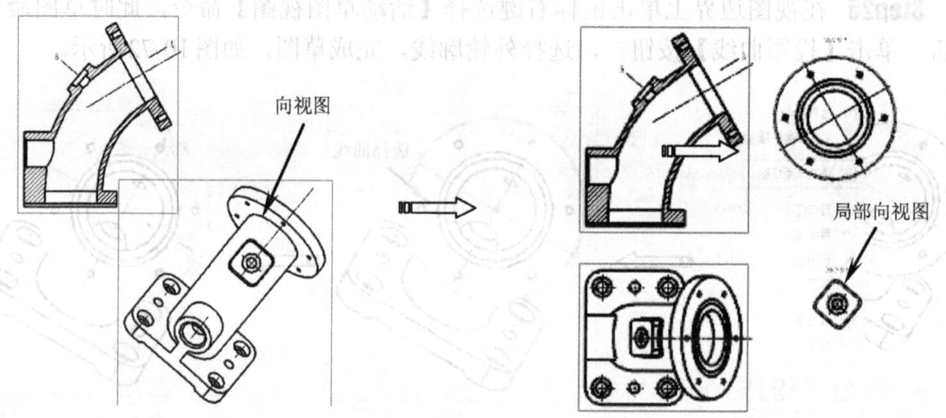

图10-75 创建局部向视图

10.2.2.5 标注中心标记

Step29 选择下拉菜单【插入】|【中心线】|【3D中心线】命令，或单击【注释】工具条上的【3D中心线】按钮，弹出【3D中心线】对话框，在图形区选择图10-76所示的面，单击【确定】按钮完成3D中心线，如图10-76所示。

Step30 选择下拉菜单【插入】|【中心线】|【螺栓圆】命令，或单击【注释】工具条上的【螺栓圆】按钮，弹出【螺栓圆中心线】对话框，选择【类型】为“通过3个点或多个点”，在图形区依次选择如图10-77所示的圆，单击【确定】按钮完成中心标记，如图10-77所示。

10.2.2.6 标注尺寸和公差

Step31 在制图模块内在【主页】选项卡单击【尺寸】组的【线性尺寸】按钮，或选择下拉菜单【插入】|【尺寸】|【线性】命令，弹出【线性尺寸】对话框，在【测量】组【方法】中选择“圆柱坐标系”，如图10-78所示。

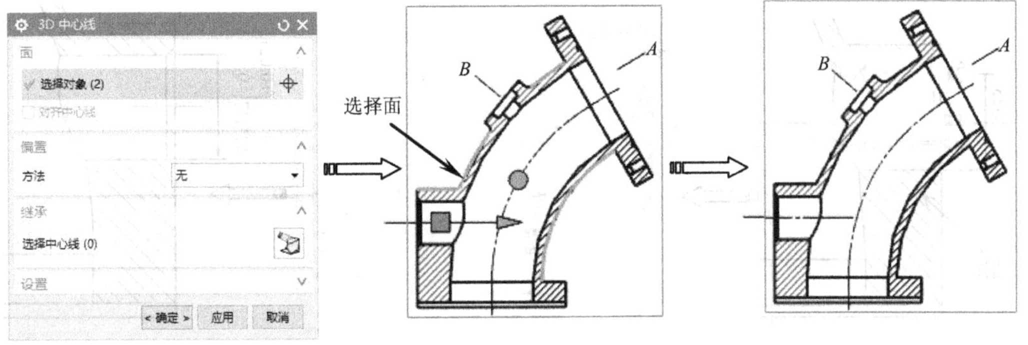

图10-76　标注3D中心线

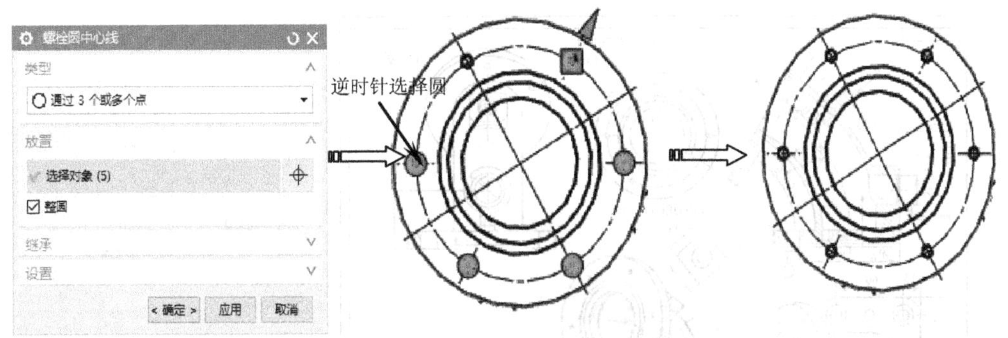

图10-77　创建螺栓圆中心标记

Step32 在图纸上依次选择如图10-79所示的点，此时会出现尺寸预览，移动鼠标到合适位置放置尺寸。选择标注尺寸，弹出快捷工具条单击【设置】按钮，弹出【设置】对话框设置公差如图10-79所示，单击【关闭】按钮完成。

Step33 重复上述尺寸标注过程，标注其余尺寸和公差，如图10-80所示。

图10-78　【线性尺寸】对话框

10.2.2.7　标注基准符号

Step34 单击【主页】选项卡中【注释】组中的【基准特征符号】按钮，或选择下拉菜单【插入】|【注释】|【基准特征符号】命令，弹出【基准特征符号】对话框，在【基准表示符】组框中的【字母】框中输入“A”，如图10-81所示。

Step35 确定对话框中的【指定位置】选项激活，选择如图10-82所示的轮廓线，按住鼠标左键并拖动到放置位置，单击放置基准符号，单击【关闭】按钮完成基准特征放置操作，如图10-82所示。

Step36 双击所创建的基准特征符号，弹出【基准特征符号】对话框，单击【设置】组框中的【设置】按钮，弹出【设置】对话框，设置【延伸线】选项卡中的【间

图10-79 标注尺寸和公差

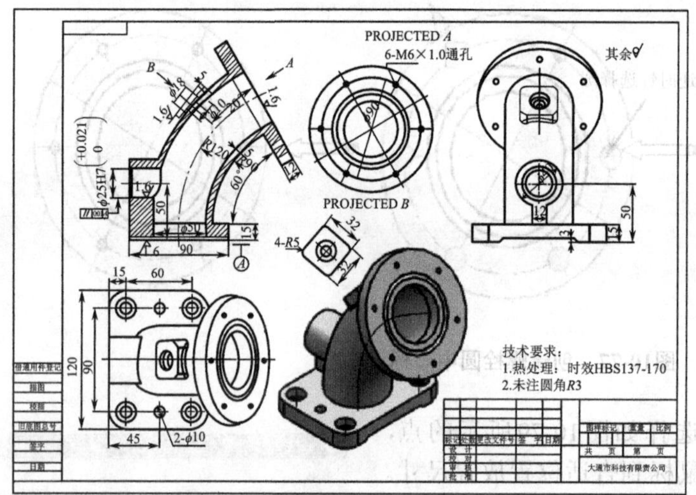

图10-80 标注尺寸和公差

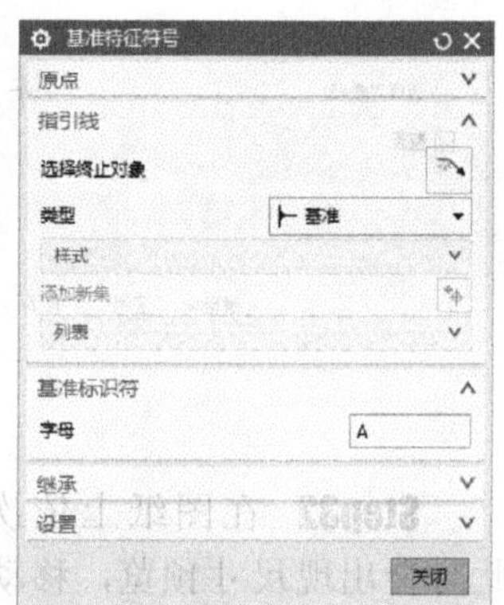

图10-81 【基准特征符号】对话框

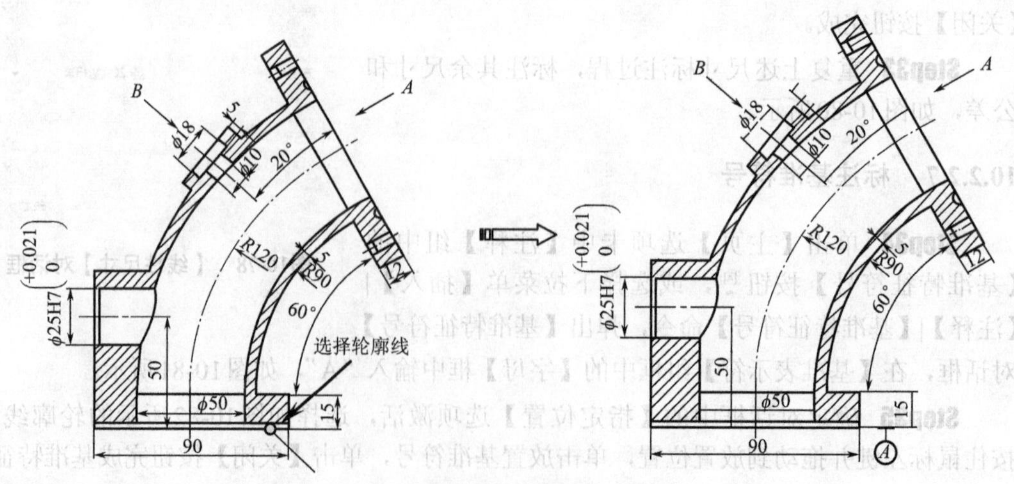

图10-82 标注基准符号

隙】为“2”，如图10-83所示。单击【确定】按钮完成基准特征编辑，如图10-84所示。

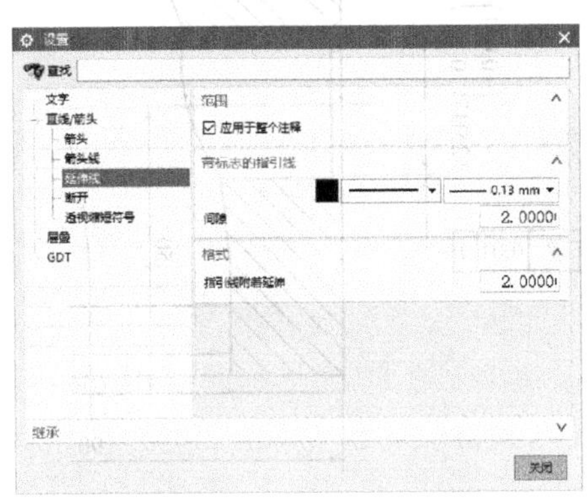

图10-83 【设置】对话框

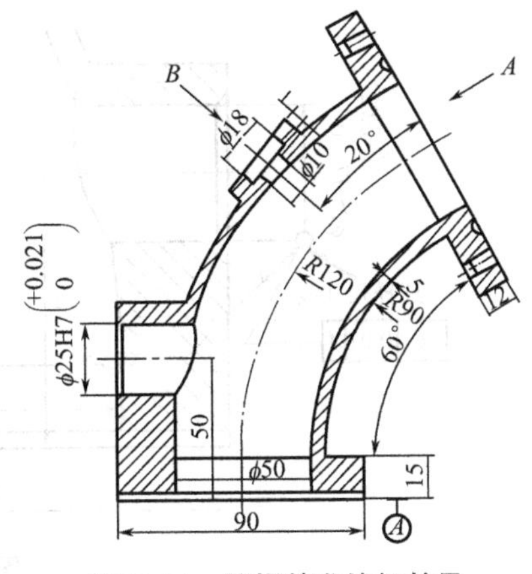

图10-84 编辑基准特征符号

10.2.2.8 创建形位公差

Step37 选择下拉菜单【插入】|【注释】|【特征控制框】命令，或单击【主页】选项卡中的【注释】组上的【特征控制框】命令A，弹出【特征控制框】对话框，设置【短划线长度】为“15”，如图10-85所示。

Step38 在【特性】下拉列表中选择“平行度”，【框样式】为“单框”，【公差】设置为“0.01”，【第一基准参考】为“A”，如图10-86所示。

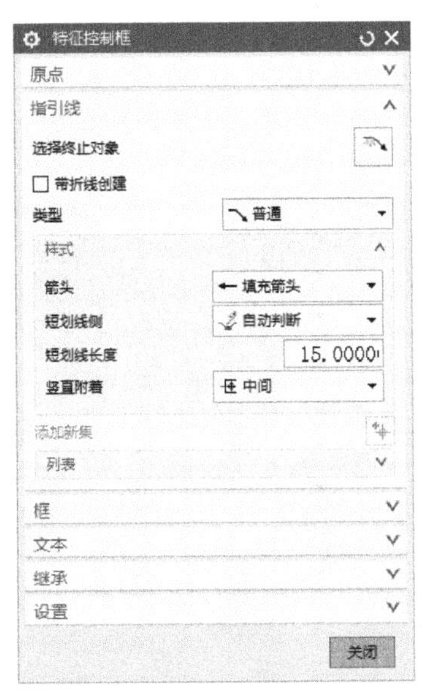

图10-85 【特征控制框】对话框

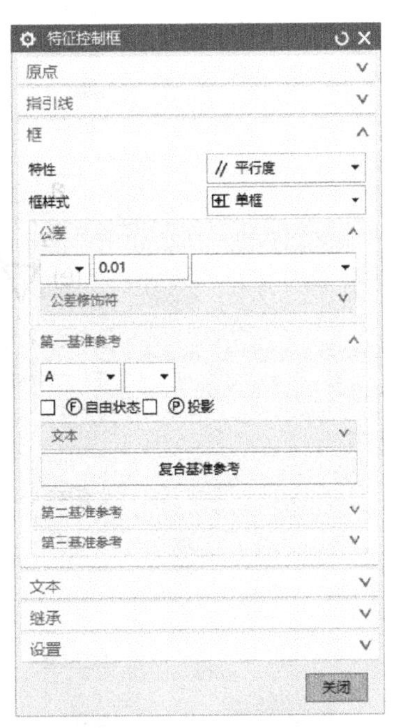

图10-86 设置公差参数

Step39 确定对话框中的【指定位置】选项激活，移动鼠标指针到尺寸线，按住鼠标左键并拖动，如图10-87所示。

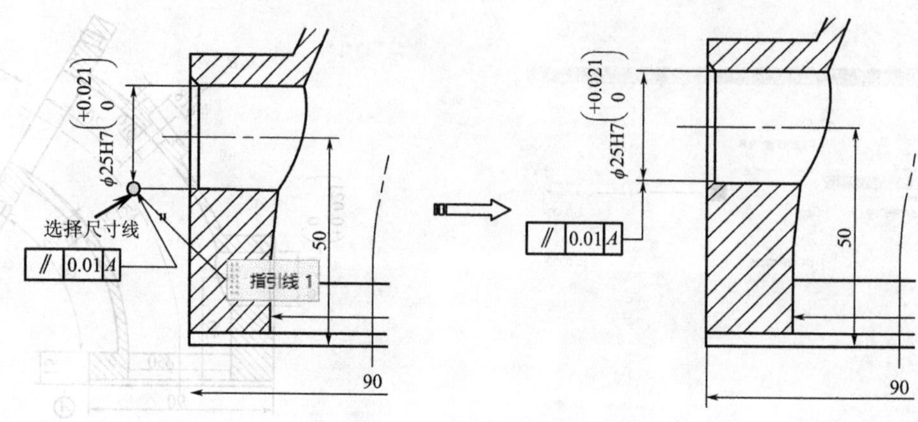

图10-87 标注形位公差

10.2.2.9 标注表面粗糙度符号

Step40 单击【主页】选项卡上的【注释】组中的【表面粗糙度符号】按钮√，或选择下拉菜单【插入】|【注释】|【表面粗糙度符号】命令，弹出【表面粗糙度】对话框，设置相关参数如图10-88所示。

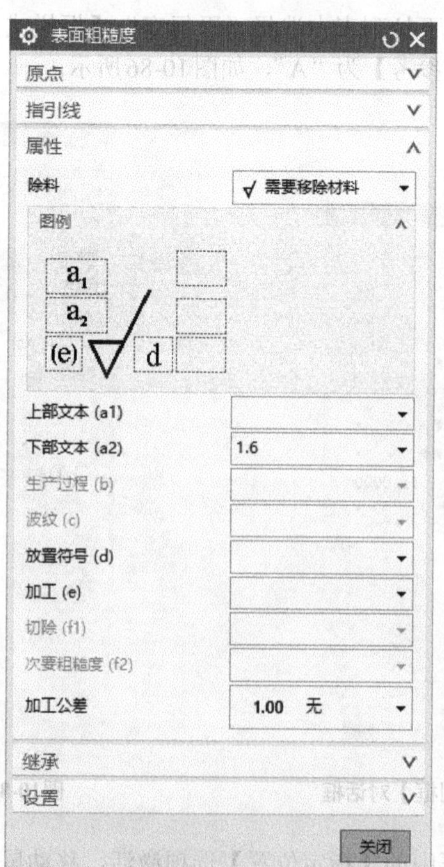

图10-88 【表面粗糙度】对话框

Step41 设置【指引线】的【类型】为“标识”⌐P，如图10-89所示，在图形区选择如图10-90所示的边线，然后单击表面边并拖动以放置粗糙度符号。

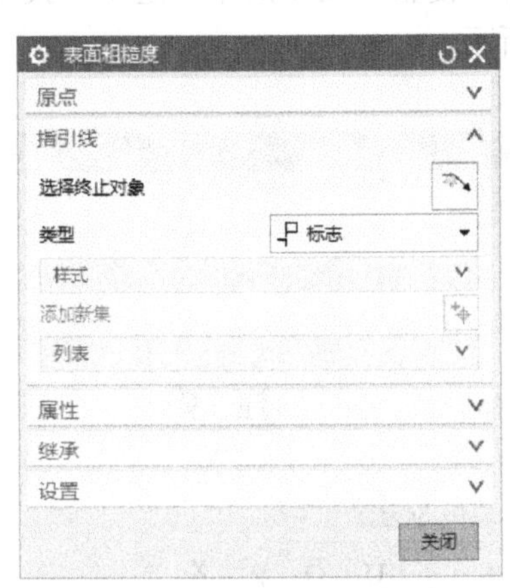

图10-89　设置指引线参数

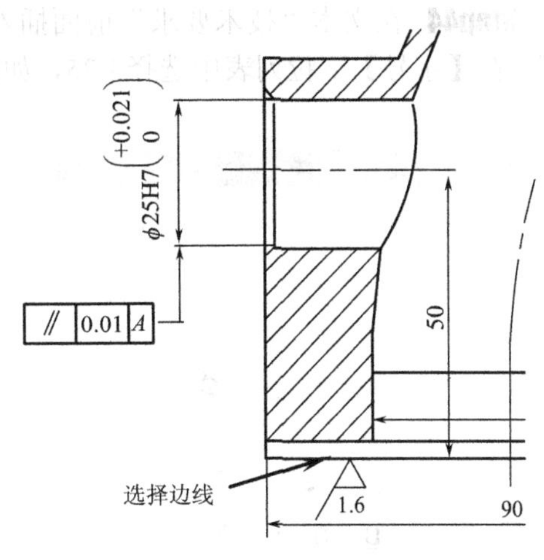

图10-90　标注表面粗糙度

Step42 重复上述粗糙度创建，标注其他粗糙度，如图10-91所示。

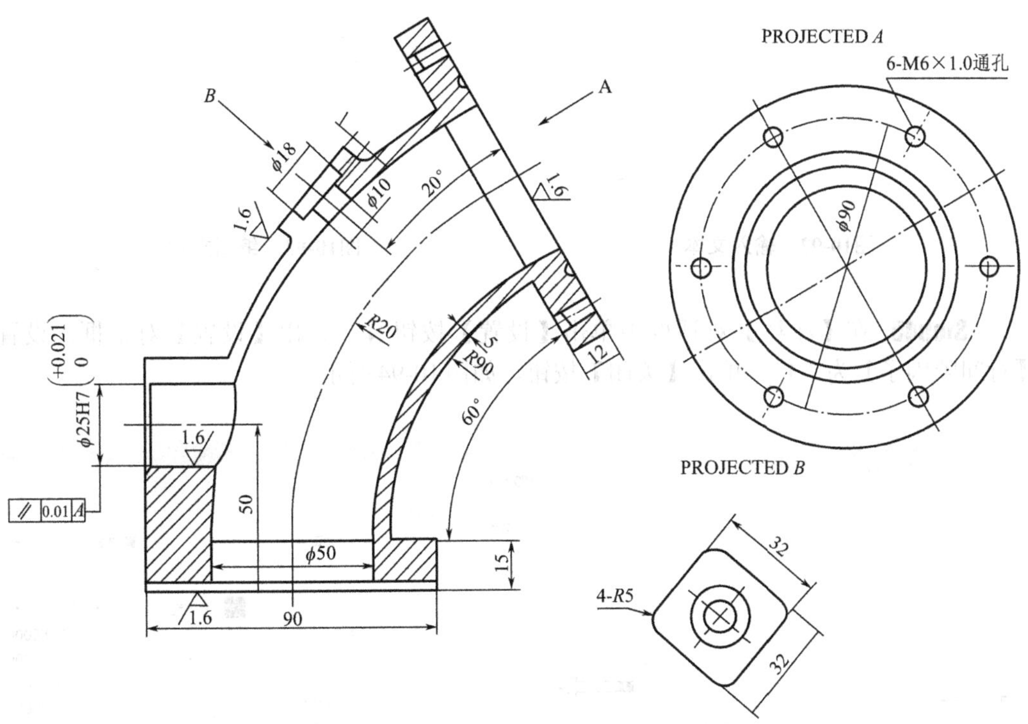

图10-91　标注其他粗糙度符号

10.2.2.10　插入技术要求

Step43 选择下拉菜单【插入】|【注释】|【注释】命令，或单击【主页】选项卡上

的【注释】组中的【注释】命令A，弹出【注释】对话框，字体选择“仿宋-GB2312”，依次输入如图10-92所示的多行字符。

Step44 在文本“技术要求”前面插入适当空格，使整个文字居中，选中“技术要求”，在【字号】下拉列表中选择1.25，如图10-93所示。

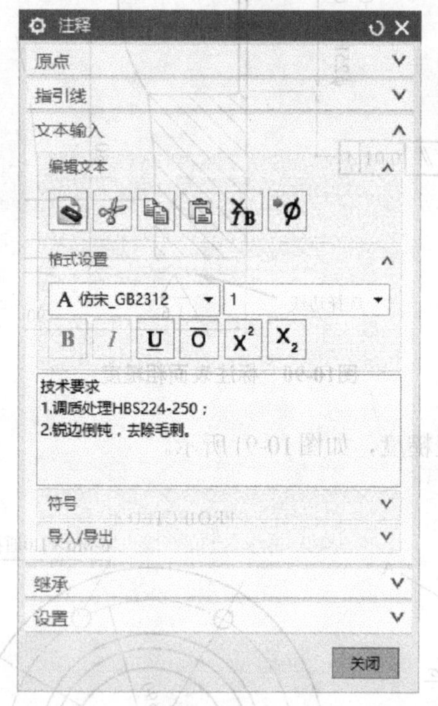

图10-92　输入文本

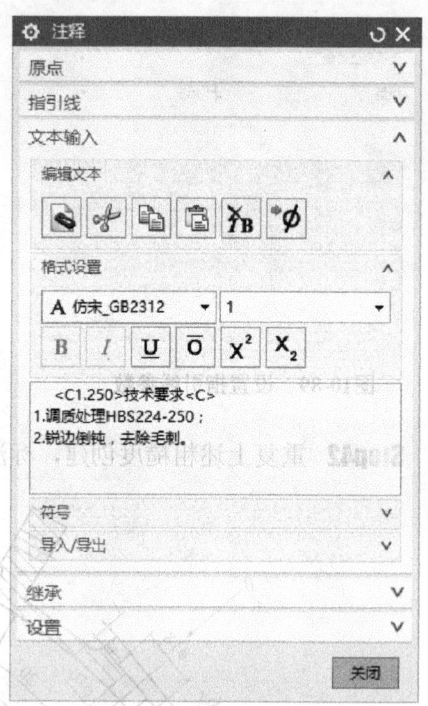

图10-93　编辑文本

Step45 在【注释】对话框中单击【设置】按钮，弹出【设置】对话框，设置【行间隙因子】为“1”，单击【关闭】按钮，如图10-94所示。

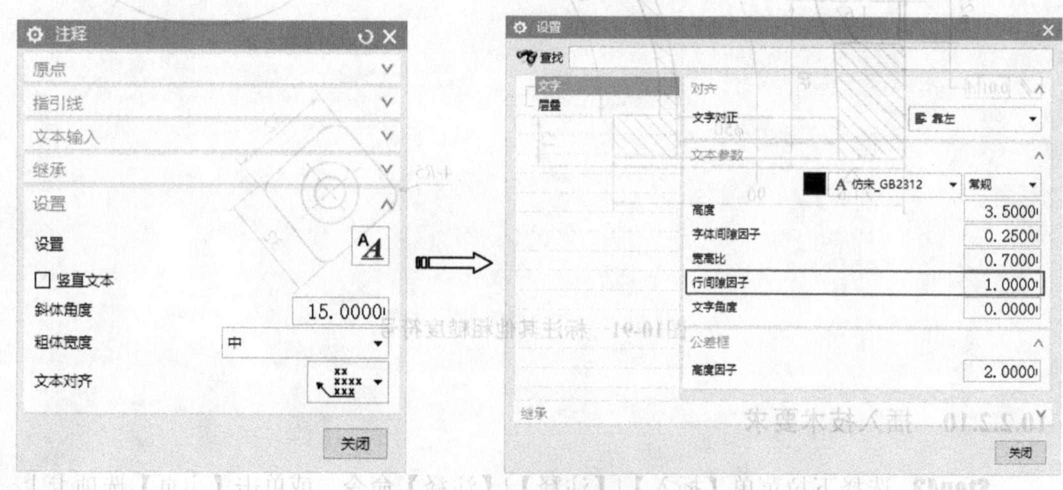

图10-94　设置行间隙因子

Step46 移动鼠标指针到如图10-95所示的位置，单击放置文本注释，单击【关闭】按钮关闭对话框。

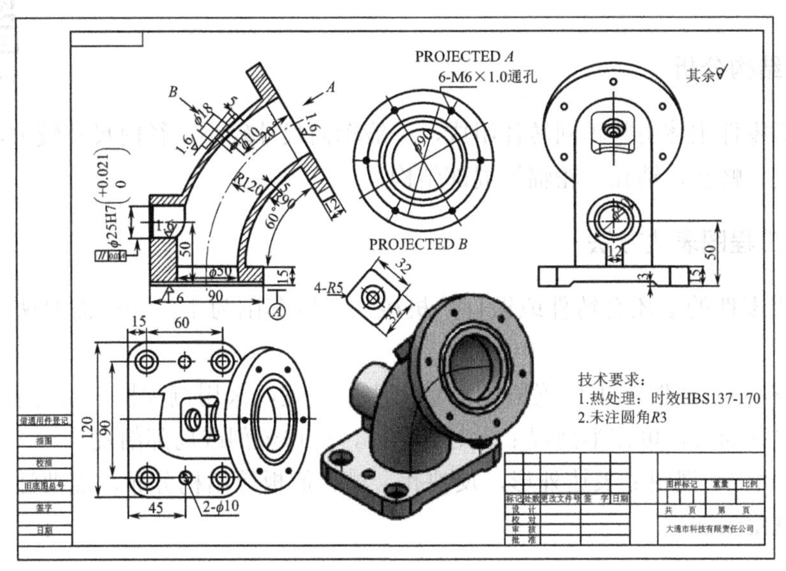

图10-95 插入技术要求

10.3 盘盖类零件工程图设计

盘盖类主要起传动、连接、支承、密封等作用，如手轮、法兰盘、各种端盖等，本节以盘盖类零件为例来讲解该类型零件的工程图绘制方法和过程，如图10-96所示。

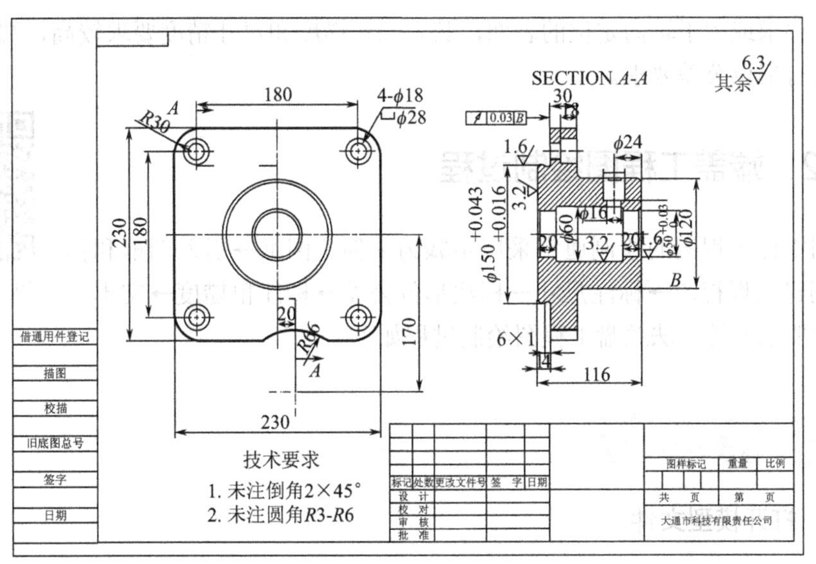

图10-96 端盖工程图

10.3.1 端盖工程图分析

10.3.1 视频精讲

10.3.1.1 结构分析

盘盖类零件主体由共轴回转体组成，一般轴向尺寸较小，径向尺寸较大，其上常有凸台、凹坑、螺孔、销孔、轮辐等局部结构

10.3.1.2 工程图表达方法

盘盖类零件的毛坯有铸件或锻件，机械加工以车削为主，一般需要两个以上基本视图：

① 主视图：按照加工位置原则，轴向水平放置，采用剖视图表达零件内部特征。视图具有对称面时，可作半剖视；无对称面时，可作全剖或局部剖视。

② 左（右）视图：表达外形，反映孔、槽、筋板等结构分布，需要注意的是轮辐和肋板的规定画法。

10.3.1.3 尺寸标注

盘盖类零件的尺寸一般为两大类：轴向及径向尺寸，径向尺寸的主要基准是回转轴线，轴向尺寸的主要基准是重要的端面。

定形和定位尺寸都较明显，尤其是在圆周上分布的小孔的定位圆直径是这类零件的典型定位尺寸，多个小孔一般采用如“4×ϕ18均布”形式标注，均布即等分圆周，角度定位尺寸就不必标注了。内外结构形状尺寸应分开标注。

10.3.1.4 技术要求

配合要求或用于轴向定位的表面，其表面粗糙度和尺寸精度要求较高，端面与轴心线之间常有形位公差要求。

10.3.2 端盖工程图绘制过程

10.3.2 视频精讲

本例零件工程图的绘制通常采用步骤为：创建图纸→引入图框和标题栏→创建工程视图→标注尺寸→标注形位公差→标注粗糙度→文本注释（技术要求）等。法兰盘工程图绘制过程如下。

10.3.2.1 打开模型文件

Step01 启动NX后，单击【主页】选项卡的【打开】按钮，弹出【打开部件文

件】对话框，选择“端盖.prt”，单击【OK】按钮，文件打开后如图10-97所示。

图10-97　打开模型零件

10.3.2.2　创建工程图文件

Step02 选择下拉菜单【文件】|【新建】命令，弹出【新建】对话框，选择【图纸】模板，选择“A3-无视图”模板，在【要创建的图纸的部件】的【名称】框中自动显示“端盖”，如图10-98所示。

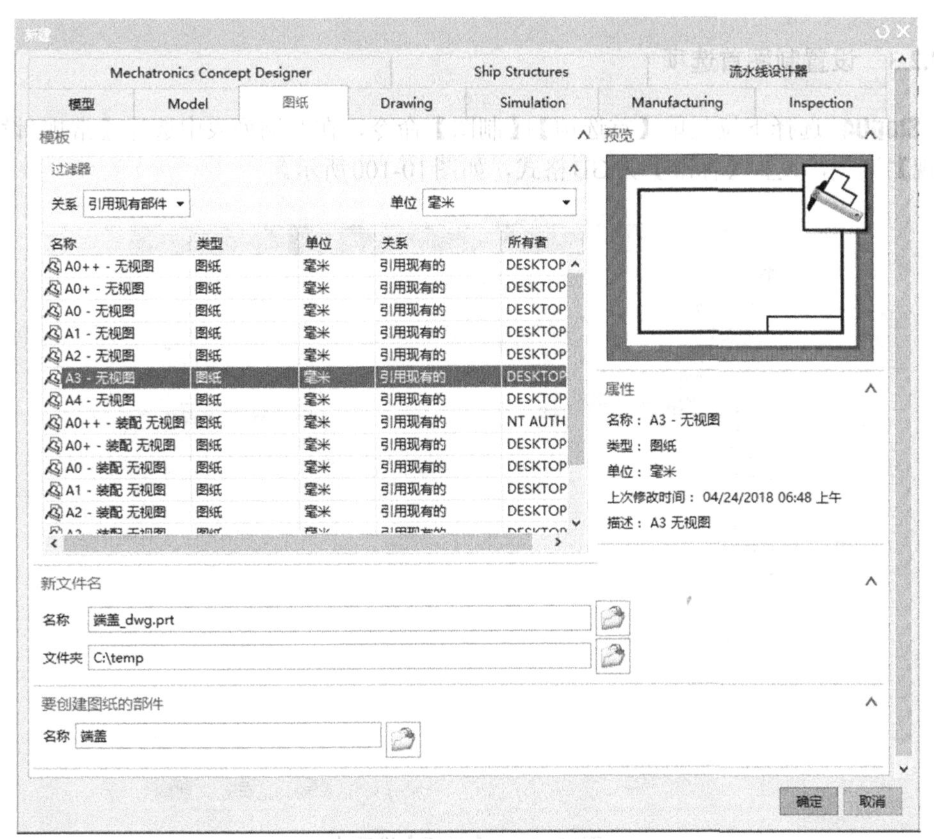

图10-98　【新建】对话框

Step03 单击【确定】按钮，进入制图环境，创建空白图纸如图10-99所示。单击【视图创建向导】对话框中的【取消】按钮。

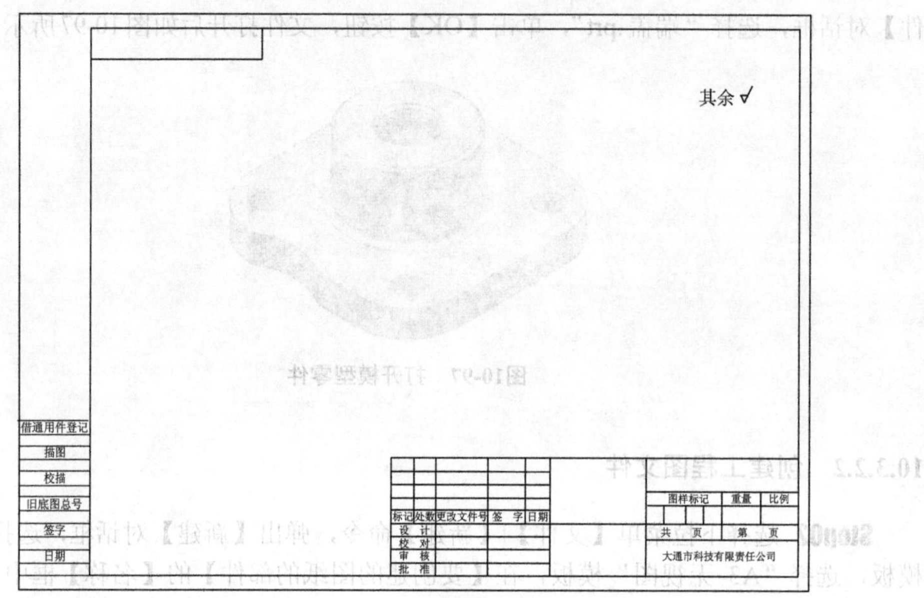

图10-99　创建的图纸页

10.3.2.3　设置制图首选项

Step04 选择下拉菜单【首选项】|【制图】命令，在左侧列表中选择【常规/设置】|【常规】选项，设置【标准】为GB格式，如图10-100所示。

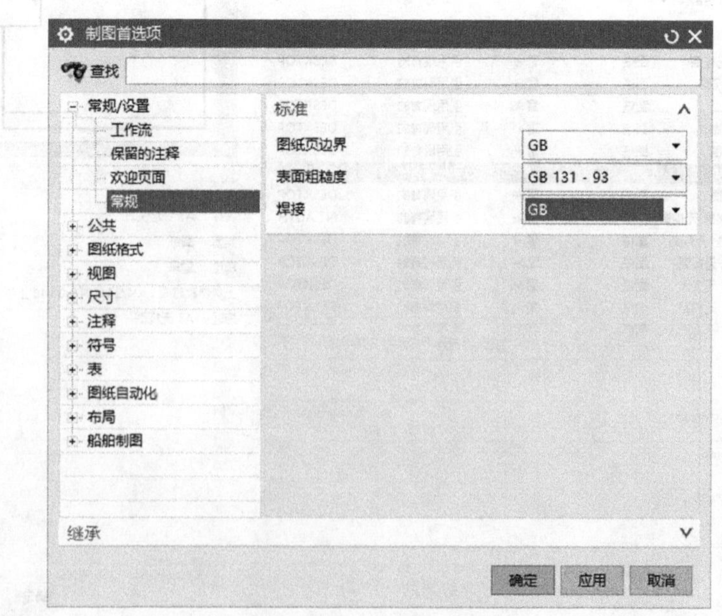

图10-100　【常规】选项卡

Step05 在左侧列表中选择【视图】|【公共】|【文字】选项，设置【文字】为“仿宋_GB2312”，如图10-101所示。

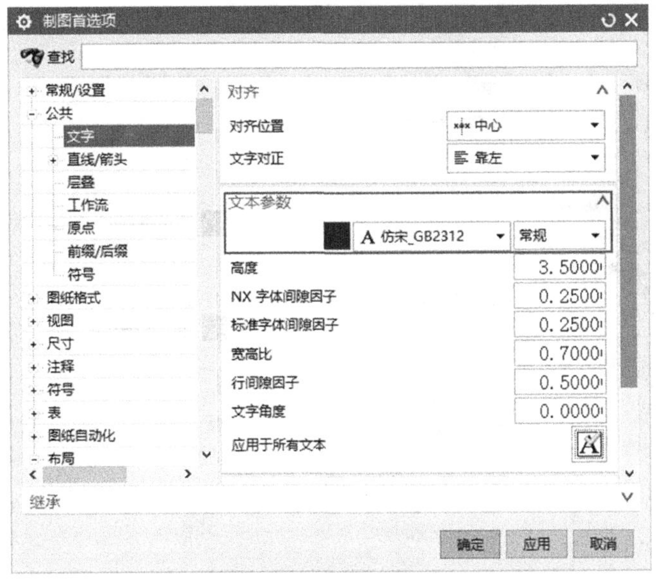

图10-101 【文字】选项卡

Step06 选择下拉菜单【首选项】|【制图】命令，在左侧列表中选择【公共】|【直线/箭头】|【箭头】选项，设置箭头形式、线宽和尺寸，如图10-102所示。

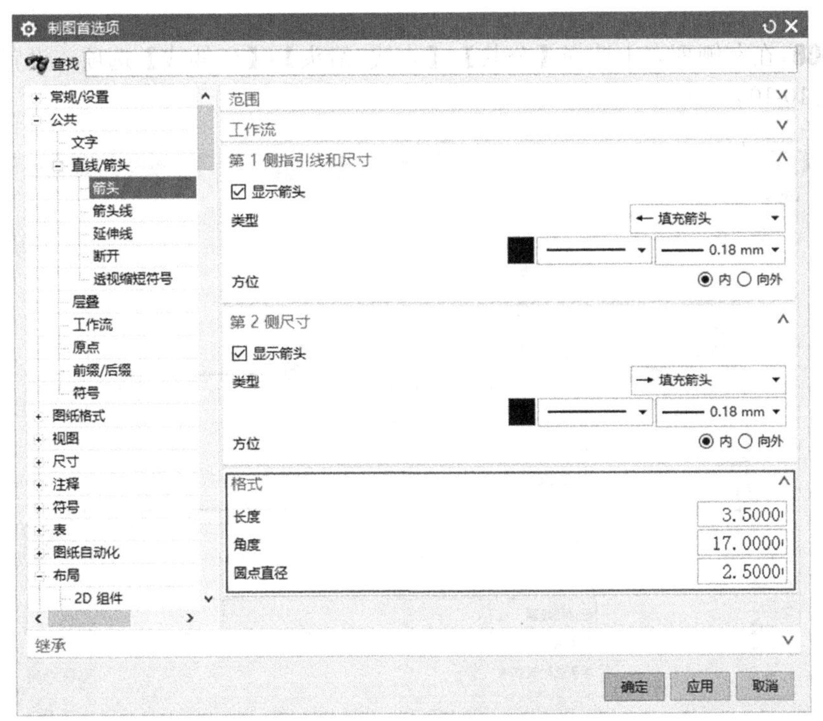

图10-102 设置箭头选项

Step07 在左侧列表中选择【公共】|【直线/箭头】|【箭头线】选项，设置箭头线选项，如图10-103所示。

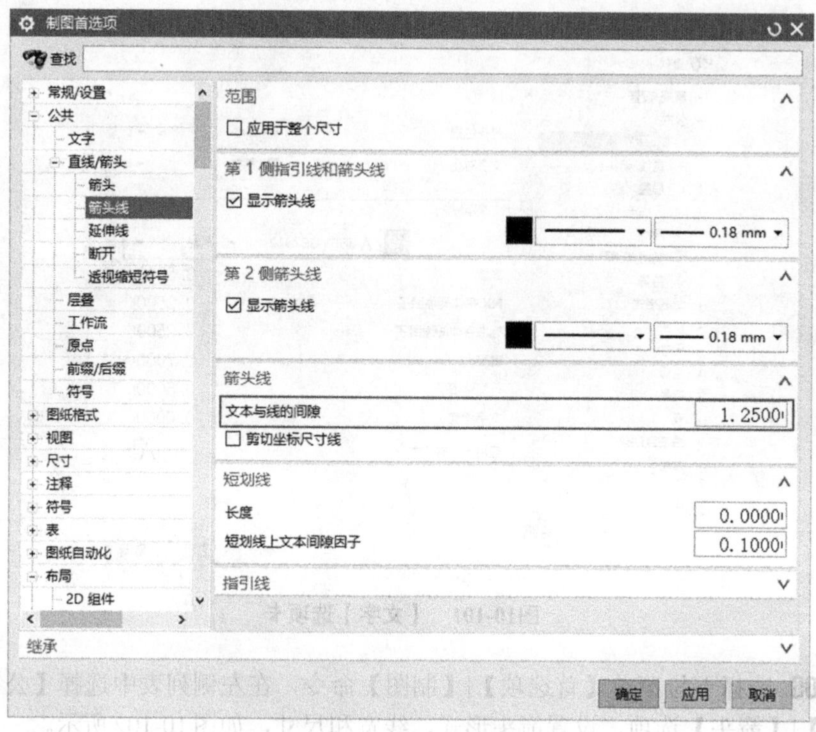

图10-103　设置箭头线选项

Step08 在左侧列表中选择【公共】|【直线/箭头】|【延伸线】选项，设置延伸线选项，如图10-104所示。

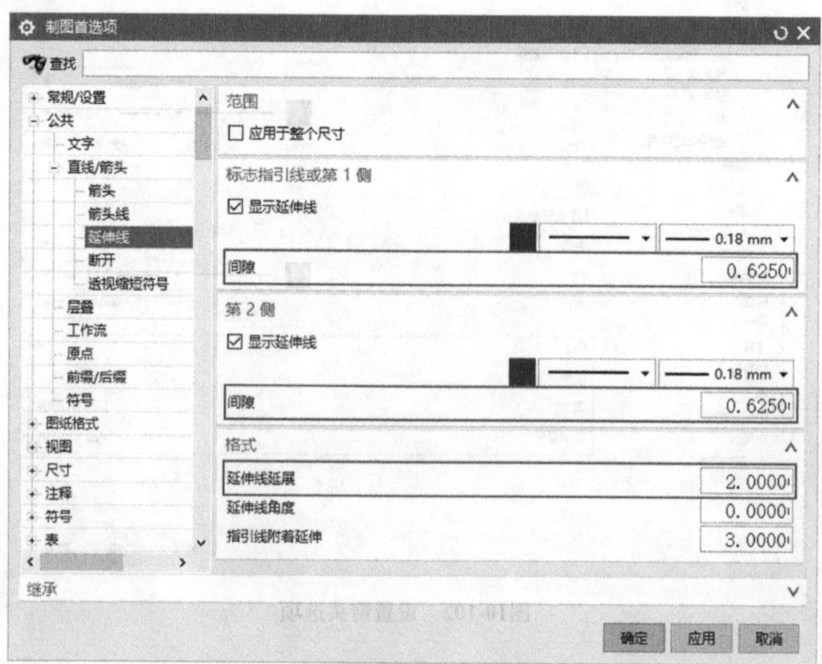

图10-104　设置延伸线选项

Step09 在左侧列表中选择【尺寸】|【倒斜角】选项，设置倒角标注尺寸格式，如图10-105所示。

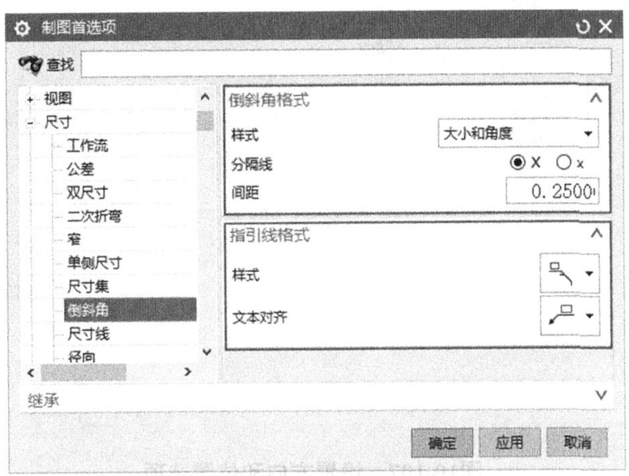

图10-105　设置倒斜角选项

Step10 在左侧列表中选择【尺寸】|【文本】|【单位】选项，设置尺寸单位格式，如图10-106所示。

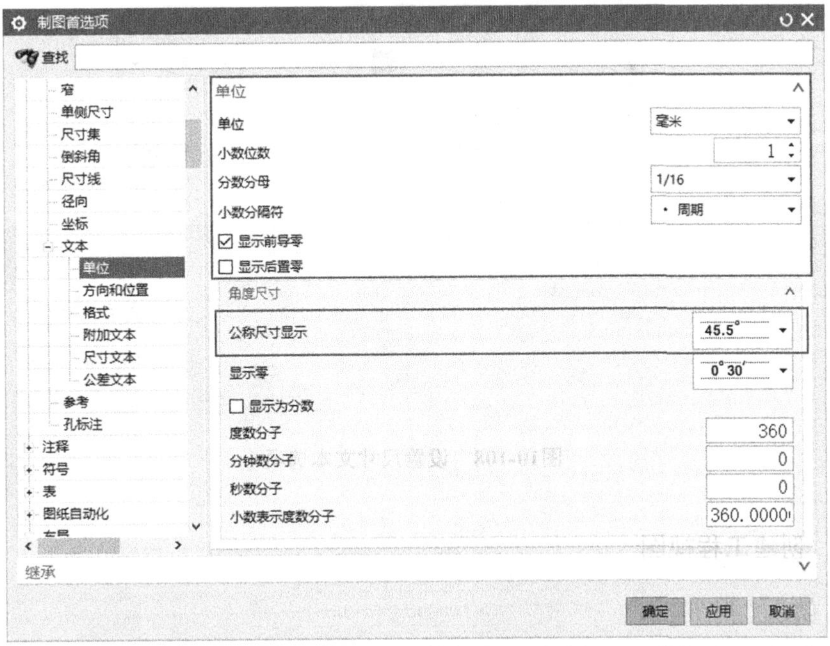

图10-106　设置单位选项

Step11 在左侧列表中选择【尺寸】|【文本】|【方向和位置】选项，设置尺寸方向和位置，如图10-107所示。

Step12 在左侧列表中选择【尺寸】|【文本】|【尺寸文本】选项，设置尺寸文本格式为“仿宋_GB2312”，如图10-108所示。

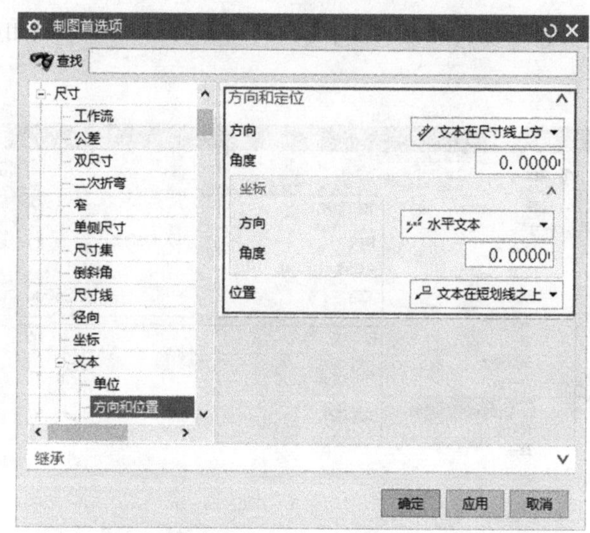

图10-107 设置方向和位置选项

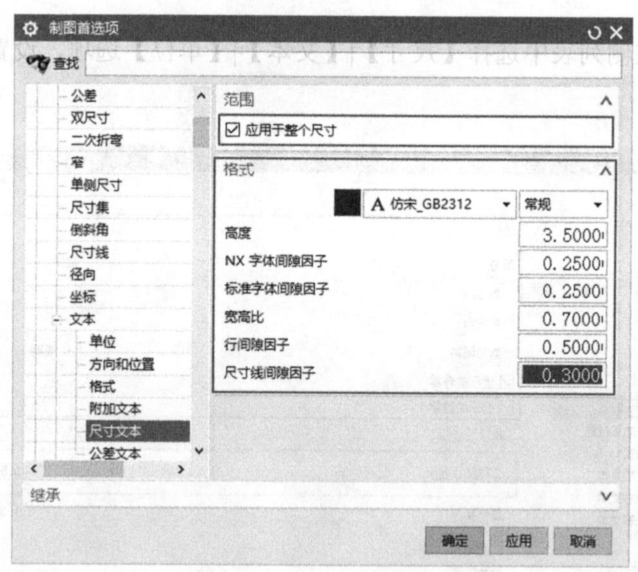

图10-108 设置尺寸文本选项

10.3.2.4 创建工程视图

（1）创建主视图

Step13 在【主页】工具栏单击【视图】组上的【基本视图】按钮，或选择下拉菜单【插入】|【视图】|【基本视图】命令，弹出【基本视图】对话框，图形区显示模型预览效果，如图10-109所示。

Step14 在【模型视图】组框中的【要使用的模型视图】下拉列表中选择“俯视图”，单击【定向视图工具】按钮，弹出【定向视图工具】和【定向视图】对话框，在【X向】中选择*YC*方向，单击【确定】按钮返回，如图10-110所示。

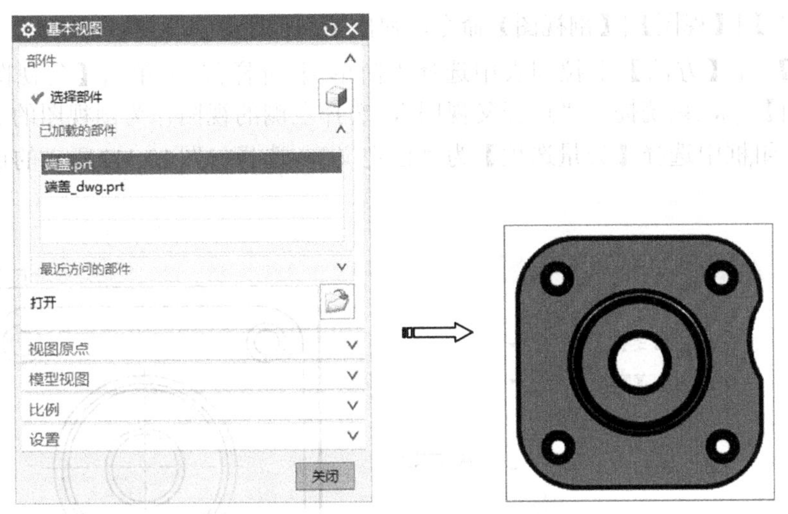

图10-109　基本视图预览

图10-110　【定向视图工具】对话框

Step15　在【比例】下拉列表中选择“1 ： 2”，移动鼠标指针在适当位置处单击放置视图，如图10-111所示。在弹出的【投影视图】对话框中单击【关闭】按钮。

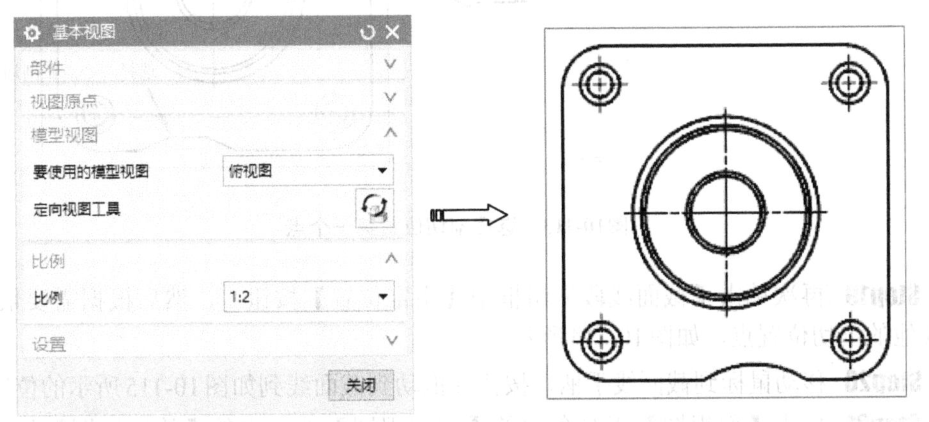

图10-111　创建基本视图

（2）创建阶梯剖视图

Step16　在【主页】选项卡中单击【视图】组上的【剖视图】按钮，或选择下拉

菜单【插入】|【视图】|【剖视图】命令，弹出【剖视图】对话框。

Step17 在【方法】下拉列表中选择"简单剖/阶梯剖"；单击【父视图】组中的【选择视图】，系统提示"选择父视图"，选择左侧的视图作为剖视图的父视图；在【铰链线】组框中选择【矢量选项】为"已定义"，选择如图10-112所示的边线作为铰链线方向。

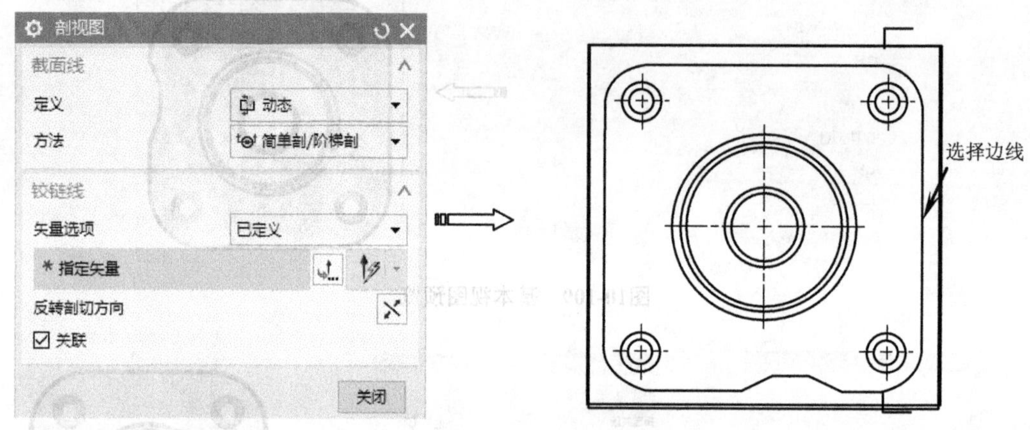

图10-112 选择铰链线方向

Step18 单击【截面线段】组框中【指定位置】按钮，拾取一个点作为剖切位置，如图10-113所示。

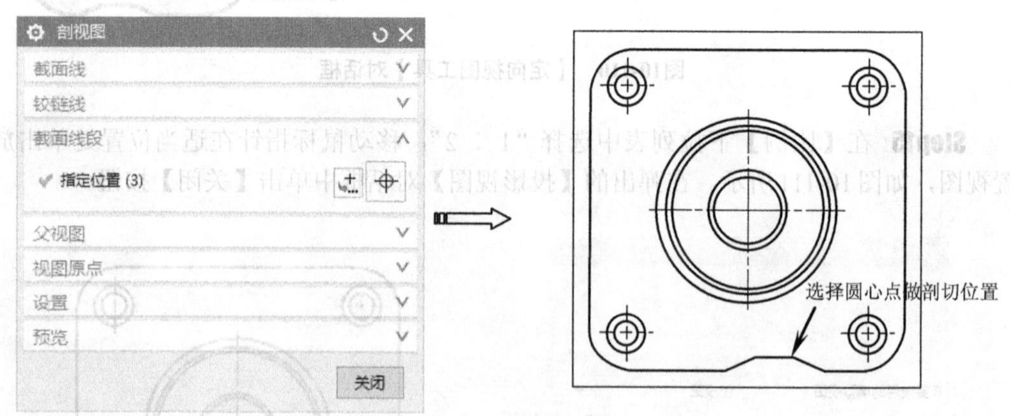

图10-113 选择剖切位置第一个点

Step19 再次单击【截面线段】组框中【指定位置】按钮，然后根据需要依次捕捉其他的剖切位置点，如图10-114所示。

Step20 移动鼠标到截面线手柄，按住并拖动到截面线到如图10-115所示的位置。

Step21 单击【剖视图】工具条中的【放置视图】选项中的【放置视图】按钮，系统提示"指示图纸页上剖视图的中心"，垂直向右拖动鼠标，在父视图的正上方放置剖视图，如图10-116所示。

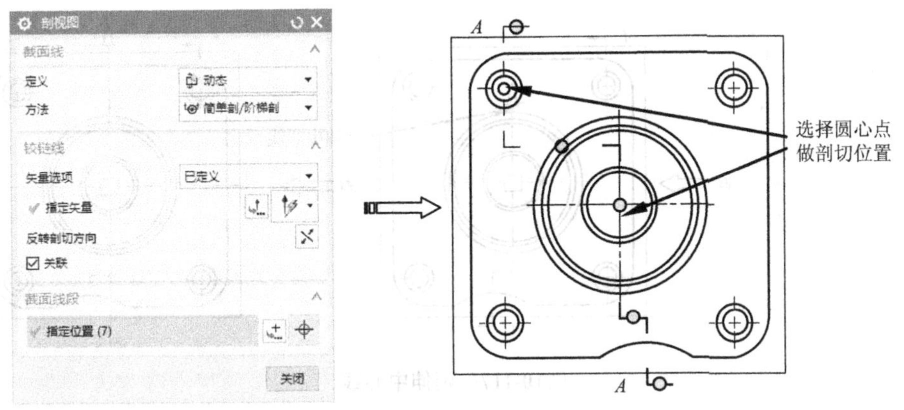

图10-114　添加剖切位置

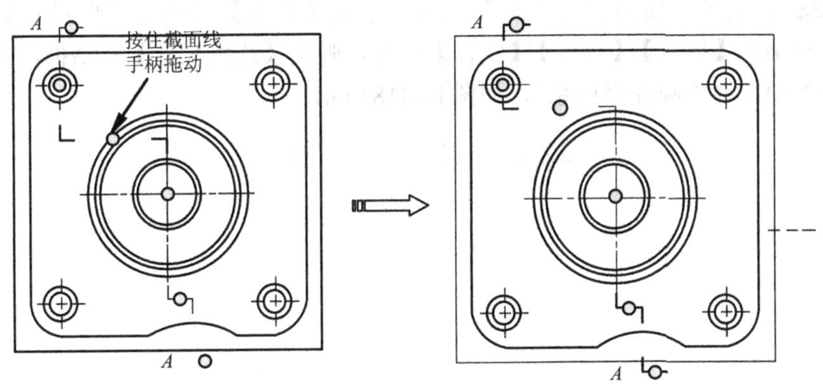

图10-115　拖动截面线到合适位置

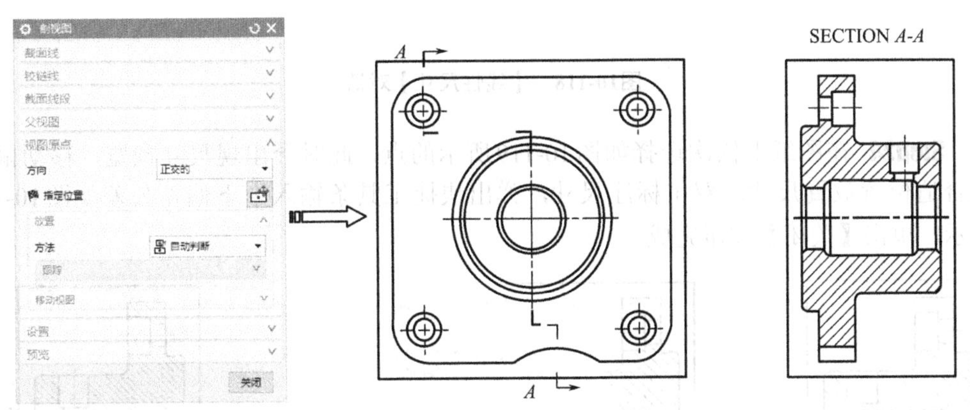

图10-116　创建的阶梯剖视图

10.3.2.5　标注中心标记

Step22 双击左侧视图上的中心线符号，弹出【中心标记】对话框，用鼠标在图中拖动延伸中心，单击【确定】按钮完成中心线延伸，如图10-117所示。

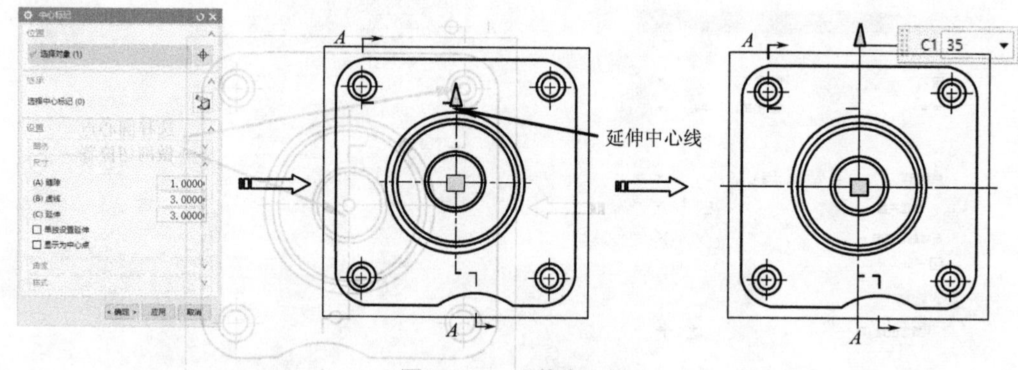

图10-117 延伸中心线

10.3.2.6 标注尺寸和公差

Step23 在制图模块内在【主页】选项卡单击【尺寸】组的【线性尺寸】按钮，或选择下拉菜单【插入】|【尺寸】|【线性】命令，弹出【线性尺寸】对话框，在【测量】组【方法】中选择“圆柱坐标系”，如图10-118所示。

图10-118 【线性尺寸】对话框

Step24 在图纸上依次选择如图10-119所示的点，此时会出现尺寸预览，移动鼠标到合适位置放置尺寸。双击标注尺寸，弹出快捷工具条输入上下偏差公差如图10-119所示，单击【关闭】按钮完成。

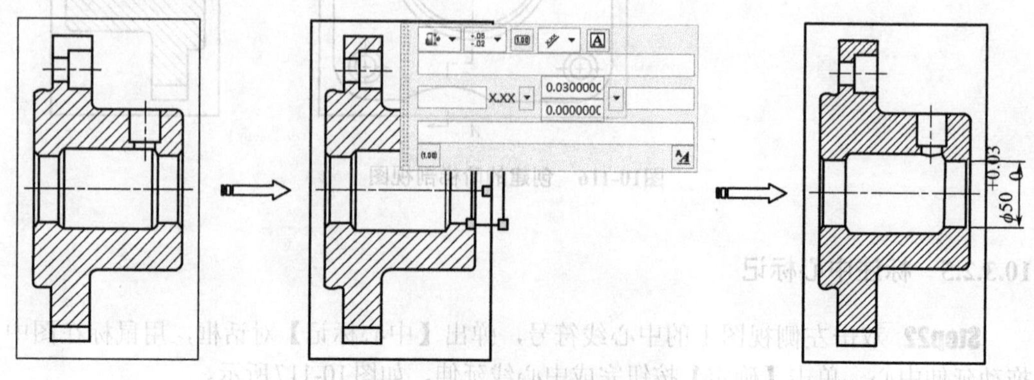

图10-119 标注尺寸和公差

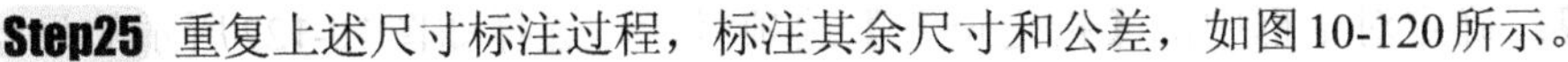

Step25 重复上述尺寸标注过程，标注其余尺寸和公差，如图10-120所示。

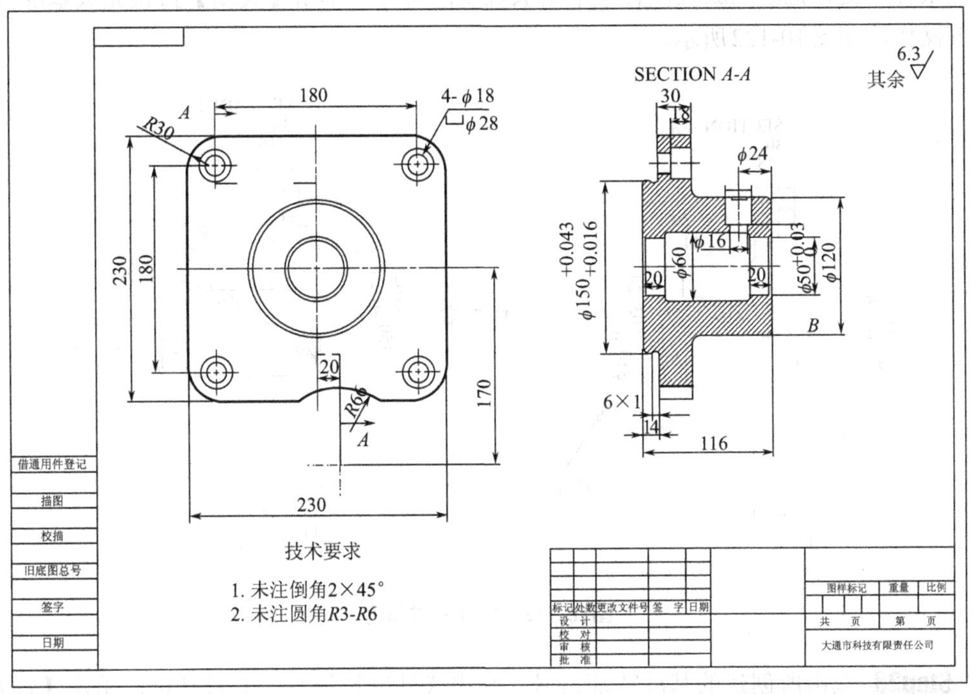

图10-120　标注尺寸和公差

10.3.2.7　标注基准符号

Step26 单击【主页】选项卡中【注释】组中的【基准特征符号】按钮，或选择下拉菜单【插入】|【注释】|【基准特征符号】命令，弹出【基准特征符号】对话框，在【基准表示符】组框中的【字母】框中输入B，如图10-121所示。

图10-121　【基准特征符号】对话框

Step27 确定对话框中的【指定位置】选项激活，选择如图10-122所示的尺寸线，按住鼠标左键并拖动到放置位置，单击放置基准符号，单击【关闭】按钮完成基准特征放置操作，如图10-122所示。

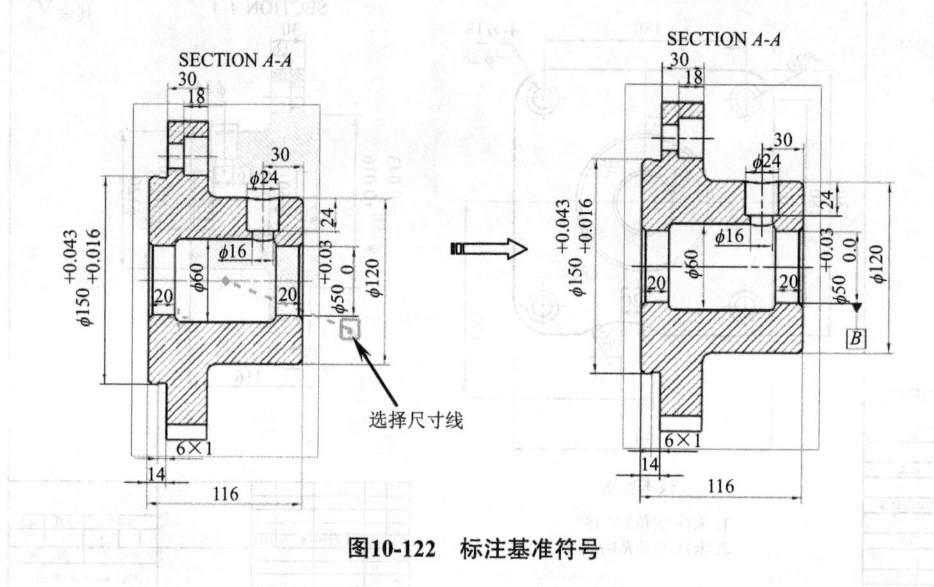

图10-122 标注基准符号

Step28 双击所创建的基准特征符号，弹出【基准特征符号】对话框，单击【设置】组框中的【设置】按钮，弹出【设置】对话框，设置【延伸线】选项卡中的【间隙】为2，如图10-123所示。单击【确定】按钮完成基准特征编辑，如图10-124所示。

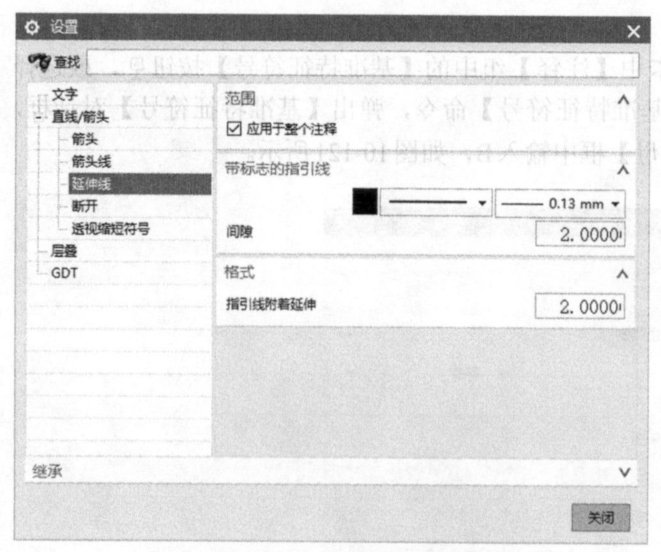

图10-123 【设置】对话框

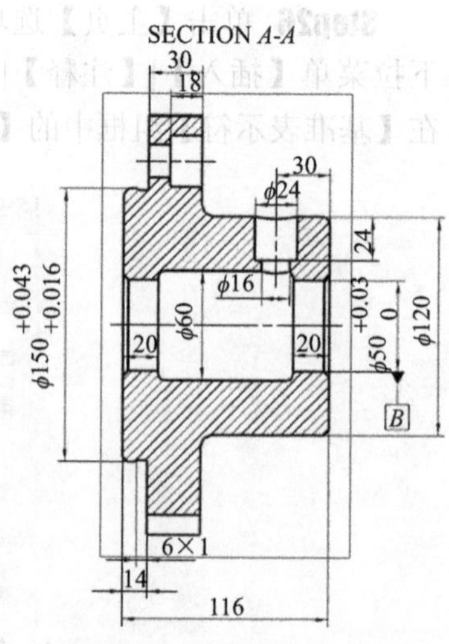

图10-124 编辑基准特征符号

10.3.2.8 创建形位公差

Step29 选择下拉菜单【插入】|【注释】|【特征控制框】命令，或单击【主页】选

项卡中的【注释】组上的【特征控制框】命令A，弹出【特征控制框】对话框，设置【短划线长度】为15mm，如图10-125所示。

Step30 在【特性】下拉列表中选择“圆跳动”，【框样式】为“单框”，【公差】设置为0.03，【第一基准参考】为B，如图10-126所示。

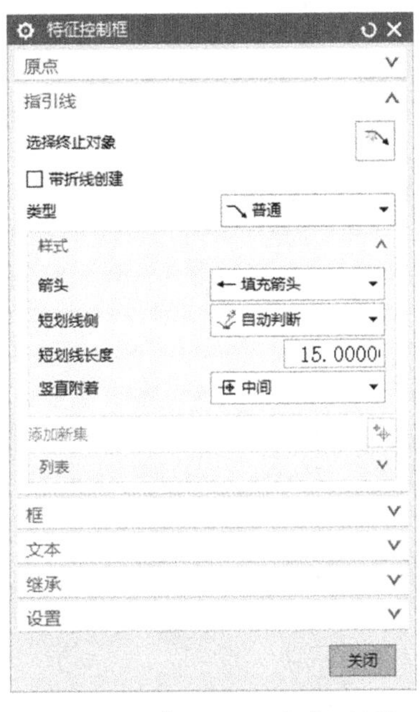

图10-125 【特征控制框】对话框

图10-126 设置公差参数

Step31 确定对话框中的【指定位置】选项激活，移动鼠标指针到尺寸线，按住鼠标左键并拖动，如图10-127所示。

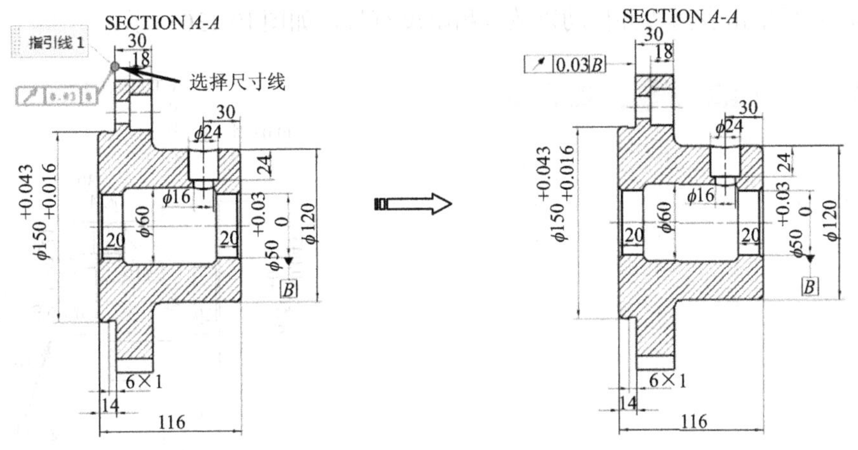

图10-127 标注形位公差

10.3.2.9 标注表面粗糙度符号

Step32 单击【主页】选项卡上的【注释】组中的【表面粗糙度符号】按钮√，或

选择下拉菜单【插入】|【注释】|【表面粗糙度符号】命令，弹出【表面粗糙度】对话框，设置相关参数如图10-128所示。

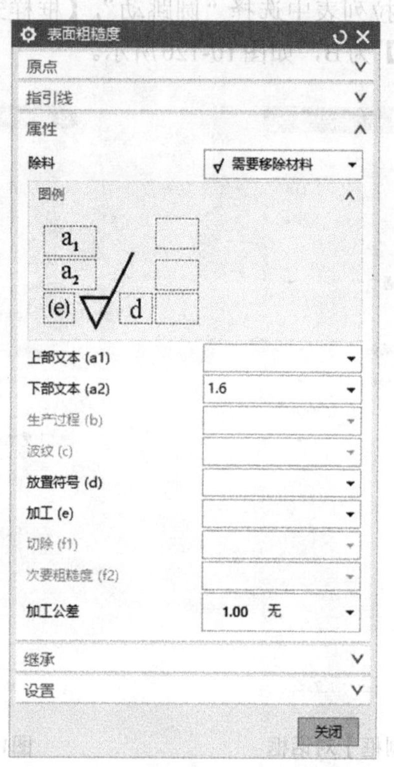

图10-128 【表面粗糙度】对话框

Step33 设置【指引线】的【类型】为“标识”⊢，在图形区选择如图10-129所示的边线，然后单击表面边并拖动以放置粗糙度符号，如图10-130所示。

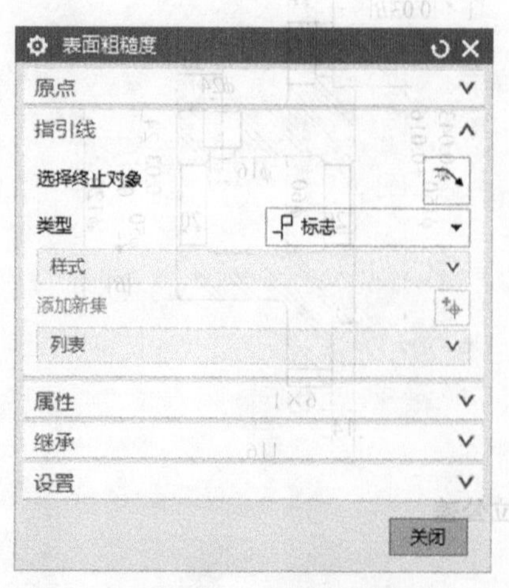

图10-129 设置指引线参数

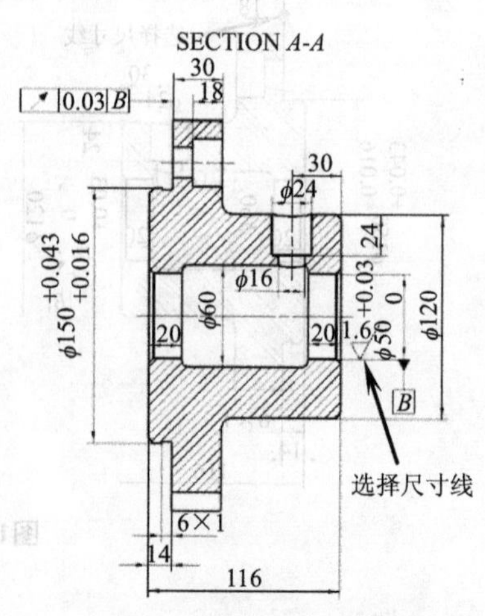

图10-130 标注表面粗糙度

Step34 重复上述粗糙度创建，标注其他粗糙度，如图10-131所示。

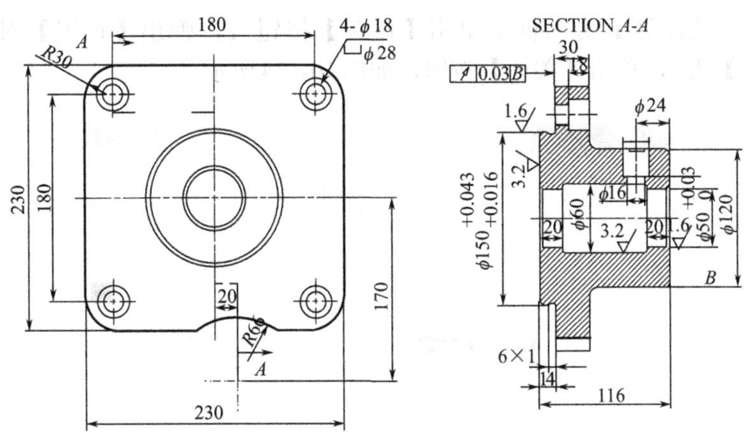

图10-131　标注其他粗糙度符号

10.3.2.10　插入技术要求

Step35 选择下拉菜单【插入】|【注释】|【注释】命令，或单击【主页】选项卡上的【注释】组中的【注释】命令A，弹出【注释】对话框，字体选择“仿宋”，在【类别】中选择“制图”，依次输入如图10-132所示的多行字符。

Step36 在文本“技术要求”前面插入适当空格，使整个文字居中，选中“技术要求”，在【字号】下拉列表中选择1.25，如图10-133所示。

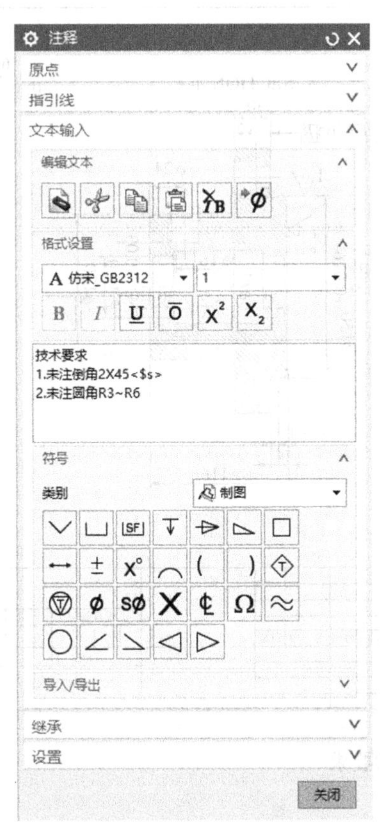

图10-132　输入文本

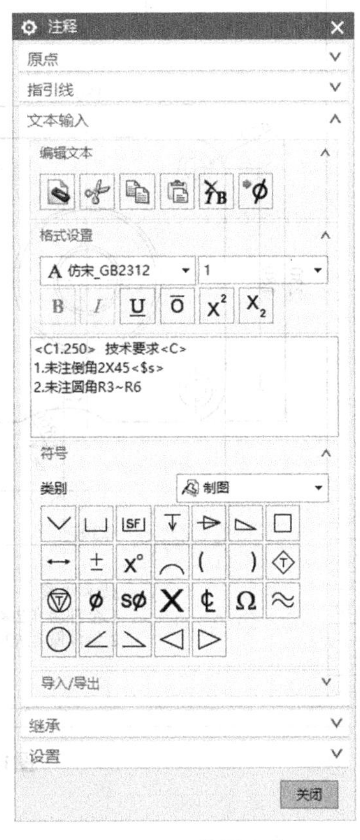

图10-133　编辑文本

Step37 在【注释】对话框中单击【设置】按钮，弹出【设置】对话框，设置【行间隙因子】为1，单击【关闭】按钮，如图10-134所示。

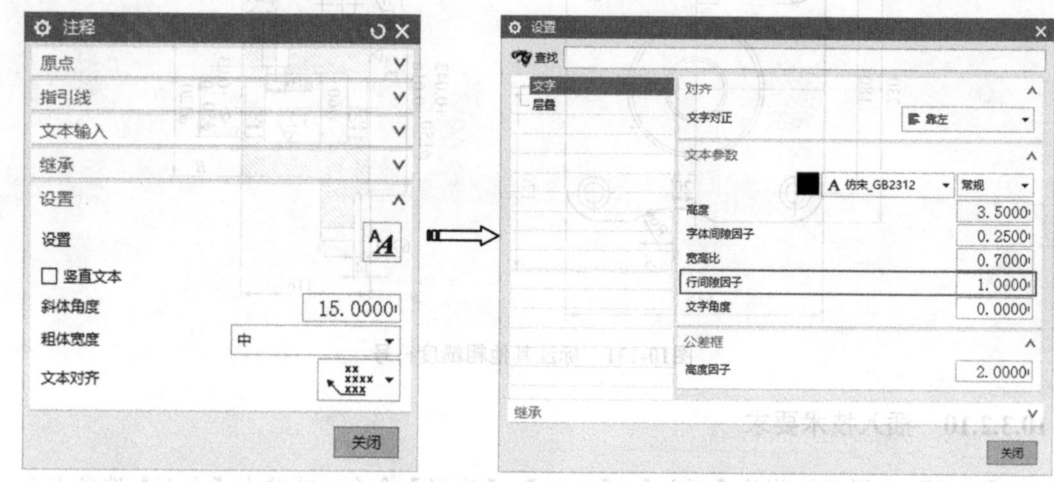

图10-134 设置行间隙因子

Step38 移动鼠标指针到如图10-135所示的位置，单击放置文本注释，单击【关闭】按钮关闭对话框。

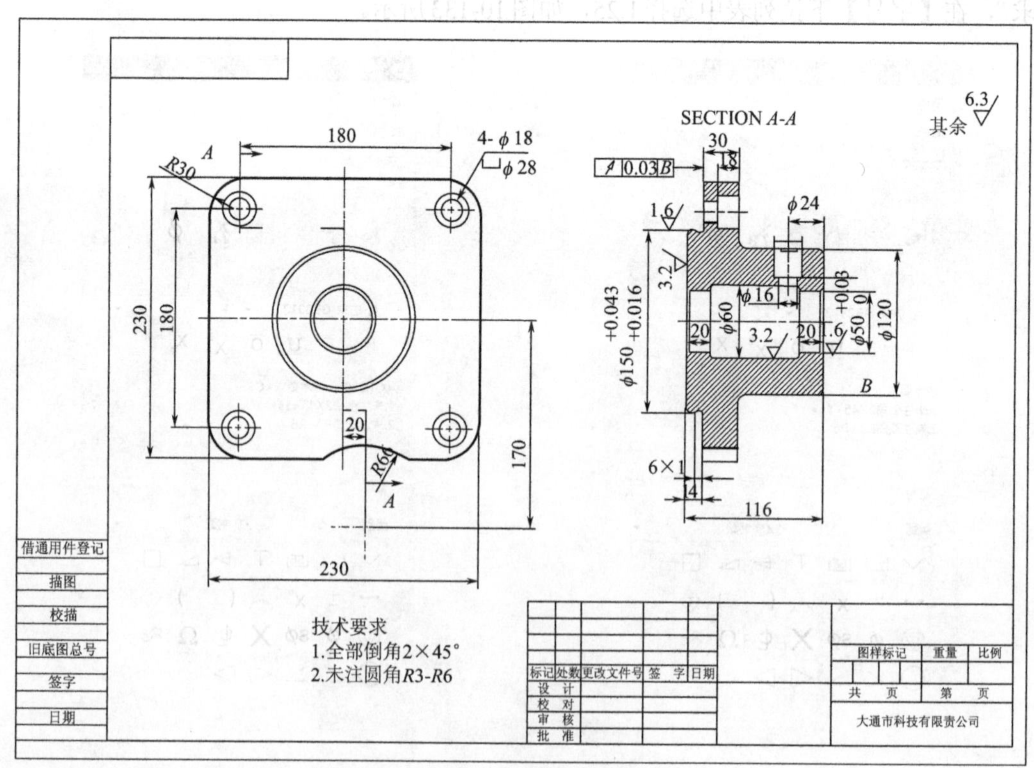

图10-135 插入技术要求

参考文献

[1] 黄晓慧.UG NX10设计命令实例解析.北京：机械工业出版社，2017年.
[2] 高长银.UG NX8.5多轴数控加工典型实例详解.第2版.北京：机械工业出版社，2014年.
[3] 寇文化.UG NX8.0数控铣多轴加工工艺与编程.北京：化学工业出版社，2015年.